钢铁冶金的环保与节能

（第2版）

李光强　朱诚意　编著

北　京
冶金工业出版社
2023

内 容 提 要

全书共分 9 章，简要介绍了环境保护的基本知识，讨论了钢铁冶金工艺过程的环境问题以及各种污染物的产生及处理方法，包括钢铁生产中的水污染与水处理、钢铁生产中的尾气处理、炉渣的处理与利用、尘泥的处理与利用以及噪声污染控制等。在节能部分介绍了能量利用过程热力学分析方法、钢铁生产中的节能工艺以及生态冶金的概念和生命周期评估（LCA）方法的基本原理以及钢铁联合企业各环节的节能工艺和技术，如干熄焦、高炉煤气回收、转炉煤气回收和钢渣热能回收等。书中引用了国内外钢铁冶金环保和资源利用方面的最新文献，着重从冶金物理化学的观点分析了冶金废弃物的资源化问题和能源利用的效率问题，也从保护环境和节约资源的角度探讨了钢铁冶金未来的发展前景。

本书可作为大专院校冶金工程专业和相关专业学生的教材和参考书，亦可供钢铁企业和科研院所从事钢铁冶金生产和环保事业的工程技术人员和科研人员及管理工作者参考。

图书在版编目(CIP)数据

钢铁冶金的环保与节能/李光强，朱诚意编著．—2 版．—北京：冶金工业出版社，2010.1（2023.7 重印）

ISBN 978-7-5024-5111-0

Ⅰ.①钢…　Ⅱ.①李…　②朱…　Ⅲ.①钢铁工业—环境保护　②钢铁工业—工业企业—节能　Ⅳ.①X757　②TK01

中国版本图书馆 CIP 数据核字(2009) 第 242424 号

钢铁冶金的环保与节能（第 2 版）

出版发行　冶金工业出版社　　**电　　话**　(010)64027926
地　　址　北京市东城区嵩祝院北巷 39 号　　**邮　　编**　100009
网　　址　www.mip1953.com　　**电子信箱**　service@mip1953.com

责任编辑　刘小峰　朱华英　美术编辑　彭子赫　版式设计　孙跃红
责任校对　石　静　责任印制　窦　唯

北京印刷集团有限责任公司印刷
2006 年 8 月第 1 版，2010 年 1 月第 2 版，2023 年 7 月第 12 次印刷
787mm×1092mm　1/16；21 印张；504 千字；320 页
定价 56.00 元

投稿电话　(010)64027932　投稿信箱　tougao@cnmip.com.cn
营销中心电话　(010)64044283
冶金工业出版社天猫旗舰店　yjgycbs.tmall.com
（本书如有印装质量问题，本社营销中心负责退换）

第 2 版前言

《钢铁冶金的环保与节能》自 2006 年由冶金工业出版社出版以来，受到钢铁冶金专业的大专院校师生和一些钢铁公司、冶金环保企业的关注，并有幸被一些院校和企业选作大学生或职工培训的教材。到 2009 年 9 月，本书第一版共印刷 4 次，印数 7000 册，实在超出编者所料。在此首先向广大读者表示由衷的感谢！

本书初版出版以来，我国钢铁行业也发生了巨大变化。我国钢铁产品升级取得重大成绩，汽车用钢、电工钢、铁道用钢、管线钢、不锈钢等技术含量高的钢材品种的研制和生产达到国际先进水平，并完善了生产工艺与使用规范、标准；钢铁行业把系统节能作为指导方针，加快了节能减排技术的研究与应用，初步建成了具有一定示范意义的新一代可持续钢铁流程企业——京唐钢铁公司；干熄焦、高炉煤气干式除尘、转炉煤气干式除尘（“三干”）节能环保技术的大力推广应用对我国钢铁企业的节能、节水、减排和资源的循环利用发挥了重要的作用，烧结烟气脱硫也从无到有，逐渐推广。

近年来，国家发布了一系列环境保护和循环经济方面的法律，钢铁行业相关的环境保护国家标准也在不断完善。钢铁行业清洁生产系列标准、《钢铁工业发展循环经济环境保护导则》已经发布，《钢铁工业污染物排放标准》系列标准正在征求意见或即将发布。这些措施为环保事业的发展提供了法律的保障。

为了反映我国钢铁冶金的环保与节能方面的进步，编者在第一版的基础上对本书进行了修订。

第 1 章对我国环境保护的成就和存在的问题进行了简要的阐述；更新了世界钢铁产量及其地理分布、世界铁矿石储量、能源储量等数据；介绍了近年来我国钢铁行业污染物排放量的变化与节能进展和新一代可循环钢铁生产流程。

第 2 章引用了新的《钢铁工业水污染物排放标准》，新增了钢铁厂废水的反渗透处理与回用的例子，概要介绍了钢铁工业水污染物最佳控制技术。

第 3 章在关于二恶英的介绍中，提及了《关于持久性有机污染物的斯德哥尔摩公约》。引用了《钢铁工业污染物排放标准》中烧结（球团）和炼铁工序现有企业大气污染物的排放限值，增列了欧盟钢铁行业主要废气污染物排放值；充实了烧结烟气脱硫的工艺介绍和国内厂家的实例。在降低 CO_2 排放量与固定 CO_2 的措施方面，介绍了超低CO_2炼钢（ULCOS）项目和CO_2减排新技术。

第4章新增了HK粒化轮法处理高炉渣和钢渣技术，对宝钢的BSSF钢渣处理工艺也做了较详尽的描述。介绍了我国通用硅酸盐水泥的新标准及其对水淬高炉渣添加量的限制和粒化高炉矿渣粉的应用，介绍了钢渣粉、钢渣水泥相关的新的国家标准。

第6章新增了《工厂企业厂界环境噪声排放标准》的介绍和钢铁企业噪声治理的实例。

第8章引入了国家节能基础标准《综合能耗计算通则》和《单位产品能源消耗限额编制通则》，讨论了近年来我国钢铁行业的节能进展和影响因素。充实了烧结节能技术的内容。

第5章、第7章、第9章本次未做修订。

本次修订由原作者李光强和朱诚意完成，作者的学生陈敏、董训祥等对书稿做了文字的订正和部分插图的绘制，在此向他们表示感谢。唐山华科冶金技术开发公司、龙净脱硫脱硝工程有限公司提供了宝贵的技术资料，也向他们致以诚挚的谢意。

钢铁冶金的环保与节能涉及非常广泛的科学和工程领域，由于编者水平和掌握的资料有限，本次修订难免还有缺点和不足，恳请读者批评指正。

作　者

2009年9月2日

第1版前言

铁是人类社会发展的重要原因，铁是现代社会的骨骼，能源是现代社会的血液。没有铁就没有现代社会。作为人类用量最大的结构材料和产量最高的功能材料而言，钢铁材料的地位在可预见的将来不会改变。尽管钢铁工业在西方被视为“夕阳工业”已经多年，但2004年全世界钢铁工业的经济价值已超过7500亿美元，钢铁工业的经济价值是不可低估的。对中国而言，钢铁工业是国民经济的基础产业，对国民经济的发展有着举足轻重的作用。自1996年以来，中国钢产量已经连续10年超过1亿t，2005年达到3.49亿t。尽管如此，我国的人均钢材消费量还比较低；与世界上的发达国家相比差距较大。21世纪中国钢铁工业的希望和前景，是伴随着国民经济的发展而存在的。

钢铁生产消耗大量的能源和资源，同时也产生大量的副产品。这些副产品如果不进行处理就直接排放，将对环境产生较大的影响。我国钢铁行业的进一步发展，面临着资源、能源和环境的制约。自“九五”以来，我国钢铁行业贯彻落实可持续发展战略，加大污染治理力度，通过增加污染防治投入，实施清洁生产、技术改造和结构调整，在钢铁工业经济保持快速增长的情况下，主要污染物排放强度逐年下降并保持在较稳定的水平，钢铁工业污染防治取得了重要进展。

我国钢铁行业在能耗和环保水平、环保治理深度上与国外先进企业相比还存在较大差距。国外已普遍把挥发性有机物、重金属、二恶英、CO_2减排、降低噪声放到重点治理日程上，我国钢铁厂的烧结生产甚至还没有烟气脱硫，也没有烧结脱硫脱硝技术。行之有效的节能降耗技术还未能在全行业普遍推广应用，同行业间差距较大，发展不平衡，在思想认识和管理体制上也亟待完善和提高。节能环保的科研工作还不够深入。我国钢铁工业仍然面临资源短缺、生态环境污染的潜在危机。

工业发达国家提出了“工业生态化”概念，一些国家正在摒弃传统的生产和消费观念，积极建设生态化的工业系统，逐步向“循环型”社会过渡。我国钢铁工业的生态化系统建设也已经开始。钢铁企业未来的社会、经济角色应当（特别是高炉-转炉长流程）是实现三种主要功能：钢铁产品制造、能源转换和社会大宗废弃物处理。

综上所述，钢铁企业面临新的挑战，学习冶金工艺的学生必须拓展知识面，培养环保意识，了解与冶金工艺相关的资源、能源消耗、环境影响和环保技术。为加强冶金工程专业学生的环保教育，各院校的同类专业相继开设了冶金环保与节能的课程。编者李光强2002年赴任武汉科技大学“楚天学者”特聘教授，开始在武汉科技大学冶金工程系为本科生和研究生开设“钢铁冶金的环保与节能”课程。由于缺乏适合冶金类专业学生的环保与节能方面的教材，萌生了编写一本教材的想法。于是历时4年，根据编者多年的教学和科研工作积累，参考大量国内外有关文献编成了本书。

本书的内容不仅限于污染治理技术，在有限的篇幅内还介绍了环境科学的基本知识，以详实可靠的数据反映了国内外钢铁工业在资源、能源消耗和环保技术方面的最新进展。书中能量利用过程的热力学基础和能量的质量评价的基本方法和应用实例有助于读者从理论上理解提高能量转化过程的效率才是节能的根本。关于生命周期评价方法及其在钢铁冶金过程中的应用的内容可以使读者了解如何定量地分析和比较不同的产品或工艺的环境影响。在废水、废气、废渣、尘泥、噪声治理和节能工艺的相关章节选编了一些先进的工艺实例，其中包括了国内尚未实施的环保技术，希望对读者在全面认识钢铁冶金的环保和节能技术方面有所帮助。

两位编者的专业是冶金物理化学，在介绍环保工艺时尽可能给出一些物理化学方面的解释，以便冶金工程专业的学生从原理上理解工艺过程。图表较多也是本书的特色之一，这些图表使繁杂的工艺流程简单明了。

很多先进的环保工艺都富有创造性。希望读者通过学习、思考、实践，充分发挥创造性思维，开发出更新更好的节能环保技术，为我国钢铁工业的可持续发展做出贡献，这是编者的心愿。

本书由武汉科技大学钢铁冶金及资源利用教育部重点实验室李光强、朱诚意编写。朱诚意编写第5章和第6章，李光强编写其余7章。彭其春编写了第8章的部分内容，全书由李光强统编。编者特别感谢武汉科技大学教务处和钢铁冶金及资源利用教育部重点实验室对本书编写的大力支持，还要特别感谢东京大学月桥文孝教授，他对编写本书给予了热情的鼓励并提供了一些宝贵的资料。编者还由衷感谢湖南工业大学高泽平、贺道中老师对编写本书的鼓励。

本书的编写参考了大量国内外公开发表的论文资料，编者对这些文献的作者及其所在单位表示衷心的感谢。编者研究室的研究生为本书的文字录入、插图绘制等方面付出了辛勤劳动，特别是张峰、马江华、张鹏科、董廷亮、刘君、王建丽和张丽琴，编者对他们的无私帮助表示感谢。

钢铁冶金的环保与节能技术进步很快，涉及的科学和工程领域很广。由于编者水平所限，书中一定会有缺点和不足，恳请读者批评指正。

编　者

2006年7月18日

目 录

1 绪　论

1.1　环境和环境保护的基本概念

1.1.1　环境的概念

环境是指以人类社会为主体的外部世界的总体，主要指人类已经认识到的直接或间接影响人类生存和社会发展的周围世界。环境的中心事物是人类的生存及活动，它具有整体性与区域性、变动性与稳定性、资源性与价值性等基本特征。《中华人民共和国环境保护法》对环境的内涵叙述如下："本法所称环境，是指影响人类生存和发展的各种天然的和经过人工改造的自然因素的总体，包括大气、水、海洋、土地、矿藏、森林、草原、野生生物、自然遗迹、人文遗迹、自然保护区、风景名胜区、城市和乡村等"。

环境可分为自然环境和人工环境等。

(1) 自然环境。自然环境是直接或间接影响到人类的一切自然形成的物质、能量和自然现象的总体。是人类赖以生存、生活和生产所必需的自然条件和资源的总称，即阳光、温度、气候、地磁、空气、水、岩石、土壤、动植物、微生物以及地壳的稳定性等自然因素的总和。

(2) 人工环境。由于人类的活动而形成的各种事物，包括人工形成的物质、能量和精神产品以及人类活动中所形成的人与人之间的关系。人工环境由综合生产力（包括人）、技术进步、人工建筑物、人工产品和能量、政治体制、社会行为、宗教信仰、文化与地方因素等形成。

人类生存的环境可按由小到大、由近及远分为聚落环境、地理环境、地质环境和宇宙环境。这些规模、性质不同的环境相互交叉、转化，形成一个庞大的系统。

(1) 聚落环境。聚落环境是人类有计划、有目的地利用和改造自然环境而创造出来的生存环境，它与人类生活和工作关系最密切、最直接。人生大部分时间是在聚落环境中度过的。聚落环境的发展为人类提供了越来越方便而舒适的生活和工作环境，同时也因聚落环境中人口密集、活动频繁而造成环境污染。

(2) 地理环境。地理环境是自然环境和人文环境两个部分的统一体。自然地理环境是由岩石、土壤、水、大气、生物等自然要素有机结合而成的综合体；人文地理环境是人类社会、文化和生产活动的地域组合，包括人口、民族、政治、社团、经济、交通、军事、社会行为等许多成分，它们在地球表面构成的圈层称为人文圈。

(3) 地质环境。地质环境为人类提供了大量的生产资料——矿产资源。随着生产的发展，大量矿产资源引入地理环境，在环境保护中是一个不容忽视的方面。地质环境与地理环境是有区别的，地质环境是指地表以下的地壳层，而地理环境主要指对人类影响较大的地表环境。

（4）宇宙环境。宇宙环境是由广漠的空间和存在于其中的各种天体以及弥漫物质组成的。目前环境科学对它的认识还很不足，是有待于研究和认知的及其广阔的领域。

20世纪70年代以来，人类对环境的认识发生了一次飞跃，人类开始认识到地球的生命保障系统中的各个组分和各种反应过程之间的相互关系。对一个方面有利的行动，可能会给其他方面带来意想不到的损害。

1.1.2 环境要素和环境质量

1.1.2.1 环境要素

构成环境整体的各个独立的、性质各异而又服从总体演化规律的基本物质组分称为环境要素，也称为环境基质。环境要素分自然环境要素和社会环境要素。目前研究较多的是自然环境要素，故环境要素通常是指自然环境要素，包括水、大气、生物、土壤、岩石、阳光等等。环境要素组成环境结构单元，环境结构单元又组成环境系统，例如由水组成河流、湖泊和海洋等水体，地球上的全部水体又组成水圈（水环境整体）；由土壤组成农田、草地和林地等，由岩石组成岩体，全部岩石和土壤构成岩石圈或称土壤-岩石圈；由生物体组成生物群落，全部生物群落构成生物圈。环境要素具有一些非常重要的属性，这些属性决定了各个环境要素间的联系和作用的性质，是人们认识环境、改造环境的基本依据。在这些属性中，最重要的是：

（1）最差限制律。最差限制律是1840年德国化学家J. V. 李比希提出的，20世纪初为英国科学家布莱克曼所发展而臻于完善。整个环境的质量，不能由环境诸要素的平均状况去决定，而是受环境诸要素中那个与最优状态差距最大的要素所控制。这就是说，环境质量的高低，取决于诸要素中处于“最低状态”那个要素，不能用其余的处于优良状态的环境要素去代替，去弥补。因此，在改造自然和改进环境质量的同时，必须对环境诸要素的优劣状态进行数值分类，循着由差到优的顺序，依次改造每个要素，使之均衡地达到最佳状态。

（2）等值性。任何一个环境要素，对于环境质量的限制，只有当它们处于最差状态时，才具有等值性。这就是说，各个环境要素，无论它们本身在规模上或数量上是如何的不相同，但只要是一个独立的要素，那么对于环境质量的限制作用并无质的差异。这种等值性同最小限制律有密切的联系，不过前者强调要素间作用的比较，后者则是从制约环境质量的主导要素上着眼的。

（3）环境整体大于诸要素之和。一处环境所表现出的性质，不等于组成该环境的各个要素性质之和，而是比这种“和”丰富得多，复杂得多。环境诸要素之间相互联系、相互作用形成环境的总体效应，这种总体效应是个体效应基础上的质的飞跃。

（4）环境诸要素是相互联系、相互依赖的。首先，环境诸要素的相互作用和制约关系，是通过能量流，即能量在各要素之间的传递，或能量形式在各要素之间的转换实现的。其次，通过物质循环，即物质在环境要素间的传递和转化，环境要素相互联系在一起。

环境要素演变的动力，主要依靠来自地球内部放射性元素衰变所产生的内生能，以及以太阳辐射能为主的外来能。太阳辐射能共分为三个主要部分：紫外部分（波长小于

0.4μm），包括X射线、γ射线等，它占据太阳辐射总量的7%，主要对于一些化学反应起着显著的作用，对于生命有致死的作用；可见光部分（波长为0.4~0.7μm），约占太阳辐射总量的50%，其中以波长在0.475μm（青光）附近的辐射能力最强，可见光对于植物的光合作用具有特殊的意义；红外部分（波长大于0.7μm），约占太阳辐射总量的43%，主要具有热效应的特性。阳光作为环境的一个基本要素，它是环境变化的基本动力源泉之一，同时它在地球表面上的时空分布特性，对地球表面的温度、大气运动、水循环、生物的分布形式和轮廓以及人类的活动等，均具有决定性的影响。除其他环境要素外，生物的生长量，生化反应的速度主要取决于温度所处的范围。

1.1.2.2 环境质量

所谓环境质量，是指一处具体环境的总体或某些要素，对于人群的生存和繁衍以及社会发展的适宜程度，是反映人群对环境要求的，对环境状况的一种描述。环境质量通常要通过选择一定的指标（环境指标）并对其量化来表达。自然灾害、资源利用、废物排放以及人群的规模和文化状态都会改变或影响一个区域的环境质量。

1.1.2.3 当前全球性环境问题

目前，环境问题困扰着整个世界。危及人类生存的环境问题主要有：全球变暖、臭氧层破坏、酸雨、淡水资源危机、能源短缺、森林资源锐减、土地荒漠化、物种加速灭绝、垃圾成灾、有毒化学品污染等众多方面。

（1）全球变暖。全球变暖是指全球气温升高。近100多年来，全球平均气温经历了冷—暖—冷—暖两次波动，总的来看，全球气温为上升趋势。1981~1990年全球平均气温比100年前上升了0.48℃。导致全球变暖的主要原因是人类在近一个世纪以来大量使用矿物燃料（如煤、石油等），排放出大量的CO_2等多种温室气体。由于这些温室气体对来自太阳的短波辐射具有高度的透过性，而对地球反射出来的长波辐射具有高度的吸收性，也就是常说的“温室效应”，导致全球气候变暖。全球变暖，会使全球降水量重新分配、冰川和冻土消融、海平面上升等，既危害自然生态系统的平衡，更威胁人类的食物供应和居住环境。

（2）臭氧层破坏。在地球大气层近地面约20~30km的平流层里存在着一个臭氧层，其中臭氧含量占这一高度气体总量的十万分之一。臭氧含量虽然极微，却具有强烈的吸收紫外线的功能，因此，它能挡住太阳紫外辐射对地球生物的伤害，保护地球上的一切生命。

然而人类生产和生活所排放出的一些污染物，如冰箱、空调等设备制冷剂的氟氯烃类化合物以及其他用途的氟溴烃类等化合物，它们受到紫外线的照射后可被激化，形成活性很强的原子与臭氧层的臭氧（O_3）作用，使其变成氧分子（O_2），这种作用连锁般地发生，臭氧迅速耗减，使臭氧层遭到破坏。

南极的臭氧层空洞，就是臭氧层破坏的一个最显著的标志。到1994年，南极上空的臭氧层破坏面积已达2400万km^2。南极上空的臭氧层是在20亿年里形成的，可是在一个世纪里就被破坏了60%。北半球上空的臭氧层也比以往任何时候都薄，欧洲和北美上空的臭氧层平均减少了10%~15%，西伯利亚上空甚至减少了35%。因此科学家警告说，地球上空臭氧层破坏的程度远比一般人想象的要严重得多。

（3）酸雨。酸雨是由于空气中二氧化硫（SO_2）和氮氧化物（NO_x）等酸性污染物引起的 pH 值小于 5.6 的酸性降水。受酸雨危害的地区，出现了土壤和湖泊酸化，植被和生态系统遭受破坏，建筑材料、金属结构和文物被腐蚀等等一系列严重的环境问题。由于全世界使用矿物燃料的量有增无减，使得受酸雨危害的地区进一步扩大。

(4) 淡水资源危机。地球表面虽然三分之二被水覆盖，但是97%为海水，只有不到3%是淡水，其中又有2%封存于极地冰川之中。在仅有的1%淡水中，25%为工业用水，70%为农业用水，只有很少的一部分可供饮用和其他生活用途。然而，在这样一个缺水的世界里，水却被大量滥用、浪费和污染。加之区域分布不均匀，致使世界上缺水现象十分普遍，全球淡水危机日趋严重。

目前世界上100多个国家和地区缺水，其中28个国家被列为严重缺水的国家和地区。我国广大的北方和沿海地区水资源严重不足，据统计我国北方缺水区总面积达58万 km^2。全国500多座城市中，有300多座城市缺水，每年缺水量达58亿 m^3，这些缺水城市主要集中在华北、沿海和省会城市、工业型城市。

世界上任何一种生物都离不开水，人们把水比喻为"生命的源泉"。然而，随着地球上人口的激增，生产迅速发展，水已经变得比以往任何时候都要珍贵。一些河流和湖泊的枯竭，地下水的耗尽和湿地的消失，不仅给人类生存带来严重威胁，而且许多生物也正随着人类生产和生活造成的河流改道、湿地干化和生态环境恶化而灭绝。

(5) 资源、能源短缺。当前，世界上资源和能源短缺问题已经在大多数国家甚至全球范围内出现。这种现象的出现，主要是人类无计划、不合理地大规模开采所致。

从目前石油、煤、水利和核能发展的情况来看，要满足世界能源需求量是十分困难的。因此，在新能源（如太阳能、快中子反应堆电站、核聚变电站等）开发利用尚未取得较大突破之前，世界能源供应将日趋紧张。

此外，其他不可再生性矿产资源的储量也在日益减少，这些资源终究会被消耗殆尽。

(6) 森林锐减。森林是人类赖以生存的生态系统中的一个重要的组成部分。地球上曾经有76亿公顷的森林。由于世界人口的增长，对耕地、牧场、木材的需求量日益增加，导致对森林的过度采伐和开垦，使森林受到前所未有的破坏。

联合国粮食及农业组织2005年11月14日发表的《全球森林资源评估报告》中说，全球有40亿公顷的森林，占陆地面积30%。澳大利亚、巴西、加拿大、中国、刚果民主共和国、印度、印度尼西亚、秘鲁、俄罗斯和美国这10个国家的森林面积占全球森林面积的2/3。目前全球每年损失1300万公顷的森林，但森林面积净流失量比率呈逐年下降的趋势。1990~2000年，全球每年净流失890万公顷森林，2000~2005年，全球每年净流失730万公顷森林，净流失面积比率为0.18%。近年，美洲、非洲、大洋洲的森林面积都不同程度地出现净流失。而亚洲则出现净增长。在20世纪90年代，亚洲每年净流失80万公顷森林；而2000~2005年，亚洲每年净增长100万公顷森林。这主要归因于中国开展大规模的植树造林。另外，欧洲的森林面积也在稳步增长。森林面积净流失量比率下降的原因是各国政府较以往更加重视保护森林资源，一方面加大保护原始森林的力度，另一方面展开大规模植树造林。

对热带雨林的破坏主要发生在热带地区的发展中国家，尤以巴西的亚马逊情况最为严重。亚马逊森林居世界热带雨林之首，但是，平均每5s就有一个足球场大小的森林消失。亚太地区、非洲的热带雨林也在遭到破坏。

(7) 土地荒漠化。简单地说土地荒漠化就是指土地退化。1992年联合国环境与发展大会对荒漠化的概念作了这样的定义："荒漠化是由于气候变化和人类不合理的经济活动等因素，使干旱、半干旱和具有干旱灾害的半湿润地区的土地发生了退化"。

荒漠化作为一种自然现象，不再是一个单纯的生态问题，已经演变成严重的经济和社会问题，它使世界上越来越多的人失去了最基本的生存条件，甚至成为"生态难民"。目前，尽管各国人民都在进行着同荒漠化的抗争，但荒漠化仍以每年50000~70000km^2的速度扩展，全球荒漠化面积达到3800万km^2，占地球陆地总面积的四分之一，使世界三分之二的国家和五分之一的人口受到其影响。联合国宣布，从1995年开始，每年的6月17日为"世界防治荒漠化和干旱日"。

我国是世界上荒漠化面积大、分布广、受荒漠化危害最严重的国家之一。截至2004年，全国荒漠化土地为263.62万km^2，占国土面积的27.46%。全国沙化土地面积为173.97万km^2，占国土面积的18.12%。一些地区沙化土地仍在扩展，因土地沙化每年造成的直接经济损失高达500多亿元人民币，全国有近4亿人受到荒漠化沙化的威胁，贫困人口的一半生活在这些地区。土地荒漠化已成为中华民族的心腹大患之一。

(8) 物种加速灭绝。物种就是指生物种类。现今地球上生存着500万~1000万种生物。一般来说物种灭绝速度与物种生成的速度应是平衡的。但是，由于人类活动破坏了这种平衡，使物种灭绝速度加快，据《世界自然资源保护大纲》估计，每年有数千种动植物灭绝。世界野生生物基金会发出警告：本世纪鸟类每年灭绝一种，在热带雨林，每天至少灭绝一个物种。物种灭绝将对整个地球的食物供给带来威胁，对人类社会发展带来的损失和影响是难以预料和挽回的。

(9) 垃圾成灾。全球每年产生垃圾近100亿t，而且处理垃圾的能力远远赶不上垃圾增加的速度，特别是一些发达国家，已处于垃圾危机之中。美国素有垃圾大国之称，其生活垃圾主要靠表土掩埋。过去几十年内，美国已经使用了一半以上可填埋垃圾的土地，30年后，剩余的这种土地也将全部用完。我国的垃圾排放量也相当严重，在许多城市周围，排满了一座座垃圾山，除了占用大量土地外，还污染环境。危险垃圾，特别是有毒、有害垃圾的处理问题（包括运送、存放），因其造成的危害更为严重，产生的危害更为深远，已成了当今世界各国面临的一个十分棘手的环境问题。近十几年来，随着我国经济的迅猛发展，我国的固体废弃物的产生量也在不断增加。由于我国固体废弃物的处置率低和处理技术落后等原因，大量的固体废弃物引发了严重的环境污染问题。固体废弃物的污染控制已成为我国环境保护领域的一个突出问题。1998年我国城市生活垃圾清运量达到1.13亿t，2004年全国661个城市年清运城市生活垃圾1.55亿t。垃圾无害化处理量8089万t。在1990~2004年期间，城市生活垃圾清运量年平均增长率为6.34%，略高于城市人口平均增长率，与城市建成区面积增长率基本相同。2006年，全国661个城市生活垃圾清运量达1.48亿t/a，有各类生活垃圾处理场419座，处理能力为258000t/d，集中处理量约8000万t，集中处理率为52.2%。工业固体废物的累积问题也十分严重，2006年全国产生工业固体废弃物151541万t，其中危险废弃物1084万t。2006年全国工业固体废物的综合利用量92601万t，处置量42883万t，贮存量22399万t。在中国东部地区，经济较发达，许多城市的人口密度比日本还大，可用土地相对较少，使得人们对城市生活垃圾等废弃物减容无害化处理的要求越来越高，因此垃圾焚烧的比例将会越来越大。这些焚烧设备简单而且规模小，焚烧处理和尾气净化装置不完全，通常造成焚烧废气和飞灰中含有大量的二恶英。

（10）有毒化学品污染。市场上约有7万~8万种化学品。对人体健康和生态环境有危害的约有3.5万种。其中有致癌、致畸、致突变作用的约500余种。随着工农业生产的发展，如今每年又有1000~2000种新的化学品投入市场。由于化学品的广泛使用，全球的大气、水体、土壤乃至生物都受到了不同程度的污染、毒害，连南极的企鹅也未能幸免。如果不采取有效防治措施，涉及有毒有害化学品的污染事件日益增多，将对人类和动植物造成严重的危害。

环境是人类生存发展的物质基础和制约因素，人口的增长要求工农业迅速发展，从环境中取得食物、资源、能量的数量必然要增大。然而，环境的承载能力和环境容量是有限的，如果人口的增长、生产的发展，不考虑环境条件的制约作用，超出了环境允许的极限，就会导致环境污染与破坏，造成资源的枯竭和对人类健康的损害。人口急剧增长是当今影响环境的最主要、最根本的因素。人类人口1830年是10亿人，1975年是40亿人，1995年是56.8亿人，2000年已超过60亿人，2005年是64.77亿人。预计2025年全球人口可能超过87亿人。人类为了生存需要消耗大量的耕地、矿产和能源等自然资源，在大量的生产过程中排出大量废物，必然造成环境污染和生态破坏。

因此，可以认为，环境问题的实质在于人类经济活动索取资源的速度超过了资源本身及其替代品的再生速度，以及向环境排放废弃物的数量超过了环境的自净能力。

面对严峻的环境问题，“先污染，后治理”是十分不明智的选择。人类要征服自然，就必须尊重自然。只有尊重自然，遵循自然规律，才能控制自然，使人类利益与自然协调发展。

1.1.2.4 生态平衡

生态系统的科学定义为：生态系统就是在一定的时间和空间内，生物和非生物的成分之间，通过不断的物质循环和能量流动而相互作用、相互依存的统一体，构成一个生态学的功能复合体。生物地理群落（biogeoconosis）为生态系统的同义语。

生态系统中的能量流和物质循环在通常情况下（没有受到外力的剧烈干扰）总是平稳地进行着，与此同时生态系统的结构也保持相对的稳定状态，这称作生态平衡。生态平衡的最明显表现就是系统中的物种数量和种群规模相对平稳。当然，生态平衡是一种动态平衡，即它的各项指标，如生产量、生物的种类和数量，都不是固定在某一水平，而是在某个范围内来回变化。这同时也表明生态系统具有自我调节和维持平衡状态的能力。当生态系统的某个要素出现功能异常时，其产生的影响就会被系统做出的调节所抵消。生态系统的能量流和物质循环以多种渠道进行着，如果某一渠道受阻，其他渠道就会发挥补偿作用。对污染物的入侵，生态系统表现出一定的自净能力，也是系统调节的结果。生态系统的结构越复杂，能量流和物质循环的途径越多，其调节能力，或者抵抗外力影响的能力就越强。反之，结构越简单，生态系统维持平衡的能力就越弱。农田和果园生态系统是脆弱生态系统的例子。

一个生态系统的调节能力是有限度的。外力的影响超出这个限度，生态平衡就会遭到破坏，生态系统就会在短时间内发生结构上的变化，比如一些物种的种群规模发生剧烈变化，另一些物种则可能消失，也可能产生新的物种。但变化总的结果往往是不利的，它削弱了生态系统的调节能力。这种超限度的影响对生态系统造成的破坏是长远性的，生态系统重新回到和原来相当的状态往往需要很长的时间，甚至造成不可逆转的改变，这就是生态平衡的破坏。作为生物圈一分子的人类，对生态环境的影响力目前已经超过自然力量，而且主要是负面影响，成为破坏生态平衡的主要因素。人类对生物圈的破坏性影响主要表现在三个方面：一是大规模地把自然生态系统转变为人工生态系统，严重干扰和损害了生物圈的正常运转，农业开发和城市化是这种影响的典型代表；二是大量取用生物圈中的各种资源，包括生物的和非生物的，严重破坏了生态平衡，森林砍伐、水资源过度利用是其典型例子；三是向生物圈中超量输入人类活动所产生的产品和废物，严重污染和毒害了生物圈的物理环境和生物组分，包括人类自己，化肥、杀虫剂、除草剂、工业三废和城市三废是其代表。

1.1.3 环境科学

环境科学是一门研究环境的物理、化学、生物三个部分的学科。它提供了综合、定量，和跨学科的方法来研究环境系统。由于大多数环境问题涉及人类活动，因此经济、法律和社会科学知识往往也可用于环境科学研究。

虽说环境科学的概念已存在几个世纪，但是直到1960年至1970年间，才广泛地活跃于科学研究领域。主要原因有：

（1）需要一组强大的多样性学问的团队来分析复杂的环境问题。

（2）建立一系列环境保护的法律，需要精确的环境研究草案。

（3）民众通过生活中的种种问题逐渐认识到，大家需要一个解决环境问题的方案。

环境科学是一门新学科，至今只有40多年的历史，而其发展速度是任何一门其他学科都无法比拟的。

环境科学的主体是人，与之相对应的是围绕着人的生存环境，包括自然界的大气圈、水圈、岩石圈、生物圈。人的活动遵循社会发展规律，向自然界索取资源，产生出一些新的东西再返回给自然，而环境科学就是研究人和环境间的这样一种关系。人类给予环境的有正面影响，也有负面影响，环境又往往将这些影响反过来作用于人，环境科学就是因为负面影响通过环境又损及人体健康才应运而生的。如果对此负面影响不加制止，我们的子孙后代就会吞食我们遗留给他们的苦果，所以我们必须在当代就把我们造成的负面影响制止住。环境科学是以“人类-环境”为对象，研究其对立统一关系的产生与发展、调节与控制以及利用与改造的科学。环境科学的目的就在于弄清人类和环境之间各种各样的演化规律，使我们能够控制人类活动给环境造成的负面影响。

环境科学的研究可以分成两个层次：宏观上，研究人和环境相互作用的规律，由此揭示社会、经济和环境协调发展的基本规律。这也就是可持续发展的思路，因此环境科学发展以后，必然要提出可持续发展问题。微观上，环境科学要研究环境中的物质，尤其是人类活动产生的污染物，其在环境中的产生、迁移、转变、积累、归宿等过程及其运动规律，为我们保护环境的实践提供科学基础。还要研究环境污染综合防治技术和管理措施，寻求环境污染的预防、控制、消除的途径和方法，这些都是环境科学的任务。

环境科学家监测环境质量、解释人类活动对陆地生态系统和水生生态系统的影响，并制定战略来恢复生态系统。此外，环境科学家们还帮助规划、发展、建设建筑物、运输通道以及保护水资源的设施，考虑高效、有益的土地利用规划。由于环境科学跨学科的性质，因此，专业的团队间通常共同合作进行环境研究或发布环境影响评估。还有一些专业的组织协调发动开展环境科学研究并帮助进行不同学科间的联系与交流。

20世纪80年代至今是环境科学蓬勃发展的阶段。此时环境问题也从局部问题、区域问题发展为全球性问题。譬如，大气流动，环绕地球一圈只要两年，其边界只是时间性的。这时，臭氧层保护问题、全球气候变化问题也上了日程。同时，各种国际行动，如条约、公约、议定书等都纷纷签订。区域间、国家间的合作加强，国际机构如世界银行、UNDP等也都在开展这方面工作。典型的如欧盟，不仅加强内部合作，而且寻求向亚洲发展。在亚洲，日韩也希望同发展中国家，尤其是同中国进行合作。

1972年，联合国在斯德哥尔摩召开的有114个国家代表参加的“人类环境会议”提出了与可持续发展概念相近的概念，这预示着人类环境时代的开始。1987年，联合国环境与发展委员会发表《我们共同的未来》的报告，提出了“可持续发展”的概念——“既满足当代人的需求，又不危及后代人满足其需求的发展。”这标志着可持续发展思想的成熟。1992年，联合国在里约热内卢召开的环境与发展大会把可持续发展作为未来共同发展的战略，并通过了《关于环境与发展的里约宣言》和《21世纪议程》，第一次把可持续发展由理论和概念推向行动。保护和加强环境系统的生产和更新能力，不超越环境系统的再生能力的发展称为可持续发展。1991年联合国环境规划署对可持续发展的定义是：在生存不超过维持生态系统涵容能力的情况下提高人类的生活质量。哈佛大学R. T. T. Forman教授对可持续发展的定义是：寻找一种最佳的生态系统和土地利用的空间构型以支持生态的完整性和人类愿望的实现，使环境的持续性达到最大。1992年联合国环发大会后我国第一个提出本国21世纪议程，并将之确定为国家发展战略。可持续发展的影响是深远的，因此一些人的提法是“又一次产业革命”。人类对生产的概念要重新诠释，即提倡清洁生产。环境治理要由原来的末端治理转向生产的全过程控制，最终实现“零”排放。清洁生产发展非常迅速，使得工业生产成为可持续生产。

环境保护（工作）是一项范围广阔，综合性很强，涉及自然科学和社会科学的许多领域，又有自己独特对象的工作。概括起来说，就是利用现代环境科学的理论和方法，在利用自然、资源的同时，深入地认识和掌握环境污染和破坏的根源与危害，有计划地保护环境、预防环境质量的恶化，控制环境污染，促进人类与环境协调发展，不断地提高人类的环境质量和生活环境（条件）造福人民、贻惠于子孙后代。

1.1.4 环境管理与环境法规

狭义的环境管理主要是指控制污染行为的各种措施。广义的环境管理是指按照经济规律和生态规律运用经济、法律、技术、行政、教育等手段，限制人类损害环境质量的行为，通过全面规划使经济发展与环境相协调，达到既要发展经济满足人类的基本需求，又不超出环境的允许极限。环境管理的目的是协调社会经济与环境的关系，最终实现可持续发展。

1.1.4.1 环境管理的内容

环境管理依据管理范围分为：

(1) 资源环境管理：保护资源，可更新资源的恢复和扩大再生产，不可更新资源的合理利用都属于资源环境管理的范畴。

(2) 区域环境管理：协调区域社会经济发展目标与环境目标，进行环境影响预测，制定区域环境规划，进行环境质量管理与技术管理，按阶段实现环境目标。

(3) 部门环境管理：包括能源环境管理、工业环境管理、农业环境管理、商业和医疗等部门的环境管理以及企业环境管理。

从环境管理的性质可分为：

(1) 环境计划管理：主要是通过计划协调发展与环境的关系，对环境保护加强计划指导，制定环境规划并用规划指导环境保护工作，在实践中不断调整和完善规划。

(2) 环境质量管理：是为了保护人类生存与健康所必需的环境质量而进行的各项管理工作。主要是指各种环境标准和各类污染物排放标准的制定及监督检查。调查、监测和评价以及报告和预测环境质量及其变化趋势。

(3) 环境技术管理：主要是制定防治环境污染的技术标准、规范、路线和政策，确定环境科学技术的发展方向，组织环境保护方面的技术咨询、信息服务、学术交流，并对技术发展方向、技术路线、生产工艺和污染防治技术进行环境经济评价，以协调技术经济发展与环境的关系。

1.1.4.2 环境管理制度

1973 年召开第一次全国环境保护会议到现在，我国在积极探索环境管理办法，出台了三大环境政策和八项环境管理制度。三大政策是："预防为主"、"谁污染谁治理"和"强化环境管理"。之所以称为"三大"政策，大就大在这 3 项政策均具有总体性、基础性和方向性。我国许多环境经济和技术政策，都是从这 3 项政策中衍生或延伸出来的。三项政策各有相对的独立性，但更有统一性和系统性。强化管理是环境政策的中心和主体，预防为主和谁污染谁治理是环境政策两翼，是围绕强化管理这一中心展开的。

8 项环境管理制度是：环境影响评价制度、三同时制度、排污收费制度、城市环境综合整治定量考核制度、环境目标责任制度、排污申报登记和排污许可证制度、环境限期治理制度和污染集中控制制度。8 项管理制度把我国环境保护的大政方针具体化了，变为可以实际操作的管理措施，为中国特色环境保护道路奠定了制度基础。

(1) 环境影响评价制度：是对可能影响环境的重大工程建设、区域开发及区域经济发展规划或其他一切可能影响环境的活动在事前进行调查研究的基础上，对活动可能引起的环境影响进行预测和评定，为防止和减少这种影响制订最佳行动方案。

(2) 三同时制度：建设项目的污染治理措施必须与主体工程同时设计、同时施工、同时投产。

(3) 排污收费制度：是指一切向环境排放污染物的生产经营者应当依照国家的规定和标准缴纳一定费用的制度。是运用经济手段有效地促进污染治理和新技术的发展。

(4) 城市环境综合整治定量考核制度：在城市行政部门领导下以城市生态理论为指导，以发挥城市的综合功能和整体最佳效益为前提，采用系统分析的方法，综合治理城市环境。

(5) 环境保护目标责任制：是一种具体落实地方各级人民政府和有污染排放的生产经营者对环境质量负责的行政制度。

(6) 排污申报登记与排污许可证制度：指凡是排放污染物的单位，需按规定向环保管理部门申报登记所拥有的污染物排放措施、污染物处理措施和正常作业条件下排放污染物的种类、数量和浓度。许可证制度以污染物总量控制为基础，规定排污单位许可排放的污染物的种类、总量、去向，是对污染源的管理的科学化、定量化。

（7）环境限期治理制度：对污染严重的污染物、污染源和污染区域采取限定时间、内容及治理效果的强制措施，是政府对排污单位采取的法律措施。

（8）污染集中控制制度：指污染控制以集中为主的发展方向，有利于集中人力、物力和财力解决重点污染问题；有利于采用新技术提高污染治理效果；有利于提高资源利用率，加速有害废物资源化；有利于节省防止污染的总投入；有利于提高环境质量。

三大政策和8项制度把不同的管理目标、不同控制层面和不同的操作方式组成为一个比较完整的政策和管理体系，基本上把我国主要的环境问题置于这个体系的覆盖之下，建立起一个具有活力而又灵活有效的管理机制。

实践证明，三大环境政策和8项环境管理制度，在控制环境污染和保护自然生态方面发挥了积极的作用，并大多被陆续出台的环境保护法律所吸纳，以法律形式所固定，成为依法保护环境的依据，直到今天，这些政策和制度仍然是我国现行环境法律框架的主体结构，继续发挥着基础性作用。

1.1.4.3　环境法规

改革开放30年来，中国的环境保护事业取得积极进展，环境立法从无到有，从少到多，逐渐建立了由综合法、污染防治法、资源和生态保护法、防灾减灾法等法律组成的环境保护法律体系。目前已经形成了以《中华人民共和国宪法》为基础，以《中华人民共和国环境保护法》为主体的环境法律体系。

1978年通过的《中华人民共和国宪法》第一次对环境保护作出规定："国家保护环境和自然资源，防治污染和其他公害"。这为中国的环境保护工作和以后的环境立法提供了宪法依据。国务院及其有关部门制定的行政法规和部门规章在保护环境与资源的实践中发挥了重要作用。

改革开放30年来，有了法律做基本保证，中国环保执法力度不断加强，公民环保意识逐步提高。

目前，中国的环境执法工作正在逐步形成以集中式执法检查活动为推动，以日常监督执法为基础，以环境监察执法稽查为保证，以公众和舆论监督为支持的现场监督执法工作体系。截至目前，我国已建立起国家、省、地、县四级环境执法体系，拥有环境监察机构近3000个，环境监察人员57000人。通过标准化建设，环境执法能力和水平正在不断提高。

改革开放初期，人们的环境保护意识淡薄，在经济起飞的过程中，人们普遍重视经济发展，轻视环境保护，只考虑生产，不考虑对环境的污染和破坏，过度开发和盲目发展造成环境破坏和环境污染的事例屡见不鲜。随着中国环境保护事业的发展，环境宣传教育作为环境保护工作的一个重要组成部分不断发展，公民环境意识不断提高，特别是近些年来，环境宣传教育活动更加丰富多彩。

A　我国环境保护法体系

环境保护法体系是指为了调整因保护和改善环境，防治污染和其他公害而产生的各种法律规范，以及由此所形成的有机联系的统一整体。所谓环境法律体系（statutory system of environmental law），是指由一国现行的有关保护和改善环境与自然资源、防治环境污染和其他公害的各种规范性文件所组成的相互联系、相辅相成、协调一致的法律规范的统一体。1989 年我国就颁布了《环境保护法》。《宪法》中也有国家保护和改善生活环境和生态环境，防治污染和其他公害等条款。还建立了与环境保护相关的资源管理法律，包括《水污染防治法》、《大气污染防治法》、《噪声污染防治法》、《固体废弃物污染防治法》、《海洋环境保护法》、《野生动物保护法》、《水土保持法》、《水法》、《土地管理法》、《森林法》、《草原法》、《渔业法》、《农业法》、《文物保护法》、《标准化法》等等；我国建立了各类国家环境标准 364 项，还有环境保护地方法规 600 多部。我国的环境保护法经过 20 年的建设与实践，现已基本形成了一套完整的法律体系。

B 宪法关于环境保护的规定

中国宪法（1982 年）第二十六条规定："国家保护和改善生活环境和生态环境，防治污染和其他公害"；第九条第二款规定："国家保障自然资源的合理利用，保护珍贵的动物和植物。禁止任何组织或者个人用任何手段侵占或者破坏自然资源"；第十条第五款规定："一切使用土地的组织和个人必须合理利用土地"，宪法中的这些规定是环境立法的依据和指导原则。2004 年宪法修正案对上述规定没有变更。宪法在一个国家中处于法律体系的最高位阶，它是国家的根本大法。因此任何法律规范都必须首先符合宪法规定。目前，不论各国的宪法规定如何，有一点是可以肯定的，就是宪法已经将环境的价值纳入其规范体系之中，以此作为环境立法、环境行政的依据。中国 1982 年宪法第 26 条"国家保护和改善生活环境和生态环境，防治污染和其他公害"是环境行政权的最基本的依据。从法理上推演，其结果就是保障人民在健康、安全、舒适的环境中生活和生存的权利。

C 环境保护法的定义

环境保护法是为了协调人类与自然环境之间的关系，保护和改善环境资源，保护人民健康和保障社会经济的可持续发展，由国家制定或认可并由国家强制力保证实施的调整人们在开发利用、保护改善环境资源的活动中所产生的各种社会关系的行为规范的总称。该定义主要包括以下几个方面的含义：环境保护法的目的是通过防治环境污染和生态破坏，协调人类与自然环境之间的关系，保证人类按照自然客观规律特别是生态学规律开发利用、保护改善人类赖以生存和发展的环境资源，维持生态平衡，保护人体健康和保障社会经济的可持续发展；环境保护法产生的根源是人与自然环境之间的矛盾，而不是人与人之间的矛盾，其调整对象是人们在开发利用、保护改善环境资源，防治环境污染和生态破坏的生产、生活或其他活动中所产生的环境社会关系；环境保护法是一部法律规范的总称，是以国家意志出现的、以国家强制力保证其实施的、以规定环境法律关系主体的权利和义务为任务的。

D 环境保护法的作用

（1）环境保护法是保证环境保护工作顺利开展的法律武器。我国在 1979 年制定了第一部综合性环境基本法《环境保护法（试行）》（以下简称"试行法"）。制定"试行法（trial law）"的一个重要的指导思想，就是要规定国家在环境保护方面（含自然环境保护）的基本方针和基本政策。为此，"试行法"在部门环境资源管理上分两章对"保护自然环境"和"防治污染和其他公害"分别作了规定。据"试行法"立法的背景材料分析，当时的考虑是将"试行法"作为环境保护基本法来制定的，在此之下还考虑再制定诸如大气保护、水质保护等环境单行法。1989 年，中国对该“试行法”做了一些修改。

1989 年国家颁布的《中华人民共和国环境保护法》使环境保护工作制度化、法制化，使国家机关、企事业单位、各级环保机构和每个公民都明确了各自在环境方面的职责、权利和义务。对污染和破坏环境、危害人民健康的，则依法分别追究行政责任、民事责任或刑事责任。环境保护法使环保工作有法可依，有章可循。

（2）环境保护法是推动环境保护领域中法制建设的动力。环境保护法是我国环境保护的基本法，为制定各种环境保护单行法规及地方环境保护条例等提供了直接的法律依据，促进了我国环境保护的法制建设。许多环境保护单行法律、条例、政令、标准等都是依据环境保护法的有关条文制定的。

（3）环境保护法增强了政府官员和公民的法制观念。环境保护法的颁布实施要求全国公民加强法制观念，严格执行环境保护法。一方面，政府领导要重视环境保护，对违反环境保护法，污染和破坏环境的行为，要依法办事。另一方面，广大公民应自觉履行保护环境的义务，积极参加监督各企事业单位的环境保护工作，敢于同违反环境保护法、破坏和污染环境的行为作斗争。

（4）环境保护法是维护我国环境权益的重要工具。《中华人民共和国环境保护法》第四十六条规定：“中华人民共和国缔结或者参加的与环境保护有关的国际公约，同中华人民共和国的法律有不同规定的，适用国际条约的规定，但中华人民共和国声明保留的条款除外”。《中华人民共和国海洋环境保护法》第二条第三款规定：“在中华人民共和国管辖海域以外，排放有害物质，倾倒废弃物，造成中华人民共和国管辖海域污染损害的，也适用本法”。依据我国颁布的一系列环境保护法就可以保护我国的环境权益，依法使我国领域内的环境不受来自他国的污染和破坏，这不仅维护了我国的环境权益，也保护了全球环境。

2008 年是我国制定《环境保护法》30 周年。2008 年我国成立了环境保护部，正式成为国务院组成部门。我国在实现环境保护和发展目标方面取得了较好的进展，但还不够。如果不采取进一步的变革，很可能中国的环境改善会继续沿着线性的道路发展，而引起环境退化的因素却呈指数性发展。

我国正在寻求一种创新的方法来实现环境保护与经济发展，这一方法将为我国社会带来持久的社会、经济和环境效益，并最终惠及全世界。我国正在倡导“生态文明”建设，从广义上讲就是使生态保护成为影响社会各个方面发展的主要驱动力。我国希望通过从根本上改变环境保护与经济发展的关系来实现这些目标。

环境与发展是中国建设和谐社会的重要组成部分。目前中国在改善环境管理方面的努力将来一定会通过生活质量和人民满意度的提高而获得经济、社会领域的丰厚回报。但是，我们要意识到这些努力离实现和谐社会的要求还有很大差距，还有很多工作要做。

E 环境保护单行法律

环境保护单行法律是针对特定的污染防治领域和特定资源保护对象而制定的单项法律，是我国环境保护法的枝干。目前已颁布了 5 项环境保护法、9 项资源保护法以及一些条例和法规。5 项环境保护单行法是《大气污染防治法》、《水污染防治法》、《固体废物污染环境防治法》、《海洋环境保护法》和《环境噪声污染防治法》。9 项资源保护法是《森林法》、《草原法》、《煤炭法》、《矿产资源法》、《渔业法》、《水法》、《土地管理法》、

《野生动物保护法》和《水土保持法》。这些法律属于防治环境污染、保护自然资源等方面的专门法规。通过这些环保法律的颁布与修订完善，有力地保障和推动了我国环保事业的发展。《中华人民共和国环境影响评价法》已由中华人民共和国第九届全国人民代表大会常务委员会第三十次会议于2002年10月28日通过，自2003年9月1日起施行。《中华人民共和国清洁生产促进法》已由中华人民共和国第九届全国人民代表大会常务委员会第二十八次会议于2002年6月29日通过，自2003年1月1日起施行。《排污费征收使用管理条例》已经2002年1月30日国务院第54次常务会议通过，自2003年7月1日起施行。《中华人民共和国水污染防治法》已由中华人民共和国第十届全国人民代表大会常务委员会第三十二次会议于2008年2月28日修订通过，修订后的《中华人民共和国水污染防治法》自2008年6月1日起施行。

F 处理环境纠纷程序的法规

环境纠纷处理法规是为及时、公正地解决因环境问题引起的纠纷而制定的，它包括关于环境破坏、环境污染赔偿法律及环境犯罪惩治法律等，如《环境保护行政处罚办法》，《报告环境污染事故的暂行办法》等。

G 其他相关法律

在我国行政法、民法、刑法、经济法、劳动法等部门中也有一些有关保护环境的法律规定，它们也是环境保护法体系的重要组成部分。例如，《民法通则》第八十三条关于不动产相邻关系的规定；第一百二十四条规定："违反国家保护环境防治污染的规定，污染环境造成他人损害的，应当依法承担民事责任"。又如1997年10月1日起施行的修订后的《刑法》增加了《破坏环境资源保护罪》一节，该节共9条，分别对危险废物管理、森林破坏、水生生物保护、濒危物种保护、名胜古迹保护、惩治玩忽职守、防止重大责任事故等方面都做了刑事处罚规定。除此之外，还有一些地方环境保护法规。

H 中国加入的国际环境公约

保护全球环境已经成为人类社会的共识，中国作为一个13亿人口的发展中大国，解决好中国的环境问题符合中国自身的发展目标。本着对国际环境与资源保护事物积极负责的态度，参加或者缔结了多项环境与资源保护国际公约和条约。对于许多重要的国际环境公约，我国都制定了积极可行的行动计划并积极履行在所加入的国际环境公约中所承担的义务。我国环境国际合作方面在不断发展。我国的国际环境合作主要有：

（1）积极参加并参与联合国等国际组织开展的环境事务。多年来，我国与联合国环境规划署、开发计划署，世行、亚行等国际组织建立了有效合作。比如，荒漠化防治、生活多样性保护、臭氧层保护、清洁生产与循环经济、长江中上游洪水防治、防止陆源污染保护海洋全球行动计划等方面都开展了卓有成效的合作。

（2）积极参与国际环境领域合作并履行相应义务。截至目前中国已经缔约或者签署国际环境公约50多项，仅在"十五"期间（2001～2005年），中国就参与了《生物多样性公约》、《维也纳公约》、《斯德哥尔摩公约》、《鹿特丹公约》、《核安全公约》、《巴塞尔公约》、《联合国气候变化框架公约》等一系列环境公约的缔约、签署以及谈判，并积极履行这些公约以及条约规定的义务。

（3）不断加强和推动了与周边国家与相关地区的环境合作，并积极开展了环境保护领域的双边合作。

I　环境标准

环境标准是由行政机关根据立法机关的授权而制定和颁布的，旨在控制环境污染、维护生态平衡和环境质量、保护人体健康和财产安全的各种法律性技术指标和规范的总称。我国环境保护标准包括环境质量标准、污染物排放标准、环保基础标准和环保方法标准。例如环境质量标准有《环境空气质量标准》、《地面水环境质量》、《城市区域环境噪声标准》等，污染物排放标准有《工业“三废”排放标准》、《污水综合排放标准》、《锅炉烟尘排放标准》等。环境标准是中国环境法体系中的一个重要组成部分，也是环境法制管理的基础和重要依据。中央政府有关部门和各地人民代表大会、地方人民政府依照法定权限制定了环境保护地方法规和部门规章 660 余件。同时环境标准体系也逐步形成，截止到 2007 年底，国家已经颁布了 1100 余项环境保护标准，北京、上海、山东、河南等省市区也制定了 30 余项环境保护的地方标准。而且目前有 3000 余项环境标准正在制定过程中。

为贯彻实施中华人民共和国清洁生产促进法，进一步推动我国的清洁生产，防止生态破坏和环境污染，保护人民健康促进经济可持续发展并为钢铁企业开展清洁生产提供技术支持和导向，2004 年国家环保总局发布了中华人民共和国环境保护行业标准《清洁生产标准钢铁行业》征求意见稿。该标准于 2006 年 7 月 3 日正式发布，10 月 1 日施行。该标准适用于钢铁联合企业和短流程电炉钢厂的清洁生产审核、清洁生产绩效评定和清洁生产绩效公告制度。其后又相继发布了钢铁行业各主要工序的清洁生产标准。

J　我国环境保护的成就和存在的问题

经过多年努力，我国环境法规标准体系不断完善。到目前为止，我国已经有了环境保护法律 9 部，自然资源保护法律 15 部，而且还有 50 余项环境保护方面的行政法规已经颁布并在有效实施。环境保护总体看来取得成效：一是环境污染和生态破坏加剧的趋势有所减缓；二是一些流域、一些城市、一些区域污染治理初见成效，环境质量有所改善。另外，工业产品的污染物排放强度在不断下降，特别明显的趋势就是中国全社会的环境意识大幅度增强。

但是我国的经济社会发展仍然面临资源和环境的严重制约，面临着巨大的压力和严峻的挑战。主要反映在以下五方面：

（1）资源保障存在一些问题。我国占世界人口的 1/5，却只有世界 7% 的水资源，4% 的森林资源，9% 的铁矿资源。这样的资源禀赋不可能支撑高投入、高消耗的发展模式。

（2）我国生态负荷、生态承载力已经严重超标。比如，污染总量在不断攀升。水、大气、土壤、固体废物、声环境问题十分严重，生态功能退化现象比较普遍。中国在全世界二氧化硫、氮氧化物、COD 等一些主要污染物排放排列第一。二氧化碳也排居高位，据环保部门研究，我国 COD 排放量已经超过负荷 600 万～800 万 t，二氧化硫排放量也已经超过负荷 1200t 左右。我国每年向发达地区出口的产品中所产生的二氧化碳就占我国二氧化碳排放总量的 23% 左右。

（3）我国环境隐患和生态灾害十分严重。一些严重的环境问题已经危及群众健康和公共安全，并造成了严重的经济损失。广大群众改善环境的呼声越来越高，近年来环境投诉都在以每年 30% 的速度上升。而环境问题导致的群体性事件也以每年 29% 的速度递增。2006 年当时的环保总局和国家统计局联合发布了一份《中国绿色国民经济核算研究报告》，其结论是在 2004 年全国因环境污染造成的经济损失为 5118 亿元，占当年 GDP 的

3.5%。可以看出这是一笔巨大的经济损耗。

预计到2020年我国人口将达到14.6亿，经济总量将翻两番，按当时的资源消耗和污染控制水平，污染负荷将增加4~5倍。也就是说，成为我国环境与发展矛盾最为突出的时期。

（4）目前环境问题极其复杂。我国的环境问题已经呈现出压缩型、结构型、复合型的特点，工业、农业、生活污染相互叠加。环境污染、生态破坏、自然灾害相互影响，随着经济社会的进一步发展，这些特点将会更加突出。而且，我国的跨流域、跨行政区域的环境问题也日益严重，跨国界的环境污染和生态破坏的问题也在逐步显现。同时，全球气候变化、应对外来物种与防范、基因资源保护、持久性有机污染物和新化学物质污染控制等问题也日益凸显。

（5）环境管理等环境保护的基础工作还比较薄弱，监管手段还相当缺乏，环保投入还显得不足，环境法制、环保科技、环境产业等方面都需要进一步提升。

我国经过几十年的摸索与实践，现已建立起一套较为完备的、并具有中国特色的污染防治政策法律体系和管理制度。尤其在环境法律体系的设计和建设方面，已逐步接近发达国家的水平。但是，在环境法律的实施与执行方面还有较大的差距。一些地方政府为获得短期经济效益，干预环保部门执法，对于新建项目不执行环境影响评价制度，使一些高污染、高能耗或布局不合理的新项目上马，造成生态环境边治理、边破坏，甚至治理赶不上破坏。

经济手段作为环境保护的重要手段之一，一直为各国政府所重视。中国中央和地方政府近20年来一直在加大相关经济刺激政策的制定和实施，主要包括征收排污费、减免税收、加速设备折旧、环境保护项目优先贷款、建立环境保护专门基金、大气污染物排污交易、征收生态补偿费等，但多数未达到预期效果。主要是由于政策和法律设定的奖惩力度低，导致了“环境违法成本低、环境执法成本高”。据估算，我国环境违法成本平均不及治理成本的10%，不及危害代价的20%。以国家自1992年开始征收工业燃煤二氧化硫排污费为例，由于征收的费用远低于企业脱硫、控制二氧化硫污染的成本，致使多数企业宁交排污费，也不愿建设脱硫设施。

1.1.5 国际环境管理标准 ISO 14000

在近代工业的发展过程中，由于人类过度经济增长速度而忽略环境的重要性，导致水土流失，大片土地沙漠化，水体污染，空气质量下降，全球气候反常，臭氧层耗竭，生态环境严重破坏，环境问题已成为制约经济发展和人类生存的重要因素。

全球环境保护意识不断增强，并提出可持续发展的战略思想。要求推行清洁生产，合理利用自然资源，减少污染物排放，加强环境管理。各国政府非常重视环境问题，纷纷制定环境标准，出口商品因不符合标准而蒙受巨大经济损失。环境问题已成为绿色贸易壁垒，影响国际贸易的发展。

ISO 国际标准化组织在汲取世界发达国家多年环境管理经验的基础上制定并颁布 ISO 14000 环境管理系列标准，成为一套目前世界上最全面和最系统的环境管理国际化标准，并引起世界各国政府、企业界的普遍重视和积极响应。ISO 14000 是国际标准化组织（ISO）第207技术委员会（TC207）从1993年开始制定，1996年9月颁布的系列环境管理国际标准的总称。ISO 14000 是国际标准化组织继 1987 年颁布的第一套关于 ISO 9000 族质量管理标准系列后推出的一套环境管理系列标准。ISO 14001 环境管理体系标准作为 ISO 14000 系列标准的核心，是企业建立环境管理体系并开展审核认证的根本准则。目前，国内外进行的 ISO 14000 认证即指 ISO 14001 环境管理体系认证。它同以往各国自定的环境排放标准和产品的技术标准等不同，是一个国际性标准，对全世界工业、商业、政府等所有组织改善环境管理行为具有统一标准的功能。它由环境管理体系（EMS）、环境行为评价（EPE）、生命周期评估（LCA）、环境管理（EM）、产品标准中的环境因素（EAPS）等 7 个部分组成。其标准号从 14001 ~ 14100，共 100 个。

ISO 14000 标准的特点是：注意体系的完整性，是一套科学的环境管理软件；强调对法律法规的符合性，但对环境行为不作具体规定；强调污染预防，持续改进；要求对组织的活动进行全过程控制；广泛适用于各类组织；与 ISO 9000 标准有很强的兼容性。ISO 14000标准的基本要求：要求建立文件化的环境管理体系；制定环境方针，做出环境保护的承诺；识别企业的环境因素，制定目标指标以改善环境状况；要求污染预防，持续改进；遵守法律法规；针对企业的重要环境岗位，建立作业程序加以控制；注意各方面的信息沟通；要求对紧急突发事件，建立应急和响应计划。

我国于 1997 年 4 月 1 日由国家技术监督局将已公布的 5 项国际标准 ISO 14001、ISO 14004、ISO 14010、ISO 14011、ISO 14012 等同于国家标准 GB/T 24001、GB/T 24004、GB/T 24010、GB/T 24011 和 GB/T 24012 正式发布。这五个标准及其简介如下：

（1）ISO 14001（GB/T 24001—1996）环境管理体系——规范及使用指南。该标准规定了对环境管理体系的要求，描述了对一个组织的环境管理体系进行认证/注册和（或）自我声明可以进行客观审核的要求。通过实施这个标准，使相关确信组织已建立了完善的环境管理体系。

（2）ISO 14004（GB/T 24004—1996）环境管理体系——原理、体系和支撑技术通用指南。该标准对环境管理体系要素进行阐述，向组织提供了建立、改进或保持有效环境管理体系的建议，是指导企业建立和完善环境管理体系的工具和教科书。

（3）ISO 14010（GB/T 24010—1996）环境管理审核指南——环境审核指南，通用原则。该标准规定了环境审核的通用原则，包括了有关环境审核及相关的术语和定义。任何组织、审核员和委托方为验证与帮助改进环境绩效而进行的环境审核活动都应满足本指南推荐的做法。

（4）ISO 14011（GB/T 24011—1996）环境管理审核指南——审核程序，环境管理体系审核。该标准规定了策划和实施环境管理体系审核的程序，以判定是否符合环境管理体系的审核准则，包括环境管理体系审核的目的、作用和职责，审核的步骤及审核报告的编制等内容。

（5）ISO 14012（GB/T 24012—1996）环境管理审核指南——环境管理审核员的资格要求。该标准提出了对环境审核员的审核组长的资格要求，适用于内部和外部审核员，包括对他们的教育、工作经历、培训、素质和能力，以及如何保持能力和道德规范都做了规定。

这一系列标准是 ISO 14001 为核心，针对组织的产品、服务活动逐渐展开，形成全面、完整的评价方法。可以说，这一系列标准向各国及组织的环境管理部门提供了一整套实现科学管理体系，体现了市场条件下环境管理的思想和方法。

1.1.5.1 实施 ISO 14000 标准是提高环保管理工作的必由之路

实施 ISO 14000 标准，有利于冶金工业的节能降耗，减少污染，实现可持续发展。冶金工业是一个高能耗的行业，存在的污染源是不可避免的。一方面要通过技术进步、技术创新来提高资源、能源的利用率。另一方面，就是通过制订和实施治理方案，尽量采用清洁生产的方案，来解决现有工艺装备下的一些污染问题。建立环境管理体系后，最高管理者要制定环境方针，对环境目标指标和遵守环保法律法规做出承诺，相应的治理方案措施就能得以实施。每个职工所在的岗位都分担一定的指标和治理任务，污染状况能得到最大的控制和改善。其次，有利于消除贸易壁垒，使冶金产品进入国际市场。随着国际国内市场竞争日益激烈，未通过 ISO 14000 认证企业的产品在国际上将会受到很大限制。国际标准化组织既然制定 ISO 14000 标准，它必然在国际市场上形成一种贸易壁垒。随着各国对 ISO 14000 标准贯彻的深入，对环保认识的提高，这种非关税壁垒作用必将越来越明显。一个对环境负责的企业，一定能对用户负责。通过建立环境管理体系，更加能赢得客户的信任，产品市场竞争力就会提高。从战略的高度看，早通过 ISO 14000 认证，则早主动，反之就被动。再者，能使我们的环保管理工作与国际标准接轨，更加标准化、规范化。冶金企业开展环保管理工作在国际和国家的总体要求下，经过多年的摸索和积累，也已建立起一套行之有效的管理方法和手段，但也存在许多问题，环保管理的漏项太多，薄弱环节太多。有的企业对建设项目环境保护“三同时”重视，有的企业对污染源的达标排放重视，有的企业对创建清洁工厂重视，各有千秋。就一个企业内部而言，环境管理也不规范。各部门的环保职责不清，环保法规、标准掌握得不全面，有的还在执行已经作废的排放标准。通过建立环境管理体系后，可避免上述问题的出现。环保管理的地位和权威性提高，环保管理的作用和效率也全面提高，国家的各项环保法规和标准才能得到全面落实。

1.1.5.2 ISO 14000 带给企业的效益

随着经济全球化趋势日益明显，越来越多的企业将实施全球化经济战略。企业的环境表现已成为政府、企业及其他组织采购产品选择服务时优先考虑的因素之一，目前一些著名的跨国企业已开始制定实施 ISO 14000 的内部计划，并将 ISO 14000 作为对其供应商环境管理的考核标准。ISO 14000 是中国企业突破贸易壁垒，增强市场竞争力的有效手段。获得 ISO 14000 标准认证是获取国际贸易的“绿色通行证”，可以树立优秀企业形象，增强企业市场竞争力，扩大市场份额；可以促使企业改革工艺设备、改进产品性能、实现节能降耗，制造“绿色产品”；也促进企业积极进行污染预防，保护环境，减少环境风险，避免因环境问题造成经济损失；另外还可以提高员工环保素质，提高企业管理水平。总之，实施 ISO 14000 认证将带给企业明显的绩效。

1.2 现代钢铁冶炼的基本流程与特点

1.2.1 现代钢铁冶炼的基本流程与特点

现代化钢铁联合企业中钢铁冶炼、铸造、钢材加工工艺流程分别如图 1-1、图 1-2 所示。由于钢铁企业本身的结构和技术工艺特性，钢铁厂的特点是：

(1) 资源密集、能耗密集。在钢铁联合企业内，每吨钢将消耗（标煤）0.7～0.8t、

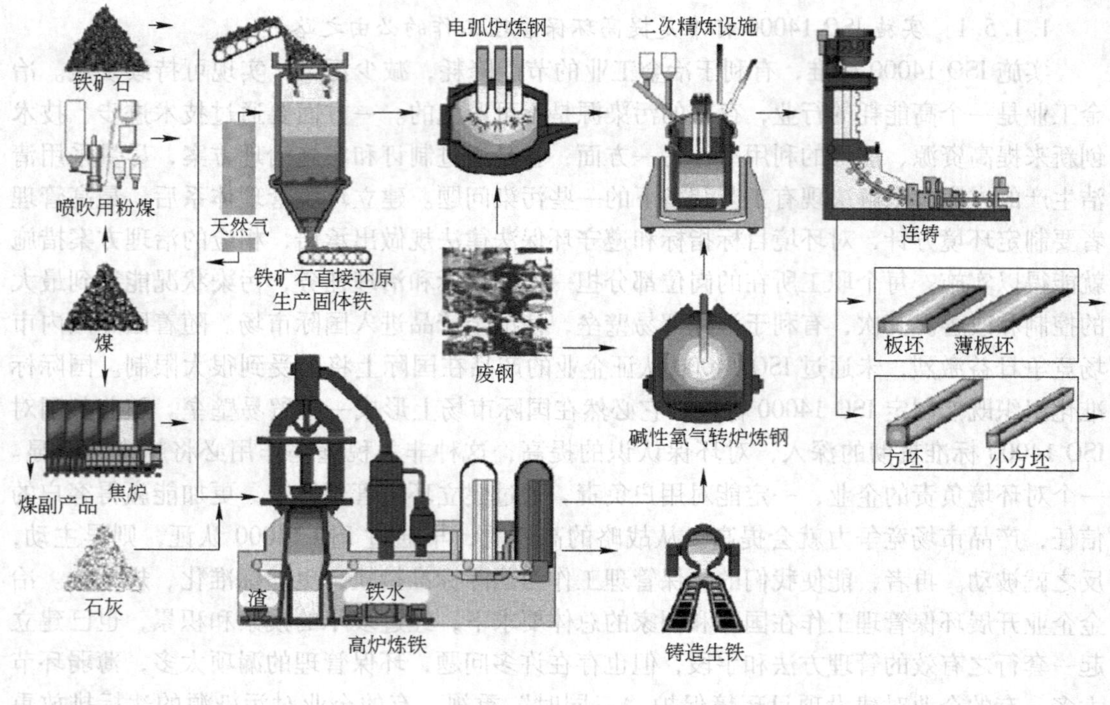

图 1-1 钢铁冶炼与铸造工艺流程

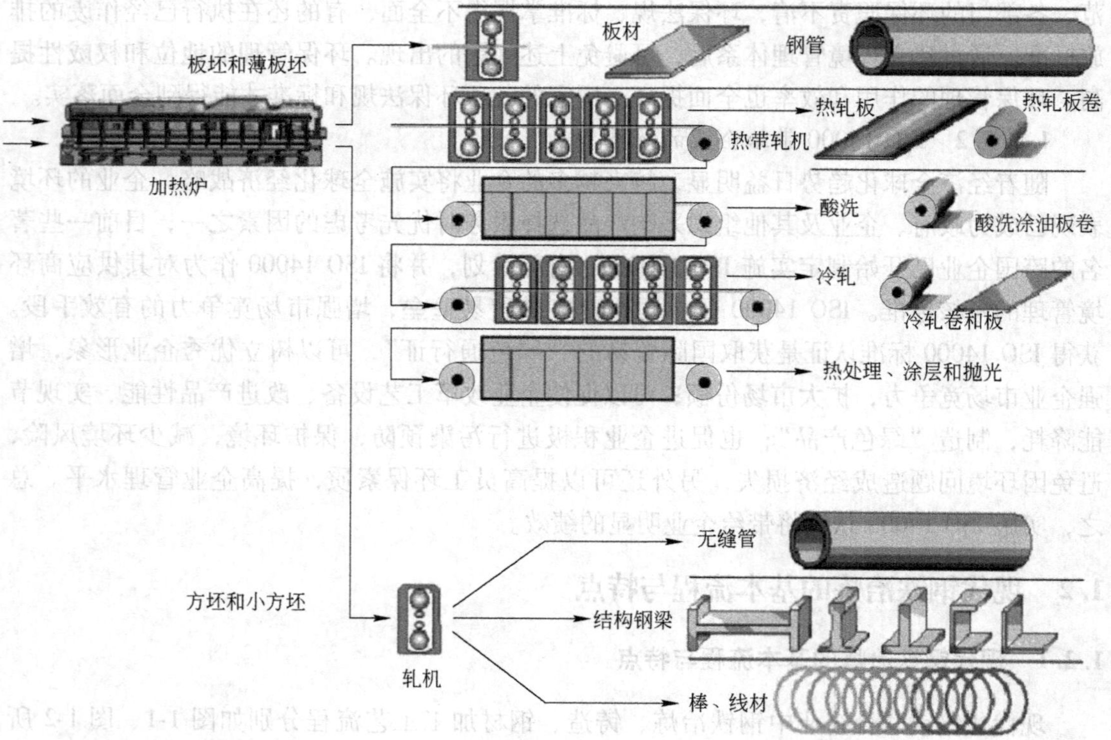

图 1-2 钢材加工工艺流程

1.5～1.65t 铁矿石、3～8t 新水。

(2) 生产规模大，物流吞吐大。现代化钢厂的基本级别大致分为 100 万～200 万 t、300 万～400万 t、600 万～800 万 t 级别，每吨钢涉及的物流将是 5～6t。

(3) 制造流程工序多、结构复杂。制造流程中伴随大量物质/能量排放，形成复杂的环境界面。

1.2.2 钢铁材料在工业用材料中的地位

现代社会五大类工业用材料是：

(1) 金属材料：钢铁、铝、铜、锌、铅等；

(2) 陶瓷材料：水泥、玻璃、砖瓦、陶器；

(3) 塑料：聚乙烯、聚丙烯、聚氯乙烯、聚四氟乙烯等；

(4) 木材：原木、合成板、木制材；

(5) 纤维：纤维、纸张等。

上述材料中按质量计生产量最大并在重要部位使用的是金属材料。根据 2005 年统计资料，世界主要金属产量见表 1-1。

表 1-1 2005 年世界主要金属产量 （万 t）

金 属	钢	铝	铜	锌	铅	锡
产 量	110762	3193	1643	1025	723.2	27.3

其中第二位的铝仅为钢的 2.88%。图 1-3 示出了 1970 年、2006 年世界钢铁、铝、镁和塑料的产量与产值，可见钢铁材料的重要地位。

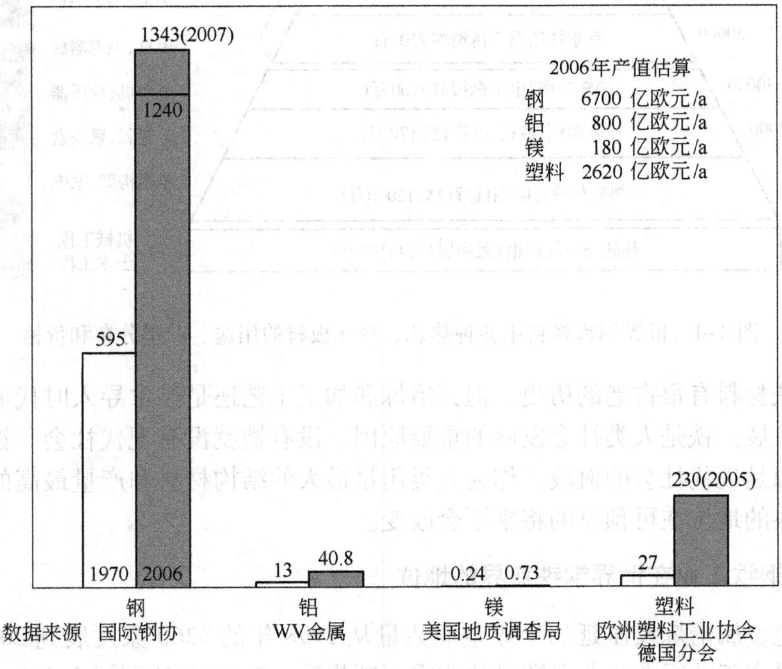

图 1-3 1970 年、2006 年世界钢铁、铝、镁和塑料的产量与产值

钢铁材料在现代社会保持优越地位的原因：

（1）资源丰富，Fe 占地壳的 5%，丰度排在第四位，而且有高品位的大矿床可供开采，2004 年开始世界粗钢年产量超过 10 亿 t。

（2）容易冶炼，钢铁的大量生产的方式早已确立，近年来钢铁企业的特点是在大型化、高速化、连续化、自动化方面不断进步。

（3）强度、硬度、韧性等性质可以满足一般结构材料的要求。

（4）多用途，性能可调节，通过合金化、热处理、特殊加工工艺等可以在广泛的范围内对性能进行调节。最近开发了多种技术，使钢铁材料从结构材料向功能材料转化。除了不锈钢以外，有些钢材具有耐热、电磁、热电转换、超硬、减震、多孔等功能。图 1-4 所示为世界钢铁材料中各种热轧、冷轧板材的用途、产量分布和价格，可见钢铁材料的应用范围十分广泛，而且随着其中含有的合金成分的含量越高，钢材使用性能（耐腐蚀性）越好，其价格也越高。

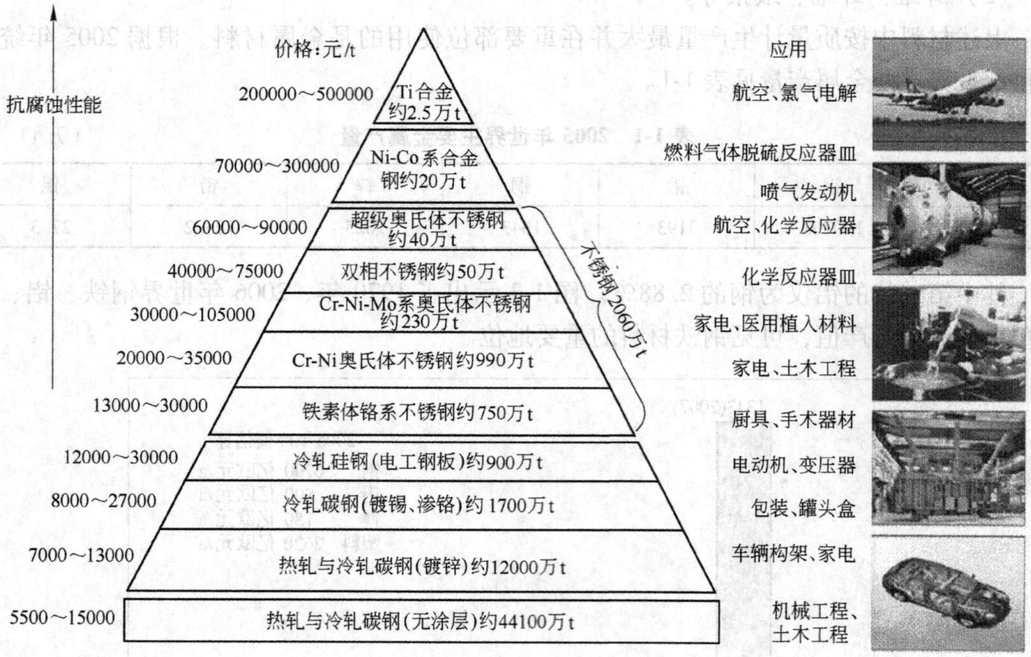

图 1-4　世界钢铁材料中各种热轧、冷轧板材的用途、产量分布和价格

尽管钢铁材料有很古老的历史，但其冶炼和加工工艺还是经常导入时代的尖端技术而不断创新、发展。铁是人类社会发展的重要原因，没有铁就没有现代社会。铁是现代社会的骨骼，能源是现代社会的血液。作为人类用量最大的结构材料和产量最高的功能材料而言，钢铁材料的地位在可预见的将来不会改变。

1.2.3　我国钢铁工业在世界钢铁业界的地位

我国黑色金属冶炼及压延加工业企业数量从 1998 年的 3260 家发展到 2003 年的 4119 家，企业数量占工业行业企业总数量的比重不断提高，2003 年达到了 2.1%；行业工业总产值也是呈不断增长的趋势，且占全国工业总产值的比重也不断提高，由 1998 年的

3.26%提高到2003年的7.03%。2006年，我国钢铁行业完成累计工业总产值492244115千元；实现累计产品销售收入496471514千元，实现累计利润总额24086180千元。截至2008年5月，我国黑色金属冶炼及压延加工业企业数量达7151家，其中炼铁业869家，炼钢业363家，铁合金冶炼业1561家，钢压延加工业4358家。全部从业人员年平均人数达300.49万人，全行业资产总额33221.69亿元。这些数据表明，我国钢铁行业在工业经济中的地位十分重要。钢铁工业是中国国民经济的基础产业，对国民经济的发展有着举足轻重的作用。钢铁工业在西方被视为“夕阳工业”已经多年。但是钢铁工业的经济价值是不可低估的，2004年全世界钢铁工业的经济价值已超过62000亿美元。2006年达到72000亿元人民币。21世纪中国钢铁工业的希望和前景，是伴随着国民经济的发展而同时存在的。21世纪中国的钢铁工业，仍然充满着希望，有着光辉的前景。1990～2007年中国粗钢产量增长情况如图1-5所示。自1996年以来我国钢产量已经连续13年超过1亿t，2007

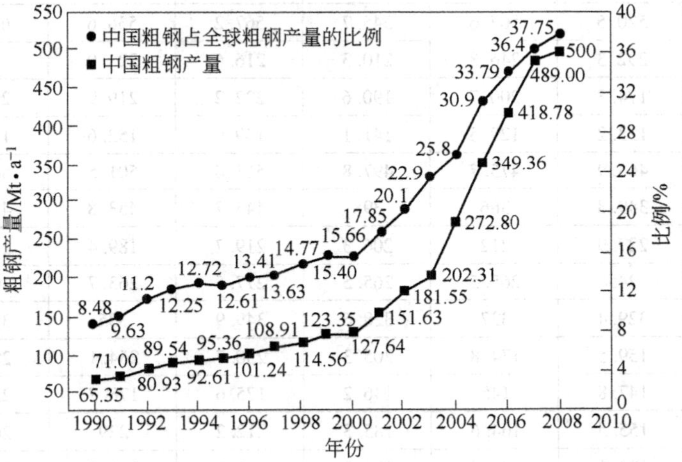

图1-5 我国年粗钢产量增长情况

年达4.89亿t，占世界67个主要产钢国家和地区总产量的36.4%。2008年我国粗钢产量达到5.02亿t，占世界粗钢总产量13.30亿t的37.75%。我国钢产量占世界产量的比重继续增加。图1-6所示为2007年世界粗钢产量的地理分布。图1-7所示为2007年世界钢材

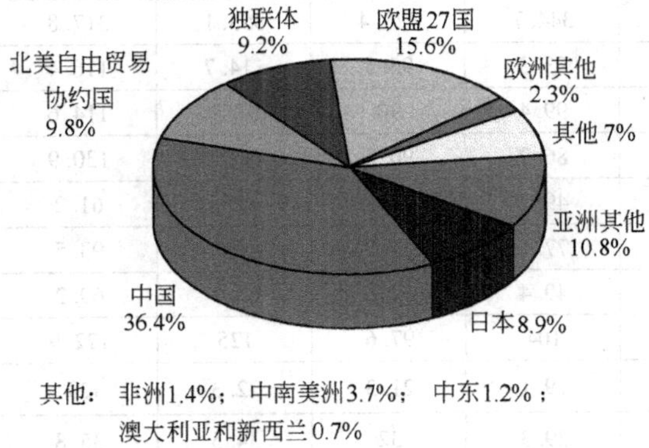

图1-6 2007年世界粗钢产量的地理分布

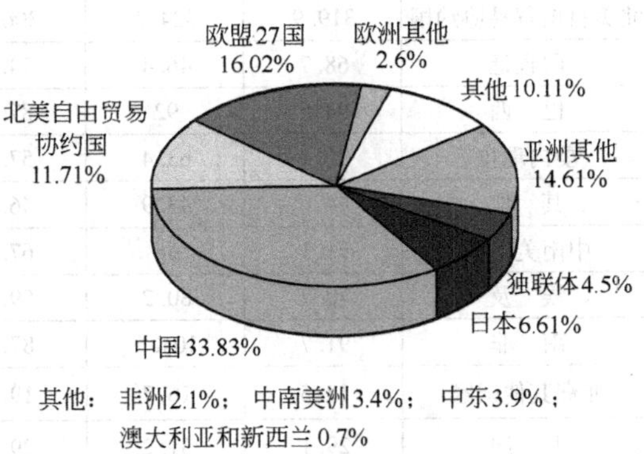

图1-7 2007年世界钢材消费的地理分布

消费量的地理分布。比较图 1-6 与图 1-7 可知，2007 我国的钢材消费量占世界消费量的百分比已低于产量占世界产量百分比。2006 年中国钢铁生产量大于消费量，出口钢材超过 4000 万 t，成为世界最大钢材出口国。

表 1-2 列出了 2001 ~ 2007 年主要国家/地区人均钢材表观消费量。从表 1-2 可知我国 2007 年人均消费粗钢 307.3kg，已经高于 194.2kg 的世界平均水平。人均钢铁材料的消费

表 1-2　2001 ~ 2007 年世界各国/地区人均表观粗钢消费量　（kg）

国家、地区	2001 年	2002 年	2003 年	2004 年	2005 年	2006 年	2007 年
奥地利	372.1	384	382.1	399.6	419.4	492.3	517.1
比利时-卢森堡	506.1	417.9	375.5	440.3	412.9	461	466.1
捷　克	390.8	409.6	432.7	508.1	513.7	582.9	632.3
法　国	291.1	287.7	259.2	274.2	243.3	263.5	267.8
德　国	398.3	383.4	386.6	413.8	406.9	444.4	463.4
意大利	520.5	507.6	545.7	567.2	538.6	622.9	628.2
荷　兰	292.3	246.8	210.3	216.6	221.9	215	252.1
波　兰	174.3	200.7	190.6	222.2	219.9	280.5	313.8
罗马尼亚	123.2	129.5	141.1	149.6	152.6	191.8	222
西班牙	463.9	475.7	497.8	513.8	501.5	561.1	556.3
瑞　典	349.8	366	398	443.7	453.8	481.1	480.3
英　国	227.9	212	206.3	219.7	189.4	212.4	214.2
欧盟其他成员国	245	265.5	265.5	277.5	263.7	307.9	323.3
欧盟 27 国	329.4	327	328.6	349.9	335	378.9	392
土耳其	159.5	174.8	205.3	230.7	254.1	287.8	314.6
其　他	147.8	145	146.2	175.6	178.7	222.7	209.2
欧洲其他地区	155.5	164.6	185.3	212.2	229	266.3	279.8
俄罗斯	183.1	170.6	174.2	181.7	203.7	245.5	279.9
乌克兰	119.5	115.5	134.7	121.9	126.9	140.1	172.7
独联体其他成员国	77.3	59.1	59.2	58.9	58.7	58.4	58.1
独联体	144.4	135.5	139.1	145.7	160.5	185.9	212.8
加拿大	490.5	508	490.4	543.9	502.4	531.8	469.3
墨西哥	129.5	140.5	145.7	155	154	170.4	167.3
美　国	368.3	368.8	343.2	389.4	358.7	397.3	353.9
北美自由贸易协约国	319.9	324.3	306.8	344.7	320.4	353.1	317.8
阿根廷	68.7	46.4	74.8	93.3	95.5	114.7	116.4
巴　西	94.5	92	87.8	99.4	90	97.9	114.6
委内瑞拉	90.5	63.4	57.3	86.9	90.8	118.9	130.9
其　他	44.6	43.9	46.6	49.2	51	55.6	61.2
中南美地区	71.1	66	67.5	77.1	74.2	83	93.5
埃　及	78.7	80.2	59.5	49.4	62.8	60.3	69.2
南　非	91.7	104.6	87.3	104	97.6	125	122.9
非洲其他国家	15.5	16.7	19.1	19.1	21.3	22.3	23
非　洲	29.1	31.2	29.2	29.3	32	34.5	35.8
伊　朗	159.2	167.1	216.1	211	225	208.1	292.3

续表 1-2

国家、地区	2001 年	2002 年	2003 年	2004 年	2005 年	2006 年	2007 年
中东其他地区	153	169.3	175.9	189.6	199.9	223.7	280.6
中　东	155.8	168.3	193.6	199	210.8	217	285.6
中　国	123.5	148.5	185.4	211.4	252.7	273.6	307.3
印　度	26.8	28.4	30.1	31.6	35.2	39.6	43.4
日　本	575.2	562.4	575.2	601.1	609.6	617.4	625.9
韩　国	808.8	924.6	955.4	990	984.4	1，037.10	1，142.80
中国台湾	780.1	907.4	878.4	969.2	869.7	860.4	781.8
亚洲其他地区	44.1	48.4	47.7	52.3	53.8	49.8	56.8
亚　洲	104.1	116.6	130.9	143.7	159.4	167.8	183.6
澳大利亚和新西兰	268.2	298.1	308.3	327	321.2	315.8	340.7
全世界	133.4	140.6	148.7	162	169.3	182.5	194.2

数据引自：WORLD STEEL IN FIGURES 2008，2nd Edition，World Steel Association。

量代表一个国家的经济发展水平。图 1-8 所示为日本钢铁协会归纳的一些国家和地区人均粗钢年消费量与人均年 GDP 的关系，从图可以看出，我国的人均钢材消费量还比较低；与世界上的发达国家相比较相差较大。随着国民经济的发展，钢铁工业还有相当的发展空间。我国的基础设施建设很不完善，有些方面还很落后，加工和制造业对新材料还有相当大量和急迫的需求，其他国民经济部门对钢材的需求仍然旺盛。

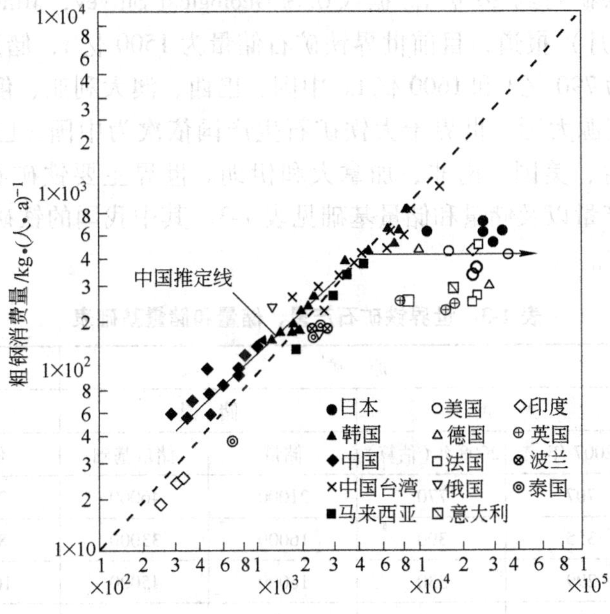

图 1-8　人均年粗钢消费量与 GDP 的关系

（日本钢铁协会，2004）

尽管我国的钢材供给量总体上已经满足国内的需求并有部分出口，但产品结构上仍存在不足，低端产品供大于求，一些高技术含量、高附加值产品仍需要进口。

随着钢铁行业的迅速发展，给相关辅助行业带来了压力，水、电、煤以及运输行业趋于紧张，而由于我国钢铁企业所需的铁矿石主要依赖进口，自 2005 年 4 月 1 日国际铁矿石供应商的调价给我国钢铁企业带来了巨大的成本压力。我国钢铁企业前期粗放的发展模式，导致企业研发能力普遍不足、技术水平较低，产品缺乏价格竞争力分散的产业集中度、大量高能耗高污染低效率落后产能的存在，也给环境带来了压力。这些都是我国钢铁工业由钢铁大国向钢铁强国迈进的拦路虎，同时也制约着国民经济的健康运行和发展。钢铁工业在大批量生产高性能、高技术含量、高效益附加值的产品，充分满足国民经济发展的需要的同时，能源消耗要降下来，环境污染要治理好，才能实现可持续发展。国家“十一五”发展规划纲要中明确指出，钢铁行业要“按照控制总量、淘汰落后、加快重组、提升水平的原则，加快调整原材料工业结构和布局，降低消耗，减少污染，提高产品档次、技术含量和产业集中度”。

1.3　钢铁冶金的资源、能源消耗与环境问题

1.3.1　钢铁冶金的资源、能源消耗

钢铁的生产消耗大量的能源和资源，同时也产生大量的副产品，这些副产品如果不进行处理就直接排放，将对环境产生影响。钢铁工业是一个“大进大出”的污染大户和资源消耗大户。

1.3.1.1　*铁矿石*

全球每年消耗铁矿石约 20 亿 t。据《U. S. Geological Survey，Mineral Commodity Summaries》（2009 年 1 月）报道，目前世界铁矿石储量为 1500 亿 t，储量基础为 3500 亿 t。按金属铁计则分别为 790 亿 t 和 1600 亿 t。中国、巴西、澳大利亚、俄罗斯、乌克兰及美国等都是世界铁矿资源大国。世界十大铁矿石生产国依次为中国、巴西、澳大利亚、印度、俄罗斯、乌克兰、美国、南非、加拿大和伊朗。世界主要铁矿石生产国 2007 年和 2008（估算）年的产量以及储量和储量基础见表 1-3。其中我国的铁矿产量按原矿计，其他国家已折算为精矿。

表 1-3　世界铁矿石产量、储量和储量基础表　（Mt）

国家、地区	原矿				含铁量	
	产量		储量		储量	
	2007 年	2008 年(估算)	储量	储量基础	储量	储量基础
中　国	707	770	21000	46000	7000	15000
巴　西	355	390	16000	33000	8900	17000
澳大利亚	299	330	16000	45000	10000	28000
印　度	180	200	6600	9800	4200	6200
俄罗斯	105	110	25000	56000	14000	31000
乌克兰	78	80	30000	68000	9000	20000

续表 1-3

国家、地区	原　矿				含铁量	
	产　量		储　量		储　量	
	2007 年	2008 年(估算)	储量	储量基础	储量	储量基础
美　国	52	54	6900	15000	2100	4600
其他国家	47	50	11000	30000	6200	17000
南　非	42	42	1000	2300	650	1500
加拿大	33	35	1700	3900	1100	2500
伊　朗	32	32	1800	2500	1000	1500
瑞　典	25	27	3500	7800	2200	5000
哈萨克斯坦	24	26	8300	19000	3300	7400
委内瑞拉	23	20	4000	6000	2400	3600
毛里塔尼亚	12	12	700	1500	400	1000
墨西哥	12	12	700	1500	400	900
世界总量（四舍五入）	2000	2200	150000	350000	73000	160000

自 2005 年世界范围内铁矿石价格上涨 71.5%，导致了目前铁矿石供需不平衡。2006 年进口铁矿石价格上涨 19%，2007 年上涨 9.5%，2008 年不同矿石涨幅为 65% 到 96.5%。铁矿石需求的连续增长被认为是中国主导的。如图 1-9 所示，中国铁矿石进口量连年增加，2008 年进口铁矿石 4.436 亿 t，均价（CIF 到岸价）为 136.2 美元/t，与 2007 年均价（CIF）为 88 美元/t 相比，吨矿增加成本 48.2 美元，总计进口铁矿石增加成本 213.8 亿美元（计人民币 1460 亿元）。其中，从澳大利亚、巴西、印度三国进口铁矿石增加成本达 177 亿美元左右，约占总增加成本的 83%。

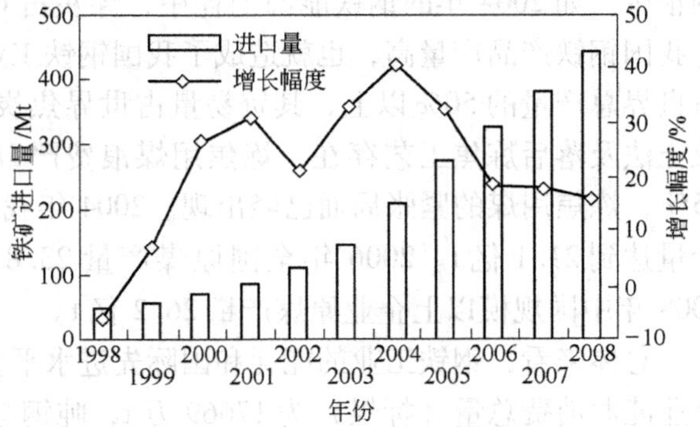

图 1-9　中国铁矿石进口量与增长幅度

全球铁矿石价格是基于全球三大铁矿石生产商与其购买方之间商定的合约价格确定的。铁矿石谈判始于 2005 年底，在供方三代表巴西淡水河谷、澳大利亚必和必拓和力拓与需方三代表欧洲阿赛洛、日本新日铁和中国宝钢之间展开。

必和必拓公司：必和必拓公司于 2001 年由两家巨型矿业公司——BHP 与英国比利登公司（Billiton）合并而成，现在已经是全球最大的采矿业公司。在澳大利亚、伦敦和纽约的股票交易所上市。

力拓矿业公司：世界第二大矿业公司，最早成立于 1873 年。在全球拥有 60 多家子公司。公司于 1962～2000 年间该公司兼并了数家全球有影响力的矿业公司，成为在勘探开采和加工矿产资源方面佼佼者。

巴西淡水河谷：巴西淡水河谷公司（CVRD）是世界第一大铁矿石生产和出口商，也是美洲最大的采矿业公司，其产量占巴西全国总产量的80%。

我国为世界第一大铁矿石生产国，2004年生产铁矿石3.10亿t，约占世界铁矿石总产量的23%，2008年则生产铁矿石7.7亿t，但主要为低品位铁矿石。目前国内铁矿石探明储量约460亿t，可开采储量210亿t，平均铁品位不到30%。按每年耗费铁矿储量约7.7亿t计算，可供开采的年限为27年。此外，我国铁矿石品位每5年下降1%，而且有害杂质含量几倍于进口矿石。即使假设以后探明新矿可增加10年开采，40年后我国的铁矿资源仍是个大问题。钢铁工业需要的其他矿，如锰矿，进口量目前占45%，而铬矿基本上全靠进口。

按2008年世界铁矿石产量和储量计算，世界铁矿石的可开采年数还有68年。

1.3.1.2　煤和石油

我国能源资源以煤为主，占70%以上（2006年煤炭占我国一次能源的约70.2%，BP2007能源报告）。钢铁工业是煤炭消耗大户，煤占钢铁生产中燃料消耗的80%。2003年中国钢铁全行业的总能耗（标煤）2.99亿t，占全国能源总消耗量的15.28%。2004年中国能源消耗（标煤）总量为19.7亿t，其中钢铁工业消耗2.99亿t（含矿山、铁合金、焦化、耐材等行业），占中国能源总消费量的15.18%。2007年钢铁工业总能源占全国能耗的14.71%。而在钢铁能源消耗结构中，煤炭占主导地位，电力其次，其他能源占有份额很少。如2004年的钢铁能源消耗中，煤炭占69.9%，电力占26.4%，其他3.7%。由于我国钢铁产品产量高，也就造成了我国钢铁工业所消耗的能源总量很大。我国焦炭产量占世界总产量的50%以上，其贸易量占世界焦炭贸易量的60%。由于大量焦炭出口，以及土法及落后炼焦工艺存在，炼焦用煤浪费严重，钢铁工业用煤量已超过煤炭总产量的15%，炼焦用煤的紧张局面已经出现。2004年我国原煤产量19.56亿t。2005年全国原煤产量达到21.1亿t。2006年全国原煤产量23.8亿t。2007年全国原煤产量25.23亿t。2008年中国规模以上企业原煤产量26.2亿t。

总体来看，钢铁工业的能耗和国际先进水平仍有差距。2004年，我国重点大中型钢铁企业能源消费总量（标煤）为17669万t，吨钢综合能耗761kg，吨钢可比能耗705kg。所谓大中型钢铁工业是指列入中国钢铁工业协会的钢铁企业，2005年有64家，占钢铁业整个粗钢产量的80%。2005年大中型钢铁企业的吨钢综合能耗（标煤）741.50kg，比日本高10%左右。吨钢可比能耗714.12kg。2006年重点大中型钢铁企业的吨钢综合能耗645.12kg，吨钢可比能耗623.04kg。2007年吨钢综合能耗达到了632.12kg。2008年1~9月纳入统计的大中型钢铁企业，吨钢综合能耗628.91kg/t。可见我国钢铁企业的吨钢综合能耗逐年降低。但是从统计数据看，我国钢铁企业之间能耗的先进水平与落后水平之间的差距甚大，说明企业的节能潜力巨大。工业发达国家的吨钢可比能耗（标煤）为642kg，与我国重点钢铁企业平均值相比差11.2%，是因能源统计和能源介质析标系数等方面出现问题（如2006年以后国家规定电力折标煤系数从0.404kg/kW·h改为0.1229kg/kW·h致使全行业能耗指标约下降18%），产生了数据失真。中国金属学会专家认为我国钢铁工业总体能耗水平与国际先进水平之间的差距在15%左右。小型钢铁企业的能源消耗没有全面的统计资料，从已了解企业的情况分析，估计吨钢能耗是占钢铁业整个粗钢产量80%的大中型钢铁工业吨钢能耗的1.5倍，按2005年的数据计算则全行业吨钢综合能耗（标煤）

为816kg，全国平均吨钢综合能耗仍然比日本约高20%。中国钢铁协会分析研究得出的结论是：国内大中型钢铁企业与国外先进水平的差距大体在10%~15%，宝钢能耗已经达到国际先进水平。

根据美国能源情报署2005年5~7月出版的《国际能源年报2003版》报道，世界石油储量为10507亿桶（World Oil）或12650亿桶（Oil and Gas Journal）（每桶为159L）。而2006年1月最新发表的世界石油储量为12925.5亿桶，我国的石油储量为182.5亿桶。根据美国能源情报署预测，2006年世界原油日供给量为8540万桶，比2005年增加130万桶，石油可开采年限是以年产油量除当时探明的可开采石油储量后得出的。据此计算，全世界石油的可开采年数为41年。我国自1993年成为石油净进口国之后，2004年对外依存度迅速达42%。2005~2020年期间，国内石油产量远远不能满足需求，且供需缺口越来越大。主要表现在：受国内石油资源的限制，2010年中国石油进口量将达到2亿~2.4亿t，2020年将增加到3.2~3.6亿t。2010年后中国石油对外依存度将超过60%，到2020年石油对外依存度将达到70%左右。未来10年中国原油需求年均增长将在6%~8%。从静态角度预测，在没有重大探明储量增加的情况下，我国目前的石油探明储量在20年内将开采耗尽。实际上，不断发现新油田和引进新技术，结果可以开采更多的石油，所以可开采年限会随之延长。英国石油公司的统计显示，过去20年间，石油资源可开采年限在35~43年之间波动。根据2003年世界煤的产量和储量计算，世界范围煤可开采年数是185年。我国的煤炭可开采年数为75年。

1.3.1.3 水和其他辅助原料

2004年我国重点大中型钢铁企业吨钢消耗新水为11.62m^3，2005年吨钢耗新水量8.03t。工业用水循环利用率为93%。2006年纳入钢协统计的大中型钢铁企业吨钢耗新水量6.56m^3，同比下降14.9%。工业用水循环利用率为94.8%。2007年我国大中型钢铁企业吨钢耗用新水5.46t，比2006年同期下降18.7%；企业工业用水重复利用率达95.95%，比2006年同期提高0.83个百分点。2008年1~9月吨钢耗用新水5.06t。小型钢铁企业吨钢消耗的新水量至少在20t以上。而国外一般为4.0t，循环利用率达97%。钢铁工业的水耗和国际先进水平比较有40%左右的差距。钢铁工业的水耗和国际先进水平比较还有差距。因此，钢铁工业节约用水是当务之急。另外，在含铁原料和辅助原材料（如石灰石、铁合金、耐火原料）的消耗方面，我国钢铁企业也要比世界主要产钢国家高得多。

1.3.2 钢铁生产的环境问题

钢铁工业是中国国民经济的基础产业，对国民经济的发展有着举足轻重的作用。同时，钢铁工业也是中国的重要污染源。钢铁冶炼过程中，由于各工程所采用的原材料及制造程序等原因，很有可能在较广范围内产生多种污染物质（见图1-10）。钢铁厂产生的各种污染物有：

大气污染物质

SO_x：是通过原料、燃料中硫黄成分的燃烧而产生的。烧结工厂等为其主要发生源。

NO_x：通过燃烧后发生。烧结工厂等为其主要发生源。

煤尘：通过燃烧后发生。烧结炉、各加热炉为其发生源。

粉尘：从燃料原料的输送、处理过程，及储藏场中产生。炼铁、炼钢工程为其主要发

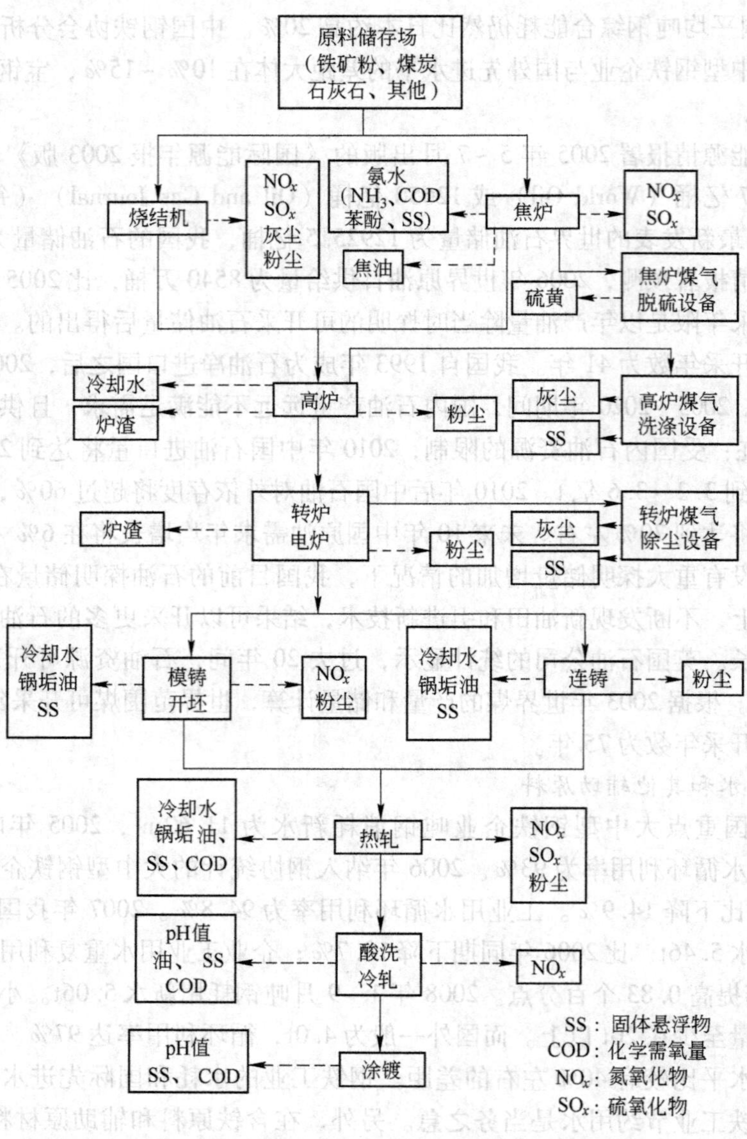

图 1-10　钢铁厂生产工艺流程中废物的产生

生源。

污水

污水中含有下列污染物：

固体悬浮物（SS）：从排气集尘、高温物质的直接冷却等过程中产生。

油：由各种机械等所使用的油所发生的泄漏及冷轧工程使用轧制机的机油等原因而产生。

化学需氧量（COD）：从煤炭干馏时的氨水，及冷轧、电镀废水中产生。

酸、碱：从冷轧工程的酸洗工程、电镀工程等的脱脂工程中产生。

固体废弃物

炉渣：从高炉、铁水预处理、转炉、电炉、二次精炼设备等的冶炼工程中产生。

污泥：在各种水处理过程中产生。

灰尘：从各种干式集尘机中产生。

2002 年，钢铁工业废水排放量占我国重点统计企业废水排放量的 10.3%，居第五位；钢铁工业二氧化硫排放量占我国工业二氧化硫排放总量的 6%，烟尘排放量占 5.5%，粉尘排放量占 12.6%，工业固体废弃物排放量占 16.7%。2004 年，重点大中型钢铁企业排放的主要污染物当中二氧化硫总量为 64.66 万 t，烟尘总量为 13.26 万 t，工业粉尘总量达 119.9 万 t，挥发分总量达 126.78t，氰化物总量为 12131t；污染物综合排放合格率仅为 91.46%。2006 年，大中型钢铁企业吨钢排放 SO_2 2.66kg/t；烟尘 0.52kg/t 钢；粉尘 1.62kg/t 钢；COD0.23kg/t。2007 年大中型钢铁企业 SO_2 排放总量 75.6368 万 t，比 2006 年下降 0.51%；COD 排放总量 6.5723 万 t，比 2006 年下降 8.76%；工业粉尘排放总量 38.2275 万 t，比 2006 年下降 2.79%。烟尘排放总量 15.6648 万 t，比 2006 年上升 3.02%。

随着单位产品能耗继续下降和各类污染物治理技术的研发与应用，我国钢铁生产单位产品污染物排放量大幅下降，图 1-11、图 1-12、图 1-13 分别给出了 2002 ~ 2007 年我国大中型钢铁企业吨钢废气和粉尘排放量、烟尘排放总量和吨钢烟尘排放量、COD 排放总量和吨钢 COD 排放量的变化趋势。其中 2007 年的吨钢粉尘排放量、COD 排放量就已经达到新颁布的国家清洁生产Ⅰ级标准，SO_2 排放量达到国家Ⅱ级标准。

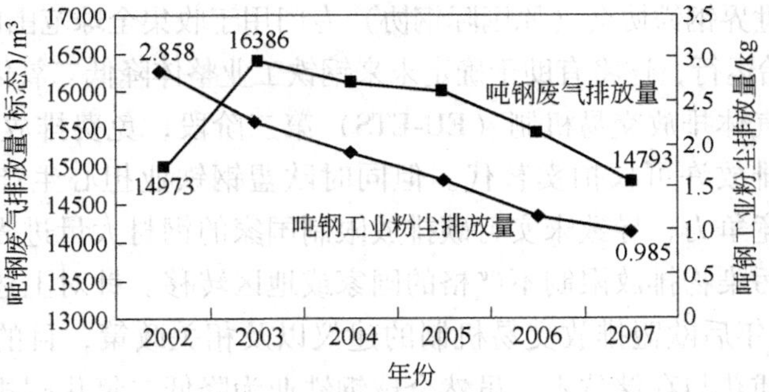

图 1-11 我国大中型钢铁企业吨钢废气和工业粉尘排放量的变化

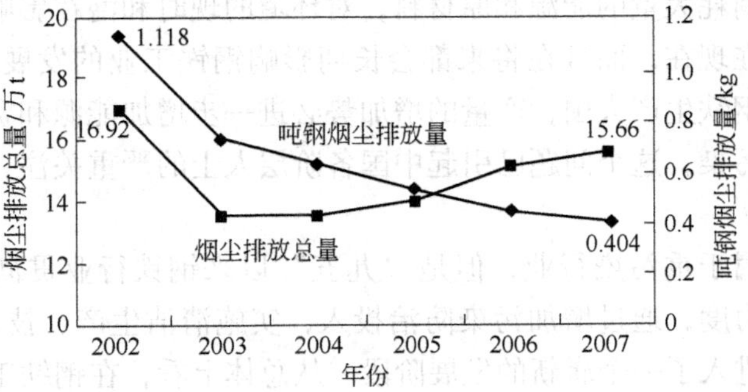

图 1-12 我国大中型钢铁企业烟尘排放总量和吨钢烟尘排放量的变化

小型钢铁企业大多没有配套建设最起码的污染物回收和处置装置，排放的“三废”对环境的污染极为严重。2007 年纳入钢协统计的 86 家大中型钢铁企业 SO_2 排放总量 756367.91t 仅占全行业 SO_2 排放总量 172.8 万 t 的 43.98%。

现代工业发展是建立在化石能源消耗的基础之上。由于化石燃料的燃烧，全球二氧化

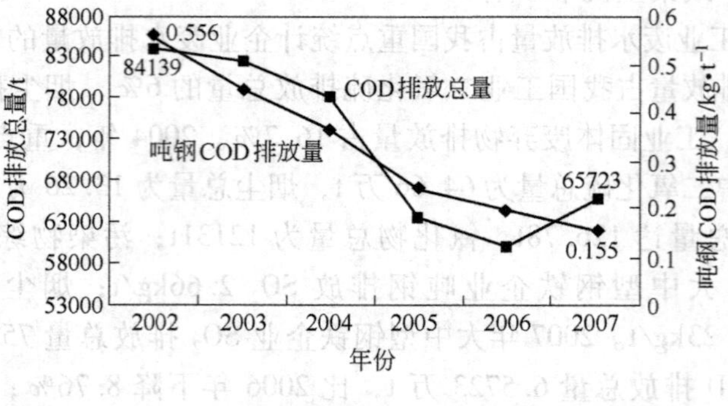

图 1-13 我国大中型钢铁企业 COD 排放总量和吨钢 COD 排放量的变化

碳排放量从 1940 年的 50 亿 t 增加到现在的近 220 亿 t，而且还在继续升高。从二氧化碳产生的行业看，大约 50% 的二氧化碳排放量来自于工业生产中，其中火力发电居于首位，钢铁居于次位。钢铁工业二氧化碳排放量占全球总排放量的 4% 左右，是全球最大的二氧化碳排放行业之一，因此在应对气候变暖问题上，全球钢铁企业责无旁贷。目前，一些北欧国家已经开始征收二氧化碳排放税，这说明发达国家已经开始把二氧化碳排放纳入专项治理的轨道。2008 年 4 月，世界钢铁协会（原国际钢协）专门用于收集全球范围内钢铁企业二氧化碳排放数据的网站开始运行，这将有助于确定未来钢铁工业整体降低二氧化碳排放目标。

根据欧盟温室气体排放交易机制（EU-ETS）第三阶段，免费排放许可将从 2013 年开始由逐渐实施的碳排放许可权拍卖替代。但同时欧盟钢铁业担心生产成本会因此大幅增加，进而削弱自身竞争力，导致未实行碳排放限制国家的钢材大量进入欧盟市场，以及欧洲钢铁生产被迫向污染物排放限制不严格的国家或地区转移。针对上述问题，欧盟委员会已经提出改进 2012 年后欧盟排放交易机制的建议以及相关政策，目的在于促进可再生能源的利用和研发碳捕获与存储技术。虽然全球钢铁业为降低二氧化碳排放已经做出了巨大努力，但距离达到最终减排目标还有很长的路要走。

因钢铁工业需消耗大量的能源和原材料，对环境的现时和潜在影响是很大的，这也决定了环境政策不仅在现在，而且在将来都会长期影响钢铁工业的发展。中国自 1996 年起已成为世界第一大钢铁生产大国，产量的增加势必进一步增加能源和资源消耗，同时也造成了更严重的环境污染，这个问题已引起中国各阶层人士的严重关注，也引起了世界各国和邻国的密切重视。

虽然钢铁行业属于重污染行业，但是“九五”以来钢铁行业贯彻落实可持续发展战略，加大污染治理力度，通过增加污染防治投入，实施清洁生产、技术改造和结构调整，推动中国钢铁工业进入了一个崭新的发展阶段。从总体上看，在钢铁工业经济保持快速增长的情况下，主要污染物排放强度逐年下降并保持在较稳定的水平，钢铁工业污染防治取得重要进展。但由于基础较差和过热发展带来的种种环境问题仍亟待解决。

1.3.3 钢铁工艺进步和环境保护

1.3.3.1 钢铁生产工艺和废物排放

钢铁生产工艺过程复杂，在每一工序都会产生粉尘、废气等过程废物排放。废物排放在机制上有如下两个方面：一是冶金工艺过程必然产生的废物排放，如钢铁冶金过程必然要产生炉渣，燃料燃烧、铁矿石被碳还原、铁水脱碳时要产生气体产物 CO 及 CO_2；二是钢铁冶金过程附带的工艺废物排放，如加热过程产生的高温废气、因废气和高温蒸发产生的烟尘、设备冷却产生的废水等。冶金工艺过程必然产生的废物排放是物料平衡的必然结果，可通过原料结构和工艺加以调节，调节的结果一般只能改变排放物的性质和地点，而无法降低总排放量。要降低该部分排废只能通过与其他行业技术的结合实现再资源化，如利用冶金炉渣生产建材等。通过革命性的工艺变革可彻底改变工艺结构，也可使工艺过程排放发生变化，如采用 H_2 还原，产物将为 H_2O 而非 CO 和 CO_2，而第二种排废是能量消耗所引起的，可以通过工艺进步和节能技术措施减少这种废物排放，但是理论上也是有限度的。

半个世纪以来钢铁企业的生产、技术和环境问题对策经历了如图 1-14 所示的发展进程：

（1）公害治理——污染排放物的末端治理或稀释排放；

（2）节能减排——降低能耗及减少排放物等源头治理；

（3）清洁生产、绿色制造——通过完善制造流程、改善厂内物质、能源的利用效率、产品绿色化等一系列措施，变为更积极的源头治理；

（4）循环经济——构建社会制造链与工业生态链相结合的策略。

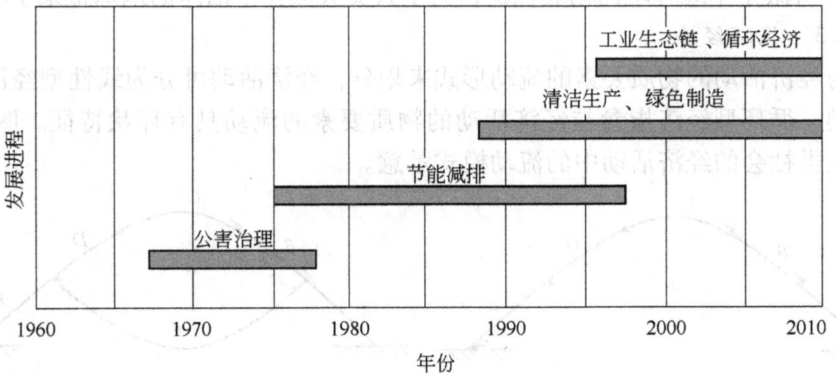

图 1-14 世界钢铁企业环境问题对策的发展进程示意图

1.3.3.2 清洁生产

清洁生产在不同的发展阶段或者不同的国家有不同的叫法，例如“废物减量化”、“无废工艺”、“污染预防”等，但其基本内涵是一致的，即对产品和产品的生产过程采用预防污染的策略来减少污染物的产生。

清洁生产是人们思想和观念的一种转变，是环境保护战略由被动反应向主动行动的一种转变。联合国环境规划署在总结了各国开展的污染预防活动，并加以分析提高后，提出了清洁生产的定义，并得到国际社会的普遍认可和接受，其定义为：清洁生产是一种新的创造性的思想，该思想将整体预防的环境战略持续应用于生产过程、产品和服务中，以增加生态效率和减少人类及环境的风险。清洁生产的内容包括清洁的产品、清洁的生产过程和清洁的服务三个方面。2003 年 1 月 1 日起施行中华人民共和国《清洁生产促进法》对清洁生产的定义：是指不断采取改进设计、使用清洁的能源和原料、采用先进的工艺技术与设备、改善管理、综合利用等措施，从源头削减污染，提高资源利用效率，减少或者避免生产、服务和产品使用过程中污染物的产生和排放，以减轻或者消除对人类健康和环境的危害。

对生产过程，清洁生产要求节约原材料和能源，淘汰有毒原材料，减降所有废弃物的数量和毒性；

对产品，清洁生产要求减少从原材料提炼到产品最终处置的全生命周期的不利影响；

对服务，清洁生产要求将环境因素纳入设计和所提供的服务中。

清洁生产要求转变态度、进行切实负责的环境管理以及科学而全面地评估技术方案。

清洁生产包含了生产者、消费者、全社会对于生产、服务和消费的希望：

(1) 它是从资源节约和环境保护两个方面对工业产品生产从设计开始，到产品使用后直至最终处置，给予了全过程的考虑和要求；

(2) 它不仅对生产，而且对服务也要求考虑对环境的影响；

(3) 它对工业废弃物实行费用有效的源削减，一改传统的不顾费用有效或单一末端控制办法；

(4) 它可提高企业的生产效率和经济效益，与末端处理相比，成为受到企业欢迎的新事物；

(5) 它着眼于全球环境的彻底保护，为全人类共建一个洁净的地球带来了希望。

1.3.3.3 循环经济

从参与经济活动的物质要素的流动形式来划分，经济活动可分为线性型经济和循环型经济两大类。循环型经济指参与经济活动的物质要素的流动具有环状特征。图 1-15 给出了物质在人类社会的经济活动中的流动模式示意。

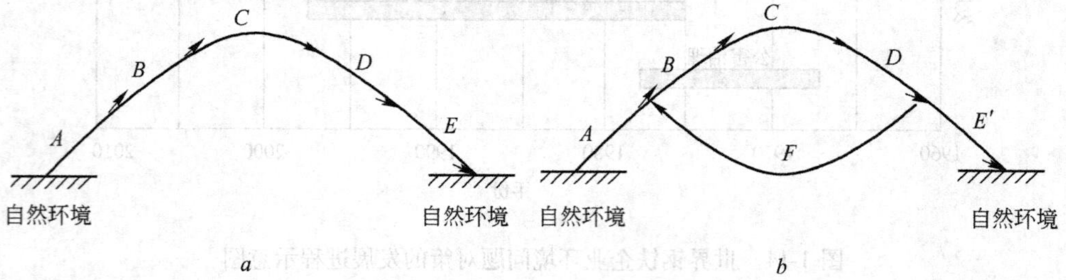

图 1-15 物质在世界系统中的流动示意图

a—物质流动的基本模式；*b*—可持续发展的物质流动

A：人从自然界中索取自然资源的经济活动；

B：人把索取出的自然资源加工成产品的经济活动；

C：人把产品以商品的面貌流通、分配给消费者的经济活动；

D：人类使用和消费自然物质和产品；

E：人类把 *ABCD* 过程中形成的废物弃置人自然环境；

F：将 *A*、*B*、*C*、*D* 过程中产生的废弃物再资源化投入加工环节；

E′：将不可再资源化的废物无害化后进入自然环境；

图 b 中 *A*、*B*、*C*、*D*：含义与图 *a* 相同

循环经济的物质基础是循环利用的物质，换言之循环经济是建立在循环利用的物质这一物质基础上的经济形态，这是循环经济最本质的属性，也是其唯一属性。

考虑到物质由资源和环境两部分组成以及循环经济还需满足的共性要求，可以将

其定义为：循环经济是以人类可持续发展为增长目的、以循环利用的资源和环境为物质基础，充分满足人类物质财富需求，生产者、消费者和分解者高效协调的经济形态。

《中华人民共和国循环经济促进法》已由中华人民共和国第十一届全国人民代表大会常务委员会第四次会议于2008年8月29日通过，自2009年1月1日起施行。

循环经济促进法共分7章59条，分别为总则；基本管理制度；减量化；再利用和资源化；激励措施；法律责任；附则。

法律规定，从事工艺、设备、产品及包装物设计，应当按照减少资源消耗和废物产生的要求，优先选择采用易回收、易拆解、易降解、无毒无害或者低毒低害的材料和设计方案，并应当符合有关国家标准的强制性要求；工业企业应当采用先进或者适用的节水技术、工艺和设备，制定并实施节水计划，加强节水管理，对生产用水进行全过程控制；国家鼓励和支持企业使用高效节油产品。

法律规定，企业应当按照国家规定，对生产过程中产生的粉煤灰、煤矸石、尾矿、废石、废料、废气等工业废物进行综合利用；企业应当发展串联用水系统和循环用水系统，提高水的重复利用率，并采用先进技术、工艺和设备，对生产过程中产生的废水进行再生利用；企业应当采用先进或者适用的回收技术、工艺和设备，对生产过程中产生的余热、余压等进行综合利用。

国家对促进循环经济发展的产业活动给予税收优惠，并运用税收等措施鼓励进口先进的节能、节水、节材等技术、设备和产品；县级以上人民政府及其有关部门应当对在循环经济管理、科学技术研究、产品开发、示范和推广工作中做出显著成绩的单位和个人给予表彰和鼓励，企业事业单位应当对在循环经济发展中作出突出贡献的集体和个人给予表彰和奖励。

为了贯彻《中华人民共和国环境保护法》、《国务院关于落实科学发展观加强环境保护的决定》（国发［2005］39号）和《国务院关于加快发展循环经济的若干意见》（国发［2005］22号），保护环境，促进钢铁工业发展循环经济，实现资源能源利用效率最大化，预防和控制钢铁行业发展过程中的环境污染，国家环保部制定了《钢铁工业发展循环经济环境保护导则》（HJ 465—2009），该标准与2009年3月14日发布，2009年7月1日实施。

长期以来，人们一直认为钢铁厂是资源消耗量大、能源消耗量大、排放量大、废弃物多及污染大的企业。在推进工业生态化和构造循环型经济社会的进程中，应该从新的更广阔的视野去审视钢铁工业的经济和社会角色。钢铁企业未来的社会、经济角色应当（特别是高炉-转炉长流程）是实现三种主要功能：钢铁产品制造功能、能源转换功能和社会大宗废弃物处理——消纳功能。

图1-16是钢铁工业发展循环经济产业链示意图。

钢铁工业应该按照循环经济模式建立现代钢铁工业体系，延长产业链，实行上下游产业联产联营，同时要充分利用资本及体制优势，整合现有产业资源，实现产业聚合效应；重点发展生产高附加值钢铁产品，通过全球钢铁资源配置、产地配置、市场配置、循环再利用配置和替代配置，既从根本上解决资源和能源约束矛盾和环境压力，又满足市场对钢铁产品不断增长的消费需求。

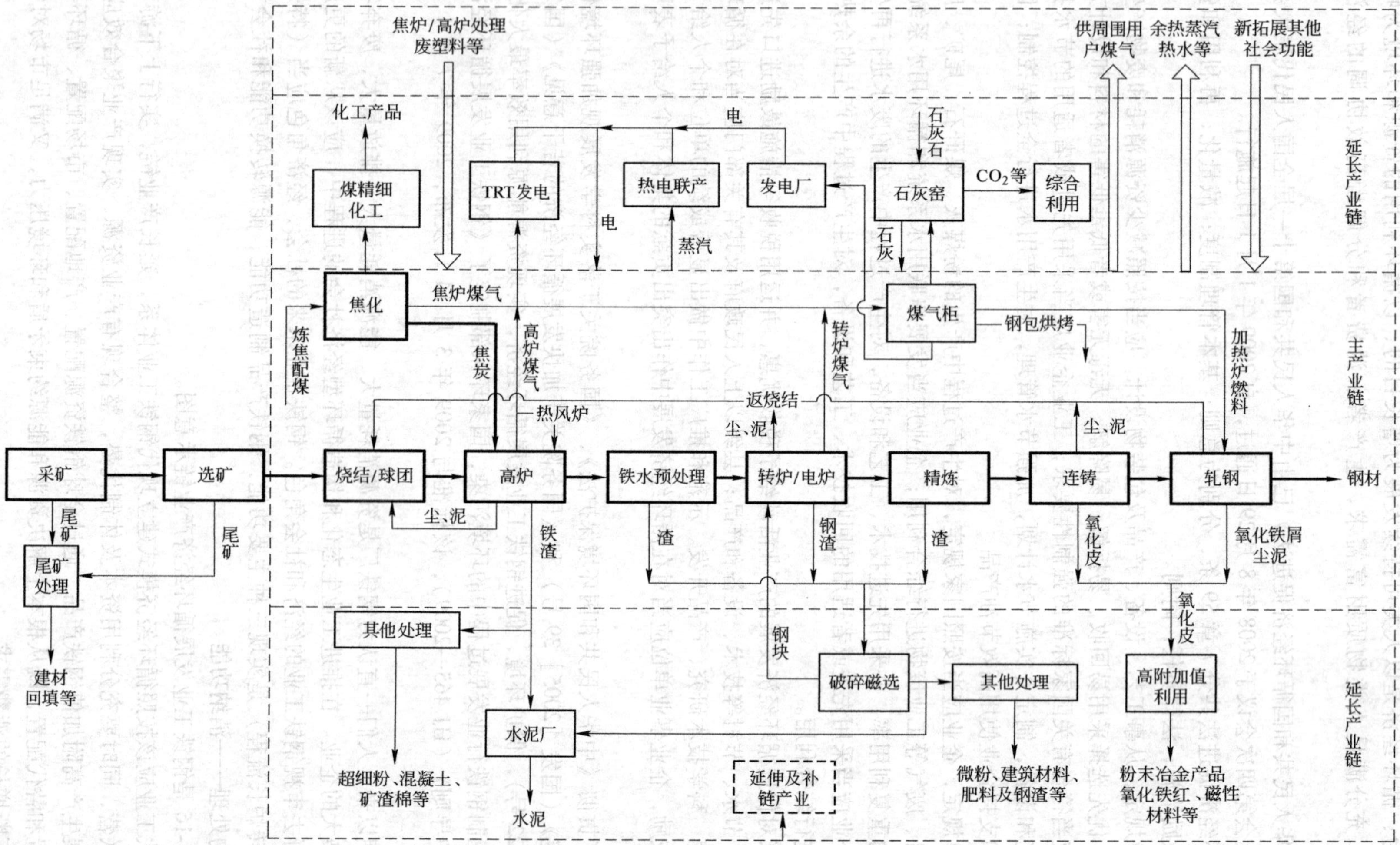

图 1-16　钢铁工业发展循环经济产业链示意图

引自中华人民共和国国家环境保护标准 HJ 465—2009《钢铁工业发展循环经济环境保护导则》

新一代可循环钢铁流程工艺技术有关理论，经过研究、设计、制造、施工，已初步建成了具有新一代可循环钢铁流程特点、具有一定示范意义的京唐钢铁公司。该公司位于河北曹妃甸。2009 年 8 月已具备全线投产的条件。该公司的可循环钢铁流程工艺将在生产过程中不断优化，逐步展示其具有钢铁产品生产、能源高效转换，减排与消纳社会废弃物三大功能的新型流程特征和在流程紧凑化、工艺技术解析优化、装备现代化、智能化基础上实现高生产效率、低消耗、低排放、与环境友好的特点。首钢京唐钢铁公司区别于国内外钢厂的流程、工艺与装备特点主要有：

（1）是一个以简捷的流程网络，具有动态、有序、连续、紧凑的运行特点，实现铁水全“三脱”，单个炼钢厂年产 970 万 t 以上连铸坯的全新板带材生产企业。

（2）建成我国首批两座 $5500m^3$ 级特大型高炉，而且是世界上第一个 $5000m^3$ 级全干法除尘的高炉。与其配套的有炭化室高度在 7.63m 以上的世界最大型焦炉，料层厚度 720mm 的大型烧结机。设计高炉利用系数 $2.3t/(d \cdot m^3)$，煤比 220kg/t、焦比 270kg/t，都属国际先进和领先。

（3）铁水罐多功能化（铁水罐定时定量从高炉接铁、运输、全量铁水脱硫、兑入脱磷转炉）、取消鱼雷罐车运输、多罐倒包等环节，节省倒罐站建设，减少系统温降，节能高效。

（4）工艺设计上专用脱磷、脱硅转炉与脱碳转炉分跨布置，互相衔接，高效、低耗。与同类型的日本住友金属和歌山厂最大的区别是不在高炉脱硅，保证了铁水预处理所需的系统热量，系统总渣量大大减少。

（5）脱碳转炉干法除尘，回收煤气和蒸汽指标先进、节能减排。

（6）快速 RH 真空精炼和高效连铸、高效轧制技术水平世界一流。快速 RH 精炼 2 个处理工位和 3 个待机位的新设计在终点 $[C] \leqslant 15 \times 10^{-6}$ 条件下，周期将达 25min。拉速大于 2m/min 的高速连铸厚板坯技术；具有减量化轧制和超快冷却等特点的板卷轧制技术等。

（7）全面实现烧结烟气脱硫、干熄焦技术的优化，炼焦过程可添加 1% ~3% 废塑料，只要回收废塑料的社会机制建立起来，即可用于生产，实现与社会友好、消纳社会废弃物的功能。京唐公司的干熄焦设备能力达 260t/h，是目前世界上最大的。

近期出台的钢铁振兴规划已将该工程成果中的一部分纳入了今后新建钢铁企业与钢铁厂改造的推广项目。

1.4　我国钢铁冶金环保与节能的现状

1.4.1　我国钢铁企业节能环保工作的成绩

我国钢铁企业节能环保工作的成绩表现在：产能增加、节能环保成绩突出；节能环保技术的推广应用效果良好；钢铁工业结构优化使节能环保状况得到改善；清洁生产和环保的管理体系正逐步完善和发展。

我国钢铁工业从 20 世纪 90 年代以来进行了大规模的结构调整和技术改造，在此过程中重视了节能环保的投入和相应的建设改造。虽然总体上与世界先进水平还存在一定差距，但已出现示范性的清洁工厂，全行业节能环保工作取得了显著的进步。各企业都在努力推行清洁生产，缩小能耗和环保技术经济指标与国外同行的差距，实现工业生态良性循环发展。20 世纪 90 年代以来，先进的环保技术的采用和环保工程的实施保证了环境的改善。一批企业在资源回收利用、控制污染、废水处理和循环利用、废气净化、可燃气体回收和含铁尘泥、钢铁渣综合利用等方面取得进展。包括焦化酚氰废水脱氨氮技术、转炉煤气净化回收技术、电炉延期治理技术、钢渣烧结配料技术、焦炉装煤、推焦地面站除尘技术、冶炼车间混铁炉等无组织排放烟尘治理技术，以及焦炉煤气脱硫技术和矿山复垦生态技术等一大批环保技术的有效实施，使得钢产量大幅度增长的同时，各主要污染物的排放总量没有增加而且减少，主要环保指标有所改善，大中型钢铁企业的环保指标比较先进，见表 1-4，但是全行业指标还有较大的改善空间。

表 1-4　我国钢铁企业主要环保指标

序号	主要环保指标	1995 年	2000 年①	2001 年	2002 年	2005 年	2006 年	2007 年	2008 年
1	工业水重复利用率/%	80.96	87.04	90.87	89.53	93.50	95.22		96.60
2	吨钢新水用量/$t \cdot t^{-1}$	45.14	24.75	18.34	15.05	8.6	6.56	5.31	5.18
3	吨钢外排废水量/$t \cdot t^{-1}$	34.46	17.22	10.70	9.07	4.66			2.51
4	废水处理率/%	96.16	98.63	98.97	99.91	99.56	99.76		99.98
5	外排废水达标率/%	82.17	88.90	92.53	94.14	96.81			97.57
6	有组织废气处理率/%	93.64	96.01	97.66	97.97	98.06	99.04		99.66
7	有组织废气排放达标率/%	85.91	90.66	89.33	94.49	96.93			99.07
8	吨钢 SO_2 排放量/$kg \cdot t^{-1}$	9.20	5.56	3.62	3.34	2.75 4.19②	2.66 (3.39②)	3.52②	2.23
9	含铁尘泥利用率/%	89.97	97.86	98.98	97.48	98.40	98.37		99.44
10	高炉渣综合利用率/%	84.32	86.18	89.10	89.52	91.82	92.72	91.1	95.36
11	钢渣综合利用率/%	79.36	82.14	77.20	86.92	90.37	89.75	88.82	93.89
12	焦炉煤气利用率/%	98.14	98.00	96.18	97.20	95.48			97.62
13	高炉煤气利用率/%	87.98	91.73	90.03	92.46	90.74			94.01
14	转炉煤气利用量/$m^3 \cdot t^{-1}$	54.68①	40.68①	68.80	70.03	82.99①			83.82①
15	厂区降尘量/$t \cdot (月 \cdot km^2)^{-1}$	49.36	43.86	35.82	35.07	51.53			46.52
16	厂区绿化覆盖率/%	21.46	23.65	29.83	27.84	29.94			28.45
17	厂区可绿化率/%	89.16	91.00	77.96	98.99	99.20			16.54
18	烟尘排放量/$kg \cdot t^{-1}$		1.696			0.530 (3.71②)	0.518 (2.70②)	2.19②	0.454
19	COD/$kg \cdot t^{-1}$		0.985	0.228		0.239			0.119

①2000 年以前为转炉煤气利用率（%）；数据出自相应年份的钢铁企业环境保护统计（中钢协信息统计部）；
②全行业值。

随着我国清洁生产促进法的公布实施，钢铁企业清洁生产工作正逐步走上轨道。目前我国大部分钢铁企业（整体或部分）通过了 ISO 14001 的环境管理认证体系认证。

1.4.2　我国节能环保工作存在的主要问题

从长远考虑，我国钢铁工业仍然面临资源短缺、污染生态环境的潜在危机，在思想认识和管理体制上也亟待完善和提高。表1-5给出了世界主要钢铁公司和国内钢铁公司环保状况的比较。主要问题反映在：（1）能耗和环保水平与国外先进企业还存在差距。我国重点统计钢铁企业吨钢可比能耗与国外主要产钢国的比较见表1-6。我国在《京都议定书》上签了字，承诺执行协议。“十一五”期间，全国重点钢铁企业节能目标为：与2005年的745kg/t相比，要下降8%，达到国际先进水平，即到2010年全国重点钢铁企业吨钢综合能耗（标煤）为687kg/t（为电力折标煤的等价值）。（2）环保治理深度上有较大差距。国外已普遍把挥发性有机物、重金属、二恶英、CO_2减排、降低噪声放到重点治理日程，我国则刚开始重视，有的还未制定控制排放标准。我国的环保意识、管理体系、制度及环保产业上还有明显差距，环保成本概念在欧洲已经形成多年，但国内除宝钢以外绝大多数企业管理费用中还没有利用环保成本概念策划能够系统清洁生产的良性资金管理系统。行之有效的节能降耗技术还未能在全行业普遍推广应用，同行业间差距较大，发展不平衡。转炉煤气回收量高的达110m^3/t，但多数停留在40～60m^3/t的水平。有的转炉钢厂实现负能炼钢，有的还消耗（标煤）50kg/t的能量。（3）建立节能环保有效管理和激励机制的工作还亟待加强。（4）环保产业和节能环保的科研工作还不够深入。

表1-5 世界主要钢铁公司和国内钢铁公司环保状况的比较

公 司		钢产量 /Mt	新水量 /$m^3 \cdot t^{-1}$	吨钢排SO_2 /$kg \cdot t^{-1}$	吨钢排尘量 /$kg \cdot t^{-1}$	吨钢能耗（标煤） /$kg \cdot t^{-1}$	厂区降尘量 /$t \cdot (月 \cdot km^2)^{-1}$
阿赛洛（Arcelor）		41.5	2.4（Dunkle） 5.5（Sidmar）	1.28	0.50		
JFE		33.5	8.4				
浦项（Posco）		27.8	3.5		0.27	743	
新日铁（Nippon Steel）		26.1		0.4		684	2.43
法国尤西诺（1998）		16.00	6.8	1.65	1.49	683	
蒂森-克虏伯（1998）		13.00	3.2		0.50	602	
奥钢联林茨（1999）				0.6	0.3		
宝钢股份	2002	11.3	5.28	2.04	1.04	698	18.24
	2003	19.87	4.87		0.78	675	15.4
国内冶金重点统计企业平均	2002	158.90	15.05	3.34	2.69	715	35.07
	2006	418.78	6.56	2.66	1.62	645	

表1-6 我国钢铁重点统计企业能耗（标煤）与国外主要产钢国的比较 （kg/t）

国 家	1980年	1990年	2000年	2004年	2005年	2006年	2007年	2008年
英 国	783	670	663					
日 本	653	592	620	656				
德 国	752	656	602					
法 国	820	687	683					
美 国	868	673						
先进国家平均	775.2	655.6	642					
中国吨钢可比能耗	1285	1017	781	705	714	623	613	609
中国吨钢综合能耗	2040①	1611①	920	761	741	640	628	630

①中国钢铁行业综合能耗。

2 钢铁生产中的水污染与水处理

2.1 钢铁厂的用水与污水产生情况

2.1.1 水资源的重要性

水是生命的源泉，是社会经济发展的命脉，是人类宝贵的、不可替代的自然资源。联合国有关机构指出“水将成为世界上最严重的资源问题”，“缺水问题将严重制约21世纪经济和社会发展并可能导致国家间的冲突”。缺水问题已是一个世界性问题。我国也早就认识到缺水已成为制约社会进步和经济发展的瓶颈，这一认识是付出沉重代价获取的。人们认为，水是取之不尽用之不竭的，把水作为最廉价生产资料的意识长期支配着人们的行为，随着经济持续的发展和人民生活水平的提高，对水量的需求越来越大，对水质的要求越来越高，而水资源的不足，时空分布的不均，加上超限度的开采，无节制的浪费，随意地污染，使本来紧张的水资源供需矛盾更加尖锐，所以，为了我国可持续发展，对水资源问题的解决是非常迫切的，是势在必行的。

全球水总储量为 13.86×10^{9} 亿 m^3，其中96.5%于海洋中，覆盖地球总表面的71%，淡水仅占2.53%，且多储存于冰川、雪盖之中，而真正便于取用的地表水和浅层地下水仅占0.79%。要解决我国水资源问题，认识我国水资源形势的严峻和供需矛盾是十分必要的。我国水资源总量2.81万亿 m^3，居世界第6位，但人均占有量仅居世界第108位，亩均水资源仅 $1770m^3$，为世界亩均的7.5%。我国是世界上21个贫水国家之一。新华社2004年4月14日发布的来自国土资源部的统计数据表明，我国人均年均可开采的地下淡水资源仅为 $278.63m^3$。

2.1.2 钢铁企业废水来源、分类及污染特征

钢铁联合企业工序多，各工序用水量大，废水排放量大。用水量较大的工序为炼焦、热轧。在钢铁生产过程中排出的废水，主要来源于生产工艺过程用水，设备与产品冷却水，设备和场地清洗水等。70%的废水来源于冷却用水，生产工艺过程排出的只占一小部分。废水含有随水流失的生产用原料、中间产物和产品以及生产过程中产生的污染物。

2.1.2.1 钢铁工业废水的分类

钢铁工业废水的分类通常为：

（1）按所含的主要污染物性质通常可分为：含有机污染物为主的有机废水和含无机污染物（主要为悬浮物）为主的无机废水以及仅受热污染的冷却水。例如焦化厂的含酚氰污水是有机废水，炼钢厂的转炉烟气除尘污水是无机废水。

（2）按所含污染物的主要成分分类，有：含酚氰污水、含油废水、含铬废水、酸性废水、碱性废水和含氟废水等。

（3）按生产和加工对象分类，有：烧结厂废水、焦化厂废水、炼钢厂废水、轧钢厂废水等。

2.1.2.2 钢铁工业废水污染的特征

钢铁工业废水的水质，因生产工艺和生产方式不同而有很大的差异，有的即使采用同一种工艺，水质也有很大变化。如氧气顶吹转炉除尘污水，在同一炉钢的不同吹炼期，废水的 pH 值可在 4～13 之间，悬浮物可在 250～25000mg/L 间变化。间接冷却水在使用过程中仅受热污染，经冷却后即可回用。直接冷却水与产品物料等直接接触，含有同原料、燃料、产品等成分有关的多种物质。归纳起来，钢铁工业废水造成的污染主要有：无机固体悬浮物污染、有机需氧物质污染、化学毒物污染、重金属污染、酸污染、热污染等，其污染物、污染源及其危害特性示于表 2-1。

表 2-1 钢铁工业主要水污染物、污染源及其危害特性

污染源	污染物	主要危害特征											
		浊度	色度	恶臭	耗氧	富营养	硬度	毒性	油污染	易积累	易富集	热污染	放射性
工业排水厂区生活污水	致浊物：尘、泥、漂浮物	严重	存在	小	存在	存在	—	存在	小	存在	—	—	小
焦化	致臭物：氨、挥发分	—	—	严重	存在	严重	—	严重	—	—	—	—	—
选矿、烧结、炼铁、轧钢	重金属：汞、铬、镉、铅、镍、铜	—	存在	—	—	—	—	严重	—	严重	严重	—	—
焦化、烧结、炼铁、厂区生活污水	无机有毒物：氨氮、氰、氟、硫化物							严重				—	—
炼钢、轧钢、软水制备、生活污水	无机有害物：酸、碱和盐类						严重			严重			
轧钢	石油类	存在	存在		存在			存在	严重				
炼铁、轧钢	锌、铁		存在					存在		存在	存在		
冷却水	冷却水热污染											严重	
选矿、焦化、厂区生活污水	有机物：酚、苯、烃、硝基化合物			存在	严重			严重					

钢铁工业在从原料准备到钢铁冶炼以至成品轧制的生产过程中，几乎所有工序都要用水，都有废水排放，其特点是废水量大，污染面广。我国水资源匮乏，钢铁企业又是用水大户，为确保资源充分合理利用，钢铁工业用水存在的问题急需解决。

2.1.3 我国钢铁企业用水现状与改进方向

据统计，2004 年钢铁协会 30 家单位统计，吨钢取水量平均为 12.8m^3，全行业取水量估计在 34 亿 m^3 左右。与 2000 年钢铁行业节水工作基准相比，全行业钢产量增长一倍多，但行业总取水量的增长量为 13%。这说明钢铁行业节水工作所取得的巨大成绩。

据2005年不完全统计，69家大中型钢铁企业中，吨钢取水量低于6m^3的企业25家，占36.2%，6~8m^3的企业11家，占15.9%，低于8m^3的企业共计占52.2%，其取水量占34.5%，钢产量约占58.4%；水重复利用率高于95%的企业33家，占47.8%，其取水量占37.4%，钢产量约占54.5%。总之，节水先进企业的数量近50%，其钢产量近55%，取水量不足38%，若其余企业达到先进企业现有节水水平，将实现节水超过25%。由于，我国钢铁行业集中度不高，企业地区分布广泛，受到水资源分布特点的影响较大。丰水的长江流域及其以南地区钢产量占45.4%，用水量占59%；而缺水的长江流域以北地区钢产量占52%，用水量占37.4%。严重缺水地区华北钢产量占22%，用水量占13.1%。长江流域钢产量占38.2%，用水量占50.6%。因此，丰水地区企业用水远高于缺水地区企业，节水水平亟待提高。目前，钢铁行业节水潜力巨大。

2004年莱钢吨钢耗新水降到3.5m^3（国外一般为4.0m^3），循环率达97%。宝钢是我国水资源利用最好的企业，一些指标已达到国际先进水平。宝钢2003年吨钢耗新水为4.57m^3，而到2004年上半年又降到4.07m^3，工业水重复利用率达97.15%，吨钢排废水量1.05kg/t，废水处理率和外排废水达标率均实现100%。2005年全年宝钢分公司吨钢耗新水指标达到3.72m^3，2008年则为2.64m^3。2000~2008年我国重点钢铁企业用水情况见表2-2。2007年我国吨钢耗新水先进值的企业有：国丰2.55m^3/t，日照2.66m^3/t，天钢3.26m^3/t，莱钢3.20m^3/t，津西3.25m^3/t，石钢3.32m^3/t，济钢3.36m^3/t，青钢3.40m^3/t，首钢3.63m^3/t，承钢3.70m^3/t等。但从用水量总体而言，钢铁企业的用水量仍很大，水资源短缺也已经成为我国部分地区钢铁企业生存和发展的制约因素。

表2-2 2000~2008年我国重点钢铁企业用水量

指标 \ 年份	2000	2001	2002	2003	2004	2005	2006	2007	2008
工业水重复利用率/%	87.84	89.08	90.55	90.73	92.13	93.50	95.22	96.01	96.60
吨钢耗新水量/$m^3 \cdot t^{-1}$	25.24	18.81	15.58	13.73	11.62	8.6	6.56	5.31	5.18

国内外钢铁企业水处理情况见表2-3。国外钢铁企业吨钢耗新水的先进值是：日本扇岛2.1m^3/t，阿赛洛2.4m^3/t，蒂森-克虏伯2.6m^3/t，韩国浦项3.5m^3/t，光阳3.6m^3/t，美国凯泽公司方塔那4.1m^3/t。我国钢铁企业用水指标均高于国外先进水平，且企业之间的差距较大，这就是钢铁企业的节水潜力。因此，无论是与国外先进水平比较，还是从国内各企业的用水水平比较，钢铁行业节水大有潜力。国外专家和学者认为，运用目前的技术和方法，完全可以在不影响经济发展和降低生活水平的前提下，可节约工业用水40%~90%。

表2-3 国内外钢铁企业水处理情况

指 标	钢铁企业平均	宝 钢	落后企业	国外先进
废水处理率/%	99.15	100	40	100
外排废水达标率/%	94.26	99.96	38	100
吨钢排废水量/$t \cdot t^{-1}$	9.07	1.33	—	2
工业水重复利用率/%	90.32	97.58	39.7	98
吨钢用新水量/$t \cdot t^{-1}$	13.37	5.20	36.12	2.4

注：宝钢股份公司2008年数据，根据宝钢股份2008年年度报告。

我国钢铁工业排水量大，给水体造成污染，同时浪费水资源。这对生态环境也是一种潜在的威胁。2007年国务院节能减排综合性工作方案中，关于节能减排的主要目标规定："到2010年，二氧化硫排放量由2005年的2549万t减少到2295万t，化学需氧量（COD）由1414万t减少到1273万t；全国城市污水处理率不低于70%"，"实施水资源节约利用"。

2.1.4 中国钢铁工业废水治理技术现状

国内外钢铁企业由于所采用技术的先进程度不同，因而其工业废水的治理现状也不同。就中国而言，宝钢的废水治理技术已经达到了国际先进水平。但是，其他早期建设的钢铁企业由于技术改造不及时，在废水的治理技术上与国外先进水平相比，还有不同程度的差距。一般说来目前国内钢铁企业工业废水治理的水平为：

（1）已基本掌握了按质用水、循环用水、串级用水、一水多用等废水重复利用技术。

（2）基本掌握了场料废水、烧结废水、高炉煤气洗涤水、高炉冲渣水、转炉烟气除尘废水等相关的废水处理技术，但在絮凝药剂、药剂投加设备、流量及水质监测仪表等设备的制造方面、焦化废水处理方面还存在较大差距。

（3）目前国内钢铁企业各工序的工艺废水和冷却水循环利用率都达到了较高程度，水质稳定技术也达到一定水平，但水质稳定药剂以及投药的控制和监测设备还有较大差距。

（4）经过多年的努力，处理轧钢乳状油废水的破乳技术、超滤技术和废酸取得了较好进展，但含油污泥脱水、有机膜的实用性和国产化还待解决，总体水平与国外先进水平还有差距。

2.2 钢铁厂污水排放标准与水处理的常用方法

2.2.1 钢铁厂污水排放标准

对应于各类污染物，有许多用来表示水质状况或水污染状况的指标，常用的有：溶解氧（DO-Dissolved Oxygen）、生化需氧量（BOD）、化学需氧量（COD）、总有机碳（TOC）、总氮（TN）、总磷（TP）、悬浮物（SS）、石油类、各种有毒物（包括重金属）、放射性、酸碱度（或pH值）、细菌总数、水温等等。其中生化需氧量、化学需氧量都是用氧化水中的污染物所需要消耗的氧的量来间接反映水中有机物的量。生化需氧量（BOD_5-Biochemical Oxygen Demand）是指在一定时间内，一定温度下，水中的能够被微生物分解氧化的有机物被生物氧化所需的氧量，通常表示废水污染度是指在20℃下5天的BOD，以每升水（所含的污染物）所消耗的氧的毫克数来表示。化学需氧量（COD-Chemical Oxygen Demand）是在一定的条件下，采用一定的强氧化剂处理水样时，所消耗的氧化剂量。它是表示水中还原性物质多少的一个指标。水中的还原性物质有各种有机物、亚硝酸盐、硫化物、亚铁盐等，主要为有机物。因此，化学需氧量（COD）又往往作为衡量水中有机物质含量多少的指标。化学需氧量越大，说明水体受有机物的污染越严重。化学需氧量（COD）的测定值，随着测定水样中还原性物质以及测定方法的不同而不同。目前应用最普遍的测定方法是酸性高锰酸钾氧化法与重铬酸钾氧化法。重铬酸钾氧化法是以重铬酸钾为氧化剂在强酸下与废水加热2h，使水中有机碳转变为CO_2和水，把所消耗的重铬酸钾量换算成相当的氧的量，单位同BOD。氨氮（ammonia nitrogen）是指水中以NH_4 +

NH_3形态存在的氮，单位为mg/L。其他水质指标可参考有关水污染的书籍或标准。

即将施行的新版《钢铁工业水污染物排放标准》对《钢铁工业水污染物排放标准》（GB 13456—1992）进行了修订。该标准规定了钢铁企业水污染物排放限值。标准适用于钢铁联合企业、炼铁、炼钢、轧钢和铁合金厂水污染物排放管理。钢铁联合企业选矿、焦化的水污染物排放，分别执行《钢铁工业污染物排放标准—采选矿》标准和《焦化工业污染物排放标准》。铁合金生产中氧化钒工序的水污染物排放，执行《有色金属行业污染物排放标准—钒及其化合物》；铬盐工序的水污染物排放，执行《铬盐工业污染物排放标准》；冲渣水、湿法除尘系统的除尘水外排执行本标准。新标准的征求意见稿规定，自2009年1月1日起，现有企业水污染物排放浓度不得超过表2-4中规定的限值。新建生产线从本标准实施之日起，现有生产线自2011年1月1日起水污染排放浓度，有更严格的规定。在国土开发密度已经较高、环境承载能力开始减弱，或环境容量较小、生态环境脆弱、容易发生严重环境污染问题而需要采取特别保护措施的地区，钢铁企业的水污染物控制按特别排放限值执行。

表2-4　现有企业水污染物排放限值　　（mg/L（pH值除外））

<table>
<tr><th rowspan="3">序号</th><th rowspan="3">污染物名称</th><th colspan="6">排放限值</th><th rowspan="3">污染物排放监控位置</th></tr>
<tr><th rowspan="2">联合企业</th><th rowspan="2">烧结（球团）炼铁</th><th rowspan="2">炼钢</th><th colspan="2">轧钢</th><th rowspan="2">铁合金</th></tr>
<tr><th>冷轧</th><th>热轧</th></tr>
<tr><td>1</td><td>pH值</td><td>6~9</td><td rowspan="15">零排放</td><td>6~9</td><td colspan="2">6~9</td><td>6~9</td><td>总排口</td></tr>
<tr><td>2</td><td>SS</td><td>50</td><td>50</td><td colspan="2">50</td><td>50</td><td>总排口</td></tr>
<tr><td>3</td><td>COD</td><td>60</td><td>60</td><td colspan="2">60</td><td>60</td><td>总排口</td></tr>
<tr><td>4</td><td>石油类</td><td>5</td><td>5</td><td colspan="2">5</td><td>—</td><td>总排口</td></tr>
<tr><td>5</td><td>氰化物</td><td>—</td><td>—</td><td colspan="2">0.5</td><td>0.5</td><td>车间排放口</td></tr>
<tr><td>6</td><td>锌</td><td>—</td><td>—</td><td colspan="2">2</td><td>—</td><td>车间排放口</td></tr>
<tr><td>7</td><td>铁</td><td>—</td><td>—</td><td colspan="2">10</td><td>—</td><td>车间排放口</td></tr>
<tr><td>8</td><td>铜</td><td>—</td><td>—</td><td colspan="2">0.5</td><td>—</td><td>车间排放口</td></tr>
<tr><td>9</td><td>总砷</td><td>—</td><td>—</td><td colspan="2">0.5</td><td>—</td><td>车间排放口</td></tr>
<tr><td>10</td><td>六价铬</td><td>—</td><td>—</td><td colspan="2">0.5</td><td>—</td><td>车间排放口</td></tr>
<tr><td>11</td><td>总铬</td><td>—</td><td>—</td><td colspan="2">1.5</td><td>—</td><td>车间排放口</td></tr>
<tr><td>12</td><td>总铅</td><td>—</td><td>—</td><td colspan="2">1.0</td><td>—</td><td>车间排放口</td></tr>
<tr><td>13</td><td>总镍</td><td>—</td><td>—</td><td colspan="2">1.0</td><td>—</td><td>车间排放口</td></tr>
<tr><td>14</td><td>镉</td><td>—</td><td>—</td><td colspan="2">0.1</td><td>—</td><td>车间排放口</td></tr>
<tr><td>15</td><td>汞</td><td>—</td><td>—</td><td colspan="2">0.05</td><td>—</td><td>车间排放口</td></tr>
<tr><td colspan="2">基准排水量/$m^3 \cdot t^{-1}$</td><td>3①</td><td>—</td><td>—</td><td colspan="2">3①（2.5②）</td><td>5①（5②）</td><td></td></tr>
</table>

①总排放口监控污染物的基准排水量；

②车间排放口监控污染物的基准排水量。

2.2.2　废水处理方法概论

废水处理是将废水中所含有的污染物分离出来，或将其转化为无害和稳定的物质，从而使废水得以净化。根据污染物在废水中存在的形式所采用的分离技术见表2-5。

表2-5 水中污染物存在形式及相应的分离技术

污染物存在形式	分离法技术
离子态	离子交换法、电解法、电渗析法、离子吸附法、离子浮选法
分子态	萃取法、结晶法、精馏法、浮选法、反渗透法、蒸发法
胶　体	混凝法、气浮法、吸附法、过滤法
悬浮物	重力分离法、离心分离法、磁力分离法、筛滤法、气浮法

另一类是通过化学或生化的作用，使其转化为无害的物质或可分离的物质（此部分物质再经过分离予以除去），称为转化法。转化的技术也是多种多样的，见表2-6。

表2-6 废水处理的转化技术

技术机理	转化法技术
化学转化	中和法、氧化还原法、化学沉淀法、电化学法
生物转化	活性污泥法、生物膜法、厌氧生物处理法、生物塘法和氧化沟法

表2-5和表2-6中的废水处理技术也可分为：物理法、化学法、物理化学法和生物处理法四大类别。

2.2.2.1 物理法

通过物理和机械分离或回收废水中不溶解的悬浮污染物质（包括膜和油珠）并在处理过程中不改变其化学性质的方法。物理法比较简单，常用来对废水进行一级处理。物理法的功能有

（1）均衡与调节：对废水进行缓存和混合，以实现水量的调节和水质的均衡。

（2）筛选与过滤：利用各种类型的隔栅或过滤介质截留废水中的悬浮物。

（3）隔油：利用水中可浮油与水的密度差将其与水分离并加以清除。

（4）沉淀：借助重力使水中悬浮物下沉而进行分离，通过沉淀池进行。

A 沉淀

悬浮物密度大于废水的沉淀，小于废水的则上浮。沉淀或上浮的速度是影响分离效果的重要参数，在球形颗粒、水流的雷诺数 $Re<1$ 的情况下，其值可用斯托克斯公式计算：

$$u = g(\rho_g - \rho_y)d^2/18\mu \tag{2-1}$$

式中 u——沉浮速度，cm/s；

d——颗粒直径，cm；

ρ_g——颗粒密度，g/cm^3；

ρ_y——液体密度，g/cm^3；

g——重力加速度，cm/s^2；

μ——水的绝对黏度，g/(cm·s)。

当 $\rho_g>\rho_y$ 时，$\mu>0$，颗粒下沉；当 $\rho_g<\rho_y$ 时，$\mu<0$，颗粒上浮。

按构造沉淀池可分为普通沉淀池和斜板斜管沉淀池，普通沉淀池应用较广。图2-1、

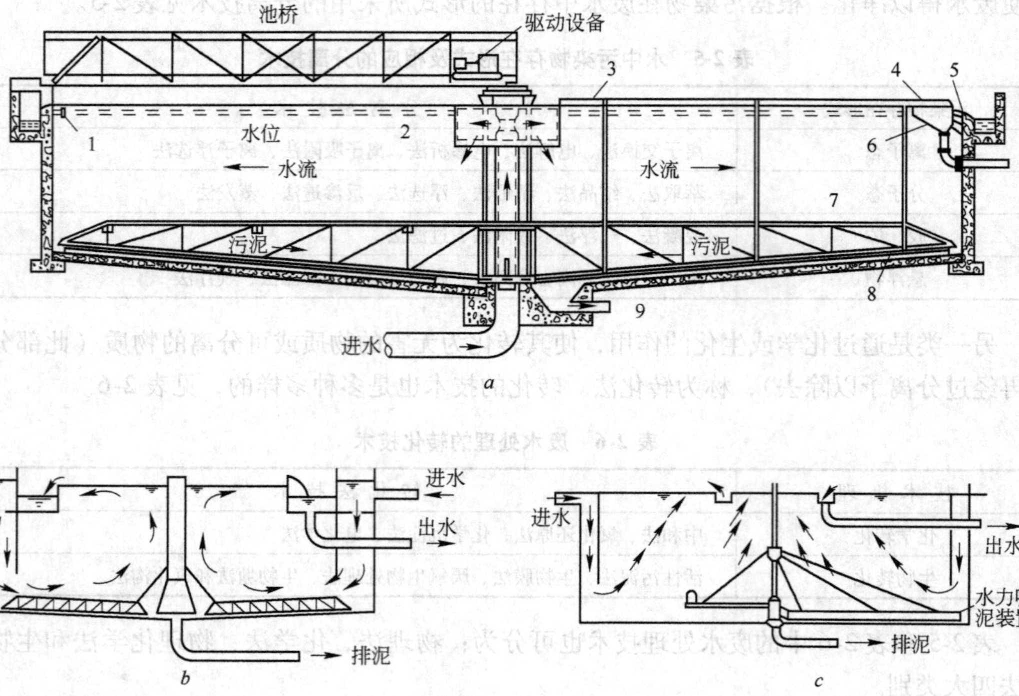

图 2-1　辐流式沉淀池的构造

a—中心进水周边出水辐流式沉淀池；*b*—周边进水周边出水的辐流式沉淀池；

c—周边进水中心出水辐流式沉淀池

1—浮渣挡板；2—旋转式挡板；3— 一个桁架上的撇渣器；4—浮渣刮板；5—出水堰；

6—浮渣箱；7—金属桁架；8—橡皮刮板；9—排泥管

图 2-2 分别是各种类型的辐流式和竖流式沉淀池示意图。除此之外，还有平流式、斜板（管）式沉淀池。沉淀法是废水处理的基本方法，废水处理工艺的第一步都是沉淀法。若

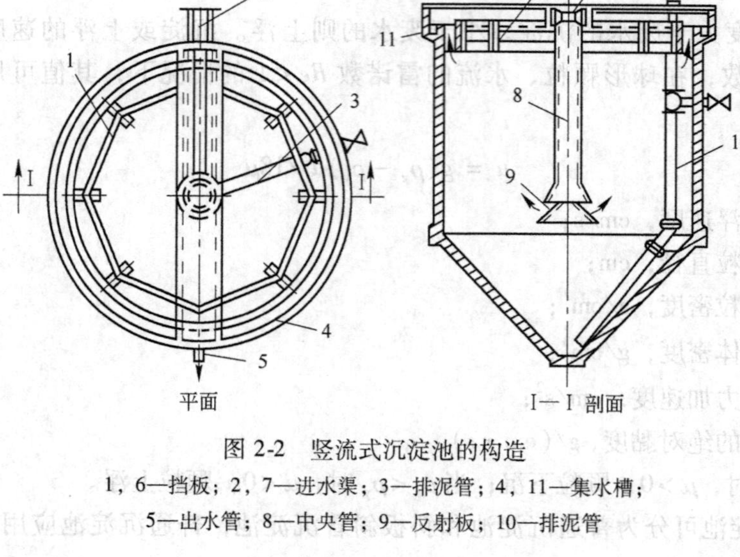

图 2-2　竖流式沉淀池的构造

1，6—挡板；2，7—进水渠；3—排泥管；4，11—集水槽；

5—出水管；8—中央管；9—反射板；10—排泥管

废水携带大量泥沙或悬浮物进入化学处理、生物处理等处理设施，将影响处理效果，并堵塞处理设施。沉淀设备有旋流池、沉淀池等。高炉煤气洗涤水即可采用辐射沉淀池除去废水中大量悬浮物后，再做后续处理。

B 气浮

气浮法是采取一定的措施（加压、通空气、抽真空等），在废水中连续形成大量的微小气泡，使废水中呈微细颗粒的污染物或乳化油粒吸附在气泡上，随同气泡一同上浮到水面，与水分离，使废水得到净化的一种固-液和液-液分离的方法。上浮设备为隔油池、气浮池等。焦化厂酚氰污水除油即采用气浮法，但此法只能除油约70%，除油后的废水还需进一步生化处理。

气浮的具体过程：向待处理水中通入空气→产生微细气泡→SS 附着在气泡上→上浮。主要用于去除自然沉淀或上浮难于去除的悬浮物，以及密度接近 $1g/m^3$ 的固体颗粒。

气浮的情况涉及：气、水、固三种介质，每两个之间都存在界面张力 σ。三相间的吸附界面构成的交界线称为润湿周边。通过润湿周边作水、粒界面张力作用线和水、气界面张力作用线，二作用线的交角称为润湿接触角 θ。按照物理化学的热力学理论，任何体系均存在力图使界面能减少为最小的趋势。

界面能 $$W = \sigma A \tag{2-2}$$

式中 A——界面面积；

σ——界面张力。

附着前 $W_1 = \sigma_{水气} + \sigma_{水粒}$（假设 S 为 1）

附着后 $W_2 = \sigma_{气粒}$

界面能的减少 $$\Delta W = \sigma_{水气} + \sigma_{水粒} - \sigma_{气粒} \tag{2-3}$$

又 $$\sigma_{水粒} = \sigma_{气粒} + \sigma_{水气}\cos(180 - \theta) \tag{2-4}$$

所以 $$\Delta W = \sigma_{水气}(1 - \cos\theta) \tag{2-5}$$

按照热力学理论，悬浮物与气泡附着的条件：$\Delta W > 0$，ΔW 越大，推动力越大，越易气浮。

$\theta = 0°$，$\cos\theta = 1$，$\Delta W = 0$ 不能气浮；

$\theta < 90°$，$\cos\theta < 1$，$\Delta W < \sigma_{水气}$颗粒附着不牢；

$\theta > 90°$，$\Delta W > \sigma_{水气}$，易气浮——疏水吸附；

$\theta = 180°$，$\Delta W = 2\sigma_{水气}$，最易被气浮。

同时，$\cos\theta = (\sigma_{气粒} - \sigma_{水粒})/\sigma_{水气}$，$\sigma_{水气}$ 增加，θ 增大，有利于气浮。如石油废水，表面活性物质含量少，$\sigma_{水气}$大，乳化油粒疏水性强，直接气浮效果好。而煤气洗涤水中的乳化焦油，由于水中表面活性物质含量多，$\sigma_{水气}$小，直接气浮效果差。对于亲水性颗粒的气浮，表面需投加浮选剂改性为疏水性。常用的浮选剂有松香油、煤油、脂肪酸，起连接颗粒和气泡之间作用。

气浮中要求气泡具有一定的分散度和稳定性。气泡粒径在 100μm 左右为好。洁净水表面张力大，所以洁净水中气泡常达不到气浮要求的细小分散度，有自动降低自由能的倾向，导致小气泡合并。在缺乏表面活性物质保护的情况下，气泡易破灭，不稳定。即使悬浮物已附着在气泡上也易重新脱落回水中。加入起泡剂（一种表面活性物质），可以保护气泡的稳定性。

对于有机污染物含量不多的废水，在进行气浮时，气泡的稳定性可能成为重要的影响因素。适当的表面活性剂是必要的。但表面活性物质过多会导致$\sigma_{水气}$降低，此时尽管气泡稳定但污染粒子严重乳化，颗粒－气泡附着不好。

疏水性颗粒易气浮，但多数情况下并不好，主要是由于乳化现象。以油粒为例，当表面活性物质存在时，其非极性端吸附在油粒上，极性端则伸向水中，形成乳化油，电离后带电，由于双电层现象使含油污水成为稳定体系。

废水中含有亲水性固体粉末（固体乳化剂），如粉砂、黏土等（$\theta < 90°$）：一小部分与油接触，大部分为水润湿，形成乳化油稳定体系。带电的稳定体系是不利于气浮的，应投加混凝剂以脱稳、破乳。混凝剂包括硫酸铝、聚合氯化铝、三氯化铁等。

气浮法又可细分为如下几种：

（1）电解气浮法。如图 2-3 所示，在直流电的电解作用下，正负极分别产生氢气和氧气微气泡。气泡小于溶气法和散气法。该法具有多种作用：除 BOD、氧化、脱色等，特点是去除污染物范围广，污泥量少，占地少；但电耗大。有竖流式和平流式装置。

（2）散气气浮法：扩散板曝气气浮法和叶轮气浮法两种。

1）扩散板曝气气浮。压缩空气通过扩散装置以微小气泡形式进入水中。简单易行，但容易堵塞，气浮效果不高，见图 2-4。

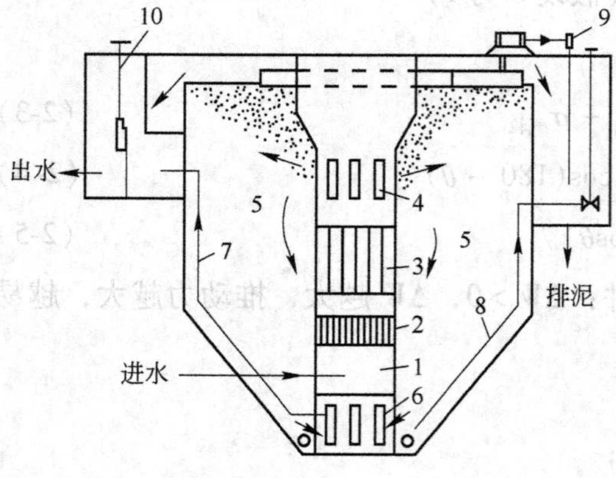

图 2-3　电解气浮法装置示意图

1—入流室；2—整流栅；3—电极组；4—出流孔；5—分离室；6—集水孔；7—出水管；8—排沉淀管；9—刮渣机；10—水位调节器

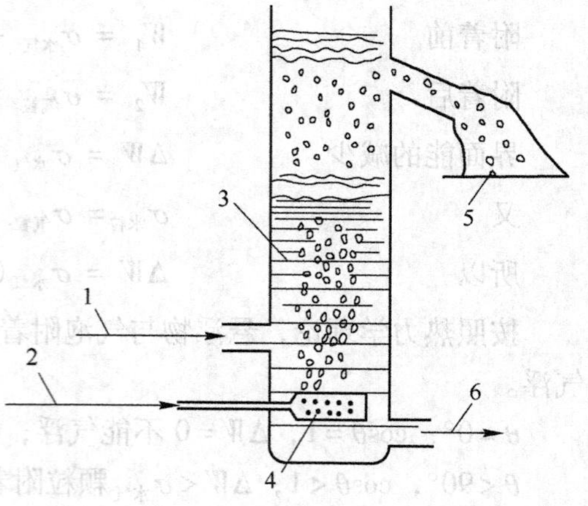

图 2-4　扩散板曝气气浮法

1—入流液；2—空气进入；3—分离柱；4—微孔陶瓷扩散板；5—浮渣；6—出流液

2）叶轮气浮法：适用于处理水量不大，污染物浓度高的废水，见图 2-5。

（3）溶气气浮法。根据气泡析出时所处的压力不同，分为溶气真空气浮和加压溶气气浮。加压溶气气浮是利用压力向水中溶入大量空气然后减压释放空气，产生气泡的过程。该方法的特点是水中空气的溶解度大，能提供足够的微气泡，气泡粒径小（20～100μm）、均匀，设备流程简单。加压溶气气浮工艺有三种类型：

1）全溶气法：所有的待处理水都通过溶气罐溶气，如图 2-6 所示。该法电耗高，但

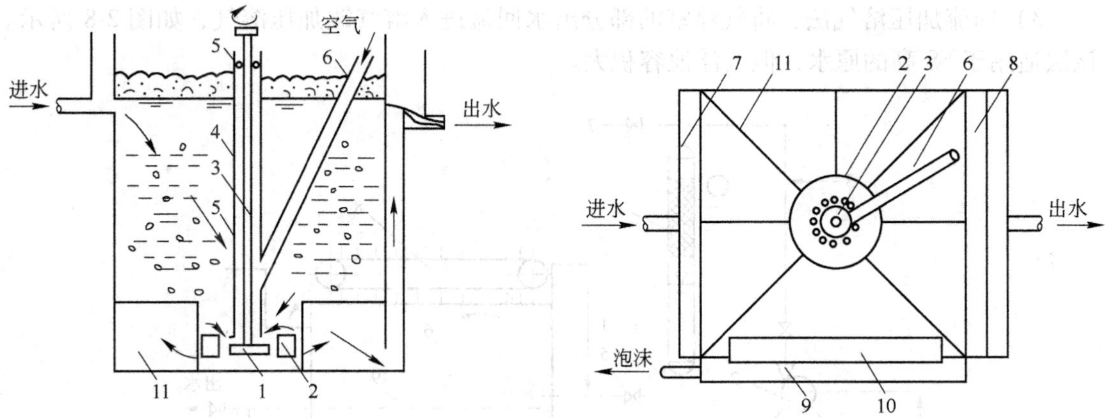

图 2-5　叶轮气浮设备构造示意图

1—叶轮；2—盖板；3—转轴；4—轴套；5—轴承；6—进气管；7—进水槽；8—出水槽；9—泡沫槽；10—刮沫板；11—整流板

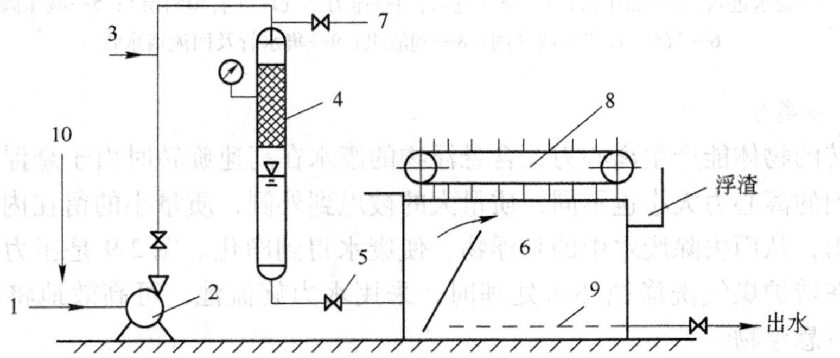

图 2-6　全溶气方式加压溶气气浮法流程

1—废水进入；2—加压泵；3—空气进入；4—压力溶气罐（含填料层）；5—减压阀；6—气浮池；7—放气阀；8—刮渣机；9—出水系统；10—化学药液

气浮池容积小。

2）部分溶气法：部分待处理水进入溶气罐溶气，其余的带处理水直接进入气浮室，如图 2-7 所示。该法省电，溶气罐小。但若溶解空气多，需加大溶气罐压力。

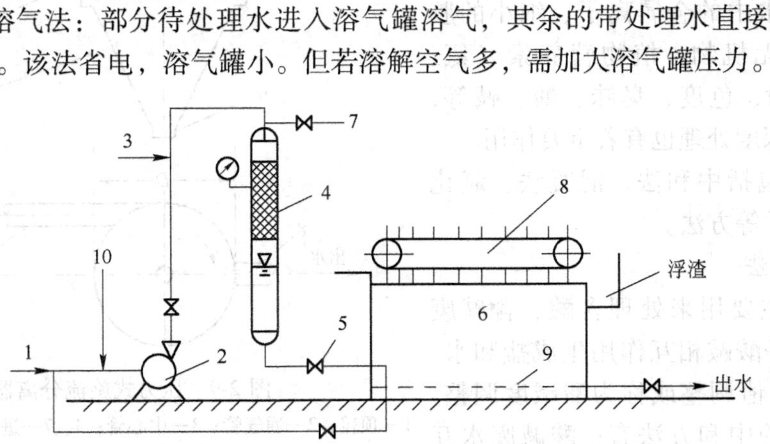

图 2-7　部分溶气方式加压溶气气浮上法流程

1—废水进入；2—加压泵；3—空气进入；4—压力溶气罐（含填料层）；5—减压阀；6—气浮池；7—放气阀；8—刮渣机；9—出水系统；10—化学药剂

3）回流加压溶气法：将气浮室的部分出水回流进入溶气罐加压溶气，如图 2-8 所示。该法适用于 SS 高的原水，但气浮池容积大。

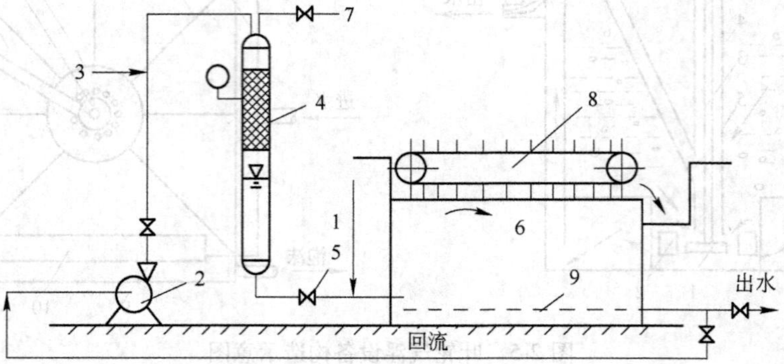

图 2-8　回流加压溶气方式流程

1—废水进入；2—加压泵；3—空气进入；4—压力溶气罐（含填料层）；5—减压阀；6—气浮池；7—放气阀；8—刮渣机；9—集水管及回流清水管

C　离心分离法

高速旋转的物体能产生离心力，含悬浮物的废水在高速旋转时由于悬浮颗粒和废水质量不同，受到的离心力大小也不同，质量大的被甩到外侧，质量小的留在内侧，通过不同的导出口引出，从而去除废水中的悬浮物，使废水得到净化。图 2-9 是压力式旋流分离器的示意图。在转炉煤气洗涤循环水处理时，采用水力旋流池，可高效地将粗颗粒与水分离，除去大量悬浮物。

2.2.2.2　化学法

化学法（或化学处理法）是废水处理的基本方法之一。它是利用化学作用处理废水中的溶解物质或胶体物质，可用来去除废水中的金属离子、细小的胶体有机物、无机物、植物营养素（氮、磷）、乳化油、色度、臭味、酸、碱等，对于废水的深度处理也有着重要作用。

化学法包括中和法、混凝法、氧化还原、电化学等方法。

A　中和法

中和法主要用来处理含酸、含碱废水。中和就是酸碱相互作用生成盐和水。中和也即 pH 值调整或称为酸碱度调整。酸、碱废水的中和方法有：酸碱废水互相中和、投药中和及过滤中和。

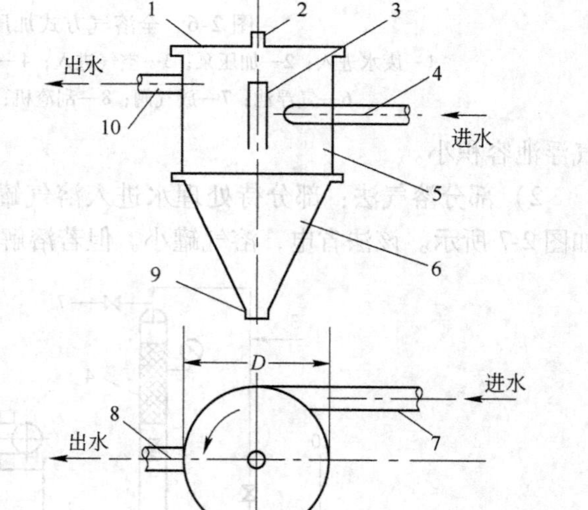

图 2-9　压力式旋流分离器

1—顶盖；2—通气管；3—中心管；4，7—进水管；5—圆筒；6—圆锥体；8，10—出水管；9—拌泥口

（1）酸、碱废水互相中和。酸、碱废水互相中和是一种以废治废，既简便又经济的方法。酸碱废水互相中和的结果，应该使混合后的废水达到中性。如果酸、碱废水互相中和

后依然达不到处理要求时，还可以补加药剂进行中和。

（2）投药中和。投药中和可以处理任何浓度、任何性质的酸碱废水，可以进行废水的pH值调整，是应用最广泛的一种中和方法。

投药中和的一般流程是：中和剂在搅拌下和废水混合反应，然后在沉淀池中进行沉淀后排出清水，沉淀时间为1～1.5h。沉淀池中的污泥由污泥泵抽出经脱水和干燥后成为泥渣。酸性废水的中和剂有石灰（CaO）、石灰石（$CaCO_3$）、碳酸钠（Na_2CO_3）、苛性钠（NaOH）等。石灰石是最常用的中和剂。采用石灰可以中和任何浓度的酸性废水，且氢氧化钙对废水中的杂质具有凝聚作用，有利于废水处理。

中和药剂的理论计算用量可以根据化学反应式及等物质的量规则求得，然后考虑所用药剂产品或工业废料的纯度及反应速率，综合确定实际投加量。

在实际情况下，工业废水中所含酸的成分可能比较复杂，并不只是单纯的一种，不能直接应用化学反应式计算。这时需要测定废水的酸度，然后根据等物质的量原理进行计算。最好是对废水进行中和滴定，结合pH值求得中和曲线，掌握中和达到各pH值所需要药剂用量。碱性废水的中和剂有硫酸、盐酸、硝酸，常用的为工业硫酸。烟道中含有一定量的CO_2、SO_2、H_2S等酸性气体，也可以用作碱性废水的中和剂，但缺点是杂质太多，易引起二次污染。

B 混凝法

很多工业废水中含有不易沉淀下来的细小颗粒物质，其表面往往由于吸附离子而带电荷，彼此间互相排斥，微小颗粒在水中移动时表面附近的水以层状状态流动，滑动面之间存在ξ电位，这是微小颗粒间相互排斥力的指标。混凝剂的主要作用就是中和ξ电位，使废水中沉淀速度慢、分离困难的微小颗粒变成便于沉淀和分离的较大颗粒。当废水中投入混凝剂时，混凝剂水解生成氢氧化物聚合体，中和原来微小颗粒的电荷，而使之发生聚集。

混凝法是废水处理中一种经常应用的方法，处理的对象是废水中利用自然沉淀法难以沉淀去除的细小悬浮物及胶体微粒，可以用来降低废水的浊度和色度，去除多种高分子有机物，某些重金属和放射性物质；此外，混凝法还能改善污泥的脱水性能，因此，混凝法在废水处理中获得广泛应用。它既可以作为独立的处理方法，也可以和其他处理方法配合使用，作为预处理，中间处理或最终处理。

（1）混凝原理。对混凝过程的作用原理有两种说法，一种是双电层作用，另一种是化学架桥作用。

1）双电层作用原理。这一原理主要考虑低分子电解质对胶体微粒产生电中和作用，以引起胶体微粒凝聚。以废水中胶体带负电荷投加低分子电解质硫酸铝[$Al_2(SO_4)_3$]作混凝剂进行混凝为例，硫酸铝首先在废水中离解，产生正离子Al^{3+}和负离子SO_4^{2-}。

$$Al_2(SO_4)_3 \longrightarrow 2Al^{3+} + 3SO_4^{2-} \tag{2-6}$$

Al^{3+}是高价阳离子，它大大增加了废水中的阳离子浓度。在带负电荷的胶体微粒吸引下，Al^{3+}由扩散层进入吸附层，使ξ电位降低。如是带电的胶体微粒趋向电中和，消除了静电斥力，降低了它们的悬浮稳定性，当胶体再次相互碰撞时，即凝聚结合为较大的颗粒而沉淀。

Al^{3+}在水中水解后最终生成$Al(OH)_3$胶体。

$$Al^{3+} + 3H_2O \rightleftharpoons Al(OH)_3(\text{胶体}) + 3H^+ \tag{2-7}$$

$Al(OH)_3$是带电胶体，当$pH<8.2$时，带正电。它与废水中带负电的胶体微粒相互吸引，中和其电荷，使胶体微粒凝结为较大的颗粒而沉淀。

$Al(OH)_3$胶体具有长条形结构，表面积很大，活性较高，可以吸附废水中的悬浮颗粒，使呈分散状态的颗粒形成网状结构，成为更粗大的絮凝体（矾花）而沉淀。

2）化学架桥作用原理。当废水中加入少量的高分子聚合物时，聚合物被迅速吸附结合在胶体微粒表面上。开始时，高聚物分子链节的一端吸附在一个微粒表面上，该分子未被吸附的一端就伸展到溶液中去，这些伸展的分子链节又会被其他的微粒所吸附，于是形成一个高分子链状物同时吸附在两个以上的胶体微粒表面的情况。各微粒依靠高分子的连接作用构成某种聚集体，结合为絮状物，这种作用称为吸附架桥作用。由高分子架桥形成的聚集体中，各微粒并未达到直接接触，而且也未达到电中和脱稳状态。因此，吸附架桥实质上仍是一种聚合物过量状态，如胶体微粒被过多聚合物分子所包围，反而会失去同其他微粒架桥结合的可能性，处于稳定状态。因此，投加高分子聚合物并不是越多越好，而是应该适量。在废水的混凝沉淀处理中，影响混凝效果的因素很多，主要有pH值、温度、药剂种类和投加量、搅拌强度及反应时间等。

（2）投药方法及混凝过程。药剂调制有水力法、压缩空气法、机械法等。当投加量很小时，也可以在溶液桶、溶液池内进行人工调制。投药方法有干法和湿法。干法是把经过破碎、易于溶解的药剂直接投入废水中。干法操作占地面积少，但对药剂的粒度要求高，投量控制较严格，同时劳动条件也较差，目前国内应用较少。湿法是将混凝剂和助凝剂配成一定浓度的溶液，然后按处理水量大小定量投加。混凝沉淀处理流程包括投药、混合、反应和沉淀分离几个部分。

混合阶段的作用主要是将药剂迅速均匀地投加到废水中，以压缩废水中的胶体颗粒的双电层，降低或消除胶粒的稳定性，使废水中胶体能互相聚集成较大的颗粒——绒粒。混合阶段需要快速地进行搅拌，作用时间要短，以达到瞬时混合效果最好的状态。反应阶段的作用使失去稳定的胶体粒子碰撞结合，成为可见的矾花绒粒，所以反应阶段需要足够的时间，而且需保证必要的速度、和药剂的浓度梯度。在反应阶段，由聚集作用所生成的微粒与废水中原有的悬浮微粒之间或相互之间，由于碰撞、吸附、黏着、架桥作用生成较大的绒体，然后送入沉淀池进行分离。

混凝法与其他处理法比较其优点是设备简单，操作易于掌握，处理效果好，间歇或连续运作均可以。缺点是运行费用高，沉渣量大，且脱水较困难。

近年来，随着高效、低毒、经济实用的有机、无机高分子絮凝剂和生物絮凝剂的不断开发，使化学混凝法可以投加较少的药剂就能达到较好的处理效果，因而絮凝技术被广泛应用于污水处理。常用的絮凝剂及其作用见表2-7。

表 2-7　常用的絮凝剂及其作用

分类		物质	作用
无机物	无机盐	硫酸铝、含铁硫酸铝、硫酸铝铵、聚合氯化铝、聚合氯化硫酸铝、硫酸亚铁、氯化铁、聚合硫酸铁等	铝盐和铁盐在水处理过程中发生水解和聚合反应，水中的胶粒能强烈吸附水解和聚合反应过程中出现的各种产物：各种 Al^{3+}、Fe^{3+} 的化合物和多种多核羟基络离子。絮凝剂最终形成聚合度很大的 $Al(OH)_3$ 或 $Fe(OH)_3$，使絮凝过程加速，絮凝体由小变大
高分子聚合物	低聚合度	藻朊酸钠、水溶性苯胺树脂盐酸盐、水溶性尿素树脂、明胶等	具有吸附活性，架桥连接吸附，使粒子间引力变大，生成稳定絮状物
	高聚合度	聚乙烯吡啶盐酸盐、乙烯吡啶共聚物、聚丙烯酰胺、聚氧乙烯等	架桥连接吸附作用，使粒子间引力变大，生成稳定絮状物。但吸附桥联作用随聚合度的增加而增大

C　氧化还原法

通过药剂与污染物的氧化还原反应，将废水中有害的污染物转化为无毒或低毒物质的方法称为氧化还原法。废水处理中最常用的氧化剂是空气、臭氧、二氧化氯、氯气、高锰酸钾等。药剂还原法在废水处理中应用较少，只限于某些废水（如含铬废水）的处理，常用的还原剂有硫酸亚铁（$FeSO_4$）、亚硫酸盐、氯化亚铁（$FeCl_2$）、铁屑、锌粉、硼氢化钠等。

氧化还原法的工艺过程及设备比较简单，通常只需一个反应池，投药混合并发生反应即可。

（1）药剂氧化法。空气（及纯氧）氧化法该方法是利用氧气氧化废水中污染物，主要用于含硫废水的处理，可在各种密封塔体中进行。纯氧氧化法相对来说效率比空气氧化法高，但成本较高，一般较少采用。

臭氧氧化法。臭氧的氧化性在天然元素中仅次于氟，可分解一般氧化剂难于破坏的有机物，且不产生二次污染物，制备方便，因此广泛应用于消毒、除臭、脱色以及除酚、氰、铁、锰等，而且可降低废水 COD、BOD 值。

臭氧处理系统中最主要的设备是接触反应器。为使臭氧与污染物充分反应，应尽可能使臭氧化空气在水中形成微细气泡，并采用两相逆流操作，强化传质过程。影响臭氧氧化的因素主要是共存杂质的种类和浓度、溶液的 pH 值和温度、臭氧浓度、用量和投加方式、反应时间等。臭氧氧化的工艺条件应通过实验确定。该法主要缺点是发生器耗电量大。

氯氧化法。氯系氧化剂包括氯气、氯的含氧酸及其钠盐，钙盐及二氧化氯，除了用于消毒外，还可用于氧化废水中某些有机物和还原性物质，如氰化物、硫化物、酚、醇、醛、油类以及用于废水的脱色、除臭。例如，用氯氧化法以漂白粉为氧化剂处理含氰废水过程如下：

$$2CaCl(OCl) + 2H_2O \xlongequal{\quad} 2HOCl + Ca(OH)_2 + CaCl_2 \tag{2-8}$$

$$HOCl \xlongequal{\quad} H^+ + OCl^- \tag{2-9}$$

$$CN^{2-} + OCl^{2-} + H_2O \xlongequal{\quad} CNCl + 2OH^- \tag{2-10}$$

$$CNCl + 2OH^- \xlongequal{\quad} CNO^{2-} + Cl^- + H_2O \tag{2-11}$$

$$2CNO^- + 3OCl^- = CO_2\uparrow + N_2\uparrow + 3Cl^- + CO_3^{2-} \tag{2-12}$$

（2）药剂还原法。在废水处理中，采用还原法进行处理的污染物主要有 Cr^{6+}，Hg^{2+} 等重金属。电镀工业的含铬废水主要为有毒的六价铬，加入硫酸亚铁等还原剂后，六价铬即被还原为三价铬，然后投加石灰，使 pH 值为 7.5 ~9.0，生成难溶于水的氢氧化铬沉淀，反应式如下：

$$Cr_2O_7^{2-} + 6Fe^{2+} + 14H^+ = 2Cr^{3+} + 6Fe^{3+} + 7H_2O \tag{2-13}$$

$$Cr^{3+} + 3OH^+ = Cr(OH)_3\downarrow \tag{2-14}$$

常用的还原法去除 Hg^{2+} 的还原剂为比汞活泼的金属（铁屑、锌粉、铝粉、铜屑等）和硼氢化钠、醛类、联胺等。金属还原 Hg^{2+} 时，将含汞废水通过金属屑滤床，或与金属粉混合反应，置换出金属汞。该法只用于废水中无机汞的去除，对于有机汞，通常先用氧化剂（如氯）将其破坏，转化为无机汞后，再进行处理。硼氢化钠在碱性条件下（pH =9 ~11）可将汞离子还原为金属汞，其反应为：

$$Hg^{2+} + BH^- + 2OH^- = Hg\downarrow + \frac{3}{2}H_2 + BO_2^- \tag{2-15}$$

还原剂一般配成 $NaBH_4$ 含量为 12% 的碱性溶液，与废水一起加入混合反应器进行反应。

2.2.2.3　*物理化学法*

废水经过物理方法处理后，仍会含有某些细小的悬浮物以及溶解的有机物。为进一步去除残存于水中的污染物，可以采用物理化学法进行处理。常用的物理化学法有吸附、浮选、萃取、电渗透、反渗透、超滤、磁分离等。

A　吸附法

（1）吸附过程原理。吸附是利用多孔固体吸附剂的表面活性，吸附废水中的一种或多种污染物，达到废水净化的目的。根据固体表面吸附力的不同，吸附可分为以下三种类型：

1）物理吸附。吸附剂和被吸附物质之间通过分子间力产生的吸附称为物理吸附。物理吸附是一种常见的吸附现象。由于吸附是分子间力引起的，所以吸附热较小；物理吸附不发生化学作用，在低温下就可以进行。被吸附的分子由于热运动还会离开吸附表面，这种现象称为解吸，它是吸附的逆过程。降温有利于吸附，升温有利于解吸。由于分子间力是普遍存在的，所以一种吸附剂可吸附多种物质，但由于被吸附物质性质的差异，某一种吸附剂对各种被吸附物质的吸附量是不同的。

2）化学吸附。吸附剂和被吸附物质之间发生由化学键力引起的吸附称为化学吸附。化学吸附一般在较高温度下进行，吸附热较大。一种吸附剂只能对某种或几种物质发生化学吸附，化学吸附具有选择性，化学吸附比较稳定。

3）离子交换吸附。离子交换吸附就是通常所指的离子交换。

物理吸附、化学吸附和离子交换吸附这三种过程并不是孤立的，往往是相伴发生的。水处理中，大部分的吸附现象往往是几种吸附综合作用的结果。由于被吸附物质、吸附剂及其他因素的影响，可能某种吸附是主要的。

吸附法处理废水，就是利用多孔性吸附物质将废水中的污染物质吸附到它的表面，从而使废水得到净化，常用的吸附物质有活性炭、磺化煤、矿渣、高炉渣，硅藻土、高岭土及大孔型吸附树脂等。吸附法可去除污水中难以生物降解或化学氧化的少量有机物质、色素及重金属离子。该方法处理成本较高，吸附剂再生困难，一般用于废水深度处理。

(2) 活性炭吸附。活性炭是一种非极性吸附剂，是由含碳为主的物质作原料，经高温炭化和活化制得的疏水性吸附剂，其外观是暗黑色；有粒状和粉状两种，目前工业上大量采用的是粒状活性炭。活性炭主要成分为碳，还有少量的氧、氢、硫等元素，还含有水分、灰分。它具有良好的吸附性能和稳定的化学性质，可以耐强酸、强碱，能经受水浸、高温、高压作用，不易破碎。粒状活性炭的孔径（半径）大致分为以下三种：

1）大孔：$10^{-7} \sim 10^{-5}$m；

2）过渡孔：$2 \times 10^{-9} \sim 10^{-7}$m；

3）微孔：$< 2 \times 10^{-9}$m。

与其他吸附剂相比，活性炭具有巨大的比表面积，通常可达到 $500 \sim 1700m^2/g$，因而形成了强大的吸附能力。但是，比表面积相同的活性炭，其吸附容量并不一定相同，因为吸附容量不仅与比表面积有关，而且还与微孔结构和微孔分布以及表面化学性质有关。

B 萃取法

萃取法是利用与水不相溶解或极少溶解的特定溶剂同废水充分混合接触，使溶于废水中的某些污染物质重新进行分配而转入溶剂，然后将溶剂与除去污染物质后的废水分离，从而达到净化废水和回收有用物质的目的。采用的溶剂称为萃取剂，被萃取的物质称为溶质，萃取后的萃取剂称萃取液（萃取相），残液称为萃余液（萃余相）。萃取法具有处理水量大，设备简单，便于自动控制，操作安全、快速，成本低等优点，因而该法具有广阔的应用前景。目前仅用于为数不多的几种有机废水和个别重金属废水处理。

(1) 液-液萃取过程和原理。液-液萃取属于传质过程，它的主要作用原理是基于传质定律和分配定律。

1）传质定律。物质从一相传递到另一相的过程称为质量传递过程（简称传质过程）。在传质过程中，两相之间质量的传递速率 G 与传质过程的推动力 Δc 和两相接触面积 A 的乘积成正比，可用式（2-16）表示：

$$G = KA\Delta c \tag{2-16}$$

式中 G——物质的传递速率，即单位时间内从一相传递到另一相的物质的量，kg/h；

A——两相的接触面积，m^2；

Δc——传质过程的推动力，即废水中杂质的实际浓度与平衡时的浓度差，kg/m^3；

K——传质系数，与两相的性质、浓度、温度、pH 值等有关系。

随着传质过程的进行，废水中杂质的实际浓度逐渐减小，而在另一相中杂质浓度逐渐增加。所以，在传质过程中推动力是一个变数。为了加快传质速度，在工艺上多采用逆流操作，如气提、吹脱萃取过程，都是逆流操作，即气-液两相、液-液两相呈逆流流动。由于传质速率与两相的接触面积成正比，因此在工艺上采用喷淋、鼓泡、泡沫等方式使某一相呈分散状态，而且分散得越细，两相接触面积就越大。另外，搅拌有利于萃取剂和废水中溶质的不断接触。从而加速传质过程的进行。

2）分配定律。某溶剂和废水互不相溶，溶质在溶剂和废水中虽然都能溶解，但它在溶剂中比在废水中有更高的溶解度。当溶剂与废水接触后，溶质在废水和溶剂之间进行扩散，溶质从废水中传递到溶剂中去，一直达到相平衡时为止。

对稀溶液的实验表明，在一定温度和压力下，如果溶质在两相以同样形式的分子存在的话，则溶质在两相中的浓度比一定为一常数。这个规律称为分配定律。可用式（2-17）表示：

$$K_2 = \frac{c_1}{c_2} \tag{2-17}$$

式中　c_1——溶质在萃取液中的浓度；

c_2——溶质在萃余液中的浓度；

K_2——分配系数。

很明显，溶剂的选择性越好，这个比例常数越高，也就是说分配系数值越高。

由萃取作用原理可知，要提高萃取速度和设备生产能力，其途径主要有：增大两相接触界面积、增大传质系数和增大传质推动力。

（2）萃取工艺设备。萃取工艺包括混合、分离和回收三个主要工序。根据萃取剂与废水的接触方式不同，萃取操作有间歇式和连续式两种。连续逆流萃取设备常用的有填料塔、筛板塔、脉冲塔、转盘塔和离心萃取机。

1）往复叶片式脉冲筛板塔。往复叶片式脉冲筛板塔分为三段，废水与萃取剂在塔中逆流接触。在萃取段内有一纵轴，轴上装有若干块有圆孔的圆盘形筛板，纵轴由塔顶的偏心轮装置带动，做上下往复运动，既强化了传质，又防止了返混。上下两分离段面较大，轻、重两液相靠密度差在此段平稳分层，轻液（萃取相）由塔顶流出，重液（萃余相）则由塔底经“∩”形管流出，“∩”形管上部与塔顶空间相连，以维持塔内压力平衡，便于保持下界面稳定。

2）离心萃取机。离心萃取机外形为圆形卧式转鼓，转鼓内有许多层同心圆筒，每层都有许多孔口相通。轻液由外层的同心圆筒进入，重液由内层的同心圆筒进入。转鼓高速旋转（1500～5000r/min）产生离心力，使重液由里向外，轻液由外向里流动，进行连续的逆流接触，最后由外层排出萃余相，由内层排出萃取相。萃取剂的再生（反萃取）也同样可用萃取机完成。

离心萃取机的机构紧凑，分离效率高，停留时间短，特别使用于密度较小，易产生乳化及变质的物质分离，但缺点上构造复杂，制造困难，电耗大。

C　膜分离法

在某种推动力的作用下，利用某种隔膜特定的透过性能，使溶质或溶剂分离的方法称为膜分离。分离溶质时一般称为渗析；分离溶剂时一般称为渗透。膜分离方法有反渗透（RO）、纳滤（NF）、超滤（UF）、微滤（MF）、电渗析（ED）、渗析（D）、渗透蒸发（PV）和液膜（LM）等。在大多数膜分离过程中物质不发生相变化不需投加其他物质，不改变分离物质的性质；分离系数大，一般可室温操作，适应性强，运行稳定。所以膜分离过程具有节能、高效的特点。利用超滤技术处理冷轧含油乳化液废水，不仅占地少，运行费用低、破乳时间短，而且还能回收大量油分和减少污泥量，超滤后的水含油量小于10mg/L。

（1）电渗析。电渗析是在渗析法的基础上发展起来的一项废水处理新工艺。它是在直流电场的作用下，利用阴、阳离子交换膜对溶液中阴、阳离子选择透过性（即阳膜只允许阳离子通过，阴膜只允许阴离子通过)，而使溶液中的溶质与水分离的一种物理化学过程。电渗析技术越来越引起人们的重视并得到逐步推广。此方法应用在环境方面进行废水处理已取得良好的效果。但是由于耗电量很高，多数还仅限于在以回收为目的的情况下使用。

以盐水处理为例，如图2-10所示，电极反应如下：

阴极

还原反应：　$2H^+ + 2e \longrightarrow H_2\uparrow$

阴极室溶液呈碱性，结垢。

阳极

氧化反应：　$4OH^- \longrightarrow O_2\uparrow + 2H_2O + 4e$

或　$2Cl^- \longrightarrow Cl_2\uparrow + 2e$

阳极室溶液呈酸性，有腐蚀作用。

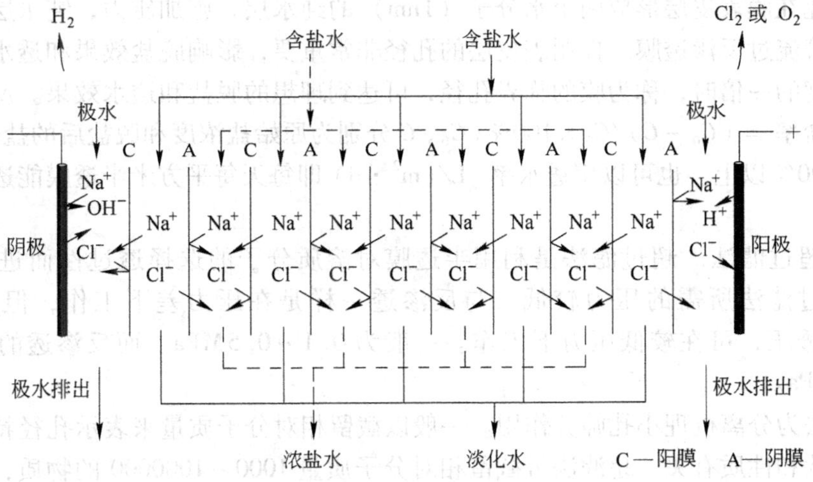

图2-10　电渗析法盐水淡化示意图

起离子交换作用的有离子交换树脂和离子交换膜两种材料。离子交换树脂是靠树脂与离子之间发生交换反应实现离子交换；而离子交换膜对溶液中的离子具有选择透过的特性。离子交换膜按其结构分为异相膜和均相膜。异相膜是将离子交换树脂磨成粉末，加入黏合剂，滚压在纤维网上制成的。均相膜是用离子交换树脂的母体材料制成连续的膜状物，作为底膜，然后在上面嵌接上活性基团。按离子选择性可将离子交换膜分为阳离子交换膜和阴离子交换膜两类。阳离子交换膜一般为聚苯乙烯磺酸（$R—SO_3H$）型，在水中电离后，呈负电性。聚苯乙烯季胺型阴离子交换膜（$R—CH_2N(CH_3)_3OH$）电离后呈正电性。离子交换膜选择透过性主要是由于：1）膜的孔隙结构；2）活性交换基团的作用。离子交换膜是电渗析的关键部分，良好的电渗析应该具有：1）高的离子选择性；2）渗水性差；3）导电性好；4）好的化学稳定性和机械强度。

（2）反渗透。当用一张半透膜将纯水和盐水分开，纯水会透过半透膜向盐水扩散，使盐水侧溶液水面升高，直到动态平衡。渗透的推动力就是渗透压，这是正渗透。任何溶液都存在渗透压 π，只是一般没表现出来。

$$\pi = iRTC \tag{2-18}$$

式中　i——范特霍尔系数；

C——溶液的浓度；

R——气体常数；

T——绝对温度。

当在盐水侧施加压力 $p > \pi$，可使盐水中的水向纯水侧扩散，此现象为反渗透。一般压力在几十公斤。反渗透是利用半渗透膜进行分子过滤处理废水的一种新的方法，又称膜分离技术。因为在较高的压力作用下，这种膜可以使水分子通过，而不能使水中溶质通过，所以这种膜称为半渗透膜。利用它可以除去水中比水分子大的溶解固体、溶解性有机物和胶状物质。近年来应用范围在不断扩大，多用于海水淡化、高纯水制造及苦咸水淡化等方面。半渗透膜有醋酸纤维素膜（CA）和芳香族聚酰胺膜两类。反渗透机理尚不十分清楚。选择性吸附－毛细管流机理认为，由于膜表面的亲水性，优先吸附水分子而排斥盐分子，因此在膜表皮层形成两个水分子（1nm）的纯水层，施加压力，纯水层的分子不断通过毛细管流过反渗透膜。控制表皮层的孔径非常重要，影响脱盐效果和透水性，一般为纯水层厚度的一倍时，称为膜的临界孔径，可达到理想的脱盐和透水效果。反渗透的性能指标由脱盐率 $=(C_0 - C)/C_0 \times 100\%$（$C_0$、$C$ 分别为原始盐浓度和脱盐后的盐浓度）表示，一般高达 90% 以上。也可以用透水率，$L/(m^2 \cdot d)$ 即每天每平方米半透膜能透过的水量来表示。

（3）超过滤法。超过滤法是利用半透膜对溶质分子的选择透过性而进行的膜分离过程。超过滤法所需的压力较低，与反渗透一样是在压力差下工作，但由于膜孔较大，无渗透压，可在较低压力下工作。一般为 0.1～0.5MPa。而反渗透的操作压力则为2～10MPa。

超滤法为分离机理小孔筛分作用。一般以截留相对分子质量来表示孔径特征，此外也与物质形状和性质有关。超滤法可截留相对分子质量 1000～1000000 的物质，如细菌、蛋白质、颜料、油类等。

膜组件形式与反渗透类似。但既有有机膜，也有无机膜。因化工废水中含有各种各样的溶质物质，所以只采用单一的超滤方法，不可能去除不同相对分子质量的各类溶质，一般多是与反渗透法联合使用，或者与其他处理方法联合使用，多用于物料浓缩。

（4）磁分离法。磁分离法是利用磁场对磁性介质的作用达到废水净化的目的。我国于 1997 年开始研究应用磁分离法处理钢铁工业废水，主要有电磁分离、高梯度磁过滤、超导磁分离、水磁分离等。钢铁工业轧钢废水含有氧化铁（铁磁性物质）、油分及杂质等，利用高梯度磁分离法可使悬浮物去除率达 80% 以上，其过滤速度比传统工艺的过滤速度提高了 20～30 倍。采用水磁分离技术处理轧钢废水，可使悬浮物大幅度下降，使铁皮沟坡度减小、长度缩短，并省去了旋流井、压滤器等设施。马钢棒材工程中，其轧机冷却浊环水系统即采用磁凝技术，将不易沉降的 3μm 细小颗粒变大为可沉降的 10μm 微粒，沉淀速度增加了 10 倍，大大提高了沉淀效率。

2.2.2.4　生物处理法

某些工业废水中可能还含有大量的有机污染物质，因此还需经过生物法处理。生物处理法主要是用以去除污水中呈悬浮状态和胶体状态的有机污染物质。该法主要是通过自然界广泛存在的巨量微生物的新陈代谢作用，将废水中的有机物氧化分解为稳定的无机物。

按照反应过程中有无氧气的参与，生物处理法可分为好氧生物处理和厌氧生物处理。好氧生物处理与厌氧生物处理的原理如下。

A 好氧生物处理的基本生物过程

所谓“好氧”是指这类生物必须在有分子态氧气（O_2）的存在下，才能进行正常的生理生化反应，主要包括大部分微生物、动物以及我们人类；所谓“厌氧”是能在无分子态氧存在的条件下，能进行正常的生理生化反应的生物。如厌氧细菌、酵母菌等。

好氧生物分解过程如图 2-11 所示，好氧生物处理过程的生化反应方程式如式(2-19)～式(2-21)：

（1）分解反应（又称氧化反应、异化代谢、分解代谢）

$$\text{CHONS} + O_2 \xrightarrow{\text{异氧微生物}} CO_2 + H_2O + NH_3 + SO_4^{2-} + \cdots + \text{能量} \tag{2-19}$$

（有机物的组成元素）

（2）合成反应（也称合成代谢、同化作用）

$$\text{C、H、O、N、S} + \text{能量} \longrightarrow C_5H_7NO_2 \tag{2-20}$$

（3）内源呼吸（也称细胞物质的自身氧化）

$$C_5H_7NO_2 + O_2 \xrightarrow{\text{微生物}} CO_2 + H_2O + NH_3 + SO_4^{2-} + \cdots + \text{能量} \tag{2-21}$$

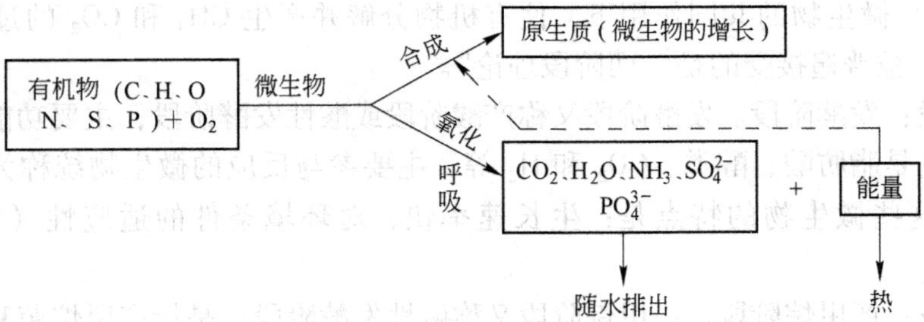

图 2-11 有机物的好氧分解过程

在正常情况下，各类微生物细胞物质的成分是相对稳定的，一般可用下列实验式来表示：细菌：$C_5H_7NO_2$；真菌：$C_{16}H_{17}NO_6$；藻类：$C_5H_8NO_2$；原生动物：$C_7H_{14}NO_3$。

分解反应与合成反应是相互依赖的；分解过程为合成提供能量和原料，而合成则给分解提供物质基础；分解过程是一个产能过程，合成过程则是一个耗能过程。对有机物的去除，二者都有重要贡献。合成量的大小，对后续污泥的处理有直接影响（污泥的处理费用一般可以占城市污水处理厂全部处理费用的 40%～50%）。

不同形式的有机物被生物降解的历程也不同：一方面，结构简单、小分子、可溶性物质，直接进入细胞壁；结构复杂、大分子、胶体状或颗粒状的物质，则首先被微生物吸附，随后在胞外酶的作用下被水解液化成小分子有机物，再进入细胞内。另一方面，有机物的化学结构不同，如：糖类、脂类、蛋白质等的降解过程就不同。

B 影响好氧生物处理的主要因素

（1）溶解氧（DO）：约 1～2mg/L。

(2) 水温：是重要因素之一，在一定范围内，随着温度的升高，生化反应的速率加快，增殖速率也加快；细胞的组成物如蛋白质、核酸等对温度很敏感，温度突升或降并超过一定限度时，会有不可逆的破坏；最适宜温度是15～30℃，高于40℃或低于10℃，都会有不利影响。

(3) 营养物质：细胞组成中，C、H、O、N约占90%～97%；其余3%～10%为无机元素，主要的是P；生活污水一般不需再投加营养物质，而某些工业废水则需要。一般对于好氧生物处理工艺，应按BOD∶N∶P = 100∶5∶1投加N和P；其他无机营养元素：K、Mg、Ca、S、Na等；微量元素：Fe、Cu、Mn、Mo、Si、B等。

(4) pH值：一般好氧微生物的最适宜pH值在6.5～8.5之间；pH值小于4.5时，真菌将占优势，引起污泥膨胀；此外，微生物的活动也会影响混合液的pH值。

(5) 有毒物质（抑制物质）：重金属；氰化物；H_2S；卤族元素及其化合物；酚、醇、醛等。

(6) 有机负荷率：污水中的有机物本来是微生物的食物，但太多时，也会不利于微生物。

(7) 氧化还原电位：好氧细菌：+300～400mV，至少要求大于+100mV；厌氧细菌：要求小于+100mV，对于严格厌氧细菌，则小于-100mV，甚至小于-300mV。

C　*废水厌氧生物处理原理*

废水厌氧生物处理在早期又被称为厌氧消化、厌氧发酵；是指在厌氧条件下由多种（厌氧或兼性）微生物的共同作用下，使有机物分解并产生CH_4和CO_2的过程。20世纪30～60年代，被普遍接受的是"两阶段理论"。

第一阶段：发酵阶段。发酵阶段又称产酸阶段或酸性发酵阶段；主要功能是水解和酸化，主要产物是脂肪酸、醇类、CO_2和H_2等；主要参与反应的微生物统称为发酵细菌或产酸细菌；这些微生物的特点是：生长速率快，对环境条件的适应性（温度、pH值等）强。

第二阶段：产甲烷阶段。产甲烷阶段又称碱性发酵阶段；是指产甲烷菌利用前一阶段的产物，并将其转化为CH_4和CO_2；主要参与反应的微生物被统称为产甲烷菌（Methane producing bacteria）；产甲烷细菌的主要特点是：(1) 生长速率慢，世代时间长；(2) 对环境条件（温度、pH值、抑制物等）非常敏感，要求苛刻。

对厌氧微生物学的深入研究后，发现将厌氧消化过程简单地划分为上述两个过程，不能真实反映厌氧反应过程的本质。厌氧微生物学的研究表明，产甲烷菌是一类十分特别的古细菌（Archea），除了在分类学和其特殊的细胞结构外，其最主要的特点是：产甲烷细菌只能利用一些简单有机物作为基质，其中主要是一些简单的一碳物质如甲酸、甲醇、甲基胺类以及H_2/CO_2等，两碳物质中只有乙酸，而不能利用其他含两碳或以上的脂肪酸和甲醇以外的醇类。

20世纪70年代，Bryant发现原来认为是一种被称为"奥氏产甲烷菌"的细菌，实际上是由两种细菌共同组成的，一种细菌首先把乙醇氧化为乙酸和H_2（一种产氢产乙酸细菌），另一种细菌则利用H_2和CO_2产生CH_4（一种真正意义上的产甲烷细菌——嗜氢产甲烷细菌）；因而，Bryant提出了厌氧消化过程的"三阶段理论"（如图2-12所示）：

(1) 水解、发酵阶段；(2) 产氢产乙酸阶段：产氢产乙酸菌，将丙酸、丁酸等脂肪酸和乙醇等转化为乙酸、H_2/CO_2；（3）产甲烷阶段：产甲烷菌利用乙酸和 H_2、CO_2 产生 CH_4。

一般认为，在厌氧生物处理过程中约有70%的 CH_4 产自乙酸的分解，其余的则产自 H_2 和 CO_2。几乎与Bryant提出“三阶段理论”的同时，又有人提出了厌氧消化过程的“四菌群学说”。实际上，“四菌群学说”是在上述三阶段理论的基础上，增加了一类细菌——同型产乙酸菌，其主要功能是可以将产氢产乙酸细菌产生的 H_2/CO_2 合成为乙酸。但研究表明，实际上这一部分由 H_2/CO_2 合成而来的乙酸的量较少，只占厌氧体系中总乙酸量的5%左右。总体来说，“三阶段理论”、“四阶段理论”是目前公认的对厌氧生物处理过程较全面和较准确的描述。

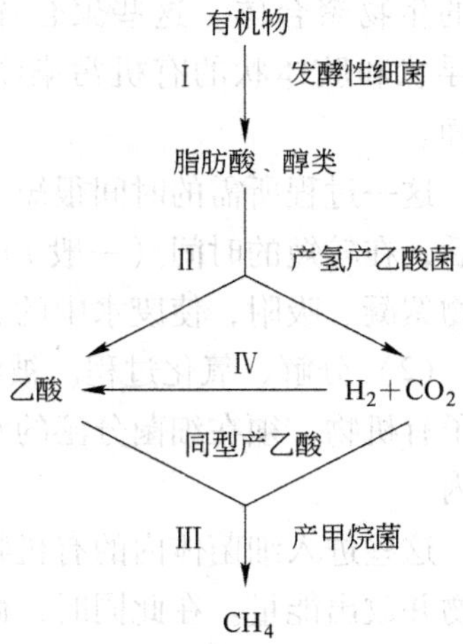

图2-12　厌氧反应的三阶段理论和四类群理论

说明：1）Ⅰ、Ⅱ、Ⅲ为三阶段理论，Ⅰ、Ⅱ、Ⅲ、Ⅳ为四类群理论；2）所产生的细胞物质未表示在图中

好氧生物处理与厌氧生物处理的区别如下：

（1）起作用的微生物种类不同。好氧生物处理主要依赖好氧菌的生化作用来处理废水，而厌氧生物处理则主要依赖厌氧菌的生化作用来完成废水的处理。

（2）产物不同。好氧生物处理中，有机物被转化为 CO_2、H_2O、NH_3、PO_4^{3-}、SO_4^{3-} 等无机物；厌氧生物处理中，代谢产物包括 CO_2、H_2、H_2S、NH_3 等，产物复杂，且有异臭，可作燃料。

（3）反应速率不同。好氧生物处理的反应速度快，所需处理设备较小；厌氧生物处理反应速度慢，处理设备较大。

（4）对环境条件要求不同。好氧生物处理除要求充分供氧外，对其他环境条件要求不太严格，而厌氧生物处理要求绝对厌氧，且对其他环境条件（如pH值、温度等）要求甚严。

一般废水中有机物浓度若低于1000mg/L时，比较适于用好氧生物处理；而厌氧生物处理则主要用于处理高浓度的有机废水。

污水的好氧生物处理，又分为活性污泥法和生物膜法两种。

D　活性污泥法

活性污泥是一种人工培养的生物絮凝体，是由好气微生物（包括细菌、微生动物，主要是好气性菌胶团及其吸附的有机物质和无机物质）所组成，具有吸附和分解废水中有机物的能力，显示出生物化学活性，而且易于沉淀分离。

普通活性污泥法采用窄长形曝气池，水流是纵向混合的推流式，按需氧量进入空气，使活性污泥与废水在曝气池中互相混合，并保持4~8h的接触时间，将废水中的有机污染物转化为 CO_2、H_2O、生物固体及能量。含活性污泥的曝气池出水，在二次沉淀池进行固液分离，一部分活性污泥被排除，其余的回流到曝气池的进口处重新使用。活性污泥法就是以呈悬浮状的污泥为主体，利用活性污泥的吸附凝聚和氧化分解作用来净化废水中的有机物。活性污泥对有机物的降解包括以下几个过程。

（1）絮凝、吸附过程。在活性污泥内，存在着由蛋白质、碳水化合物和核酸等组成的生物聚合体，这些聚合体是带电的，因此由这些聚合体组成的絮凝体与废水中呈悬浮状和胶体状的有机污染物接触后，就可使后者失稳、凝聚，并被吸附在活性污泥表面。

这一过程所需的时间很短，因为活性污泥具有很大的比表面积，能够在与废水充分混合后，在较短的时间（一般 15 ~40min）内，就能够将废水中呈悬浮和胶体状态的有机污染物絮凝、吸附，使废水中的有机污染物大幅度下降。

（2）分解、氧化过程。被活性污泥吸附的小分子有机物能够直接进入细菌体内，而大分子有机物，须在细菌分泌的水解酶作用下，水解成小分子，然后透过细菌壁进入到细菌体内。

这些进入细菌体内的有机物，再由胞内酶的作用，经过一系列的生化反应，氧化为无机物并放出能量。在此同时，微生物利用氧化过程中产生的一些中间产物，和呼吸作用释放出的能量来合成细胞物质，使微生物不断生长繁殖。

（3）沉淀与浓缩过程。这一过程是利用了活性污泥良好的沉降性能，使水很容易地与污泥分开，最终达到净化废水的目的。

影响活性污泥净化废水的因素主要有以下几方面。

1）活性氧。活性污泥法中，如果供氧不足，溶解氧浓度过低，会使活性污泥中微生物的生长繁殖受到影响，从而使净化功能下降。且易于滋生丝状菌，产生污泥膨胀现象。但若溶解氧过高，就会降低氧的转移效率，从而增加所需的动力费用。因此应使活性污泥净化反应中的溶解氧浓度保持在 2mg/L 左右。

2）水温。温度是影响微生物正常活动的重要因素之一。随着温度的升高，细胞中的生化反应速度加快，微生物生长繁殖速度也加快。但如果温度大幅度增高，会使细胞组织受到不可逆的破坏。活性污泥最适宜的温度范围是 15 ~30℃，水温低于 10℃时即可对活性污泥的功能产生不利的影响。因此，在我国北方地区，小型活性污泥处理系统可考虑建在室内；水温过高的工业废水在进入生物处理系统前，应采取降温措施。

3）营养物质。生活污水中含有足够的微生物细胞合成所需的各种营养物质，如碳、氢、氧、氮、磷等，但某些工业废水中却缺乏这些营养物质，例如石油化工废水和制浆造纸废水中就缺乏氮、磷等物质。因此，用活性污泥法处理这一类废水时，必须考虑投加适量的氮、磷等物质，以保持废水中的营养物质。

4）pH 值。活性污泥最适宜的 pH 值介于 6.56 ~8.5 之间；如 pH 值降低至 4.5 以下，原生动物将全部消失；当 pH 值超过 9.0 时，微生物的生长繁殖速度将受到影响。

经过一段时间的驯化，活性污泥系统也能够处理具有一定酸碱度的废水。但是，如果废水的 pH 值急剧变化，将会破坏整个生物处理系统。因此，在处理 pH 值变化幅度较大的工业废水时，应在生物处理之前先进行中和处理或设均质池。

5）有毒物质。对活性污泥有毒害作用或抑制作用的物质及允许的浓度见表 2-8。实践证明，经过长期驯化的活性污泥能够承受比表 2-8 中数值高得多的浓度。有毒的有机化合物还能被微生物所氧化分解，甚至可能成为活性污泥微生物的营养物质而被摄取。另外，有毒物质的毒害作用还与 pH 值、水温、溶解氧、有无另外共存的有毒物质以及微生物的数量等因素有关。

表 2-8 活性污泥系统有毒物质的质量浓度限度 (mg/L)

有毒物质	允许质量浓度	有毒物质	允许质量浓度
铜化合物（以 Cu 计）	0.5~1.0	苯	10
锌化合物（以 Zn 计）	5~13	氯苯	10
镍化合物（以 Ni 计）	2	对苯二酚	15
铅化合物（以 Pb 计）	1.0	间苯二酚	450
锑化合物（以 Sb 计）	0.2	邻苯二酚	100
镉化合物（以 Cd 计）	1~5	间苯三酚	100
钒化合物（以 V 计）	5	邻苯三酚	100
银化合物（以 Ag 计）	0.25	苯胺	100
铬化合物（以 Cr 计）	2~5	二硝基甲苯	12
（以 Cr^{3+} 计）	2.7	甲醛	160
（以 Cr^{6+} 计）	0.5	乙醛	1000
硫化合物（以 S^{2-} 计）	5~25	二甲苯	7
（以 H_2S 计）	20	甲苯	7
氰氢酸氰化钾	1~8	氯苯	10
硫氰化物	36	吡啶	400
砷化合物（以 As^{3+} 计）	0.7~2.0	烷基苯磺酸盐	15
汞化合物（以 Hg 计）	0.5	甘油	5

E 活性污泥法的各种形式

(1) 普通活性污泥法。普通活性污泥法是水体自净的人工再现，这种生物处理法中，活性污泥氧化分解有机物的过程是在一个池子内完成的。由于大气中的氧根本不能满足微生物氧化分解有机物的耗氧需要，因此需要在池中设置曝气装置，这种池子也就被称为曝气池。普通活性污泥法的工艺流程如图 2-13 所示。

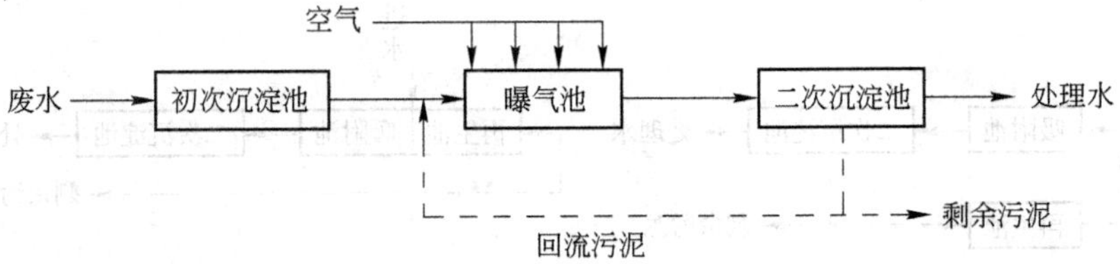

图 2-13 普通活性污泥法的工艺流程

普通活性污泥法的曝气池中水流是纵向推流式。经初次沉淀池除去粗大悬浮物的废水，在曝气池内与污泥混合，呈推流式从池首向池尾流动，活性污泥微生物在此过程中连续完成吸附、氧化分解有机物及生长繁殖过程。随后进入二次沉淀池，活性污泥下沉到池底，一部分以回流形式返回曝气池中，再起净化作用；另一部分作为剩余污泥排出，上清液则溢流排放。

(2) 渐减曝气法。普通活性污泥法的需氧率沿池长逐渐降低，而供氧量却沿池长均匀供给，因此造成了浪费。为了克服这一缺点可采用沿曝气池长度方向渐减的供气方式，以达到供氧与需氧的均衡，这就是渐减曝气法。

(3) 逐步曝气法。针对普通活性污泥法的有机物浓度在池首过高的缺点，将废水沿曝气池长度方向分数处注入，即采用逐步曝气法（渐减曝气法和逐步曝气法的示意见图2-14）。这种方法除了能平衡曝气池供氧量外，还能使微生物营养供应均匀；另一个特点是污泥浓度沿池长是变化的，池子前浓度降低，对二沉池工作有利。逐步曝气法的分散进水点数一般为3或4处。

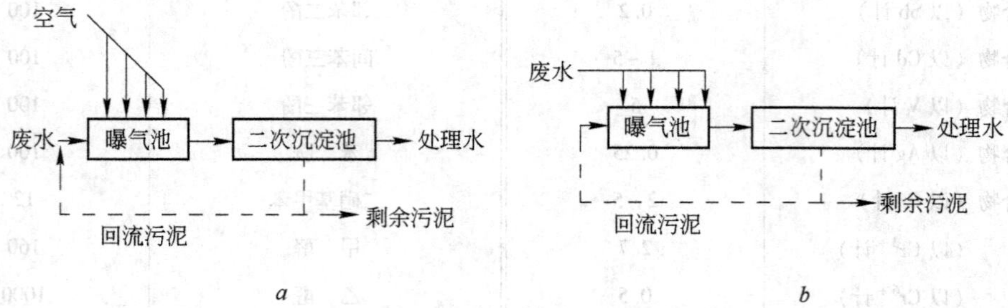

图 2-14　渐减曝气法和逐步曝气法流程图

a—渐减曝气法的处理流程；*b*—逐步曝气法的处理流程

(4) 吸附-再生法。普通活性污泥法把活性污泥对有机物的吸附凝聚和氧化分解混在同一曝气池内进行，适于处理溶解的有机物。对含有大量呈悬浮和胶体状态的废水，可充分利用活性污泥对其初期吸附量大的特点，将吸附凝聚和氧化分解分别在两个曝气池中进行，从而出现了吸附-再生法。

吸附-再生法有分建与合建两种形式，其流程如图2-15所示，曝气池被一分为二，废水先在吸附池内停留数分钟，待有机物被充分吸附后，再进入二沉池进行泥水分离。分离的活性污泥一部分作为剩余污泥排掉，另一部分回流入再生池继续曝气。再生池中只有曝气不进废水，使活性污泥中吸附的有机物进一步分解，然后再返回吸附池。

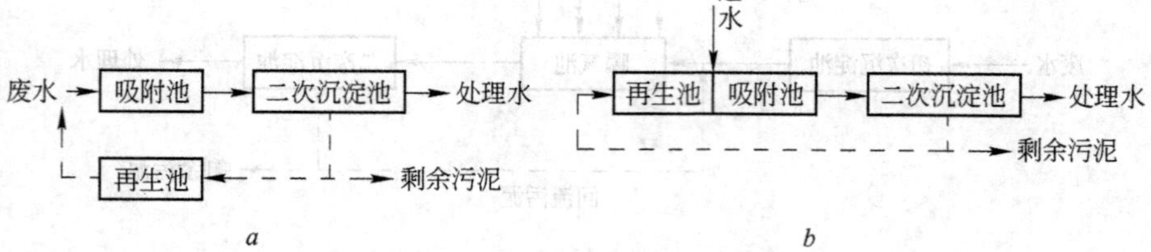

图 2-15　吸附-再生式活性污泥法

a—分建式；*b*—合建式

由于再生池仅对回流污泥进行曝气（剩余污泥不必再生），故节约了空气量，且可缩小池容。它的缺点是去除率较普通活性污泥法低，尤其是对溶解性有机物较多的工业废水，处理效果不理想。

(5) 完全混合法。完全混合活性污泥法的流程和普通活性污泥法相同，不同的是废水与回流污泥进入曝气池后，即与池内废水完全混合。完全混合法的曝气池与沉淀池有分建与合建两种类型。

(6) 批式活性污泥法。批式活性污泥法(简称 SBR 法)是国内近年来新开发的一种活性污泥法,其工艺特点是将曝气池与沉淀池合二为一,是一种间歇运作方式。

批式活性污泥反应池去除有机物的机理在充氧时与普通活性污泥法相同,只不过是在运行时,按进水、反应、沉降、排水和闲置五个时期依次周期进行。进水期是指从开始进水到结束进水时的一段时间,污水进入反应池后,即与池内闲置期的污泥混合;在反应期中,反应器不再进水,并开始进行生化反应;沉降期为固液分离期,上清液在下一步的排水期进行外排;然后进入闲置期;活性污泥在此阶段进行内源呼吸。

批式活性污泥法的构造简单,投资节省,特别适合于仅设常白班工厂的废水处理。

(7) 生物吸附氧化法(AB 法)。AB 法属两级活性污泥法,通常可不设初沉池,其工艺流程如图 2-16 所示。AB 两级严格分开,污泥系统各自独立循环,两级串联运行。

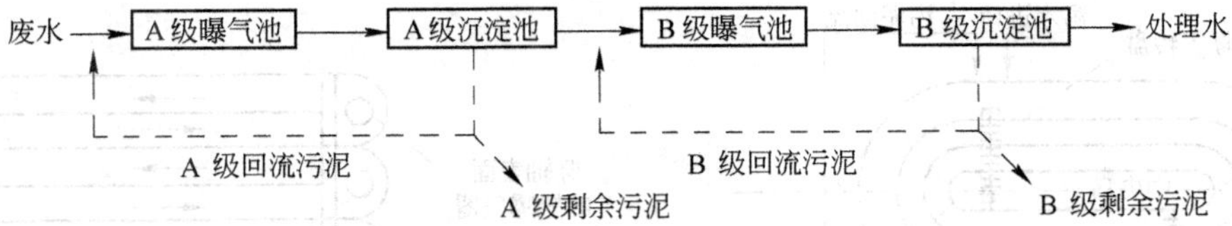

图 2-16 生物吸附氧化法(两级生物处理)流程

AB 法实质上是一种改进的两级生物处理法,A 级为高负荷的生物吸附级,可充分利用活性污泥的吸附絮凝能力将污水中的有机物吸附于活性污泥上,进而氧化分解。B 级以低负荷运行,继续氧化甚至硝化经 A 级处理后残留于污水中的有机物,以便获得良好的出水水质。

这种活性污泥法中,由于 A 级和 B 级的污泥回流是截然分开的,因而有利于在两级中保持各自的优势微生物种群。

(8) 延时曝气法。延时曝气法属于长时间曝气法,其特点是负荷低,停留时间长(16~24h)。不但能去除废水中的有机污染物,而且能氧化分解转移到污泥中的有机物质和合成的细胞物质。处理效果稳定,出水水质好,剩余污泥量少。

(9) 氧化沟。氧化沟是延时曝气法的一种特殊形式。一般不设初沉池,或者也不设二沉池,把连续环式反应池用作生物反应池,污水在氧化沟渠道内循环流动。氧化沟(Qxidation Ditch)称为连续式反应池(Continuous Loop Reactor),简称 CLR,最早是由帕斯维尔(A. Psaveer)博士设计,于 1954 年在荷兰沃绍本建造并投入使用。之后,相继成为欧洲、大洋洲、南非和北美洲的一种重要污水处理技术。1970 年代末,氧化沟技术进入我国,引起环保界的极大兴趣。根据处理机理的不同,有多种形式的氧化沟工艺。如卡鲁塞尔(Carroussel)型、奥伯尔(Orbal)型、射流曝气式、导管式、一体化式等多种形式的氧化沟。氧化沟与传统的活性污泥相比较,具有工艺流程简单、处理效果稳定;剩余活性污泥量少、抗冲击负荷能力强、管理方便、运行费用比较低等优点,而且具有除鳞脱氮的功能。正因如此,所以氧化沟技术在我国城镇污水处理和工业废水处理中得到迅速发展,被广泛采用。到目前为止,我国建造的氧化沟式污水处理厂已超过 2000 座。随着氧化沟技术的广泛应用,曝气设备即曝气转刷和曝气转盘随之迅速发展。曝气转刷由于其动平衡性差、能耗高、噪声大、易变形等缺点,加之转刷对氧化沟底部流速的影响,所以国内越来越多的用户选取曝气转盘。图 2-17 是奥伯尔（Orbal）型氧化沟示意图。奥伯尔（Orbal）型氧化沟由多个同心的沟渠组成，渠道一般呈圆形或椭圆形，常采用曝气转盘曝气，进水口设在最外圈的沟渠，混合液在中心沟渠排出，各沟之间的隔墙底部设洞连通。某厂设计的转盘直径为 ϕ1000～1400mm；转速为 40～60r/min；转盘浸没深度为 300～550mm；充氧能力为 0.5～2.0kg/(片·h)（0.1MPa，20℃无氧清水）；动力效率为 1.5～4.0kg/(kW·h)（以轴功率计）；氧化沟设计有效水深 2.5～5.0m；转盘安装密度为 3～5 片/m；

电机功率约 1.0kW/片；转盘单轴最大长度(B)6m。

图 2-18 是卡鲁塞尔（Carroussel）型氧化沟的示意图。废水在这种形式的氧化沟内折返流动，曝气叶轮水平安置在竖轴上。Carroussel 氧化沟是由荷兰 DHV 技术咨询公司在 1960 年代后期发明的，当时开发这一工艺的主要目的是：寻求一种渠道更深、效率更高和机械性能更好的系统设备来改善和弥补当时流行的转刷式氧化沟的技术特点。

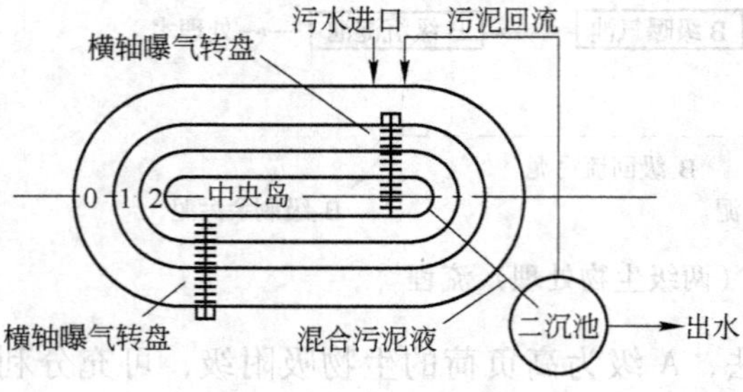

图 2-17　奥伯尔（Orbal）型氧化沟示意图

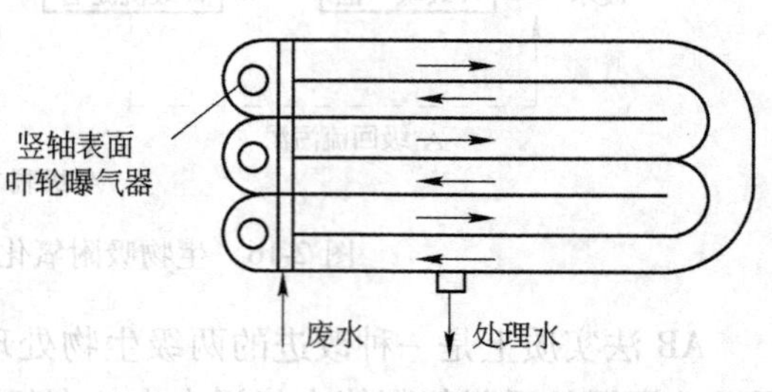

图 2-18　卡鲁塞尔（Carroussel）型氧化沟示意图

与其他池型氧化沟相比，其最大的特点是采用特殊设计的立式低速表曝机作曝气设备，由于曝气设备的不同（区别于其他水平轴式曝气装置），使污水在混合曝气充氧的同时具有泵的局部水力提升作用，使混合液和原水得到彻底的混合。

F　活性污泥法的设计及运行参数

活性污泥法的设计参数主要有停留时间，混合液悬浮物浓度（MLSS），污泥负荷（N_S），容积负荷（N_V），污泥龄，回流比等。虽然其中作为经验参数的停留时间应用的时间最长，但该参数往往具有不能确切描述进出水水质的缺点。因此，按照相应的设计规范，应选择污泥负荷或容积负荷作为控制参数进行设计，其余参数仅为常规的校核参数或中间参数。

G　生物膜法

生物膜法与活性污泥法的主要区别在于生物膜法是微生物以膜的形式或固定，或附着生长于固体填料（或承载体）的表面，而活性污泥法则是活性污泥以絮体方式悬浮生长于处理构筑物中。

与传统活性污泥法相比，生物膜法的运行稳定，抗冲击能力强，更为经济节能，无污泥膨胀问题，能够处理低浓度污水等。但生物膜法也存在缺点，即需要较多填料和支撑结构，出水常常携带较大的脱落生物膜片以极细小的悬浮物，启动时间长等。

滤料或某种载体在污水中经过一段时间后，会在其表面形成一种膜状污泥，这种污泥即称之为生物膜。生物膜呈蓬松的絮状结构，表面积大，具有很强的吸附能力，生物膜是由多种微生物组成的，以吸附或沉积于膜上的有机物为营养物质，并在滤料表面不断生长繁殖。

随着微生物的不断繁殖增长，生物膜的厚度不断增加，当厚度增加到一定程度后，其内部较深处由于供氧不足而转变为厌氧状态，使生物膜的附着力减弱。此时，在水流的冲刷作用下，生物膜开始脱落，并伴随水流进入二沉池。随后在滤料（或载体）表面又会生长新的生物膜。

图 2-19 是附着在生物滤池滤料上的生物膜的构造示意图。由于生物膜的吸附作用，在其表面上有一层很薄的附着水层。附着水层内的有机物大多数已被氧化分解，因此，当有机物随废水进入流动水层后，在浓度差作用下，有机物会从废水中转移到附着水层中，进而被生物膜所吸附。同时，空气中的氧先溶解于废水中，进而进入生物膜。微生物的代谢产物如 H_2O 及厌氧分解产物如 H_2S，NH_3 以及 CH_4 等气体则从水层溢出进入空气中。如此循环往复，使废水中的有机物不断减少，从而得到净化。

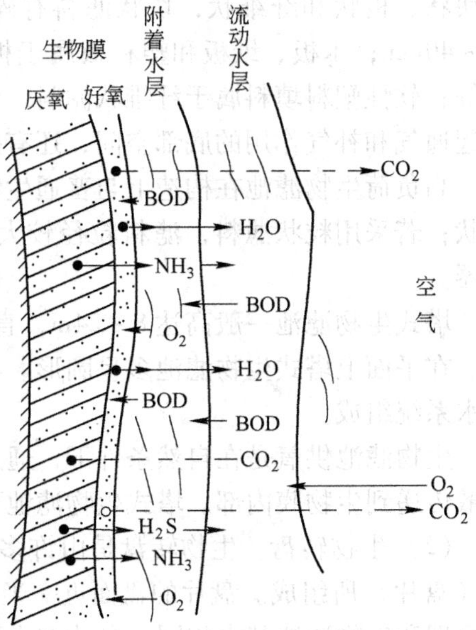

图 2-19 附着在生物滤池滤料上的生物膜的构造

H 生物膜法的几种形式

(1) 生物滤池。按滤料排列方式、布水方式和曝气方式的不同，生物滤池可分为普通生物滤池，高负荷生物滤池和塔式生物滤池等。

普通生物滤池主要由滤料、池壁、池底、布水设备和排水系统组成。如图 2-20 所示。在生物滤池中，废水沿着滤料层上表面从上到下流动。布水设备的主要作用是将废水均匀地分配到整个滤池表面上，有固定式和可动式两种。滤池中装满了滤料，滤料按形状可分

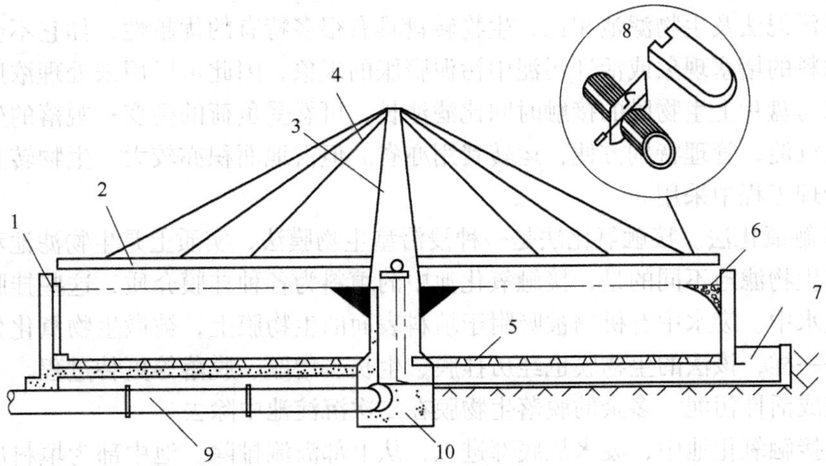

图 2-20 普通生物滤池

1—通风管；2—布水横管；3—支栏；4—旋转布水器；5—支承结构；6—滤床；7—窨井；8—布水孔；9—进水管；10—布水器支座

为块状、板状和纤维状，块状滤料有碎石、矿渣、碎砖、焦炭、陶瓷环等，其粒径约为 25 ~ 40mm；木板、纸板和塑料板属于板状滤料，其断面形式可做成波纹状、蜂窝状、管状等；软性塑料填料属于纤维状滤料。池底包刮起支承滤料和渗水作用的支承渗水结构以及起通气和补气作用的底部空间，还有排水系统，排水口和通风口等。

高负荷生物滤池在构造上与普通生物滤池基本相同，其不同之处在于：在平面上多为圆状；若采用粒状滤料，滤料粒径较大，一般为 40 ~ 100mm；多采用连续工作的旋转布水器。

塔式生物滤池一般高达 8 ~ 24m，直径 1 ~ 3.5m，径高比介于 1∶6 ~ 1∶8 之间，呈塔状。在平面上塔式生物滤池多呈圆形。在构造上主要由塔身、滤料、布水系统以及通风和排水系统组成。

生物滤池供氧是在自然条件下，通过池内外空气的流动转移到废水中，并通过废水而扩散传递到生物膜内部。塔式生物滤池可有采用机械通风供氧的。

（2）生物转盘。生物转盘是由许多平行排列浸没在一个水槽（氧化槽）中的塑料原盘（盘片）所组成。盘片的盘面近一半浸没在废水水面之下，盘片上长着生物膜。它的工作原理和生物滤池基本相同，盘片在水平轴带动下缓慢的转动，浸入废水中那部分盘片上的生物膜便吸附废水中的有机物，当转出水面时，生物膜又从大气中吸收所需的氧气，使吸附于膜上的有机物被微生物所氧化分解。随着盘片的不断转动，最终使槽内废水得以净化。

在处理过程中，盘片上的生物膜不断的生长，增厚；过剩的生物膜靠盘片在废水中旋转时产生的剪切力剥落下来，这样就防止了相邻盘片之间空隙的堵塞，脱落下来的絮状生物膜悬浮在氧化槽中，并随出水流出，与活性污泥系统和生物滤池一样，脱落的膜靠设在后面的二沉池除去，并进一步处置，但不需回流。

生物转盘中的圆盘是生物转盘的主体，属于挂膜介质。制作圆盘的材料有塑料板、玻璃钢板、铝板等。圆盘直径多为 1 ~ 3m，厚度为 0.7 ~ 20mm。圆盘组平行安装于轴上，盘间净距为 15 ~ 25mm。

与活性污泥法及生物滤池相比，生物转盘具有很多特有的优越性，如它不会发生如生物滤池中滤料的堵塞现象或活性污泥中污泥膨胀的现象，因此可以用来处理浓度高的有机废水；废水与盘片上生物膜的接触时间比滤池长，可忍受负荷的突变；脱落的生物膜比活性污泥法易沉淀；管理特别方便，运转费用亦省。但占地面积亦较大。生物转盘往往在废水量小的治理工程中采用。

（3）接触氧化法。接触氧化法是一种浸沿型生物膜法，实质上是生物滤池和曝气池的综合体。与生物滤池不同的是，接触氧化池中的填料为各种挂膜介质，这些挂膜介质全部都浸没在废水中。废水中有机物被吸附于填料表面的生物膜上，被微生物氧化分解。和其他生物膜法一样，该法的生物膜也经历挂膜、生长、增厚、脱落等更替过程。一部分生物膜脱落后变成活性污泥，多余的脱落生物膜在二次沉淀池中除去。

在生物接触氧化池中，废水从底部进入，从上部溢流排除。池中部为填料层，目前采用的填料有硬性填料，软性填料和半软性填料。硬性填料是指由玻璃钢或塑料制成的波状板，或由其黏合成的蜂窝状；软性填料由尼龙、维纶、涤纶等组成，又称为纤维填料，这些填料被编结成纤维筹，用绳子拴成横拉梅花式或直拉均匀式；半软性填料是以硬性塑料为支架，上面缚以软性纤维。填料层用支架支承。在填料支承的下部设置曝气管，用压缩空气鼓泡充氧。

接触氧化法的优点是：操作简单，运行方便，易于维护管理，对冲击负荷有较强的适应能力，剩余污泥量少，无需回流，比较容易去除难分解和分解速度慢的物质。它的缺点是滤料间水流缓慢，接触时间长，水力冲刷小，生物膜只能自行脱落，剩余污泥往往恶化处理水质，曝气不均匀等。

(4) 生物流化床。生物流化床是以粒径小于1mm的砂、焦炭和活性炭等的细小颗粒为载体，废水自下而上流动，使载体处于流化状态，依靠载体表面附着生长的生物膜，使污水得到净化。

生物流化床是一种高效率污水处理装置，由于其细颗粒载体提供的巨大表面积，使单位面积载体内保持了较高的微生物量，污泥浓度可达10～40g/L，从而使有机物负荷较普通活性污泥法提高10～20倍。由于生物膜是固定在载体上的，因而能承受冲击负荷与毒物负荷。又由于载体不停的流动，还能够有效的防治污泥膨胀现象和污泥堵塞现象。

生物流化床由床体、载体、布水装置、氧装置和脱膜装置等部分组成。根据使载体流化的动力来源可以划分为液流动力流化床，气流动力流化床两种。

液流动力流化床亦称为二相流化床，即在流化床内污水（液相）与载体（固相）相接触，如图2-21*a*所示。本工艺以纯氧或空气为氧源，废水先经充氧设备充氧，充氧后的污水与回流水的混合污水，从底部通过布水装置进入生物流化床，缓慢而又均匀的沿床体横断面上升。一方面推动载体时期处于流化状态，另一方面又广泛连续的与载体上的生物膜相接触。处理后的污水从上部流出床外，进入二沉池进行沉淀分离。

气流动力流化床亦称三相流化床，液、固、气三相同步进入床体，如图2-21*b*所示。废水与空气同步进入输送混合管，在这里起到空气扬水器的作用。混合液上升，气、固、液三相进行强烈的搅动接触，由于空气的搅动，滤料间产生强烈的摩擦，外层生物膜脱落，本工艺无需另设脱膜装置。

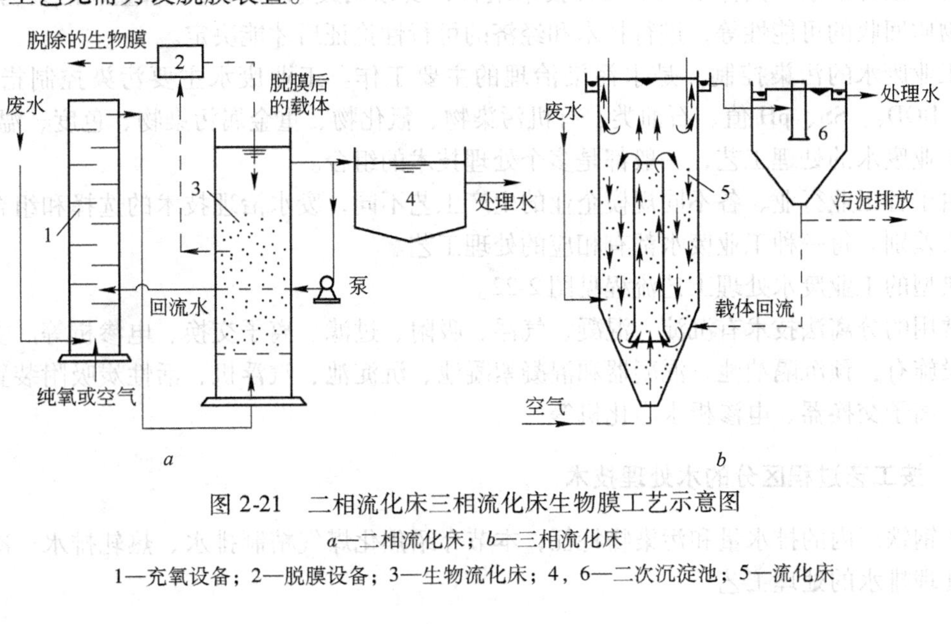

图2-21　二相流化床三相流化床生物膜工艺示意图

a—二相流化床；*b*—三相流化床

1—充氧设备；2—脱膜设备；3—生物流化床；4，6—二次沉淀池；5—流化床

I　厌氧生物处理法

好氧生物处理法的处理效率高，但能耗较大，剩余污泥量较大。因此，对于高浓度的有机废水和污泥，则适于用厌氧生物处理法。

厌氧生物处理法是在断绝空气的条件下，依赖兼性厌氧菌和专性厌氧菌来降解有机物。将大分子的有机物先水解成低分子化合物，然后转化成甲烷和二氧化碳等。

厌氧生物处理法与好氧生物处理法相比，具有污泥产量少，有机容积负荷率高，动力消耗低，消化气体可作为能源予以利用回收等优点，但也存在处理时间长，处理后出水水质差等缺点。

厌氧生物处理主要用于处理啤酒厂、葡萄酒厂、肉类乳品加工、屠宰场等食品工业废水。COD 的除去率可达 70% ~96%。

厌氧消化工艺有厌氧接触法、厌氧生物滤池和厌氧生物转盘、上流式厌氧污泥床反应器（UASB）、厌氧流化床反应器等。

2.2.3　废水处理的一般流程

现代废水处理技术，按处理的程度，划分为一级处理、二级处理和三级处理。

一级处理主要是去除废水中的悬浮固体和飘浮物质，同时起到中和、均衡，调节水质的作用。主要采用筛滤、沉淀等物理处理技术。被处理的水达不到排放标准，必须进行再处理。

二级处理主要是去除废水中呈胶体和溶解状态的有机污染物质。主要应用各种生物处理技术。处理水可以达标排放。

三级处理是在一级、二级处理的基础上，对难降解的有机物、磷、氮等营养性物质进一步处理。采用的处理技术有混凝、过滤、离子交换、反渗透、超滤、消毒等，处理水可直接排放地表水系或回用。

废水中污染物的组成相当复杂，往往需要采用几种技术方法的组合，才能达到处理要求。对于某种废水，具体采用哪几种技术组合，要根据废水的水质、水量、污染物特性、有用物质回收的可能性等，进行技术和经济的可行性论证后才能决定。

工业废水的污染控制，是水污染治理的主要工作。工业废水主要污染控制指标有：COD、BOD_5、SS、pH 值、石油类、有机污染物、氰化物、重金属污染物、色度、温度等。

工业废水的处理工艺，一般都是多个处理技术的组合。

由于各工业行业、各不同规模企业的生产工艺不同，废水治理技术的选择和组合也就有很大差别。每一种工业废水都有相应的处理工艺。

典型的工业废水处理工艺流程见图 2-22。

常用的分离法技术有沉淀、混凝、气浮、吸附、过滤、离子交换、电渗析等。主要装置与设施有：预沉隔油池、混凝器和混凝絮凝池、沉淀池、汽浮机、活性炭吸附装置、过滤器、离子交换器、电渗析水净化机等。

2.2.4　按工艺过程区分的水处理技术

按钢铁厂内的排水量和污染物特征，本节介绍焦化煤气精制排水、热轧排水、冷轧和表面处理排水的处理工艺。

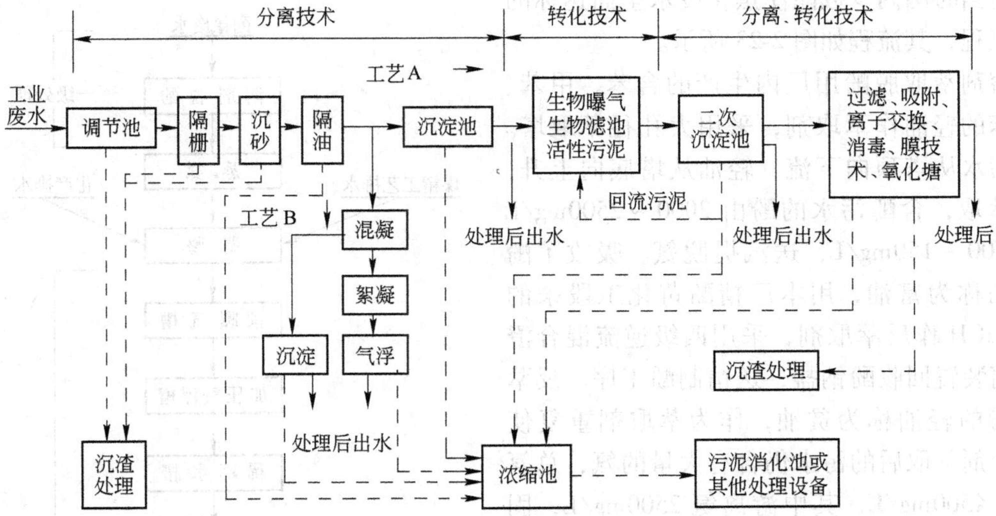

图 2-22　典型的工业废水处理工艺流程

2.2.4.1　焦炉煤气排水的处理

A　炼焦工艺排水的特点

因大部分钢铁厂都有焦化厂，所以几乎所有的钢厂都要对焦化厂的排水进行处理。在炼焦过程中，煤炭重量的70%成为焦炭，12%～13%成为氨水排出。宝钢焦化厂年用煤210万t，产焦171万t，日产煤气210万m^3。该厂有3套煤气精制装置，处理能力为315km^3/h，焦化产品总量约每年40万～45万t，每年产生工业废水约300万～350万t，主要来源为：

（1）剩余氨水，焦炉荒煤气冷却时产生的冷凝水，每年200万t左右。

（2）煤气精制工艺废水，每年约75万t。

（3）化工工艺废水，焦油加工、纯苯生产、沥青焦生产等焦化产品的生产工艺废水，年发生量约30万t。

（4）集尘水，由集尘系统产生，5万t/a。

（5）煤气冷凝水，煤气输送管线沿线冷凝排出，每年约10万t。

焦化废水除含有常见的钙离子、氟离子、氯离子、硫酸根、铁等成分外，氨氮、酚、氰、COD等的质量浓度也较高，见表2-9。

表 2-9　焦化废水水质　　(mg/L)

项　目	氨　氮	COD_{Cr}	氰	酚　类	油　分
平均质量浓度	200～300	2000	10	100	10

焦化废水中的有机物成分非常复杂，主要有苯酚及苯酚衍生物（约占60%）、苯类及其衍生物（占9.84%）啉类化合物（占13.47%），以及其他多环、杂环有机化合物共50多种。

B　宝钢的焦化废水三级处理工艺

宝钢于1981年引进日本的焦化废水三级处理工艺，处理出水可全面达到国家排放标准，是当时国内少数能使焦化废水全面达标的处理工程，其流程如图 2-23 所示。

溶剂萃取脱酚用厂内生产的含苯、甲苯、二甲苯的轻油作萃取剂，采用大孔径萃取塔。含酚污水从塔顶向下流，轻油从塔底向上升，逆流萃取，含酚污水的酚由 2000 ~ 2500mg/L 降至 100 ~ 150mg/L，送汽提脱氨。吸收了酚的轻油称为富油，用本厂精酚苛化工段来的 10% NaOH 作反萃取剂，采用四级逆流混合澄清分离装置回收酚钠盐，送精制酚工序。反萃除去酚的轻油称为贫油，作为萃取剂重复使用。溶剂萃取后的污水仍含有大量的氨，总氨 4000 ~ 4500mg/L，其中游离氨 2500mg/L，固定氨 2000mg/L。采用泡罩塔，用蒸汽气提，含氨污水从塔顶向下沉，蒸汽从塔底吹入，蒸出游离氨，经冷凝成浓氨水。送湿式氧化装置中和硫酸，不凝气送脱硫装置。从塔的中段抽出含固定氨的含氨污水进入反应器。用氢氧化钠进行分解，变成游离氨再返回塔的中段，在流向塔底时被蒸汽蒸出。从塔底排放的污水含氨 250 ~ 300mg/L，送活性污泥段处理。

二级处理用活性污泥法，在宝钢焦化厂此法包括预处理、生物降解、铁凝沉淀、污泥脱水。预处理对生物降解是极为必要的，缺此步骤生物降解无法稳定运行，外排污水难于达标。预处理中的水量、水质的调节也十分重要，宝钢焦化厂建了一座两格的 $3700m^3$ 的调节池，贮存时间为 1.5d，以便于调节水量。并且对调节池中的污水用循环泵进行混匀，使水质均匀。预曝气是用于除氰化物，进水的 pH 值应小于7。正常情况下，污水含油很低，一般小于 5mg/L，无需除油。若生产过程发生事故，大量跑油时，经气浮可使出水含油小于 25mg/L，对减轻负荷冲击作用极大。生物降解是宝钢焦化污水处理的核心，其最大的特点是一法可除多种耗氧物质，在所有的方法中它是最经济的。宝钢焦化厂采用好氧延迟曝气的活性污泥法。充氧采用表曝，表曝机可正反转并变速。其电机功率高速时达 45kW，低速时为 30kW。曝气池为一池 3 格（$3 \times 1800m^3$），水停留时间 24h，COD_{Mn}的容积负荷为 $0.8kg/(m^3 \cdot d)$。沉淀池（$\phi 16000mm \times 3400mm$）表面负荷 $10m^3/(m^2 \cdot h)$。测定曝气池的酚去除率表明，当进水酚 80 ~ 200mg/L、SCN^- 50 ~ 120mg/L、COD_{Mn} 650 ~ 1000mg/L 时，曝气池有两格就可以把这三种物质分别除去 99.72%、90.46%、61.23%，停留时间 16h 就可以，再延长时间作用也不大。总氰

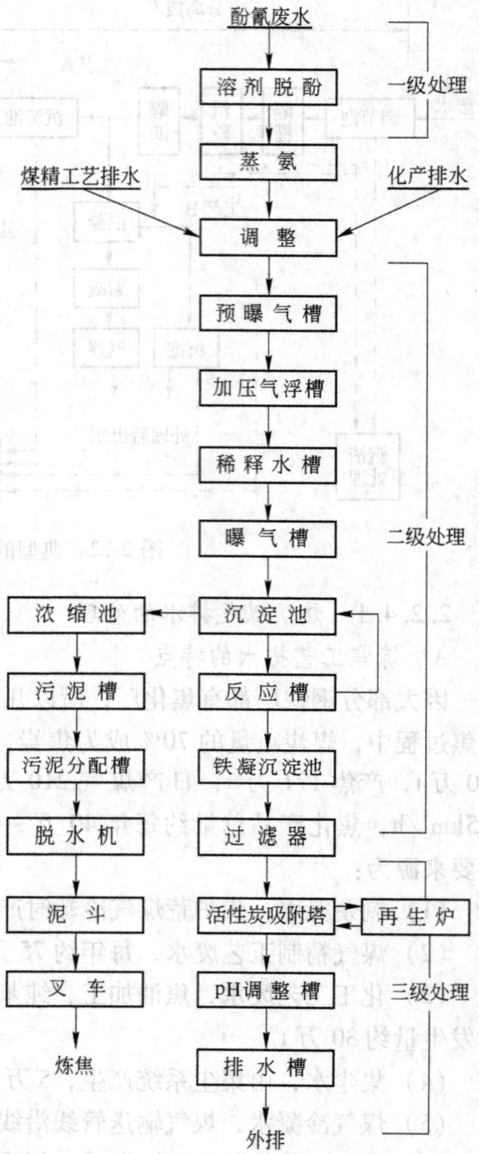

图 2-23　宝钢焦化废水三级处理工艺流程

(TCN) 的降解率过低，极难使出水达标，为此污水需送入铁凝沉淀做更进一步的除氰。铁凝沉淀由反应池、铁凝沉淀池和过滤器组成。反应池分两格，前格加硫酸调 pH 值至 5.6，加 $FeSO_4$ 与 CN^- 反应生成 $Fe_2[Fe(CN)_6]$ 和 $Fe_4[Fe(CN)_6]_3$ 沉淀。后格加 $Ca(OH)_2$ 调 pH 值至 8，再加 $FeCl_2$ 作絮凝剂，用空气搅拌，使多余的 Fe^{2+} 氧化成 Fe^{3+}，在反应池出口处加助凝剂后进入铁凝沉淀池，在此澄清分离，上清液经过砂滤后送活性炭吸附。污泥脱水由浓缩池和脱水机组成。气浮池的浮渣、沉淀池的剩余污泥、铁凝沉淀池的污泥均进入浓缩池，经浓缩污泥含水 94%，浓缩后的污泥在阳离子型的助凝剂作用下结成泥块，在带式压缩脱水机上脱水，脱水后的污泥含水 60%，送往配煤炼焦工序。

三级处理由活性炭吸附和再生两部分组成。活性炭吸附有 4 个 ϕ42000mm × H8500mm 的塔，三塔串联吸附，一塔再生。活性炭吸附主要是去除 COD 和色素，铁凝沉淀污水经过滤后进行吸附，吸附后出水 COD_{Mn} 10~50mg/L，水清无色，但不能去除氰化物、氨氮和氟化物。活性炭饱和后，从吸附塔放入废炭槽，水洗、酸洗之后，废炭进入中间槽。此槽下部装有双螺旋脱水机，在脱水过程中将炭送入再生炉。在炉内经过干燥、再生和蒸汽活化之后，进入再生炭槽，再返回吸附塔，再生过程结束。

由于活性炭处理级的成本高，再生损失又大（大于 10%），后来取消了活性炭吸附级，该工程的处理出水即明显超标。其后又将原工程的活性污泥工艺改造成 A/O 工艺，明显提高了氨氮和酚的去除率，但处理出水的 COD_{Cr}、总氰、氟和色度等 4 项指标依然超标。

C 焦化废水的 A-A-O 处理工艺

目前国内焦化厂在技术改造和新建污水处理厂时多采用 A-A-O（也称为 A^2/O）工艺。A^2/O 处理工艺是 Anaerobic-Anoxic-Oxic 的英文缩写，它是厌氧-缺氧-好氧生物脱氮除磷工艺的简称，A^2/O 工艺是在厌氧-好氧除磷工艺的基础上开发出来的，该工艺同时具有脱氮除磷的功能。A^2/O 生物脱氮工艺，第一个 A 段为厌氧段，亦采用生物膜法；第二个 A 段为缺氧段，亦采用生物膜法；O 段为好氧硝化段，采用活性污泥法。国内某钢厂的流程见图 2-24。

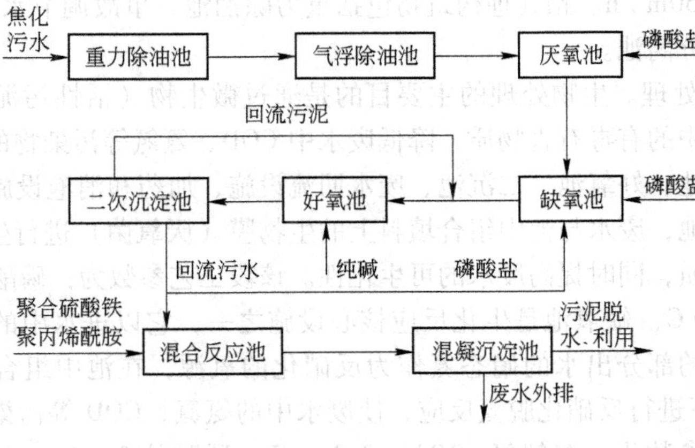

图 2-24 某钢厂 A-A-O 法焦化废水处理流程

(1) 原理。A-A-O 工艺用硝化-反硝化法，将废水中含氮物质除去，是通过细菌的生物化学作用，将废水中的氨氮转化为氮气排入大气的一种脱除废水中的含氮物质的方法。

它包括了 NH_4^+ 及 NO_2^- 的氧化过程以及亚硝酸菌和硝酸菌的合成反应。

硝化反应。硝化反应是在有氧环境中，由自养型好氧细菌完成。第一步是亚硝化菌将氨氮氧化为亚硝酸盐；第二步是硝化菌将亚硝酸盐氧化为硝酸盐；两类自养菌均以无机碳作为碳源，以氧化反应所释放的能量作为能源进行合成、同化。其主要反应如下：

亚硝化反应　$$NH_4^+ + 2HCO_3^- + \frac{3}{2}O_2 = NO_2^- + H_2O + 2H_2CO_3 \quad (2\text{-}22)$$

硝化反应　$$NO_2^- + \frac{1}{2}O_2 = NO_3^- \quad (2\text{-}23)$$

反硝化反应：反硝化反应是在缺氧条件下，由异养细菌利用硝酸盐和亚硝酸盐中的氧作为电子受体，利用有机物作为电子供体，将硝酸盐和亚硝酸盐还原成氮气而从水中逸出，同时还将废水中的有机物氧化为 CO_2 和 H_2O。其主要反应过程如下：

$$NO_2^- + 3H(\text{氢供体-有机物}) \longrightarrow \frac{1}{2}N_2 + H_2O + OH^- \quad (2\text{-}24)$$

$$NO_3^- + 5H(\text{氢供体-有机物}) \longrightarrow \frac{1}{2}N_2 + 2H_2O + OH^- \quad (2\text{-}25)$$

该厂采用煤气脱硫和剩余氨水蒸氨处理等清洁生产工艺，降低废水中污染物的含量；剩余氨水经过蒸氨塔蒸氨处理后，废水中的氨氮质量浓度下降至300mg/L以内，大大减轻了废水处理时生物脱氮的负荷。在处理工艺中设有流量、温度、液位及压力等测量与控制系统，便于操作工人操作和控制。重力除油池内设加热管，在冬季可调节废水温度，避免了因废水温度波动大而影响排水水质。该工艺利用原废水中的碳源作为反硝化时的电子供体，无需外加碳源。好氧池内装有微孔曝气器，使曝气均匀，活性污泥不易老化。该系统设有事故调节水池，当焦化废水水质波动较大或外排水超标时，可用于调节生化处理系统进水量。

(2) 预处理。预处理的主要目的是去除废水中的油，为生化反应创造合适的进水条件。预处理水量为 $50m^3/h$。预处理构筑物包括重力除油池、事故调节水池、浮选除油池、油渣分离池和轻油分离池。

(3) 生物化学处理。生物处理的主要目的是通过微生物（活性污泥）的生物化学反应来降解焦化废水中的有毒有害物质，降低废水中COD、氨氮等污染物的含量。主要设施有：厌氧池、缺氧池、好氧池、二沉池、废水回流设施、加药和消泡设施。从浮选池出来的水由泵送往厌氧池，废水与池中组合填料上的生物膜（厌氧菌）进行生化反应，降解废水中的部分有害物质，同时提高废水的可生化性。该段工艺参数为：磷酸盐约8mg/L，pH值为6～8；水温30℃。缺氧池是生化反应核心设施之一，它以进水中的有机物作为碳源和能源，以二沉池的部分出水的硝态氮作为反硝化的氧源，在池中组合填料上的生物膜（兼性菌团）作用下进行反硝化脱氮反应，使废水中的氨氮、COD等污染物质得以降解去除。缺氧池的控制参数为：溶解氧(DO) < 0.2mg/L，磷酸盐3～4mg/L，pH值为6～8；水温30℃。好氧池也是生化反应核心设施之一，废水中氨氮在此被氧化成硝态氮。缺氧池出水流入好氧池与经污泥泵提升送回到好氧池的活性污泥充分混合，由微生物降解废水中的有机物。为了满足生化要求，通过设置的微孔曝气器来增加废水中的溶解氧，为微生物

供氧并对混合液进行搅拌；另外还投加纯碱（$NaCO_3$）和磷酸盐。纯碱按好氧池混合液流向分段投加。当好氧池泡沫多时，打开消泡水管阀门进行消泡。好氧池进水水质控制范围是（mg/L）：酚<700，氰<20，油<70，COD<1350，氨氮<300，固体悬浮物(SS)<100；pH 值为7~8。好氧池控制工艺参数为：DO 2~5mg/L；磷酸盐约为3mg/L；pH 值约为7；水温25~30℃（不得急剧变化），碱度（以 $CaCO_3$ 计）150mg/L，固体悬浮混合液（MISS）2g/L以上。二沉池主要用来分离好氧池出来的泥水混合物。分离出来的活性污泥作为回流污泥返回好氧池，剩余部分作为生化过程中产生的剩余污泥送污泥浓缩池进一步浓缩处理。二沉池控制工艺参数：DO<0.5mg/L，污泥回流比为100%~300%。后混凝处理工序主要通过物理化学法进一步去除废水中的 COD 和 SS，包括混合反应池和混凝沉淀池。二沉池部分出水进入混合反应池并加入混凝剂 PFS、PAM，以去除废水中悬浮物。混凝反应后的废水在混凝沉淀池进行泥水分离后外排，沉淀于池底的污泥再进一步脱水处理。

调试运行时首先要进行污泥驯化。污泥驯化包括活性污泥、硝化污泥和反硝化污泥驯化，是使各类细菌适应焦化废水环境，并通过各自的生理活动进行生化反应。培养驯化活性污泥的第一步主要是去除焦化废水中酚、氰化物；在此基础上培养驯化硝化污泥和反硝化污泥，使外排废水全面达标排放。好氧池的活性污泥可取自其他焦化废水处理装置。在冬季气温低时用蒸汽加热废水，使进生化处理装置的温度控制在30℃左右，否则不利于活性污泥的培养和驯化。这种污泥已经适应焦化废水环境，对酚、氰化物有较好的降解和去除作用，但缺少足够的硝化菌。新系统开工时，将废水、活性污泥送入一组好氧池（约占其体积的三分之一），刚开始时，闷曝几天，再逐步增加进水量。每隔1~2d加入100kg生活粪便水，以提供营养和增加菌种，强化活性污泥的培养。好氧池活性污泥30min的沉降比，开始时约5%，一个月后上升至30%，污泥浓度达到4~6mg/L，表明好氧池活性污泥培养和驯化成功。硝化细菌和反硝化细菌的培养，可以外购和自行培养驯化菌种结合。好氧池运行基本稳定后，调整鼓风机的运转频率和充氧能力，使一组好氧池内污泥沉降比低于30%，DO 达到1.5~2.5mg/L；加 Na_2CO_3 使出水碱度大约在100~150mg/L之间。经过一段时间后，好氧池出水 NO^{2-} 逐渐增多；若其后 NO_3^- 出现并浓度逐渐增加，而 NO_2^- 与氨氮浓度下降，这说明硝化菌已培养出来。厌氧污泥、缺氧污泥可以由活性污泥驯化而来，也可以投入。在缺氧条件下，兼性细菌将硝态氮和亚硝态氯还原成 N_2 逸出，污泥在填料上附着。接种后5天，厌氧池、缺氧池即有气泡产生，并逐渐增多，表明反硝化细菌培养成功。在此条件下，提高废水 COD 负荷，逐步提高系统对废水中氨氮和 COD 去除率。

（4）系统运行中的控制要求。1）DO 含量的高低将直接影响好氧菌和厌氧菌的含量。脱氮的硝化反应必须在好氧条件下进行，混合液的 DO 必须维持在2~5mg/L，当 DO 浓度低于0.5~0.7mg/L时，氨转化为硝态和亚硝态氮的硝化反应过程将受到抑制。2）温度是影响脱氮效果的重要因素，硝化反应的最适宜温度是25~30℃（不得急剧变化），而温度在低于5℃时，硝化反应将基本停止。3）在脱氮过程中，硝化使 pH 值下降；而在反硝化阶段，则使 pH 值上升。研究表明，硝化反应的 pH 值控制在8~8.4，反硝化反应的 pH 值控制在6.5~8.0。因此，必须保持废水的碱度在一定的范围。4）混合液回流比。回流比过高，会造成缺氧池的 DO 过高，影响反硝化反应的顺利进行，增加系统的运行费用。实践证明，一般控制在2mg/L左右较为经济。5）有毒有害物质的控制。进行常规化验分析，按设计参数控制进水污染物浓度，当进水异常时，启动调节池储水。这样的焦化废水生物脱氮系统经污泥培养、驯化，逐日增加进水量，直至满负荷运行，外排废水水质（见表2-10）基本达到当时的国家排放标准。

表2-10 A-A-O工艺处理焦化废水的效果

指 标	COD	酚	氨 氮	氰化物	悬浮物
进水水质/mg·L^{-1}	946	352.3	275.6	22.85	111.5
排水水质/mg·L^{-1}	136	0.45	23.2	0.115	27.6
污染物去除率/%	85.62	99.87	91.58	99.49	75.25

2.2.4.2 热轧废水处理与利用

热轧钢厂的废水主要来自对轧机、轧辊及辊道的冷却水及冲洗水。钢坯首先被加热到1200℃以上，经过粗轧、中轧、精轧等二十道轧钢工序完成设计的型钢。在轧制过程中由于原工件受热和轧辊接触过程中热的传导、辐射使轧辊变热，轴承、轴瓦等摩擦发热，影响其使用寿命，因此必须采取冲洗降温措施。该废水中的污染物质主要是氧化铁皮、矿物油等。

热轧用水分为直接冷却制品和轧辊等机械的直接冷却水和冷却炉体、机械、润滑油、油压油的间接冷却水两大类。一般吨钢产品的热轧循环水量为23~45m^3。

循环使用的直接冷却水水质要求：电导率在1500μS/cm以下，Ca硬度在80mg/L以下，$Cl^-+SO_4^{2-}$在250mg/L以下，SS为10~20mg/L。直接冷却水按压力分为低压、中压、高压三类。热轧带钢的场合，低压水的压力为0.3~0.35MPa，用于加热炉炉门、辊道、卷取机等部位的冷却和给除鳞水泵供水；中压水的压力为0.8~1.5MPa，主要用于粗轧机和精轧机前段轧辊的冷却；高压水的压力为1.5~2.5MPa，用来冷却精轧后段轧辊、精轧出口与卷取机之间辊道的边部喷水和卷取机的冷却。

间接冷却水也循环使用。水质要求：电导率在2000μS/cm以下，Ca硬度为50~100mg/L，$Cl^-+SO_4^{2-}$为500mg/L，SS在10mg/L以下。间接冷却水中注入抑制剂以防腐防垢，同时加入除菌剂防止黏液菌。

直接冷却水中铁鳞的含量一般是钢板产量的1.3%~1.6%。

间接冷却水在冷却过程中温度上升，在冷却塔降温，因从冷却塔吸入大气中的粉尘使循环水SS增加0.15~0.2mg/t，需要将循环水的2%~5%进行过滤以维持SS小于10mg/L。

热轧排水按直接和间接冷却水分别循环使用，需要根据用途和水质要求分别进行处理，因此要选择不同的单元处理装置进行组合。一般是将直接冷却水和间接冷却水分别处理后返回用水工序。最近将直接冷却水按粗轧、精轧、冷却、卷取各工序分别收集排水，在各工序内循环使用。图2-25所示为热轧工艺循环水的概况。

A 直接冷却水的处理

直接冷却水的处理对象是SS、油和水温。从加热炉出口到粗轧机出口为止，铁鳞

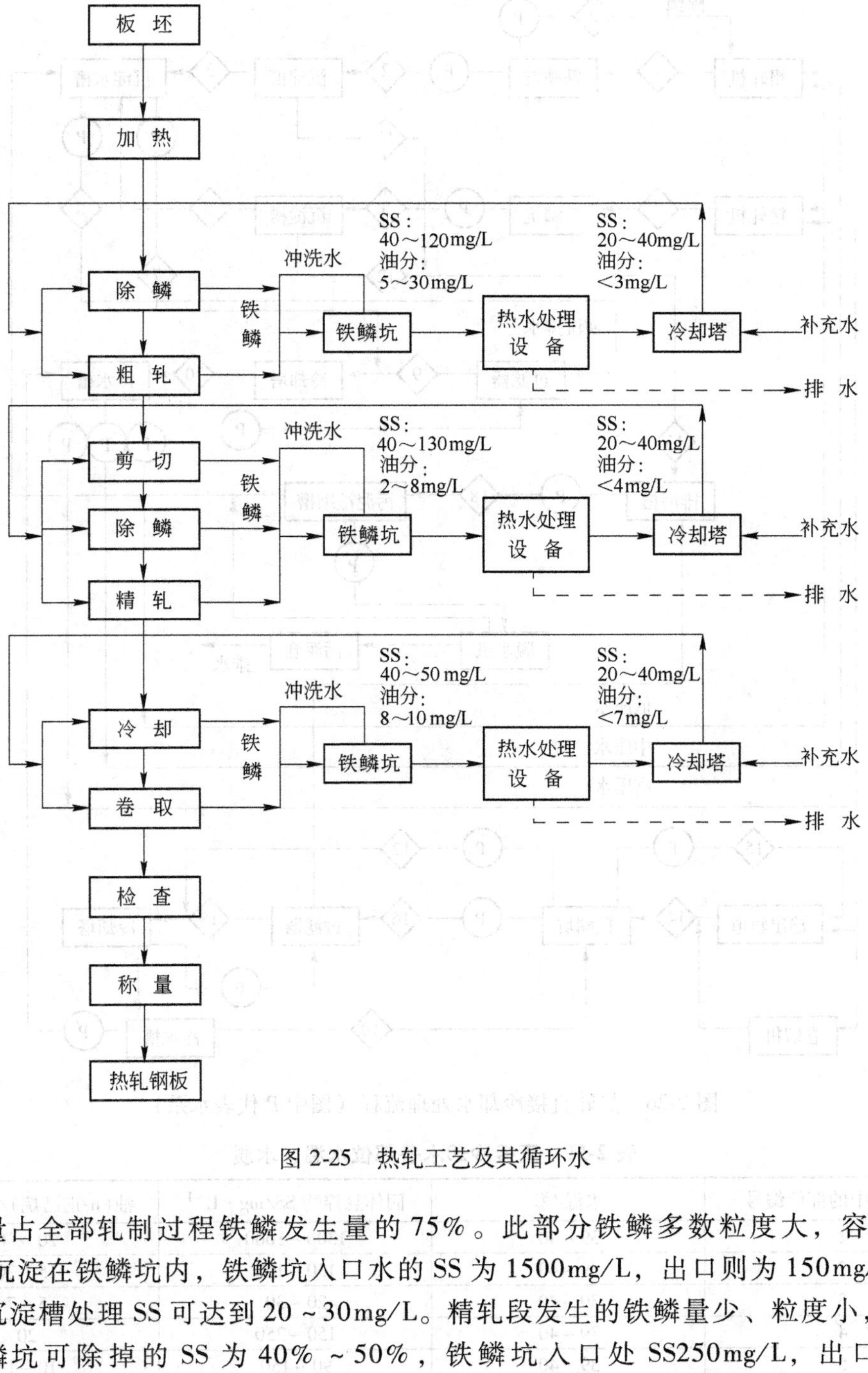

图 2-25 热轧工艺及其循环水

的发生量占全部轧制过程铁鳞发生量的 75%。此部分铁鳞多数粒度大，容易沉淀，约 90% 沉淀在铁鳞坑内，铁鳞坑入口水的 SS 为 1500mg/L，出口则为 150mg/L 左右。再经过沉淀槽处理 SS 可达到 20 ~ 30mg/L。精轧段发生的铁鳞量少、粒度小，较难沉淀，铁鳞坑可除掉的 SS 为 40% ~ 50%，铁鳞坑入口处 SS250mg/L，出口处约为 150mg/L。从沉淀槽出来的水中 SS 为 40 ~ 60mg/L。沉淀处理后的水经过过滤，SS 达到 4 ~ 7mg/L。

油分在铁鳞坑出口为 15mg/L，沉淀槽出水 10mg/L 以下，过滤后 5mg/L 以下。直接冷却水的处理中采取粗轧排水经沉淀，精轧排水经沉淀、过滤后与粗轧处理水混合的方法，其工艺流程和各部分水质分别如图 2-26、表 2-11 所示。

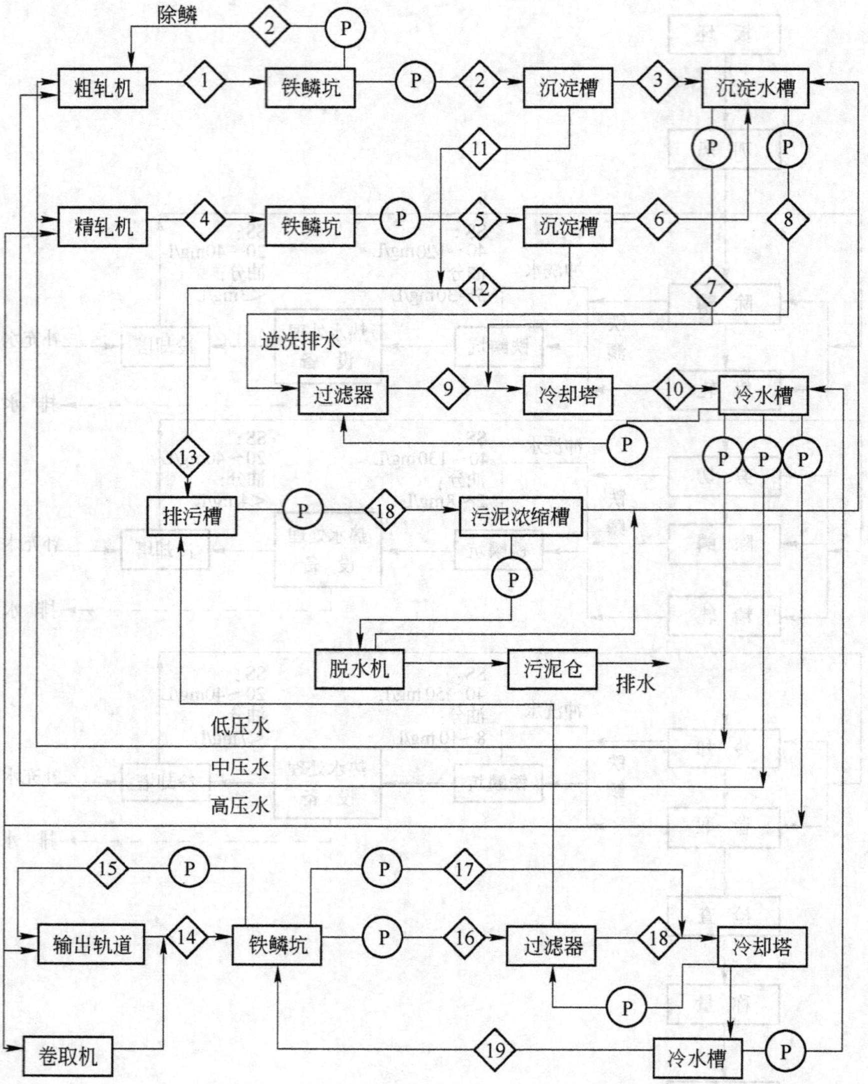

图 2-26　热轧直接冷却水处理流程（图中 P 代表水泵）

表 2-11　直接冷却水各部位水温、水质

图 2-26 中的部位编号	水温/℃	固体悬浮物 SS/mg · L⁻¹	油（n-正己烷）/mg · L⁻¹
1	39 ~ 40	1300 ~ 1600	20 ~ 30
2	39 ~ 40	130 ~ 160	15 ~ 20
3	39 ~ 40	20 ~ 30	5 ~ 7
4	39 ~ 40	150 ~ 250	20
5	39 ~ 40	90 ~ 150	10 ~ 15
6	39 ~ 40	40 ~ 60	5 ~ 7
7	39 ~ 40	20 ~ 30	5 ~ 7
8	39 ~ 40	40 ~ 50	5 ~ 7
9	39 ~ 40	4 ~ 7	<5
10	33 ~ 35	<10	<5
11	—	2.0%	—

续表 2-11

图 2-26 中的部位编号	水温/℃	固体悬浮物 SS/mg · L^{-1}	油(n-正己烷)/mg · L^{-1}
12	—	1.5%	—
13	—	7000	—
14	42 ~ 44	22 ~ 24	<5
15	40	20	<5
16	42 ~ 44	22 ~ 24	<5
17	42 ~ 44	22 ~ 24	<5
18	42 ~ 44	4 ~ 7	<5
19	35	13	<5

B　间接冷却水的处理

热压工程中循环使用的间接冷却水，用于加热炉炉体冷却、轧机冷却、油压油、润滑油的冷却、制冷剂的间接冷却和传感器的冷却用水。因为传感器的冷却用水要求清洁的低温水，所以使用工业用水作直接冷却水来冷却传感器，使用后作为直接冷却系统循环水的补充。间接冷却系统的排水基本上只有温度上升，水质很少恶化，仅用冷却塔降低水温即可。但是，循环水中悬浮物的蓄积将污染冷却部位的传热面，使防蚀剂、分散剂的效果降低，所以将循环水量的 2% ~5% 进行过滤处理，使循环水中的悬浮物保持在 10mg/L 以下。循环水温度上升依用水量不同而异，一般热轧带钢的场合，给水温度在 32 ~35℃时，加热炉、油封、轧机循环冷却水的温升分别为 15 ~20℃、约 10℃、约 5℃。间接冷却水循环使用时，在冷却塔蒸发，使循环水浓缩，其中溶解的盐类浓度增加，可能发生传热面、配管的腐蚀或结垢，需要注入专用药品并将循环水的一部分进行处理使其中盐的浓度低于规定值。另外，循环水中常产生泥渣，一般 3 天加一次泥渣控制剂。加热炉冷却水通常没有残压，从热水槽中用泵打到冷却塔。油封的冷却水还有 98066.5Pa 的压力，直接送到冷却塔。为防止停电时加热炉断水，要有能维持 30% ~50% 循环水量的备用送水泵。大型加热炉为避免备用水泵启动前的断水问题，要设置高架水槽，停电时阀门自动开启供水。热轧间接冷却水处理的流程如图 2-27 所示，各部分水质见表 2-12。

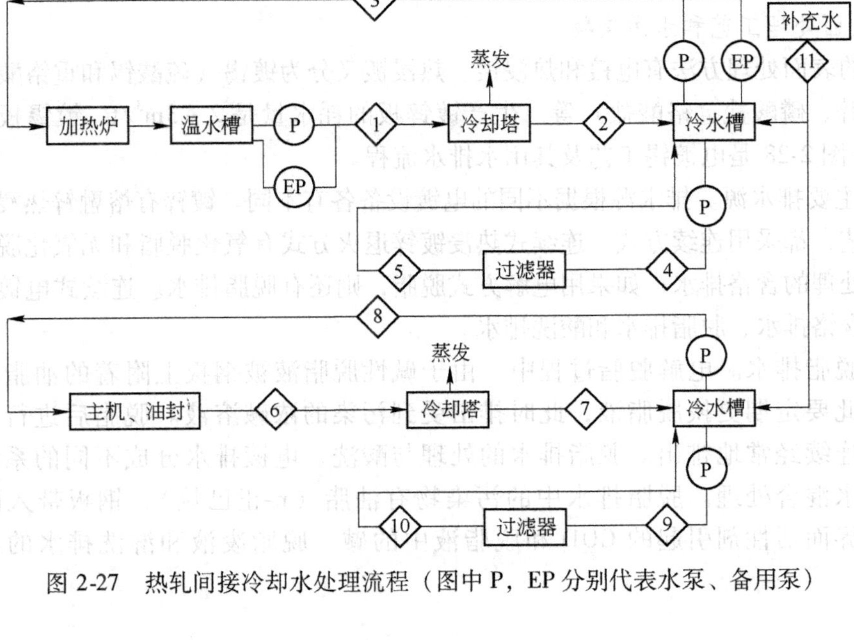

图 2-27　热轧间接冷却水处理流程（图中 P，EP 分别代表水泵、备用泵）

表 2-12 间接冷却水各部位水温、水质

图 2-27 中的部位编号	水温/℃	固体悬浮物 SS /mg · L^{-1}	电导率/μS · cm^{-1}	Ca 硬度（按 $CaCO_3$ 计）/mg · L^{-1}
1	47 ~ 55	<10	<2000	<100
2	32 ~ 35	<10	<2000	<100
3	32 ~ 35	<10	<2000	<100
4	—	<10	—	—
5	—	<3	—	—
6	40 ~ 43	<10	<2000	<100
7	32 ~ 35	<10	<2000	<100
8	32 ~ 35	<10	<2000	<100
9	—	<10	—	—
10	—	<3	—	—
11	10 ~ 25	<5	<400	<25

2.2.4.3 冷轧排水和表面处理排水

A 冷轧工艺和水污染物

冷轧是把酸洗后的钢材轧成一定厚度的板材的工艺过程。其过程包括酸洗—冷轧—电解—退火—调质轧制。酸洗排水包括作为浓废液排出的酸洗槽的废酸、淋洗排水以及酸雾洗净用水。酸雾洗净用水其特点是浓度低但连续、大量排出。采用逆流水洗的方式可以减少排水量，提高排水浓度。

高浓度废液含铁 1%、盐酸 2%（如果用硫酸，则含硫酸约 4%），这些成分均可用回收装置回收利用。也有用机械研磨取代酸洗的工艺。淋洗排水含铁 40 ~ 50mg/L，pH 值为 2 ~ 3。电解过程主要是以除油为目的，排水中含油 70 ~ 150mg/L，因预处理工序用了碱性溶液，因此电解排水的 pH 值为 10 ~ 13。

B 表面处理工艺和水污染物

钢板的表面处理方法有电镀和热浸镀。热浸镀又分为镀锡（硫酸锡和重铬酸盐）和镀锌（硫酸锌、磷酸盐、铬酸盐）等。生产镀锌板的耗水量是 2 ~ 3m^3/t，镀锡板的耗水量是 5m^3/t。图 2-28 是电镀锡工艺及其用水排水流程。

（1）主要排水源。排水源根据不同的电镀设备各有不同。镀锌有熔融锌热浸镀和电镀锌两种工艺，都采用连续方式。连续式热浸镀锌退火方式有氧化脱脂和无氧化脱脂，排水只有化学处理的含铬排水；如果用电解方式脱脂，则还有脱脂排水。连续式电镀锌，有镀锌排水、含铬排水、脱脂排水和酸洗排水。

（2）脱脂排水。电解脱脂过程中，由于碱性脱脂液被钢板上附着的油脂和氧化铁污染，因此要定期更换脱脂液，此时排出受到污染的浓碱溶液。脱脂后进行水洗，这种淋洗水连续经常地排出。脱脂排水的处理与酸洗、电镀排水分成不同的系统，一般与冷轧排水混合处理。脱脂排水中的污染物有油脂（n-正己烷）、钢板带入的氧化铁悬浮物，界面活性剂引起的 COD 和脱脂液中的碱。脱脂废液和淋洗排水的水质见表 2-13。

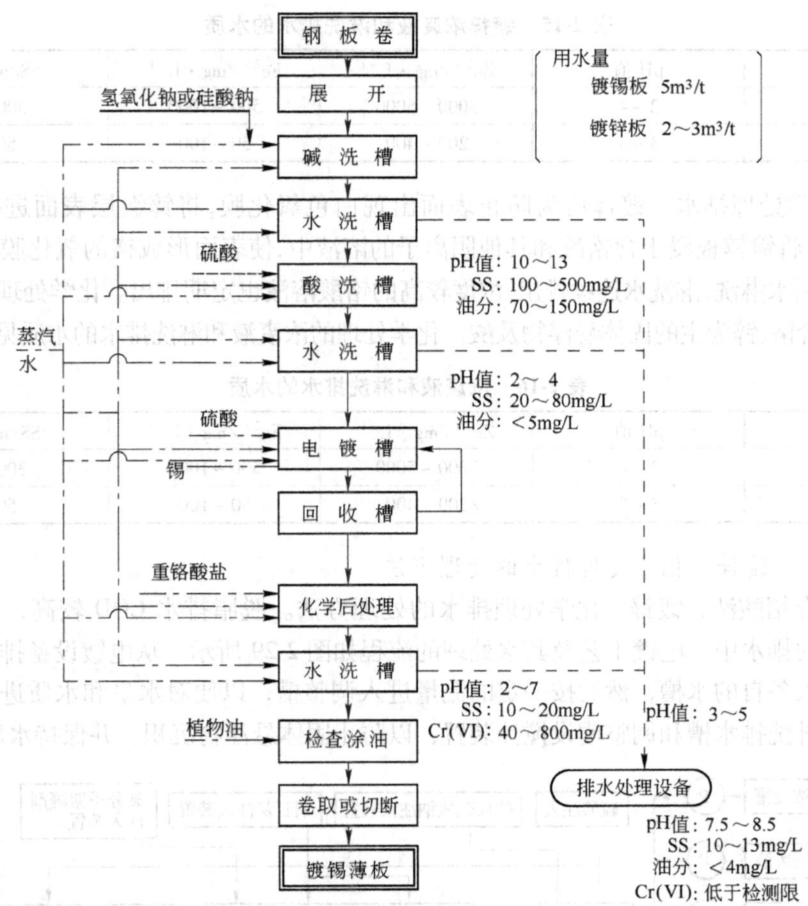

图 2-28 电镀锡工艺及其用水排水流程

表 2-13 脱脂废液和淋洗排水的水质

项　目	pH 值	油分/mg · L^{-1}	COD$_{Mn}$/mg · L^{-1}	SS/mg · L^{-1}
浓废液	14	1500 ~ 2000	1000 ~ 2000	2000 ~ 3000
淋洗排水	12 ~ 13	50 ~ 100	30 ~ 70	100 ~ 200

（3）酸洗排水。酸洗排水有定期排出的浓液和连续排出的淋洗排水，这些排水与电镀、化学处理排水等用同一设备处理。酸洗排水的主要污染物是二价铁离子、以氧化铁为主体的固体悬浮物、酸、COD 和油脂。酸洗浓废液和淋洗排水的水质见表 2-14。

表 2-14 酸洗浓废液和淋洗排水的水质

项　目	pH 值	Fe^{2+}/mg · L^{-1}	SS/mg · L^{-1}	COD$_{Mn}$/mg · L^{-1}	油分/mg · L^{-1}
浓废液	<1	3000 ~ 5000	200 ~ 300	<10	<5
淋洗排水	2 ~ 2.5	200 ~ 400	50 ~ 200	<5	<2

（4）镀锌排水。电镀锌的溶液随着电镀的进行生成一些微粒子而产生污染，为防止这样的污染设置了各种设备，还要根据钢板的质量要求更换电镀液、清洗电镀槽，这时排出的是浓废液，电镀后的淋洗水则是连续排出的。镀锌排水的主要污染物是锌、溶解铁（Fe^{2+}）以及锌铁反应生成的固体悬浮物。镀锌浓废液和淋洗排水的水质见表 2-15。

表 2-15 镀锌浓废液和淋洗排水的水质

项 目	pH 值	$Zn^{2+}/mg \cdot L^{-1}$	$Fe^{2+}/mg \cdot L^{-1}$	$SS/mg \cdot L^{-1}$
浓废液	2 ~ 4	3000 ~ 5000	500 ~ 1000	300 ~ 400
淋洗排水	3 ~ 5	200 ~ 400	50 ~ 100	50 ~ 100

（5）化学处理排水。镀锌后为防止表面出现白色氧化膜，将锌镀层表面进行化学镀膜（钝化）处理，将镀锌板浸于含铬酸和其他阴离子的溶液中，使表面形成铬的氧化膜。铬酸溶液钝化处理后用水淋洗，淋洗水连续排出，浓度较高的铬酸溶液也定期排出。化学处理排水的主要污染物有六价铬、锌为主的固体悬浮物及酸。化学处理的浓废液和淋洗排水的水质见表 2-16。

表 2-16 浓废液和淋洗排水的水质

项 目	pH 值	$Zn^{2+}/mg \cdot L^{-1}$	$Fe^{2+}/mg \cdot L^{-1}$	$SS/mg \cdot L^{-1}$
浓废液	2 ~ 4	3000 ~ 5000	500 ~ 1000	300 ~ 400
淋洗排水	3 ~ 5	200 ~ 400	50 ~ 100	50 ~ 100

C 酸洗、镀锌、化学处理排水的处理方法

此处仅介绍酸洗、镀锌、化学处理排水的处理方法。脱脂排水 COD 较高，切忌不要混入其他系统的排水中。电镀工艺及其水处理的流程如图 2-29 所示。从电镀设备排出的各类废水，首先注入各自的水槽，然后按一定的流量进入调整槽，以便对水量和水质进行调整。在浓废液槽、淋洗排水槽和调整槽设搅拌装置，以防止固体悬浮物沉积，并保持水质均匀。

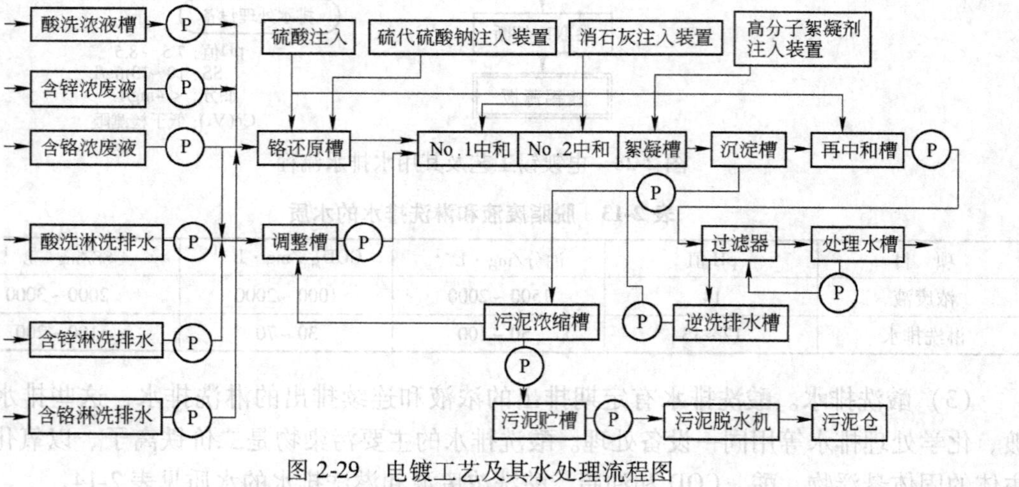

图 2-29 电镀工艺及其水处理流程图

含六价铬的化学处理排水用还原剂将六价铬还原至三价，将 pH 值调至 8 ~ 9，析出氢氧化铬沉淀除去。也有在还原至三价铬后流入调整槽内的，但是，如果在调整槽内用空气搅拌，则有一部分三价铬会氧化成六价铬，所以还原后直接送中和槽，使其析出稳定的氢氧化铬较好。酸洗排水和镀锌排水在 pH 值为 8.5 ~ 10 之间时，其中的溶解铁和锌都形成氢氧化物沉淀析出。最初生成的是氢氧化亚铁，其溶解度较大，有必要用空气氧化使之成为氢氧化铁。中和槽中的排水调节 pH 值在 8.5 ~ 10 之间，并鼓空气氧化，即生成氢氧化铬、氢氧化铁和氢氧化锌，这些氢氧化物微粒不易沉降，要在絮凝槽内添加高分子絮凝剂以使沉淀颗粒粗大。经沉淀槽除去氢氧化物的排水，基本已是澄清的处理水，pH 值还是 9 以上，用酸再中和 pH 值为 6 ~ 8，然后过滤。沉淀槽除去的氢氧化物用脱水机处理成泥饼。六价铬是有毒物质，溶于中性水中，对人和生物都有害。因此必须转变为三价铬使其形成氢氧化铬沉淀除去。化学处理用的铬主要是六价铬，还原六价铬的还原剂有硫代硫酸钠、亚硫酸钠和硫酸亚铁。硫代硫酸钠和亚硫酸钠作还原剂时，pH 值要维持在 2～2.5，否则还原速度很慢。硫酸亚铁作还原剂时反应较快，但是生成氢氧化铁沉淀，污泥量增加。还原剂添加不要过量，过量的还原剂对除去其他重金属离子不利，可以用氧化还原电位剂监测还原过程，根据氧化还原电位计的转变点控制还原剂的加入量。

（1）还原剂的种类和使用方法。可使用的还原剂有硫代硫酸钠、亚硫酸钠和硫酸亚铁。因为硫酸亚铁在中和反应时产生氢氧化铁沉淀，污泥增加，废弃物量大，所以一般不用，只有在硫酸酸洗浓废液大量发生的场合才使用硫酸亚铁，为了使废弃物减量化，也有回收硫酸亚铁的例子。由于硫代硫酸钠作还原剂发生的硫酸量少，因此通常以硫代硫酸钠作为主要还原剂。铬酸的还原反应需要硫酸，硫酸的加入量用 pH 计控制。

（2）药品注入装置和操作方法。还原六价铬所用的硫代硫酸钠为 35% 的溶液，贮槽容量一般为 7～10d 的用量。35% 的硫代硫酸钠溶液在 0℃ 冻结，所以在寒冷的地方冬季要对贮槽和配管保温。98% 的硫酸存放在贮槽内，使用时稀释到 10%。和硫代硫酸钠溶液一样，98% 和 10% 的硫酸的凝固点分别是 0℃、-5℃，也需要保温。两种药剂注入时都要用旋涡泵搅拌。

D　实例

六价铬还原装置实例如图 2-30 所示，钢板制的还原槽、内衬橡胶、液面部位设置橡

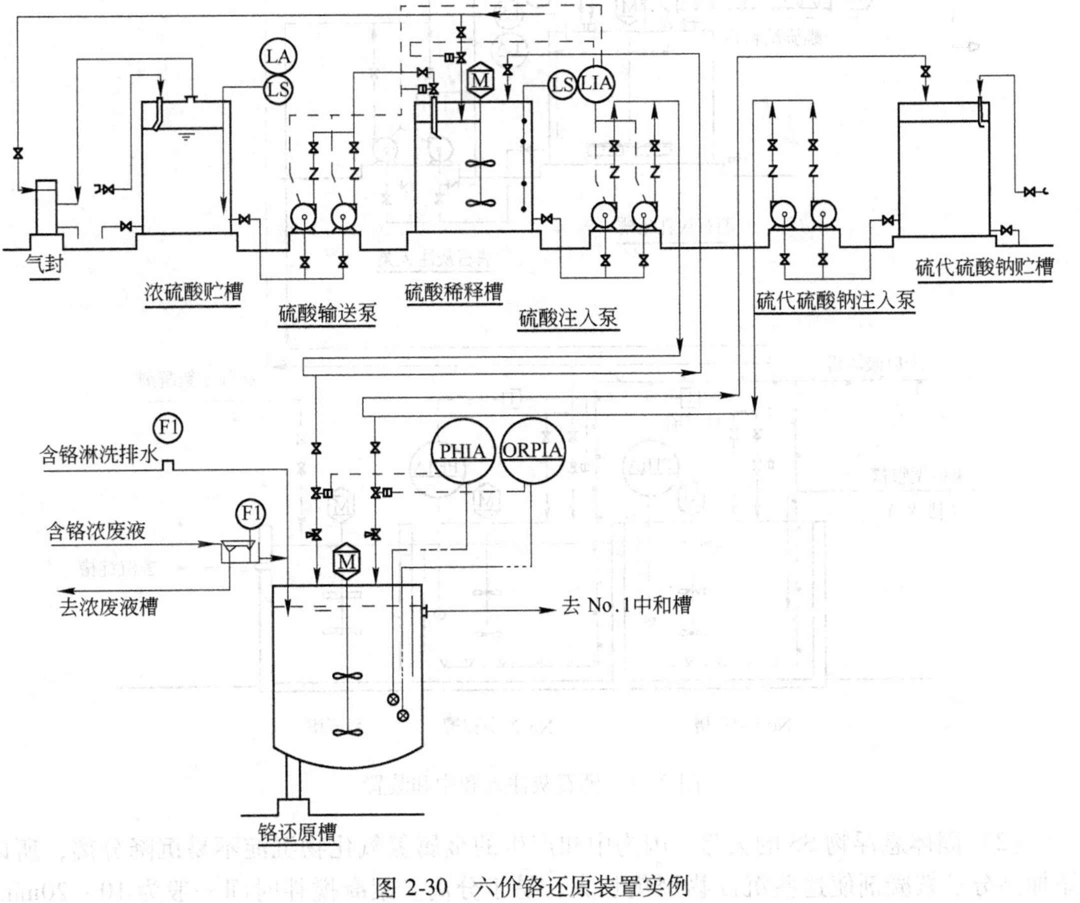

图 2-30　六价铬还原装置实例

胶包覆的搅拌器。使用的药品是还原剂硫代硫酸钠和 pH 调整剂 10% 的硫酸。还原剂和硫酸的注入量分别由氧化还原电位计和 pH 计通过调节阀进行二位控制。搅拌器应使容器内的溶液每两分钟循环 2 ~ 4 次。

（1）pH 值的调整和除锌、除铁。对酸性排水要用碱性物质进行中和。因为排水中有重金属，所以要调节碱度使重金属成为氢氧化物沉淀。排水中 Zn^{2+}、Fe^{2+}、Cr^{3+} 共沉淀的 pH 值范围是 9 ~ 10，其中 Fe^{2+} 在空气氧化作用下形成 $Fe(OH)_3$。处理水量少的情况下，中和槽可用钢板制成，通常用内敷耐酸层的钢筋混凝土建造中和槽，如果排水的 pH 值较低，可采用二段中和。中和剂多用 10% 的消石灰浆，也可以用 20% ~ 25% 的氢氧化钠溶液或 25% 的氢氧化镁浆。消石灰注入和中和装置如图 2-31 所示。

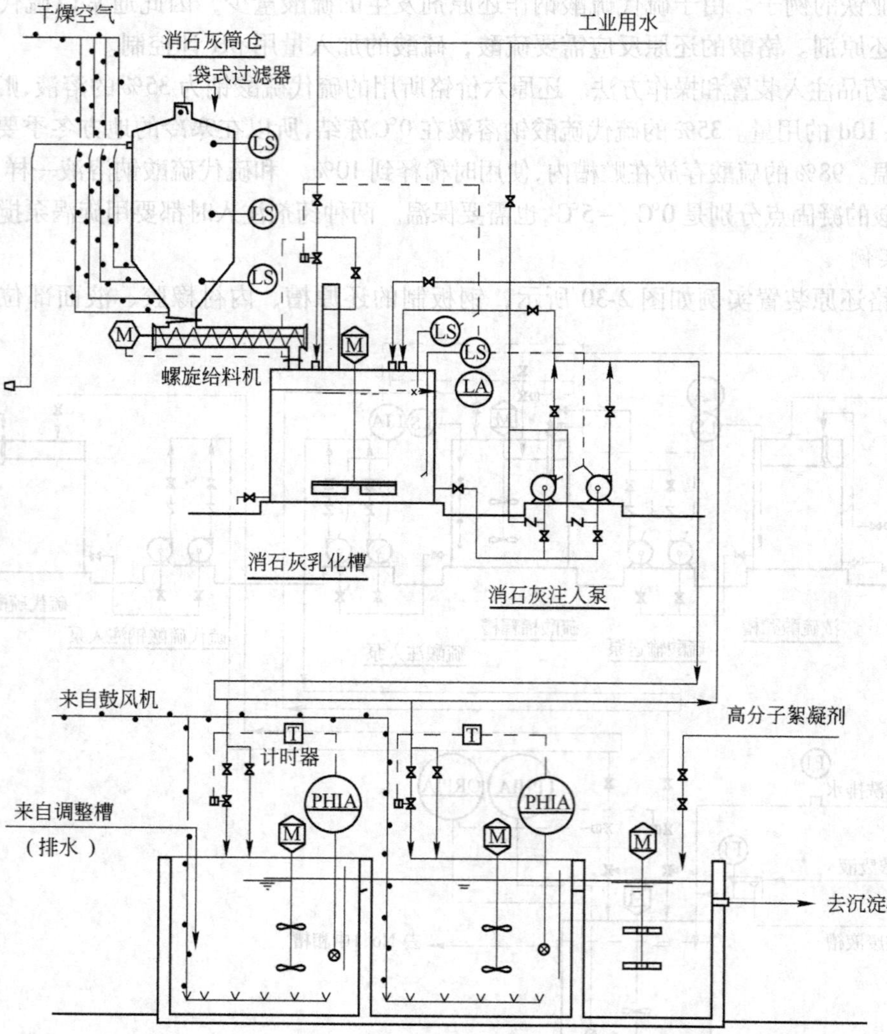

图 2-31　消石灰注入和中和装置

（2）固体悬浮物 SS 的去除。因为中和产生的金属氢氧化物沉淀不易沉降分离，所以添加高分子絮凝剂使这些沉淀物聚集长大，易于分离。絮凝搅拌时间一般为 10 ~ 20min，由氢氧化物沉淀并添加高分子絮凝剂的情况下，搅拌5min即可。注意搅拌速度不能太快，搅拌翼尖端的速度在1.0m/s以下为宜。其后经沉淀、过滤和污泥脱水，得到的污泥填埋或干燥后再利用。絮凝、沉淀和过滤处理装置、流程如图2-32所示。

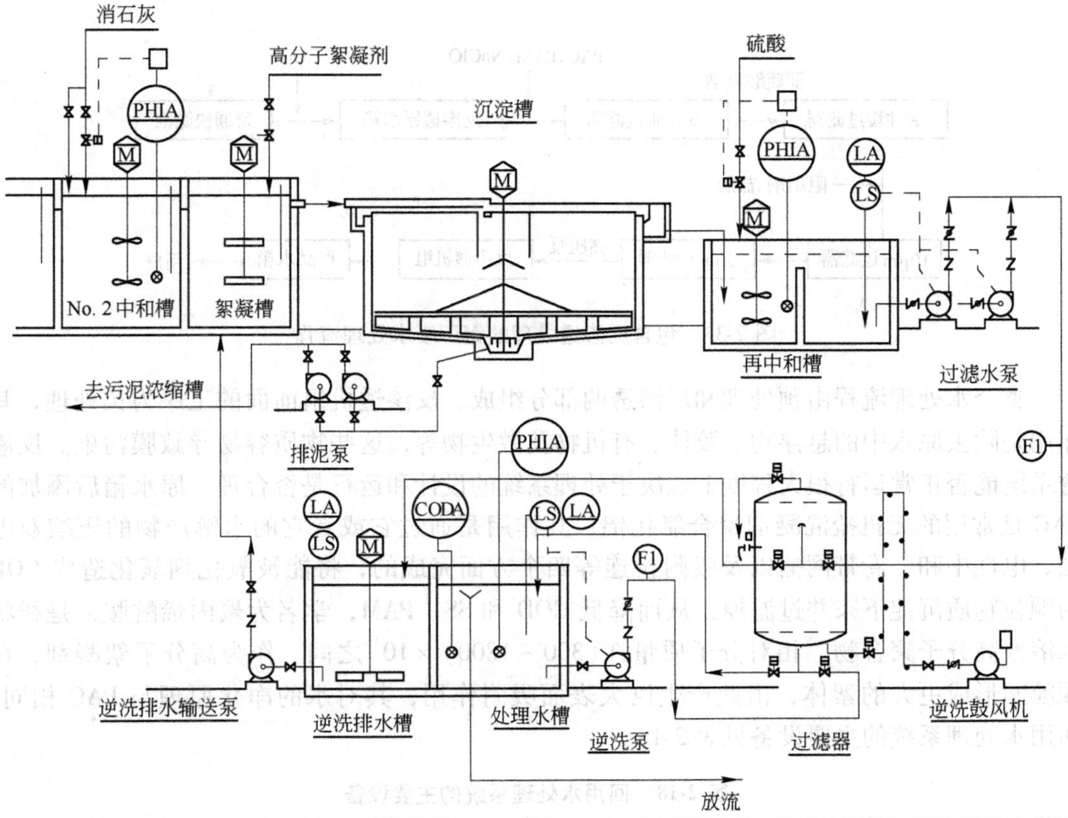

图2-32　絮凝、沉淀和过滤处理装置、流程

2.2.4.4　钢铁厂废水的反渗透处理与回用

从节约资源和保护环境的角度考虑，钢铁厂的工艺和生活废水经一般处理后，再经反渗透技术深处理，可以达到除盐水的水质要求，在厂内回用。

来自钢厂生产过程的冷却水、清洗水、生活废水等经过预处理后，进入反渗透原水箱，此处水质见表2-17。工艺流程如图2-33所示。

表2-17　反渗透处理前的原水水质

指　标	数　值	指　标	数　值
pH值	9.2	总硬度/mg·L^{-1}	400
COD/mg·L^{-1}	80	油/mg·L^{-1}	18.9
BOD/mg·L^{-1}	11	TDS/mg·L^{-1}	1000
总碱度/mg·L^{-1}	150	SS/mg·L^{-1}	170
总Fe/mg·L^{-1}	12	电导率/μS·cm^{-1}	2500
Ca^{2+}/mg·L^{-1}	60	Cl^-/mg·L^{-1}	232
Mg^{2+}/mg·L^{-1}	20	SiO_2/mg·L^{-1}	18.5

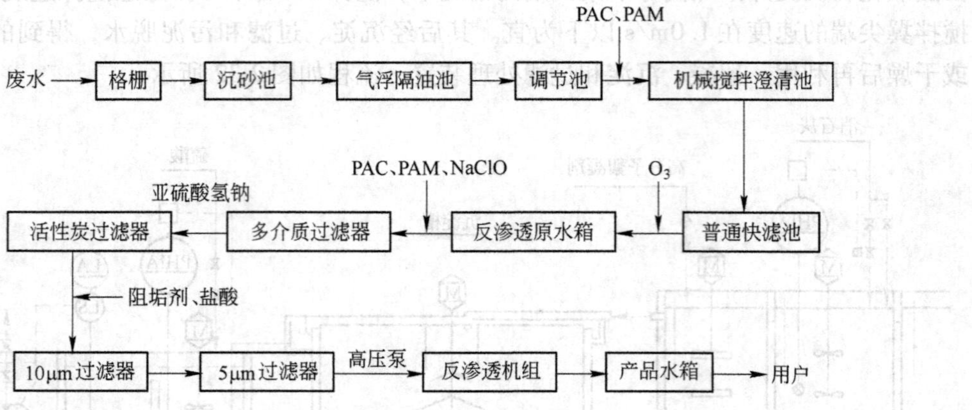

图 2-33　包含反渗透处理的钢厂废水处理流程

整个水处理流程由预处理和反渗透两部分组成。反渗透机组前面的工序为预处理，其作用是除去原水中的悬浮物、胶体、有机物及微生物等，这些物质容易导致膜污染。反渗透系统能否正常运行很大程度上取决于处理系统的设计和运行是否合理。原水箱后添加的PAC是常用的无机盐混凝剂聚合氯化铝，其作用是通过它或者它的水解产物的压缩双电层、电性中和、卷带网捕以及吸附桥连等四个方面完成的，将能被氧化剂氧化造成COD的颗粒物质沉淀下来并过滤掉，从而降低COD和SS。PAM，学名为聚丙烯酰胺，是线状水溶性高分子聚合物，相对分子质量在$(300\sim1800)\times10^4$之间。作为高分子絮凝剂，在颗粒间形成更大的絮体，由此产生巨大表面吸附作用，其对水的净化原理与PAC相同。回用水处理系统的主要设备见表2-18。

表 2-18　回用水处理系统的主要设备

设　备	规格型号	数量	设　备	规格型号	数量
原水泵/台	KQL125/185-30/2	3	微滤器/台	烛台式 $80m^3/h$	6
多介质过滤器/台	ϕ3200mm $60m^3/h$	5	高压泵/台	CRCM90-6	3
活性炭过滤器/台	ϕ3200mm $80m^3/h$	4	反渗透膜元件/只	LFC2-8040	216
反洗水泵/台	KQL150/285-18.5/4	2	清洗水泵/台	CRNCM90-2	1

进水电导率在2300～3000μS/cm之间，系统正常运行时，出水电导率平均值为60μS/cm，出水量稳定在$180m^3/h$，压差0.25MPa。但随着系统运行时间增加，有机物和胶体硅吸附、无机盐结垢、微生物滋生等的共同作用，导致膜污染，使水分子透过膜所需压力增高，能耗加大，所以必须对反渗透元件进行定期清洗。清洗液成分去污类型见表2-19。

表 2-19　清洗液成分及去污类型

使用顺序	配　方	去除污染物类型
1	0.2% HCl 0.1% NaOH（pH = 12，≤30℃）	无机盐结垢
2	0.025%十二烷基苯磺酸钠（pH = 12，≤30℃）	有机物、微生物、无机胶体
3	2.0%柠檬酸	硅、有机物

清洗时，按顺序使用表2-19中的三种药液分别清洗1h、浸泡2h，再用产品水低压冲洗20min。清洗完成后重新启动反渗透系统并将最初10min内的出水放掉，系统将恢复正常运行。

2.2.5 钢铁工业水污染物最佳控制技术简介

2.2.5.1 主要生产工序废水处理原则

A 原料场、烧结

原料场受控工艺设施有物料运输、贮存和卸料设施，产生的废水为卸料除尘废水和冲洗地坪废水，主要污染物为SS。

烧结（球团）厂的废水来自：（1）湿式除尘设备排水。废水中的主要污染物为SS（悬浮物），浓度一般为3000～5000mg/L；（2）冲洗地坪排水和冲洗胶带废水。为间断性排水，废水中的主要污染物为SS。（3）设备间接冷却水。水质未受污染，经冷却和水质稳定处理后即可回用。湿式除尘废水、冲洗地坪和冲洗胶带废水的主要污染物是悬浮物。而设备冷却废水仅是水温的升高，并无其他污染物产生。因此，烧结（球团）废水中的主要污染因子为悬浮物。这些废水的控制技术为处理后循环利用。一般经过沉淀处理后回用，对回用水要求较高时，采用混凝沉淀、过滤再回用，处理后废水完全能够满足生产要求。

B 炼铁

炼铁系统工艺设施为高炉及其供料系统、送风系统、煤气净化除尘系统、渣铁处理系统和粉煤制备喷吹系统。生产废水来自：（1）高炉煤气洗涤水。废水中的主要污染物为SS，浓度1000～3000mg/L。其次含少量酚、氰、Zn、Pb、硫化物和热污染；（2）炉渣粒化水。废水中的主要污染物为SS，浓度为200～300mg/L；（3）高炉、热风炉间接冷却水。水质未受污染，经冷却和水质稳定处理后即可回用。

炼铁废水一般经沉淀、过滤、冷却处理后，再循环到煤气洗涤器循环利用，为稳定水质，该系统将有少量外排水，可作为高炉冲渣补充水。高炉冲渣废水是高炉渣水淬所产生的废水，主要含悬浮物SS，因为循环水质要求低，所以经渣水分离后即可循环，温度不影响冲渣，因而，在冲渣水系统中，可以设计成只有补充水、而无排污的循环系统。

C 炼钢

炼钢系统工艺设施为各型转炉或电炉以及与之配套的送风系统、吹氧系统、除尘系统和钢水连铸系统。生产废水来自：（1）设备间接冷却废水。水质一般未受污染，经冷却等处理后回用。（2）设备和产品的直接冷却水。废水中的主要污染物为氧化铁皮和油脂。（3）湿式除尘废水。主要污染物为SS，有时高达10g/L以上，其主成分为氧化铁、氧化钙、氧化硅等，另外还有热污染。电炉炼钢一般采用干法除尘，无除尘废水产生。转炉、精炼炉系统设备间接冷却水经冷却塔等设备降温处理以后循环使用，少量排水可以全部用作转炉煤气洗涤系统或连铸浊循环系统的补充水。煤气洗涤废水中的SS通常采用立式沉淀池、斜板沉淀池或辐射式沉淀池去除后全部循环使用。管道结垢等问题，通过加入分散剂、缓蚀阻垢剂、投加Na_2CO_3等方法能够解决，可以做到无废水外排；即使有少量废水排出，也可以用作高炉冲渣、钢渣处理或原料场的串级用水。

连铸坯冷却、钢坯火焰清理设备冷却等产生的废水含有大量氧化铁皮和少量的润滑油脂，经沉淀、过滤、降温、除油和水质稳定后循环使用；可采用化学除油代替过去的高梯度磁过滤器和高速过滤器，采用高效水质稳定药剂和加药系统自动化，提高了水循环系统的浓缩倍数、大大节约了新水用量，少量排水可以用作钢渣处理或原料场的串级用水等。

D　轧钢

（1）热轧污水处理系统。热轧：受控工艺设施为轧机系统。配套设施为均热炉或加热炉系统。废水为直接接触物料和设备产生的冷却水，热轧污水主要来自供轧机支撑辊、卷取机、除鳞、辊道冷却和冲铁皮等。污水主要含氧化铁皮和油。污水经处理后循环使用，常用的水流程是：生产冷却和冲铁皮污水—旋流沉淀池（对氧化铁皮和油污进行初处理）—平流沉淀池（对氧化铁皮和油污进行再处理）—过滤—冷却—再用水泵供上述用户循环使用。

旋流沉淀池平流沉淀池沉积的泥渣中主要成分为氧化铁皮，泥渣经脱水可运至烧结回收利用，泥渣中的浮油可用收油机收集再利用。

循环水水质稳定措施：向循环水系统投加阻垢剂，缓饰剂和杀菌灭藻剂。监视腐蚀情况，并调节加药量。处理后的水循环使用。少量废水达到《钢铁工业水污染物排放标准》要求的可外排。

（2）冷轧污水处理系统。冷轧：受控工艺设施为各型轧机系统。冷轧废水的种类较多，包括含酸、碱废水，含油及乳化液废水，含铬废水和含氰酸盐等的废水。冷轧废水的成分复杂，除含有酸、碱、油、乳化液和少量机械杂质外，还含有大量的金属盐类，其中主要是铁盐。此外，还有少量的重金属离子和有机成分。

含油及乳化液废水处理系统：将所有各机组排出的含油废水及废乳化液，流入废水处理站调节池内，由泵送入纸带过滤机，到超滤系统进行油水分离，处理后的含油废水进入酸碱废水处理系统。

含铬废水处理系统：含铬废水入调节池，由泵送往还原池，经两级还原，待出水中 $Cr^{6+}<0.5mg/L$、调整 pH 值送入酸碱废水处理系统。

含酸碱废水处理系统：各工艺段排出的酸碱废水、过滤器反洗水、处理后的含油、含铬废水等进入调节池，经二次中和、曝气、絮凝澄清后进入中和池，调整 pH 值、过滤器过滤后，循环使用。少量废水达标外排。

E　铁合金

铁合金生产设施的种类较多，常见的有锰铁高炉和还原电炉，辅助生产设施主要有，与锰铁高炉和还原电炉配套的供料系统、送风系统和除尘系统等。铁合金厂生产过程中的废水主要来自：锰铁高炉和封闭电炉的湿式除尘废水，废水中的主要污染物为 SS，另外，锰铁高炉湿式除尘废水中还含有浓度较高的氰化物，其次是高炉炉渣粒化废水；钒铁车间生产五氧化二钒工艺过程中排出的废水，主要含六价铬和钒；金属铬生产车间，来自浸出工段、生产设备、管道的渗漏废水，污染物为六价铬；湿法电解锰废水，其污染物有氰化物、六价铬、酸、碱和 SS。这些废水经过沉淀处理后回用，对回用水要求较高时，采用混凝沉淀、过滤再回用，完全能够满足生产要求。

2.2.5.2　最佳控制技术简介

A　节水型清洁生产工艺

节水型清洁生产工艺包括：高炉煤气干法除尘技术、转炉煤气干法除尘技术、干熄焦技术、焦炉煤气脱硫脱氰技术、高炉渣的INBA法粒化工艺、高炉渣的轮法粒化工艺、转炉渣风淬工艺、加热炉汽化冷却工艺、热装热送工艺和连铸连轧工艺等。采用这些节水型清洁生产工艺可以从根本上减少水的用量，避免污水处理，减少废水排放。

B 串级供水技术

串级供水技术的基本原理是利用不同用户对水温、水质的不同要求，实行串联供水。包括在一个循环系统中进行串级供水和在不同循环系统中进行串级供水。采用串级供水技术可以提高水的利用率，减少水处理环节，节约能源。例如高炉串级供水技术，用高炉本体净循环系统的排污水作为高炉煤气洗涤浊循环系统的补充水，高炉煤气洗涤浊循环系统的排污水作为高炉冲渣循环系统的补充水；高盐废水串级综合利用，将反洗盐水用于焖渣等。目前，串级供水技术在炼铁工序中的普及率最高，达到了22.5%，而在烧结、焦化、炼钢工序中的普及率基本相同，分别为11.2%、14.5%和14.9%，轧钢工序中的普及率最低，只有6.31%。

C 建立节水型供水系统和采用节水型水处理设备

企业可以根据生产实际情况，建立节水型供水系统和采用节水型水处理设备。节水型供水系统包括循环供水系统、科学合理的串级供水系统和废水净化回用供水系统；节水型水处理设备主要有密闭循环间接冷却水降温设备、膜处理设备、高效油水分离及过滤设备和低飘水率冷却塔设备等。

D 污染物去除和废水处理技术

钢铁企业排放的综合污水主要有油、SS、COD等，其中油在水中的存在形式有浮油、分散油、乳化油、溶解油等。通过隔油、混凝沉淀或气浮工艺处理后，可以达到污染物去除的目的；采用化学除油器代替以往的高梯度磁过滤器和高速过滤器，可以达到良好的出水水质（稳定在5mg/L以下）。对含有机物废水的处理方式主要为生物处理和混凝沉淀处理。一般强化混凝沉淀处理可以将污水中的有机物去除40%，对于COD浓度相对较高的钢铁工业废水，生物处理可以有效地去除有机污染物和氨氮。目前比较先进的处理工艺技术有化学除油、高密度澄清池、斜管混凝沉淀、V形滤池、膜处理等；其中过滤和膜处理主要用于废水的回用处理。另外采用高效水质稳定药剂和加药系统自动化，使循环水系统浓缩倍数由1.5提高到3.0以上，可大大节约新水用量。

E 污水回用技术

钢铁企业在总排口或相当规模的分排口集中处理厂区的生产废水和少量生活污水，使经处理后的水质达到回用水质指标而实行回用的治理技术。回用水可用作冲渣、焖渣、原料场喷洒抑尘、烟尘洗涤、物料冲洗和其他杂用。如选择石灰软化工艺降低进厂废水中的暂时硬度及酸浓度，使大循环系统的水质保持稳定，或采用物理化学或膜处理工艺技术，以有利于提高水的回收率，削减污染物的排放量。

F 膜法处理工业废水技术

膜法处理工业废水是指采用超滤、纳（米）滤和反渗透技术，脱除废水中的杂质，使废水达到较高的回用水质要求。目前膜分离技术已在循环水处理中应用，特别是反渗透技术。但目前膜技术处理工业循环水的问题是运行成本和一次投资较大。

3 钢铁生产中的尾气处理

3.1 大气中 SO_x、NO_x 和 CO_2 的危害

3.1.1 大气中 SO_x、NO_x 导致酸雨

随着全球工业发展和人口增长，环境酸化已成为当代严重的区域性问题之一，并且酸化趋势还在逐年加重。世界上许多地区出现了酸雨现象，西欧、北美一带尤为严重。天然雨水的 pH 值是雨水中 CO_2 饱和时的 pH 值。1 标准大气压，25℃时，pH = 5.6。pH 值小于 5.6 的雨水则为酸雨。我国最近几年有关酸雨研究表明：长江以南酸雨区域已连成一片，并向长江以北蔓延，甚至在东北地区的图们、丹东和东海海域也发现较强的酸性降水；降水的酸度不断升高，出现了世界罕见的降水 pH 值年均低于 4 的地区，这说明酸雨污染在我国正随着工业的飞速发展而逐渐扩大。酸雨对环境有多方面的危害：使土壤变酸，损害农作物和林木生长；使河流、湖泊以及地表水酸化，危害渔业生产（pH 值小于 4.8 时鱼类就会消失），污染饮用水源；酸雨还会腐蚀建筑物、工厂设备和文化古迹；危害人类健康破坏生态平衡。目前我国有 40% 的地区常有酸雨发生，全国每年由此产生的经济损失达 200 多亿元，酸雨已成为当代全球性的环境问题之一，扼制酸雨泛滥是人类可持续发展的重要任务之一。

90% 以上的酸雨是由 SO_x 和 NO_x 造成的。废气浓烟中的 SO_x 和 NO_x 是形成酸雨的主要原因，这些污染物主要来源于燃烧炭和石化原料的废气中。排入大气中的 NO_x 还是引起光化学烟雾的主要原因之一。光化学烟雾是一种特殊的混合物，主要是排入大气的氮氧化物和碳氢化合物（主要是烯烃和少数芳香烃化合物）在阳光的作用下，发生光化学反应生成臭氧（O_3）、醛类、过氧乙酰硝酸酯（PAN）、过氧苯酰硝酸酯（PBN）等最终产物。同时也包括多种自由基（烷基、烷氧基、酰基等）的中间产物产生。这些反应物、中间产物、最终产物所组成的有刺激性、浅蓝色的混合性烟雾称作光化学烟雾。全球每年人为排入大气的 SO_x 约 2 亿 t，其中 SO_2 1.5 亿 t。全球每年人为排入大气的 NO_x 约 1.5 亿 t，我国目前每年向大气中排放 SO_x 达 2000 万 t 左右。消灭废气中 SO_x 和 NO_x 才能消灭酸雨。

在钢铁工业中，铁前系统的能源消耗大约占 58% 左右。另外，铁前系统一般使用的是一次能源或以一次能源为原料（如煤炭），因此 SO_x 和 NO_x 等污染物是烧结过程主要污染物。根据资料计算得出在我国钢铁工业 SO_2 排放量中，焦化工序所占比例最大，占 34.4%；其次为烧结工序 33.26%，两项之和为 67.66%。烧结废气中硫的来源主要是铁矿石中的 FeS_2 或 FeS、燃料中的 S（有机硫）。FeS_2 或 FeS 与氧反应，生成的 SO_2 在烧结过程中可能与料中的 CaO、MgO 反应，尤其是 CaO 有强烈的吸硫作用。而在烧结过程，一般认为 S 生成 SO_2 的比率可达 85% ~95%。烧结废气中 NO_x 来自燃料或空气中的氧与氮的反应，其中，空气中的氮气在高温下氧化而生成的称为热力型 NO_x；燃料中含有的氮化合

物在燃烧过程中热分解而又接着氧化而生成的是燃料型 NO_x；燃烧时空气中的氮和燃料中的碳氢离子团（如 CH）等反应生成快速型 NO_x。同时如果存在还原性气氛及适当的催化剂作用，有的 NO_x 可能被还原成 N_2 或低价的 NO_x。

3.1.2 大气中的 CO_2 与温室效应

大气中的 CO_2、CH_4、NO_x、水蒸气等气体对来自地球的热辐射吸收率较高，起到了对地球的保温效果，因此这些气体被称为温室气体（green house gas，GHGs）。大气中温室气体的增加造成全球变暖，过去 100 年间平均气温约上升了 0.5℃。气温和大气中 CO_2 浓度的变迁如图 3-1 所示，过去 16 万年间气温变化的幅度是 12℃。

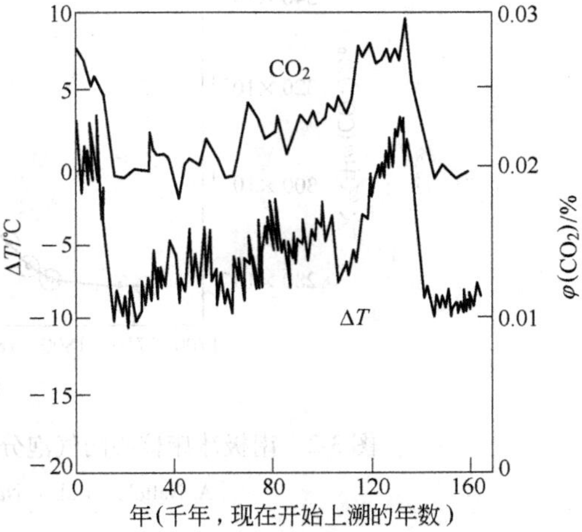

图 3-1 气温和大气中 CO_2 浓度的变迁

［J. M. Barnola，et al.：Nature，329，408（1987）］

太阳向地球的辐射能是 $342W/m^2$，这些能量的 31% 被大气和云彩散射、反射回宇宙空间，其余的 69% 被地球吸收。这些热量与地球建立热平衡，根据能量守恒

$$\pi R^2 S_0(1 - A) = 4\pi R^2 \varepsilon\alpha T_S^4 \tag{3-1}$$

式中 R——地球半径，6.34×10^6m；

S_0——太阳常数，$1732W/m^2$；

A——地球对阳光的平均反射率，0.31；

ε——地球表面向宇宙辐射红外线的比例；

α——斯忒藩-玻耳兹曼常数 $5.67 \times 10^{-8}W/(m^2 \cdot K^4)$；

T_S——地表平均温度，K。

根据式（3-1），地表平均温度

$$T_S^4 = S_0(1 - A)/4\varepsilon\alpha = \frac{4.17 \times 10^9[K^4]}{\varepsilon} \tag{3-2}$$

如果没有温室气体，地表的红外线全部辐射向宇宙，$\varepsilon = 1.0$，地表温度是 $T_S = 254K$，比现在地球的平均气温 290K 低 36K，和大气层上层的温度接近。地表温度达到现在的平均地表温度值则 $\varepsilon = 0.59$，所以由于温室气体的存在使地表向宇宙的红外辐射比例减少，地表才能保持适当的温度。现在，温室效应气体的浓度上升成了问题，假如 ε 值比现在降低 5%，也就是 0.56，则 $T_S = 294K$，比现在上升 4K。

根据南极冰床中的气泡的分析得到的大气中 CO_2 浓度的变化情况如图 3-2 所示。从图可以看出，大气中 CO_2 的浓度从工业革命时的 $280 \times 10^{-4}\%$ 增加到 1995 年的 $361 \times 10^{-4}\%$。而且自 20 世纪后 50 年来增加速度急剧上升。到目前为止，各种温室效应气体对气温上升的作用比例为 CO_2：64%，CH_4：19%，氟利昂：10%，NO_x：6%。今后，CO_2 所占比例会更大，因此为抑制地球的温暖化，必须削减 CO_2 的排放量。

我国既是温室气体排放的大国，又是温室效应可能的最大受害国之一。从总量上看，

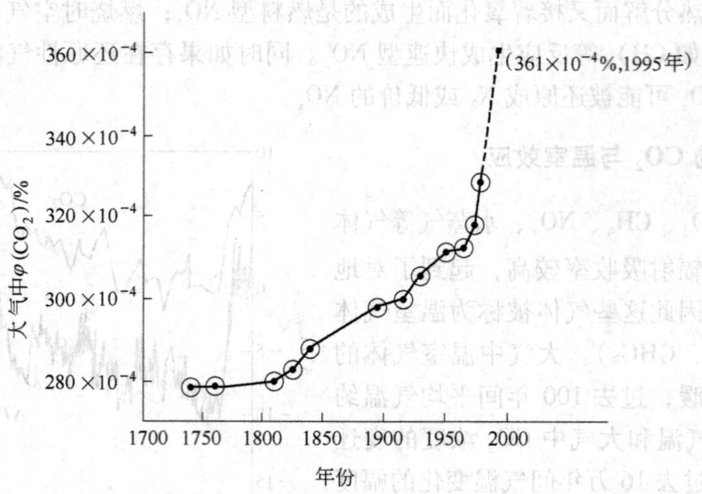

图 3-2　南极冰床核心的气泡分析得到的大气中 CO_2 浓度的变化情况

[A. Naftel, et al.: Nature, 315, 45 ~ 47 (1985)]

2003 年我国燃料消耗及燃烧排放的二氧化碳总量达 35.41 亿 t，是 10 年前的 1.37 倍，位居世界第二，占全球二氧化碳排放总量的 14%。与 1980 年水平相比，2005 年我国国内生产总值增长了 9.7 倍，年平均经济增长率达 9.5%。2005 年我国的能源消费总量是 1980 年水平的 4.3 倍，年平均增长率为 5.7%。1980 ~ 2003 年，中国化石燃料燃烧所排放的二氧化碳从 3.94 亿 t 碳（14.45 亿 t 二氧化碳）增加到 9.66 亿 t 碳（35.42 亿 t 二氧化碳），年平均增长率为 3.98%。国际能源署的数据表明，中国化石能源燃烧排放的二氧化碳占世界总排放量，已从 1990 年的 5.7% 上升到 2004 年的 17.9%。其次，甲烷、氧化亚氮等温室气体的排放量也居世界前列。

我国大量有关经济增长和排放情景的文献对未来的能源需求是低估的，例如，2003 年曾有预测认为，我国一次能源消费需求总量将从 1998 年的 13.7 亿 t 增加到 2020 年的 31 亿 t 标煤。2020 年二氧化碳排放量将达到约 19 亿 t 碳。2006 年，我国一次能源总消费量达到 24.6 亿 t 标煤，比上述预测的 2010 年需求总量超过了 5.6 亿 t。我国政府在“十一五”规划中提出到 2010 年相比 2005 年能源强度要降低 20%。即使这一目标能够实现，到 2010 年中国一次能源消费总量可能接近甚至超过上述预测的 2020 年的情况。

美国二氧化碳排放量居世界首位，年人均二氧化碳排放量约 20t，排放的二氧化碳占全球总量的 23.7%。我国年人均二氧化碳排放量为 2.51t，约占全球总量的 13.6%。我国人均二氧化碳排放量居世界第九十二位。澳大利亚、美国居一、二位。预测表明，到 2025 年前后，我国的二氧化碳排放总量很可能超过美国，居世界第一位；从人均来看，目前我国人均二氧化碳排放量低于世界平均水平，到 2025 年可能达到世界平均水平，虽然仍低于发达国家的人均二氧化碳排放量水平，但已丧失人均二氧化碳排放水平低的优势，这将迫使我国在后京都时代面临巨大的国际压力。

3.1.3　钢铁生产与温室气体排放

钢铁生产有高炉—转炉法和电炉法，在我国内地钢铁生产结构中，高炉—转炉流程生产的钢产量占总钢产量的90%以上，电炉流程生产的只占总钢产量的10%左右。在世界范围内，各国电炉钢比例在20世纪八九十年代逐年增长。1995~2001年，世界电炉钢比例从32.6%提高到35.1%，其中：美国从39.4%增长到47.4%，韩国从37.8%增加到43.6%，德国从24.1%增长到29.3%，印度从29.7%增长到42.5%，2006年美国电炉钢比例为56.9%、韩国45.7%、德国33.1%、印度50.5%，我国台湾地区也达到了45.7%，而我国内地的电炉钢比例却逐年下降，目前下降到10%左右（2006年电炉钢比例为10.5%）。进入21世纪以来，由于我国内地高炉—转炉流程的产能和钢产量粗犷扩张，使得世界电炉钢比例有所降低，但目前仍在30%以上。提高电炉钢比例是实现钢铁工业可持续发展的重要措施。在满足国民经济需求的钢产量一定时，生产1t电炉钢比生产1t转炉钢可以多循环利用废钢500~600kg，少消耗铁矿石1.3t，降低可比能耗(标煤)265kg，减少二氧化碳排放1126.3kg。生产1t转炉钢约排放二氧化碳1.8t，生产1t电炉钢约排放0.6t，为转炉钢的1/3。按高炉—转炉法流程组织的钢铁生产，存在大量燃烧、焙烧、熔炼和加热过程，排放的废气可分成三类：生产工艺过程化学反应中排放的废气，如烧结、炼焦、石灰焙烧、钢铁冶炼、钢材酸洗过程中产生的废气；燃料在炉窑中燃烧产生的废气；原燃料在运输、装卸和加工过程中产生的粉尘。钢铁工业的温室气体种类及来源见表3-1。

表3-1 钢铁工业的温室气体种类及来源

工艺过程	温室气体种类	来 源
烧结/球团生产	CO_2 CO SO_2 NO_x	燃料在烧结过程中的燃烧
炼 焦	CO_2 CH_4 CO NO_x SO_2 H_2S	煤的干馏过程及加热燃烧
高炉炼铁	CO_2 CH_4 CO SO_2 H_2S NO_x	炼铁过程焦炭燃烧剂铁矿石的还原反应
转炉/电炉炼钢	CO CO_2 NO_x	铁水脱碳/冶炼过程
轧 钢	CO_2 NO_x SO_2	加热和热处理过程中燃料的燃烧
石灰焙烧	CO_2 NO_x	加热过程燃料的燃烧/石灰石分解
自备电厂	CO_2 SO_2 NO_x	燃料燃烧

钢铁生产过程中，碳是作为铁矿石的还原剂又作为热源把反应物和产物加热到适当的温度，目前钢铁生产的温室气体主要来自作为能源和还原剂的煤的能源消耗，最终外排的气体以 CO_2 占绝对多数。

根据政府间气候变化委员会（IPPO）和经济合作与发展委员会（OECD）推荐的碳排放量计算公式：

$$E = \Sigma e = \Sigma[(TJ \times t_e/TJ - T_c) \times n\%] \tag{3-3}$$

式中 E——碳总排放量；

e——分品种燃料的碳排放量；

TJ——分品种燃料的实际消费量；

t_e/TJ——分品种单位燃料含碳量；

T_c——非能源利用固碳量；

n——燃料氧化率，%。

我国钢铁工业一次能源以煤炭为主，占能源消费总量的70%左右，而且煤发热量、灰分、硫分等质量指标与美国、德国、日本相比存在较明显的差距。石油类能源和天然气电力所占比例比其他国家低15%～25%。2004年我国钢铁生产能源构成是煤炭占69.9%（其中炼焦煤49.73%，燃料煤20.41%），电力占26.4%，燃油占3.2%，天然气占0.5%。非能源利用固定碳的产品主要是铸造铁和钢。

3.1.4　钢铁企业的二恶英污染

二恶英(dioxin)是非人为生产、没有任何用途伴随存在于各种环境介质的一类环境持续存在的污染物。因其毒性极高，世界卫生组织规定人体暂定每日允许摄入量为1～4pg/kgBW，由于公众对环境污染问题的广泛关注，对其研究已成为当今环境研究领域的前沿课题。

二恶英是指一类氯代含氧三环芳烃类化合物。属于含氧三环芳烃类化合物二苯并-对-二恶英（dibenzo-p-dioxin）和二苯并呋喃（dibenzofuran）图3-3是其结构式的例子。这类化合物环上的氢可以被氯取代，如2,3,7,8-四氯代二苯并-对-二恶英(2,3,7,8-TCDD或TCDD)。因此，确切的术语应为多氯代二苯并-对-二恶英（PCDD）和氯代二苯并呋喃(PCDFs)。氯取代的数量和位置决定了其同系物异构体的数量，如PCDDs有75个异构体，而PCDFs有135个异构体，后者异构体的数量更多是由于呋喃这一不对称结构所致。

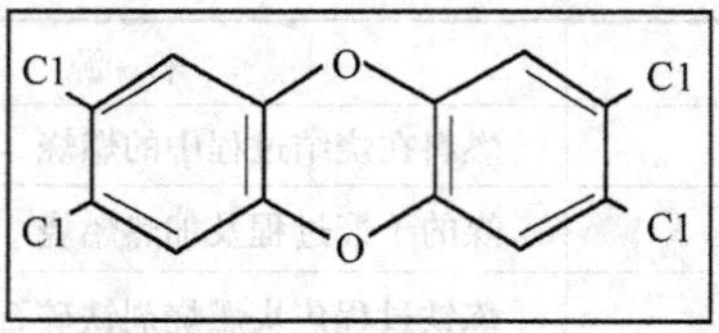
2,3,7,8-四氯代二苯并-对-二恶英

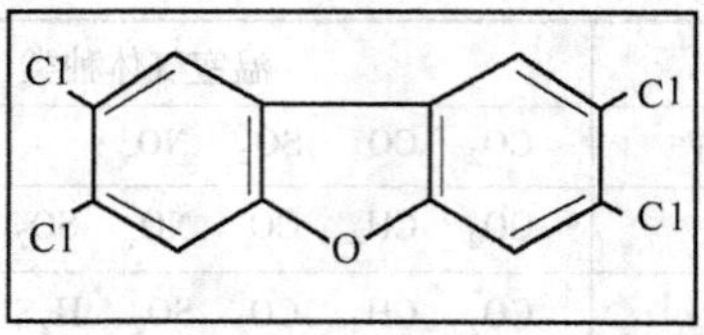
2,3,7,8-四氯代二苯并呋喃

图3-3　四氯代二苯并-对-二恶英（PCDD）和四氯代二苯并呋喃（PCDF）的结构式

这类氯代化合物的化学特性相似，均为固体，沸点与熔点较高、具有亲脂性而不溶于水。PCDD/Fs在环境中具有以下4个共同特征：

（1）热稳定性：PCDD/Fs极其稳定，加热到800℃才降解，然而要大量破坏时温度需要超过1000℃。

（2）低挥发性：这些化合物的蒸汽压极低，因而除了气溶胶颗粒吸附外在大气中分布较少，而在地面可以持续存在。

（3）脂溶性：极具亲脂性，辛烷/水的分配系数的对数值在6左右。因而在食物链中，PCDD/Fs可以通过脂质发生转移和生物富积。

（4）环境中稳定性高：尽管紫外线可以很快破坏PCDD/Fs，但在大气中由于主要吸附于气溶胶颗粒而可以抵抗紫外线。一旦进入土壤，对理化因素和生物降解都具有抵抗作用，平均半衰期约为9年，因而可在环境中持续存在。

二恶英是目前已知化合物中毒性最大的物质之一，进入人体后不能降解和排出。不仅是致癌物质，而且具有生物毒性、免疫毒性和内分泌毒性，对人的致死量为微克级。一般二恶英的含量为痕量，检测十分困难。二恶英最初是在越战中美军使用的枯草剂中作为不纯物发现的，1976年意大利北部萨浮索（Seveso）的依米沙（Icmesa）有机氯化工厂发生爆炸事故，事故中因化学反应生成了该类物质，大量二恶英被释出，有数千克之多。积聚过量也会使人的面部长出氯痤疮。1977 年在城市垃圾焚烧炉的飞灰中发现，各种含有机氯的焚烧过程都可能产生二恶英，城市垃圾焚烧炉工业燃烧过程、工业垃圾焚烧都是主要发生源之一。二恶英是《斯德哥尔摩公约》中规定减排和消除的 12 种持久性有机污染物（英文名简称为 POPs）之一，其毒性相当于氰化钾的 1000 倍以上，即使在微量情况下，长期摄取也可引起癌症等顽症，国际癌症研究中心已将它列为人类一级致癌物。日本是世界上二恶英排出量最多的国家，美国位居第二，据统计，1995 年日本排出 3981g-TEQ/a，美国为 2744g-TEQ/a，1995 年世界已知的 PCDD/PCDF 排入大气的总量（g-TEQ/a）是 10500g-TEQ/a。g-TEQ/a 的意义是每年有毒物质当量克数（Grams of toxic equivalent per annum）。联合国 1999 年发表的 15 个国家二恶英排出量的统计显示，日本的排出量仍占总量的一半以上。1997 年到 2004 年日本二恶英排出总量见表 3-2。

表 3-2　日本从 1997 ~ 2004 年的二恶英类排放总量（g-TEQ/a）

年　份	1997	1998	1999	2000	2001	2002	2003	2004
排放量	7680 ~ 8135	3695 ~ 4151	2874 ~ 3208	2394 ~ 2527	1899 ~ 2013	941 ~ 967	372 ~ 400	341 ~ 363

在排列位置为 2,3,7,8 的十七种氯代 PCDD 及 PCDF 异构体中，以 2,3,7,8-TCDD 的毒性最高，其毒性水平一般定为 1.0，即其毒性当量系数（TEF）。其余以 2,3,7,8 排列位置的异构体的毒性则较低，因此毒性当量系数亦较 2,3,7,8-TCDD 为低。

相对于 2,3,7,8-TCDD，要计算 PCDD 及 PCDF 混合物的毒性水平，可先把各2,3,7,8-异构体的毒性当量系数乘以各自的浓度，便可得出个别异构体的毒性当量（TEQs），数值单位与表示个别异构体毒性浓度的数值单位相同。把个别异构体的毒性当量数值相加起来，便可得出混合物的整体毒性当量。

1988 年，北大西洋公约组织的现代社会挑战委员会（Committee on the Challenges of Modern Society）制定了一套二恶英毒性评级制度，把毒性当量系数改称为国际毒性当量系数，即 I-TEFs。除了该十七种排列位置为 2,3,7,8 的异构体外，其他在二恶英样本中可能出现的所有异构体的毒性当量系数均定为 0.0。把 PCDD 及 PCDF 混合物内个别的毒性当量相加起来，其总和数值便称为国际毒性当量，即混合物的 I-TEQ。最近，世界卫生组织（WHO）又定义了 WHO-TEF 和 WHO-TEQ，一般地，采用 I-TEF 计算的 TEQ 值要比采用 WHO-TEF 计算的高 10%。

钢铁企业的二恶英（Dioxin）污染：英钢联对 5 个烧结厂废气中的二恶英进行了测试，废气总毒当量为 0.28 ~4.4ng I-TEQ/m^3，平均值为 1.19ng I-TEQ/m^3。英国环境局规定的新工厂的排放标准为 1ng I-TEQ/m^3。英国 Corus 公司的研究表明极可能在火焰峰前的烧结床中形成的。反应温度大约在 250 ~450℃，而且与原料中碳氢化合物含量有关。碳氢化合物含量高，则废气中挥发性有机碳含量高，生成的二恶英也增加，与烧结返矿有关。在烧结过程中采用废气循环、改善料层条件（如加抑制剂）等都能降低二恶英的产生。向烧结料中加入少量尿素可以有效减少二恶英排放，至少减少 50%。

在欧洲二恶英是一项硬性控制指标，在冶金系统的主要监控点是烧结和电炉，如果达不到标准则必须立即停产。

对于炼钢工序，电炉是二恶英产生的重要部位。作为电炉冶炼原料的废钢，一般都含有油脂、油漆涂料、塑料等有机物，废钢预热和装入电炉都将会有 PCDD/Fs 生成；排放废气中 PCDFs 异构体较 PCDDs 多，且含 4 ~ 6 个氯原子的 PCDFs 和 PCDDs 占主导地位。其生成途径主要有三种方式：（1）前驱体合成：废钢在预热或在电炉内初期熔化过程中，其中的油脂、油漆涂料、塑料等有机物因受热而先生成“前驱体”类物质（如各类含氯苯系物），然后通过一系列氯化反应、缩合反应、氧化反应等可以生成 PCDD/Fs。（2）热分解合成：含有苯环结构的高分子化合物经加热发生分解而生成 PCDD/Fs，如芳香族物质（如甲苯等）和多氯联苯在高温下分解可大量生成 PCDD/Fs。（3）从头合成：含有大量可燃 CO 气体的温度在 1000℃以上的一次烟气、引入空气即可燃烧（在汽化冷却烟道内）；此时 PCDD/Fs 及其他有机物可以认为已经全部分解，在其后的烟气降温过程中可以从头合成 PCDD/Fs。氯源，一是废钢中可能含有含氯塑料（如 PVC 塑料）和含氯盐类及其他含氯杂质，如汽车废钢中就含有较高的氯化物和油类碳氢化合物；二是电炉电极表面有可能生成氯化有机物；三是炉衬等也可能为 PCDD/Fs 的生成提供了氯源。废钢中可能会含有微量的铜、镍、锌等有催化作用；再者，铁也具有催化作用。

日本二恶英排放情况见表 3-3。

表 3-3　日本二恶英排放情况

排　放	排放趋势/g-TEQ · a^{-1}		
	1997	1998	2000
（Ⅰ）空气中的排放			
城市固体废弃物焚烧	5000	1550	1019
工业燃烧	1500	1100	555
其他燃烧	369 ~ 625	370 ~ 625	353 ~ 370
工业来源			
电弧炉	228. 5	139. 9	131. 1
烧结厂	135. 0	113. 8	69. 8
有色金属工业	72. 5	48. 6	43. 1
其他来源	22. 8	22. 0	14. 7
废气	1. 6	1. 6	1. 6
（Ⅱ）废物中的排放	12. 7	12. 2	8. 5
总排放	7343 ~ 7597	3358 ~ 3612	2198 ~ 2218

日本、欧洲对钢铁厂的 SO_x、NO_x 的污染问题都已解决，当前的重点是减少 CO_2 的排放，控制粉尘中的 Pb、Zn 等重金属和烟气中二恶英的排放（$0.1ng/m^3$）。日本 2003 年的二恶英类排放量仅为 372 ~ 400g，比 1997 年减少了 95%。图 3-4 给出了日本 1997 ~ 2004 年二恶英类排放总量以及 2010 年的目标值。1997 年，日本的二恶英排放总量中有 7659g-WHO-TEQ 来自于废弃物焚烧，占各种二恶英来源的 94. 1%，由于采取了紧急措施，1998 年就降为 3809g-WHO-TEQ，比 1997 年降低了 50%。到了 2004 年，则降为 231g-WHO-TEQ，仅是 1997 年的 3%。来自于废弃物焚烧的二恶英排放占总排放的比例也降到了 63. 7%。这些成果的取得归功于最佳可行技术指南的推广以及强有力的财政支持。日本匀速推广了能有效抑制二恶英生成的气化-熔化废弃物焚烧技术，采用该技术的废弃物焚烧系统的比例从 1997 年的 10% 上升到 2003 年的 70%。日本的经验证明，在较短的时间内做

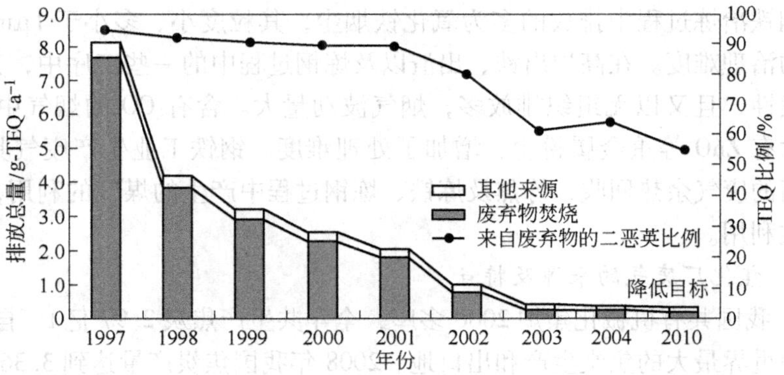

图 3-4 日本二恶英排放量的变化

到二恶英类减排是现实的。

由于二恶英分析费用昂贵，我国开展的环境样品调查的样本有限，尚不了解确切的污染状况。但仍可预计其在我国广泛存在，特别是在废物焚烧、氯碱生产、冶金、造纸、有机化工生产中。来自垃圾焚烧、化工副产品和冶金废弃物的二恶英的调查和统计数据还很少。根据国家环保总局的资料，国内吨钢厂50t 电炉废气中 PCDD/Fs 排放水平为0.0155～0.167ng-TEQ/m^3，平均值为0.084ng-TEQ/m^3。飞灰及废渣中 PCDD/Fs 含量为0.0075～0.063ng-TEQ/g，平均值为0.0344ng-TEQ/g，按烟尘排放质量浓度50mg/m^3 折算 PCDD/Fs 总排放浓度最大为0.17ng-TEQ/m^3，平均值为0.086ng-TEQ/m^3。国内 B 钢厂 100t 电炉 PCDD/Fs 排放水平为0.011～0.11ng-TEQ/m^3，平均值为0.060ng-TEQ/m^3。飞灰中 PCDD/Fs 含量为0.300～0.610ng-TEQ/g，按烟尘排放质量浓度50mg/m^3 折算 PCDD/Fs 总排放浓度最大为0.20ng-TEQ/m^3，平均值为0.090ng-TEQ/m^3。

为了保护人类健康和环境免受持久性有机污染物（POPs）的危害，2001 年 5 月 23 日包括我国政府在内的 92 个国家和区域经济一体化组织签署了《斯德哥尔摩公约》，对 12 种持久性污染物 POPs 给以限制或禁止生产和使用。在这 12 种持久性污染物里，前 9 种基本上都属于有机农药或者是杀虫剂，主要应用于农业生产等方面，这在我国应用也已很多年了；2004 年 6 月 25 日，第十届全国人大常委会决定批准我国加入《斯德哥尔摩公约》。公约于 2004 年 11 月 11 日对我国生效。我国已于 2006 年制订了履行《关于持久性有机污染物的斯德哥尔摩公约》国家实施计划草案。

3.2 钢铁冶炼过程中的尾气来源、特点与排放标准

3.2.1 钢铁工业废气的来源及特点

钢铁工业废气的主要来源：（1）原料、燃料的运输、装卸及加工等过程产生大量的含尘废气；（2）钢铁厂的各种窑炉在生产的过程中将产生大量的含尘及有害气体的废气；（3）生产工艺过程化学反应排放的废气，如冶炼、烧焦、化工产品和钢材酸洗过程中产生的废气。钢铁企业废气的排放量非常大，污染面广。年产 100 万 t 钢的钢厂，每小时要净化的烟气量（标态）为 $14.3\times10^6m^3$。烟气中的主要污染物是烟尘和 SO_2。冶金窑炉排放的废气温度高，一般 400～1000℃。转炉烟气高达 1400～1600℃，对设备有特殊要求，冷

却很重要。钢铁冶炼过程中排放的多为氧化铁烟尘，其粒度小、多小于1μm，吸附力强，加大了废气的治理难度。在高炉出铁、出渣以及炼钢过程中的一些工序中，其烟气的产生排放具有阵发性，且又以无组织排放多，烟气波动量大。含有 CO 的烟气中有毒，易燃，电炉烟气中含有 ZnO 等重金属粉尘，增加了处理难度。钢铁工业生产废气具有回收的价值，如温度高的废气余热回收，炼焦及炼铁、炼钢过程中产生的煤气的利用，以及含氧化铁粉尘的回收利用。

3.2.1.1 焦化厂废气的来源及特点

2006 年，我国共有机械化焦炉 2000 多座，全年共生产焦炭 2.97 亿 t。自 1993 年以来我国已经成为世界最大的焦炭生产和出口地。2008 年我国焦炭产量达到 3.36 亿 t，占世界总产量的 60%。近 10 年来，世界焦炭产能的增长主要在中国，世界焦炭市场的供应也主要来自中国。截至 2008 年，全国规模以上炼焦企业约 900 多家，焦炭生产能力约 3.8 亿 t 左右，行业、产业集中度低。在炼焦过程中，煤中约 30% ~35% 的硫转化成 H_2S 等硫化物，与 NH_3 和 HCN 等一起形成煤气中的杂质，焦炉煤气中 H_2S 的含量一般为 5 ~8g/m³，HCN 的含量为 1 ~2.5g/m³。空气中有 0.1% 的 H_2S 就能使人致死，所以焦化煤气的泄漏对环境危害极大。焦化生产过程中排入大气的环境污染物主要是煤在干馏、结焦等化学加工转化过程中流失于环境的有害物质，主要有烟尘、煤尘、飞灰；结焦过程中泄露的粗煤气，其中主要污染物为苯并芘等苯系物、酚、氰、硫氧化物、氯、碳氢化合物等多种污染物；空气与焦炉煤气燃烧生成的 SO_2、NO_x、CO_2 等；出焦时灼热的焦炭与空气骤然生成的 CO、CO_2、NO_2 等气体可见，炼焦生产具有排污环节多、强度大、种类繁杂、毒性大的特点。虽然 70% ~80% 的炼焦企业具备不同程度的污染控制设施，但由于投入大、运行费用高，企业负担重。一些技术和管理达不到环保要求的小型焦化厂已经对环境造成了恶劣影响。

3.2.1.2 烧结厂废气的来源及特点

烧结厂的生产工艺中，在如下的生产环境将产生废气：（1）烧结原料在装卸、破碎、筛分和储运的过程中将产生含尘废气；（2）在混合料系统中将产生水汽-粉尘的共生废气；（3）混合料在烧结时，将产生含有粉尘、烟气、SO_2 和 NO_x 的高温废气；（4）烧结矿在破碎、筛分、冷却、贮存和转运的过程中也将产生含尘废气。烧结厂产生废气的气量很大，含尘和含 SO_2 的浓度较高，所以对大气的污染较严重。近几年来，我国烧结行业得到了飞速发展，据最新统计数据，全国现有烧结机 500 多台（其中大型烧结机 200 ~495m² 27 台），烧结机总面积 53820m²，生产能力达 5.895 亿 t，平均单台烧结机面积 122m²。已成为世界烧结矿生产大国。烧结（球团）厂是钢铁企业的污染大户，主要的污染物有颗粒物（烟粉尘）、SO_2、NO_x、CO_2、CO、二恶英、氟化物、氯化物及重金属等。工业烟粉尘、SO_2 是烧结（球团）厂的主要污染物，烧结球团烟气产生的二氧化硫占钢铁企业排放总量 70% 以上，个别企业达 90% 左右（不含燃煤自备电厂产生的二氧化硫）。据统计，2008 年全国重点统计的钢铁企业二氧化硫排放量约 110 万 t，其中烧结二氧化硫排放量约 80 万 t。烧结（球团）厂产生的工业粉尘占钢铁工业总排放量的 25% 左右，烟尘占钢铁工业总排放量的 20% 左右，因此做好烧结（球团）厂的污染防治工作是钢铁企业整体污染防治工作的重点之一。《钢铁产业调整和振兴规划》（国发［2009］6 号）明确提出，未来 3 年内，钢铁行业要实施钢铁产业技术进步与技术改造专项，对烧结烟气脱硫等循环经济和节能减排工艺技术，给予重点支持，并对重点大中型钢铁企业节能减排提出了明确的指标要求。为落实《钢铁产业调整和振兴规划》，推动钢铁行业开展烟气脱硫，工业与信息产业部于2009年7月30日发布了《钢铁行业烧结烟气脱硫实施方案》，实施期限为2009~2011年。主要目标是在2009年5月底已形成烧结烟气脱硫能力8.2万t的基础上，2011年底前钢铁行业新增烧结烟气脱硫能力20万t（其中中央企业10万t）。2011年钢铁行业烧结烟气排放二氧化硫不超过64.5万t，重点大中型企业吨钢二氧化硫排放量小于1.8kg，满足《钢铁产业调整和振兴规划》提出的指标要求，烧结烟气二氧化硫污染初步得到治理。

3.2.1.3 炼铁厂废气的来源及特点

炼铁厂的废气主要来源于以下工艺环节：(1) 高炉原料、燃料及辅助原料的运输、筛分、转运过程中将产生粉尘；(2) 在高炉出铁时将产生一些有害废气，该废气主要包括粉尘、一氧化碳、二氧化硫和硫化氢等污染物；(3) 高炉煤气的放散以及铸铁机铁水浇注时产生含尘废气和石墨碳的废气。炼铁生产中废气污染物产生的场所和过程和控制措施见表3-4。

表3-4 炼铁生产废气污染物及控制措施

序号	废气种类	排放源	排放场所和过程	主要污染物	控制措施
1	运输装料废气	原料系统	原料经矿槽、皮带、振动筛、上料小车储运、装料	粉尘	多数采用收尘罩+布袋除尘器；少数采用收尘罩+静电除尘器；采用清洁燃料，如净化后的高炉煤气、转炉煤气、焦炉煤气、低硫煤粉作燃料
2	热风炉（加热炉）废气	送风系统	热风炉燃烧煤气、粉煤、石油、塑料等燃料	SO_2、NO_x、烟尘、二恶英、	
3	出铁废气	高炉出铁场	出铁场定期出铁时会排放出颗粒物	粉尘、SO_2、NO_x	铁渣沟加盖、各尘源点设收尘罩+布袋除尘器或电除尘器
4	渣处理废气	高炉渣处理系统	用水粒化高炉熔渣会产生蒸汽和 H_2S 与 SO_2 气体	H_2S、SO_2	排气筒直接排放
			用水热泼干渣会产生蒸汽和 H_2S 与 SO_2 气体。	H_2S、SO_2	无组织直接排放
5	高炉废气	高炉炉顶	高炉均压放散	CO、粉尘	旋风除尘器
			由于煤气回收系统管网不平衡，无法及时回收，高炉煤气点火放散	SO_2、NO_x、烟尘	采用重力除尘+两文一塔湿法除尘，提高高炉煤气回收利用率，减少高炉煤气点火放散
6	煤尘	煤粉制备及喷吹系统	煤粉制备及喷吹	过程中产生煤尘	粉尘

3.2.1.4 炼钢厂废气的来源及特点

炼钢厂废气主要来源于冶炼过程，特别是在吹氧冶炼期产生大量的废气。该废气中含尘浓度高，含CO等有毒气态物的浓度也很高。

转炉炼钢过程中，高炉铁水兑入、辅料加入、吹氧、出渣、出钢均有大量的含尘烟气产生，烟气中除烟尘之外还有CO等污染物。散状料上料系统有粉尘产生，LF、VD等精炼炉冶炼及铁水预处理过程均有含尘烟气产生。转炉炼钢废气污染特点是：(1) 吹炼时原始烟气中含尘质量浓度可高达100~150g/m³，烟尘粒度50%以上小于30μm；(2) 吹炼时原始烟气中CO高达90%、毒性大；(3) 原始烟气温度高达1400~1600℃，使废气净化更加复杂；(4) 高温烟气中的热能、CO以及烟尘中的铁（总铁高达60%~70%），均具有较高的回收综合利用价值。

电炉及精炼装置在加料、出钢、吹氧和冶炼过程中有大量含 CO、CO_2 的高温含尘烟气产生，烟气中还含有少量的氟化物（其成分为 CaF_2）及二恶英；原、辅料系统的上料等，也有含尘废气产生。其污染特点为：（1）烟气阵发性强、烟气量波动大；（2）电炉炼钢烟气散发点多、烟气收集难度大；（3）烟气温度高达1200～1500℃，增加了除尘系统设计的复杂性；（4）烟尘粒径细小，氧化期90%左右小于10μm、50%左右小于2μm，对布袋除尘器滤料要求高；（5）烟尘中的氧化铁含量高、有些电炉氧化期烟尘中氧化铁含量高达80%左右，具有较高的回收综合利用价值。电炉炉气中含有氧化锌及少量氧化铅、氧化镉、氯化物和氟化物，这些有毒的污染物将在炉尘中回收处理。

连铸结晶器加保护渣时有少量的烟尘产生，中间罐倾翻及修砌有粉尘产生，火焰清理机作业过程有含尘烟气生产。

3.2.2 钢铁厂废气排放标准

国家环保总局颁布的自2003年6月1日起实施的炼焦行业清洁生产标准（HJ/T126—2003）规定了焦化厂大气污染物排放限值，见表3-5。

表3-5　炼焦行业气污染物产生指标①

指　标		一级	二级	三级
颗粒物/$kg \cdot t^{-1}$	装　煤	≤0.5	≤0.8	—
	推　焦	≤0.5	≤1.2	—
苯并（a）芘/$g \cdot t^{-1}$	装　煤	≤1.0	≤1.5	—
	推　焦	≤0.018	≤0.040	
SO_2/$kg \cdot t^{-1}$	装　煤	≤0.01	≤0.02	—
	推　焦	≤0.01	≤0.015	—
	焦炉烟囱	≤0.035	≤0.105	
焦炉废气污染物无组织泄漏/$mg \cdot m^{-3}$	颗粒物	2.5		3.5
	苯并（a）芘	0.0025		0.0040
	BSO	0.6		0.8

①废气处理装置入口的废气量和污染物种类、单排量或浓度。

国家环保总局新近制定了《钢铁工业污染物排放标准》系列标准，其中《钢铁工业大气污染物排放标准》包括采选矿、烧结（球团）、炼铁、铁合金、炼钢和轧钢共6项标准。烧结（球团）和炼铁工序现有企业大气污染物排放限值见表3-6。现有企业自2008年7月1日起执行表规定的现有企业排放限值，现有企业自2010年7月1日起，新建企业自标准实施之日起执行新建企业排放限值。新建企业排放限值比现有企业排放限值更加严格，其中烧结（球团）排气的二恶英类限值为0.5ng-TEQ/m^3。炼钢工序的大气污染物排放标准主要规定了颗粒物的排放限值（mg/m^3），新建企业排放限值中规定了电弧炉排气的二恶英类限值为0.2ng-TEQ/m^3，现有企业排放限值对炼钢工序的二恶英类限值没有规定。

表 3-6 烧结（球团）和炼铁工序现有企业大气污染物排放限值

	污染源	污染物	最高允许排放浓度 /mg·m^{-3}	吨产品排放限值 /kg	污染物监控位置
烧结（球团）	烧结（球团）设备	颗粒物	90	0.50	除尘器排气筒出口
		二氧化硫	600	2.00	
		氮氧化物	500	1.40	
		氟化物	5	0.016	
		二噁英类	1.0ng-TEQ/m^3		
	其他生产设备	颗粒物	70	0.50	
炼 铁	热风炉	颗粒物	50	0.40	
		二氧化硫	250	0.10	
		氮氧化物(以 NO_2 计)	350	0.10	
	原料、煤粉系统	颗粒物	60	0.40	
	高炉出铁场	颗粒物	100	0.40	

德国管理钢铁公司的空气质量控制的主要文件是联邦排放物控制法机关与空气质量控制的补充技术说明（TA Luft）。这些文件 2002 年进行了修订，具体包括了从预防角度明确设立的总的及与工厂有关的排放限度、目标和将现存工厂升级到目前技术水平的时间限制。2002 年修订的 TA Luft 文件对空气的质量控制要求见表 3-7。

表 3-7 2002 年修订的 TA Luft 文件对空气的质量控制要求

项 目	单 位	排放标准	平均时间	影响与危害防护性质
苯	μg/m^3	5	年	人体健康
		0.5	年	
铅及其无机化合物	μg/(m^3·d)	100	年	有害环境影响
		40	年	
粉尘（PM10）	μg/m^3	50	24h	人体健康
		50	年	
SO_2	μg/m^3	125	24h	生态系统
		350	1h	
		20	年及冬季	
		40	年	
NO_2	μg/m^3	200	24h	人体健康
		30	年	植 物
粉尘沉积(无有害化合物)	μg/(m^3·d)	0.35	年	相当大的不利及损害
镉及其无机化合物	μg/(m^3·d)	2	年	有害环境影响
镍及其无机化合物	μg/(m^3·d)	15	年	
氢氟酸和无机气态氟化物	μg/m^3	0.4	年	相当大的不利

TA Luft 2002 年排放控制要求部分摘录见表 3-8。欧盟钢铁行业主要废气污染物排放值见表 3-9。

表 3-8 TA Luft 2002 年排放控制要求（部分摘录）

物质/物质种类/工厂	单 位	数 值	评 价
普 通 要 求			
总烟尘量	mg/m^3	20	>0.2kg/h
		150	<0.2kg/h

续表 3-8

物质/物质种类/工厂	单位	数值	评价
无机烟尘			
Ⅰ级：Hg，Ti，I	mg/m^3	0.05	适用于个别地区的排放物限度
Ⅱ级：Pb，Co，Ni	mg/m^3	0.5	Ⅰ级和Ⅱ级总量
Ⅲ级：Cr，CN，F，Mn	mg/m^3	1	Ⅰ级，Ⅱ级和Ⅲ级总量
无机气体			
Ⅱ级：F，H_2	mg/m^3	3	<15g/h；氟和气态氟化物如 HF
Ⅳ级：SO_2，NO_2	g/m^3	0.35	<1.8kg/h
		工厂特定的要求	
焦化厂			
未燃烧烟尘	mg/m^3	10	与 5% O_2 废气有关的排放值
未燃烧 NO_2	g/m^3	0.5	在最初测量要达到的要求；需要持久测量
$S_{燃料}$	g/m^3	0.80	燃烧气体中的硫浓度
推焦排放物	mg/m^3	5 或 5g/t	
湿法熄焦	g/t	10	
干法熄焦	mg/m^3	15	
烧结厂			颗粒排放物回收；烧结冷却器等与一般烟尘排放限度一致
铅	mg/m^3	1	
SO_2	g/m^3	0.50	
NO_2	g/m^3	0.40	
PCDF/PCDD	ng/m^3	0.4	为达到 0.1 的目标只要做的努力
高炉			颗粒排放物回收，惰性化，高炉煤气再利用
热风炉，烟尘	mg/m^3	10	与 3% O_2 废气有关的排放值
转炉炼钢厂，烟尘	mg/m^3		与一般烟尘排放限度一致；颗粒排放物回收，惰性化，如果可能，煤气再利用
电炉炼钢厂，烟尘	mg/m^3	5	最大值 $15mg/m^3$，颗粒排放物回收

表 3-9 欧盟钢铁行业主要废气污染物排放值

工序名称	污染物名称	排放量	排放浓度	工序名称	污染物名称	排放量	排放浓度
转炉	粉尘	15～80g/t		电炉	Cd	<1～72mg/t	
	Mn	<0.01～1.2g/t			Cu	<1～460mg/t	
	Pb	0.13～0.9g/t			HF	<700～4000mg/t	
	Cr	0.01～0.36g/t			HCl	800～9600mg/t	
	Cu	0.01～0.04g/t			SO_2	24～130g/t	
	NO_x	5～20g/t			NO_x	120～240g/t	
	CO	1500～7960g/t			CO	740～3900g/t	
	CO_2	11.2～140kg/t			TOC	16～130g/t	
	PAH	0.08～0.16mg/t			苯	170～4400mg/t	
	PCDD/F	<0.001～0.06μg I-TEQ/t			氯苯	3～37mg/t	
电炉	粉尘	1～780g/t			PAH	3.7～71mg/t	
	Hg	6～4470mg/t			PCB	1.5～45mg/t	
	Pb	16～3600mg/t			PCDD/F	0.07～9μg I-TEQ/t	
	Cr	8～2500mg/t		火焰清理	粉尘	1～80g/t	5～115mg/m^3
	Ni	1～1400mg/t			NO_x		35mg/m^3
	Zn	280～45600mg/t			CO		60mg/m^3

3.3 烟尘控制技术

3.3.1 除尘技术简介

就冶金工业当前实际情况来说，烟尘占污染大气污染物的首位，它量大面广，几乎在所有的生产工艺中都有产生；其次是硫氧化物，在含硫矿的冶炼过程中，在以煤、重油为燃料的燃料燃烧过程中，也多有产生。

据国外对钢铁工业排放的灰尘量进行分析认为：物料运输占30.9%；炼钢占25.3%；炼焦占16.7%；烧结占12.9%；其他占14.2%。

烟尘一般指燃烧排放的颗粒物，一般情况下含有未燃烧的炭粒，冶金炉排放的烟尘其粒度大部分均在1μm以下。废气量大、粒度细、温度高、成分复杂等因素给烟尘控制技术带来很大困难。固体物质经破碎、分级、研磨等机械过程而形成的固体粒子称为“粉尘”。粉尘也指风动力带起来的颗粒物。环境监测时用滤膜收集的总悬浮颗粒物的英文简写TSP(mg/m^3)表达空气中的粉尘、烟尘量。空气动力学粒径等于或小于10μm的颗粒物，环境监测上用PM10(mg/m^3)表征，由于颗粒细小，其在环境空气的习性，与其他气态污染物基本一致，易于滞留于人体之中，危害性大。空气质量预测中，烟尘或粉尘要给出粒径分布，当粒径大于10μm时，要考虑沉降；小于10μm时，与其他气态污染物一样，不考虑沉降。所有烟尘、粉尘联合测定，结果用TSP表达，仅对小于10μm的烟尘、粉尘测定时，结果表达为PM10。烟尘的化学成分随工艺过程、原料、燃料等的不同而不同。

100μm以上的粒子用于重力作用能很快沉降。10μm以上粒子易于分离，2~10μm的粒子可以用性能较好的除尘设备予以捕集。小于2μm以下的粒子则较难处理。

含尘烟气在排入大气必须设置除尘设置予以净化处理。除尘装置由烟罩、管道、除尘设备、风机、排尘设备等组成。除尘装置的附属设备如阀门和控制仪表往往是除尘效果好坏的关键。下面就除尘设备作一介绍。

从含尘气体中将粉尘分离出来的设备称为除尘设备或除尘器，利用各种除尘机理以及各除尘机理彼此间的不同组合，可以研制出品种繁多的除尘设备。冶金工业中常用的除尘设备有袋滤器、电除尘器、文氏管除尘器、旋风除尘器。前三种是冶金工业常用的高性能设备，最后一种设备通常用于那些尘粒较粗要求较低的场合。

3.3.1.1 袋式除尘器

袋式除尘器依靠织物（滤料）和灰尘层起过滤作用使气、固分离，灰尘层越厚，对气流的阻力越大，因此要周期性地从滤料上消除积灰，使阻力保持在一定范围内，清灰方法是命名这类除尘器的重要特征之一。

A 除尘机理

当尘粒直径大于滤料的纤维孔或大于沉积的灰尘层中间的空隙时，粒子就被筛滤下来，因此过滤初期筛滤作用很小。但当滤布上形成灰尘层后，筛滤作用就显著增大。

当含尘气流接近滤料纤维时，气流绕过纤维，大于1μm的尘粒由于惯性作用，保持原运动方向而碰撞到纤维上，从而被捕获，此即所谓惯性作用（或碰撞作用）。

有的尘粒和滤料还可能带有电荷，当两者所带电荷是异性时，则粉尘吸附于滤料上，从而提高了效率，但清灰不易。反之，所带电荷为同性时、则粉尘受到滤料的排斥，导致效率降低，但此时易于清灰。

尘粒在这些机理（当然还有扩散作用）的综合作用下被捕获，达到了气-固分离的目的。

为了强化袋式除尘器的除尘作用，在滤袋前使含尘气流荷电，预先捕集一部分粉尘，另一部分荷电粉尘沉积到滤布上，可以提高捕集效率。

B 袋式除尘器的种类和滤料

袋式除尘器的种类很多，按结构形式分，有圆筒形滤袋和扁袋两种。圆筒形滤袋目前应用较为广泛。袋径一般为120～130mm，最大不超过600mm，滤带长度与直径之比，常用的是16～20，最大为30。这与清灰方式有关。

近来扁袋在生产上也有使用，其最大的特点是单位容积内布置的滤料过滤面积大。

按气流通过过滤袋的方向分，有内滤和外滤两种，内滤指含尘气流先进入袋内，灰尘在滤袋内表面，外滤则流动方向相反。袋式除尘器的结构形式如图3-5所示。

按进气口的位置由上进气和下进气两种。采用下进气，气流稳定，滤袋易于安装，但气流运动方向与灰尘下落方向相反，清灰时会使细灰尘重新附积于滤袋表面，从而降低清灰效果。上进风可以避免上述缺点，但进气分配室要安装在壳体上部，增加设备高度，滤袋安装也较为复杂。

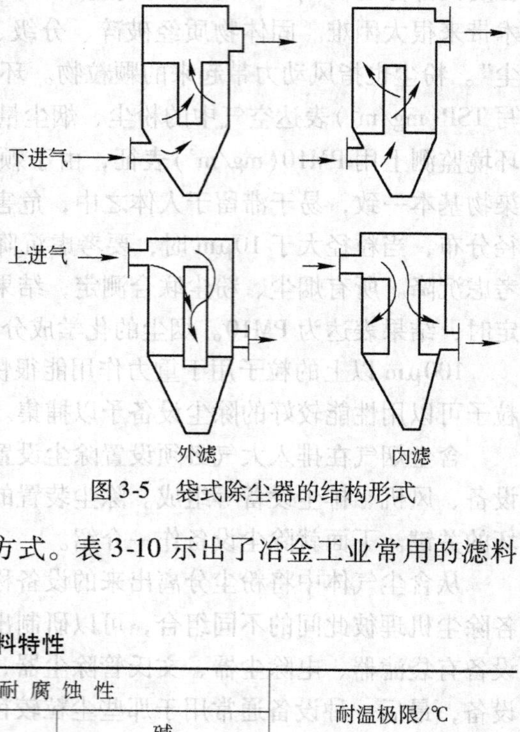

图3-5 袋式除尘器的结构形式

滤料在袋式除尘器中起主要过滤作用，天然纤维、无机纤维和合成纤维均可选作除尘滤料。选用何种滤料取决于气体和灰尘以及清灰方式。表3-10示出了冶金工业常用的滤料特性。

表3-10 滤料特性

类别	品名	耐腐蚀性		耐温极限/℃
		酸	碱	
天然纤维	棉织品	差	良	<80
	呢料	良	差	<90
	柞蚕丝布			<90
无机纤维	玻璃纤维布	良	良	<250
	尼龙类	冷：良 热：差	良	<80
	涤纶类	良	良	<130

C 袋式除尘器的清灰方式

滤袋在使用一段时间后，滤料上粘有灰尘层，必须除去才能继续过滤。清灰方式有如下几种，如图3-6所示。

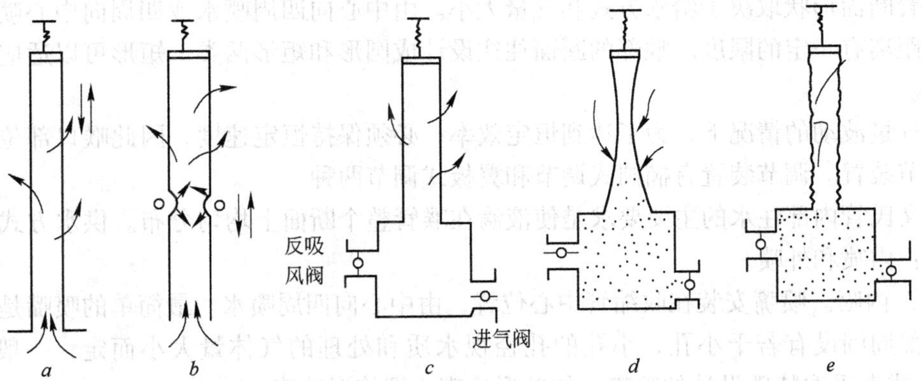

图3-6 袋式除尘器清灰方式示意图

(1) 机械式清灰，如图3-6*a*所示，利用机械的方法使滤袋振动，使沉积的灰尘坍落。这种方式使滤袋损伤较大。

(2) 气环反吹，如图3-6*b*所示，利用环状喷吹的环圈套在滤袋外部，一边用9.8～19.6kPa的压缩空气反向喷入袋内，一边上下移动，这种方法不必停止过滤气流，能够充分利用全部过滤面积。

(3) 反吸风清灰，如图3-6*c*～*e*所示，*c*为正常过滤过程，反吹风阀关闭，进气阀打开。当需清灰时，进气阀关闭，反吸风阀打开，如*d*状态。清灰时间短，约1～2s。在负压作用下滤袋变形，使灰尘层坍落。然后两阀均关闭，如*e*状态，滤袋恢复原状后，再重复*c*的状态。这种方式构造简单，清灰效果好，对滤袋损伤少。

(4) 脉冲清灰含尘的气体由滤袋外部流向内（外滤法），经某一时间间隔后，通过设置于滤袋上部的喷嘴，间断地瞬时地送入3～6kg/cm^{2}的压缩空气，反向吹出，达到清除滤料上灰尘的目的。

3.3.1.2 湿式除尘器

湿式除尘器的除尘过程是使含尘气体与液体（通常为水），通过碰撞、扩散等作用，使污染物从气流中分离出来。湿式除尘器的种类很多，冶金工业常用的而且能够捕集微粒的有文氏管除尘器。

A 文氏管除尘器的工作原理

文氏管除尘器由收缩管、喉管、扩散管以及液滴捕集器构成。含尘气体由进气管进入收缩管后，流速逐渐增大，气流的压能逐步转变成动能；进入喉管时，速度达最高值，压力下降到最低值；在扩散管中，流速减小，压力上升。

加水的位置，可以在收缩段上，也可以在喉管处。在收缩管和喉管处气液两相的相对速度很大，由喷嘴喷出的液体在高速气流作用下，雾化成细的雾滴，达到了气液密切接触的目的。气液接触过程中，发生着激烈的碰撞、凝聚作用，含尘液滴随后在文氏管出口处的液滴分离器中除去，最后完成了除尘过程。

B 文氏管的结构

文氏管的几何尺寸，主要包括喉管、收缩管和扩散管的长度、直径及其收缩和扩散的角度。收缩管的角度取23°～25°，扩散角取6°～8°，收缩管入口气速度取16～22m/s，扩散管出口速度取18～22m/s，角度和气速确定之后，即可确定收缩管和扩散管的长度。

喉管断面形状取决于给水方式和气量大小。由中心向四周喷水或四周向中心喷水，喷管喷水距离有一定的限度。喉部的断面往往设计成圆形和矩形两类。矩形可以适应大气量的要求。

在气量波动的情况下，为了达到恒定效率，必须保持恒定速度，因此喉口部位要设置气量调节装置。调节装置有椭圆式调节和翼板式调节两种。

向文氏管内部注水的主要要求是使液滴在喉管整个断面上均匀分布。供水方式大体上有两种：内喷和外喷。

（1）内喷。喷嘴安装在收缩管中心位置，由中心向四周喷水。最简单的喷嘴是靠近供水管底部周围设有若干小孔，小孔的孔径视水质和处理的气体量大小而定，一般取 8 ~ 12mm。或者采取特殊设计的喷嘴，如碗形喷嘴、螺旋形喷嘴。

喷嘴的选择和设计计算是个复杂的工作，表示喷嘴性能的主要因素有水量、水滴直径、喷射角、水滴均匀分布程度和水锥射程等，必须正确地进行选择。

（2）外喷。喷嘴装在收缩管的四周，由四周向中心喷水。利用反射板可使水在向气流中喷射以前预雾化，溅出的水易于在喉部全断面分布。

在文氏管中只完成了液滴雾化和液滴与尘粒碰撞而捕集的过程；而除尘的最后过程——液滴分离则是通过在文氏管出口处设置液滴分离器来实现的。目前使用的液滴分离器有重力式、撞击式和离心式三种。

3.3.1.3　电除尘器

电除尘器是利用高压直流电源产生的不均匀电场，使气体电离和尘粒带电而实现气-固分离的一种高效率的除尘设备。

A　电除尘器的工作原理

电除尘器的除尘过程，大体可分为以下 4 个过程，如图 3-7 所示。

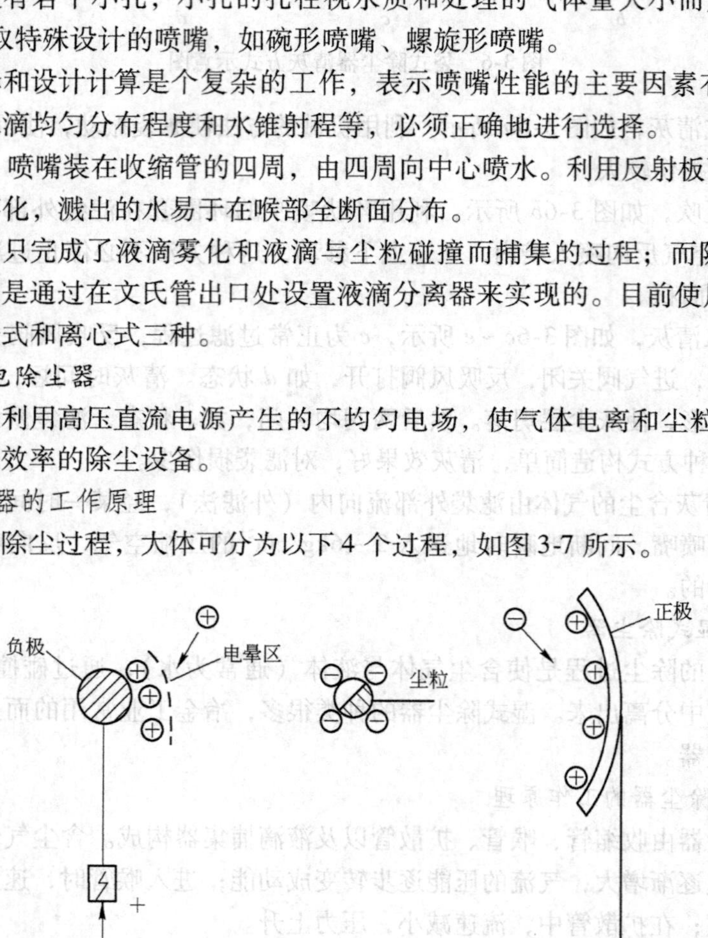

图 3-7　电除尘原理示意图

（1）气体电离。在放电极（负极、电晕电极）与集尘电极（正极）之间加上直流电压，在放电电极的周围形成强电场，并发生电晕放电，于是气体发生了电离，生成大量负离子和正离子。

（2）尘粒荷电。在放电电极附近的电晕区内正离子被电极表面吸引而失去电荷，自由电子和负离子因受电场力的作用向集尘电极移动，在两个电极中间都分布着自由电子和负离子。含尘气流通过这部分空间时，尘粒与自由电子和负离子碰撞而结合在一起。这样尘粒就带电了。

（3）尘粒沉积。在电场力的作用下，荷电粉尘向集尘电极移动，放出所带电荷而沉积在电极上面。

（4）清灰。沉积在集尘板上的尘粒达到一定厚度后，要用振打的方法除去积尘（干法），或连续用水冲洗积尘（湿法）。放电电极上也会沉淀一定量尘粒，也可用干法或湿法清除。

B 电除尘器的结构

极板、极线是构成电除尘器的基本构件，此外还有气流分布板、供电装置等。

（1）极线和极板。对电晕极的一般要求是：1）单位长度的电晕电流大；2）机械强度高；3）易于清灰；4）放电性能好。常用的极线现状如图 3-8 所示。

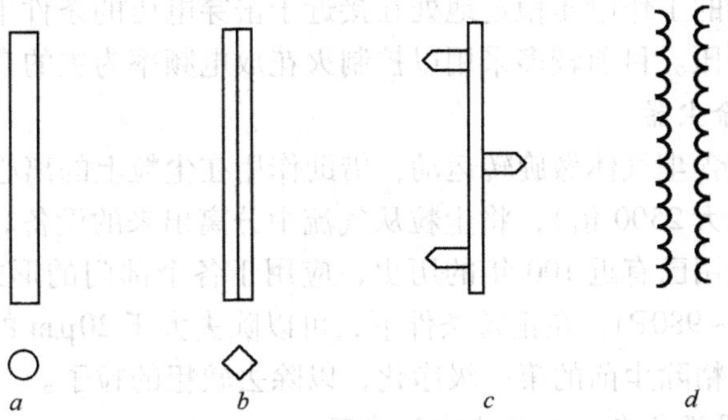

图 3-8 电晕极类型

圆形电极的放电强度与直径成反比，即直径愈小，放电强度愈高，如图 3-8*a* 考虑到悬吊方式（下部常吊挂 2~5kg 的重锤）和振打可能受到的损伤，电极不能太细，一般用直径为 1.5~2.5mm 的镍铬丝。

星形电极（边长为 4×4mm）如图 3-8*b* 所示，比较耐用。

芒刺型电极的结构形式有多种，如图 3-8*c*，*d* 所示，其电晕电流通常比星形要高一倍，目前应用较多。

（2）集尘电极的形式。对集尘极的一般要求是：1）振动性能好；2）性状简单，制造容易；3）二次扬尘少；4）高温下热稳定性好；5）机械强度高；6）电晕性能好等。常用的板形如图 3-9 所示。

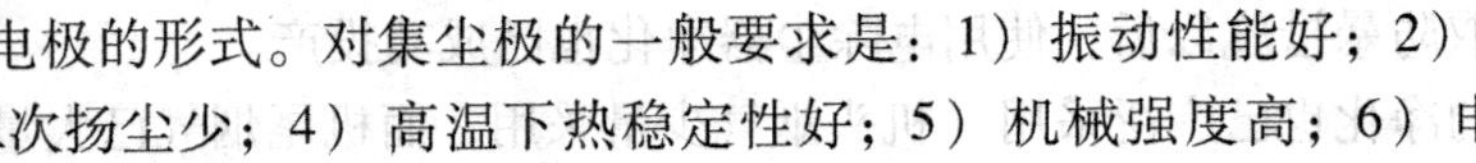

图 3-9 集尘极类型（板形截面）

平板电极构造简单，易于清灰。缺点是粒子易重返气流，为避免变形，要用较厚材料。为解决二次扬尘问题，已研制出各种不同的极板。C 形板、Z 形板、CS 形板构造和性能相差不多，以相同加速度振打时，在全高上加速分布比较均匀。它们共同特点是在板的侧面皆冲压有沟槽，以提高板的刚度。

平板电极用 1.2～2mm 厚的钢板冷压成型制成，高度一般为 2～10m。每块板的宽度与电晕线相对应。一块板对应一根线时，板宽取 180～220mm，若对应两根电晕线，则板宽为 380～400mm。

（3）气流分布。为了保证电除尘器入口气流均匀分布，应采用导流叶片或气流分布板。这种分布板通常是在钢板平面上冲出许多直径为 25～50mm 的小孔，小孔面积为分布板总面积的 25%～50%。有时安装两块分布板以加强气流的均匀度。分布板除圆孔形外，还有方孔形、百叶形。大型设备在设计前要进行模型试验，以寻求合理的气流分布装置。

（4）供电装置。供电装置主要包括三部分：升压变压器、整流器和控制装置。升压器将交流电压变为电除尘器所要求的高压电，通常为 60～70kV。整流器将高压交流电变为高压直流电。目前硅整流器已得到迅速发展。施加在电晕极上的电压要维持在最高值，以达到最高的电场强度，从而获得最高的除尘效率。这就要求安装准确，气流及含尘量稳定，才能使电除尘器的工作电压稳定地处在接近于击穿电压的条件下。但是实际上不可能如此，这就要自动调压。目前较多采用以控制火花放电频率为主的自动调压方式。

3.3.1.4　旋风除尘器

旋风除尘器是使含尘气体做旋转运动，借助作用在尘粒上的离心力（高阻力旋风除尘器的离心力要比重力大 2500 倍），将尘粒从气流中分离出来的设备。

旋风除尘器的应用已有近 100 年的历史，应用于各个部门的形式估计可达百种以上。压力损失一般为 490～980Pa，在正常条件下，可以除去大于 20μm 的粒子。通常应用在要求不高的场合和作为精除尘前的第一级净化，以除去较粗的粒子。

3.3.1.5　除尘器设备在冶金工业中的应用

A　离心式除尘设备

在所有控制装置中它是最古老、最便宜并且目前还在继续研究和大量应用的一种装置。通常用于尘粒较粗和要求较低的场合，一般作为预净化之用。虽然经过不断改进也仅能除去大颗粒（15μm 以上可除去 95%），对于 3μm 的微粒其效率降至 50% 以下。

B　电除尘器

电除尘器的除尘效率高、动力消耗少，适用于高温烟气净化（可达 400℃）。在 20 世纪 50 年代初才开始用于钢铁工业。对于含有可燃气体（一氧化碳）成分为 20%～40% 的转炉烟气，采取防暴措施以后，使用电除尘器净化也已成功投产。

烧结烟气的净化也已广泛采用（机头烟气少量采用，而机尾烟气已大量使用）电除尘器。日本在 1977 年就成功开发了移动电极式电除尘机，如图 3-10 所示。

C　滤料器

有色冶金工业采用滤袋器已经有 100 年的历史。耐高温滤料出现后，滤料器应用范围得到进一步的发展。玻璃纤维是一种主要耐高温滤料，针刺毛毡是滤料的一种新品种。钢铁工业二次烟气的净化也大多采用大型滤料器。但是更换滤料的操作条件十分恶劣，给维修工作带来很大的麻烦。今后必须妥善解决更换滤料和检查破损滤袋的简易方法。

D　湿式除尘器

湿式除尘器是将粉尘对大气的污染转为水的污染，因此人们一般不乐意使用。文氏管除尘器，尽管动力消耗大，但结构简单，布置紧凑，能除去微尘，有 90% 以上的氧气转炉已采用文氏管净化烟气。高炉煤气、封闭型铁合金电炉几乎全部采用湿法除尘。

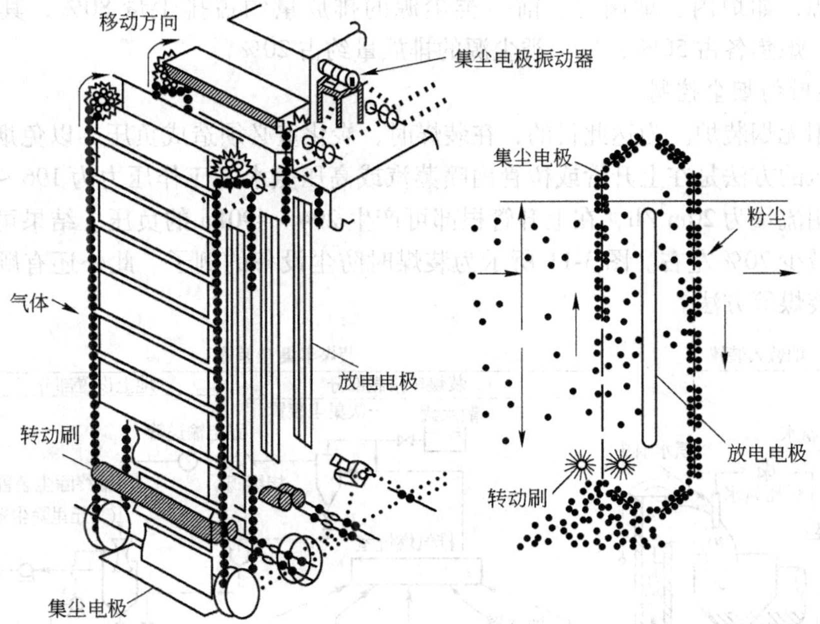

图 3-10 移动电极式电除尘机示意图
[T. Kitamura, T. Yamamoto, K. Fujimoto and M. Noda: Tetsu-to-Hagané, 63 (1977), S31.]

3.3.2 粉尘、烟尘控制的工程实践

冶金工业生产中，几乎所有工艺过程和环节都有粉尘发生，其中以冶炼烟气污染最为严重。各工艺过程和环节粉尘的发生和防止对策见表 3-11。本节将说明炼铁、烧结、焦炉、炼钢电炉的烟尘控制。

表 3-11 钢铁业的粉尘、烟尘对策

工程/工艺	粉尘发生场所	防止对策
原料装卸	船内舱门，装卸料斗	洒水
原料厂	堆积场，堆矿机，轮式装载机	洒水，表面固化剂
原料处理	破碎、筛分、传送带、传送带连接料仓	集尘、传送带加盖
焦 炉	煤炭粉碎机、混煤机、原煤仓、	集尘、无烟装入
石灰窑	排气、传送带、料仓	集尘
烧结机	主排气、冷却排气、传送带、料仓、破碎机、筛分机	集尘
高 炉	贮矿槽、出铁场、炉顶	集尘、厂房集尘
转 炉	炉口、炉周（铁水罐、钢包、辅助原料等）	集尘、厂房集尘
电 炉	炉顶、炉周	集尘、厂房集尘
轧 钢	轧制	集尘

3.3.2.1 焦炉的烟气控制

焦炉烟气污染源大体上分为两类：一类是阵发性尘源，如装煤、推焦、熄焦等；一类是连续性尘源，如炉内、烟囱等。前一类尘源的排放量约占排尘量 80%，其中装煤占 60%，推焦、熄焦各占 50%；后一类尘源的排放量约占 20%。

A　装煤时的烟尘控制

通常采用无烟装炉。为达此目的，在装煤时，炭化室必须造成负压，以免烟气冲出炉外。产生负压的方法是在上升管或桥管内喷蒸汽或高压氨水（工作压力为 196～245kPa），双集气管使用流量为 $20m^3/h$，在上升管根部可产生 294～490Pa 的负压。结果可使炉顶上空气含尘量减少 70% 左右。图 3-11 所示为装煤时防尘设备的例子。此外还有顺序装煤和煤预热管道装煤等方法。

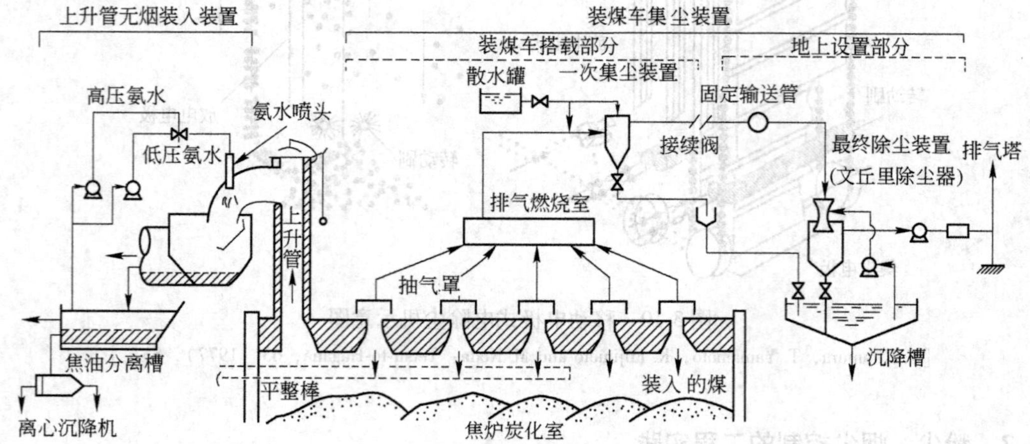

图 3-11　焦炉装煤防尘设备示例

B　推焦时的烟尘控制

推焦操作是短暂的，大约持续 90～120s（推焦用 40～60s，熄焦车到熄焦站约 50～60s）。排放物中的固体粒子主要由焦炭粉、未焦化的煤和飞灰组成。每吨推焦的排放物约为 0.3～0.4kg，还含有一定量的焦油和碳氢冷凝物。推焦时烟尘控制系统的组成基本上有三个主要部分：

（1）集烟罩，用以收集从导焦车和熄焦车上部排出的烟气。

（2）烟气管道，将收集到的烟气输送到固定的除尘器中去。

（3）除尘器，以往通常采用湿式洗涤器或沉淀器，缺点是投资和操作费用都很大。近年来也有采用袋式除尘器的，这是较好和较有效的解决方法。

使用袋式除尘器时，由于气流中可能含有较高浓度的焦油和碳氢化合物，有必要采用预覆盖粉料，石灰石粉（有 70% 小于 100 号筛孔）是成本低而又易于获得的粉料。

C　熄焦时的烟尘控制

湿熄焦时水淋到炽热的焦炭上，将产生大量蒸汽，蒸汽又带出若干焦粉。排出的水雾中所含的杂质使周围的构筑物受到腐蚀。为此在熄焦塔顶部设有百叶板式除雾器，可减少焦尘和排放的雾滴。

从推焦和熄焦这两个过程来看，还是采用干熄焦有利于保护环境。

干熄焦的主要原理，就是通过惰性气体（氮气）在密闭系统内循环流动，带走炽热焦炭的显热使之冷却，再由废热锅炉回收提高了温度的惰性气体的热量。

炽热焦炭在冷却室内经过大约2.5h的冷却，温度降至250℃以下即可运出。惰性气体与焦炭逆向流动，加热到800℃经除尘后送入废热锅炉，放出热量，回收蒸汽。气体出锅炉时降至200℃再经进一步除尘，继续返回用于熄焦。

采用先进的生产工艺与装备是实现清洁生产的重要途径。生产工艺与装备水平的高低决定了产生废物的数量、种类和对环境影响的大小。对于炼焦行业来说，采用大容量、机械化自动化程度高、密闭隔热措施好的焦炉，均可从源头预防污染或杜绝污染物的产生和排放。采用干法熄焦工艺不仅可以节约水资源，消除对环境空气的污染，还可回收热量，节约能源；煤气净化系统采用横管式煤气初冷器、变频调速煤气鼓风机、粗苯管式炉、高效脱硫及脱硫液再生使用、氨分解炉等装备，可节约资源、能源，提高效率，减少废物产生。同时清洁生产在重视源头、工艺过程削减的同时，也不能忽视污染物产生后的处理。

国内某钢厂引进的干熄焦装置，设计每吨焦可回收压力为4580kPa的蒸汽420~450kg。每年可回收14.2万t标准煤。干熄焦生产的蒸汽用于发电，供全厂使用。

D 烧结厂的烟尘控制

烧结厂是钢铁工业主要烟尘污染源之一。烟尘主要发生在：烧结机排放的烟气中，烧结机尾部卸料及其破碎、筛分、给料机以及冷却机的废气中。

（1）机头烟气除尘。为保护烧结风机受磨损以及环境保护的要求，烧结机机头通常设有除尘装置。最简单的是机械式（旋风或多管旋风）除尘器，但排出的气体中含尘浓度仍然很高，不能满足环境要求。所以往往又在机械式除尘器后再加一级干式静电除尘器，当碱度（$w_{(CaO+MgO)}/w_{(SiO_2+Al_2O_3)}$）小于1.3时，出口含尘量可保持在50~200mg/m^{3}以下。烟气中粒子的电阻率较高时，较难除去。

（2）机尾污染控制。机尾污染源包括破碎机、给料机、皮带转运点、振动机、筛分机和冷却器，总共可能有100多个抽风点。净化设备多选用电除尘器或滤袋器。管道设计要求采取防磨措施。

我国在1985年以前的烧结厂，无论是主排气还是环境除尘，除个别厂外，几乎都是采用多管除尘器或旋风除尘器，除尘效率不高，环境保护很差。1989年9月以后，这批改扩建的大中型烧结机主排气除个别厂采用多管除尘器外，几乎都采用高效干式电除尘器，而环境除尘都采用高效布袋除尘器和干式电除尘器，除尘效率达99%以上，使环境保护大为改观，能满足国家对排放标准的要求。此外，钢铁厂的粉尘、泥渣也得到了大量利用，减少了对环境的污染。很多厂采用了进口低硫粉矿，主排气单位体积的SO_2量也降低了。

E 炼铁厂的烟尘控制

国外大型高炉出铁场，一般都设有一次和二次除尘系统。一次除尘系统的范围包括主沟、铁沟、撇渣器、倾动流嘴、泥炮口、渣铁沟修理场等处，在出铁散发出来的烟气占出铁场散发的总烟气的85%。二次除尘系统的范围包括开、堵铁口时突然喷出的烟气，占出铁场散发的烟气量的15%。高炉全系统除尘示例如图3-12所示。

为解决大型高炉炼铁除尘使之达到规定的排放标准，要消耗大量能量与投资。以宝钢的4063m^{3}高炉为例，除尘设备总重量为4672t，除尘耗电量近6000kW。仅用于出铁场的一次和二次除尘的除尘设备总重约为3260t，耗电量为3775kW。

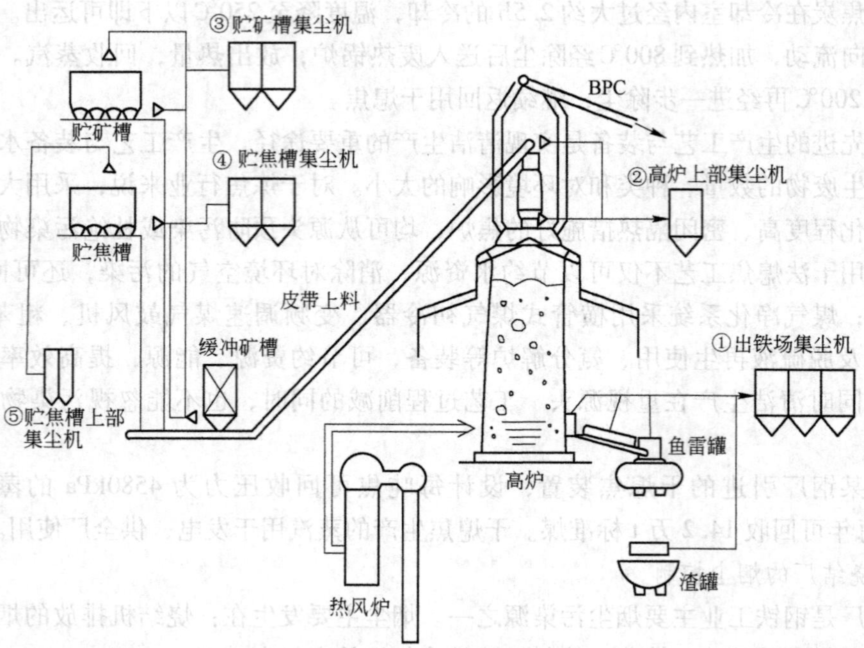

装　置	形　式	气体流量 /$m^3 \cdot min^{-1}$	粉尘质量浓度/$g \cdot cm^{-3}$	
			入　口	出　口
①出铁场集尘机	袋式过滤器	13000×2	4	0.01
②高炉上部集尘机	湿式除尘器	930	5	0.10
③贮矿槽集尘机	袋式过滤器	4800	3	0.01
④贮焦槽集尘机	袋式过滤器	1400	15	0.01
⑤贮焦槽上部集尘机	袋式过滤器	600	12～15	0.02

图 3-12　高炉全系统除尘示例

近年来，莱芜钢铁集团在国内率先开发并将高炉煤气全干法除尘工艺技术应用于大中型高炉，开发了适合大中型高炉的煤气升、降温控制工艺，高炉煤气冷热交换器，氮气脉冲反吹装置等关键设备和技术。莱钢的实践证明，高炉采用全干法除尘技术后，不用水洗和冷却，每吨节约循环水 7～9m^3，其中节约新水 0.2m^3，并省掉了湿法除尘所需要的建设大型水洗塔和沉淀池等投资及所占空间，同时杜绝了大量有毒污水、污泥的产生。干法除尘比湿法节电 60%～70%，配以 TRT 余压发电设备后，每吨铁发电量比湿法提高 30%，并能够把高达 140dB 的噪声降低到 85dB 以下，有效减少了环境噪声污染。

F　转炉除尘系统

图 3-13 是转炉工艺的除尘系统示例。转炉吹炼时产生的粉尘是转炉工序粉尘控制的主要对象。一般采用三次除尘系统。一次除尘是转炉煤气回收系统，二次除尘是转炉周边除尘，三次除尘是转炉厂房排气除尘。

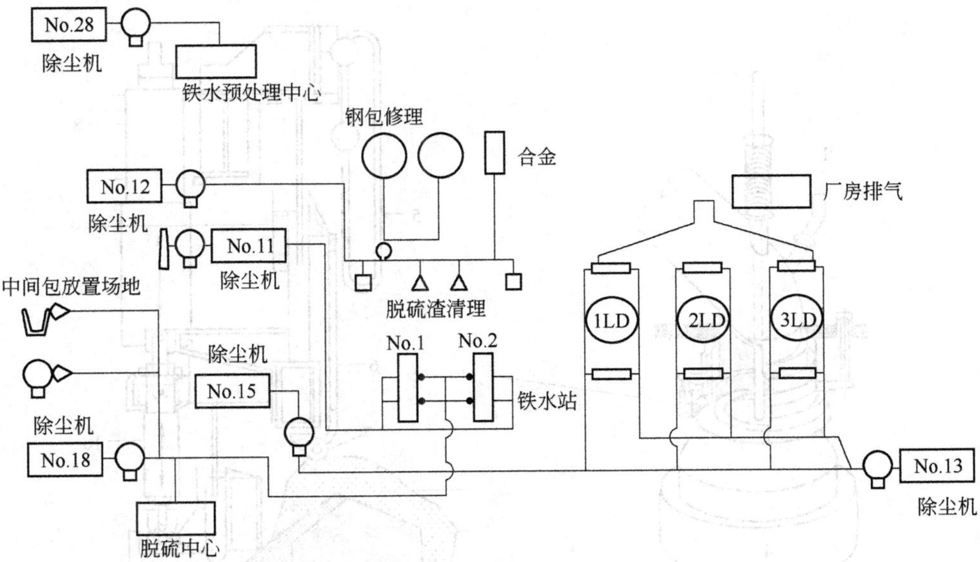

设　备	气体容积/m^3	粉尘吸附量(标态)/$g \cdot m^{-3}$		形　式
		吸　气	排　气	
No. 13	7500	2	0.03	袋式除尘器
No. 15	7500	2	0.03	
No. 11	1800	20	0.10	
No. 18	7500	15	0.01	
No. 12	4000	2	0.03	
厂房排气	14200×2	0.4	0.03	湿式除尘机
No. 28	7700	5	0.01	袋式除尘器

图 3-13　转炉系统除尘示例

吹炼时的粉尘由转炉煤气回收设备（OG 装置）进行处理。OG 系统是将转炉吹炼时产生的气体在未燃烧状态回收作为燃料再利用的系统。该系统在世界钢铁界普遍采用。由于炉渣或钢水的喷溅以及炉口黏附的渣、铁壳的存在，通常转炉炉口和 OG 系统是不能实现密封连接的。日本新日铁开发了 OG 烟罩和转炉炉口的密封装置、新的气体压力控制系统、炉口喷溅预测和抑制系统以及路口黏附的渣、铁壳除去装置，实现了转炉炉口和 OG 系统密封连接。图 3-14 是转炉炉口和 OG 烟罩双密封结构示意图，采用了内外双重的水冷密封罩。该装置通过感知气体压力来调节气体流量，用光导纤维监视炉内状况预测喷溅，通过向转炉内喷焦粉对喷溅进行抑制。采用该套系统使钢的收得率提高 0.4%，转炉煤气回收率提高 11%。

G　炼钢电炉的烟尘控制

（1）电炉烟气。电炉烟气在电炉的熔化期、出钢和炉外精炼时产生。用氧吹炼时，烟气最大含尘质量浓度达 10～20g/m^3（标准）。冶炼高碳钢时，每吨产品的烟尘量约为 2～19kg，冶炼特殊钢和不锈钢时稍低一些。因为烟气和烟尘发生量，随着炉子的操作阶段和装入原料不同而有很大差异。烟气温度高达 1200℃以上，并含有一氧化碳和氢气等可燃气

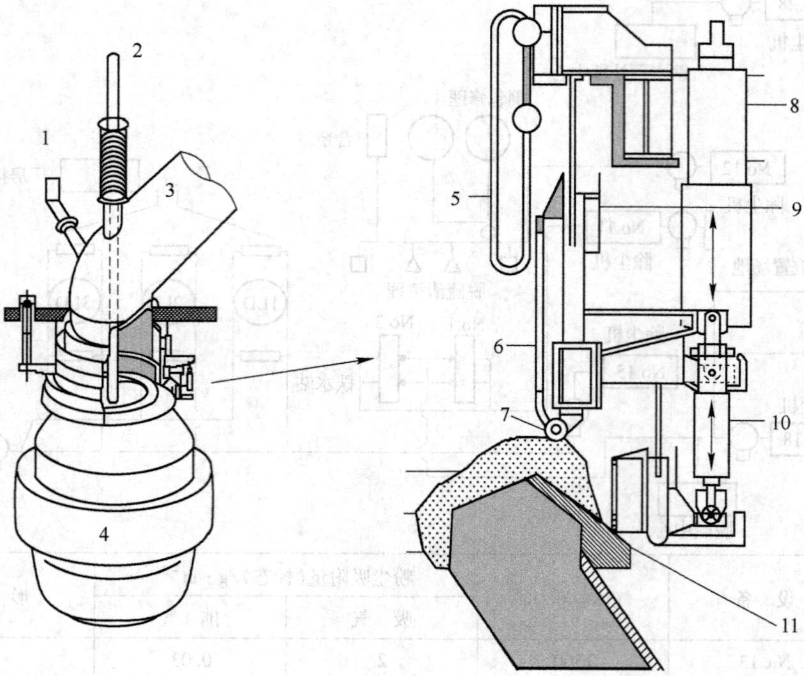

图 3-14　转炉炉口和 OG 烟罩双密封结构示意图

1—熔剂溜槽；2—氧枪；3—烟罩；4—转炉；5—烟罩底边；6—烟罩套筒；7—内封环；8—烟罩升降液压缸；9—烟罩密封；10—外封升降液压缸；11—外封

体，加之烟尘粒度很细，所以，电炉炼钢车间的除尘一向是比较困难的。

（2）电炉烟气的控制方式根据多年来的实践，控制电炉烟气的方式有：局部排烟法，即在出渣口、出钢口、炉门等上方设局部排烟罩；直接抽烟法（或称第四孔排烟、屋顶排烟），即在炉盖上开第四孔直接抽吸炉内烟气；屋顶排烟法，可以将炉内发生的烟气以及出钢、出渣时发生的烟气通过屋顶烟罩排出；大密闭罩，即在整个电炉外部建造一个密闭罩，并从中引出烟气。装料、出钢以及其他操作是通过罩子上开的门和罩顶上可动的顶盖来完成的，可大大减少污染控制装置成本并能减轻噪声污染。

上述各种方式可以单独采用，也可以结合使用，例如炉内、外排烟相结合，大密闭罩技术是今年来发展的并受到重视的一种技术。日本采用直接除尘、大密封罩除尘和厂房除尘三种方式的组合。大密封罩也称“狗屋”（Doghouse）。排出烟气的净化设备大多数采用袋式除尘器，也有少量采用静电除尘器或湿式除尘器。图 3-15 和图 3-16 分别为电炉除尘系统示例和大密封罩的示意图。

（3）电炉烟气的利用问题在超高功率电炉上，利用电炉烟气预热废钢的技术近年来日益受到重视，其经济价值十分显著。据文献报道，利用电炉烟气预热废钢可使每炉钢冶炼时间缩短 8min，每吨钢电极消耗下降 0.7kg，耐火材料下降 17%，每吨钢可节电 50kW · h。

预热方法是：将入炉的废钢装在一个容器内，高温烟气从容器顶部进入，流经废钢后由容器底部返回集气管道。可使废钢加热到 300 ~ 500℃。返回集气管道的烟气降温后进入除尘装置，净化后排空。

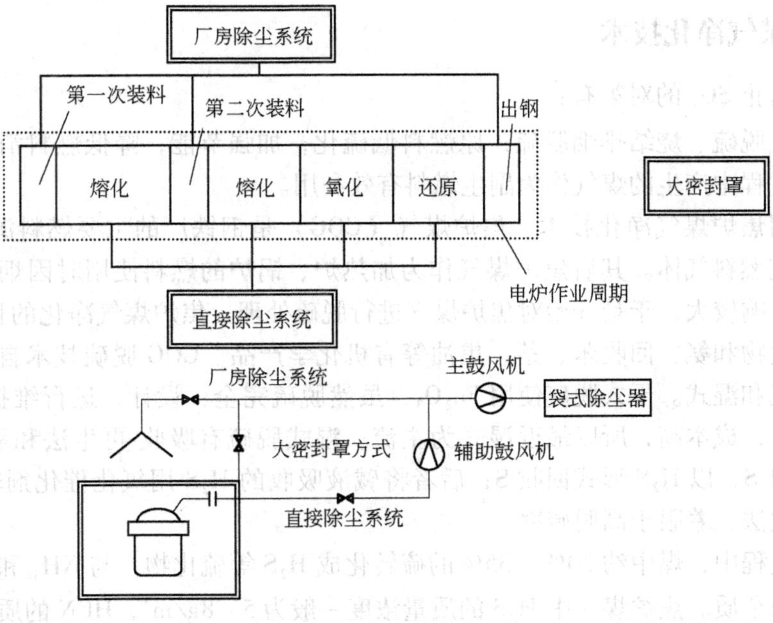

图 3-15 电炉除尘系统示例

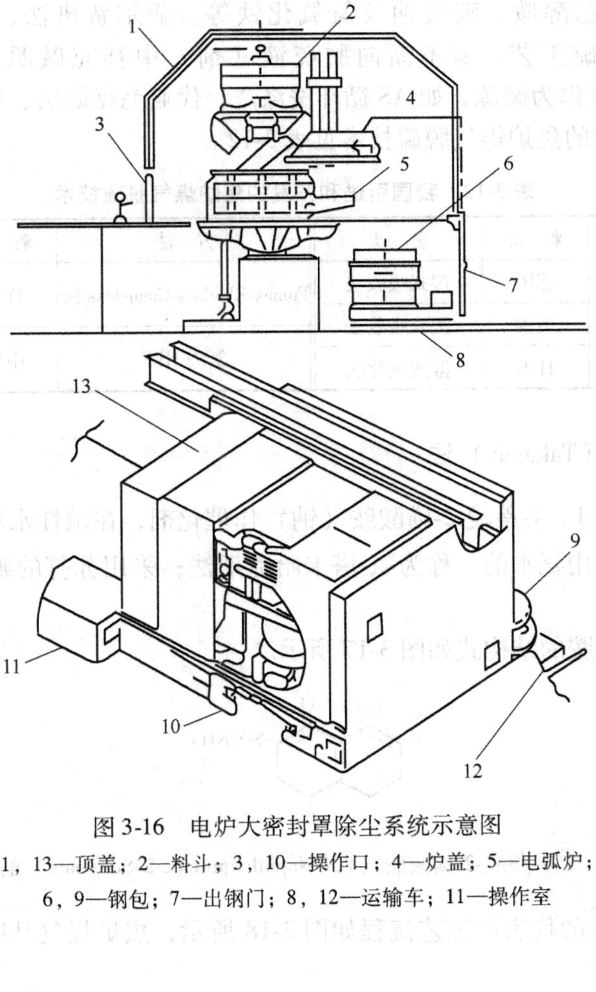

图 3-16 电炉大密封罩除尘系统示意图

1，13—顶盖；2—料斗；3，10—操作口；4—炉盖；5—电弧炉；

6，9—钢包；7—出钢门；8，12—运输车；11—操作室

3.4 焦炉煤气净化技术

钢铁厂防止 SO_x 的对策有：

焦炉煤气脱硫、烧结排烟脱硫；原燃料低硫化；加强节能，降低燃料消耗；将高炉、转炉等生产过程中产生的煤气作为副生燃料有效利用。

本节介绍焦炉煤气净化技术。焦炉煤气（COG）是钢铁厂的主要燃料源，1970 年代前被当作低硫燃料气体。其后焦炉煤气作为加热炉、锅炉的燃料使用时因烟囱较低，SO_x 对地面空气影响较大，于是开始对焦炉煤气进行脱硫处理。焦炉煤气净化的目的是：脱除硫化物、氰化物和氨，回收苯、萘、焦油等有机化学产品。COG 脱硫技术自 1930 年代就有，分为干式和湿式。干式脱硫使用 Fe_2O_3，虽然脱硫完全，设计、运行维护容易，但装置占地面积大，成本高，所以最近湿式为主流。湿式脱硫有吸收-再生法和氧化法，前者用碱液吸收 H_2S，以 H_2S 形式回收 S；后者将碱液吸收的 H_2S 用氧化催化剂转化为 S。现在一般用氧化法，着眼于高脱硫率。

在炼焦过程中，煤中约 30% ~35% 的硫转化成 H_2S 等硫化物，与 NH_3 和 HCN 等一起形成煤气中的杂质。焦炉煤气中 H_2S 的质量浓度一般为 5 ~8g/m^3，HCN 的质量浓度为1 ~2.5g/m^3。要脱除 H_2S 和 HCN，必须采用有碱性的脱硫液或脱硫剂，碱源可分为两类：（1）外加碱源，如乙醇胺、碳酸钠及氢氧化铁等。萨尔费班法、真空碳酸盐或改良 A. D. A 法及干法脱硫工艺，需不断向脱硫液（剂）中补充碱源，才能保持其碱度。（2）利用煤气中的氨作为碱源，如 AS 循环洗涤法、代亚毛克斯法、FRC 法、TH 法等。

我国引进和开发的焦炉煤气脱硫技术见表 3-12。

表 3-12 我国引进和开发的焦炉煤气脱硫技术

方法	来源	分类	方法	来源	分类
氨-硫化氢循环洗涤法 AS	德国	湿式吸收法	Fumax-Rhodacs-Compacks 法	日本	湿式氧化法
Sulfiban 法	美国	湿式吸收法			
Takahax-Hirohax 法	日本	湿式氧化法	氨法-HPF	中国	湿式氧化法

3.4.1 塔卡哈克斯（Takahax）法

塔卡哈克斯法用1，4-萘醌-2-磺酸胺（钠）作催化剂，在碱性水溶液中脱除 H_2S 和氰化物，碱性溶液有采用氨水的，称为氨-塔卡哈克斯法；采用苏打的则称为苏打-塔卡哈克斯法。

1,4-萘醌-2-磺酸胺的结构式如图 3-17 所示。

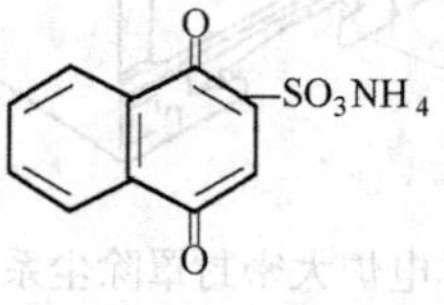

图 3-17 1,4-萘醌-2-磺酸胺（1,4-Naphthoquinone-2-Sulfonate）的结构式

氨-塔卡哈克斯法的代表性工艺流程如图 3-18 所示，焦炉煤气从吸收塔底部导入，同

塔顶部留下来的吸收液逆流接触、上升，在此过程中焦炉煤气中的 H_2S 被除去，吸收塔底部流出的吸收液中的催化剂被 H_2S 还原，这种状态的吸收液从再生塔的底部导入，同时将空气鼓入再生塔，空气在再生塔中形成微细气泡，上升过程中与液体充分接触，使催化剂氧化再生，再生的吸收液送到吸收塔顶部循环使用。

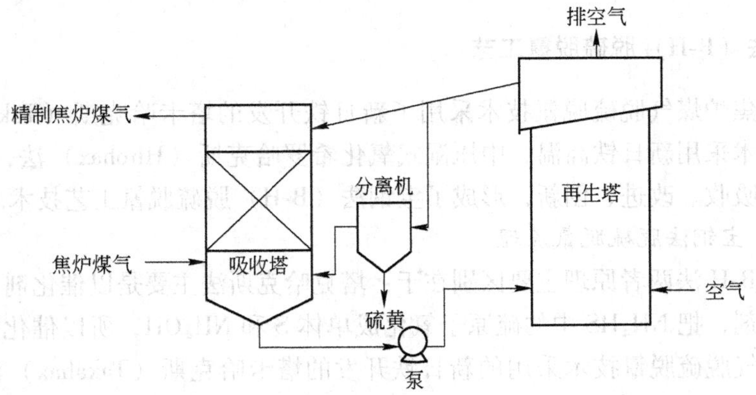

图 3-18 氨-塔卡哈克斯（Takahax）法的代表性流程示意图

析出的硫黄用分离机回收，和硫黄共生的副产品还有氰酸铵、硫氰酸铵、硫代硫酸盐和硫酸盐，蓄积在吸收液中，需要把吸收液外排一部分以降低这些盐的浓度。

氨-塔卡哈克斯法的反应机理是：焦炉煤气中的 H_2S 和吸收液中的氨水反应以硫氢化氨的形式被吸收，硫氢化氨与催化剂 1，4-萘醌-2-磺酸铵反应，析出硫黄，同时催化剂被还原成羟基萘醌磺酸铵，被还原的催化剂随后被空气中的氧氧化再生，这种氧化-还原过程周而复始，其原理如图 3-19 所示。

$$H_2S + NH_4OH \Longrightarrow NH_4HS + H_2O \tag{3-4}$$

$$H_2O + NH_4HS + R\text{-}SO_3NH_4 \Longrightarrow S + R'\text{-}SO_3NH_4 + NH_4OH \tag{3-5}$$

$$R'\text{-}SO_3NH_4 + \frac{1}{2}O_2 \Longrightarrow R\text{-}SO_3NH_4 + H_2O \tag{3-6}$$

$$H_2S + \frac{1}{2}O_2 \Longrightarrow S + H_2O \tag{3-7}$$

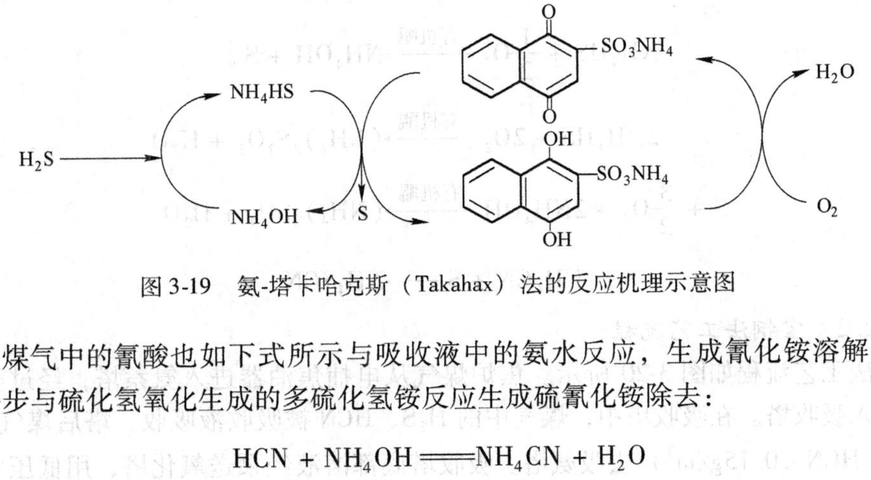

图 3-19 氨-塔卡哈克斯（Takahax）法的反应机理示意图

焦炉煤气中的氰酸也如下式所示与吸收液中的氨水反应，生成氰化铵溶解于吸收液中，进一步与硫化氢氧化生成的多硫化氢铵反应生成硫氰化铵除去：

$$HCN + NH_4OH \Longrightarrow NH_4CN + H_2O \tag{3-8}$$

$$NH_4CN + NH_4HS_{x+1} = NH_4SCN + NH_4HS_x \tag{3-9}$$

该法的特点是：脱硫效率高，几乎可以除去全部的 H_2S；可以高效地除去 HCN；常温运行（10～40℃），不用加热；催化剂消耗极少，以焦炉煤气中的 NH_4OH 代替 NaOH，成本低；H_2S 负荷波动较大时也能稳定运行。

3.4.2 宝钢法（B-H）脱硫脱氰工艺

宝钢一期焦炉煤气脱硫脱氰技术采用了新日铁开发的塔卡哈克斯（Takahax）法，溶液处理工艺技术采用新日铁高温、中压湿式氧化希罗哈克斯（Hirohax）法，简称 T-H 法。经宝钢消化、吸收、改进、创新，形成了宝钢法（B-H）脱硫脱氰工艺技术。

3.4.2.1 宝钢法脱硫脱氰原理

T-H 法与 B-H 法两者原理主要区别在于：塔克哈克斯法主要是以催化剂 1,4-萘醌-2-磺酸钠作为氧化剂，把 NH_4HS 中的硫原子氧化成单体 S 和 NH_4OH，所以催化剂用量大。宝钢一期焦炉煤气脱硫脱氰技术采用的新日铁开发的塔卡哈克斯（Takahax）法原设计每天消耗 0.45mol/L 1,4-萘醌-2-磺酸钠 200L；而宝钢法主要是依靠加入剩余氨水中的有机酚在空气充足情况下形成的有机醌，将 $(NH_4)_2S$ 氧化成 $(NH_4)_2SO_3$，再进一步氧化成 $(NH_4)_2S_2O_3$ 和 $(NH_4)_2SO_4$，由少量 1，4-萘醌-2-磺酸钠将 NH_4HS 氧化成 S 和 NH_4OH，所产生的 S 只要满足 NH_4CN 反应成 NH_4SCN 即可。

宝钢法 1,4-萘醌-2-磺酸钠用量每天仅几升，脱硫循环液中用肉眼几乎看不到悬浮硫，而是茶色透明溶液。宝钢法的主要反应式见式(3-10)～式(3-18)。

$$\text{有机酚} + O_2 \longrightarrow \text{有机醌} \tag{3-10}$$

$$(NH_4)_2S_x + 2NH_4OH + \frac{1}{2}O_2 \xrightarrow{\text{有机醌}} (NH_4)_2S_{(x-1)} + (NH_4)_2SO_3 \tag{3-11}$$

$$(NH_4)_2SO_3 + (NH_4)_2S_x \longrightarrow (NH_4)_2S_{(x-1)} + (NH_4)_2S_2O_3 \tag{3-12}$$

$$(NH_4)_2SO_3 + \frac{1}{2}O_2 \xrightarrow{\text{有机醌}} (NH_4)_2SO_4 \tag{3-13}$$

$$(NH_4)_2S_{(x-1)} + S \longrightarrow (NH_4)_2S_x \tag{3-14}$$

$$NH_4HS + \frac{1}{2}O_2 \xrightarrow{\text{有机醌}} NH_4OH + S\downarrow \tag{3-15}$$

$$2NH_4HS + 2O_2 \xrightarrow{\text{有机醌}} (NH_4)_2S_2O_3 + H_2O \tag{3-16}$$

$$S + \frac{3}{2}O_2 + 2NH_4OH \xrightarrow{\text{有机醌}} (NH_4)_2SO_4 + H_2O \tag{3-17}$$

$$NH_4CN + S \longrightarrow NH_4SCN \tag{3-18}$$

3.4.2.2 宝钢法工艺流程

宝钢法工艺流程如图 3-20 所示。焦炉煤气从电捕焦油器进入氨萘塔，经过氨水冷却除萘后进入吸收塔。在吸收塔中，煤气中的 H_2S、HCN 被吸收液吸收，塔后煤气（$H_2S < 0.2g/m^3$，$HCN < 0.15g/m^3$）去吸氨塔。吸收塔底部溶液经泵送氧化塔，用低压空气进行

氧化。出氧化塔溶液再进入吸收塔吸收焦炉煤气中的 H_2S 和 HCN，一小部分溶液进入原料槽。出氧化塔废气去回收塔回收氨后放入大气。原料泵将原料液抽出与高压空气混合进入换热器，然后进入反应塔，将硫化物全部氧化成硫酸和硫酸铵溶液，冷却后去硫酸铵工序制造硫酸铵。反应塔尾气经换热、冷却后放散至大气。

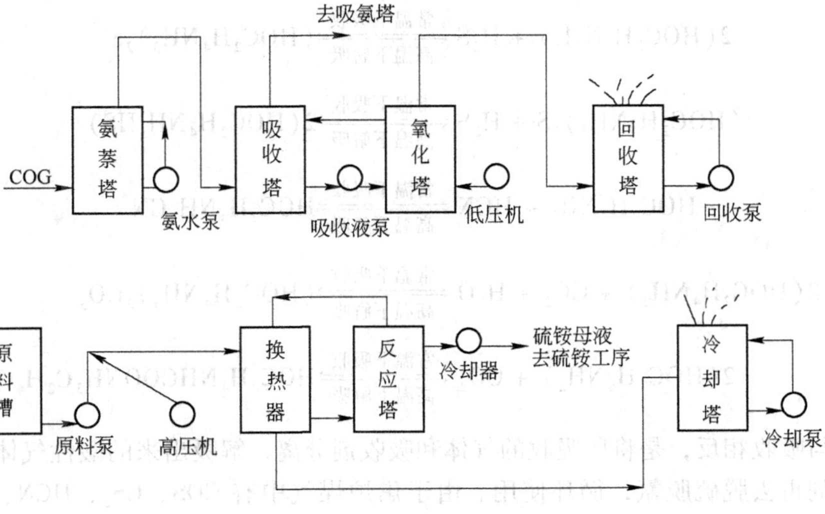

图 3-20 宝钢法工艺流程

宝钢法与新日铁的塔卡哈克斯（Takahax）法在工艺流程上的差别在于：

（1）宝钢法脱硫脱氰吸收塔前工序设置了一只氨水冷却除萘塔，它的作用是把焦炉煤气中萘由 $1g/m^3$ 左右脱到 $0.36g/m^3$ 以下，防止吸收塔由于焦炉煤气中萘进入而造成塔堵塞，另外可确保进吸收塔煤气温度保持 36℃（波动不超过 1℃），以确保高效率脱硫脱氰；而塔卡哈克斯法在脱硫脱氰吸收塔前仅有中间煤气冷却塔控制进吸收塔的焦炉煤气温度，而且控制焦炉煤气入吸收塔的温度也不是很严格，32～39℃均可。

（2）宝钢法使蒸氨装置得到的浓氨水进入脱硫脱氰吸收塔，提高了脱硫液中氨的质量浓度，有利于提高脱硫脱氰效率，而新日铁塔卡哈克斯法没有。

两种工艺流程的脱硫、脱氰效率指标见表 3-13。

表 3-13 宝钢法与新日铁的 T-H（塔希法）的脱硫、脱氰效率指标

方 法	进口 H_2S /$g \cdot m^{-3}$	出口 H_2S /$g \cdot m^{-3}$	脱硫效率 /%	进口 HCN /$g \cdot m^{-3}$	出口 HCN /$g \cdot m^{-3}$	脱氰效率 /%
宝钢法	4.13	0.018	99.6	1.06	0.064	94.0
塔希法	4.43	0.338	92.4	1.59	0.097	93.9

3.4.3 Sulfiban 法

宝钢二期焦炉煤气脱硫脱氰采用单乙醇胺[$NH_2(CH_2)_2$-OH]法，简称 MEA 法。该法是由美国的伯利恒钢铁公司等共同研制而成的，主要使用含量为 15% 左右的单乙醇胺

（MEA）水溶液作为吸收剂吸收煤气中的硫化氢（H_2S）、氰化氢（HCN），同时也吸收 CO_2、NH_3、COS 和 CS_2，脱硫效率达 98%。吸收酸性气体后的 MEA 富液经解吸生成酸性气体（H_2S、HCN、CO_2），送到硫酸制造装置生产含量为 98% 的硫酸。脱硫脱氰的原理及解吸用反应式表示如下：

$$2(HOC_2H_4NH_2) + H_2S \xrightleftharpoons[\text{高温下解吸}]{\text{常温下吸收}} (HOC_2H_4NH_3)_2S \tag{3-19}$$

$$(HOC_2H_4NH_3)_2S + H_2S \xrightleftharpoons[\text{高温下解吸}]{\text{常温下吸收}} 2(HOC_2H_4NH_3HS) \tag{3-20}$$

$$HOC_2H_4NH_2 + HCN \xrightleftharpoons[\text{高温下解吸}]{\text{常温下吸收}} HOC_2H_4NH_3CN \tag{3-21}$$

$$2(HOC_2H_4NH_2) + CO_2 + H_2O \xrightleftharpoons[\text{高温下解吸}]{\text{常温下吸收}} (HOC_2H_4NH_3)_2CO_3 \tag{3-22}$$

$$2(HOC_2H_4NH_2) + CO_2 \xrightleftharpoons[\text{高温下解吸}]{\text{常温下吸收}} HOC_2H_4NHCOONH_3C_2H_4OH \tag{3-23}$$

解吸与吸收相反，是将所吸收的气体和吸收剂分离，解吸出来的酸性气体用于生产硫酸，吸收剂再去脱硫脱氰，循环使用。由于焦炉煤气中有 COS、CS_2、HCN、O_2 等物质，在 MEA 循环吸收、解吸的过程中发生如下副反应生成不能分解的聚合物。

$$2HOCH_2CH_2NH_2 + CS_2 \longrightarrow HOCH_2CH_2NCSSHH_2CH_2CH_2OH \tag{3-24}$$

$$2HOCH_2CH_2NH_2 + 2H_2S + 2O_2 \longrightarrow (HOCH_2CH_2NH_2)_2S_2O_3 + H_2O \tag{3-25}$$

$$2HOCH_2CH_2NH_2 + HCN + O_2 + 2H_2S \longrightarrow 2HOCH_2CH_2NH_2HCNS + 2H_2O \tag{3-26}$$

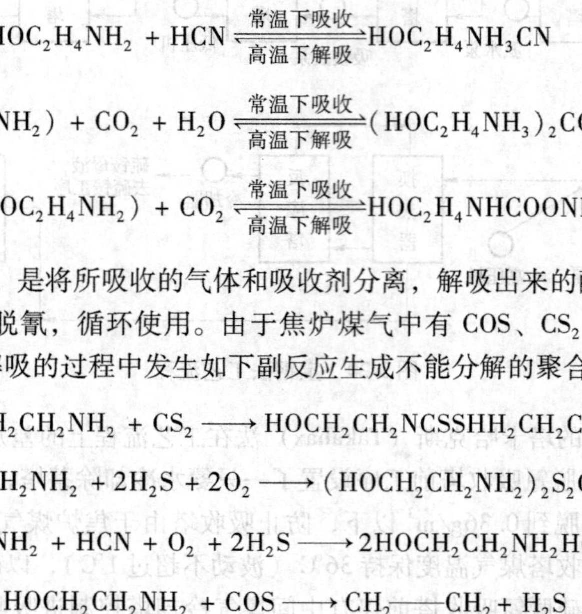
(3-27)

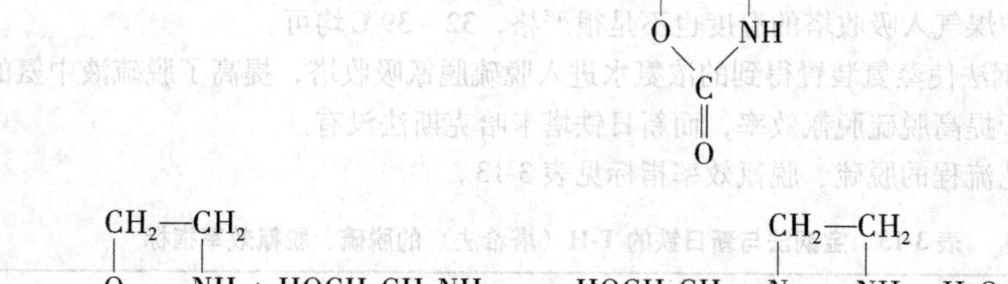
(3-28)

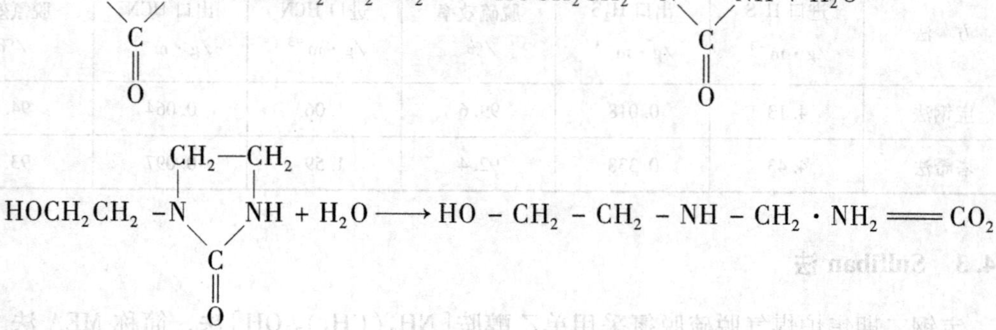
(3-29)

从反应式（3-29）可以看出，副反应不但多消耗 MEA 影响脱氰效率，而且还产生固体沉积物影响工艺正常运行。

一般 Sulfiban 法的工艺流程如图 3-21 所示。以宝钢的焦化二期工程为例，焦炉煤气从焦炉集气管出来先后经过：气液分离器→间冷器→气雾分离器→煤气排送机→电捕焦油器→氨水冷却除萘塔→磷酸吸氨塔→终冷器→1 号、2 号吸苯塔→MEA 脱硫塔→能源中心煤气柜。焦炉煤气进入脱硫塔后与 13% ~15% 的 MEA 溶液逆向接触，其中 H_2S、HCN、CO_2 被吸收，H_2S、HCN 的质量浓度分别由 4 ~6g/m³、1 ~2g/m³ 降到 0.2g/m³、0.15g/m³ 以下，煤气中的 CO_2 降低 50% 左右。吸收富液经过滤器和贫富液换热器后进入解吸塔，与再沸蒸汽逆向接触向下流动，大部分的 H_2S、HCN 和 CO_2 等酸性气体被解吸，溶液成为贫液从塔底排出，流入再沸器，用间接蒸汽加热，部分溶液蒸发作为气提蒸汽使用，其余部分溢流入 MEA 调整槽，然后再经过贫富液换热器、贫液冷却器、贫液过滤器回到脱硫塔，再脱除焦炉煤气中 H_2S、HCN 和 CO_2。与气提蒸汽一起被解吸出来的酸性气体离开解吸塔进入酸性气体冷却器内，冷却后生成的气液混合物在解吸塔下部储液器内进行气液分离，分离出的酸性气体用于生产 98% 的浓硫酸。解吸塔的作用是将富液中的 H_2S、HCN 和 CO_2 蒸出，使之成为贫液，再用其脱除焦炉煤气中 H_2S 及 HCN。

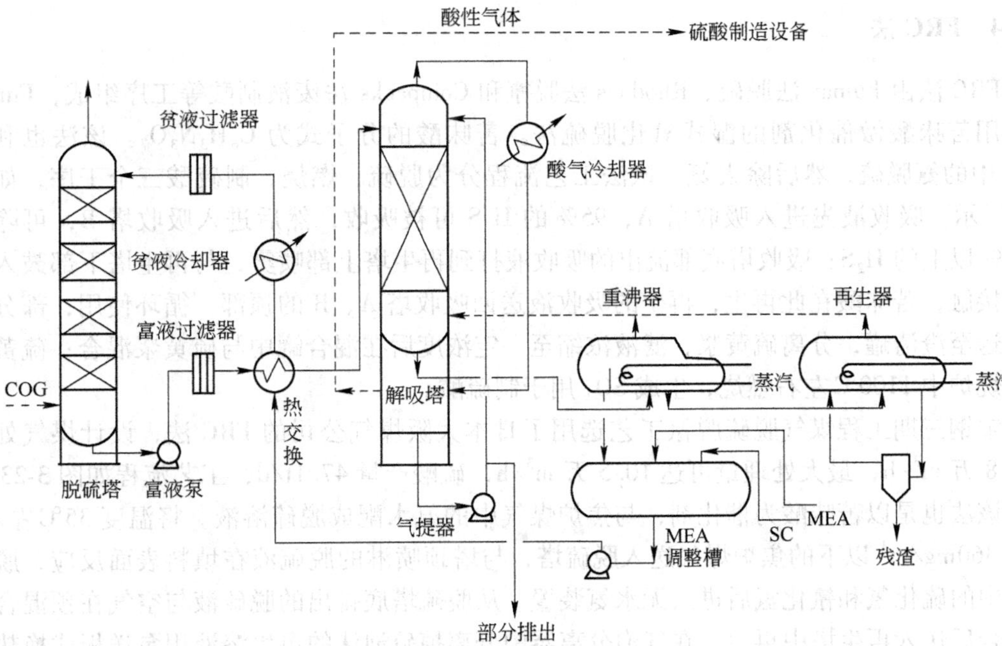

图 3-21 Sulfiban 法的工艺流程

Sulfiban 法因使用蒸汽和 MEA，运行成本高，但可以脱除有机硫，还具有下述优点：容易实现稳定的脱硫率；工艺简单，运行和维护容易；气/液比较小，耗电少；从体系排出的液体少，容易处理。宝钢的 Sulfiban 法脱硫运行效果见表 3-14。焦炉煤气中 CO_2 含量较高（约 3%）对脱 H_2S 的效果有较大影响。

表 3-14 宝钢的 Sulfiban 法脱硫运行效果

时 间	COG 处理量 $/m^3 \cdot h^{-1}$	H_2S 入口质量浓度$/g \cdot m^{-3}$	H_2S 出口质量浓度$/g \cdot m^{-3}$	脱硫效率 /%	HCN 入口质量浓度$/g \cdot m^{-3}$	HCN 出口质量浓度$/g \cdot m^{-3}$	脱氰效率 /%
1991 年 5~12 月	76400	5.13	0.23	95.3	1.31	0.15	90
1992 年	87700	4.79	0.23	95.2	1.25	0.12	91
1993 年	90800	4.6	0.31	93.3	1.17	0.16	86.4
1994 年	86100	4.47	0.27	94.0	0.95	0.11	88.4
1995 年	82400	4.61	0.22	95.2	1.08	0.11	90
1996 年	88800	4.59	0.18	96.1	1.15	0.10	91.6
1997 年	89000	4.51	0.17	96.2	1.16	0.079	93.2
1998 年	83000	4.39	0.12	97.3	1.18	0.071	94
8 年平均	85500	4.64	0.22	95.3	1.16	0.11	90.5

3.4.4 FRC 法

FRC 法由 Fumax 法脱硫、Rhodacs 法脱氰和 Compacks 法废液制酸等工序组成，Fumax 法是用苦味酸做催化剂的湿式氧化脱硫法。苦味酸的分子式为 $C_6H_3N_3O_7$。该法也利用 COG 中的氨脱硫，然后除去氨。该法工艺流程分为脱硫、燃烧、制硫酸三个工序，如图 3-22所示。吸收液先进入吸收塔 A，95% 的 H_2S 可被吸收，然后进入吸收塔 B，可除去 99.5% 以上的 H_2S；吸收塔底部流出的吸收液打到再生塔上部喷雾，与再生塔下部鼓入的空气接触，苦味酸在此再生；再生的吸收液送回吸收塔 A、B 的顶部，循环使用；部分吸收液送至澄清罐，分离硫黄浆，滤液浓缩至一定浓度后在混合罐中与硫黄浆混合；硫黄浆在燃烧炉中 1100℃左右燃烧，生成 SO_2 用于制硫酸。

宝钢三期工程煤气脱硫脱氰工艺选用了日本大阪煤气公司的 FRC 法，设计煤气处理量 8.8 万 m^3/h，最大处理量可达 10.5 万 m^3/h，硫酸产量 47.1t/d，工艺流程如图 3-23 所示。该法也是以苦味酸为催化剂，与焦炉煤气中的氨水配成脱硫溶液。将温度 35℃左右、含萘 $360mg/m^3$ 以下的焦炉煤气送入脱硫塔，与塔顶喷淋的脱硫液在填料表面反应，脱除煤气中的硫化氢和氰化氢后进入无水氨装置。从脱硫塔底排出的脱硫液与空气在预混合器中混合后送入再生塔中再生，在气泡分离器中分离掉硫泡沫的再生溶液用泵送板式换热器冷却至 35~36℃后返回脱硫塔，再生废气送入焦炉煤气总管。从气泡分离器中分离出的硫泡沫溢流至缓冲槽中，用泵抽送至再生塔和缓冲槽顶部进行消泡，部分送至超级离心机分离硫黄，滤液送至浓缩塔后配入硫黄浆中，作为生产硫酸的原料。

从燃烧液槽内抽出的硫浆液用空气雾化后送入燃烧炉，在炉内与空气混合进行二次燃烧分解，生成含有 SO_2、N_2、H_2O 和 CO_2 的废气进入废热锅炉中回收热量，助燃煤气经加压后送入燃烧炉内，炉温保持在 1100℃。

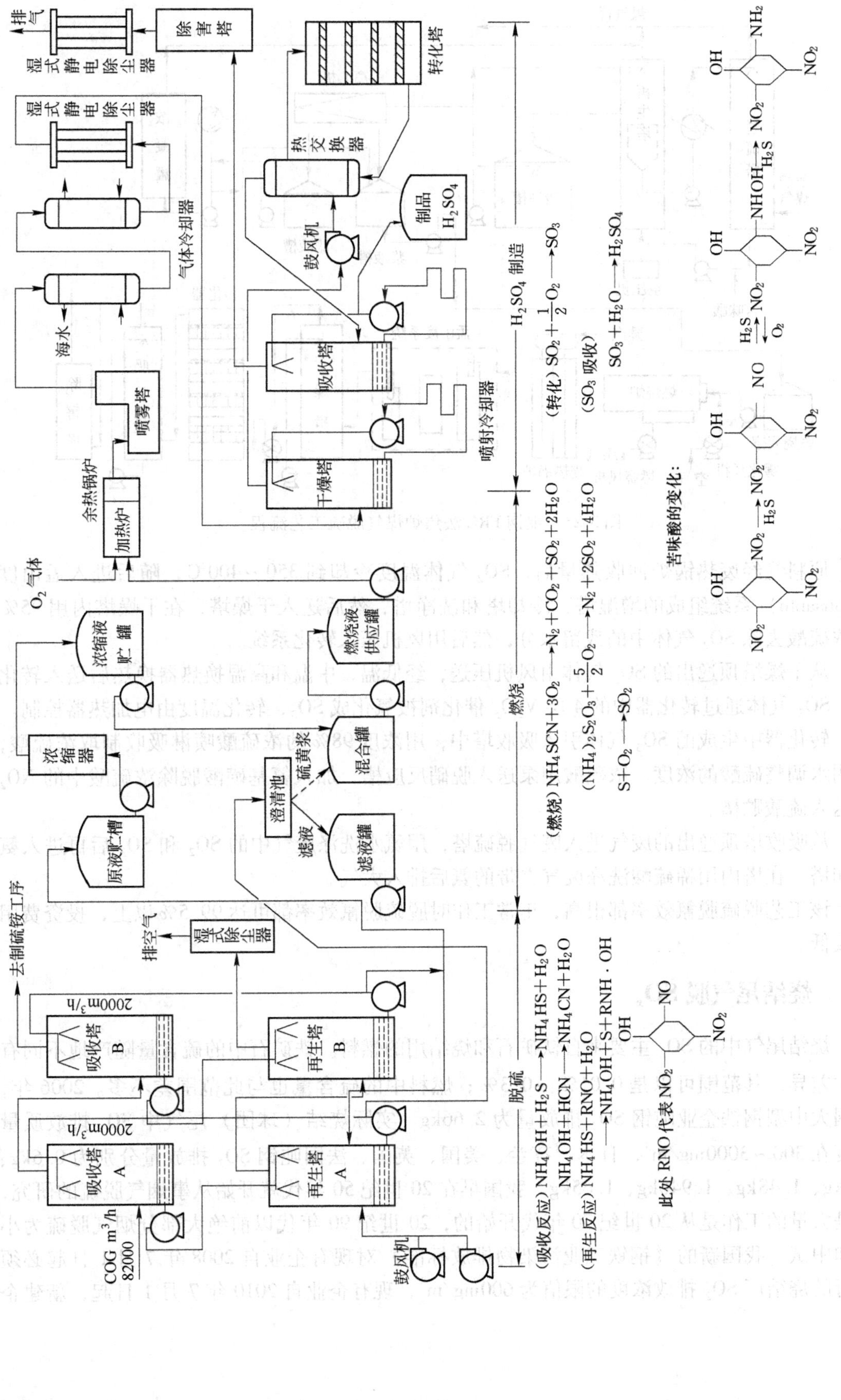

图 3-22 FRC 法工艺流程与原理

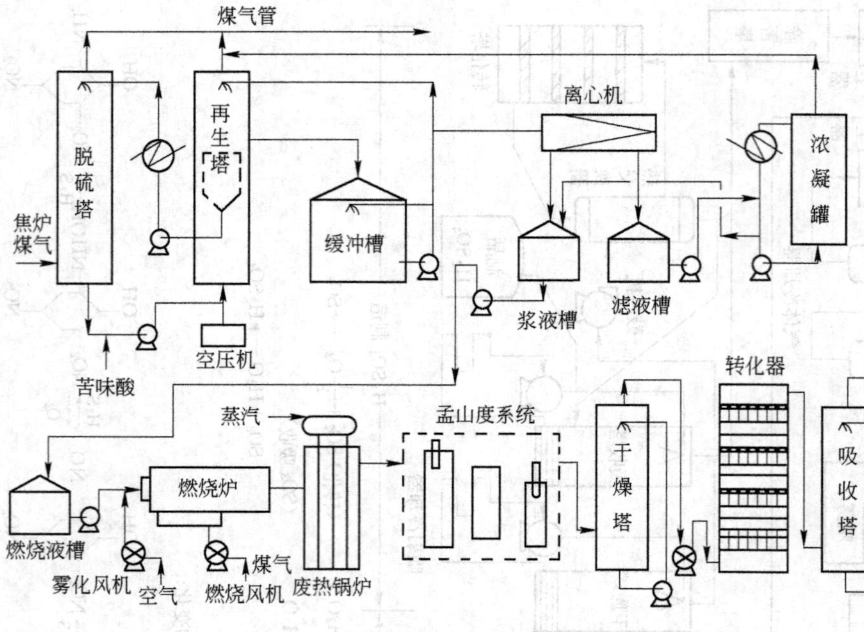

图 3-23　宝钢 FRC 法焦炉煤气脱硫工艺流程

原料气经废热锅炉回收热量后，SO_2 气体温度冷却到 350～400℃，随后进入孟山度（Monsanto）系统组成的增湿塔、冷却塔和洗净塔，然后送入干燥塔，在干燥塔内用 95% 的浓硫酸去除 SO_2 气体中的残留水分，然后用风机压入转化系统。

从干燥塔顶逸出的 SO_2 气体由风机压送，经低温、中温和高温换热器换热后送入转化器，SO_2 气体通过转化器中的 4 层 V_2O_5 催化剂被氧化成 SO_3，转化温度由电加热器控制。

转化器中生成的 SO_3 气体引入吸收塔中，用浓度 98% 的浓硫酸喷淋吸收制取浓硫酸，并用水调整硫酸的浓度。浓硫酸用泵送入脱硝反应槽，加入氨基磺酸脱除浓硫酸中的 NO_2 后送入硫酸贮槽。

从吸收塔顶逸出的废气进入废气脱硫塔，用氨水洗涤废气中的 SO_2 和 SO_3 后再进入氨中和塔，在塔内用稀硫酸洗涤废气夹带的氨后排入大气。

该工艺脱硫脱氰效率都很高，正常工作时脱硫脱氰效率都可达 99.5% 以上，投资费用也较低。

3.5　烧结尾气脱 SO_x

烧结尾气中的 SO_2 主要来自铁矿石和烧结用的燃料。铁矿石中的硫含量随产地不同有很大差异，其范围可以是 0.01%～0.3%；燃料中的硫含量也与此范围差不多。2006 年，我国大中型钢铁企业吨钢 SO_2 排放量为 2.66kg。实际烧结（球团）尾气中 SO_2 排放质量浓度在 300～3000mg/m^3，日本、芬兰、美国、英国、法国吨钢 SO_2 排放量分别为 0.6kg、1.6kg、1.48kg、1.946kg、1.65kg。我国早在 20 世纪 50 年代就开始从事烟气脱硫的研究，但是大量的工作是从 20 世纪 70 年代开始的，20 世纪 90 年代以前绝大部分烟气脱硫为小试和中试。我国新的《钢铁工业污染物排放标准》对现有企业自 2008 年 7 月 1 日起必须执行的烧结厂 SO_2 排放浓度的限值为 600mg/m^3，现有企业自 2010 年 7 月 1 日起，新建企业自标准实施之日起必须执行的 SO_2 排放限值为 $100mg/m^3$。目前有很多钢厂已经采取措施，建设烧结尾气脱硫设施。日本《大气污染防治法》规定 1979 年以后建成的烧结机尾气 NO_x 排放为 $220\times10^{-4}\%$。日本早已解决了烧结尾气的脱硫脱硝技术并有多套装置经过了 30 多年的实际运行。日本的烧结烟气脱硫多为湿式吸收法，脱硫率在 95% 以上，入口 SO_2 质量浓度在 $370\sim940mg/m^3$ 之间，排放质量浓度可低于 $30mg/m^3$。表 3-15 是日本烧结尾气脱硫装置设置简况[1]。

表 3-15 日本烧结尾气脱硫装置简况

公司名称	工厂名称	烧结机机号	脱硫方式	投产日期	处理能力 $/km^3\cdot h^{-1}$	脱硫率/%	副产品
新日铁公司	名古屋厂	No. 3	干法活性炭吸收法	1987. 07	900	>95	硫　酸
	八幡厂	No. 3	$Mg(OH)_2$	1989. 08	480	95	无排放
JFE 公司	京浜厂	No. 1	石灰-石膏法	1976. 10	1230	>99	石　膏
	千叶厂	No. 4	石灰-石膏法	1976. 10	762	95	石　膏
	水岛厂	No. 2	石灰-石膏法	1976. 05	750	95	石　膏
		No. 3	石灰-石膏法	1975. 07	900	95	石　膏
		No. 4	石灰-石膏法	1974. 11	750	95	石　膏
住友金属工业公司	鹿岛厂	No. 3	石灰-石膏法	1976. 06	2000	95	石　膏
	和歌山厂	No. 5	石灰-石膏法	1975. 04	370	95	石　膏
	小仓厂	No. 3	$Mg(OH)_2$	1985. 04	320	98	无排放
神户制钢公司	神户厂	No. 1	石灰-石膏法	1983. 12	220	>97	石　膏
		No. 2	石灰-石膏法	1976. 03	350	>97	石　膏
	加古川厂	No. 1	石灰-石膏法	1978. 05	800	95	石　膏

2002 年修订的德国对烧结厂排放控制要求是 $SO_2 500mg/m^3$，$NO_2 400mg/m^3$。对粉尘含量、重金属、有机物和二恶英也有严格的要求。德国钢铁工程师协会（VDEh）下属的炉料委员会 2003～2004 年对奥地利、比利时、德国、芬兰和荷兰的烧结尾气处理工艺进行了调查，这些国家的烧结尾气处理工艺可分为三类：静电除尘与附加工艺的组合、废气循环系统、单独的尾气净化系统；18 家烧结厂半数采用了单独的尾气净化系统。欧盟钢铁行业烧结工序采用的废气除尘技术有：先进的静电集尘技术（ESP）、静电集尘加布袋除尘器、预除尘（如 ESP 或旋风集尘器）加高压湿法涤气系统。烟气净化方面有多种方式，有的将部分废气或局部废气循环再利用，也有的对烧结机排放的气体进行处理，如果采用湿法涤气系统，其二恶英排放值（标态）小于 $0.4ng\ I\text{-}TEQ/m^3$。布袋除尘器加褐煤焦尘也能减少 98% 以上 PCDD/F，达到 $0.1\sim0.5ng I\text{-}TEQ/m^3$（标态）。湿法涤气清除水溶性重金属氯化物，尤其是氯化铅的清除效率大于 90%。

国际上自 1960 年代后期开始烧结尾气脱硫的研究，目前石灰-石膏法较多，$Mg(OH)_2$ 法也在增加，二者都是湿法；只有一种干法为活性炭吸附法，1999 年起第二例装置开始运行，每小时处理 $1300000m^3$。

烧结尾气中 SO_2 的控制方法有三种：吸收、吸附和使用低硫原、燃料。国际上进入大规模工业化应用的烧结尾气脱硫方法有 10 余种。一般根据脱硫产物的形态将燃烧后脱硫分为湿法、干法和半干法三种。烧结烟气脱硫方法的分类概括在图 3-24 中。

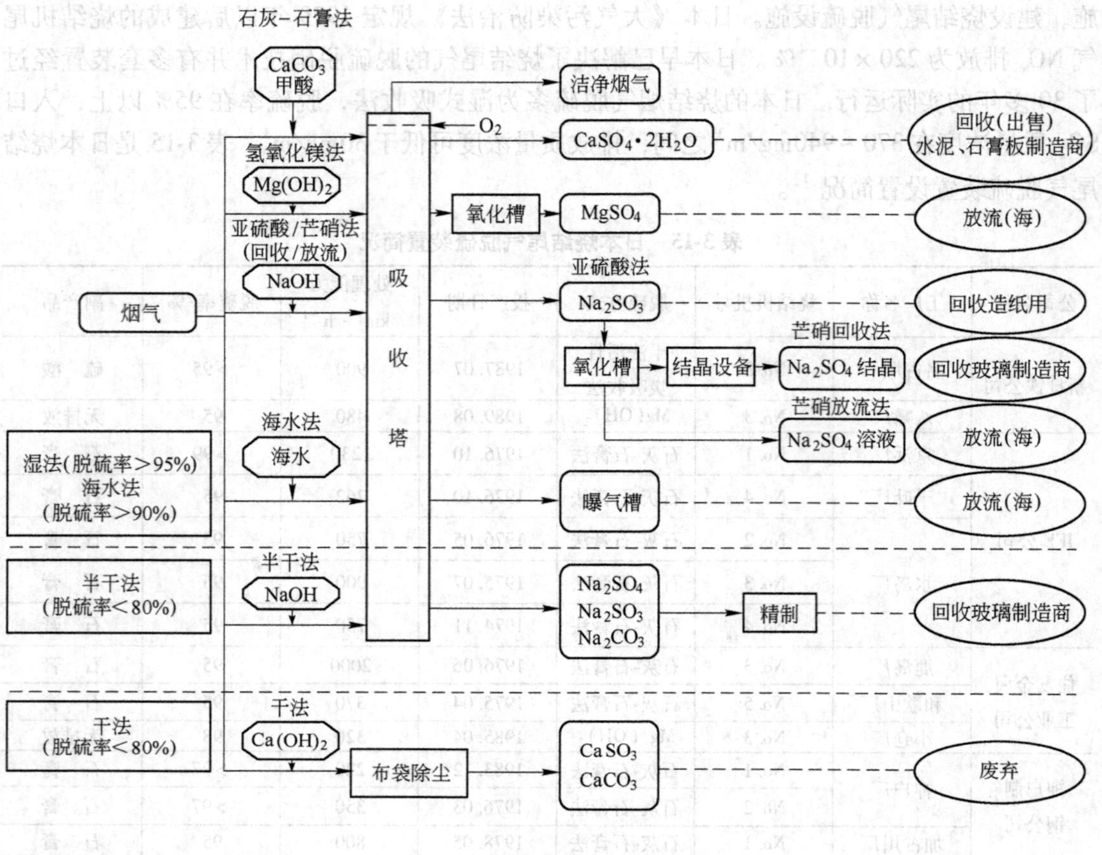

图 3-24　烧结烟气脱硫方法分类

3.5.1　石灰-石膏法

石灰-石膏法是目前采用最多的一种方法，吸收剂为 5% ~15% 的 $CaCO_3$、$Ca(OH)_2$ 浆液，吸收 SO_2，生产 $CaSO_4$：

$$CaCO_3 + SO_2 + \frac{1}{2}H_2O \longrightarrow CaSO_3 \cdot \frac{1}{2}H_2O + CO_2 \tag{3-30}$$

调 $CaSO_3 \cdot \frac{1}{2}H_2O$ 溶液 pH 值 <4，接触空气，生成石膏：

$$CaSO_3 \cdot \frac{1}{2}H_2O + \frac{1}{2}O_2 + \frac{3}{2}H_2O = CaSO_4 \cdot 2H_2O \tag{3-31}$$

如图 3-25 所示，烧结机排气经电除尘净化后，用风机导入预冷塔，在预冷塔内降温至 50 ~60℃，同时除去粉尘和硫酸雾，然后进入吸收塔，气体中的 SO_2 和吸收液反应生成亚硫酸钙。从循环的吸收液中抽取部分亚硫酸钙溶液，在 pH 调整槽内调整 pH 值到 4 以下，然后在氧化塔内与空气接触，使亚硫酸钙转变成石膏（$CaSO_4 \cdot 2H_2O$）。生成的石膏在浓缩器中浓缩，用离心分离机脱水后，得到石膏粉。也有向吸收塔内液体层中导入空气，得到石膏产品。

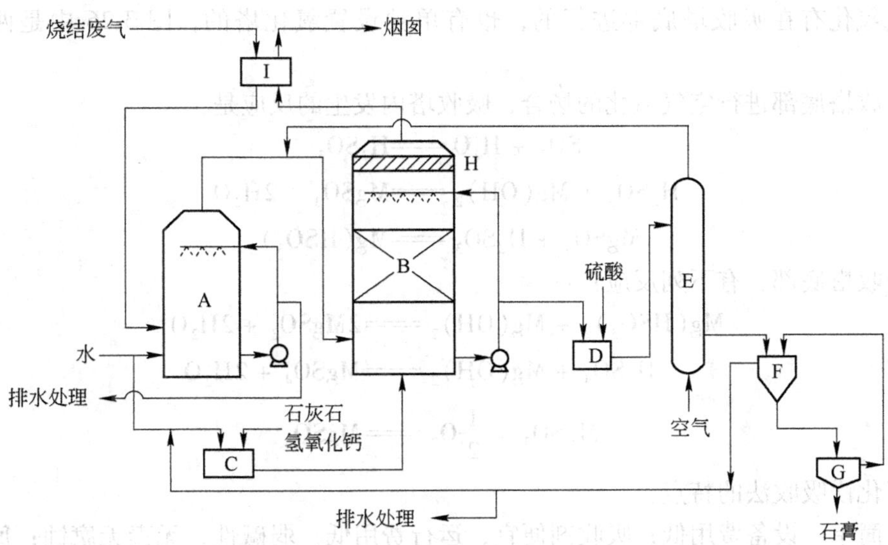

图 3-25　石灰-石膏法烧结废气脱 SO_x 工艺流程

A—预冷塔；B—吸收塔；C—吸收剂调整槽；D—pH 调整槽；E—氧化塔；
F—凝集沉降槽；G—离心分离机；H—除雾器；I—气-气热交换器

3.5.2　氢氧化镁浆液吸收法

用含 $Mg(OH)_2$ 5% ~15% 的浆液吸收 SO_2，生成 $Mg(HSO_3)_2$、$MgSO_3$，这些产物直接排放将使水的 COD 增大，所以用空气将其氧化为 $MgSO_4$。图 3-26 是该工艺的流程示意图，氧化塔内的反应是：

$$Mg(HSO_3)_2 + \frac{1}{2}O_2 = MgSO_4 + H_2SO_3 \tag{3-32}$$

$$MgSO_3 + \frac{1}{2}O_2 = MgSO_4 \tag{3-33}$$

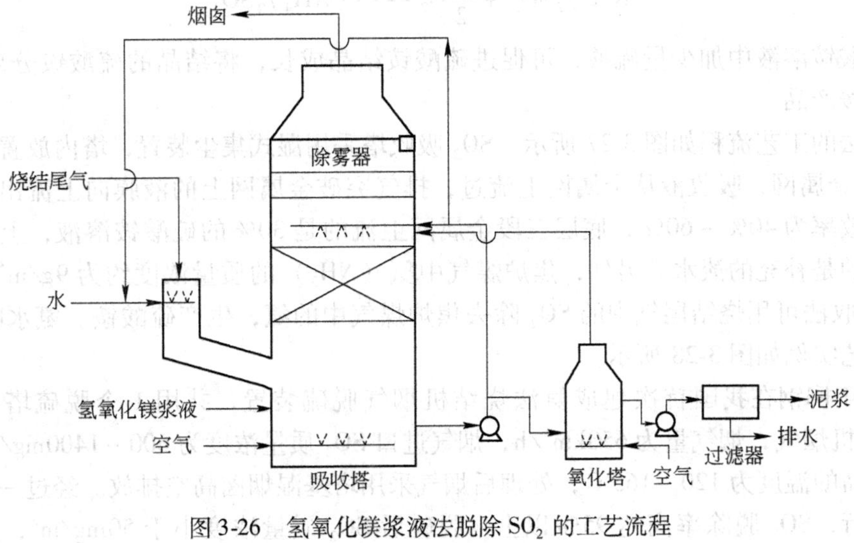

图 3-26　氢氧化镁浆液法脱除 SO_2 的工艺流程

空气氧化有在吸收塔底部进行的，也有单独设置氧化塔的，图 3-26 中是两种方式并用。

在吸收塔底部进行空气氧化的场合，吸收塔内发生的反应是：

$$SO_2 + H_2O = H_2SO_3 \tag{3-34}$$

$$H_2SO_3 + Mg(OH)_2 = MgSO_3 + 2H_2O \tag{3-35}$$

$$MgSO_3 + H_2SO_3 = Mg(HSO_3)_2 \tag{3-36}$$

在吸收塔底部，有下列反应：

$$Mg(HSO_3)_2 + Mg(OH)_2 = 2MgSO_3 + 2H_2O \tag{3-37}$$

$$H_2SO_4 + Mg(OH)_2 = MgSO_4 + 2H_2O \tag{3-38}$$

$$MgSO_3 + \frac{1}{2}O_2 = MgSO_4 \tag{3-39}$$

氢氧化镁吸收法的特点：

设备简单，设备费用低；吸收剂便宜，运行费用低；弱碱性，无毒无腐蚀；原料来源稳定，价格变动小；$MgSO_4$ 的溶解度大于 $Mg(OH)_2$，不必担心管路堵塞。

3.5.3　氨水吸收-硫铵回收法

用 NH_3 作吸收剂，以 $(NH_4)_2SO_4$ 回收 S。在吸收塔中 SO_2 和吸收液反应，生成亚硫酸氢铵和亚硫酸铵：

$$2NH_4OH + SO_2 \longrightarrow (NH_4)_2SO_3 + H_2O \tag{3-40}$$

$$(NH_4)_2SO_3 + SO_2 + H_2O \longrightarrow 2NH_4HSO_3 \tag{3-41}$$

含亚硫酸氢铵的溶液与焦炉煤气中的氨进一步反应生成亚硫酸铵：

$$NH_4HSO_3 + NH_3 \longrightarrow (NH_4)_2SO_3 \tag{3-42}$$

将 $pH = 6$ 的 $(NH_4)_2SO_3$ 溶液作为循环吸收液脱 SO_2，一部分排出体系回收硫铵，回收硫铵时向溶液中添加氨水，使其成为 $(NH_4)_2SO_3$ 溶液，在氧化塔内用加压的空气氧化：

$$(NH_4)_2SO_3 + \frac{1}{2}O_2 = (NH_4)_2SO_4 \tag{3-43}$$

在硫酸铵溶液中加少量硫酸，可促进硫酸铵结晶成长，将结晶的硫酸铵分离、干燥，即得硫酸铵产品。

该方法的工艺流程如图 3-27 所示。SO_2 吸收塔采用湿式集尘装置，塔内放置与水平成 15°倾角的金属网，吸收液从金属网上流过，排气突破金属网上的液膜向上流出。每段金属网脱硫效率为 40% ~60%，底层三段金属网上流的是 30% 的硫酸铵溶液，上面两层金属网上流的是补充的淡水。另外，焦炉煤气中氨（NH_3）的质量浓度约为 $9g/m^3$，氨水吸收-硫铵回收法可用烧结尾气中的 SO_2 除去焦炉煤气中的氨，生产硫酸铵。氨水吸收-硫铵回收法工艺实例如图 3-28 所示。

2007 年柳钢在我国首次建成氨法烧结机烟气脱硫装置，共用 1 个脱硫塔处理 2 台 $83m^2$ 烧结机烟气，烟气量为 $650km^3/h$，烟气进口 SO_2 质量浓度为 600 ~ $1400mg/m^3$，烟气进入脱硫岛的温度为 120 ~ 165℃，处理后烟气采用塔基湿烟囱高空排放。经过一年多的连续平稳运行，SO_2 脱除率高达 95% 以上，脱硫后 SO_2 质量浓度小于 $50mg/m^3$，此外还有

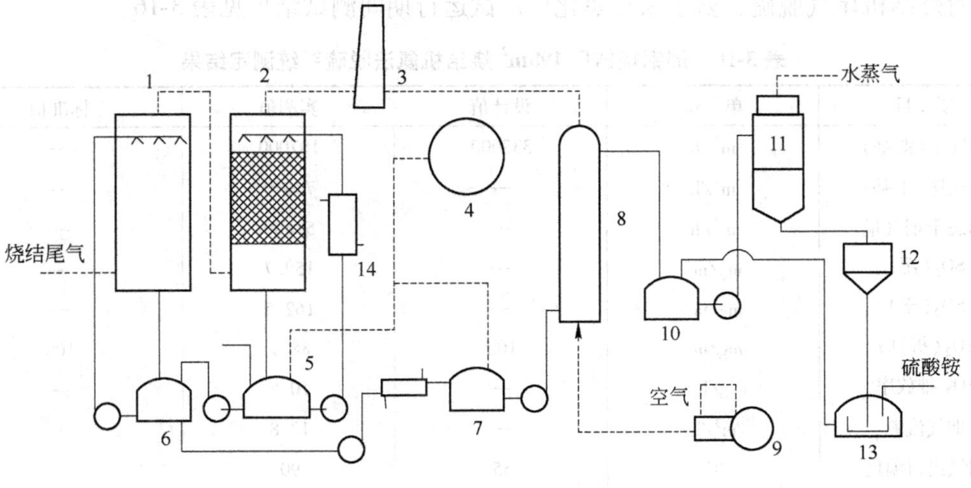

图 3-27 氨水吸收-硫酸铵回收法工艺流程

1—冷却塔；2—吸收塔；3—烟囱；4—硫酸铵贮槽；5—混合槽；6—贮槽；7—中和槽；8—氧化塔；9—空压机；10—母液槽；11—结晶槽；12—沉降槽；13—离心分离机；14—冷却器

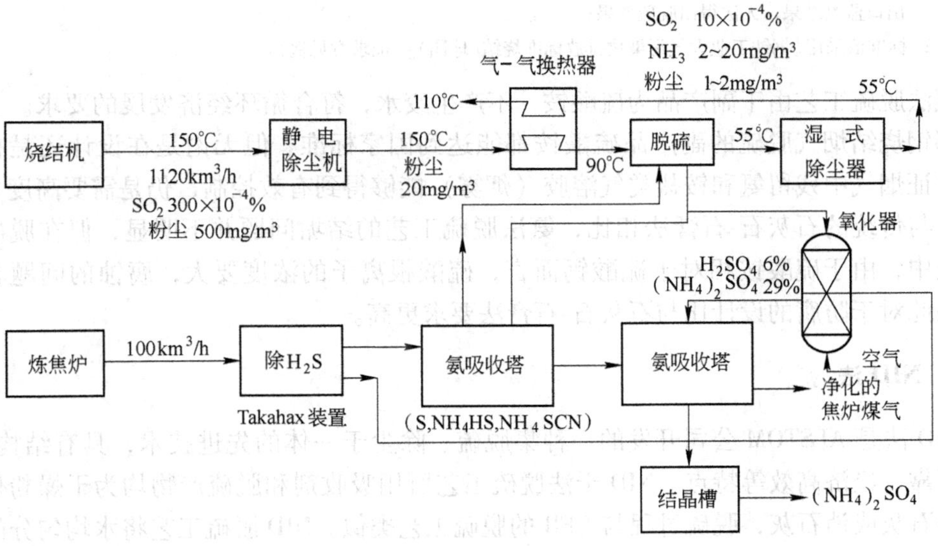

图 3-28 氨水吸收-硫酸铵回收法工艺实例

（图中 m^3/h 为标态）

30% ~40% 的除尘效率及 30% 的脱硝效率。

根据美国空气产品和化学品公司（APCI）20 世纪 70 年代的研究，形成亚硫铵气溶胶的必要条件为：$P_{SO_2} \times P_{NH_3} \times P_{H_2O} \geqslant K_{NH_4HSO_3}$。在通常烟气条件下，吸收循环液浓度控制在 10% ~16%，排烟温度平衡在 45 ~60℃，并通过分级吸收，外排净烟气不会达到形成气溶胶的条件。经过检测，柳钢脱硫塔运行中氨损小，在脱硫效率达 99% 时，出口氨的质量浓度仅 4mg/m^3，无气溶胶产生。

2007 年邢钢烧结厂新上 198m^2 烧结机一台，也采用了氨水吸收-硫铵回收法（简称氨法）对烧结机尾气脱硫，氨水来自焦化厂。试运行期间测试结果见表 3-16。

表 3-16 邢钢烧结厂 198m² 烧结机氨法脱硫系统测定结果

项 目	单 位	设计值	实测值	标准值
烟气量(湿基)	m^3/h	337000	107000	—
烟气量(干基)	m^3/h	—	78040	—
标态干烟气量	m^3/h	—	55600	—
SO_2(湿)	mg/m^3	—	159.7	—
SO_2(干)	mg/m^3	—	162.5	—
SO_2(折算)	mg/m^3	100	88.1	100
SO_2 排放率	g/h	—	10.5	—
烟气流速	m^3/h	—	12.8	—
烟气出口温度	℃	55	90	—
烟气压力	Pa	—	-337.5	—
粉尘质量浓度	mg/m^3	50	32	50
硫铵产量	t/h	1.5	0.45	

注：1. 由于采取总量控制，所以在脱硫塔前部没有安装 SO_2 监测仪表，只在烟气出口装设了 SO_2 在线装置，故只有出口监测结果，无法得出脱硫效果；
2. 标准值采用《钢铁工业大气污染物排放标准烧结(球团)》(征求意见稿)。

氨法脱硫工艺由于副产品为硫酸铵，不产生废水，符合循环经济发展的要求。上述柳钢和邢钢烧结烟气脱硫的副产品硫酸铵都能达到国家标准。但无论是在设计还是在操作中，保证烟气中残留氨和铵盐类气溶胶（烟雾）能够得到有效控制，仍是需要高度关注的问题。与传统的石灰石-石膏法相比，氨法脱硫工艺的结垢问题并不明显，但在脱硫系统的溶液中，由于硫酸铵相对于硫酸钙而言，硫酸根离子的浓度要大，腐蚀的问题相对严重，因此对于防腐的设计比与石灰石-石膏法要求更高。

3.5.4 NID 法

NID 法是 ALSTOM 公司开发的一种集脱硫、除尘于一体的先进技术，具有结构紧凑、运行可靠、经济高效等特点。NID 干法脱硫工艺所用吸收剂和脱硫产物均为干燥粉体、吸收剂为石灰或消石灰，脱硫过程与 CFB 的脱硫工艺类似。NID 脱硫工艺将水均匀分配到循环灰粒子表面，在一体化的增湿器中加水增湿使循环灰的水分含量从 2% 增加到 5%，然后以流化风为动力借助烟道负压进入截面为矩形的脱硫反应器。在 2s 内，被消化的石灰与二氧化硫反应生成亚硫酸钙。吸收剂水分的蒸发使反应器中热烟气温度在极短的时间内从 160℃左右降低到 70℃左右，烟气相对湿度增加到 40% ~50%，形成了最佳的脱硫反应环境，从而大大缩短烟气在反应器中所需的停留时间。未反应的吸收剂进入除尘器被收集下来，进行二次反应（使用布袋除尘器效果好）。收集下的吸收剂与通过消化器补充的新鲜吸收剂在混合/增湿装置中调湿后循环使用。NID 装置由烟道反应器、除尘器、混合增湿器、脱硫剂添加和再循环系统、副产品处理以及操作控制等 6 个子系统组成。典型的 NID 装置采用袋式除尘器，也可用电除尘器。NID 工艺有其独特的优点：（1）脱硫效率高，可达 90% ~95%；（2）吸收剂利用率高；（3）占地面积小，投资及维修费用低；

(4) 启停方便，负荷跟踪特性好；(5) 无污水排放，烟气可以不加热；(6) 可脱除 SO_3、氯化物和氟化物，对现有烟囱腐蚀小。图 3-29 是 NID 法的工艺流程示意图。

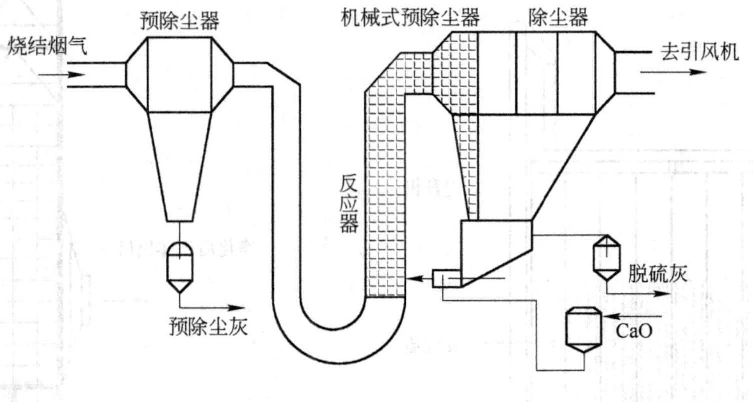

图 3-29 NID 法的工艺流程示意图

迄今在烧结厂已经建成运行的 NID 装置有：法国的 Sollac/Fos 公司的烧结烟气脱硫，处理烟气量（标态）为 70 万 m^3/h。

3.5.5 LEC 法

LEC 是 20 世纪 90 年代兴起的脱硫技术之一。该技术经过实验室试验、中间试验和工业化应用的检验和完善，在法国南部的 Perpignan、意大利北部 Sesto San Giovanni、意大利南部的 Taranto 烧结厂已有成功案例。美格爱科环保科技有限公司 2006 年下半年将该技术引入我国，目前正在国内进行推广。

LEC 脱硫技术是一种干/湿/干的半干法脱硫技术，同时具有湿法和干法的所有优点，即 LEC 脱硫塔内的反应过程是湿状态的，脱硫效率高；而反应副产物是干状态的，副产物无论是二次利用还是堆放都易于处理。

商业化运行的 LEC 反应塔是由多个大小相同、容量相等的反应室构成的净化器。每个反应室中装满 12～15mm 大小的石灰石颗粒，同时反应室的顶部和侧面中上部设有洒水喷头定时定量的向石灰石颗粒表面洒水，石灰石的表面覆盖一层薄薄的水膜，当烟气均匀的流过每个反应室的过程中，强迫与覆盖着水膜的石灰石颗粒接触，并立即被扩散入水膜与石灰石发生反应。化学吸收反应的总方程式如下：

$$CaCO_3 + SO_2 + \frac{1}{2}H_2O = CaSO_3 \cdot \frac{1}{2}H_2O + CO_2 \quad (3\text{-}44)$$

$$CaSO_3 \cdot \frac{1}{2}H_2O + \frac{1}{2}O_2 = CaSO_4 \cdot \frac{1}{2}H_2O \quad (3\text{-}45)$$

随着烟气中 SO_2 与吸收剂反应的进行及石灰石床的向下移动，反应副产物石膏在石灰石表面结了一层硬壳。净化后的烟气经反应塔烟气出口由烟囱排入大气，而石灰石颗粒及表面覆盖着的副产物在螺旋输送机的作用下向下移动，下移过程中颗粒间相互挤磨，硬壳脱落；同时由于下部水量小，烟气的热量使副产物中的水分蒸发至约 5%，然后经过筛分器筛分后，将石灰石和剥落的石膏硬壳分离，再生后的石灰石颗粒由螺旋输送机循环送入反应塔继续脱

除 SO_2 的反应。整个反应塔及塔内的烟气与吸收剂的接触情况如图 3-30 ~ 图3-32所示。

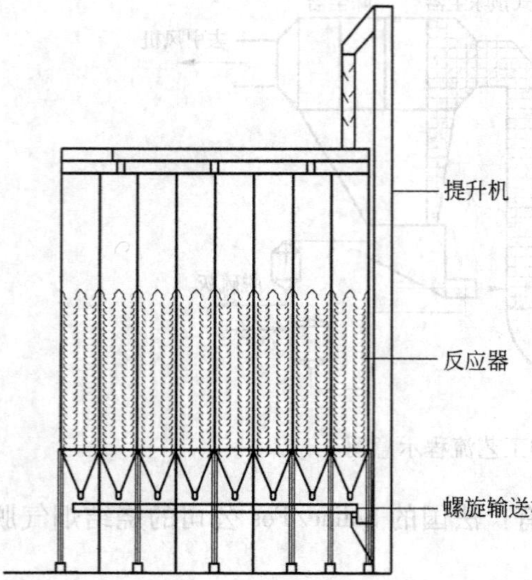

图 3-30　LEC 反应塔正面剖视图
（16 个反应室，8 个灰斗）

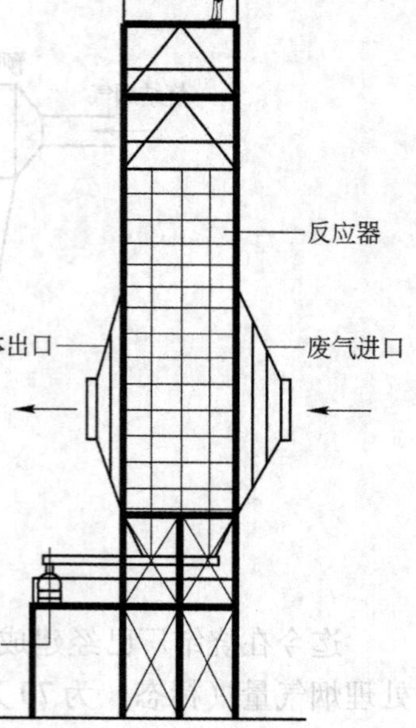

图 3-31　LEC 反应塔侧面视图

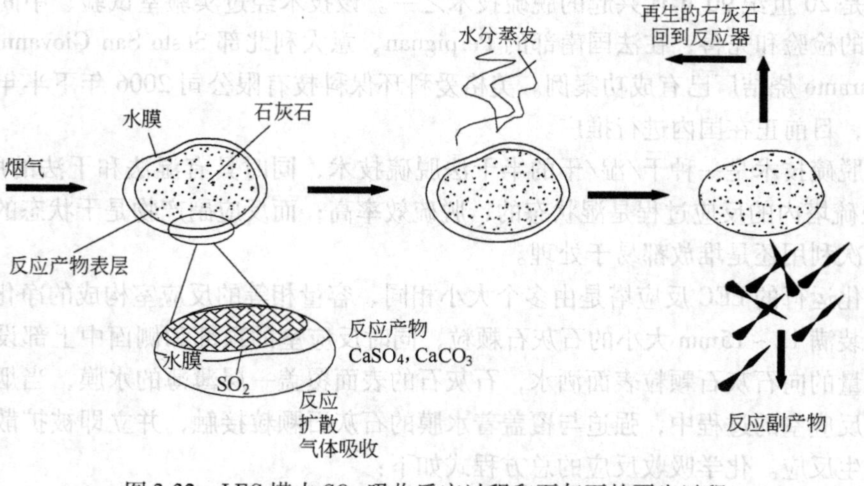

图 3-32　LEC 塔内 SO_2 吸收反应过程和石灰石的再生过程

LEC 方法的脱硫效率可达 95%，吸收剂易于获得且利用率高，对原有烟气系统影响小，对机组的运行方式适应性强。工艺简捷，易于操作、占地面积小、可靠性高、有一定除尘效果。LEC 烟气脱硫工艺所用吸收剂为石灰石石子，对周围环境及人员的操作无特殊要求。设置了收尘系统处理在筛分时出现的扬尘，不会对周围环境大气造成粉尘污染；副产物是干态石膏，可二次利用，没有废水排放；脱硫塔内烟气流速低，没有噪声污染。

3.5.6　西门子-VAI 的 MEROS 工艺

在该工艺中，烧结尾气中所含的酸性气体、有毒重金属、有机物（包括二恶英）经过有限的步骤被脱除到通常的尾气处理难以达到的很低的程度。经过 2005~2007 年两年的扩大试验，其技术经济指标得到证实。Voestalpine Stahl 安装了世界第一套 MEROS 烧结尾气处理系统，2007 年 8 月投入运行。MEROS 工艺是一种干式工艺，工艺步骤如下：吸收剂喷入烧结尾气流；烧结尾气在反应器中进行调节后在脉冲袋式除尘器除尘；部分除尘灰返回烧结尾气流中循环；净化的尾气通过增压风机排放。试验装置的尾气处理效果是：排气含尘量（标态）小于 $5mg/m^3$；重金属（Hg，Pb，Cd，Tl，As，Se，Cr，Cu）去除率大于95%；二恶英（PCDD/F）去除率为 95%~98%（排气中二恶英 $<0.1ng/m^3$ TEM；酸性气体（HCl/HF）去除率大于 90%；挥发性有机物（VOC's）去除率约为 99%；用熟石灰的脱硫率为 90%；用小苏打的脱硫率大于 90%（取决于工艺参数，如气体温度）。

3.5.7 循环流化床法烧结烟气脱硫工艺

20 世纪 80 年代中期，德国 LLB（Lurgi Lentjes Bischoff）公司在原来用于炼铝等尾气处理技术的基础上，开发了适用于电站锅炉的烟气循环流化床脱硫工艺（Circulating Fluidized Bed—Flue Gas Desulfurization，简称 CFB—FGD）。目前，烟气循环流化床脱硫工艺已达到工业化应用的主要有三种工艺流程：（1）德国 LLB 公司开发的烟气循环流化床脱硫工艺（CFB）；（2）德国 Wulff 公司的回流式烟气循环流化床脱硫工艺（RCFB）；（3）丹麦 F. L. Smith 公司研究开发的气体悬浮吸收烟气脱硫工艺（GSA）。

在空气预热器和除尘器之间安装循环流化床系统，烟气从流化床反应器下部布风板进入反应器，与消石灰颗粒充分混合，SO_2、SO_3 及其他有害气体，如 HCl、HF 等与消石灰发生反应，生成 $CaSO_3 \cdot 1/2H_2O$、$CaSO_4 \cdot 1/2H_2O$ 和 $CaCO_3$ 等。反应器内的脱硫剂呈悬浮的流化状态，反应表面积大，传热/传质条件很多，且颗粒之间不断碰撞、反应。随后夹带着大量粉尘的烟气进入除尘器中，被除尘器收集下来的固体颗粒大部分又返回流化床反应器中，继续参加脱硫反应过程，同时循环量可以根据负荷进行调节。由于脱硫剂在反应器内滞留时间长，因此使得脱硫效果和吸收剂的利用率大大提高。另外，工业水用喷嘴喷入反应器下部，以增加烟气湿度降低烟温，从而提高了脱硫效率。循环流化床烟气脱硫系统主要包括给料系统、反应器系统、物料循环系统、喷水系统、旁路烟道。其工艺流程如图 3-33 所示。

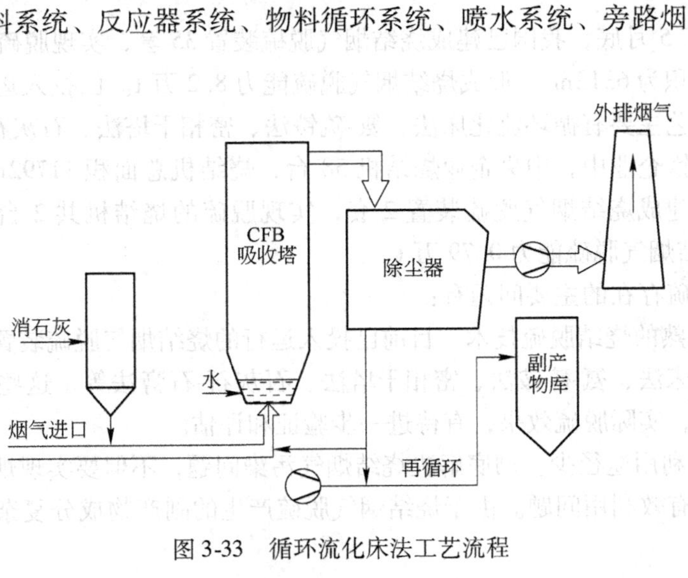

图 3-33 循环流化床法工艺流程

福建龙净公司在引进德国 LLB 公司脱硫技术，为福建三钢闽光股份有限公司 2 号 180m² 烧结机机头烟气脱硫设计了干法脱硫工艺，吸收剂为生石灰，根据干法脱硫工艺对吸收剂品质的要求，其粒度应不大于 1mm；纯度（CaO 含量）应不小于 70%；生石灰消化速度（t_{60}）应小于 4min。烧结机出口烟气参数和脱硫装置设计参数分别见表 3-17、表 3-18。该装置自 2008 年 10 月开始运行，效果良好，脱硫率大于 91%，最高达 98%，SO_2 平均排放质量浓度小于 400mg/m³（最低小于 100mg/m³），粉尘排放质量浓度小于 50mg/m³。

表 3-17　烧结机出口烟气参数

参　数	设计参数值	参　数	设计参数值
FGD 入口烟气温度/℃	120～180，最高 240	入口烟气成分	
FGD 入口烟气相对压力/Pa	－500	水蒸气/%	10～15
FGD 入口粉尘质量浓度（干标）/mg · m⁻³	50	SO_2 的质量浓度（干标）/mg · m⁻³	5000
FGD 入口烟气量（湿标）/m³ · h⁻¹	530000×0.55	年运行时间/h	7500

表 3-18　脱硫装置有关设计参数

项　目	设计参数值	项　目	设计参数值
保证脱硫率/%	90	脱硫装置耗水量/t · h⁻¹	19.4
SO_2 入口质量浓度/mg · m⁻³	5000	生石灰粉耗量/t · h⁻¹	2
SO_2 出口质量浓度/mg · m⁻³	400	脱硫灰产量/t · h⁻¹	3.6
排尘质量浓度/mg · m⁻³	50	系统可用率/%	98
Ca/S	1.3	脱硫装置漏风率/%	≤5
脱硫装置的压降/Pa	3800	设备的噪声/dB(A)	≤85
排烟温度/℃	75	系统寿命/a	30
电机功率（含增压引风机）/kW	1056		

3.5.8　烧结烟气脱硫的成绩与存在的问题

截至 2009 年 5 月底，我国已建成烧结烟气脱硫装置 35 套，实现脱硫的烧结机共计 40 台，烧结机总面积为 6312m²，形成烧结烟气脱硫能力 8.2 万 t。已投入运行的烧结烟气脱硫装置采用的工艺主要有循环流化床法、氨-硫铵法、密相干塔法、石灰石-石膏法等。

我国现有钢铁企业中，中央企业烧结机 58 台，烧结机总面积 11792m²。截至 2008 年底，中央企业已建成烧结烟气脱硫装置 2 套，实现脱硫的烧结机共 2 台，烧结机总面积 675m²，形成烧结烟气脱硫能力 0.79 万 t。

烧结烟气脱硫存在的主要问题有：

（1）缺乏成熟的烧结脱硫技术。目前已投入运行的烧结烟气脱硫装置采用的脱硫工艺主要有循环流化床法、氨-硫铵法、密相干塔法、石灰石-石膏法等，这些工艺在我国处于研发和试用阶段，实际脱硫效果，有待进一步验证和评估。

（2）副产物利用途径少。彻底解决烧结烟气污染问题，不但要实现烟气高效脱硫，还要解决副产物的有效利用问题。由于烧结烟气脱硫产生的副产物成分复杂，目前还缺乏有效的利用途径。

（3）脱硫装置投资大、运行费用高。烧结脱硫装置投资约占烧结机投资的20%～50%，吨烧结矿脱硫运行成本5～14元。投资大、运行成本高是制约安装脱硫装置的重要因素。

（4）有效监管不够。大多数钢铁企业没有安装烧结烟气在线监测设备，对钢铁企业烧结排放二氧化硫的监管主要采用间断的监测方式，无法对排放二氧化硫浓度及总量准确监控。

3.6 SO_2 排污权交易

排污权交易简而言之，就是把排放污染物的权利拿到市场上去公开买卖。假定A企业治理1t二氧化硫的污染需耗费1000元，B企业需要耗费2000元。如果B企业以1500元/t的价格从A企业购买排污权，即相当于A企业替B企业治理污染。那么和B企业的治理成本相比，节省了500元，而对于A企业来说，额外获得500元的收入。双方都会乐于促成这笔交易。二氧化硫的排放指标在我国已开始成为合法交易的商品，迄今为止已有25000t二氧化硫的排放权在我国四省三市进行了交易，交易额超过2000万元。“排污权交易机制”是指在政府对污染排放进行总量限定的情况下，允许污染排放量大的企业向污染排放量小的企业购买排放指标，这样，生产工艺更环保的企业就可以在市场上获得更多的收益，而环境保护则从单纯的政府强制行为变成企业经营决策的一部分。2003年，南京下关电厂与江苏太仓港环保发电有限公司签署了中国第一个二氧化硫排放权协议。“江苏太仓”于2003年7月至2005年每年从“南京下关”购进1700t的排放指标，支付交易费170万元。达成这笔交易的关键就在于“南京下关”率先进行了烟气脱硫系统改造，它的年实际排污量比环保部门核定的总量指标减少了3000t，而没有安装该设备却计划投产的“江苏太仓”年排放量却超过标准2000t左右。

这一机制的特殊之处在于它化解了经济发展与环境保护的矛盾，从经济学的视野解决了社会问题。卖方要按期提供富余指标，必须注意保证设备的质量，而买方必须设法减少排放量，以削减生产成本。

排污权交易制度最初由美国于1970年付诸实施。迄今为止，美国企业已累计减少二氧化硫排放800万t。目前，美国市场上的二氧化硫排污权年交易量为3500万t，交易价格在每吨400美元左右。为推动这一产业的发展，一个排污权交易期货市场正在酝酿之中。

3.7 NO_x 防止技术

NO_x 都是物质燃烧过程中产生的。钢铁工业中有烧结机、焦炉、热风炉、加热炉和锅炉等种类多、数目也大的 NO_x 发生源；主要的发生源是烧结机、焦炉和锅炉。使用的燃料有焦炉煤气、高炉煤气、转炉煤气、液化天然气、液化石油气、重油和焦炭等多种气、液、固态燃料。所以钢铁企业 NO_x 发生的要因多种多样，需要根据设备、NO_x 发生的机理、降低 NO_x 的效果和经济性来考虑防止 NO_x 的对策。图3-34给出了钢铁企业防止 NO_x 的对策。

根据 NO_x 的生成机理以及其生成动力学，抑制 NO_x 的发生应该遵从下列原理：用含有机氮低的燃料；控制燃烧区域低氧分压；缩短燃气在高温区域停留时间；降低燃烧温

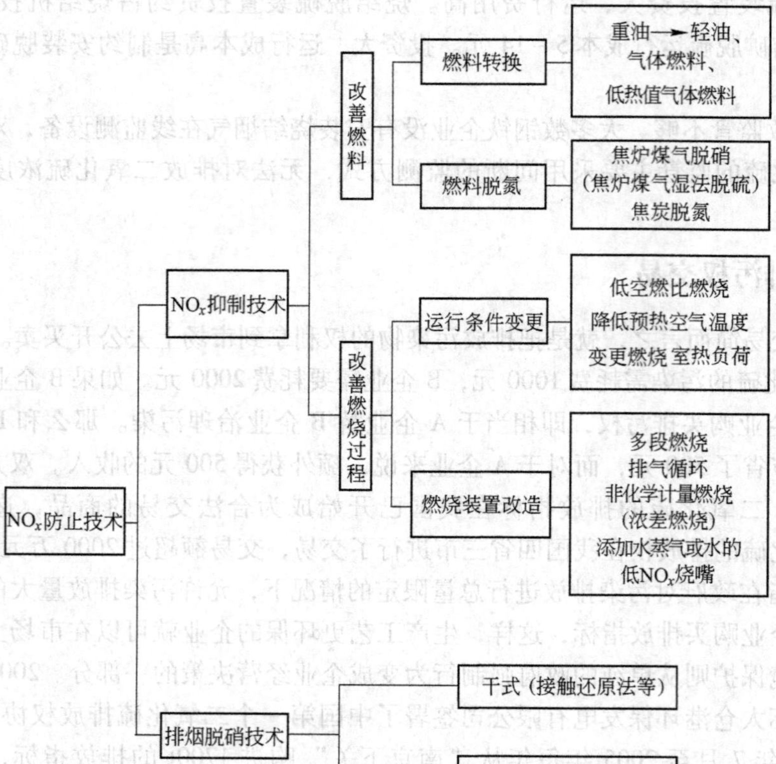

图 3-34　钢铁企业防止 NO_x 的对策

度，特别是防止局部区域温度过高。根据以上原理之一或其组合，可以减轻 NO_x 的发生。但是过度强调降低 NO_x 的情况下，粉尘、CO 的产生有可能恶化，应该引起注意。

低 NO_x 烧嘴有混合促进型、火焰分割型、自循环型、阶段燃烧组合型等。此处介绍自循环型烧嘴。开发这种烧嘴的目的是使液体和气体燃料在低化学计量比下燃烧，得到还原性气体。开发的自循环型烧嘴利用空气的喷射效果使燃烧室的气体通过再循环路径在混合室内与高温燃气形成再循环，如图 3-35 所示。还有多种改良型烧嘴已经实用化。

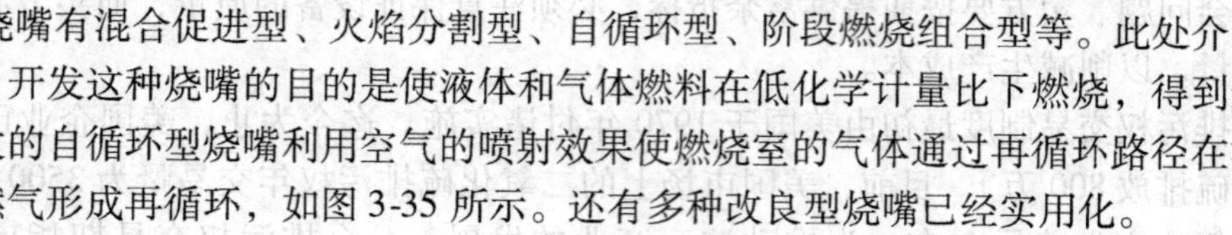

图 3-35　自循环型低 NO_x 烧嘴

3.7.1　烧结尾气脱硝技术

德国（TA Luft）2002 关于钢铁行业烧结厂的排放控制要求 NO_2 为 $400mg/m^3$。英国钢

铁工业 NO_x 实际排放水平为 200 ~ 310mg/m^3。国外也有过 NO_x 浓度达到 700mg/m^3 的报道，排放浓度差异很大。

发达国家对 NO_x 污染的研究起步较早，已有相应的控制技术在工业上得到应用。我国在火电行业有脱除烟气中 NO_x 的环保措施，国内烧结（球团）厂对 NO_x 排放还没有任何治理措施。多数企业没有对 NO_x 进行常规监测。部分企业烧结（球团）烟气中 NO_x 排放质量浓度在 117 ~ 292mg/m^3 之间，由于样本数太少，不能反映实际排放水平。在烧结烟气脱硝方面还是空白。日本和欧洲普遍采用选择性催化还原系统（SCR），其氮氧化物去除率达 60% ~ 80%。美国则采用选择非催化还原系统（SNCR）的改进系统，使氮氧化物去除率提高到 80%。

目前国际上应用比较多的方法有：选择性催化还原法脱硝技术（SCR）和选择性非催化还原法脱硝技术（SNCR）。

日本在 1970 年代就开始了氨选择接触还原法脱硝的研究，1975 年开发了活性炭法脱硫脱硝技术。活性炭法可同时脱硫脱硝，这是因为活性炭在氨的存在下具有脱硝的能力。活性炭法脱硝的效率为 15% ~ 40%。

现在实用化的钢铁业脱硝技术就是氨选择接触还原法，SCR 烧结脱硝设施在日本有 7 套，在美国有 3 套，在我国的台湾有 3 套。在日本的设置状况见表 3-19。

表 3-19　氨选择接触还原法尾气脱硝技术在日本的设置情况

公　司	设　备	启动时间	处理能力（标态）/$m^3 \cdot h^{-1}$	NO_x/%	
				入　口	出　口
A	烧结机	1975	762，000	0.030	0.003
B	焦　炉	1976	500，000	0.020	0.002
C	焦　炉	1977	104，000	0.015	0.003
D	烧结机	1979	1，320，000	0.020	0.004

3.7.2　氨选择接触还原法

该方法的原理是向烧结排气中注入氨气，在催化剂作用下把 NO_x 还原为 N_2 和 H_2O。

基本反应：

$$4NO + 4NH_3 + O_2 \longrightarrow 4N_2 + 6H_2O \tag{3-46}$$

$$NO + NO_2 + 2NH_3 \longrightarrow 2N_2 + 3H_2O \tag{3-47}$$

烧结排气的 NO_x 几乎都是 NO，脱硝反应的最适宜温度为 300 ~ 400℃，受烧结排气中 O_2 浓度的影响，脱硝效率能达 80%。尽管氨的价格稍高，但是即使在烧结尾气的低 O_2 浓度下氨也能与 NO_x 选择性地反应，所以该工艺选择氨为还原剂。

该尾气脱硝系统由催化剂、脱硝反应器（置放催化剂）、氨气注入装置、氨气供给装置、氨气注入控制装置构成。

在含氧气氛下，还原剂优先与废气中 NO_x 反应的催化过程称为选择性催化还原。催化剂是脱硝装置中最重要的。催化剂可以是金属类或碳基类，也有以氧化铝、硅石和二氧化钛等做载体的贵金属钯或铂，或添加 V_2O_5 和 WO_3 等活性成分，也有用 $CuSO_4$-Al_2O_3 和

$Fe_2O_3[FeSO_4\text{-}Fe_2(SO_4)_3]\text{-}Al_2O_3$ 等做催化剂。根据不同的催化剂采用不同的还原温度，当烟气温度低于催化剂的反应温度时，催化剂的活性低，脱硝效率就低；当烟气温度高于反应温度时，会产生副反应，同时会加速催化剂的老化。

为防止粉尘堵塞和气体压力损失，催化剂的形状采用蜂窝状或板状。

脱硝反应器的结构如图 3-36 所示。反应器一般是箱式的，多数的催化剂块装入钢制的篮子中，这些装了催化剂的钢制篮子在反应器中以某种形式堆积起来，为定期检查方便，催化剂层多是 2～3 层为一格分开放置。为防止烧结尾气闭塞或偏流，提高脱硝反应的效率，应采用使气体并行流动的催化剂堆积形式；粉尘含量高时，可采用纵形反应器，但需要确定适当的气体流速或设置鼓风机以防止粉尘堆积。

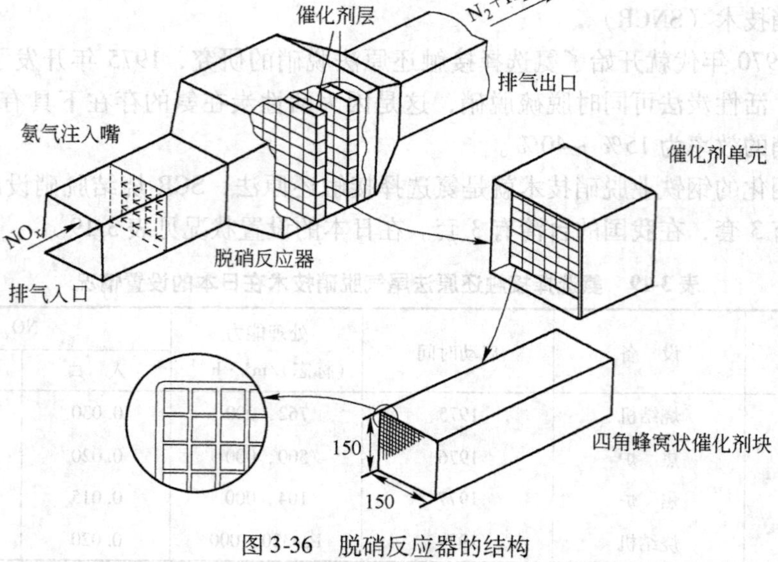

图 3-36 脱硝反应器的结构

氨气注入是用空气将氨气稀释到一定的浓度均匀注入烧结尾气中，稀释浓度要考虑氨气的爆炸限。氨气注入嘴的配置、个数、大小以及形状要通过试运转进行调解、确定。氨气在购入、贮藏气化和使用过程中要注意相关的安全法规。

氨气注入的控制装置根据脱硝装置入口气体流量（Q）、NO_x 浓度 $\varphi(NO_x)$、NH_3/NO_x 摩尔比 K 确定 NH_3 注入量 W：

$$W = Q \cdot \varphi(NO_x) \cdot K \tag{3-48}$$

一般按出口 NO_x 浓度一定为控制目标实行控制。图 3-37 为 1977 年投入使用的日本某厂烧结尾气脱硫脱硝处理设备，脱硫方式是湿式石灰-石膏法，脱硝方式即为氨选择接触还原法。

以 NH_3 作还原剂、$V_2O_5\text{-}TiO_2\text{-}WO_3$ 体系为催化剂来消除尾气中 NO_x 的工艺已比较成熟，是目前唯一能在氧化气氛下脱除 NO_x 的实用方法。SCR 的化学反应主要是 NH_3 在一定的温度和催化剂的作用下，把烟气中 NO_x 还原为 N_2，同时生成水。催化的作用是降低 NO_x 分解反应的活化能，使其反应温度降低至 150～450℃之间。催化剂的外表面积和微孔特性很大程度上决定了催化剂的反应活性。在没有催化剂的情况下，这些反应只能在很窄

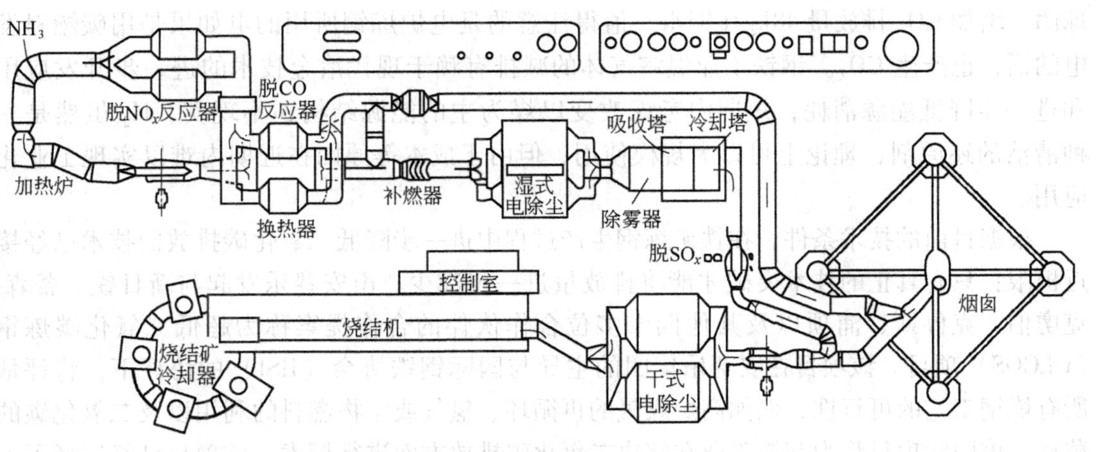

图 3-37 烧结厂烟气脱硫脱硝除尘处理设备示例

的温度范围内（980℃左右）进行。

3.7.3 选择性非催化还原法

选择性非催化还原法（SNCR）是一项比较成熟的技术，1974 年在日本首次投入商业应用。SNCR 法是在 900～1100℃温度范围内，无催化剂存在，氨或尿素等氨基还原剂选择性地把烟气中的 NO_x 还原为 N_2 和 H_2O，基本上不与烟气中的氧气作用。适宜的温度区间选择在 SNCR 法的应用中是至关重要的。对于氨，最佳反应温度区域为 870～1100℃，尿素最佳的反应温度区域为 900～1150℃。

3.8 降低 CO_2 排放量与固定 CO_2 的措施

3.8.1 降低 CO_2 排放量

工业化时代仅仅约 200 年的时间，人类活动给全球带来了一系列重大环境问题。在过去的一个多世纪里，由于矿物燃料的燃烧和森林的砍伐，大气中的 CO_2 含量已经增加了 25%，CH_4 的含量已经增加了 1 倍，NO_x 也增加了 1/3。

在钢铁生产过程中，碳通常既作为铁矿石的还原剂又作为热源将反应物加热到技术和经济都合理的温度。目前钢铁生产的温室气体主要是来自以煤为主的能源消耗所产生的，在多种温室气体中，最终外排量以 CO_2 占绝对多数。图 3-38 给出了一个典型的长流程钢铁厂的 CO_2 排放，标明了生产 1 吨热轧板卷所需的含碳原料输入和 CO_2 排放（kg/t）以及在各部分尾气中 CO_2 的体积分数。

在一定的操作条件下，用长流程生产一吨钢产生约 2000kg CO_2，生产操作条件不同，排放量会有不同，高炉的 CO_2 排放量占整个炼钢厂的 69%。高炉的反应过程里热力学平衡的极限仅有 5%，过去 40 年来，发达国家钢铁工业的 CO_2 排放量已经削减了 50%～60%，其钢铁联合企业的节能潜力仅有 10%左右。

对所有钢铁生产流程 CO_2 排放的模拟研究结果表明，CO_2 排放主要与使用铁水或生铁的量有关，其次是发电的用碳量。当高炉采用 DRI，转炉采用废钢时，CO_2 排放量稍低，喷煤对 CO_2 排放量影响不大，用生球团代替烧结矿时 CO_2 排放量稍有增加，每使用 100kg

球团，增加 CO_2 排放量 48kg/t 钢水。值得注意的是电炉炼钢所用的电如果是用碳燃料发电的话，也产生 CO_2。钢铁工业温室气体的减排有赖于现代冶金技术的进一步开发应用和进一步降低能源消耗，短期内考虑改变以煤为主的能源结构还不现实。H_2 虽然是一种清洁的还原剂，理论上可以大规模使用，但由于成本等原因在近期内难以实现工业化应用。

根据目前的技术条件，在铁矿炼钢生产过程中进一步降低二氧化碳排放的技术已经接近极限：只有真正的技术突破才能将排放量进一步减少。由安赛乐发起与新日铁、蒂森-克虏伯、克鲁斯、浦项以及其他四十多位合作伙伴的合作提案称为超低二氧化碳炼钢（ULCOS）项目。该项目在安赛乐集团的主导与国际钢铁协会（IISI）的协调下，将评估所有炼钢工艺的可行性，例如高炉煤气的再循环、氢气或生物燃料的利用以及二氧化碳的载存，该国际项目将为钢铁工业在解决二氧化碳排放方面进行探索。该项目已经选择了六个方向作为进一步研究和产业化的对象。其中之一是可以进行煤气循环的高炉（Top Gas Recycling BF）。图 3-39 给出了具有煤气循环的高炉（TGR-BF）的钢铁厂的 CO_2 排放，与一般的高炉相比（图 3-38），采用煤气循环利用的高炉将使整个钢铁厂的 CO_2 排放降低 65%，排放出来的高炉煤气中 CO_2 被富集到 35%，比通常的高炉煤气的 CO_2 浓度高出许多，富集的 CO_2 可以采取措施固定并保存。

针对我国钢铁生产发展的特点，一方面加快采用高新技术的改造和不断优化生产流程，提高能源利用效率和加大二次能源的回收利用，是我国钢铁工业温室气体减排的主要途径，此外应积极着手开展废气中 CO_2 的处置回收利用；另一方面，按照材料整个寿命周期的观点来看，不断提高钢铁材料的性能和使用寿命，以少胜多，也可以实现节能和 CO_2 减排。

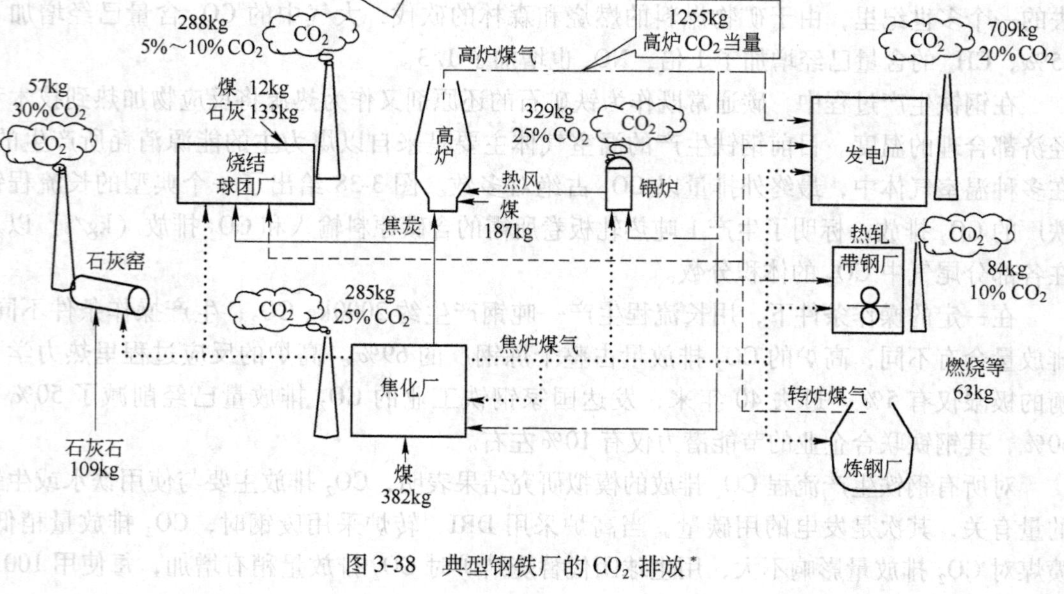

图 3-38　典型钢铁厂的 CO_2 排放*

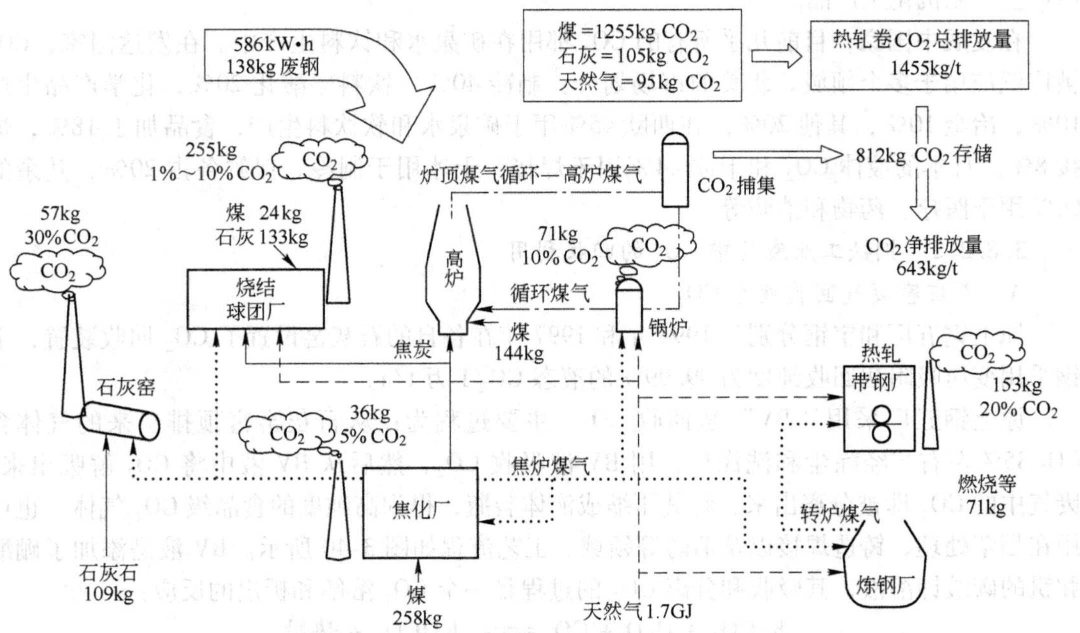

图 3-39 具有煤气循环的高炉（TGR-BF）的钢铁厂的 CO_2 排放*

* Jean-Pierre BIRAT, Steel and CO_2-the ULCOS Program, CCS and Mineral Carbonation using Steelmaking Slag, 1st International Slag Valorisation Symposium, Leuven, Belgium, 6-7/4/2009, 15 ~ 26

3.8.2 二氧化碳资源化

3.8.2.1 二氧化碳资源化及其发展前景

近年来人们认识到除减少使用化石燃料或使用低碳的化石燃料替代高碳化石燃料，以及节约能源、提高能源利用效率之外，分离、回收和利用或处置 CO_2 也是实现减排的一个重要途径。目前大量减少化石燃料，特别是煤炭的使用还面临着各种复杂问题和困难，但分离、回收和利用或处置 CO_2 可在不减少化石燃料利用的条件下实现减排。利用 CO_2 既可以减轻对气候变化的影响，又能为人类生产所需产品，有很大的社会和经济效益。

A CO_2 的物理应用

CO_2 的物理应用是指在使用过程中，不改变 CO_2 的化学性质，仅把 CO_2 作为一种介质。例如用固态 CO_2 干冰作制冷剂进行食品保鲜和储存；作饮料添加剂；做灭火剂等，还可以用于气体保护焊；在低温热源发电站中作工作介质；作为抑爆充加剂。液体 CO_2 和干冰还可用作原皮保藏剂、气雾剂、驱虫剂、驱雾剂；碱性污水中和剂，含氰污水解毒剂；作为水处理的离子交换再生剂。干冰还可用于轴承装配、燃料生产、低温试验等。近年来，国外对干冰的应用发展迅速，新开拓的应用领域有以下五种：木材保存剂、爆炸成形剂、混凝土添加剂、核反应堆净化剂、冶金操作中的烟尘遮蔽剂。

B 二氧化碳的化学利用

CO_2 在应用过程中改变化学性质，构成新的化合物，随着化合物的寿命不同，最终 CO_2 还会返回大气中，但却可大大降低 CO_2 的排放速度。二氧化碳的化学利用包括：CO_2 用于水处理过程；用 CO_2 作碳源合成新的有机化合物；作原料纸张的添加剂和颜料；用

CO_2 生产无机化工产品。

在发展中国家，目前几乎所有的 CO_2 都用在矿泉水和饮料生产中。在发达国家，CO_2 被广泛应用于多个领域。北美的市场划分：制冷 40%，饮料碳酸化 20%，化学产品生产 10%，冶金 10%，其他 20%。在西欧 45% 用于矿泉水和软饮料生产，食品加工 18%，焊接 8%。日本的液体 CO_2 和干冰 44% 用于焊接，干冰用于制冷、保鲜各占 20%，其余的 60% 用于医疗、药物和消防等。

3.8.2.2　钢铁工业废气中 CO_2 的回收利用

A　石灰窑废气回收液态 CO_2

原上钢五厂和宝钢分别于 1994 年和 1997 年在各自的石灰窑设置了 CO_2 回收装置，宝钢采用变压吸附法回收纯度为 99.99% 的液态 CO_2 1 万 t/a。

原上钢五厂采用"BV"法回收 CO_2。主要过程为：从石灰窑窑顶排出来的气体含 CO_2 35% 左右，经除尘和洗涤后，用 BV 液吸收 CO_2，然后从 BV 液中将 CO_2 解吸出来。废气中的 CO_2 即被分离出来，将其压缩成液体装瓶，得到高纯度的食品级 CO_2 气体，也可用在烟草处理、铸造焊接以及消防等领域。工艺流程如图 3-40 所示。BV 液是添加了硼酸和钒的碳酸钾溶液，其吸收和分离 CO_2 的过程是一个 CO_2 溶解和析出的反应：

$$K_2CO_3 + H_2O + CO_2 \xlongequal{} 2KHCO_3 + \text{热量}$$

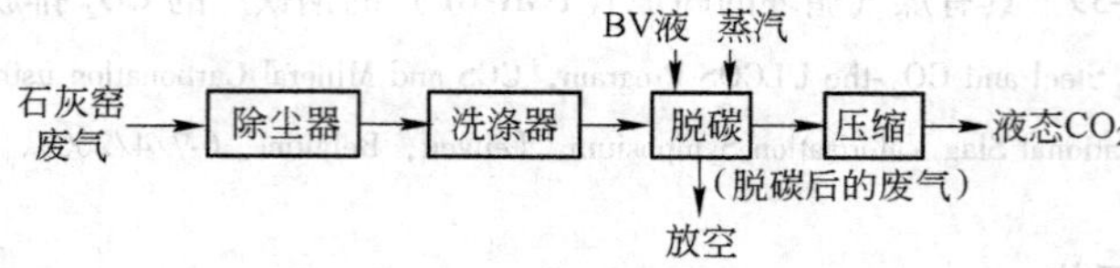

图 3-40　"BV"法回收 CO_2 工艺流程

该工艺可以回收 90% 以上的石灰窑窑顶废气，每年可生产 5000t 液态 CO_2。年消耗 BV 液 960kg、蒸汽 1.6 万 t、电 60 万 kW · h、水 7.5 万 m^3。

B　转炉钢渣吸收 CO_2 制作人工礁（海洋砌块）

日本 JFE Steel(由原 NKK 钢铁公司和川崎制铁合并而成)发明了用钢渣吸收 CO_2 并使之成形为立方体置于海中成为人造礁石的技术,他们把这种制品命名为"Marine Blocks"。其制造方法是:向钢渣中加适量的水,然后置于密封的模具中,从模具底部以一定的压力喷入 CO_2 气体,碳酸化反应从渣块的底部开始,逐渐向上进行,经过一定的时间即可得到"海洋砌块"。各种废气都可以用作 CO_2 的气源,为防止含水渣的干燥,喷入的气体要被水蒸气饱和。砌块的尺寸是 1m×1m×1m,如图 3-41 所示。碳酸化的渣块的显微结构如图 3-42 所示,CO_2 气体进入渣粒之间的联通孔隙并沿着气体的路径将渣粒碳酸化,这样渣粒被 $CaCO_3$ 覆盖并且彼此之间紧密地结合到一起,这些联通孔隙在渣块中是均匀分布的。与混凝土砌块不同,由于这样的微观结构,渣块浸入海水中不显强碱性。渣块的碳酸化率几乎是均匀的。渣块的孔隙率是 25%,密度是 2.4g/cm^3,与混凝土相近,抗压强度 19MPa。这种碳酸化的渣块经过 5 年的考验没有发现膨胀和开裂的现象,表明其具有长期稳定性。

理论上说，1mol CaO（56g）可以吸收 1mol CO_2(44g)，钢渣中 CaO 的主要来源是硅酸二钙和硅酸三钙，碳酸化反应的结果是生成碳酸钙和二氧化硅凝胶。由于工艺不同钢渣的成分范围较宽，如果钢渣含有 50% 的 CaO，这些 CaO 有 50% 被碳酸化，1 吨钢渣即可吸

图 3-41 碳酸化的钢渣块（Marine Blocks）

图 3-42 碳酸化钢渣块的微观结构

收 200kg CO_2。如果用 400 万 t 钢渣吸收 CO_2，一年即可减排 CO_2 80 万 t。这个数字相当于日本铁钢联盟承诺 1997 年京都 COP3 会议的 CO_2 减排指标的 1/10（以 1995 年为基础）。

碳酸化的钢渣块的表面是 $CaCO_3$，与珊瑚礁和贝壳的成分相同，实验证明这种海洋砌块比混凝土块或花岗岩更适合于海洋生物的生长。

C CO_2 减排新兴技术

分离提纯 CO_2 的方法有 20 多种，归纳起来主要有以下四类：（1）溶剂吸收法，又分为物理吸收和化学吸收工艺；（2）低温精馏法；（3）膜分离法；（4）变压吸附法。分离回收技术的优缺点见表 3-20。国外工业上化学吸收法回收二氧化碳工艺应用情况见表 3-21。MEA 吸收法回收二氧化碳工艺见图 3-43。

表 3-20 CO_2 分离回收技术的优缺点

回收方法	原　理	优　点	缺　点
精馏法	利用吸附剂吸附杂质，精馏出轻组分，可得到高纯液态产品，较常用的是低温精馏法，一般在 1.5～2.5MPa，−40～−20℃下操作，可选择性的吸附气体中的醇、醛、高级烃，回收的 CO_2 纯度可以达到食品级	原理简单，适于 CO_2 体积分数较高的情况	设备庞大，能耗高，分离效果差，成本较高
物理吸附法	利用吸附剂对混合气中的 CO_2 的选择性可逆吸附作用来分离回收 CO_2，分为变温吸附法（TSA）和变压吸附法（PSA），常用的吸附剂有分子筛、活性氧化铝、硅胶、天然沸石和活性炭等。其中，变压吸附法在工业上应用较多	干法体系，无腐蚀问题，工艺过程简单，能耗低，技术先进，易实现自动化，经济合理	吸附容量有很，吸附解吸频繁，CO_2 的回收率低，一般只有 50%～60%
膜分离法	各个组分以不同的渗透速率，在压力作用下，穿过膜组件，从而实现分离	装置简单、操作简单、投资少、能耗低	常常需要前级处理，脱水和过滤，难以得到高纯度 CO_2
物理吸收法	利用各组分在溶剂中的溶解度随着压力、温度变化的原理来进行分离。常用丙烯酸酯、甲基吡咯烷酮、甲醇、二甲醚乙醇、聚乙二醇以及噻吩烷等高沸点溶剂，可对烟气进行多级压缩和冷却使 CO_2 液化实现分离	吸收能力大，吸收剂用量少、再生不需要加热，能耗低，溶剂不起泡、无腐蚀	选择性差，分离效率不高，吸收剂会因硫化物劣化而减少再生次数。运行成本高，工业很少应用
化学吸收法[27]	CO_2 与溶剂发生化学反应被吸收，贫液成为富液，富液进入解吸塔加热分解出 CO_2 从而达到分离回收 CO_2 的目的	吸收效果好，分离回收纯度高，还可以有效脱除烟气中的 H_2S，应用广泛	易出现起泡、夹带现象，能耗、投资大

注：引自中华人民共和国污染防治最佳可行技术导则《钢铁行业污染防治最佳可行技术导则——烧结及球团工艺》（征求意见稿）。

表 3-21　国外工业上化学吸收法回收二氧化碳工艺应用情况

方　法	专利者	装置数/套	方　法	专利者	装置数/套
传统热钾碱法	—	76	烷基醇胺 Carsol	Carbochim（比利时）	31
乙醇胺 MEA	UOP（美）	375	烷基醇胺的硼酸盐 Catacarb	Eichmeyer Associara（美）	100
二乙醇胺 SNPA-DEA	加拿大	11			
砜胺法工艺	荷　兰	17	苯菲尔 Benfield	UOP（美）	600
			空间位阻胺 Flexsorb	Exxon's(美)	1
无毒脱碳法 G-V	Giammarco(意大利)	200	甲基二乙醇胺（MDEA）	—	320

注：引自中华人民共和国污染防治最佳可行技术导则《钢铁行业污染防治最佳可行技术导则——烧结及球团工艺》(征求意见稿)。

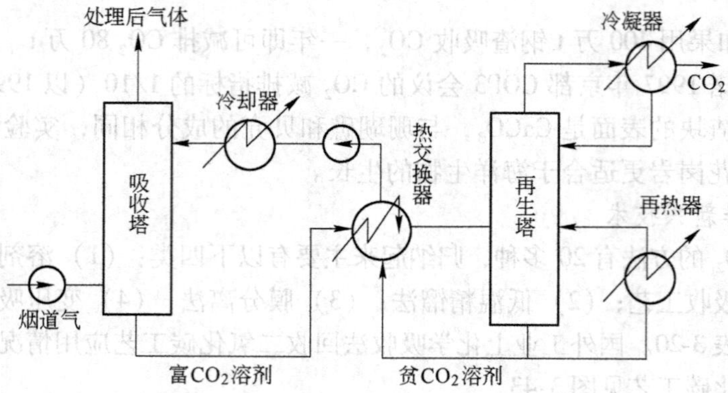

图 3-43　MEA 吸收法回收二氧化碳工艺

注：引自中华人民共和国污染防治最佳可行技术导则《钢铁行业污染防治最佳可行技术导则——烧结及球团工艺》(征求意见稿)。

D　钢材使用寿命周期中的减排能力

钢材性能的改进可以使其在使用过程中发挥节能和减排 CO_2 的效果。以一辆客车的生命周期评估（LCA）为例，生产汽车所需的能量和使用 10 年所需的燃料总计为 540GJ，其中材料生产占 6%，汽车制造占 4%，汽油生产占 10%，使用过程占 80%。在使用过程中汽车的自重是主要的耗能因素。

减轻汽车重量可以降低油耗从而减少 CO_2 等气体排放。国际钢铁协会（IISI）组织了 18 个国家 35 家钢铁公司共同开展了超轻车体 ULSAB 的研究，ULSAB 的设计保证汽车轻型化同时具备满意的功能和撞击安全性。已完成的第一期计划使车体重量减轻了 25%。这一项目扩展为由 ULSAB（Ultra Light Steel Auto Body）、ULSAC（Ultra Light Steel Auto Closure）和 ULSAS（Ultra Light Steel Auto Suspension）组成 ULSAB-AVC，即由超轻车体汽车。这个项目的目的旨在证明钢是环境友好的、人们能负担得起的下一代交通工具的最佳材料。同时也向人们展示新钢材的应用、先进的汽车制造工艺和全新的设计理念。目前的结果表明，ULSAB-AVC 在安全性上可以满足美国和欧洲的高星级要求；制造成本为 9200～10200USD，大多数人买得起；燃料效率为 3.2～4.5L/100km 或 52～73MPG（英里/加仑汽油）；100% 由再生的钢材制成，保证了炼钢过程中较低的 CO_2 排放量。

能满足高温高压工作条件的高效锅炉钢管可以提高发电系统的效率。改善电磁钢板的性能，可以减少铁芯损失，提高发电和输配电的效率。日本 NKK（现 JFE）开发了两种高硅（6.5% Si）电磁钢板，一种在高频条件下铁损特别小，是将含硅 3% 的冷轧钢板表面硅化到 6.5% Si，增大表面磁通密度，有效减少了涡流损失。另一种钢是将表面的 Si 浓度升高而降低内部的硅并达到合理的分布，这种钢板的剩磁只有通常钢板的 1/4 ~ 1/5，而最大磁通密度没有改变。

E 长期减轻温室气体排放

长远地看，有一些可以考虑的降低碳排放的生产钢的途径。这些工艺可以大量地减少排放，但只是初步的甚至只是一个构想，技术和经济风险都很大。探索这些工艺的可行性需要全世界钢铁工业的共同努力，需要一些参与者和投资者超过 10 ~ 20 年的长期投入，这个时间是钢铁工业主要革新的一个典型的临界时间。图 3-44 是一个以燃料/还原剂为三个顶角的三元概念图，显示了主要的待选工艺。这些新颖的概念包括在高炉内更有效地利用碳，例如回收除去 CO_2 后的炉顶煤气、重新考虑熔融还原工艺、促进过程中排出气体的回收等等。CO_2 的收集和吸收现在已经变成了可靠的技术，已经能快速并且大规模地应用，而且这些技术还在不断发展以降低成本。除地质吸收之外，还在探索其他方法，如海洋吸收或用镁铁质岩石吸收。

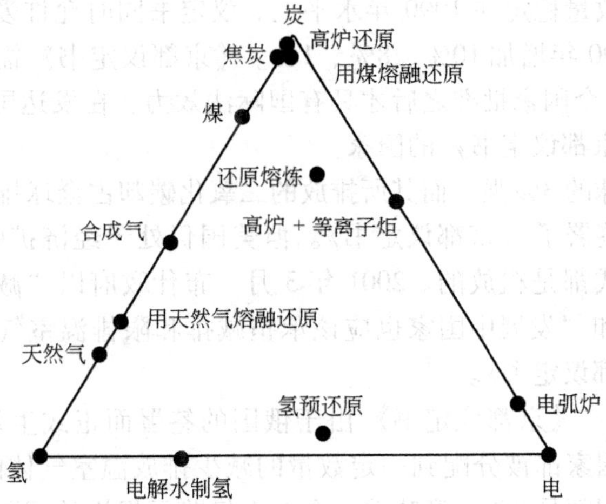

图 3-44 炼钢工艺与燃料/还原剂的关系

从远景看，H_2 是一种潜在的能源，用 H_2 取代碳或天然气，可以减少很多用碳量。H_2 的使用依赖于水电或太阳能利用技术的发展。

生物能量也是一个研究领域，依赖光合作用，利用自然界碳的循环过程，用木炭炼铁。巴西已经用桉树、木炭炉和用木炭的小高炉生产了 800 万 t 铁。但是目前的木炭高炉技术水平还需要提高。

铁矿石的电解在远期也是可能的。原则上电解产生温室气体只来源于发电的阶段，电化学设计时可以避免在电解过程产生温室气体。目前已经在探索用电解法生产钢的不同设想。用盐酸溶解铁矿石或废钢得到含 Fe^{3+} 离子的溶液，将此溶液电解即可得到 10 ~ 150mm 的铁片。比利时的冶金研究中心（CRM）做了扩大实验，产量为 4.5t/h，0.15mm 厚的薄片的拉速是 31m/min。溶液用废钢或硫化矿补充。法国尤西诺钢铁公司的研发中心

IRSID 也对铁矿石泥浆的苏打溶液进行了实验。电解过程被认为是水分解为 OH^- 和 H_2，后者还原 Fe_2O_3 后转化为水。铁的沉积物再熔化、浇铸、轧制和精整而得到产品。美国麻省理工学院在实验室进行了铁矿石在高温下溶于熔盐（$Na_2CO_3 + B_2O_3$）中的电解研究。电解出来的铁的状态取决于电解温度，可以是固态，沉积在阴极，也可以是液态，流到电解槽底部，这些方法仍在研究中，处于实验室阶段。

钢铁工业面对京都协议后的巨大挑战，必须立即开始考虑各种各样的能减少 CO_2 排放的远期方案。

3.9 《京都议定书》与清洁发展机制（CDM）

1997 年 12 月，149 个国家和地区的代表在日本召开《联合国气候变化框架公约》缔约方第三次会议，会议通过了旨在限制发达国家温室气体排放量以抑制全球变暖的《京都议定书》。

《京都议定书》的清洁发展机制（CDM）规定，2008～2012 年间，工业化国家的全部温室气体排放量比 1990 年平均减少 5.2%，发展中国家没有减排义务。对各发达国家来说，从 2008～2012 年必须完成的削减目标是：与 1990 年相比，欧盟削减 8%、美国削减 7%、日本削减 6%、加拿大削减 6%、东欧各国削减 5%～8%。新西兰、俄罗斯和乌克兰则不必削减，可将排放量稳定在 1990 年水平上。议定书同时允许爱尔兰、澳大利亚和挪威的排放量分别比 1990 年增加 10%、8%、1%。《京都议定书》需要在占全球温室气体排放量 55% 的至少 55 个国家批准之后才具有国际法效力。在发达国家中，澳大利亚和美国是两个没有加入《京都议定书》的国家。

美国人口仅占全球的 3% 强，而其所排放的二氧化碳却占全球排放量的 25% 以上。美国曾于 1998 年 11 月签署了《京都议定书》。但美国仍处于经济扩张阶段，人口在增长，美国的经济、生活方式都是粗放的。2001 年 3 月，布什政府以“减少温室气体排放将会影响美国经济发展”和“发展中国家也应该承担减排和限排温室气体的义务”为由，宣布拒绝批准执行《京都议定书》。

2005 年 2 月 16 日，《京都议定书》由于俄国的签署而正式生效。为达到限排目标，各参与公约的工业化国家都被分配到一定数量的减少排放温室气体的配额，如欧盟 15 个老成员国承诺的减排配额是 8%。意味着一个上千亿美元规模的国际碳排交易市场将全面启动。

按照《京都议定书》规定，发达国家可以通过与发展中国家实施清洁发展机制项目合作，获得温室气体减排量，降低其减排承诺的总体成本。同时，发展中国家可以通过吸引额外资金和先进技术促进本国经济发展，提高资源使用效率和减少污染，促进国内的可持续发展。所以说，清洁发展机制是一种“双赢”的制度安排，为全球气候保护的项目合作提供了良好的前景。《京都议定书》的生效，短期内对我国有利。《京都议定书》规定了一种独特的贸易——如果一国的排放量低于条约规定的标准，则可将剩余额度卖给完不成规定义务的国家，以冲抵后者的减排义务。在发达国家完成二氧化碳排放项目的成本，比在发展中国家高出 5～20 倍，所以发达国家愿意向发展中国家转移资金、技术，提高他们的能源利用效率和可持续发展能力，以此履行《京都议定书》规定的义务。发达国家与发展中国家正积极进行温室气体减排配额交易。清洁发展机制（CDM）为我国提供了一个前所未有的将市场、技术、资金和环保整合为一的发展契机。温室气体作为“大宗交易商品”可以买卖，在2005~2012年期间中国企业可以作为“CO_2”的净卖方参与国际碳市交易，无需承担减排义务。从排放强度来看，我国因受到自身资金、技术和能力建设的限制，能源消费强度大，单位国内生产总值的温室气体排放量也比较高，但目前尚无力采取有效的防治措施，开展国际合作不失为一种减少温室气体排放的良策。世界银行对中国CDM市场潜力的研究表明，到2010年，中国CDM市场将占全球的35%~45%，约合1亿~2亿t CO_2当量的温室气体。

《京都议定书》实施后对钢铁业冲击较大。目前发达国家钢铁业的投资也在向发展中国家转移。大型钢铁企业在加入世界钢铁协会时，被要求实施二氧化碳削减计划的实施。《京都议定书》表面上是环境问题，实质是经济、能源、政治问题。所有的环境问题都是经济增长方式、能源增长效率的问题。这向我国发出了一种市场信号——占用大气空间也要付费。企业在项目投资、技术开发、生产成本核算中，首先要选能源效率高的品种。

4 炉渣的处理与利用

4.1 高炉渣、转炉渣、电炉渣的产生和性质

高炉渣在高炉炼铁过程中产生，从高炉排出时期温度约为1500℃，呈熔融状态，根据冷却方法，分为缓冷渣和水淬渣。钢渣包括转炉吹炼铁水炼钢时产生的转炉渣和用电炉以废钢为原料炼钢时产生的电炉渣。铁水预处理时产生的渣称为铁水预处理渣，一般统计为转炉渣。电炉渣分为氧化期渣和还原期渣。高炉渣缓慢冷却时生成各种结晶矿物相，急冷时生成大量无定形的玻璃体和微晶，酸性高炉渣急冷时全部凝结成玻璃体。钢渣不论缓冷或急冷都生成结晶矿物相，不形成玻璃态物质。

钢铁冶炼过程中各种冶炼渣的产生环节如图4-1所示。

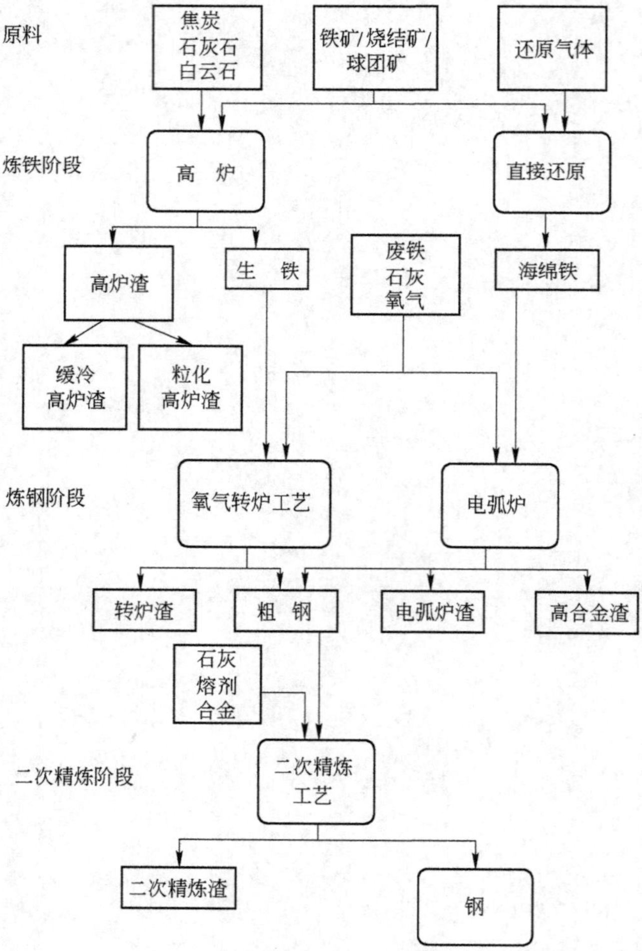

图4-1　钢铁冶炼过程中各种冶炼渣的产生环节

高炉炼铁过程是将作为炼铁原料的烧结矿、块矿及球团和作为燃料及还原剂的焦炭、作为熔剂的石灰石装入高炉，从风口吹入热风并喷入煤粉进行冶炼，铁水和高炉渣从出铁口间断地排出。使用自熔性烧结矿和石灰石是为了改善铁矿石的还原性并利于铁水与炉渣分离。烧结矿、块矿中的脉石成分、焦炭中的灰分、石灰石中的 CaO、Al_2O_3、MgO 全部进入炉渣，部分 SiO_2 还原成 Si 进入铁水，约 90% 的 SiO_2 进入炉渣。因为高炉内是还原性气氛，焦炭中的硫黄大部分都转移到炉渣中，高炉渣中还有少量的 MnO、TiO_2 和微量的氧化铁。在特殊情况下，用复合矿冶炼生铁时，炉渣的成分会有较大的不同。

铁水中含有 4% ~5% 的碳，还有 Si、P、S 等杂质，需要在转炉中将这些杂质除去并把碳降低到合适的含量。现代转炉炼钢为了提高反应效率、改善钢的品质、降低钢渣发生量，采用铁水预处理工艺先行脱硅、脱硫、脱磷，然后再用转炉脱碳的工艺流程逐渐成为主流。铁水预处理过程 1t 钢产生约 40kg 渣。转炉渣的形成过程和成分如图 4-2 所示。在转炉炼钢初期兑入铁水（*T* 为 1300 ~1350℃），吹氧。铁水中的 Si、Mn、Fe 氧化，形成初期渣。铁水中的 Si 氧化成 SiO_2，吹氧精炼将部分铁水氧化成 FeO，初期炉渣中 FeO、SiO_2 含量很大。富含 SiO_2 的酸性渣与熔剂石灰和炉衬接触生成低熔点物相：

$$CaO + MgO + SiO_2 = CaO \cdot MgO \cdot SiO_2 \text{ 钙镁橄榄石(熔点 1390℃)} \quad (4\text{-}1)$$

$$CaO + FeO + SiO_2 = CaO \cdot FeO \cdot SiO_2 \text{ 钙铁橄榄石(熔点 1205℃)} \quad (4\text{-}2)$$

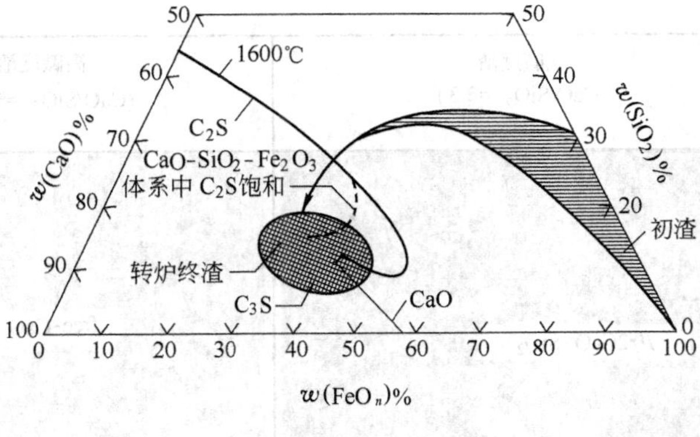

图 4-2 转炉渣的形成过程及终渣的成分范围

为脱磷和脱硫需要添加石灰，成渣速度主要取决于石灰 CaO 的溶解速度。随着 CaO 不断溶解，炉渣碱度逐渐提高，炉渣逐渐被 CaO 饱和。同时发生脱碳反应和 CO 还原渣中 FeO 的反应。初期渣的主要物相有：钙铁橄榄石和钙镁橄榄石的固溶体，其次还有硅酸二钙 C_2S 和未熔的石灰颗粒。C_2S 初期以粗大颗粒结晶析出后，又被熔融炉渣吸收。后期渣主要物相为：次生 C_2S、硅酸三钙 C_3S、RO 相；其次还有少量的铁酸钙、方镁石及未熔的石灰颗粒，不同的炼钢过程、钢号、铁水、造渣材料都可造成钢渣的物相不同、成分波动。转炉渣的主要成分是 CaO、SiO_2 和 FeO。钢铁渣的主要物相见表 4-1，一般情况下转炉渣中各物相及其相对含量见表 4-2。典型的转炉渣的光学显微照片如图 4-3 所示。

表 4-1　钢铁渣的主要物相

种　类	$CaO/(SiO_2+P_2O_5)$	矿 物 成 分
钢　渣	1.36	橄榄石(CRS)、蔷薇辉石(C_3MS_2)、RO 相
钢　渣	1.80	蔷薇辉石(C_3MS_2)、硅酸二钙(C_2S)、RO 相
钢　渣	2.51	硅酸三钙(C_3S)、硅酸二钙(C_2S)、RO 相
钢　渣	2.99	硅酸三钙(C_3S)、硅酸二钙(C_2S)、RO 相、铁酸盐
缓冷高炉渣	—	硅酸二钙(C_2S)、钙铝黄长石(C_2AS)、镁黄长石(C_2MS_2)、钙长石(CAS_2)、硫化钙(CaS)
水淬高炉渣	—	玻璃体和微晶体

表 4-2　碱性转炉渣主要物相的相对含量

物　相	密度(常温)/$kg \cdot cm^{-3}$	质量分数/%
硅酸二钙(C_2S)：Ca_2SiO_4	3.3	30 ~ 60
硅酸三钙(C_3S)：Ca_3SiO_5	3.2	0 ~ 20
RO 相：(Fe，Mn，Mg，Ca)O	5	15 ~ 30
铁酸钙：$Ca_3(Fe, Al)_2O_5$	4	10 ~ 25
方镁石：MgO	3.6	0 ~ 5
游离氧化钙：CaO	3.3	2 ~ 15
其他：R_3O_4，CaF_2	—	0 ~ 2

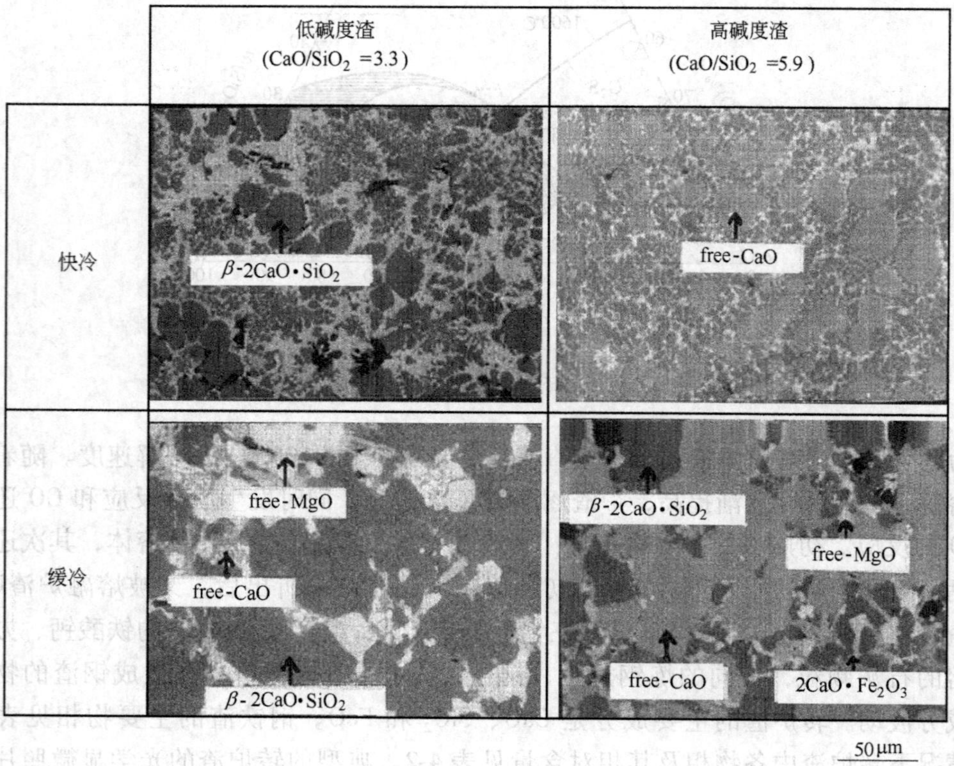

图 4-3　典型的转炉渣的光学显微照片

转炉渣的主要物相：C_2S 是炉渣的主要物相。它可从渣熔体中直接晶出，也可由 SiO_2 与 CaO 反应生成，有时会在石灰颗粒周围形成壳状式骨架分布。由于 C_2S 熔点高（2130℃），因此，这种分布很容易阻止 CaO 的进一步溶解。中后期炉渣中，C_2S 可从铁酸盐、RO、RF 等相中晶出，一般呈致密枝晶状分布。这类 C_2S 常含有粒状或花瓣状 RO 或 RF 的孪晶现象，并带有解理细纹。后期高温 C_3S 冷却也析出 C_2S。这类 C_2S 一般也呈致密枝晶状分布。

$$C_3S \xrightarrow{1250℃} C_2S + CaO \tag{4-3}$$

高碱度高温炉渣熔体常晶出 $C_3S(3CaO \cdot SiO_2)$。它的晶体为延长式（可长达 1000μm，宽 50μm）或六边形的片状，冷却时容易分解。有时 C_3S 会被析出的 C_2S 和 RO 相侵蚀取代。

碱度偏高的炉渣中，与次生 C_2S 紧密共生结晶出一种较细的等轴暗色物相——RO 相。它的化学成分是（Fe，Mn，Mg，Ca)O，初生呈滚圆形以及枝晶状，常分布在 C_2S 间隙及空隙内，并伴有部分氧化痕迹。RO 相的数量仅次 C_2S 是转炉渣的基体物相。

钢渣中未溶解或过饱和析出的 CaO 称为游离氧化钙（fCaO)，它是影响钢渣稳定性的重要物相。

与高炉渣相比 FeO 含量高是转炉渣的特点，钢渣中还有 10% ~15% 的金属铁。添加的石灰没有全部渣化，转炉渣中有残留的石灰（游离氧化钙）也是一个特征。转炉渣中的自由氧化钙是转炉渣利用过程中的难题。

电炉炼钢过程中精炼方法和冶炼钢种的不同产生的渣也不同。主要分为电炉熔化期和氧化精炼期发生的氧化渣以及还原精炼期和钢包精炼产生的还原渣。电炉炼钢时，先用电弧加热废钢使其熔化，有时也兑入铁水或加入直接还原铁，然后添加石灰和熔剂。从通电熔化开始吹入氧气氧化钢中杂质，调整含碳量，形成氧化渣。氧化渣排出后，在电炉内或钢包中进行还原精炼、脱硫、脱氧，产生还原渣。氧化渣在吹氧时产生，所以氧化铁较多，还原渣中 CaO 和 S 较多。电炉普通钢和特殊钢的渣量一般是 100kg/t，电炉冶炼不锈钢的渣量一般在 200kg/t。各种冶炼渣的发生量见表 4-3。

表 4-3 各种冶炼渣的发生量

炉渣种类			发生量/kg·t^{-1}	备注
高炉渣	缓冷渣		约 300	贫矿冶炼渣量可达 1 ~1.2t/t
	水淬渣			
钢渣	转炉渣		100 ~150	
	铁水预处理渣		40	
	电炉渣	氧化期	普通钢/特殊钢 100	
		还原期	不锈钢 200	

据统计，2002 年我国高炉渣产生量约为 346kg/t；钢渣产生量约为 137kg/t。

1995 ~2007 年间我国钢铁渣利用率见表 4-4。其中钒钛高炉渣和放射性高炉渣未能利用。

我国部分企业的普通高炉渣和炼钢渣的化学成分见表 4-5。

表 4-4 我国钢铁渣利用率 （质量分数/%）

年 份	1995	2000	2001	2002	2006	2007
高炉渣	84.32	86.18	89.10	89.52	92.72	91.1
转炉渣	79.36	82.14	77.20	86.92	89.75	88.82

表 4-5 我国部分钢铁企业钢铁渣化学成分 （质量分数/%）

种 类	SiO_2	Al_2O_3	CaO	MgO	Fe_2O_3	FeO	MnO	TiO_2	P_2O_5
转炉渣	19.19	1.48	40.14	9.78	9.43	17.44	1.99	0.94	1.51
转炉渣	19.14	4.07	45.18	7.23	7.10	20.54	0.80	0.98	1.23
转炉渣	13.21	2.42	33.76	9.37	16.03	11.70	3.25	1.10	1.26
转炉渣	14.07	5.29	40.97	13.59	6.50	12.61	1.21	0.69	1.21
转炉渣	14.50	1.79	35.19	10.13	12.87	16.04	5.67	0.67	1.22
电炉渣	22.44	11.03	35.33	6.58	1.22	13.14	1.26	0.73	0.34
电炉渣	23.27	7.67	25.20	4.88	6.24	16.52	3.37	6.82	0.49
高炉渣	33.49	13.27	38.20	9.80	0.91	—	0.09	—	0.01
高炉渣	32.28	14.25	35.35	9.97	1.22	—	0.38	1.64	0.02
高炉渣	33.18	14.05	39.04	9.07	3.13	—	1.21	0.53	—
高炉渣	35.01	14.44	36.78	9.72	0.88	—	0.30	—	—
高炉渣	33.84	11.68	38.13	10.61	2.20	—	0.26	—	—

钒钛磁铁矿和白云鄂博矿高炉渣化学成分见表 4-6。

表 4-6 钒钛磁铁矿和白云鄂博矿高炉渣化学成分 （质量分数/%）

种 类	SiO_2	Al_2O_3	CaO	MgO	F	FeO	MnO	TiO_2	V_2O_5	S	C	RE_xO_y
钒钛磁铁矿高炉渣	19 ~ 32	13 ~ 17	20 ~ 31	7 ~ 9		0.2 ~ 1.9	0.3 ~ 1.2	6 ~ 31	0.06 ~ 1.0		4.1 ~ 5.2	
白云鄂博矿高炉渣	32.04	7.96	38.2	7.63	5.55	0.45	1.75	0.98	1.23	0.816		3.86

4.2 炉渣处理技术

4.2.1 高炉渣处理技术

用不同的方法处理高炉渣可以得到四种产品：

（1）缓冷高炉渣（Air-Cooled Blast Furnace Slag）：将液态高炉渣泼到渣床上，在环境温度下缓冷，形成坚硬块状结晶，然后可进行破碎和筛分得到不同粒度的产品。

（2）膨化和泡沫高炉渣（Expanded or Foamed Blast Furnace Slag）：如果熔融的高炉渣在添加控制的水、空气或蒸汽的条件下冷却，则冷却和凝固过程会加速，产生一种轻质膨胀的或泡沫产品。膨化高炉渣与缓冷渣的区别在于其相对高的孔隙度和低的体积密度。

（3）球状高炉渣（Pelletized Blast Furnace Slag）：如果熔融的高炉渣用水和空气在转鼓中冷却并凝固，可以得到非实体的高炉渣小球。通过控制这一过程，可以使渣充分结晶，这样的炉渣适合作骨料，或者使渣形成玻璃态，从而适合作水泥原料。冷却速度越快，玻璃相越多，结晶相越少。

（4）粒化高炉渣（Granulated Blast Furnace Slag）：如果熔渣用水快速冷却并凝固，则大部分渣成为非晶态，很少或没有结晶态产生。这个过程产生砂状渣粒。渣粒的物理结构和粒化渣的分级取决于其化学成分、温度和水淬时间以及生产方法。如果把粒化高炉渣磨细至水泥颗粒的大小，其水硬性很适合作水泥的添加剂。

我国高炉渣水淬处理采用的方法有 Ocp 法、Rasa 法、Inba 法和 Tyna（图拉）法，以及首钢-明特克法。现以 Inba 法和改进的 Tyna 法（粒化轮法）较为普遍。

Ocp 法也称为滤渣法，是 20 世纪 70 年代初期一些小型高炉采用的水冲渣处理方法，以粒化后的高炉渣为滤料，使冲渣水通过滤层得到净化。其优点是过滤后的水中悬浮物质量浓度很低（小于 50mg/L）；滤后水的暂时硬度有所降低，滤料无需再生，省去了反冲洗工艺；滤后水上冷却塔冷却再循环使用。其缺点是渣滤池应设置三个以上，以便轮换使用和清理，占地较大，在高炉附近难以解决；沉淀、过滤、冷却等单元处理使水处理费用提高。

Rasa 法亦称搅拌槽法，1980 年代初宝钢 1 号高炉（4063m^3）从日本引进 Rasa 法冲水渣。该法是原日本钢管公司（NKK）和英国 Rasa 贸易公司共同研制的。将炉前水淬后的渣和水经水渣沟流入粗粒分离槽，粗粒分离槽约二分之一的渣液经溢流口流入中继槽，用水渣泵输送到脱水槽过滤脱水，滤后水经沉淀池及冷却塔后用给水泵送去冲渣。沉淀池中浓缩后的渣浆用排泥泵输送至脱水槽。该法的特点：

（1）冲渣水闭路循环，渣速为 6t/min 时，补充水量为 5.08m^3/min，约占冲渣水量的 9%。

（2）水淬后的渣浆用管道输送到离高炉较远的地方脱水。

（3）渣水比为 1∶10，渣泵及渣浆输送管道易磨损，渣泵寿命 1～1.5 年，中级泵寿命约 4 年，排泥泵约 1.5 年，渣浆管道约 2 年。

（4）耗电量较多，宝钢 1 号高炉约为 13kW/t。

（5）不能完全避免浮渣的产生，处理较为复杂。

首钢-明特克法（SG-MTC）由首钢和明特克公司 2002 年设计，安装在首钢的 2536m^3 的高炉车间。其特点是采用螺旋提升机过滤水淬高炉渣浆的水分。

4.2.1.1 粒化轮法

Tyna 法也可称为粒化轮法，20 世纪 90 年代初由俄罗斯国立冶金工厂设计院研制的一套安全、小巧、高效和节省投资的炉渣粒化工艺。1994 年在图拉钢铁厂 3 号 2000m^3 高炉投入使用。

（1）Tyna 法的工艺过程。高炉渣由渣沟流下来，落到有一定高差的粒化轮上。粒化轮由特殊材质制成，以一定的转速运行，其转速可调。从两侧向粒化轮供冷却水，还配有两个带喷头的水管冲洗粒化轮的外壳。当渣粒和粒化轮相碰时，因机械作用使熔渣粒化，被粒化的渣粒在短时间内被喷水冷却，渣与水一起落入脱水转鼓，转鼓为圆柱形，长度约为直径的三分之一，圆柱外壁为不锈钢滤网，鼓内有沿圆周均匀分布的隔板，把转鼓分成若干个滤斗，转鼓的转速是可调的。装有水渣混合物的滤斗，在转动过程中逐步脱水，当达到安装位置的上部时，过滤脱水基本结束，渣粒落入导向漏斗，由外部皮带机运至渣场。

从炉渣中脱出的水进入转鼓下方的上水槽，通过溢流管流入下水槽。溢流口保证上水槽的水位使转鼓下部浸入水中一定深度，以便继续冷却转鼓。下水槽设计有水位计和冲渣水泵，冲渣水泵将下水槽的水送往粒化轮上下的喷水口供冷却、粒化熔渣用。补充水维持下水槽的水位。下水槽沉积的残渣通过一套气动提升装置返回转鼓脱水器，以减少对冲渣泵的磨损。

（2）Tyna 法的技术指标。Tyna 法的技术指标见表 4-7。

表 4-7　Tyna 法的技术指标

序　号	名　称	单　位	指　标
1	排至粒化装置的熔渣流速	t/min	7 ~ 10
2	熔渣内含铁量	%	<40
3	500 ~ 2700m³ 高炉的粒化装置生产能力	万 t/a	10 ~ 100
4	1000 ~ 5000m³ 高炉的粒化装置生产能力	万 t/a	30 ~ 150
5	水渣的化学成分	%	
	CaO		38
	SiO_2		31 ~ 33
	S		1.2
	Fe		3
	碱度		1.15 ~ 1.23
6	熔渣温度	℃	1470
7	最大渣流量下循环水耗量	m^3/t	1.0
8	年作业天数（与高炉作业一致）	d/a	约 350
9	每吨渣的单位能耗电	kW · h	2.2 ~ 2.4
	压缩空气（标态）	m^3	10 ~ 20
		MPa	0.5 ~ 0.6
	补充新水	m^3	0.1 ~ 1.0
		MPa	≤0.2
10	生产水泥用的渣产品质量		
	粒度	mm	0.2 ~ 3.0
	含水量	%	<10
	玻璃体化程度	%	≤90 ~ 95
	平均比重	t/m^3	1.0
	粒化器	t/min	7 ~ 10
	脱水器	r/min	1 ~ 5
	气动提升机	t/h	30
	工艺设备重量（不包括皮带运输机）	t	225
	装置平面外形尺寸	m	16.4 × 90.7 × (3.5 ~ 5.5)

（3）Tyna 法的特点：

1）运行安全。熔渣带铁水淬时易爆炸。而 Tyna 法用粒化轮先使渣机械粒化，然后冷却，彻底解决了水淬渣爆炸的问题。例如图拉钢铁厂投产试验炉渣带铁最高达 40%，仍能安全运行。

2）作业率高。水淬工艺在开炉头几次或渣温低时均冲不开，须出干渣；如果渣温高，冲渣时会产生泡沫渣，使冲渣不能正常运行，不得不出干渣。Inba 法因此作业率仅为 85% ~90%。宝钢配有循环水冷却设施，其作业率达 95%，为此 Inba 法必须设置干渣坑。但是 Tyna 法熔渣被机械粒化，可适应高炉的各种炉况下所出的渣，不需要出干渣。

3）脱水转鼓小巧灵活。Tyna 法的脱水转鼓为 ϕ6m ×2m，Inba 法的脱水转鼓为 ϕ5m × 6m。因此 Inba 法的皮带机要穿过整个转鼓中心，呈水平布置，检修清理十分不便。Tyna 法漏斗直接将脱水渣导入外部皮带机上，维修十分方便。系统重量仅为 Inba 法的 60% ~ 70%，并且该系统不设置干渣坑和渣罐。

4）循环水量小、动力消耗少。Tyna 法不用水淬和输送渣水，喷水只是为冷却粒化轮和炉渣，因此密闭循环水量很少，不需要脱水槽、沉淀池和冷却塔，没有外排废水。Ocp 法和 Rasa 法渣水比为 1∶10，Inba 法为 1∶（6 ~ 8），Tyna 法仅为 1∶2。电耗和压缩空气消耗仅为其他方法的 20% ~30%。

5）粒化渣含水量少。由于粒化循环水量少，粒化渣离开脱水转鼓时渣温较高，在运输过程中靠自身热量还能继续蒸发水分，一般到达渣场的粒化渣含水 8% ~10%。Ocp 法为 25% ~ 40%，Rasa 法为 15% ~ 20%，Inba 法为 15% 左右。吨渣耗水量 Tyna 法为 0.8m^3/t，其他方法为 1.0 ~ 1.2m^3/t。

6）装置占地面积小。Tyna 法最大高炉 5500m^3 时其两套装置占地为 16.4m ×30.7m，结构紧凑，可以布置在出铁厂端部或内部。

1998 年唐钢 2560m^3 高炉从俄罗斯引进了 3 套 Tyna 法高炉渣粒化装置。太钢炼铁厂 1650m^3 高炉采用了国产的改进型高炉渣轮法粒化装置，与 Tyna 法高炉渣粒化装置相比，该装置重点改进了粒化轮材质和冷却方式，增加了粒化器挡板水冷，并对脱水器进行了改进，该装置的结构如图 4-4 所示，工艺参数见表 4-8。该装置得到的成品粒化高炉渣的粒

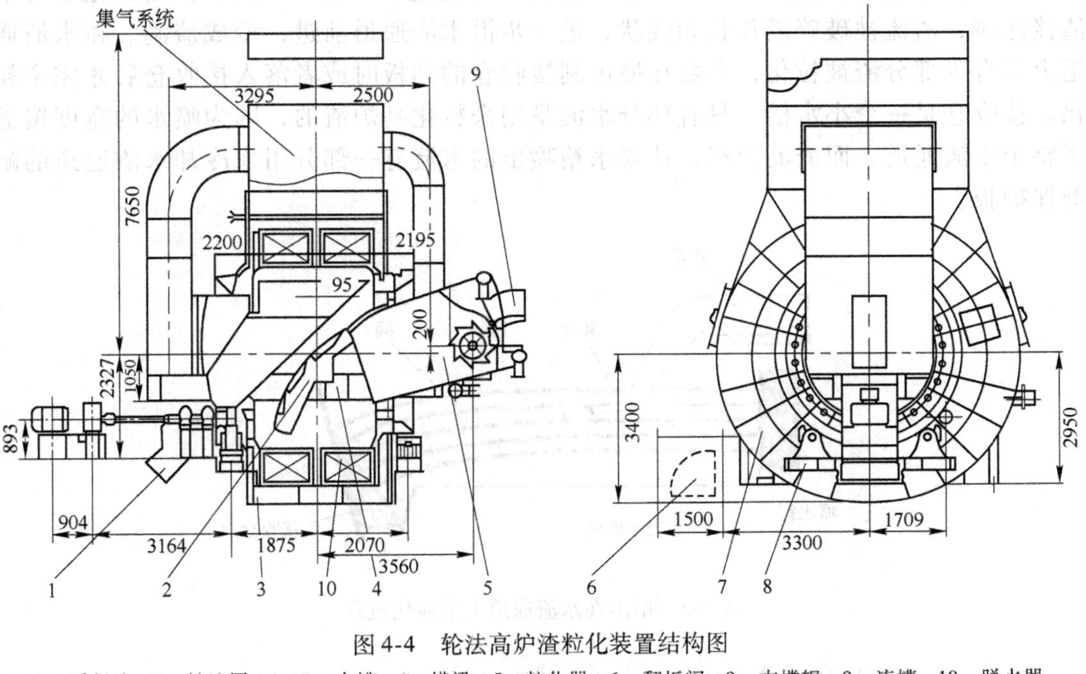

图 4-4 轮法高炉渣粒化装置结构图

1—受料斗；2—挡渣罩；3，7—水槽；4—横梁；5—粒化器；6—翻板阀；8—支撑辊；9—流槽；10—脱水器

度小于4mm，含水量13%，玻璃体含量为92%～96%。

表 4-8　轮法高炉渣粒化装置的工艺参数

项　目		参　数	项　目		参　数
总渣量/$t \cdot h^{-1}$		1500	渣水比（按最大出渣速度）		1 : 1
一天出渣次数/次		16	冲渣水	水量/$t \cdot h^{-1}$	≥720
每次出渣量/t	平　均	90		水压/MPa	≥0.3
	最　大	150		水温/℃	≤60
出渣持续时间/min		38～90	补充新水	水量/$t \cdot h^{-1}$	155
出渣速度/$t \cdot min^{-1}$	平　均	3		水压/MPa	≥0.3
	最　大	12		水温/℃	≤35
处理熔渣温度/℃		1470～1530	压缩空气	用量/$m^3 \cdot min^{-1}$	≥10
处理熔渣密度/$t \cdot m^{-3}$		1.8		压力/MPa	≥0.45～0.5

4.2.2.2　Inba 法

Inba 水渣处理系统，是高炉熔渣经水淬粒化—脱水—运输全系统的总称。该系统是1980 年代初由 SIDMAR 和 Paul Wurth 开发的。因为其连续性好，污水密闭循环，机械化、自动化程度高，占地面积不大，是较理想的高炉辅助设备。1991 年宝钢 2 号高炉（$4063m^3$）首次引进 Inba 装置。1991 年 10 月投产的武钢新 3 号高炉设有 3 套 Inba 装置。其后，马钢、本钢、太钢都相继采用了 Inba 装置处理高炉渣。1999 年改建的武钢 1 号高炉采用了环保型 Inba 装置。

熔渣通过渣道流至喷水箱上方，在水流作用下粒化，然后水渣经水渣通道到脱水转鼓脱水。熔渣与水的作用和其在水渣通道的粒化过程如图 4-5 所示。当粒化水与熔渣接触时，渣流被破碎成片状和线状，进一步沿水渣通道前进，变成渣滴。在水渣通道上只有少部分渣被粒化，多数在撞击到接收仓的挡板时或者落入接收仓后才完全粒化。接收仓是一个小水槽。只有部分水流是用来粒化高炉渣的，因为喷水的宽度覆盖了整个水渣通道，而渣流较窄，从喷水箱喷出的水流有一部分用来冷却水渣通道的耐磨保护板。

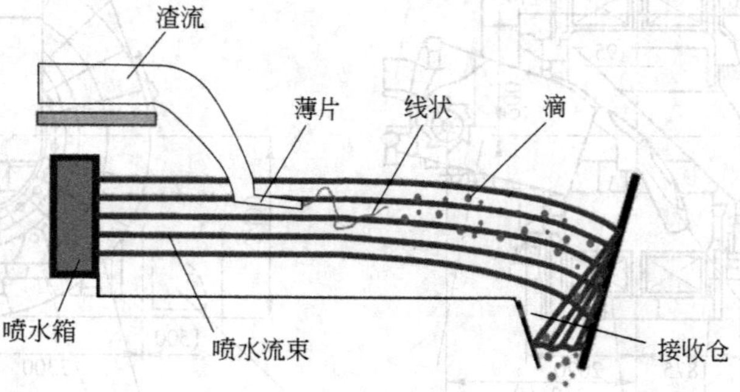

图 4-5　熔渣在水渣通道上的粒化过程

目前，这种原始的设计有所改进，按粒化水的温度分成冷水和热水粒化工艺，可分别与水渣通道及粒化槽组合。

粒化槽的作用:粒化槽在熔渣通道的末端喷水口下方,其大小可以随场地大小选择。槽中有一定量的水,为粒化过程提供补充水。炉渣在粒化槽中湍流水的作用下比在水渣通道上粒化快。被喷水推进粒化槽内的炉渣与粒化槽中水的热交换过程也被强化。高炉渣在粒化槽中的粒化过程如图 4-6 所示。

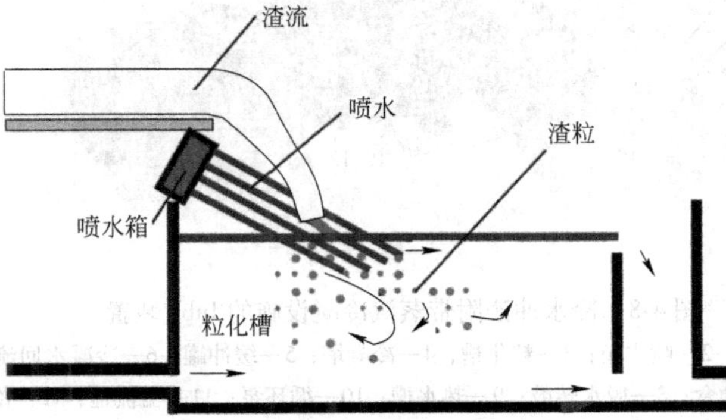

图 4-6 熔渣在粒化槽的粒化过程

脱水转鼓如图4-7 所示。转鼓1 内圆周有均匀分布的挡板 3,渣浆由布料器和缓冲盒 2 均匀地分配到转鼓的长度上,使用缓冲盒子可减轻渣浆对筛子的冲击和磨损。将粒化的高炉渣从转鼓底部移动到传送带 4 上。转鼓的圆周是支撑和过滤筛 7,可以使水分滤出。

改进的 Inba 装置有一套水压和水流量调整系统以适应渣量的变化,节约用水。

高炉渣中含有1% ~2%的硫,硫在渣中的存在形式主要是 CaS。粒化过程中高温的高炉渣与水和空气发生反应,释放出 H_2S 和 SO_2 气体:

$$CaS + H_2O = H_2S + CaO \quad (4\text{-}4)$$

$$CaS + \frac{3}{2}O_2 = SO_2 + CaO \quad (4\text{-}5)$$

图 4-7 脱水转鼓的构造示意图

1—转鼓;2—布料器和缓冲盒;3—挡板;4—传送带;5—冲洗水;6—冲洗用压缩空气;7—支撑和过滤筛;8—渣层;9—热水槽;10—溢流通道

上述反应在1100℃以上发生,1100℃以下只产生很少的硫化物气体。这些硫化物有气味,而且和水蒸气一起对设备有腐蚀作用。硫化物的产生取决于粒化系统的类型、渣流量、渣/水比合理化用水温度。采用冷水冲渣加上蒸汽冷凝系统可以减少 H_2S 的排放。图 4-8 是冷水冲渣加蒸汽冷凝设施的 Inba 装置示意图。Inba 法处理的粒化高炉渣的粒度在 3mm 以下,平均粒度是 1mm。冷水冲渣加蒸汽冷凝设施的环保型 Inba 法处理 1t 高炉渣排放的硫仅 1g/t,而热 Inba 法和 Tyna 法是 250 g/t,渣滤法是 1000g/t。环保型 Inba 法的投资是其他方法的 1.9 倍。

上述高炉渣处理工艺的主要区别在于:水淬后脱水过程,水的流动和循环方式,水蒸

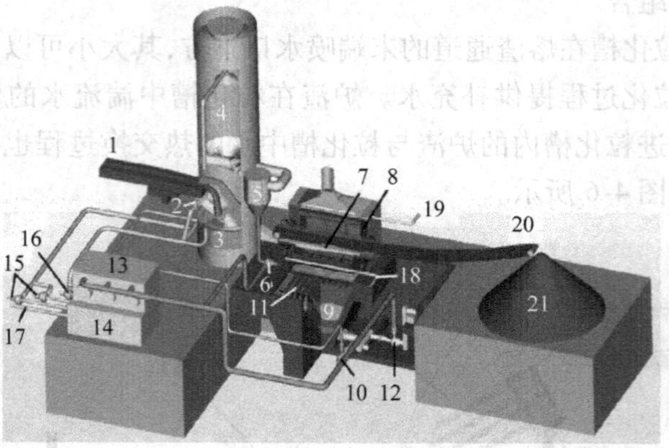

图 4-8　冷水冲渣附带蒸汽冷凝设施的 Inba 装置

1—熔渣通道；2—喷水箱；3—粒化槽；4—冷凝塔；5—缓冲罐；6—冷凝水回流管道；
7—布料器和缓冲盒；8—脱水转鼓；9—热水槽；10—循环泵；11—溢流道；12—冷却塔泵；
13—冷却塔；14—冷水槽；15—粒化水泵；16—冷凝水泵；17—补充水管道；
18—转鼓清洗用水；19—转鼓清洗用压缩空气管道；20—传送带；21—粒化渣堆

气是否冷凝（涉及 H_2S，SO_2 的排放），运行操作成本，粒化比例等。有些工艺不能将所有的熔渣完全水淬，可能对部分熔渣进行空冷。

4.2.2　钢渣的处理工艺

鉴于钢渣中自由氧化钙的存在不利于钢渣的利用，钢渣处理首先要把钢渣破碎，然后与水作用使氧化钙转变为氢氧化钙，使钢渣体积变得稳定。熔融钢渣的破碎或粒化有热泼、盘泼水冷、水淬、风淬等工艺。初步处理后的钢渣，再运至钢渣处理间进行粉碎、筛分、磁选等工艺处理，以回收铁粒。我国从 20 世纪 60 年代开始探讨有关炼钢排渣的处理工艺及综合利用问题。近 40 年来，在钢渣水淬工艺、钢渣“焖渣”处理、钢渣用于烧结及其生产水泥等方面都有所发展，取得了很好的效果。

4.2.2.1　钢渣“焖渣”处理工艺及设备

A　首钢钢渣处理工艺及设备

首钢从 1981 年开始对钢渣中铁金属回收利用，1998 年 7 月建成一条年处理钢渣 120 万 t 粒铁回收生产线。首钢转炉钢渣的焖渣方式原为热熔融钢渣全部倒入渣罐，至渣场倾倒，钢渣经雨季后自然粉化，自然粉化的时间约为 1 年。为提高钢渣粉化速度，1987 和 1989 年，建设了两条焖渣线，用人工浇水焖渣，焖渣约两周后钢渣粉化。每吨渣耗水量为 $1m^3$。焖渣后钢渣运至粒铁回收生产线。粒铁回收生产线的生产工艺如图 4-9 所示。

粒铁回收生产线的主要设备包括两台破碎机、4 台圆振动筛分机、1 台棒条筛、4 台磁选机、3 台给料机、气炮等。棒条筛 DZ5019、筛孔 300mm，是生产线的初分级设备，用单侧卡紧的棒条振动来控制大块物料的分级。安装在仓壁上的气炮，在料仓堆料时提供较强的压缩空气（0.8MPa），冲击气流进入钢渣与仓壁之间，使物料从仓壁剥落而排出仓外。配套空气压缩机提供气炮 3 ~ 4 次/h 的工作能力，一段破碎机是配有液压超负荷保护装置的颚式破碎机，二段破碎机是配有液压超负荷保护装置的圆锥破碎机。4 台圆振动筛

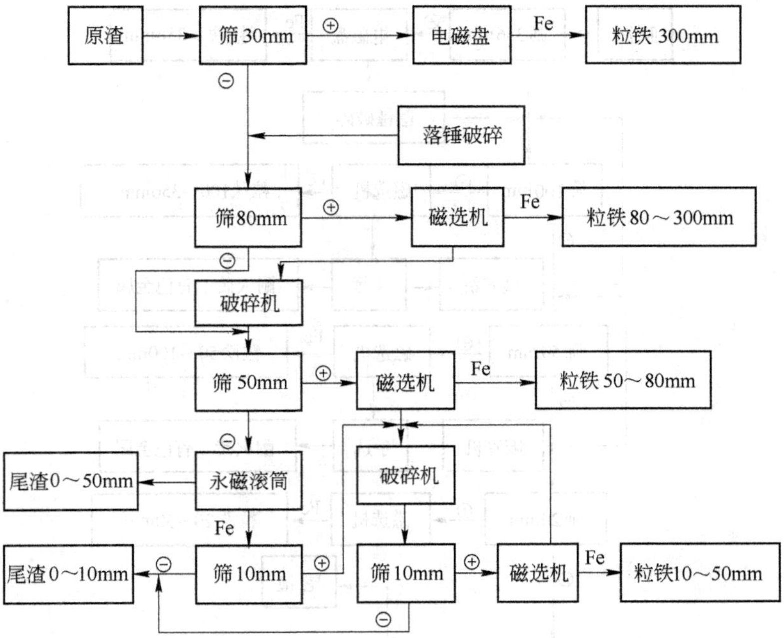

图 4-9 首钢粒铁回收生产线的生产工艺

规格均为 USK1.4m×3.75m，筛孔为 80mm×50mm，筛网为橡胶筛网，两个 BNN10mm 的筛网为不锈钢金属丝。4 台磁选机中，1 台为 RMA600/100S—125/65，两台为 RMA200/805，还有一台永磁磁辊 PR63/180。给料机型号为 VBL1250mm×2500mm，VBL800mm×3150mm，VBL630mm×3150mm。

B 鞍钢钢渣加工工艺及设备

鞍钢焖渣方式与首钢近似，钢渣翻渣后激冷，打水焖渣两周左右，由焖渣线运至渣钢回收生产线。鞍钢于 1986 年从德国 KHD 和 EF 公司引进一套处理能力为 240 万 t/a 的钢渣生产线，如图 4-10 所示。生产线于 1989 年正式投产。设备运行状况良好。从产品粒级看，8～20mm 粒铁在高炉炼铁中透气性不好，生产过程中将 8～20mm 和 20～50mm 粒铁混合，铁品位虽由 85% 下降到 62%，但炼铁使用后反映良好。

第一阶段破碎采用 BEH1000mm×630mm 型带液压过负荷保护装置的颚式破碎机，第二阶段破碎机采用 1600H/C 型带液压过负荷保护装置的圆锥破碎机。二段均设有检查筛分构成闭路。经筛分分级为 356mm、100mm、50mm、20mm、8mm 五个粒级。356mm 粒级采用耐磨、耐冲击特殊硬锰铸钢的固定格筛，100mm、50mm、20mm 粒级采用 USK1.6×4.5m 和 USK3m×6m 两种规格的圆形振动轨迹振动筛、带有耐磨、防噪声的橡胶筛面，8mm 粒度采用 LS2-32ED 张力筛、筛面采用塑胶材质，具有耐磨和不堵筛孔的特点。磁选采用各种不同的规格的 RMA 型带式磁选机 RMA600/120S，RMA300/80S，RMA250/100，RMA250/120 和 MR80/220 型磁辊进行干选，磁选机磁场可调，其中 RMA600/120 和 RMA300/80S 有主、副两个磁板。为了保护平破碎机，选用了能识别坚硬铁块和有色金属，能使渣铁通过的 MS08/85SQTA 型金属探测器 3 台，安装在手选台上与液态翻板构成保护装置。

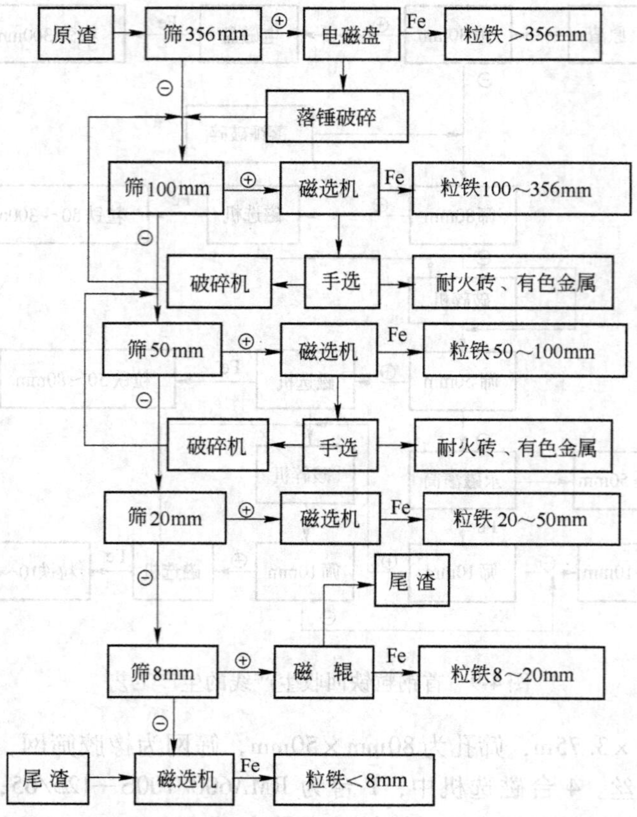

图4-10　鞍钢钢渣处理生产流程

C　武钢钢渣加工工艺及设备

武钢原渣也采用打水焖渣处理，共有4条焖渣线，钢渣以热泼的方式翻罐，然后打水冷却。两周后运至粒铁回收生产线，工艺流程如图4-11所示。

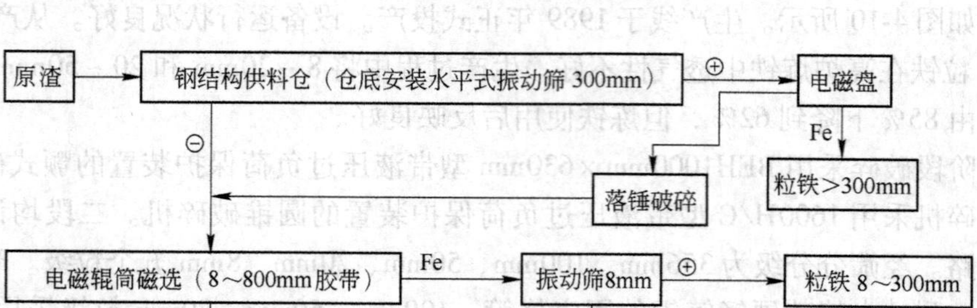

图4-11　武钢转炉渣加工工艺流程

武钢的工艺由美国IMS公司设计，两条生产线，每条设计能力为60万t，1991年建成投产。武钢生产线没有破碎磨矿设备，筛分设备有筛孔300mm水平式振动筛，1.5m×6m筛孔8mm振动筛。磁选设备有电磁盘，ϕ1200mm×950mm电磁辊筒，ϕ400mm×950mm

永磁辊筒。

D　唐钢钢渣加工工艺及设备

唐钢于1987年建设了一条能力为100万t/a的钢渣加工生产线，全部设备由日本太阳株式会社总配套。生产线于1989年投产。生产工艺如图4-12所示。

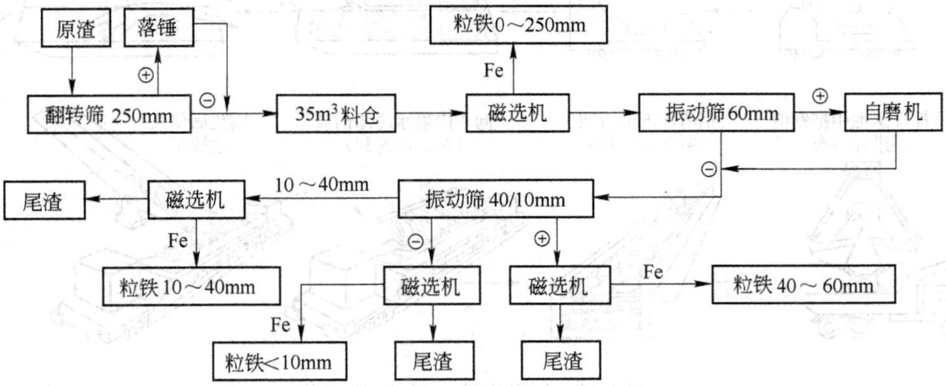

图4-12　唐钢转炉渣加工工艺流程

生产线主要设备有筛孔250mm的液压翻转筛，带式磁选机4台，引进日本大冢铁工株式会社周边排出型自磨机一台，规格为ϕ3.09mm×1.1mm，该机不使用媒介，利用被磨碎物料之间的碰撞，依据金属铁和钢渣的破碎阻抗差，只磨碎渣子留下金属铁。通过调换破碎机周边格栅的大小，可改变磨碎物的粒度。筛分设备有筛孔为60mm的振动筛一台，6.5mm×2.5mm的双层振动筛，上层筛孔40mm，聚氨酯筛网，下层筛孔10mm，不锈钢筛网。

焖渣法工艺简单，适用于处理高碱度钢渣。钢渣活性较高、安定性较好，并能处理固态渣。但处理后的渣粒度不均匀、后续破碎加工量大、处理周期长。经过改进，目前中国京冶公司设计的热焖钢渣处理设备的处理周期约为12h，可处理温度在300～900℃的转炉渣，处理后的转炉渣60%以上粒度小于10mm，磁选分离后渣中残余金属铁的质量分数小于1%，自由氧化钙和氧化镁可以全部热解。该工艺在华菱涟钢、宝钢特殊钢分公司已经运行了15年以上。近年来新建的转炉钢厂如鞍本的鲅鱼圈钢厂的3座260t转炉、天铁的2座180t转炉、韶钢等都采用了焖渣法处理转炉钢渣。

4.2.2.2　浅盘水淬（ISC）法

浅盘水淬（ISC）法的工艺过程如图4-13所示，在钢渣车间设置高架泼渣盘，利用吊车将渣罐内液态钢渣泼在渣盘内。渣层一般为30～120mm厚，然后喷以适量的水促使急冷破裂。再将碎渣翻倒在渣车上，驱车至池边喷水降温，再将渣卸至水池内进一步降温冷却。渣子粒度一般为5～100mm，最后用抓斗抓出装车，送至钢渣处理车间，进行磁选、破碎、筛分、精加工。

宝钢一、二期建设的钢渣生产线于20世纪80年代初投产。采用日本新日铁大分钢铁厂的钢渣处理技术，即浅盘水淬法（ISC）。宝钢依据钢渣流动性，将渣分为A、B、C、D四类。流动性较好的A、B、C类转炉渣出渣时，钢渣倒入渣罐内，用吊车将液态炉渣倒入浅平渣盘中，此时炉渣温度在1500℃左右，稍许空冷后第一次喷水冷却，喷水2min停

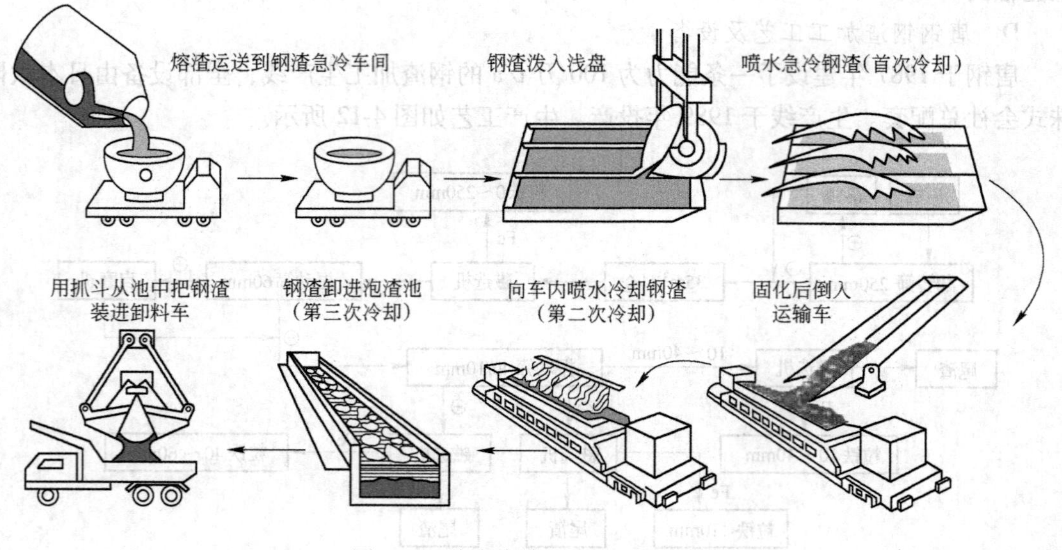

图 4-13　浅盘水淬（ISC）法工艺

3min，重复4次，耗水量为0.08m^3/t，此时炉渣温度下降到200℃左右，然后将钢渣倒入水池内进行第三次冷却，冷却时间约34min，耗水量为0.04m^3/t，此时炉渣温度降至50～70℃，用皮带运输机送至粒铁回收生产线。

流动性差的D类渣不经浅平渣盘处理，打水冷却后直接回收废钢，余渣送往粒铁回收生产线。

浅盘水淬法的优点是：（1）用水强制快速冷却，处理时间短，每炉渣在1.5～2.5h可处理完，处理能力大。（2）整个过程采用喷水和水池浸泡，减少粉尘对环境污染。（3）熔渣经3次水冷却后，大大减少渣中矿物组成和游离氧化钙及氧化镁等所造成的膨胀性，从而改变了渣的稳定性。（4）处理后钢渣粒度小，大部分在30mm左右，粒度均匀，可减少段破碎、筛分加工工序。（5）采用分段水冷却处理，蒸汽可自由扩散，操作安全。（6）整个处理工序紧凑，并采用无线电远距离操作和配有工业电视监视，劳动条件好。缺点是炉渣经3次水冷却产生蒸汽量较多，蒸汽对厂房设备有影响，对起重机寿命有影响。

4.2.2.3　钢渣水淬工艺

钢渣水淬是指熔融的钢渣在流出、下降过程中，被压力水分割、击碎。再加上熔渣遇水急冷收缩产生应力集中而破裂，使熔渣粒化。由于钢渣比高炉矿渣碱度高、黏度大，其水淬难度也大。为防止爆炸，有的采用渣罐打孔，在水渣沟水淬的方法并通过渣罐孔径限制最大渣流量。

炼钢生产采用氧气后，我国许多炼钢车间因原有排渣工艺限制了炼钢生产，为提高钢生产能力，开展钢渣综合利用，自1970年马鞍山钢铁公司平炉钢渣水淬工艺投产以来，许多工厂、科研、设计单位对平炉、转炉、电炉钢渣水淬工艺进行了大量的试验、研究工作，并积累了多年的实践经验，突破了“钢渣不能水淬”的禁区。

济钢转炉钢渣从1978年至今始终采用钢渣水淬工艺，取得了显著的经济效益，钢渣水淬工艺生产在我国已经历了30年，实践证明：钢渣可以水淬，水淬工艺可以成为炼钢排渣的一种工艺形式。

A 钢渣水淬工艺特点

高温液态钢渣在排出下降过程中，与水进行热交换，同时被压力水分割、击碎，再加上高温熔渣遇水激冷收缩产生的内应力作用而破裂，使熔渣在水幕中进行粒化。与其他排渣工艺相比，其显著特点是：用压力水粒化液态钢渣，既能满足在瞬间快速排渣，又能实现加工渣粒产品的目的。

B 钢渣水淬工艺形成

由于炼钢设备、工艺布置、排渣特点、钢渣性能不同，我国在生产、试验钢渣水淬工艺的实践中，探索出多种工艺形式，主要有三种类型，见表4-9。

表4-9 钢渣水淬生产工艺的几种类型

项目 \ 类型	渣罐倾翻池内水淬工艺	渣罐孔流沟内水淬工艺	直接水淬工艺
图 例	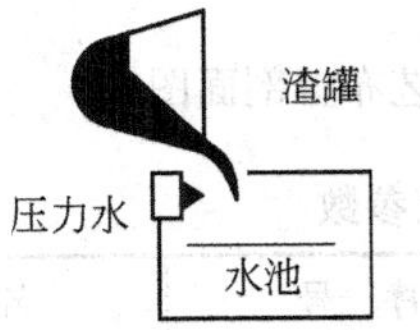	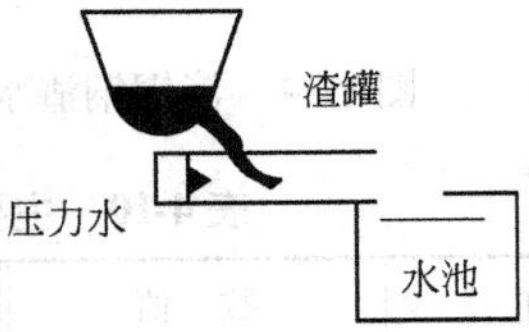	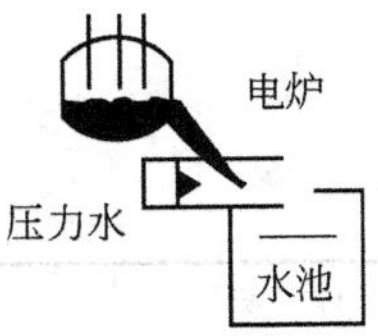
渣量控制方法	用倾翻渣罐速度控制渣流量	用渣罐孔流速限制最大渣流量	用炼钢排渣速度控制渣流量
水淬渣点	水淬池内	水淬沟内	沟内或水淬车内
工艺位置	一般在炉渣间	一般在炉子跨车间内	在炉子跨车间内
适应炉型及渣类	大、中型转炉渣	电炉渣、钢包渣	小容量冶炼炉或钢水渣罐

济钢从1970年开始探讨用“渣盘倾翻”法，以“泡渣”的办法试验转炉钢渣水淬；1976年改用“渣罐孔流”法，以“水冲”的办法在池内试验转炉钢渣水淬；1978年后用“渣罐孔流沟内水淬工艺”生产10余年，后改用“渣罐倾翻池内水淬工艺”生产至今。从济钢30年来试验生产实践看，对于一些大中型转炉炼钢车间，在钢渣物化性能比较稳定、渣流动性能比较好时，采用稳定落渣点的“渣罐倾翻池内水淬工艺”，用倾翻渣罐速度控制渣流量，使渣流成“瀑布”状，在下落过程中被压力水粒化，这样可改善操作条件和减低渣水比。济钢转炉容量为25t，尽管每罐渣量较少，但水淬生产技术经济效果仍很好，如果在大中型转炉厂生产使用，效果会更好。

钢渣水淬不论采用何种工艺形式，其流程基本相同，主要工艺过程为：

液态钢渣 → 压力水粒化器水淬钢渣 → 水淬集渣池 → 抓斗抓出 → 送往用户

钢渣水淬工艺布置如图4-14所示，转炉倒出的高温熔渣，盛放于专用渣罐，渣罐车将其运至水淬点，由提升系统控制渣罐倾翻角度，熔融钢渣均匀由流渣孔流出，直接与由许多喷嘴组成的高压水幕碰撞，钢渣在水幕的急冷、分割剪切下得到充分粒化，颗粒度不大于6mm的约占90%。水淬渣落入水池中，由抓斗吊车吊至地坪滤水后由汽车运至烧结厂作为烧结配料使用。主要工艺参数见表4-10，主要设备见表4-11。

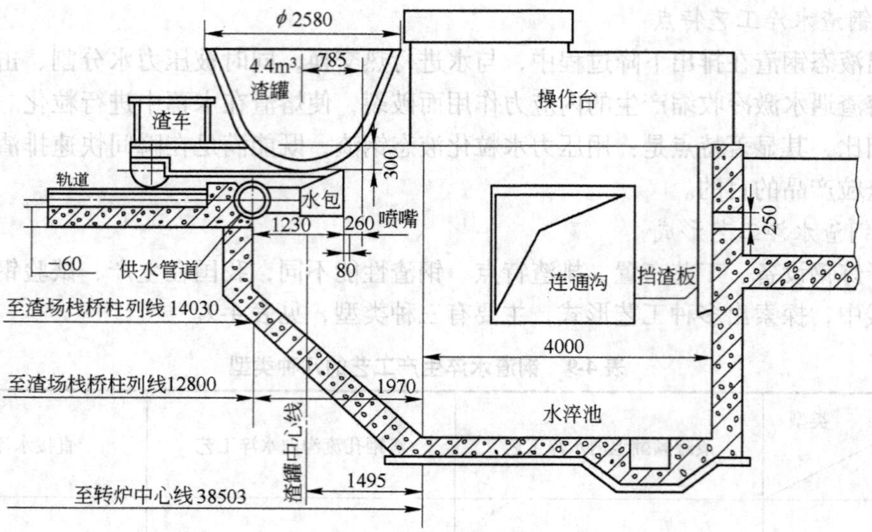

图 4-14　济钢钢渣水淬工艺布置剖面图

表 4-10　主要工艺参数

序　号	名　称	数　值	序　号	名　称	数　值
1	水淬水压力/MPa	≥0.25	4	水淬水温度/℃	≤70
2	渣水比	1∶10			
3	炉渣温度/℃	1600	5	水淬池有效水位/m	≥1.5

表 4-11　主要设备

序　号	名　称	型　号	序　号	名　称	型　号
1	渣罐车	30t	4	粒化器	MP800
2	渣罐	5.95m³	5	水塔	300m³
3	曲臂卷扬	20t	6	冷却塔	FGBL-300

济钢水淬渣主要理化指标见表 4-12。

表 4-12　水淬钢渣的主要理化指标

CaO/%	SiO_2/%	MgO/%	FeO/%	TFe/%
42 ~ 52	8 ~ 14	8 ~ 10	8 ~ 18	16 ~ 30
粒度 >5mm	粒度 ≤5mm	钢珠含量	碱　度	密度/$g \cdot cm^{-3}$
10%	90%	4% ~8%	3 ~ 3.7	3.3 ~ 3.5

C　关于钢渣水淬生产中的爆炸问题

“爆炸”成因：钢渣水淬过程中出现“爆炸”是物理现象，引起“爆炸”的成因均是因大量的高温液态熔渣（或固溶状态）把水覆盖或包住，产生局部过热高温区，形成“封闭系统”，水迅速汽化变成过热饱和蒸气，体积急速膨胀，甚至可以达几千倍，一旦内部压力达到冲破“封闭系统”阻力的临界压力时，瞬间就以冲击波的形式将能量放出，形成“爆炸”；包住水的渣层越厚、越坚实，“爆炸”的威力就越大。

消除“爆炸”：在钢渣水淬试验或投产初期的生产，一些厂出现过水淬“爆炸”现象，能否解决钢渣见水“爆炸”，特别是事故性“爆炸”，是决定钢渣水淬工艺能否生存的基本条件。研究与实践证明：钢渣水淬中“水”要限制液态钢渣既能深入水幕之中，而又不超过水幕之外，在水力集中点上把钢渣击碎、粒化，使之不形成局部过热高温区，就可以消除“爆炸”现象和事故发生。

D 钢渣水淬工艺设计生产要点

（1）钢渣具有良好的流动性是实现钢渣水淬的前提。钢渣一般熔点高、过热度小、黏度大。因此，设计时尽量使水淬点靠近排渣点、尽量缩短排渣至水淬的间隔时间，一般不要超过5～10min；转炉渣黏度大或“溅渣护炉”的渣子，不能进行水淬；如果总渣水淬率小于50%，一般不宜采用水淬工艺。

（2）保证供水是防止和消除“爆炸”的关键。水的主要作用是粒化熔渣、带走热量、输送水渣离开水淬点。这就要求“水”及“水淬工艺”的设计与操作必须适应钢渣物化性能多变的特点。因此，渣水比、水压、渣水动能比、粒化器形式、水池深度、输渣沟坡度、供水方式等必须设计合理。

（3）有效地控制渣流量是防止“爆炸”的重要手段。在粒化器喷嘴已定的情况下，为了确保渣水比，有效地、稳定地控制渣流量及落渣点尤为重要。因此，在用“渣罐倾翻池内水淬工艺”生产时，要严格控制倾翻速度及稳定落渣点，防止大块渣、渣流猛涌直接落入水中；在用“渣罐孔流沟内水淬工艺”生产时，要严格控制渣罐孔径，并尽量注意钢渣液面高差不宜变化太大；在“直接水淬工艺”生产中，要严格控制排渣速度，杜绝瞬间涌入大量熔渣及钢水。

（4）严格操作。完善的操作程序及严格的规章制度，对于生产人员与设备的安全和生产顺利进行都非常重要。

E 水淬渣的用途

水淬钢渣因急冷，潜在较多的内孔，并抑制了C_2S的晶型转变及C_2S分解，使其性能稳定；水淬钢渣呈颗粒状、粒度均匀、无粉尘、不需再加工、产品质量好，为综合利用提供了非常方便的条件。用于烧结料层透气性好，显著提高了烧结矿强度及烧结机产量；用此制造水泥加工简便、强度高、性能稳定；用于生产农用肥，磷、钙等有益成分容易被植物所吸收；既可以代替河沙又可用于喷砂除锈；既可筑路又可方便回收钢粒。

F 水淬工艺的优点

（1）简化了工艺。钢渣水淬工艺是以水粒化钢渣，既能快速排渣，又能同时加工成产品，瞬间就能将炼钢的固体废物转化成炼钢厂的副产品，从根本上省去了传统的排渣系统，又省去了破碎加工程序，工艺流程简单。

（2）炼钢排渣速度快，水淬钢渣运输方便，有利于提高炼钢能力。

（3）钢渣水淬工艺要求水淬点尽量靠近排渣点，因而其工艺环节紧凑、占地面积小。

（4）基建投资省、运行成本低。

（5）水淬钢渣质量好，利用价值高，可满足多种途径利用钢渣的要求，经济效益好。

G 钢渣水淬工艺生存条件

钢渣水淬工艺在我国发展了30年，说明它具有强大的生命力，其生存的主要原因是：

（1）具有掌握“钢渣水淬工艺”生产的技术力量。钢渣水淬工艺看似非常简单，实际从设计到生产都要求有严格的技术规程和严谨的理论基础，掌握了钢渣水淬的规律，对其工艺进行完善、合理的设计，制定严格的管理制度，就可以消除“爆炸”的隐患，进行稳定的生产。

（2）钢渣性能好。钢渣进行水淬，必须要有“能流动的、能稳定控制的液态钢渣”；有些厂是因钢渣太黏而无法采用水淬工艺。

（3）有用户要求水淬钢渣可以用于制作渣砖、水泥，也可以作烧结矿添加剂，在有此类需求的情况下，水淬钢渣就有市场。

4.2.2.4　*辊筒—水池热淬法*

钢渣水淬还有其他方法，例如辊筒—水池热淬法。本法的操作过程是：从炉内放出的液态渣通过渣罐倒入安装在对辊上方的中间包，钢渣从中间包下口按一定速度流到对辊之间，由于对辊旋转，形成薄层渣，并逐渐落入水池中急冷。工艺流程如图 4-15 所示。有的采用单辊式，其工艺流程如图 4-16 所示。

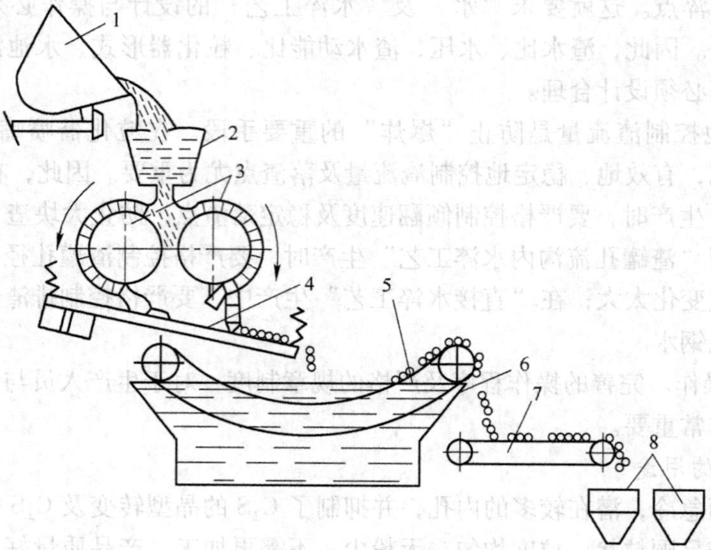

图 4-15　辊筒—水池热淬法方案之一

1—渣罐；2—接渣槽；3—冷却辊筒；4—振动槽；5—运输机；6—水槽；7—有电磁辊轮的运输机；8—成品料斗

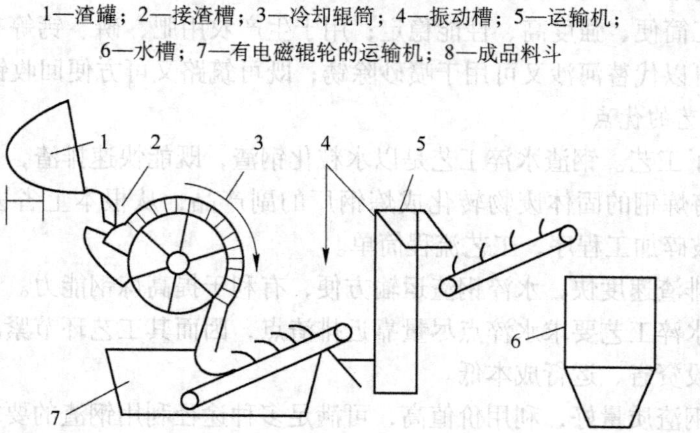

图 4-16　辊筒—水池热淬法方案之二

1—渣罐；2—接渣车；3—辊筒；4—运输机；5—提升机；6—成料斗；7—水槽

低速辊筒法处理钢渣在对辊之间容易遗留残块，这些残块落入水中后常常发生爆炸。为了解决这个问题，发展了高速辊筒法。辊筒被高压水流覆盖，当液体渣流下时，受到高压水流急冷，并被抛射出去，因此形成很小的颗粒落入水池中。这种方法由日本大同制钢的涩川厂通过小规模试验获得成功。

4.2.2.5　风淬法

渣罐接渣后，运到风淬装置处，倾翻渣罐，熔渣经过中间包流出，被一种特殊喷嘴喷出的空气吹散，破碎成微粒，在罩式锅炉内回收高温空气和微粒渣中所散发的热量并捕集渣粒。经过风淬而形成微粒的转炉渣，可做建筑材料；由锅炉产生的中温蒸汽可用于干燥氧化铁皮。

日本钢管（原 NKK，现 JFE Steel）公司与三菱重工业公司合作于 1977 年 4 月开始研究钢渣风淬技术，目的是回收氧气转炉液态渣的显热和钢渣的进一步综合利用。1977 年 12 月在 NKK 福山厂建立了实验工厂，1981 年在福山厂第三炼钢车间建成世界第一套用于生产的转炉钢渣处理设备，渣处理能力为 20000t/月。工艺流程由 4 部分组成：前处理段、风淬段、热回收段和后处理段（见图 4-17）。前处理段即将渣盘中的液态渣通过流槽倒出，形成渣流下落。风淬段系用高速空气将渣流吹散和冷却，使钢渣变成固化颗粒状，并被射入热回收器中。热回收段在热回收器内回收下落钢渣粒的辐射热和高温风淬空气的对流

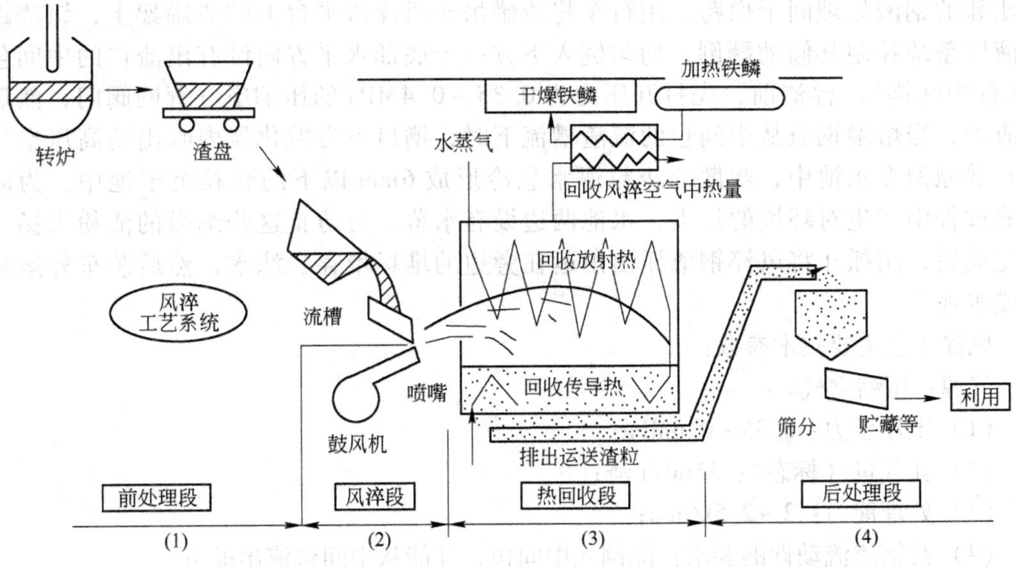

图 4-17　转炉钢渣风淬系统的流程

热。热回收器内安设换热水管，遇热时管内的水变成蒸汽供回收使用。后处理段是集中、堆积和筛分钢渣，及运输系统。高压风速为 80～300m/s，风淬渣是粒度小于 3mm 的小球，性质稳定，便于应用。风淬能力平均 20t/h，最大 80t/h。压缩空气用量是 $1000m^3/t$，每天可获得蒸汽 200t。这种方法的优点是处理钢渣的同时，可回收钢渣显热的 41%。这种处理方法液态钢渣不与水接触，无爆炸危险；整个过程在罩式锅炉内，操作环境好；排出的热空气和热渣的热量还可以进一步回收。

我国的台湾中钢、马钢和重钢某厂也采用了风淬法处理液态转炉渣。重钢某厂与上述

日本的方法不同的是没有在罩式锅炉内换热，而是将风淬渣吹入水池，没有回收转炉渣的热量。其工艺流程如图 4-18 所示。

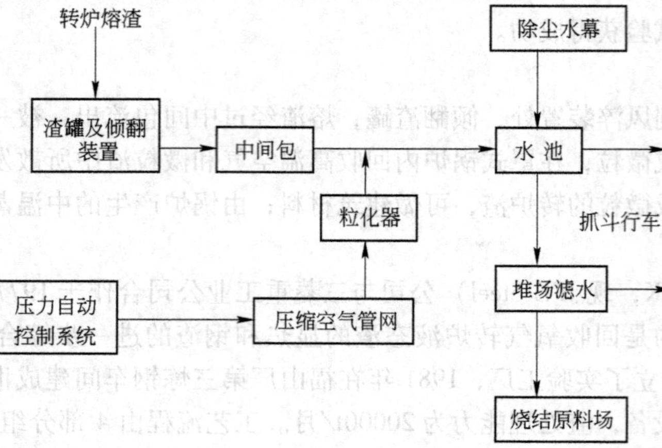

图 4-18　重钢某厂的转炉渣风淬处理流程

其工艺过程是：转炉熔融钢渣从转炉倒入炉下 $14m^3$ 的渣罐后，由电动渣罐车运到比邻的钢渣处理间干燥跨，用行车将渣罐吊至风淬渣平台上的渣罐架上，该渣罐架有液压系统控制其倾动翻倒，均匀倒入下方一个底部水平方向设有出渣口的中间包内（又称中间锅）。淬渣前，先打开压力为 0. 35 ~0. 4MPa 的压缩空气管网阀门，然后倾动渣罐，当熔融钢渣从中间包的流渣槽流下时，槽口下方粒化器内吹出的高压空气将其吹散抛撒在水池中，吹散的渣粒遇水急冷形成 6mm 以下的颗粒沉于池中。为防止淬渣过程中产生对环境的污染，水池两边设有水幕，可防止这些细微的渣粉飞扬。淬渣完成后，用抓斗将风淬钢渣抓出吊运在旁边的堆场堆存、滤水，然后装车外运烧结厂或水泥厂。

风淬工艺主要技术参数：

气源：压缩空气。

（1）工作压力：0. 35 ~0. 6MPa；

（2）耗气量（标态）：$35m^3/t$ 渣；

（3）处理能力：2 ~2. 5t/min；

（4）对钢渣流动性的要求：能倒入中间包，并能从中间包流出即可。

主要设备及构筑物：

（1）风淬钢渣平台及倾翻装置，ZZD-Ⅱ-Ⅰ型渣罐车的渣锅倾翻传动装置；

（2）压缩空气管网及自动控制系统；

（3）粒化器，外形尺寸：650mm × 360mm × 120mm，布有 ϕ8mm、ϕ10mm 的 27 个喷吹孔；

（4）中间包，$11m^3$ 渣锅；

（5）固定渣罐座；

（6）10t 桥式抓斗起重机，$1.5m^3$ 抓斗；

（7）粒化钢渣冷却池 14. 5m ×6m ×4. 2m；

(8) 水幕系统。

该厂的生产实践表明：

(1) 风淬法处理钢渣，技术成熟，工艺简单、投资少；

(2) 风淬法处理钢渣所占场地小；同时风淬法所需水量极少，完全做到循环使用不外排；

(3) 风淬法粒化彻底，处理能力大。生产实践证明 90% 以上的钢渣均被风淬粒化，粒度在 6mm 以下，可以减少破碎、筛分等设备的投资，而且便于综合利用。风淬钢渣可配入烧结矿中，也可以外销水泥厂作水泥原料；

(4) 节约渣罐，经济效益明显。

4.2.2.6 粒化轮法

唐山华科设计了粒化轮法钢渣处理装置，称为 HK 法。如图 4-19 所示，天车将渣罐坐入渣罐倾翻机，渣罐倾翻机将熔渣均匀、稳定地倒入熔渣流槽，熔渣经熔渣沟头流入粒化器，被高速旋转的粒化轮机械粉碎成粗颗粒，同时由喷嘴喷射的高压水对粉碎的高温熔渣进行一次水淬。渣罐倾翻机采用液压控制，倾翻力大，稳定可靠。粒化器作为核心设备具有运行稳定可靠，使用寿命长，操作维护简便，粒化轮齿更换方便，高效节能等优点。落入水池中的钢渣经二次水淬，由提升脱水器运出。

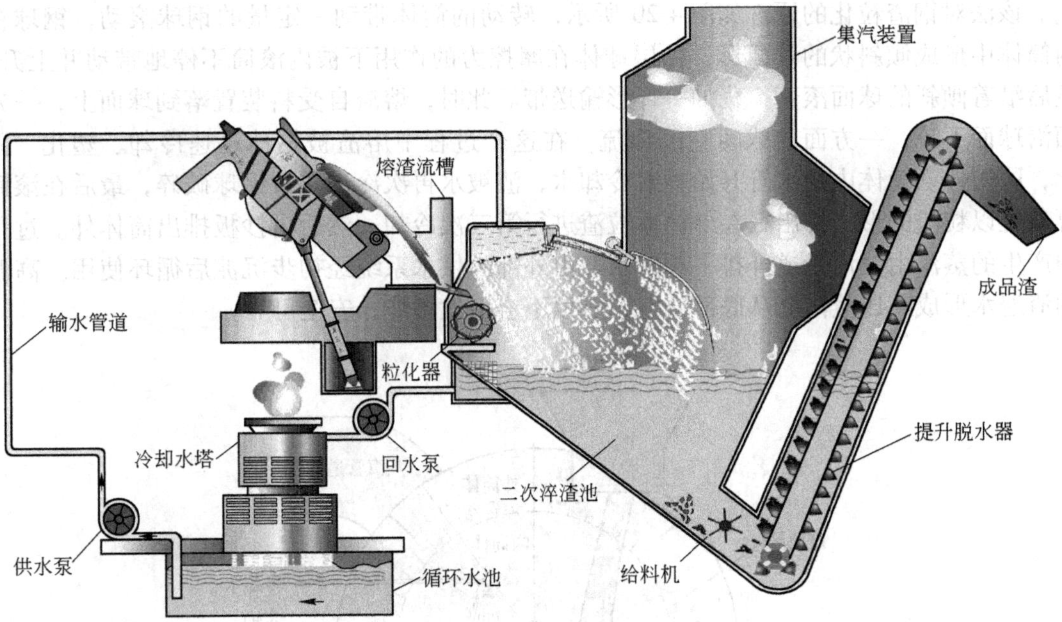

图 4-19 HK 粒化轮法钢渣处理装置示意图

该装置最初应用于本钢的 3 座 120t 和 3 座 150t 转炉渣的处理，2006 年又在柳钢 3 座 100t 转炉车间应用，两套装置每天处理 1600t 转炉渣。处理一炉转炉渣仅需 12min。沙钢也应用该装置处理钢渣。表 4-13 列出了 HK 粒化轮法钢渣处理的操作参数。实践证明，该方法比较安全可靠，耗水量较低，粒化渣质量好，粒化率高，运行费用低。运行中要注意避免液态钢渣瞬间流量过大或者夹带钢水，以避免爆炸的危险。

表 4-13　HK 粒化轮法钢渣处理的操作参数

转炉渣成分/%	CaO	SiO_2	Al_2O_3	FeO	TFe	R
	40.6	11.1	3.0	21.0	23.8	3.2～3.5
出渣温度/℃	1550～1650					
供水流量/$t \cdot h^{-1}$	430～485					
水压/MPa	0.32～0.38					
粒化率/%	80～85					
耗水量/$t \cdot t^{-1}$	0.657					
粒化速率/$t \cdot m^{-1}$	1.5～3					
粒化渣的粒度分布	<1mm	1～3mm	3～7mm	7～12.5mm	>12.5mm	
	5%	41%	36%	13%	5%	
粒化渣中含水量/%	<10					

4.2.2.7　宝钢短流程钢渣处理（BSSF）工艺

BSSF 是 Baosteel's Slag Short Flow 的缩写，该法又称滚筒法，是宝钢二炼钢投产时，引入俄罗斯乌拉尔钢铁研究院实验室渣处理新工艺，投产后又融入进料装置、钢球冷却装置、托轮座调整装置、装置用大齿圈等多项新技术，是宝钢具有自主知识产权的渣处理工艺。该法对钢渣粒化的原理如图 4-20 所示，转动的筒体带动一定量的钢球滚动，钢球在内筒体中形成倾斜状的月牙形，外层球体在摩擦力的作用下被内滚筒不停地带动并上升，然后沿着倾斜的球面滚落，犹如一环形输送带。此时，熔渣自受料装置落到球面上，一方面沿球面下流，一方面向球间空隙渗流，在这个过程中熔渣被钢球迅速冷却、塑化、固化，同时伸入筒体内的水管开始喷射冷却水，渣被水再次冷却并被钢球破碎，最后在滚筒算条处以粒渣的形式排出，在外筒体粒渣进行第三次冷却，然后由抄板排出筒体外。过程中产生的蒸汽由蒸汽管道外排，冷却水经由外部的供水系统经初步沉淀后循环使用。高温的渣遇水形成高压蒸汽能从底部放空，所以不会引发爆炸，安全可靠。

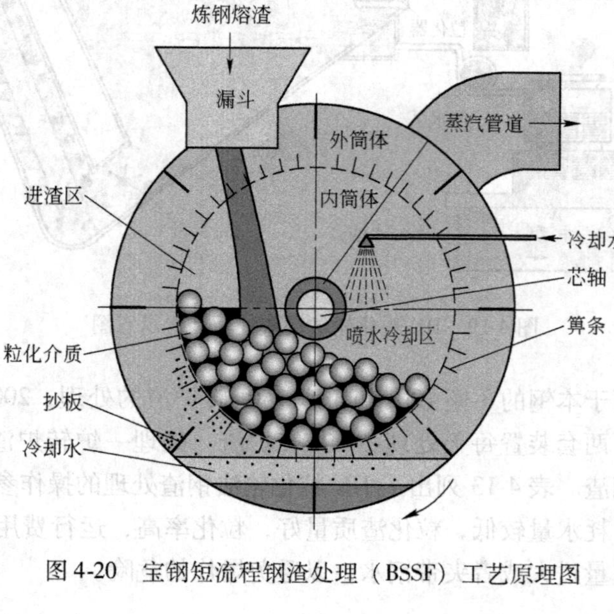

图 4-20　宝钢短流程钢渣处理（BSSF）工艺原理图

该法处理钢渣的关键工艺参数有冷却水量、转速和钢球装入量。根据钢渣的流动性，宝钢开发了三种类型的 BSSF 处理装置：A、B、RC 型，分别如图 4-21 ~ 图 4-23 所示。

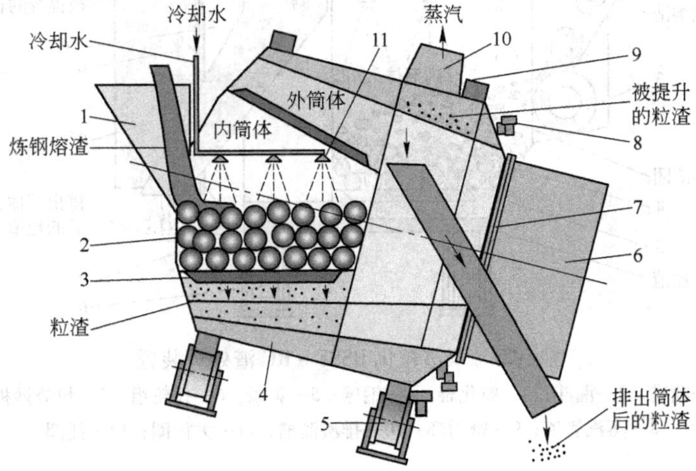

图 4-21 BSSF-A 钢渣处理装置

1—漏斗；2—钢球；3—箅条；4—粒渣抄板；5—托轮组；6—蒸汽管道；7—密封环；8—大齿圈排渣溜槽；9—托圈；10—蒸汽管道；11—喷嘴

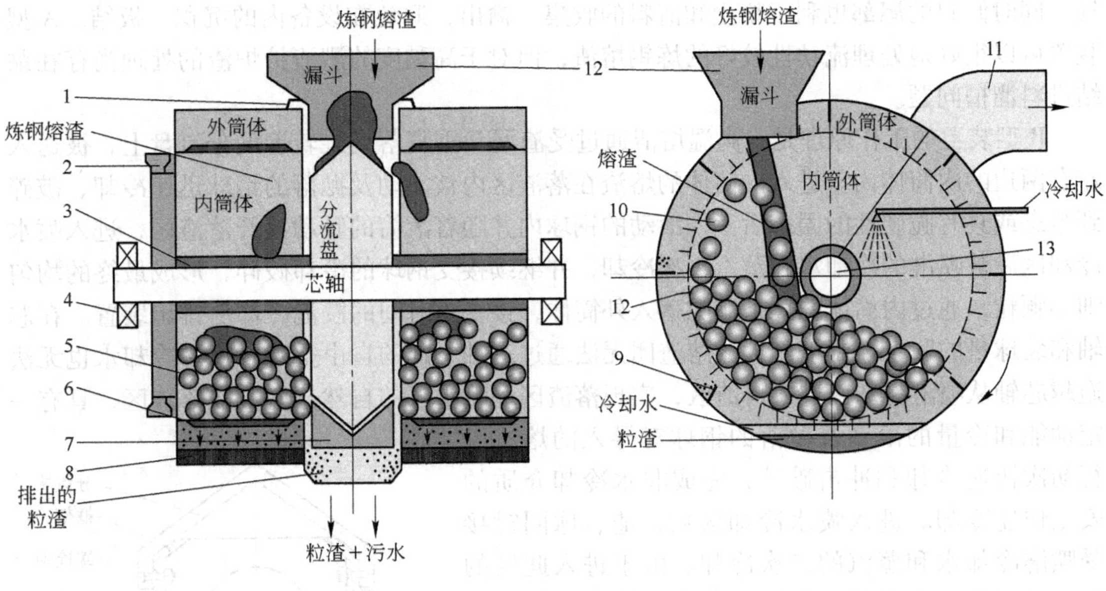

图 4-22 实现主动粒化技术的 BSSF-B 型渣处理装置

1—固定罩壳；2—大齿圈；3—芯轴护套；4—轴承支撑装置；5，10—钢球；6，12—箅条；7—固定环；8，9—排渣抄板；11—蒸汽管道；13—芯轴

A 型滚筒装置轴线与水平面成 α 夹角，既可保证进料溜槽有较大的倾角，有效流通面积大、流道短，利于熔渣导入装置内，减少熔渣粘壁现象，又能减少固定端盖所受的轴向力，同时渣和钢球与固定端盖的直接接触面积小，磨损少，结构简单；筒体为内外双层结

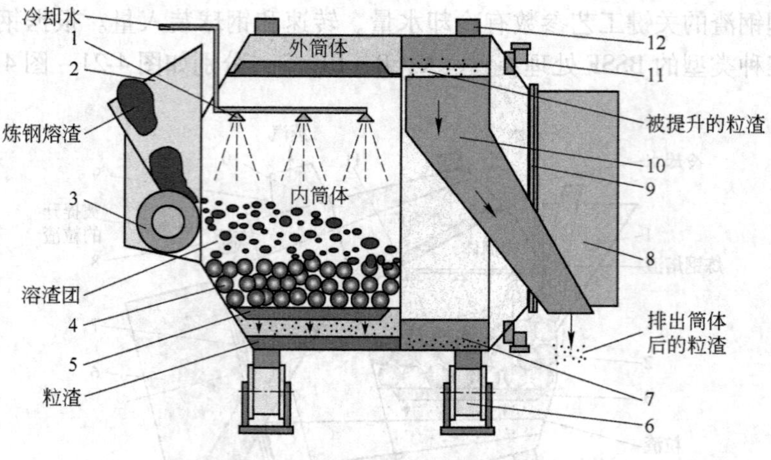

图 4-23　双重粒化 BSSF－RC 渣处理装置

1—喷嘴；2—漏斗；3—粒化辊；4—钢球；5—箅条；6—托轮组；7—粒渣抄板；8—蒸汽管道；9—密封环；10—排渣溜槽；11—大齿圈；12—托圈

构，同轴同步旋转；排料螺旋抄板上开有箅水孔，在提升渣料的前提下，保持外筒体的下部总有一定量的冷却水。这样的结构不仅能保证熔渣经过内筒体冷却介质的冷却、破碎，而且可经过外筒体密闭容器中冷却水的二次浸泡，渣料被充分冷却，效果好、温度低、性能稳定。排气装置位于装置的尾部，可以起到很好的粉尘分离沉降作用，进一步净化了废气，同时倾斜的尾部也利于粉尘和渣料的收集、输出，避免在设备内的沉积、板结。A 型装置可以很好地处理流动性较好的炼钢熔渣，但对于高黏度的溅渣护炉渣的处理尚存在黏结进料溜槽问题。

B 型装置的工作原理是：高温熔渣通过受渣漏斗垂直落到旋转着的分流盘上，被送入左右两边的内筒体内。进入内筒体的熔渣在落渣区内被滚动及抛落的钢球迅速冷却、破碎到塑态或具有脆硬性的固态后渗入滚动的钢球内并随着滚筒的转动离开落渣区，进入喷水冷却区后被喷淋的冷却水和蒸汽再次冷却，并继续接受钢球的冷却破碎，形成最终的均匀细小颗粒，通过内筒体的箅条缝隙落入外筒体，接受短时间的浸泡冷却后排出装置。在芯轴和装球量的联合控制下，大的熔渣团无法通过芯轴下部的自由空间，喷淋冷却水也无法逾越芯轴从喷淋冷却区进入落渣区，实现落渣区和喷水区的自然分区。在落渣区，具有一定动能和冷量的滚动及抛落的钢球对导入的熔渣进行初次快速冷却和冲击破碎，完成非水冷却介质的安全快速冷却。进入喷水冷却区后，渣、球同时接受喷淋冷却水和蒸汽的二次冷却。由于进入此区的钢渣已经处于脆硬状态且块度较小，被水直接冷却也不会发生响爆现象，安全可控。该组合式分流盘由分流块、扇形衬板和框架三大部分构成。

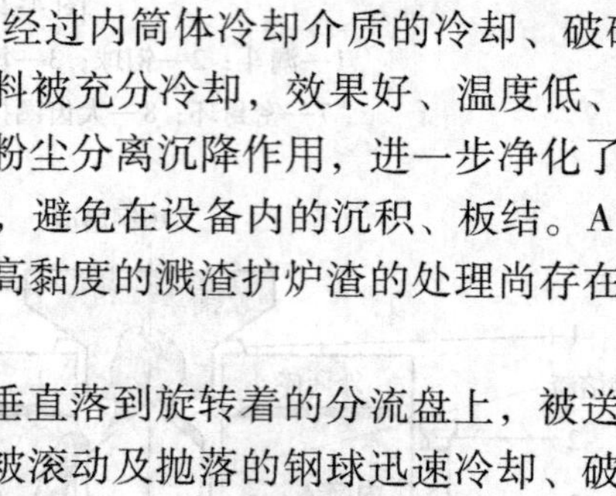

图 4-24　组合式分流盘结构

分流块呈 A 字形，位于框架的顶端，由 6～8 块组成圆盘式分流盘的受渣面；侧壁上安装有可以方便更换的扇形衬板。框架通过法兰盘与芯轴固结在一起，随芯轴和筒体同步转动。如图 4-24

所示。

为了得到颗粒更细小、组织更合理的商品化钢渣，开发设计了具有双重粒化功能的BSSF-RC型炼钢熔渣处理工艺及装置，在现有滚筒法炼钢熔渣处理技术的基础上引入高速粒化辊破碎技术，将二者完美地结合起来：熔渣特别是高黏度糊团状熔渣在进入滚筒装置之前，首先被高速旋转的粒化辊进行初步撕裂、粒化，形成较小的渣团。待较小的熔渣团进入滚筒后，再次被滚动的钢球进行主动粒化，快速处理成理想的商品化钢渣，直接资源化利用。该型装置包括进料漏斗和侧壁上有开口的鼠笼式滚筒，滚筒由内筒体和外筒体组成，进料漏斗置于滚筒一端并与滚筒端部开口相配合，其特征在于进料漏斗的底部装有可以高速旋转的粒化辊，辊面正对滚筒端部开口处，并与滚筒形成带密封的转动配合。

当高温熔渣经漏斗倒在高速旋转的粒化辊上时，被粒化辊初步分散、粒化并抛送至旋转滚筒内，滚筒内滚动的钢球再次对熔渣进一步冷却和主动粒化，被冷却、碎化后的粒状渣由内筒体的箅条间隙漏出进入外筒体内被冷却水充分浸泡冷却，进而排出外筒体得到合格的成品渣。

由于双重粒化工艺的引入，采用粒化辊完成进料，从另外一个途径实现了熔渣的垂直进料，因此无论是流动性较好的高温熔渣还是流动性较差的高黏度熔渣，都能进行理想的处理。

BSSF渣处理技术工艺流程见图4-25，工艺指标见表4-14。截至2008年，已有8家钢铁公司采用了共计16套宝钢的BSSF钢渣粒化装置，其中包括印度的JSW钢铁公司。

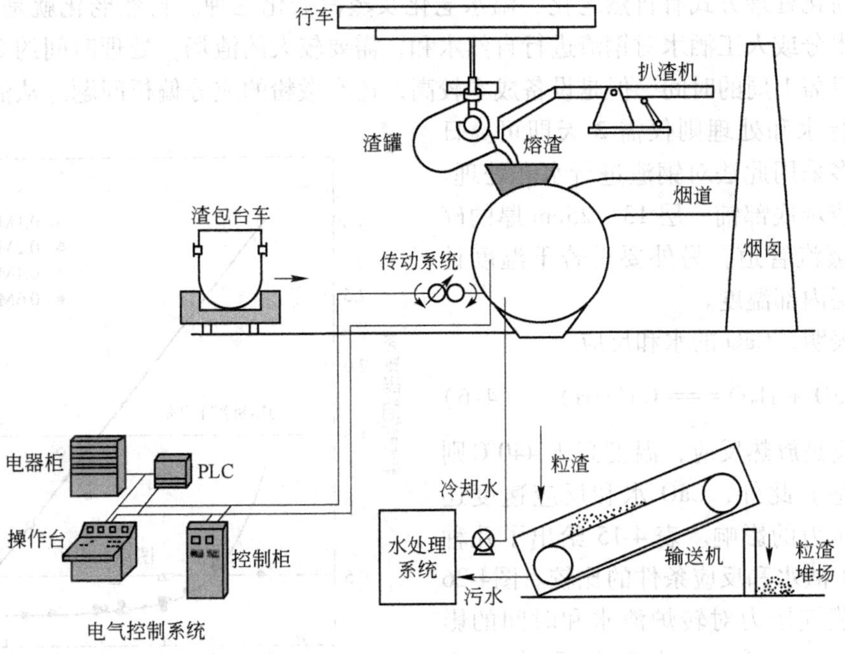

图4-25 BSSF渣处理技术工艺流程

表 4-14　BSSF 渣处理技术工艺指标

项　目	内　容			
处理速率/t · min⁻¹	3			
入渣温度/℃	1400 ~ 1500			
出渣温度/℃	70 ~ 100			
出渣粒度分布	< 1.25mm	1.25 ~ 5.0mm	5.0 ~ 15.0mm	> 15.0mm
	10% ~ 24%	40% ~ 69%	10% ~ 22%	1% ~ 4%
供水量/t · h⁻¹	100 ~ 180			
排放蒸汽含尘质量浓度/mg · m⁻³	< 150			
出渣自由氧化钙/%	< 4			
适应渣种	液态高炉渣、转炉渣、电炉渣			
占地面积/m²	约 70			

4.2.2.8　钢渣粉化处理

转炉钢渣因含 CaO，所以有膨胀性。作建材铺路等用途时必须对转炉渣进行预处理。由于钢渣中含有未溶解的游离 CaO，因此，在用压力 0.2 ~ 0.3MPa、100℃的蒸汽处理转炉钢渣时，其体积增加 23% ~ 87%，小于 0.3mm 的钢渣粉化率达 50% ~ 80%。在渣中主要矿相组成基本不变的情况下，消除了未化合 CaO，提高了钢渣的稳定性。此种处理工艺可显著减少钢渣破碎加工量并减少设备磨损。

钢渣粉化处理方式有自然老化、温水老化及蒸汽老化三种。自然老化就是利用雨水、空气中的水分或人工洒水对钢渣进行自然水和，需要较大的渣场，处理时间约 2 年。用温水处理则只需 1 周的时间，但是设备成本较高，还有微粉的成分偏析问题。从渣堆底部通入蒸汽进行水和处理则仅需 2 天即可。日本的钢厂多采用此法对钢渣进行水和处理。该法要在渣堆底部铺一层 13 ~ 25cm 厚的碎石并铺设蒸汽管道，另外要设若干温度计以检测渣层内部温度。

研究表明，CaO 的水和反应

$$CaO + H_2O = Ca(OH)_2 \quad (4\text{-}6)$$

该反应是放热反应，温度高于 440℃则发生逆反应。此外，CaO 水和反应速度还受温度和压力的影响。表 4-15 给出了几种典型的转炉渣水和反应条件的比较。图4-26 所示为水蒸气压力对转炉渣水和时间的影响，从图 4-26 可见，水蒸气压力大于 0.2MPa 的情况下，水和反应时间大大缩短。

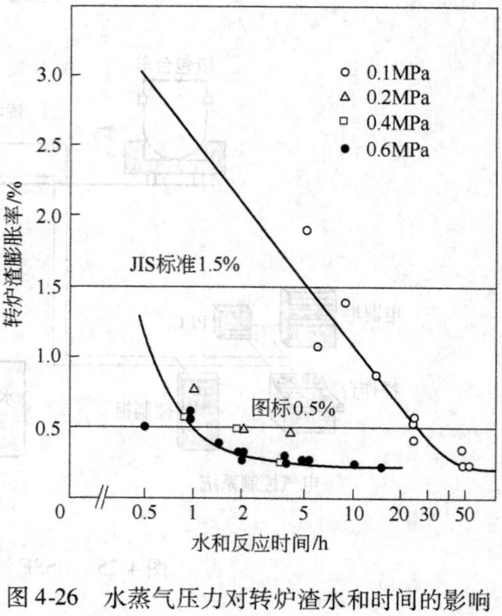

图 4-26　水蒸气压力对转炉渣水和时间的影响

表 4-15 几种典型的转炉渣水和反应条件的比较

条 件	压力/MPa	温度/℃	水和时间	
自然水和	—	20	17520	2y
常压蒸汽处理	0.1	100	48	2d
加压蒸汽处理	0.6	158	2	2h

注：水和时间按 JIS 标准 80℃水浸膨胀率为 1.5% 计。

住友金属和川崎重工设计的圆筒状水平压力容器，直径为 3.6m，长为 9.4m，一端开门，加料和出料两用。已破碎的转炉渣每次 50t 装入特制的渣槽，该渣槽在炉渣水和膨胀时可以向横向扩展。渣槽和炉渣整体放入压力罐内。通蒸汽 5min 后，从容器底部排空气 15min。按一定速度使水蒸气压力升至 0.6MPa，容器内冷凝水从放泄阀排出。保持时间结束时水蒸气减压放散，然后取出处理好的渣槽，装入另一个渣槽进行下一轮处理。处理后的渣非常干燥，为防尘需要洒水。把处理好的渣排出后空渣槽装入新渣备用。该装置 1995 年 5 月开始在住友金属和歌山钢铁厂运行，其设备布置如图 4-27 所示。其蒸汽消耗仅为常压蒸汽处理的 60%。

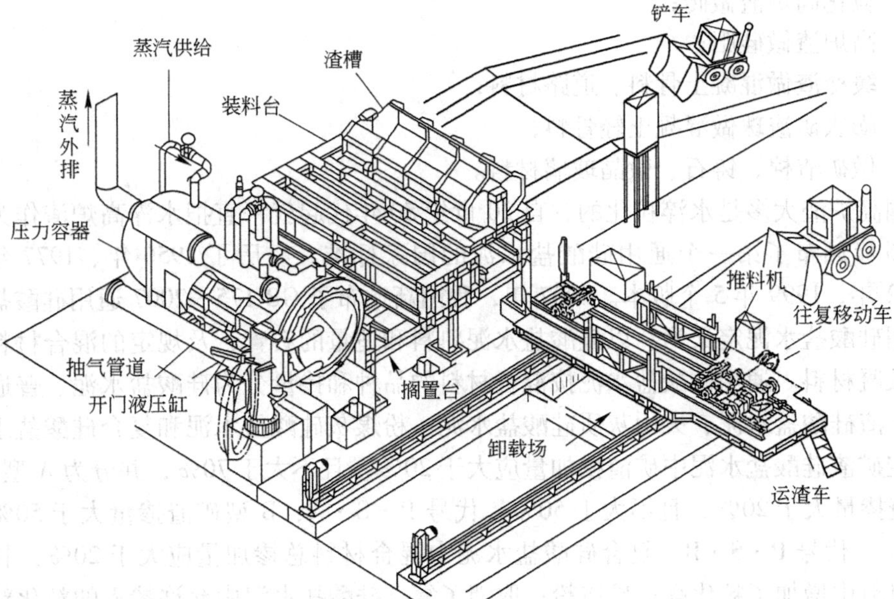

图 4-27 转炉渣的加压水蒸气处理设备布置

4.2.2.9 选择钢渣处理方法的原则

选择和确定钢渣处理方法时，应遵守 6 个原则：

(1) 处理能力大；(2) 处理后的成品状态适合于应用；(3) 处理后的成品应用效果好、经济效益高；(4) 生产工艺流程和设备简单；(5) 安全易行；(6) 处理成本低。

从目前已开发应用的处理方法看，任何一种方法若想全面符合上述 6 个条件是很难的。但是根据处理的前提条件，着重考虑那些基本条件选择一种比较合理的方法是可能的。

由于处理方法不同，所得到的成品状态也多种多样，其经济价值高低差别也较大。经过简易破碎法得到较大粒度的钢渣用于铺设公路和做铁路路基等是经济效益最差的，不提倡采用此法。总之在选择处理方法时，一定要珍惜二次资源的价值。

目前钢渣处理的研究热点在可回收热量的干法工艺，可回收热量的风淬法，从经济效益角度看可多回收热量是好的，但是没有水的作用钢渣中的自由氧化钙和自由氧化镁就无法消除，限制了钢渣作为建材的应用。另外日本开发成功了利用钢渣中的氧化钙吸收钢厂废气中的 CO_2 以减排 CO_2，欧洲也正在开展这方面的研究。

4.3　炉渣的资源化途径与存在的问题

4.3.1　高炉渣利用途径

高炉渣根据其处理方法有多种利用途径：

（1）粒化高炉渣做水泥混合材；

（2）粒化高炉渣矿粉做水泥和混凝土掺和料；

（3）粒化高炉渣做砖；

（4）高炉渣做硅肥；

（5）缓冷渣做混凝土骨料、道路材料；

（6）膨胀矿渣珠做混凝土轻骨料；

（7）做矿渣棉、铸石、微晶玻璃材料。

我国高炉渣大多是水淬粒化的，自 20 世纪 50 年代起就一直把水淬高炉渣作为水泥原料，1956 年颁布了第一个通用硅酸盐水泥的国家标准。经历了 1956 年、1977 年、1985 年、1992 年、1999 年 5 个版本。2007 年，我国新颁布了 GB 175—2007 通用硅酸盐水泥标准。通用硅酸盐水泥定义为：以硅酸盐水泥熟料和适量的石膏，及规定的混合材料制成的水硬性胶凝材料。通用硅酸盐水泥按混合材料的品种和掺量分为硅酸盐水泥、普通硅酸盐水泥、矿渣硅酸盐水泥、火山灰质硅酸盐水泥、粉煤灰硅酸盐水泥和复合硅酸盐水泥。新标准规定矿渣硅酸盐水泥中矿渣掺加量应大于 20%，且不大于 70%，并分为 A 型和 B 型。A 型矿渣掺量大于 20%，且不大于 50%，代号 P · S · A；B 型矿渣掺量大于 50%，且不大于 70%，代号 P · S · B。复合硅酸盐水泥中混合材料总掺加量应大于 20%，且不大于 50%；材料中增加了粒化高炉矿渣粉；取消了复合硅酸盐水泥中允许掺入的粒化精炼铬铁渣、粒化增钙液态渣、粒化碳素铬铁渣、粒化高炉钛矿渣等混合材料。新标准规定矿渣硅酸盐水泥的强度等级分为 32. 5、32. 5R、42. 5、42. 5R、52. 5、52. 5R 六个等级。新标准强调了炉渣在水泥中要科学、合理、安全地使用。

（1）矿渣硅酸盐水泥。用硅酸盐水泥熟料与粒化高炉渣配合 3% ~5% 石膏经混合磨细可制成矿渣硅酸盐水泥，矿渣掺入对水泥的抗压和抗拉强度影响不大，掺入量可占水泥重量的 20% ~70%。与普通水泥相比，矿渣硅酸盐水泥具有较强的抗溶出性、抗硫酸盐侵蚀性，适用于水上工程、海港和地下工程，在酸性水和含 Mg 盐水中不及普通水泥。渣硅酸盐水泥水化热较低，适用于大体及混凝土浇筑，耐热性强，适用于高温车间、高炉基础，早期强度低，后期强度增长率高，早期养护重要。在循环型干湿变化、冻融条件下不如普通水泥抗冻。

（2）石膏矿渣水泥。高炉水渣（最多 80%）+石膏（<15%）+石灰（<5%）或硅酸盐水泥熟料，可制成石膏矿渣水泥，成本低，抗硫酸盐侵蚀，抗渗透性好，适用于水工建筑。

（3）石灰矿渣水泥

石灰（10%~30%）+天然石膏（<5%）+干燥粒化矿渣，制成的水泥可用于无筋混凝土、工民建砂浆、蒸汽养护预制品。

表 4-16 列出了中国水泥种类比例的变化。2008 年中国水泥产量是 13.88 亿 t，矿渣水泥占了三分之一，可见粒化高炉渣在水泥中的用量巨大。

表 4-16 中国大型水泥企业水泥种类比例 （%）

年份	硅酸盐水泥	普通硅酸盐水泥	矿渣硅酸盐水泥	火山灰质硅酸盐水泥	粉煤灰硅酸盐水泥	复合硅酸盐水泥
1985	4.79	45.99	38.02	1.52	0.9	8.78
1992	7.74	52.3	33.86	1.3	2.28	2.52
2004	5.1	54	36	0.9	2	2

（4）粒化高炉矿渣粉。粒化高炉矿渣粉（又称矿渣微粉、矿粉或 GGBS）是将粒化高炉矿渣经干燥、粉磨达到相当细度（比表面积在 $420m^2/kg$ 以上）且符合活性指数要求的粉体。矿渣粉是优质的高性能混凝土矿物掺和料和水泥混合材，是当今世界公认的配制高耐久混凝土结构的首选混合材料，矿渣粉能显著地改善混凝土的耐久性和工作性，成为高性能混凝土最主要的矿物细掺料之一。

1862 年德国人发现矿渣具有潜在的活性，自此，矿渣长期作为水泥混合材使用。19 世纪初，矿渣在欧洲得到了广泛的应用。1958 年南非首次将矿渣烘干后磨细用于商品混凝土中。20 世纪 60 年代，随着预拌混凝土工业的兴起和发展，矿渣粉作为混凝土的独立组分得到了广泛应用。目前，国外一些发达国家已将掺有矿渣粉的混凝土普遍用于各类建筑工程。西欧掺有矿渣粉的水泥约占水泥总用量的 20%；荷兰矿渣粉掺量 65%~70% 的水泥约占水泥总销量的 60%，荷兰几乎各种混凝土结构都采用矿渣水泥；英国矿渣粉的每年销售量已达 200 多万吨；美国、加拿大、日本、新加坡、东南亚地区矿渣粉普遍应用于各种建筑工程中。

自 20 世纪 90 年代起，我国开始了矿渣粉的特性及应用研究工作，2000 年国家标准《用于水泥和混凝土的粒化高炉矿渣粉》（GB 18046—2000）颁布实施（已成为 GB 175—2007 的一部分），自此矿渣粉在国内的应用逐渐成熟，并被广泛使用。我国矿渣粉的规模工业化生产起始于 1996 年，矿渣粉生产工艺从最初的振动超细磨系统、球磨机系统到现在的大型进口立磨系统。2006 年年底，国内已从国外引进并建成 20 多条采用立磨的大规模现代化矿渣粉生产线，目前年产矿渣粉 5000 万 t，几乎应用于各种混凝土结构。矿渣粉最主要的应用是可等量替代混凝土中的部分水泥，它不仅可用于配制普通混凝土，而且是高性能混凝土中必不可少的矿物细掺料之一。掺加适量的矿渣粉后，能显著地改善新拌混凝土的工作性和耐久性，降低水化热峰值，延迟水化热峰值出现的时间，从而减少温差裂缝的产生，提高新拌混凝土的和易性、可泵性，减少坍落度的经时损失，并具有一定的减水作用。改善硬化混凝土的耐久性主要表现在提高密实度，改善内部结构；增加抗渗性、抗冻性、抗腐蚀能力，抑制碱-集料反应，不但提高了后期强度，而且还增强了耐久性。

矿渣粉应用于混凝土中可获得较高的经济效益。混凝土中矿渣粉可等量替代 15% ~ 60% 水泥，在粉煤灰、矿渣粉双掺时矿渣粉依然可等量替代 30% ~40% 的水泥。在实际应用中，混凝土中矿渣粉平均掺量一般在 30% 左右，即每立方混凝土中可掺加 100kg 左右矿渣粉，可节约成本。宝钢的粒化高炉矿渣粉在上海磁悬浮路桥、卢浦大桥、上海科学馆、洋山深水码头等工程中都有应用。宝钢的粒化高炉矿渣粉作为混凝土混合料还应用于长江隧道工程。

4.3.2 钢渣利用途径

钢渣的利用途径有：做水泥、做砖和砌块、做炼铁烧结矿原料、道路基层材料、配烧水泥熟料等。

随着钢铁渣资源化及综合利用工作深入开展，一些钢铁企业组建了冶金渣处理利用公司以专门从事这项工作。国家为鼓励工业渣综合利用，发布了配套的资源综合利用优惠政策，并逐步制定了严格的国家标准或行业标准，进一步促进了该项工作的开展。

4.3.2.1 钢渣的厂内循环再利用和冶金功能

钢渣可代替石灰石、白云石、铁矿石等用作冶炼熔剂世界上很多国家已积累多年的使用经验，这是钢渣合理利用的一条重要途径。

(1) 用作烧结矿熔剂。钢渣用作烧结矿熔剂国内外都有较成熟的经验，也是钢渣一项价值很高的综合利用。钢渣可用作烧结料代替石灰石等，其优点是：提高烧结矿强度，改善烧结矿质量；有利于提高烧结矿产量；有利于降低燃料消耗；有利于降低烧结矿的生产成本。宝钢自 1996 年以来，在烧结矿中添加 1.2% 的钢渣，每年稳定消耗 15 万 t 钢渣。根据宝钢的经验，往烧结矿原料中添加 1% 的转炉渣，烧结矿和铁水中的磷将分别增加 0.0038% 和 0.0076%。

(2) 钢渣用作熔剂。钢渣用作高炉熔剂，其优点是：提高铁水含锰量，在某些特定条件下还能富集钒、铌等有益元素，提高了资源综合利用程度；利用钢渣中的铁，取代部分铁矿石，降低了生产成本；代替石灰石，减少碳酸盐分解热，有利于降低焦比；钢渣中的 MnO、MgO 有利于改善高炉渣的流动性。近年来，高炉利用钢渣在逐渐减少，其原因是多方面的。如高炉炉料结构改变，硫、磷的富集，钢渣成分的波动等。

转炉钢渣也可在转炉铁水预处理过程作为脱磷剂再利用，尤其是双联转炉工艺，脱碳转炉的渣中磷含量低，可以热态装入脱磷转炉，节约石灰，减少渣量。宝钢利用其独有的转炉精炼工艺，循环利用部分转炉渣，可生产磷含量低于 0.0080% 的钢水。

4.3.2.2 钢渣作筑路和建筑材料

含游离 CaO 低，含磷高而不适宜用作熔剂的钢渣，可以考虑用作筑路、河道和水土建筑材料等。我国从 20 世纪 70 年代起，就开始利用钢渣制砖或修筑道路。大约 10 年后，发现道路有裂缝或隆起，砖的后期强度也差，或者开裂。这些问题是由钢渣中残存的自由氧化钙所致。通过改进钢渣粒化技术，这些问题可以得到解决。

2006 年我国钢渣产量 5863 万 t，历年来堆存的钢渣量已有 33845 万 t，堆积如山的钢渣占用大量土地资源、污染环境。同时，道路建设的迅猛发展，需要大量的建筑材料。近年来，由于对自然资源保护意识的增强，天然石料的开采受到了一定的限制，因此，钢渣代替天然石料应用于道路工程领域愈来愈受到重视。钢渣作为一种路用材料，在许多发达国家都得到了应用，这些国家的钢渣中约有50%用于道路工程。

(1) 铺筑道路。多年前英国已把钢渣作为沥青主料来铺筑路面。经处理后的钢渣具有较好的稳定性，可用于道路的基层、垫层及面层。国内宝钢、武钢等多家企业已用钢渣铺筑了很多道路。钢渣与沥青有很好的亲和性，与部分天然石料相混可铺筑高质量柔性道路。磨光石试验表明钢渣沥青路面防滑性好，不易开裂、拉裂；轮碾试验表明，承重层变形小，道路工作寿命长。钢渣有很好的抗冻解冻性，适应寒冷气候开放道路的使用。

国内很早就开展了对钢渣作为基层材料的标准化工作。1990年建设部颁布了《钢渣石灰类道路基层施工及验收规范》(CJJ35)，1991年冶金工业部颁布了冶金建筑研究总院主编的《钢渣混合料路面基层施工技术规范》(YBJ230)，但是将钢渣作为主要材料用于沥青路面面层，特别是用于具有优良的抗滑、耐磨的沥青路面目前还没有形成规范。许多研究单位、企业一般参照《公路沥青路面施工技术规范》中的一些指标来进行研究、应用。由于钢渣具有自身的特点，其中含有一定量的fCaO、fMgO，遇水后反应生成$Ca(OH)_2$、$Mg(OH)_2$，体积膨胀，影响路面使用质量。因此，为了保证以钢渣为原材料的耐磨路面的路用性能，必须加强对钢渣等原材料的检验。

含有自由氧化钙和自由氧化镁的钢渣遇水发生体积膨胀。由于钢渣体积的膨胀直接影响沥青混凝土的性能，造成路面缺陷。因此，钢渣在道路工程的应用首先要解决钢渣的安定性问题。在《钢渣混合料路面基层施工技术规程》(YBJ230—91) 中以粉化率作为评价钢渣稳定性的指标。日本于1981年制定了钢渣的浸水膨胀率试验方法，作为日本评价钢渣稳定性的统一试验方法，已经使用20余年。根据国外的经验及研究，在新修订的《钢渣混合料路面基层施工技术规程》、交通部制定的《公路沥青路面施工技术规范》(JTG F40—2004)、《公路工程集料试验规程》(JTG E42—2005) 及美国ASTM D5106—2003《沥青筑路混合料用钢渣集料标准规范》中都制定了浸水膨胀率的技术指标和试验方法，因此，正在起草的《耐磨沥青混凝土用钢渣》国家标准规定：透水沥青混凝土用钢渣的稳定性采用浸水膨胀率来评价，应满足小于2%的要求。

(2) 建筑材料。钢渣在建材领域的用途也很广泛。首钢将0～10mm钢渣打水焖渣、自然堆放，经过足够的时效处理，控制游离CaO的含量，降低膨胀性，生产砌块空心砖及其他混凝土制品。鞍钢100～356mm钢渣同时用于生产耐火黏土砖及镁砂。

4.3.2.3 钢渣用于农业

钢渣是一种以钙、硅为主含有多种成分的具有速效又有后劲的复合矿物质肥料，发达国家一般有10%的冶金渣用于农业，我国南方至少有3000万亩水稻的土壤缺硅。有3.7亿亩酸性红土壤可用钢渣去改良。湖南娄底市土地站曾预测："每年将10万t钢渣在百万亩农田施用将取得千万元效益。"尽快开发利用此技术对发展我国农业有非常重要的意义。

我国有些钢铁厂，铁水含磷较高，炼钢后钢渣中含P_2O_5较高，虽然钢渣磷肥的国际标准规定有效$P_2O_5 > 15\%$，但据我国国情用作磷肥不拘于P_2O_5含磷量，其原因是钢渣可再处理，钢渣磷肥对酸性、中性和碱性土壤都有用，同时渣中丰富的CaO与SiO_2等也有不同程度的肥效。转炉渣中含有大约1% P_2O_5，可以用于农业生产磷肥。因其含有约50%

CaO，也可以用作酸性土壤改良剂。

4.3.2.4　钢渣作水泥

钢渣含有与硅酸盐水泥熟料相同的硅酸二钙（C_2S）和硅酸三钙（C_3S），含量在50%以上，由于它是在1500℃以上温度下生成因此称为过烧熟料。由于钢渣中C_2S的含量较多，水泥的后期强度持续增长，如水泥的7天抗压强度为35MPa，28天为51.3MPa，360天为62.4MPa，10年为110MPa。

由于钢渣中含有硅酸盐水泥熟料中所没有的橄榄石（CRS）、蔷薇辉石（C_3RS_2），因此钢渣水泥具有良好的耐磨性、耐腐蚀性、抗冻融性、水化热低、收缩率小等一系列特性。

钢渣水泥的不足之处有：水泥细度难以保证。钢渣难磨细，若细度不够则水化慢，影响水泥的早期强度。钢渣水泥性能不稳定也是一个问题。尽量减少水泥中MgO的含量，MgO≥13%时需要按国家标准做安全性试验。

2006年我国颁布了《用于水泥和混凝土中的钢渣粉》的国家标准（GB/T 20491—2006），2008年还颁布了低热钢渣硅酸盐水泥（JC/T 1082—2008）、钢渣道路水泥（JC/T 1087—2008）和钢渣砌筑水泥（JC/T 1090—2008）三个钢渣水泥标准。表4-17是GB/T 20491—2006对用于水泥和混凝土中的钢渣粉的质量要求。

表4-17　GB/T 20491—2006对用于水泥和混凝土中的钢渣粉的质量要求

项　目		一　级	二　级
比表面积/$m^2 \cdot kg^{-1}$		≥400	
密度/$g \cdot cm^{-3}$		≥2.8	
含水量/%		≤1.0	
游离CaO的质量分数/%		≤3.0	
三氧化硫/%		≤4.0	
碱度系数		≥1.8	
活性指数/%	7天	≥65	≥60
	28天	≥80	≥65
流动度比/%		≥90	≥95
安定性	沸煮法	合　格	
	压蒸法	当钢渣中MgO含量大于13%时须检验合格	

4.3.2.5　钢渣作水泥原料的生态意义

钢渣中CaO、Fe_2O_3和SiO_2的含量较高，这与水泥原料所用的石灰石、黏土、铁粉的主要成分相同。钢渣中还有FeO，在煅烧过程中可起矿化作用。采用石灰石配烧熟料，在高温下$CaCO_3$分解为CaO和CO_2。直接参与反应的是CaO，而CO_2排放到大气中。按重量计算用1t的石灰石有440kg的CO_2排放在空气中，同时带走大量热能。水泥的生产需要消耗大量的能源。

在我国现有水泥生产技术水平条件下，每吨水泥生产的平均热耗为0.15t标准煤，平均电耗为110kW·h；能源的巨大消耗意味着大量CO_2的排放。水泥生产还伴随碳酸盐的分解，即CO_2的释放。依据统计分析，每生产1t水泥会产生0.815t的CO_2，其中0.390t是由于燃料燃烧产生的，而0.425t是由于原料的分解产生的。粗略计算表明，2005年，我国水泥工业的CO_2排放量达8.67亿t，占当年我国CO_2总排放量的22.8%。如用钢铁渣配料则无$CaCO_3$的分解，也不存在CO_2污染大气现象，对水泥工业节能降耗、保护环境都有重要作用。

因此水泥生产中应愈来愈多地使用其他有水硬性能的原材料。迄今为止最重要的是钢铁渣作为水泥的部分替代原料。如果用钢铁渣作水泥原料，生产水泥时CO_2最大生成量是100kg/t，而硅酸盐水泥生产则为1000kg/t。因此在混凝土生产中用1t磨细粒状高炉渣制作的水泥替代1t硅酸盐水泥，这种替代意味着大气中CO_2污染也大约减少1t。

4.3.2.6 钢渣资源化所受的限制

如上所述，迄今为止人们已开发出了许多有关钢渣综合利用的方法，主要包括冶金、建材、农用几个方面。转炉渣返回冶金流程再利用包括返回烧结、返回高炉和返回转炉，其中返回烧结具有较高的经济价值。尽管转炉渣可以通过上述方式进行利用，但还是受到许多限制：

(1) CaO和MgO的存在使钢渣的体积不稳定；

(2) Ca_2SiO_4由α相向β相的转变使钢渣容易粉化；

(3) 其中氟和重金属有被雨水浸出污染环境的危险；

(4) 铁氧化物含量较高；

(5) 与其他天然材料的市场竞争；

(6) 钢渣直接返回冶金流程中再利用时磷会逐渐富集到铁中；

(7) 某些含有有价元素如Cr、V等的钢渣还没有很好地开发利用。

4.3.2.7 其他利用途径

转炉渣中主要物相有：硅酸二钙Ca_2SiO_4，是转炉渣的初晶相和主要物相，一般与脱磷产物磷酸钙形成固溶体Ca_2SiO_4-$Ca_3(PO_4)_2$；碱度高的转炉渣中硅酸三钙Ca_3SiO_5相含量增加，渣中二价的Mg、Mn、Fe等离子可以部分取代Ca，形成（Ca，Mg，Mn，Fe$)_3SiO_5$；在上述两相之间有氧化亚铁（Ca，Mg，Mn，Fe）O、铁酸二钙$Ca_2Fe_2O_4$和石灰CaO。其中有用成分为Fe_2O_3、CaO、MgO、FeO、MnO，需分离的成分为P_2O_5。如果能除去钢渣中的P_2O_5，其余成分皆可作为炼钢熔剂循环使用。为除去转炉渣中的P_2O_5，许多研究者进行了多种尝试。

研究发现，转炉渣在缓慢冷却凝固时，其中所含有的P_2O_5大部分固溶于初晶相Ca_2SiO_4-$Ca_3(PO_4)_2$中，转炉渣中的磷有98%进入初晶相Ca_2SiO_4-$Ca_3(PO_4)_2$中。尾野等利用$2CaO\cdot SiO_2$的粒子上浮现象对除去转炉渣中的磷进行了实验研究。熔融的转炉渣在缓冷过程中析出$2CaO\cdot SiO_2$并长大，因其密度小于残存的液态炉渣，所以上浮与渣分离。但由于上浮分离不完全，因此实验获得的分离率为40%。

Fujita和Iwasaki对中性气氛下的缓冷渣进行了高强度磁选除磷的研究。空气中，1370℃时缓冷转炉渣，发现尽管$2CaO\cdot SiO_2$长大，但是强磁性的（Mg，Mn）O·Fe_2O_3与$2CaO\cdot SiO_2$形成嵌布，干扰磁选。在氮气氛下，铁坩埚中，1370~1450℃范围内保温数小时，以0.5℃/min的速度缓冷后，$2CaO\cdot SiO_2$结晶长大到150μm，其中含有转炉渣中

80%的磷。经磨细至 30μm 后进行分步磁选，Fe、Mn 的 87% 进入磁性富集物，排除了 67% 的磷。磁性富集物还含有 1.5% 的 P_2O_5。磁性富集物中含有 20% 以上的 $2CaO \cdot SiO_2$，其中含有磁性富集物中 80% 的 P_2O_5，对这部分矿浆的选矿分离效果不明显。向熔渣中加入 1% 的焦炭可使含铁相的 P_2O_5 减少到 1.4%，转炉渣中 74% 的磷可以转移到非磁性相中，Fe 和 Mn 的回收率为 83%。选矿分离的中间产品还需要结合阴离子浮选等手段进一步分离。该方法的问题在于：铁氧化物和 P_2O_5 的还原不完全，磁性相与 $2CaO \cdot SiO_2$ 形成嵌布，干扰磁选，完全去磷很困难。

Morita 等用微波碳热还原分别对 $CaO\text{-}SiO_2\text{-}Fe_tO$ 系合成渣、铁水脱磷预处理渣和含 Cr 的转炉不锈钢渣中 Fe、P、Cr 的回收进行了基础研究，验证了该方法的可行性并提出了进一步回收还原产物中 P 的方法。

将转炉渣用碳质还原剂进行还原，可以将炉渣中的 Fe、Mn、V、P 等元素还原得到碳饱和铁，炉渣冷却后可回收铁粒。脱除了 Fe、Mn、V、P 等元素的转炉渣则主要含 CaO、SiO_2、MgO 等成分，很适合做冶金熔剂或其他材料。还原过程可以在转炉出渣时进行，利用高温炉渣的潜热，可以减少能量消耗。

李宏杰和水渡等提出了一个对钢渣中的磷设置一个炉渣再生炉进行处理而将炉渣中其他组分在系统内循环的冶炼流程，如图 4-28 所示。该流程把炉渣再生炉排出的再生渣送入铁水预处理炉对铁水进行脱磷预处理，炉渣再生炉排出的高磷生铁则进入最终脱磷炉脱磷得到高磷炉渣作磷肥。

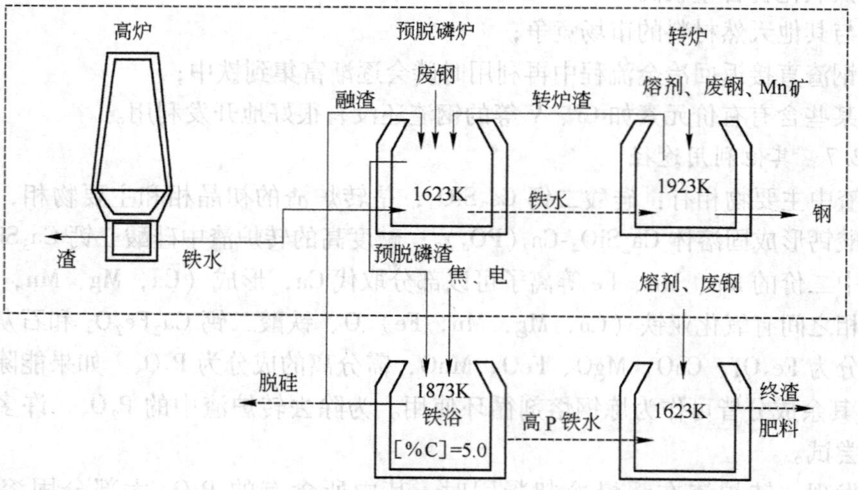

图 4-28　钢渣循环流程

本书作者的研究表明，1800℃转炉渣经碳热还原，渣中的磷有 62.7% 进入铁碳合金，32.8% 进入气相，4.5% 留在还原后的残渣中，可以除去 95.5% 的磷。转炉渣中的 Fe、Mn 可以全部被还原成金属并被碳饱和；转炉渣中的自由 CaO 可以与碳反应生成 CaC_2。

转炉渣高温碳热还原，不需添加任何熔剂，金属和氧化物容易分离，除磷彻底，如果在热态下进行，还可以充分利用转炉渣的热能，不失为转炉渣资源化的一个新途径。

4.4 少渣冶炼

由于对钢的洁净度要求越来越高，为了获得硫、磷含量很低的钢，相应的冶炼渣量也逐渐增加。自20世纪80年代以来日本的钢渣量开始增加。1985年每吨钢的排渣量为125kg，1995年增加到150kg。渣量增加意味着炼钢成本提高，环保负担加重。解决方法有两种，一是减少钢渣的发生量，二是促进钢渣的有效利用。因为在钢渣的利用方面和其他材料的竞争比较激烈，削减钢渣的发生量变得更加重要。1997年日本钢铁协会成立了“渣极少化研究会”。

多年来，日本各钢铁公司经过努力，形成了具有各自特点的少渣冶炼工艺。

4.4.1 日本几个钢铁公司的少渣冶炼工艺

4.4.1.1 新日铁的少渣冶炼工艺

最初，新日铁开发过用鱼雷罐车或铁水包作为反应器进行喷粉脱磷的铁水预处理工艺。这些工艺的缺点是不能大量使用废钢，或者产生的高碱度渣很难再利用。目前新日铁采用现有的顶底复吹转炉对铁水进行脱磷处理。转炉内高效率的低温脱磷降低了石灰的消耗量，铁和锰的回收率也因少渣脱碳得到提高。顶底复吹转炉工艺的特点是：反应器净空高、高气氧比和高供气速率、废钢用量大。喷粉和转炉铁水脱磷工艺的特点见表4-18。

表4-18 喷粉和转炉铁水脱磷工艺的比较

工 艺	反应器深度	排气处理	搅拌能	供氧速率	氧气比例	熔化废钢	最初投资
喷粉工艺	小	简 单	低	低	低	不 可	低
顶底复吹转炉	大	OG系统	高	高	高	可 以	高

新日铁采用了三种操作方式。

(1) 转炉双联法。见图4-29，名古屋厂采用这种方式，一座转炉专用于脱磷，另一座用来脱碳。

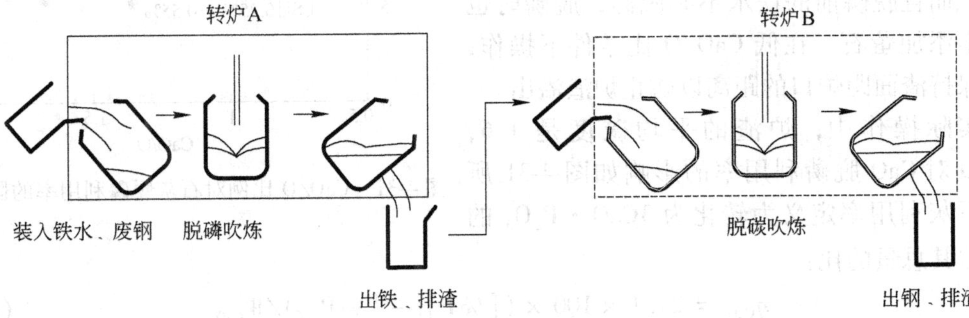

图4-29 转炉双联法示意图

(2) 同炉出铁排渣-再装入方式。见图4-30，君津厂采用这种方式。在顶底复吹转炉中脱磷后，将铁水倒入铁水包并排渣，然后把铁水重新装入同一座转炉中脱碳。脱碳后出钢，脱碳渣留在转炉内用作下一炉铁水的脱磷剂。

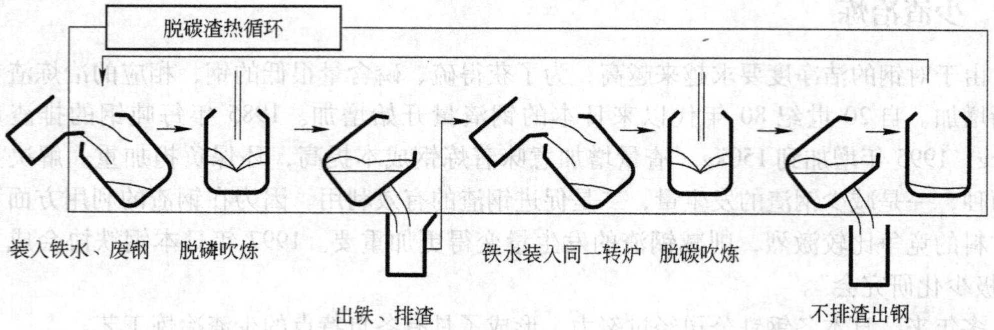

图 4-30　同炉出铁排渣-再装入工艺

（3）同炉连续处理方式。与（2）类似，只是脱磷后不出铁，倾炉排渣后即开始脱碳。

三种方式的特点：

（1）转炉双联法：由于用两座转炉同时操作，分别脱磷和脱碳，生产能力高，可以避免脱磷渣带入脱碳炉中。

（2）同炉出铁排渣-再装入方式：一座转炉用来脱磷和脱碳，可能被带入脱碳过程的脱磷渣较少，高温脱碳渣可以直接用于脱磷。

（3）同炉连续处理方式：一座转炉用来脱磷和脱碳，没有中间出铁和再装入过程，冶炼周期短，高温脱碳渣可以直接用于脱磷。

有利于脱磷的渣有两类，一类是高 TFe、低碱度、低 CaO/O 比，另一类是低 TFe、高碱度、高 CaO/O 比。此处 CaO 是总的石灰消耗量（kg/t），O 是总的氧消耗量（kg/t）。在转炉中进行铁水脱磷的关键之一是造高 TFe、低碱度的渣。由于转炉渣的高氧位，低碱度渣也可以脱磷，而且脱磷前的铁水不必脱硅，脱磷时也可以不添加萤石。在低 CaO/O 比条件下操作，必须保持渣面距炉口的距离以防止炉渣溢出。

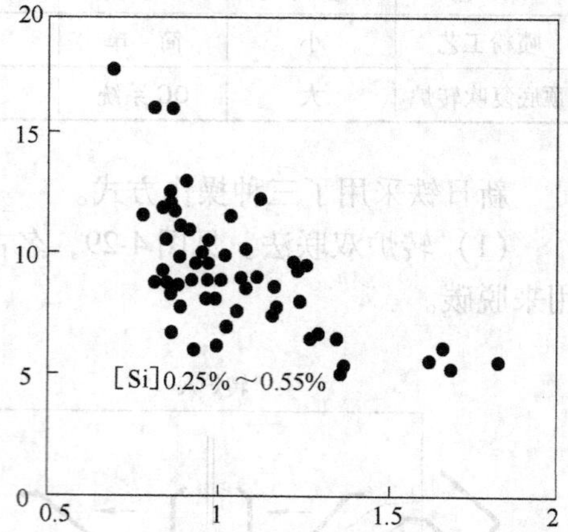

图 4-31　CaO/O 比例对石灰脱磷利用率的影响

实际操作中，炉渣的平均碱度是 1.6，CaO/O 对 CaO 脱磷利用率的影响如图 4-31 所示。石灰利用率定义为转化为 $3CaO \cdot P_2O_5$ 的石灰占其总量的比：

$$\eta_{CaO} = 27.1 \times 100 \times ([\%P]_i - [\%P]_f)/W_{CaO} \tag{4-7}$$

$[\%P]_i$ 和 $[\%P]_f$ 分别代表脱磷前和脱磷后铁水中的磷含量。从图 4-31 可见，随 CaO/O 的降低，石灰的利用率升高。喷粉脱磷工艺的平均石灰利用率是 10%，顶底复吹转炉在铁水不预先脱硅的情况下，也可以达到同等水平，这意味着不仅石灰消耗减少，渣量也将减少。

另一优点是在顶底复吹转炉中脱磷，为保持最佳的铁水脱磷温度，可以用废钢做冷却剂，而且因铁水不必事先脱硅，在转炉内硅的氧化热可以增加废钢的使用量，废钢比可达17%。因此该工艺可以高度脱磷而不降低废钢使用率。转炉内脱磷的速度很快，实践表明脱磷速率常数随吹氧速率增加而增大。最快只要4.5min即可完成脱磷过程。

北村等对下列工艺的渣量进行了比较：

工艺A：传统的铁水脱硫，不脱磷，不脱硅；

工艺B：喷粉法脱磷，脱硅，不脱硫；

工艺C：脱硫，不脱硅，转炉脱磷；

工艺D：同工艺C，80%的脱碳渣用于脱磷。

其计算结果表明，与通常的工艺A相比，进行铁水脱磷预处理的工艺B、C的渣量可降低到65%，如果再将转炉脱碳渣利用于铁水脱磷与处理，则渣量可进一步降低到55%。

4.4.1.2 NKK（JFE Steel）的零渣量工艺（Zero Slag Process）

原日本钢管公司（NKK）（现JFE）开发了能有效减少渣量的零渣量炼钢法，京浜、福山钢铁厂都采用此工艺。该工艺的基本思路是脱碳转炉内不再投入（零）造渣剂等辅料，该工艺成立的前提是铁水脱磷前脱硅并且铁水脱磷预处理能保证给转炉大量提供低磷铁水。以福山钢铁厂为例，该厂的铁水物流和预处理流程如图4-32所示。脱硅、KR脱硫、NRP处理后全部排渣。

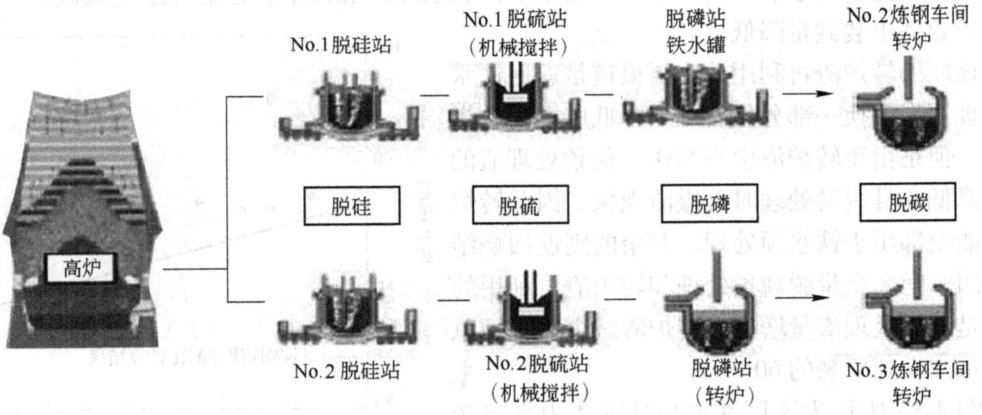

图4-32 NKK(JFE Steel)福山钢厂的零渣量工艺

在控制铁水低硅含量方面，采取了高炉低硅冶炼和脱硅站高效脱硅两种技术。为降低高炉铁水硅含量，采取了（1）通过精确测定铁水温度控制高炉作业；（2）利用低硅烧结矿；（3）灵活控制炉内炉料分布三种手段，1997年10月3座高炉的平均铁水含硅量降到0.18%。现在全部高炉的平均铁水含硅量稳定在0.20%。

脱硅站目的在于把铁水中的硅大量、稳定地除去。氧化剂是气体/固体并用，气体氧由上部喷枪吹入，固体氧化剂是烧结矿筛下粉末，添加到铁水表面，在低硅浓度范围内，为提高脱硅效率，用耐火材料制的喷枪向铁水中喷入石灰粉，强化搅拌。脱硅站可同时处理两包铁水，脱硅后的硅含量稳定在0.1%，月处理能力为55万~60万t。

福山三炼钢厂把转炉炉龄前期作为脱碳炉，后期作为铁水脱磷处理炉，脱碳炉100%使用预脱磷的铁水。转炉内铁水脱磷预处理的条件见表4-19。

表 4-19　福山钢厂转炉内铁水脱磷处理的条件

项　目		条　件	项　目		条　件
处理前铁水	[Si]	0.1% ~0.2%	处理条件(标态)	顶吹氧	O_2 10000 ~30000m^3/h
	[P]	约 0.1%		底　吹	N_2
	温　度	1280 ~1350℃	处理后	[P]	0.012%

该工艺开发最初，石灰是从炉口一次投入的，但是导致低硅铁水脱磷不稳定，随后将石灰加入方法改为连续投入，石灰利用率最高可达30%，脱碳炉在没有脱磷负荷的情况下熔剂的用量大幅降低。1999 年的处理量是每月 35 万 t 铁水，转炉实现 100% 吹炼经过预处理的铁水。采取了上述脱硅、脱磷预处理工艺后，脱碳炉内造渣剂实现"零"投入，原来占钢渣大半的脱碳渣削减到 10kg/t 以下，钢渣总量也仅为 60kg/t，减少为原来的一半。

4.4.1.3　神户制钢加古川钢铁厂的工艺

加古川钢铁厂 1985 年开始以混铁车的方式仅对降低成本效果大的极低磷钢、高碳钢脱磷，占该厂铁水量的 20%。通过设备增强改造，1999 年 2 月实现了铁水全量预处理和转炉渣全量再利用。设备增强改造的内容有出铁沟脱硅、现有脱磷脱硫设备的改造、混铁车扩容 3 项。该厂采用两台混铁车喷吹连续脱磷脱硫，上吹氧气加上粉剂和氧气共同喷吹，吹氧能力(标态) 75 ~100m^3/min，喷粉能力 88kg/min，脱磷剂为石灰、转炉渣、炉尘；脱硫剂为石灰系、CaC_2，排气通过锅炉回收余热。混铁车扩容是为避免脱硅时产生泡沫渣导致铁水装载量降低。

该厂的转炉渣再利用的主要渠道是返回铁水预处理用来替换一部分生石灰，降低成本的效果显著。但是由于转炉渣中有 SiO_2，使预处理渣的碱度降低并且脱磷处理时有溢渣现象，因此转炉渣不能全部用于铁水预处理，剩余的则返回烧结或球团车间。全量脱磷预处理和转炉渣再利用的结果是，预处理渣量增加，转炉渣减少，炼钢总排渣量减少到原来的 60%。

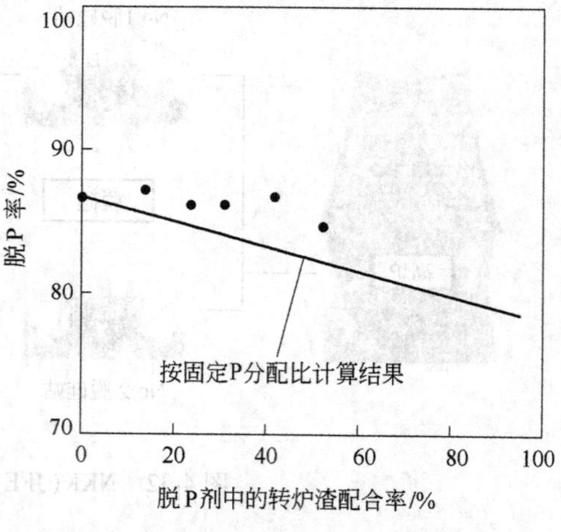

图 4-33　脱磷率和转炉渣配合率的关系

图 4-33 所示为该厂铁水预处理渣内来自转炉渣中 CaO 占脱磷用 CaO 比例与脱磷率的关系。图中的线是按不使用转炉渣时的磷分配比推定的使用不同比例的转炉渣时的脱磷率，这条线意味着使用转炉渣将降低脱磷率。实际生产的数据（图中圆点）表明脱磷率比推测的要高些。对渣中自由 CaO 的分析表明，随着转炉渣配合率的提高，自由 CaO 的量大大降低，当转炉渣配入 30% 以上时，自由 CaO 降低到 5% 以下，抑制了脱磷率的降低。

4.4.1.4　川崎制铁（JFE Steel）的钢渣再利用

川崎制铁（JFE Steel）也将部分转炉渣返回烧结再利用。这样，精炼过程中磷的排除只有铁水脱磷预处理一个渠道。为增强铁水脱磷预处理，采取了下列措施改善鱼雷罐车的运行方法，提高周转效率：

（1）建设 Mg 脱硫站；

（2）增设吹氧设备；

（3）鱼雷罐车大型化。

水岛钢铁厂的铁水脱磷预处理率由1988年的45%增长到1998年的90%。尽管铁水预处理能力提高，装入转炉的铁水磷含量进一步降低，但钢水的目标磷浓度由于钢材品质高级化也同时降低，转炉渣量的减少趋缓，实质上的钢渣量难以再减少。川崎制铁的转炉渣再利用量包括磁选回收铁粒、破碎分级，道路、土木工程使用和出售等。1995年以后，钢渣已不再作为产业废弃物投弃。

4.4.2 转炉渣再利用和钢渣发生量的模拟

根据上述工艺及其效果可知，提高铁水预处理的比例，转炉脱碳渣作为铁水预处理的脱磷剂或烧结原料及其他途径的再利用是减少钢渣发生量的有效办法。此处以简单的模型讨论渣的再利用和铁水预处理-转炉脱磷负荷的分担与渣量的关系。

前提条件：（1）发生的渣量以铁水预处理脱磷渣和转炉渣为对象；（2）高炉渣、脱硅渣、脱磷渣均不带入下一道工序；（3）铁水预处理脱磷渣和转炉渣的磷分配比分别为常数。

磷的物料计算如下：

$$W_{HM} \cdot [P]_{HM} + \alpha(1-\beta) W_{S2} \cdot (P)_2 = W_0 \cdot [P]_0 \tag{4-8}$$

$$W_0 \cdot [P]_0 + \alpha\beta W_{S2} \cdot (P)_2 = W_1 \cdot [P]_1 + W_{S1} \cdot (P)_1 \tag{4-9}$$

$$W_1 \cdot [P]_1 = W_2 \cdot [P]_2 + W_{S2} \cdot (P)_2 \tag{4-10}$$

磷分配比：

$$L_1 = (P)_1/[P]_1 \tag{4-11}$$

$$L_2 = (P)_2/[P]_2 \tag{4-12}$$

钢渣发生量和排出量

$$W_T = W_{S1} + W_{S2} \tag{4-13}$$

$$W_D = W_{S1} + (1-\alpha) W_{S2} \tag{4-14}$$

式中 W_{HM}——高炉铁水量（转炉渣不循环利用）；

W_0——高炉铁水量（转炉渣循环利用）；

W_1——预处理后铁水量；

W_2——出钢量；

W_{S1}——预处理渣量；

W_{S2}——转炉渣量；

W_T——钢渣总量；

W_D——系统外排放的渣量；

$[P]_{HM}$——高炉铁水磷浓度（转炉渣不循环利用）；

$[P]_0$——高炉铁水磷浓度（转炉渣循环利用）；

$[P]_1$——预处理后铁水磷浓度；

$[P]_2$——转炉终点磷浓度；

$(P)_1$——预处理后渣中磷浓度；

$(P)_2$——转炉终渣磷浓度；

L_1——预处理的磷分配比；

L_2——转炉的磷分配比；

α——转炉渣再利用比例（0～1）；

β——再利用的转炉渣中用于铁水预处理的比例（0～1）。

简化处理：
$$W = W_{HM} = W_0 = W_1 = W_2$$

令
$$P_1 = [P]_1/[P]_{HM}, \quad P_2 = [P]_2/[P]_{HM}$$

解上述方程，可得：

$$W_{S2}/W = \frac{1}{L_2}\left(\frac{[P]_1}{[P]_2} - 1\right) \tag{4-15}$$

$$\frac{W_{S1}}{W} = \frac{1}{L_1}\left(\frac{[P]_{HM}}{[P]_1} - 1\right) + \alpha\frac{[P]_2}{L_1[P]_1}\left(\frac{[P]_1}{[P]_2} - 1\right) \tag{4-16}$$

$$\frac{W_{S1} + (1-\alpha)W_{S2}}{W} = \frac{1}{L_1}\left(\frac{[P]_{HM}}{[P]_1} - 1\right) + \frac{1}{L_1L_2}\left(\frac{1}{[P]_2} - \frac{1}{[P]_1}\right)$$
$$\{\alpha L_2[P]_2 + (1-\alpha)L_1[P]_1\} \tag{4-17}$$

在 $L_1 = 150$，$L_2 = 70$，$[P]_{HM} = 0.100\%$，$[P]_2 = 0.015\%$ 的条件下，计算结果如图4-25所示。渣的发生量最小值的条件是

$$P_1 = \sqrt{(1 - P_2)L_2P_2/L_1} \tag{4-18}$$

由图4-34可知，对一定的铁水磷浓度和转炉终点钢水磷浓度，存在一个合适的预处理后的铁水磷浓度值，使总渣量最小。依据该结论可以合理分配铁水预处理和转炉吹炼的脱磷负担，在转炉渣再利用的情况下适当提高预处理后的铁水磷浓度，也可以减少渣量。

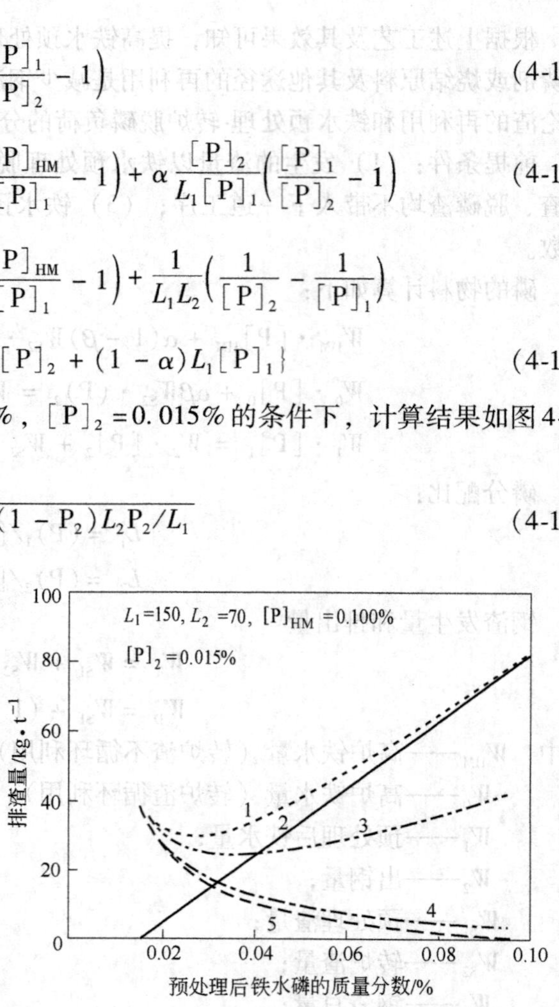

图4-34 预处理后磷浓度与渣量的关系

1—转炉渣再利用率为0时的总渣量；2—转炉渣量；3—转炉渣再利用率为50%时的总渣量；4—转炉渣再利用率为50%时的预处理渣量；5—转炉渣再利用率为0时的预处理渣量

铁水脱硅、脱磷预处理和转炉渣的再生利用是减少钢渣发生量的有效手段。针对钢厂的实际情况，采取高炉低硅操作，铁水预处理脱硅或者转炉脱磷与脱碳分离等工艺，都能减少钢渣发生量。对一定的铁水磷浓度和转炉终点钢水磷浓度，存在一个合适的预处理后的铁水磷浓度值，使总渣量最小。合理分配铁水预处理和转炉吹炼的脱磷负担，在转炉渣再利用的情况下，适当提

高预处理后的铁水磷浓度，也可以减少渣量。

4.5　复合矿冶炼渣中有价元素的回收

我国矿产资源丰富，但大部分为多元复合矿，含共生、伴生有价金属，表4-20为几种复合矿的化学成分。通常，利用高炉、反射炉、鼓风炉等熔炼炉处理精矿后，共（伴）生的有价金属氧化物绝大部分与液态金属分离进入熔渣相。因此，复合矿冶金渣是重要的二次资源（表4-21）。

表4-20　不同复合矿的化学组成　　（质量分数/%）

复合矿	TFe	CaO	SiO_2	Al_2O_3	MgO
钒钛磁铁矿	31.3	7.0	22.4	9.0	6.6
硼镁铁矿	30.0	0.4	15.0	1.5	24.0
含RE铁矿	48.0	8.8	4.8	0.22	1.0
复合矿	**TiO_2**	**V_2O_5**	**REO_x**	**Nb_2O_5**	**B_2O_3**
钒钛磁铁矿	10.6	0.3			
硼镁铁矿					7.0
含RE铁矿	0.3		2.7	0.14	

表4-21　几种复合矿高炉冶炼渣的成分　　（质量分数/%）

渣	CaO	SiO_2	Al_2O_3	MgO	B_2O_3	TiO_2	REO_x
Ti渣	27~28	22~25	14~15	7~8		22~23	
RE渣	37~40	30~34	7~9	7~9			3.5~4.5
B渣	5~10	5~35	5~10	35~45	12~15		

众所周知，处理大宗矿物最有效的分离方法是“选”——选矿分离，它技术成熟，效率高，设备齐全、配套，处理能力大，成本较低。采用选矿方法从渣中分离有价金属应是首选技术，但实际应用时并不总是有效。复合矿冶金渣属人造矿，渣中的有价金属往往分布在多种矿物相中，且嵌布粒度细小，渣中含有价金属矿物的主要特征可归纳为两点：“分散”和“细小”。分散指渣中有价金属分散在多种矿物相中，细小指这些矿物相晶粒度非常细小，平均在10μm左右。对这种既分散又细小的人造矿（属极难处理矿），只用单一的选矿方法是很难将渣中有价金属有效地分离出来。解决的办法之一是从源头对渣进行改性预处理，也就是利用由炉内放出熔融渣时的高温度、高化学反应活性的有利条件，经改性处理，把分散到多种矿物相中的有价金属尽可能地富集到一种矿物相中，实现由分散到集中的转化；然后再促使富集了有价金属的矿物相长大粗化，达到选矿分离的粒度要求（>40μm），实现从细小到粗大的转化。经上述转化处理后的改性渣再用选矿方法分离，效果就大不相同了。

隋智通教授等提出的“选择性析出原理”就是基于上述变矿不变法的学术思想，针对复合矿冶金渣的矿物特点，经过深入系统的基础研究，首次开发出了能改变炉渣矿物特征，实现两个转化的方法——选择性析出分离技术。

这种技术的原理是：创造一定的条件，使渣中有价金属通过“选择性富集、长大、分离”成为可利用的资源。该项技术由 3 个连续的单元操作组成（图 4-35）：

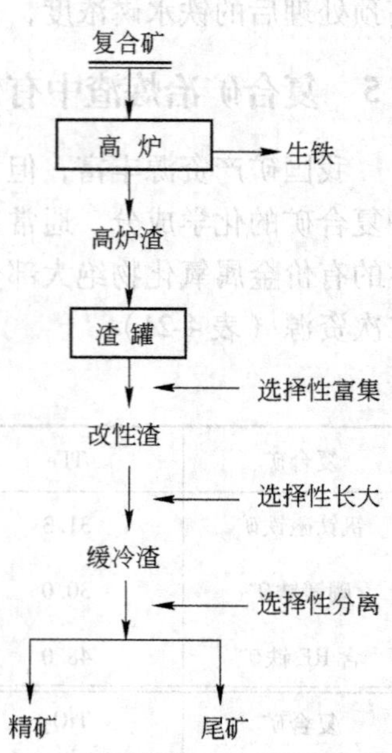

图 4-35 复合矿冶金渣处理流程

（1）选择性富集。基于对熔渣物理化学性质的基础研究，调整熔渣组成等改性措施，使渣中有价金属的走向和分布改变，发生有价金属的转移和集中，使有价金属富集到一种矿物相中，实现有价金属钛的选择性富集。

（2）选择性长大。通过控制熔渣冷却速度，优化析出长大条件，选择适当数量和种类的添加剂来，改变有价金属相的析出形貌，在几小时的处理时间内，平均晶粒尺寸达到 50 ~ 60μm 的范围，为后续的选择性分离环节创造了必要条件。

（3）选择性分离。经过对改性炉渣的工艺矿物学研究，考察成分、结晶及嵌布特征；分析测定各矿物相的可选性、可磨度及单体解离度，确定分离流程，实现含有价金属矿相的分离。

该技术的特点：清洁，低成本和处理能力大。以含钛高炉渣中钛的分离为例，能谱（EDXA）和 XRD 衍射分析含钛高炉渣中钛的分布得知，钛分散在 5 种矿物相中，见表 4-22。

表 4-22 含钛高炉渣中钛的分布 （质量分数/%）

矿相名称（分子式）	矿相中氧化钛含量	渣中氧化钛分布的百分率	渣中氧化钛的质量分数
钙钛矿 $(Ca_{0.93}Mg_{0.04}Al_{0.03}Fe_{0.01})_{1.01}(Ti_{0.94}Al_{0.04}Si_{0.02})_{1.00}O_3$	55.8	48.0	11.6
攀钛透辉石 $(Ca_{0.96}Mg_{0.53}Ti_{0.46}Fe_{0.04}M_{0.01})_{2.00}[(Si_{1.28}Al_{0.72})_{2.00}O_6]$	15.5	37.9	9.1
富钛透辉石 $(Ca_{0.35}Mg_{0.66}Ti_{0.45}Fe_{0.03}Mn_{0.01})_{2.00}[(Si_{0.93}Al_{0.84}Ti_{0.23})_{2.00}O_6]$	23.6	5.7	1.4
尖晶石 $(Mg_{1.007}Fe_{0.018}Ca_{0.010}Mn_{0.005})_{1.040}(Al_{1.741}Ti_{0.131}Si_{0.032}V_{0.008}Cr_{0.001})_{0.913}O_4$	7.2	1.1	0.3
Ti(C, N) 固溶体 Ti(C, N)	95.7	4	1.0
合 计		100	23.4

熔渣中钙钛矿是初晶相，且含钛量最高，因此，选择钙钛矿相作为设计的富钛相，通过提高熔渣氧位等改性处理后，钙钛矿相中富集的氧化钛由改性前的 48% 提高到 85% 以上。选择最佳氧化温度和氧化时间，处理后钙钛矿相得到粗化和长大，钙钛矿相晶粒尺寸由处理前的 10μm 左右提高到 60 ~ 80μm。

基于改性渣矿物工艺学，矿物分选特性的研究，经重—浮联合选矿分离后得精矿和尾矿（表 4-23）。

表 4-23 精矿和尾矿的化学组成 (质量分数/%)

产 物	TiO_2	CaO	MgO	FeO_x	$Al_2O_3+SiO_2$
精 矿	35 ~ 45	30 ~ 35	8 ~ 9	3 ~ 5	18 ~ 6
尾 矿	8 ~ 11	15 ~ 25	8 ~ 10	7 ~ 10	60 ~ 4

精矿用作制备富钛料（表 4-24)，富钛料可做氯化法钛白的原料，尾矿用作水泥填料。

表 4-24 富钛料化学组成 (质量分数/%)

产 物	TiO_2	CaO	MgO	Al_2O_3	SiO_2	Fe_2O_3
富钛料	92 ~ 95	0.05	0.05	2.65	0.82	1.17

硼镁铁矿高炉冶炼渣中大部分硼以非晶态存在，硼的提取率低；将此高炉渣缓冷，则硼以燧安石（$2MgO \cdot B_2O_3$）为主晶析出，可以提高硼的提取率。

攀枝花钢铁公司每年排放约 135000t 含钒转炉渣，其中含 V_2O_5 2% 左右。由于含钒转炉渣中 V_2O_5 低，CaO 含量高，不宜用传统冶金工艺回收渣中钒。实验表明，在转炉渣中，V_2O_5 固溶在氧化钙和硅酸三钙中；但是在含 3.4% 的合成渣中，V_2O_5 主要以固溶于硅酸三钙的形式存在；只有在含 6.0% V_2O_5 的合成渣中，V_2O_5 主要以 CaV_2O_6-$Ca_2P_2O_7$ 的形式存在，该相中 V_2O_5 含量高达 30%。显然对含 V_2O_5 量较高的转炉渣，渣中 V_2O_5 的选择性分离是可行的。低 V_2O_5 量的转炉渣可采用还原法处理。

5 尘泥的处理与利用

5.1 高炉瓦斯泥、转炉炉尘、电炉炉尘的产生和性质

5.1.1 高炉瓦斯泥

高炉瓦斯泥是炼铁厂高炉煤气洗涤污水排放于沉淀池中经沉淀处理而得到的一种很细的污泥。其中含有20%左右的氧化铁（包括三氧化二铁和四氧化三铁），23%左右的碳，1%~5%不等的锌，此外还有较多的氧化钙、二氧化硅、三氧化二铝等氧化物。高炉炉尘的发生量一般为15~50kg/t生铁。几个钢铁厂的高炉瓦斯泥的化学成分见表5-1。图5-1*a*、*b*所示为两种高炉瓦斯泥的粒度分布。

表5-1 高炉瓦斯泥化学组成 （质量分数/%）

项目	TFe	C	CaO	MgO	SiO_2	Al_2O_3	Zn	Pb	H_2O
钢厂A	30~33	25~30	9.0	1.2	5.0	2.3	0.8~1.6	0.2~0.6	20~35
钢厂B	36.58	13.56	8.68	0.97	12.14	4.4	2.24	0.51	19.70
钢厂C	33.87	22.78	2.55	3.18	10.56	3.27	3.11	0.0~0.6	15.48
钢厂D	11.01	16.37	4.33	5.54	20.67	4.57	9.33	2.09	28.21

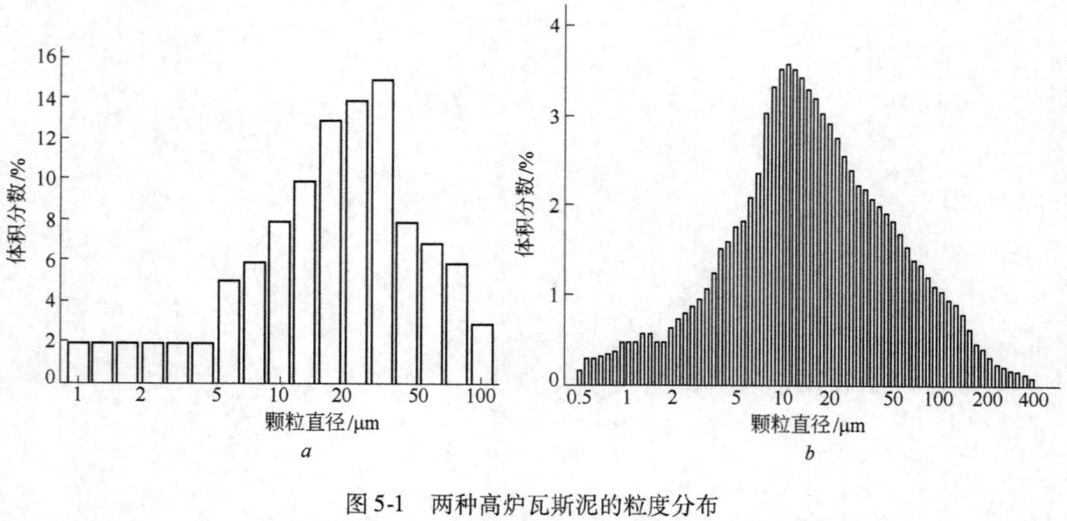

图5-1 两种高炉瓦斯泥的粒度分布

从图5-1可知高炉瓦斯泥颗粒的粒度细微，小于200目的颗粒约占97%~100%，一般平均粒径只有20~25μm。某集团公司炼铁厂因使用含锌铁精矿炼铁，每年产生低品位含锌瓦斯泥1.6万t左右，该瓦斯泥含水分34%，铁20%~30%，碳25%~30%，氧化锌

10% ~25%，还有其他微量杂质元素。可见，不同钢厂的高炉瓦斯泥其化学组成不同，但有一点是肯定的，即其中的锌含量都不同程度地超出了高炉进料对锌含量的限度。高炉瓦斯泥的主要特性为：锌含量高、水含量高、铁含量高、碳含量高、颗粒粒度细微、锌主要存在于较小的颗粒中。按粒度分组的化学组成对某钢铁厂高炉瓦斯泥的分析结果显示，按粒度分组的化学组成并不是均匀的，其中约占颗粒总量30%的10μm以下小颗粒中的含锌量约是总含锌量的90%。我国岭南的铁矿石含有多种有色金属成分，在高炉冶炼过程中绝大部分有色金属和铁一同还原并形成金属蒸气伴随着矿石、焦炭和熔剂的微细粉尘随高炉煤气被带出炉外，采用湿法除尘得到瓦斯泥，采用干法除尘则得到瓦斯灰。作为特例，广钢的305m^3、350m^{3}高炉的瓦斯泥和瓦斯灰的粒径和化学成分见表5-2、表5-3。可见这种瓦斯泥和瓦斯灰中Zn含量很高，可以作为Zn资源利用。瓦斯灰含水极少，粉尘易流动飞扬。

表5-2 粒径分布 （质量分数/%）

粒度/mm	0.280	0.280 ~0.180	0.180 ~0.154	0.154 ~0.110	0.110 ~0.077	<0.077
瓦斯泥	3.0	6.38	2.6	4.03	33.68	50.31
瓦斯灰	9.3	18.4	28.6	29.2	6.7	7.8

表5-3 化学成分 （质量分数/%）

元 素	Zn	Pb	Bi	Fe	CaO	SiO_2	Al_2O_3
瓦斯泥	13.27	0.67	1.14	13.13	5.39	3.46	5.73
瓦斯灰	25.47	1.20	1.60	9.54	4.06	3.57	5.02

5.1.2 转炉炉尘、电炉炉尘

在炼钢工艺过程中，添加到炉内的原料中有2%转变成粉尘。转炉尘的发生量约为20kg/t钢，电炉尘的发生量约为10~20kg/t钢。

炼钢粉尘主要由氧化铁组成，氧化铁含量为70% ~95%，其余的5% ~30%的粉尘由氧化物杂质组成，如氧化钙和其他金属氧化物（主要是氧化锌），炼钢粉尘中其他化合物是锌铁尖晶石、铁镁尖晶石、碳酸钙，还有碳。碱性氧气转炉炼钢法产生的粉尘曾用作烧结生产的原料并在高炉内循环利用。但是锌在炼铁过程中属有害元素，因为高炉冶炼过程中，锌易于形成炉瘤而限制炉内固体和气体的流动。日本高炉原料Zn允许值为0.1% ~0.2%（厂内产生炉尘处理后），新建高炉原料Zn允许值为0.01% ~0.02%。要达到新的高炉原料要求炉尘脱锌率应达90% ~99%。

当含有锌的粉尘再循环加入炼钢炉后，几乎所有的锌气化并再次成为粉尘。然而，在炼钢工艺过程中，如果添加的粉尘锌含量较高将最终导致钢水中的锌含量增加。从而有可能超过用户所要求的锌的含量标准。碱性氧气转炉炼钢法所产生的粉尘中锌含量增加主要由于镀锌废钢利用的增加。

转炉炉尘和电炉炉尘的化学成分见表5-4、表5-5。

表 5-4　氧气转炉炉尘化学成分　　（质量分数/%）

类　型	TFe	FeO	Zn	SiO_2	CaO
干法除尘	64.0	5.6	0.3	1.4	1.8
湿法除尘	68.3	62.4	0.54	0.4	3.1

表 5-5　电弧炉炉尘化学成分

成　分	质量分数/%	成　分	质量分数/%
TFe	30.2	MnO	2.8
FeO	2.8	P_2O_5	0.5
Fe_2O_3	40.0	Na + K	0.4
ZnO	24.2	Cu + Ni	0.9
PbO	4.1	C	1.7
CaO	5.1	S	0.6
SiO_2	4.8	Cl	3.3
MgO	1.3	其　他	5.3
Al_2O_3	2.4		

氧气转炉炉尘的 Zn 含量随其废钢用量和废钢种类而变化，一般呈上升趋势。据 1993 年统计日本的电炉炉尘的平均 Zn 含量在 20%，美国 1995 年的统计其电炉炉尘的平均 Zn 含量在 19%。另外，广泛使用的钢包精炼炉（LF）的炉尘中也含有约 5% 的 Fe(TFe)，13% 的 Zn，2% 的 Pb，4% 的 Cl。

日本爱知制钢通过现场取样研究了 150t 电炉排气的特性，见表 5-6。在取样分析中发现电炉内部烟气温度在 847℃以上，熔清时烟气温度最高，达 1185℃，最终的炉尘收集器中温度为 109℃。排气中 CO 浓度在冶炼 15min 后最低，为 9.5%，对应的 CO_2 浓度也较低，为 13.9%，熔清时 CO、CO_2 浓度均达到最高，分别为 40.3% 和 22.8%。

表 5-6　150t 电炉排气取样分析结果

取样点	Zn 含量/%	Zn 质量分数/% 按 $ZnCl_2$ 计	金属 Zn	按 ZnO 计	按 $ZnFeO_4$ 计	Fe 含量/%	Fe 质量分数/% 金属 Fe	FeO	Fe_2O_3	气体温度/℃	气体成分/% $\varphi(O_2)$	$\varphi(CO)$	$\varphi(CO_2)$
EAF内部 第一批至第二批料	27.7	0.0	35.4	44.9	19.7	27.4	27.7	47.7	24.8	916	8.3	10.2	13.5
EAF内部 15min 后	30.0	3.3	23.3	47.8	25.5	32.7	43.1	43.1	13.8	847	9.9	9.5	13.9
EAF内部 熔　清	29.7	2.2	60.9	21.9	15.0	35.6	35.6	64.0	12.1	1185	0.8	40.3	22.8
EAF内部 出　钢	30.6	1.2	72.9	5.8	20.0	31.9	31.9	56.2	14.9	885	4.5	20.0	20.8
炉尘收集器	13.5	4.4	5.3	45.1	45.1	37.9	4.4	14.8	80.5	109	18.3	0.1	3.9

转炉和电炉炉尘的粒度分布如图 5-2 所示，可见大部分炉尘的粒度在 10μm 以下。转炉湿法除尘得到的除尘污泥经真空过滤或压滤后一般含水 15% ~30%，成胶体状，水分不易蒸发，堆放晾晒半年也不干燥。

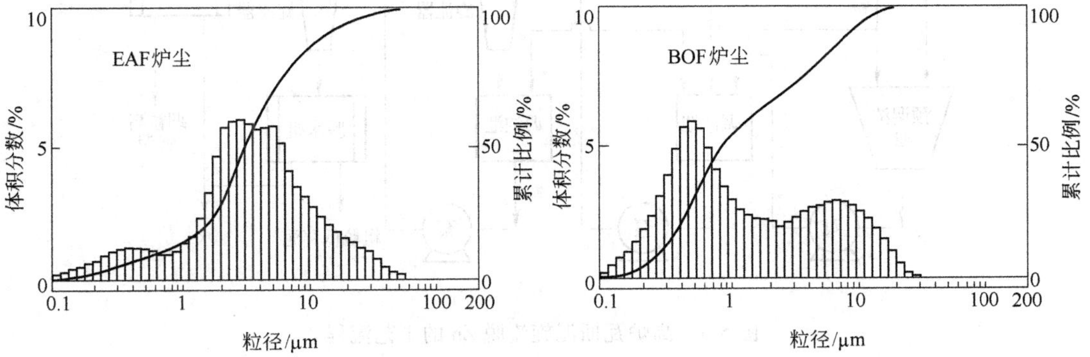

图 5-2 转炉和电炉炉尘的粒度分布

由于电炉炉尘中含 Zn、Pb 甚至还有 Cd，在欧美国家电炉炉尘的排弃受严格的法律限制，美国的钢厂每填埋 1t 电炉炉尘需要花费 150 ~200 美元的填埋费。处理粉尘的费用日益增加以及日益严格的环保标准要求一直是探索粉尘中氧化铁在炼铁或炼钢工艺中循环利用的经济有效方法的推动力。

5.2 各种尘泥资源化途径、处理技术与存在的问题

由于钢铁厂的各种尘泥成分复杂、粒度细小、水分含量波动大等原因，使得粉尘的利用较为困难。传统的粉尘处理方法有配入烧结、外售、填埋。配入烧结是主要方法，但是对烧结矿质量有不良影响而且使烧结能耗上升。另外由于对环境影响较明显，烧结工艺本身也越来越受到限制，所以用烧结处理粉尘的做法受到制约。在我国外售处理的粉尘只被简单加工（如焙烧）后又返回钢铁厂，没有将资源很好地利用，也解决不了重金属的污染问题。填埋处理由于占用土地、污染环境而且处理费用高，已被逐步取消。

5.2.1 高炉瓦斯泥的处理方法

5.2.1.1 水力旋流分离技术

由于高炉炉尘煤气中的 Zn 蒸气多冷凝于炉尘颗粒的表面，所以高炉炉尘的细颗粒含 Zn 率高，某钢铁厂高炉瓦斯泥的分析结果显示，占颗粒总量 30% 以下的 10μm 以下颗粒的含 Zn 量约是总含 Zn 量的 90%。根据离心分离的原理用水力旋流法可以使细颗粒和粗颗粒分离。1984 年以来荷兰 Hoogoven 公司一直致力于高炉瓦斯泥的旋流脱 Zn 技术，可以将高炉进料的 Zn 含量控制在 0.1% ~0.3%。1993 年英国钢铁公司建造了一套年处理 14000t 高炉瓦斯泥的旋流脱 Zn 系统，瓦斯泥的回收率为 70% ~80%，经济效益显著。美国 Bethlehem 钢铁公司及欧美数家钢铁公司也建造了类似的高炉瓦斯泥的旋流脱 Zn 系统。高炉瓦斯泥旋流脱 Zn 的工艺流程如图 5-3 所示，其中的水可以循环使用。

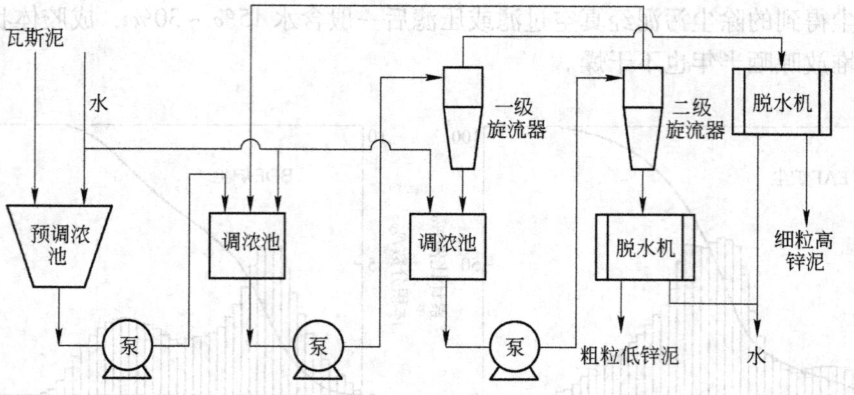

图 5-3　高炉瓦斯泥旋流脱 Zn 的工艺流程

脱水后的瓦斯泥含水率一般为 20% ~35%。这种瓦斯泥必须用水稀释到 150 ~ 250kg/m^{3}的颗粒浓度才能进入水力旋流分离器。通常高炉瓦斯泥要通过两级旋流分离才能达到高炉进料含 Zn 量的要求。第一级旋流器的溢流粒度较细，含 Zn 量最高；第一级旋流器的底流经稀释后作为第二级旋流器的进料。第二级旋流器的溢流循环至第一级进料稀释池，第二级旋流器的底流粒度较粗，含 Zn 量较低，经脱水后可作烧结原料。

旋流脱 Zn 的特点是：湿式操作，无粉尘污染；工艺简单，能耗低；物理分离，无化学反应，无二次污染；设备简单，占用空间小，投资费用少，运行可靠。但瓦斯泥回收率低、脱 Zn 率低是该法的不足之处。

5.2.1.2　*从高炉瓦斯泥用 NH_3-NH_4HCO_3 制备活性 ZnO*

国内某炼铁厂使用含 Zn 铁精矿进高炉炼铁，产生的高炉瓦斯泥含水分 34%，Fe 20% ~30%，C 25% ~30%，ZnO 10% ~25%，这种含 Zn 高的瓦斯泥是很好的不含硫的 Zn 资源，可以用湿法回收其中的 ZnO。

该方法的原理是将含 ZnO 的原料用 NH_3-NH_4HCO_3溶液浸取使 Zn 形成锌氨络离子溶解于浸出液中，溶液经净化除杂后，脱氨得碱式碳酸锌沉淀，经洗涤、干燥、灼烧后得产品 ZnO。

主要反应式：

浸出：
$$ZnO + 3NH_3 + NH_4HCO_3 \longrightarrow Zn(NH_3)_4CO_3 + H_2O \tag{5-1}$$

除杂：
$$2Fe^{2+} + H_2O_2 + 4OH^- \longrightarrow 2Fe(OH)_3\downarrow \tag{5-2}$$

$$M^{2+} + Zn \longrightarrow M\downarrow + Zn^{2+}\ (M = Cu^{2+}, Pb^{2+}, Cd^{2+}等) \tag{5-3}$$

脱氨：
$$3Zn(NH_3)_4CO_3 + 2H_2O \longrightarrow ZnCO_3 \cdot 2Zn(OH)_2\downarrow + 12HN_3\uparrow + 2CO_2\uparrow \tag{5-4}$$

灼烧：
$$ZnCO_3 \cdot 2Zn(OH)_2 \longrightarrow 3ZnO + CO_2\uparrow \tag{5-5}$$

从含 Zn 瓦斯泥制备活性氧化锌的流程如图 5-4 所示。

对含 Zn 8.75%，Fe 22.34% 的瓦斯泥，在常温下，用理论量 1.5 倍的 NH_3和NH_4HCO_3浸

出 3h，浸出残渣含 Zn 0.8%，Fe 22.34%。Zn 的浸出率为 90%，Fe 的浸出率小于 15%。浸出液用理论量的 H_2O_2 氧化，加热至 90℃搅拌，除去氢氧化铁胶体后加 Zn 粉置换 Pb^{2+}、Cd^{2+}、Cu^{2+} 等杂质元素，60℃左右反应 1h 后过滤。精制后加热蒸发出氨气，氨气冷凝成氨水返回浸出工序，析出的沉淀就是碱式碳酸锌。碱式碳酸锌先在 100℃烘干，粉碎，然后在 450～550℃灼烧 5～7h，得到纯度为 98.15% 的活性氧化锌。

该方法可回收瓦斯泥中 90% 的 Zn，但残渣中的 Zn 含量仍较高。

5.2.1.3 用韦氏炉从高炉瓦斯泥（灰）中回收氧化锌

韦氏炉是用氧化锌矿生产氧化锌的一种设备。含氧化锌的矿粉与还原剂混合成型后在还原室鼓风加热还原出 Zn 蒸气，Zn 蒸气被引风机抽入氧化室与空气混合生成氧化锌，氧化锌随炉气经过前烟道初冷后在沉降室除渣，再经过后烟道进入冷却室冷却，冷却后的炉气携带氧化锌通过引风机进入布袋室进行气、粉分离，得到氧化锌粉末。表 5-3 的瓦斯泥和瓦斯灰由于含较多的 Zn，可采用韦氏炉进行处理。该法回收氧化锌的流程如图 5-5 所示。

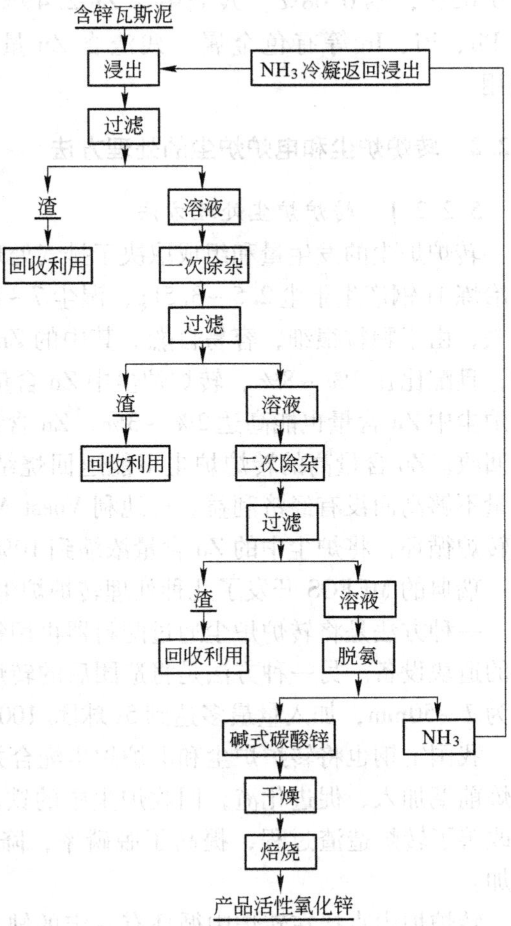

图 5-4 从含 Zn 瓦斯泥制备活性氧化锌的流程

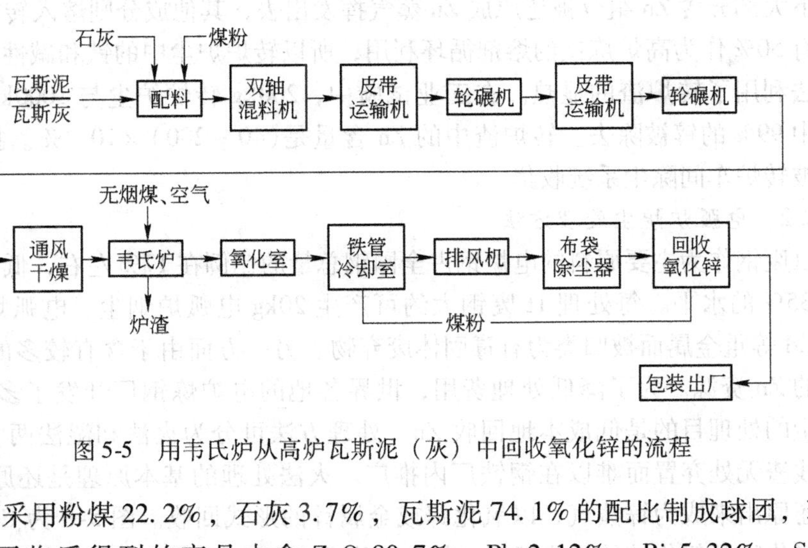

图 5-5 用韦氏炉从高炉瓦斯泥（灰）中回收氧化锌的流程

试生产中采用粉煤 22.2%，石灰 3.7%，瓦斯泥 74.1% 的配比制成球团，球团含 Zn 量 10.52%，回收后得到的产品中含 ZnO 80.7%，Pb 2.12%，Bi 5.32%，Sn 0.64%，

In 0.62%，As 0.08%。残渣中含 Zn 2.49%。对氧化锌产品还需进一步精炼净化以回收 Pb、Bi、In 等有色金属。残渣含 Zn 量还较高，目前用于铺路，其中的铁还没有利用。

5.2.2 转炉炉尘和电炉炉尘的处理方法

5.2.2.1 转炉炉尘处理方法

转炉炉尘的发生量和组成取决于排气处理和收尘方式。排气回收、湿法收尘的情况下每冶炼 1t 钢产生干尘 2.5～3.5kg，湿尘 7～8kg。转炉炉尘含铁量高，大部分是 FeO 或金属铁，由于颗粒很细，容易自燃。其中的 Zn 含量则与废钢用量有关，如果用钢厂内部废钢，且配比在 7%～8%，转炉炉尘中 Zn 含量为 0.1%～0.2%，大量使用外购废钢时，转炉炉尘中 Zn 含量也能高达 2%～3%。Zn 含量低的转炉炉尘可与高炉炉尘一起用湿法分级后回收。Zn 含量高的转炉炉尘不能返回烧结循环利用，单纯回收其中的 Zn 又因为其 Zn 含量不够高而没有经济利益。奥地利 Voest Alpine Steel 的 Linz 钢厂将部分转炉尘做成饼加入转炉循环，将炉尘中的 Zn 含量浓缩到 10% 左右，再和电弧炉炉尘一同处理。

瑞典的 MEFOS 开发了几种处理转炉炉尘的方法。

一种方法是将转炉炉尘通过配料器再用氧枪喷入转炉进行循环，该方法可以免去高成本的造块设备。另一种方法是将造团后的转炉炉尘加入转炉循环。使用转鼓造团，球团直径为 7～50mm，加入量最多达到 5t 球团/100t 钢，但是转炉炉尘发生量稍有增加。

我国宝钢也将转炉炉尘和电炉炉尘配合并加入其他原料冷压制成复合造渣剂，在转炉吹炼前期加入，促进化渣，回收炉尘中的铁，并使 Zn 在炉尘中富集。现场试验表明该方法改善了转炉造渣过程，提高了脱磷率，降低了渣中的自由氧化钙，但钢水硫含量略有增加。

转炉炉尘直接在转炉中循环有一定的缺点，如钢中 Zn 的积累，对生产的干扰以及降低废钢用量等。为避免这些问题，MEFOS 和 SSAB 在 Lulea 钢厂开发了炉渣烟化法（Slag Fuming）处理转炉炉尘。该方法是将转炉炉尘和还原剂混合冲入熔融的转炉渣流，在转炉渣的高温下大部分含 Zn 组分被还原成 Zn 蒸气挥发出去，其他成分则熔入转炉渣。而该厂的转炉渣有 50% 作为高炉炼铁的熔剂循环利用，所以转炉炉尘中的铁和碱性氧化物可被利用。该方法利用了转炉渣的显热。在工业试验中，200kg 转炉炉尘与 1000kg 转炉炉渣混合，炉尘中 99% 的锌被除去。转炉渣中的 Zn 含量是 $(40\sim280)\times10^{-4}\%$。挥发出来的氧化锌烟尘被转炉车间除尘系统收集。

5.2.2.2 电弧炉炉尘处理方法

我国以废钢作为主要原料的电炉钢占全国钢总量的比例在 17% 左右，低于世界平均电炉钢比例 35% 的水平。每处理 1t 废钢大约可产生 20kg 电弧炉烟尘。电弧炉炉尘由于含 Zn、Pb、Cd 等重金属而被归类为有毒固体废弃物。另一方面由于含有较多的 Zn，又是一种不含硫的 Zn 资源。为了降低处理费用，世界各地的电炉炼钢厂开发了多种处理工艺。电弧炉炉尘的处理目的是低成本地回收 Zn。处理方法可分为火法和湿法两大类。湿法处理由于其残渣无处弃置而难以在钢铁厂内推广。火法处理的基本原理是还原蒸发，使 Zn 从炉尘中还原出来成为锌蒸气，以氧化锌或金属锌的形式回收。图 5-6 为 CO/CO_2 混合气体还原铁氧化物及氧化锌的优势区图。其中曲线Ⅰ、Ⅱ、Ⅲ、Ⅳ、Ⅴ代表粉尘中氧化锌活

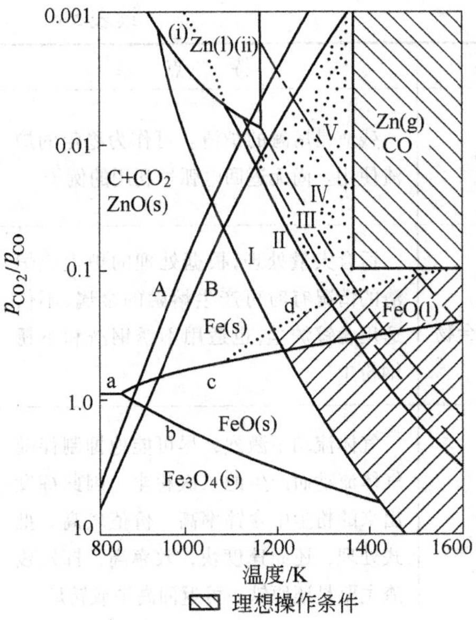

图 5-6 CO-CO$_2$-ZnO-FeO$_x$ 体系的热力学平衡

度系数、锌蒸气压不同时氧化锌和锌蒸气的平衡线。从图可知，气氛中 CO 比例在 a，d 线以上，温度高于 800K 时，可以得到固态铁；但只有 1400K 以上，CO/CO$_2$大于 10，才能得到 Zn 蒸气，否则只能得到 ZnO。而液态金属锌的存在区间很窄。用氢还原的情况也与此类似。所以火法处理电弧炉炉尘的条件比较苛刻，一般情况下只能得到氧化锌。

图 5-6 中反应方程式和反应条件：

(1) $ZnO(s)+CO(g)═══Zn(g)+CO_2(g)$ (5-6)

曲线Ⅰ~Ⅴ相应的 a_{ZnO} 和 p_{Zn} 列于表 5-7。

表 5-7 图 5-6 中曲线Ⅰ~Ⅴ相应的 a_{ZnO} 和 p_{Zn}

曲 线	Ⅰ	Ⅱ	Ⅲ	Ⅳ	Ⅴ
a_{ZnO}	1.00	1.00	0.10	0.05	0.01
p_{Zn}	0.05	0.45	0.06	0.06	0.06

(2) C 与碳氧化物反应式

$$C(s)+CO_2(g)═══2CO(g) \quad (5\text{-}7)$$

曲线 A、B 对应的 $p_{CO}+p_{CO_2}$ 分别是 20kPa 和 55kPa。

(3) CO 还原铁氧化物反应方程式

$$Fe_3O_4(\alpha)+4CO(g)═══3Fe(\gamma)+4CO_2(g) \quad (5\text{-}8)$$

$$Fe_3O_4(\alpha)+CO(g)═══3FeO(s)+CO_2(g) \quad (5\text{-}9)$$

$$FeO(l)+CO(g)═══Fe(\gamma)+CO_2(g) \quad (5\text{-}10)$$

$$FeO(l)(a_{FeO}=0.4)+CO(g)═══Fe(\gamma)+CO_2(g) \quad (5\text{-}11)$$

(4) CO 还原 ZnO 气-液相 Zn 平衡式生成液相 Zn 及

$$ZnO(s)+CO(g)═══Zn(l)+CO_2(g) \quad (5\text{-}12)$$

$$Zn(l)═══Zn(g)(a_{Zn}=1) \quad (5\text{-}13)$$

典型的电弧炉炉尘火法处理工艺见表 5-8。

表 5-8 典型的电弧炉炉尘火法处理方法

名 称	方 法	锌产品	特 点
Waelz 回转窑	用回转窑的氯化挥发法。原料造球后装入回转窑，以重油、煤粉、液化气等作燃料。操作温度以炉料不熔化为宜	粗 ZnO	可连续生产，设备可大型化，适用于大量处理。很早就用来进行 Zn 和 Pb 的挥发处理，挥发率很高。挥发残渣可作为铁原料返回高炉。曾经有多种尝试开发小型回转窑，但都没成功
电热蒸馏	电弧炉粉尘与氧化锌矿混合物造块后经回转窑氯化除铅，烧结机烧结除氯后，在电热炉内通电，靠炉料的电阻发热，以焦炭还原并挥发除锌，Zn 蒸气氧化为氧化锌	ZnO	本来是生产氧化锌的方法。ZnO 产品纯度较高，可直接商品化。设备大型，复杂，无须送氧助燃，排气量少，但工艺耗电多

续表 5-8

名 称	方 法	锌产品	特 点
埋弧电炉熔融还原（MF 法）	使用小型熔矿炉，粉尘必须造块	粗 ZnO	残渣是熔融的炉渣。可作为稳定的炉渣使用。尚无返回电弧炉利用的例子
竖 炉	具有两圈风口的特殊小高炉，上层风口可将粉尘直接吹入炉内，不必造球	Zn，ZnO，$Zn(OH)_2$混合物	适合大量处理，根据处理的炉尘或炉渣的情况有时可产生熔融的金属，不仅适用含锌炉尘，也适用不锈钢渣和不锈钢粉尘
转底炉	粉尘造块后在圆形转底炉上稳定地与还原气流接触，将粉尘中的 Zn 还原挥发除去。本来这种工艺是为制造还原铁开发的，也有为粉尘处理还原挥发除锌为目的而设的	粗 ZnO	气体流动不激烈，尽可能地抑制伴随气体流动而产生的二次粉尘。因此挥发出来的粉尘中含锌率高，价值较高。批式处理，还原速度快，效率高，挥发残渣主要是还原铁，可返回高炉或转炉

简化的威尔兹工艺的流程示意图见图 5-7。

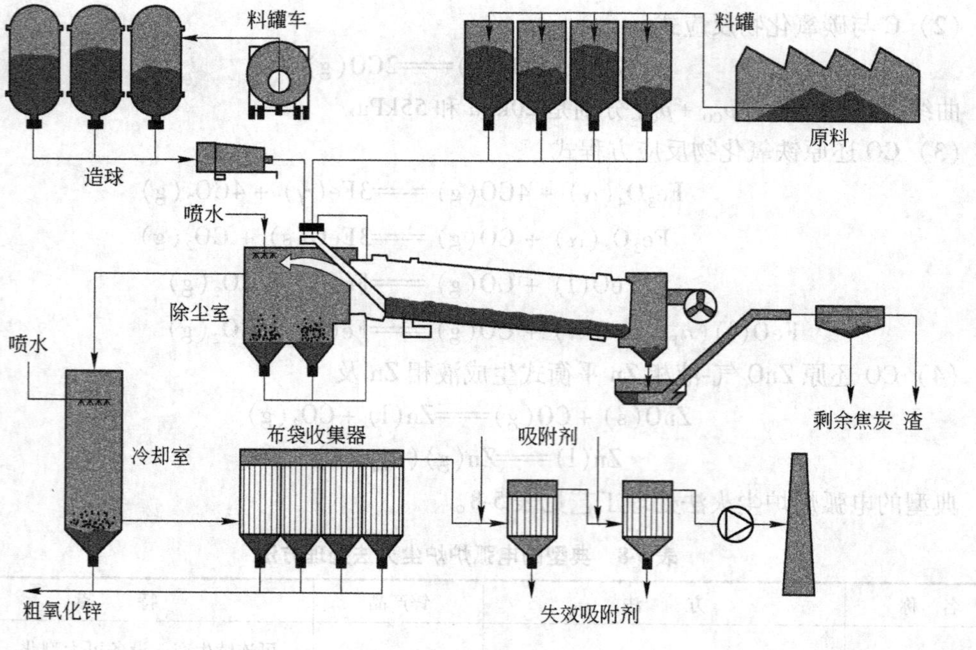

图 5-7 Waelz 工艺流程图

A 威尔兹（WAELZ）工艺

威尔兹工艺是目前应用最为广泛的电弧炉烟尘处理工艺，在欧洲、美国、日本大约有 100 万 t 电弧炉烟尘采用该法处理，德国原 AGORAG 有四个用 Waelz 工艺处理钢铁厂含锌粉尘的工厂，每年可处理来自德国、法国、意大利的 50 万 t 含锌粉尘，年产 Zn 和 Pb10 万 t。美国 Horsehead Resources Development（HRDC）公司也经营数家采用威尔兹工艺处理电弧炉烟尘的工厂。威尔兹法有一段威尔兹工艺和二段威尔兹工艺两种。其中欧洲、日本主要采用一段威尔兹工艺，它采用球团给料，即将烟尘与大约25%的焦粉或无烟煤及返回焦混合制成湿球团，然后加入略微倾斜的带有耐火衬的长回转窑内。粗级氧化锌产品一般采用袋式除尘器或电除尘器收集，其中氧化锌含量约为55%～60%，经进一步处理后作为锌冶炼厂的原料。窑渣则通过进一步磁选回收剩焦，剩焦返回使用，磁选后的余渣呈中性，颗粒状，多孔，半玻璃化，无毒，可用作建筑骨料。二段威尔兹工艺由美国HRDC公司开发与应用，其第一段与一段威尔兹工艺相似，即EAF烟尘在该回转窑中进行锌、铅、镉、氯与铁的分离，并得到含TFe 51%～58%的直接还原块，作为电弧炉原料；然后，含锌、铅、镉、氯的蒸气进入第二个回转窑进行再处理，得到粗级氧化锌和铅镉氯化物，产品粗级氧化锌作为常规锌冶炼原料。威尔兹工艺处理电弧炉烟尘具有处理能力大（8万～10万t/a）、技术成熟、经济效益好等优点，只要电弧炉烟尘中（Zn + Pb）含量超过20%，采用威尔兹工艺即有经济效益。进一步降低焦炭等能源消耗则是提高其经济效益的关键。

B　转底炉直接还原工艺

采用转底炉处理电炉烟尘可以追溯至1965年，由Midland Ross公司（Midrex公司的前身）、国民钢铁公司和Hanna矿联合开发了Heat-Fast工艺。20世纪70年代末期，由于含铁、有色金属复杂废物处理的需要，以煤作还原剂，采用转底炉的直接还原工艺又重新引起了人们的重视。在Heat-Fast工艺基础上，人们相继开发了INMETCO、FASTMET、DRyIron等直接还原挥发工艺。FASTMET工艺过程主要包括配料制团、还原、烟气处理及烟尘回收3个主干单元，即电弧炉烟尘及其他废料与经破碎的还原剂混合（也可不混合）制团、干燥；然后送入转底炉中，在1316～1427℃高温下快速还原处理，得到直接还原铁（DRI）；同时，被还原的锌、铅等挥发性有色金属挥发进入烟气，此外烟气中还有部分未燃烧完全的CO，对该烟气进行二次燃烧使之燃烧完全并从中回收余热，回收余热后烟气进入布袋收尘器回收烟尘，得到含锌40%～60%的粗氧化锌烟尘。近年，神户钢铁公司（Kobe Steel Ltd.）与Midrex公司合作，相继建设了两家采用FASTMET工艺处理电炉烟尘的工厂。采用FASTMET工艺的新日铁Hirohata工厂年处理电弧炉烟尘等二次物料19万t，直接还原铁（DRI）产品含铁82%～84%，金属化率大于90%，锌含量小于0.1%，脱锌率达94.0%。氧化锌烟尘锌含量高达63.4%，可以直接送冶炼厂处理回收锌。采用转底炉的直接还原挥发工艺的开发应用对于钢铁厂电弧炉烟尘处理具有重要意义：（1）同时回收利用了其中的铁与锌、铅等有价金属，实现了废物全资源化。（2）以直接还原铁这一优质炼钢原料形式回收电弧炉烟尘中的铁，实现了铁资源的厂内循环，为电弧炉烟尘厂内就地处理提供了物质基础与技术支持。

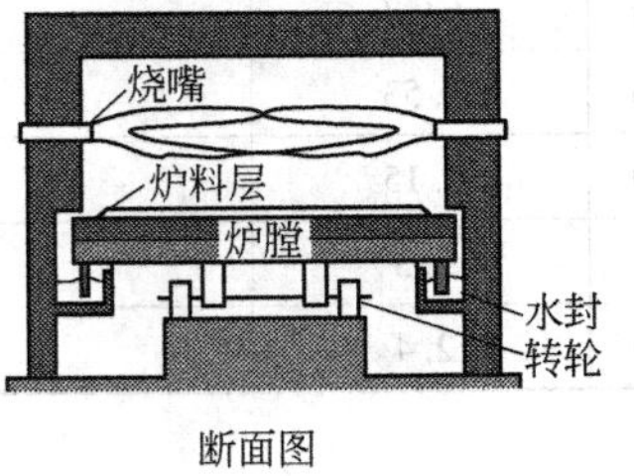

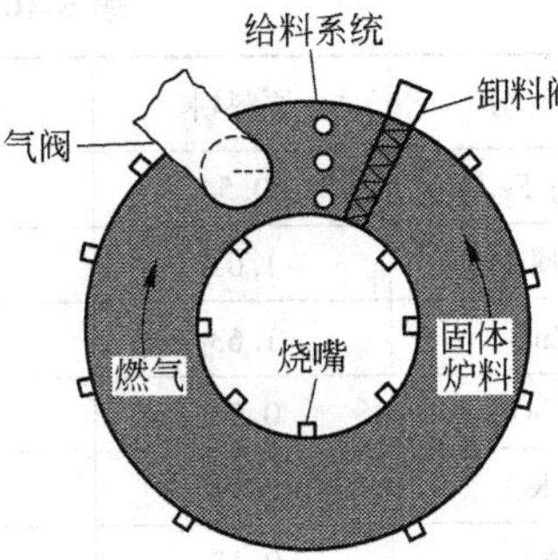

图5-8　转底炉的断面简图和平面布置图

转底炉的断面简图和平面图如图5-8所示。转底炉床与固定的炉壁内侧有水封以保持气密性。炉壁两侧设若干烧嘴喷入燃气燃烧加热炉料。固体炉料与烟气逆流运动一周，完成还原和挥发反应。图 5-9 为电炉尘和铁鳞各占 50% 的球团在转底炉中金属化率以及氧化锌残量随时间变化的曲线图。从图 5-9 可知球团金属化和锌的脱除仅需 10min。表 5-9 所列为分别以电炉尘和转炉尘处理后所得粗氧化锌的化学成分。表 5-10 列出了原料饼和处理后的产品的化学成分。表 5-11 概括了该方法的处理效果。

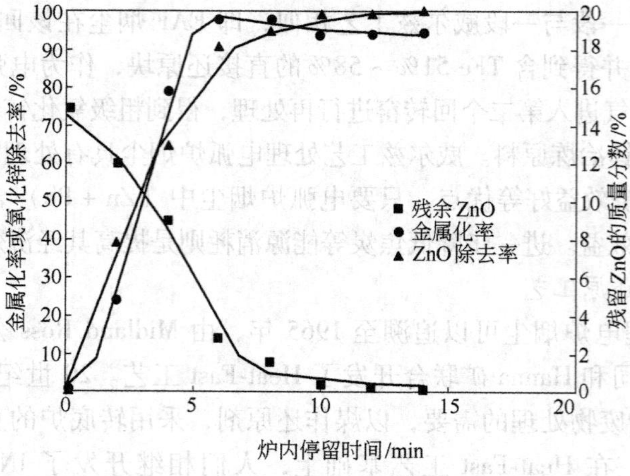

图 5-9　转底炉中电炉尘和铁鳞球团的金属化率以及氧化锌残量随时间的变化（1288℃）

表 5-9　电炉尘和转炉尘处理后所得粗氧化锌的化学成分　（质量分数/%）

成分	EAF 炉尘处理	联合钢铁企业废弃物处理	成分	EAF 炉尘处理	联合钢铁企业废弃物处理
Zn	63.7	60.4	Fe	0.4	0.8
Pb	0.53	1.0	Ca	0.11	0.4
Cd	0.15	0.2	Si	0.2	0.4
K	2.3	4.7	F	0.2	0.7
Na	2.4	1.5	Cl	5.6	5.4

表 5-10　原料饼和处理后的产品的化学成分　（质量分数/%）

成　分	原料饼	处理后产品	成　分	原料饼	处理后产品
总 Fe	50.54	80.42	S	0.21	0.32
金属 Fe	1.01	77.0	SiO_2	2.90	4.76
ZnO	1.63	0.10	Al_2O_3	1.24	2.02
PbO	0.56	0.24	CaO	3.59	5.89
K	0.11	<0.004	MgO	0.85	1.43
Na	0.15	0.16	总 Mn	0.40	0.70
Cl	0.41	<0.0036	H_2O	3.95	—
C	14.84	1.94			

表 5-11 转底炉处理效果 （质量分数/%）

项 目	数量水平	项 目	数量水平
原料减重率	40	氧化铅脱除率	>99
铁的金属化率	>90	碱脱除率	>50
氧化锌脱除率	>95	氯化物脱除率	>90

商业化的 DRyIron 工艺流程如图 5-10 所示。截至 2002 年，该工艺已在美国的 Ameri Steel，Rouge Steel 和日本新日铁的 Hikari 钢厂共设置了 3 台。

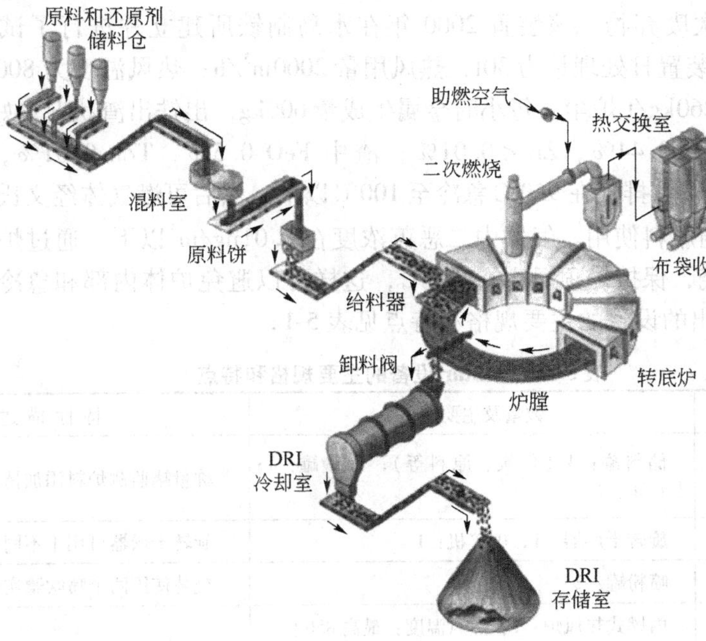

图 5-10 商业化的 DRyIron 工艺流程

C 竖炉工艺

川崎制铁（日本 JFE Steel）开发了小型竖炉处理炉尘的工艺。该工艺是以直接冶炼粉矿的二段风口式焦炭充填型熔融还原炉来从炉尘中回收有价金属的，用于从不锈钢冶炼炉尘中回收 Ni，Cr 的装置 1994 年实用化。从电炉粉尘中分离 Zn 的装置如图 5-11 所示。焦

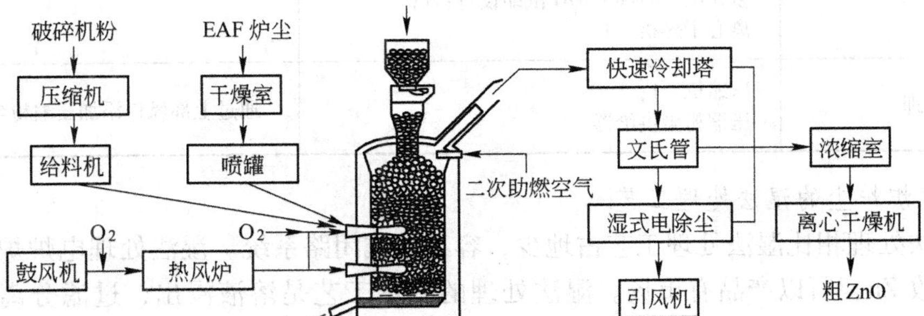

图 5-11 从电炉粉尘中分离 Zn 的熔融还原炉

炭和造渣剂称量后从炉顶通过装入管加入炉内，电炉炉尘干燥粉碎后经喷粉罐从上层风口喷入炉膛，破碎机粉尘压缩减容后用给料机推入风口。焦炭与热风反应产生高温还原气体CO，炉尘中的氧化物ZnO，Fe_3O_4等被熔融，熔融的氧化物在滴下过程中穿过两层风口之间的高温焦炭层被还原成金属，下段风口送风补偿还原反应热，上下两段风口之间形成高温、高还原性区间。易挥发的重金属蒸气随炉气上升到炉顶进入尾气处理系统，经喷水冷凝，得到Zn，ZnO，$Zn(OH)_2$混合物。金属铁和熔渣降落到炉缸底部定期放出。该工艺回收炉尘中的Fe、Cr、Ni，从电炉炉尘中将Zn和Fe分离。该工艺的特点是：（1）直接使用粉料，不用将粉料造块；（2）可以将Fe与Zn分离并回收；（3）与过去的电炉尘处理方法不同的是没有二次废弃物。该装置2000年在水岛制铁所建立并进行了试生产，称为Z-Star工艺。建成的装置日处理量为30t，热风用量2000m^3/h；热风温度为800℃，富氧率560m^3/h；焦比是1260kg/t炉尘。每小时金属生成量600kg，出铁出渣状况良好。铁中含C 4.2%，Si 4.0%，Mn 0.44%，Zn < 0.01%；渣中FeO 0.5%，TZn 0.01%，CaO 38%，SiO_2 41%，Al_2O_3 15%。排气在950℃急冷至100℃以下，然后可燃气体经文氏除尘器、湿法电除尘，作为厂内燃料使用。气体中二恶英浓度在0.01ng/m^3以下。通过炉顶吹入空气使炉内气体二次燃烧，保持炉顶温度在950℃，这样可以避免炉体内部和急冷塔管道内壁Zn结瘤。从炉顶排出的设备的主要规格和特点见表5-12。

表5-12 Z-Star设备的主要规格和特点

设　备	数量及主要规格	特性描述
炉顶供料系统	储料罐：4（焦炭、原料等）；称量罐：1；上料车：1	称量罐监测炉料添加情况
炉尘干燥和破碎	旋转干燥器：1；破碎机：1	旋转干燥器可用于不同原料
炉尘喷吹	喷粉罐：2	交替使用两个喷吹罐实现连续喷吹
热风炉	内燃式热风炉：1；热风温度：最高850℃	
炉　体	炉顶压力（表压）：0kPa；热风压力：2kPa；炉顶温度：1000℃；炉壁喷水冷却	控制炉顶压力为0实现连续出铁，采用绝热砖减少热损
出铁场	泥炮：1；开口机：1	用于间歇出铁
废气冷却和炉尘收集	快速水冷塔：1；文氏管：1；湿式电除尘器：1；引风机：1	
废水处理	多元电解质和NaOH浓缩设备：1；离心干燥机：3	
破碎粉尘处理	压缩机：1；压缩粉尘供给器：1	通过上部风口添加压缩粉尘

D　电炉炉尘的湿法处理工艺

与火法处理相比湿法处理工艺占地少，容易建成闭路系统。湿法处理电炉炉尘，可用电解法回收Zn，所以产品有市场。湿法处理的基本工艺是溶液浸出，过滤分离，净化滤液，电解提Zn。浸出液可大致分为酸和碱两种。酸一般用硫酸或盐酸，也有用混酸的。碱多用氢氧化钠或氨水。不论酸浸还是碱浸，ZnO的浸出都没有问题，ZnO · Fe_2O_3的浸出则较困难，必须用较高浓度的酸或碱而且需加热，有时需要高压浸出。浸出液的净化一般用置换沉淀或控制 pH 值沉淀，有时也用溶剂萃取。电解过程和一般 Zn 的电解提取相同。只是用氢氧化钠溶液浸出的场合 Zn 是以 Zn 粉的形式回收的，氨水浸出液则将氨水挥发，得 ZnO。几种湿法处理工艺概括在表 5-13 中。

表 5-13 电炉炉尘湿法处理工艺概要

方法	浸出液	反应	特征
酸浸出	硫酸系	一段浸出：pH 值为 2.5～3.5，ZnO 溶解 二段浸出：pH 值为 1～1.5，200℃ 高压浸出 $ZnO \cdot Fe_2O_3$ 分解	容易处理，传统的电解法回收 Zn
	盐酸系	$ZnO + 2HCl \longrightarrow ZnCl_2 + H_2O$ $ZnO \cdot Fe_2O_3 + 2HCl \longrightarrow ZnCl_2 + H_2O + Fe_2O_3$ 吹入 Cl_2 使溶解的少量 Fe^{2+} 转变成 $Fe(OH)_3$	一步浸出，氯化锌的盐酸溶液电解回收 Zn 或者溶剂萃取
	盐酸硫酸混合系	混酸可一步浸出 ZnO 和 $ZnO \cdot Fe_2O_3$ 残渣用碱处理	一步浸出，浸出环境不比盐酸系差
碱性溶液浸出	氯化铵	30% 的 NH_4Cl 100℃浸出，最后回收 ZnO $ZnO \cdot Fe_2O_3$ 成为残渣	工艺简单，Zn 回收率难以提高，回收 ZnO 后需要酸浸才能提取 Zn
	氨　水	通 CO_2 气体，氨水溶解 ZnO，最后回收 ZnO	应考虑 ZnO 精制
	氢氧化钠	$ZnO \cdot Fe_2O_3$ 经反应 $ZnO \cdot Fe_2O_3 + 2OH^- \longrightarrow ZnO_2^{2-} + Fe_2O_3 + H_2O$ 溶解，原 NaOH 溶液中电解	最终残渣中 Pb 含量较低

电弧炉烟尘湿法处理最早采用硫酸浸出，由于电弧炉烟尘中铁/锌比率较高，尤其是硫酸锌电解过程中卤素浓度高的问题无法解决，一直未能推广应用。碱性浸出工艺由于不进行还原焙烧，无法浸出铁酸锌中的锌，应用同样受到限制。历经多年研究，人们认识到：由于电弧炉烟尘中氯含量高，采用氯化工艺明显优于硫酸或碱浸出工艺。因而，近年电炉钢烟尘的湿法冶炼工艺开发集中于氯化浸出工艺，代表性工艺有 ZINCEX、EZINEX。

（1）ZINCEX 工艺。ZINCEX 工艺起源于西班牙的 Tecnicas Reunidas 发明的工艺。它用于处理电弧炉烟尘等二次资源时，包括浸出、萃取、反萃 3 个步骤。首先，二次锌物料在 40℃和常压下用稀硫酸浸出，残渣浓缩后过滤，浸出液用石灰或石灰石中和净化除铝和铁。其次，将中性浸出液与 DEHPA 的煤油溶液在 pH = 2.5 的条件下混合，进行溶剂萃取，锌进入有机相，萃余液返回到浸出，水相一小部分开路以除去碱金属，大部分返回浸出过程。负载有机相经水洗和电解废液反萃后得到电解前液，送电解车间用传统方法电解生产锌，反萃后的有机相返回萃取过程。

（2）EZINEX 工艺。EZINEX 工艺由 Engitec Impianti（意大利）发明并完成半工业化试验。它主要包括浸出、渣分离、净化、电解及结晶等工艺步骤。EAF 烟尘浸出采用以氯化铵为主要成分的废电解液与氯化钠的混合液为浸出剂，浸出温度为 70～80℃，时间为 1h，主要反应为：$ZnO + 2NH_4Cl = Zn(NH_3)_2Cl_2 + H_2O$，Pb、Cu、Cd、Ni 和 Au 也按一样的机理参与反应，以离子形式进入溶液，而氧化铁、铁酸盐和二氧化硅留在渣中。浸渣含锌8%～12%，氧化铁50%～60%，固液分离后，浸渣与作为还原剂的碳混合，磨匀后再返回电弧炉工序。浸出液（富含锌溶液）用金属锌置换存在于其中的Pb、Cu、Cd、Ni和Au金属杂质，置换渣送铅精炼厂以回收铅和其他金属。净化后的溶液含锌31～36g/L，铅、铜、镉、镍及银小于5mg/L，以钛板为阴极，石墨为阳极进行电解，从中回收锌，电解废液返回浸出，电锌含锌99.0%～99.5%，该产品可用作热镀锌原料。用该方法第一次进行商业化生产的工厂位于Udine附近意大利钢铁公司旁边，年处理电弧炉烟尘1万t，由于运行情况良好，1年半后即扩大至1.6万t/a。实践表明，该工艺回收锌纯度高（>99%），工艺过程可靠，无污染，产生的副产品无毒，并且可完全利用。

E　联合工艺

最典型的电弧炉烟尘处理联合工艺是MRT（HST）工艺，该工艺先采用转底炉对电弧炉烟尘等物料进行直接还原焙烧，使铁与锌、铅、镉分离，得到的直接还原铁产品返回电弧炉中回收利用；含铅、镉、铜、银等金属的粗级氧化锌则进入含热氯化铵的浸出槽中，进行浸出作业，然后在连续过滤机上进行固液分离，滤液进一步处理分离回收铅和镉，最后溶液经稀释沉淀、干燥得高纯氧化锌产品。其中转底炉还原焙烧为火法工艺，后面的粗氧化锌热铵浸出净化沉淀则为湿法工艺。MRT（HST）工艺可同时获得直接还原铁、高纯氧化锌、铅、镉、银等产品，产品回收率高。实际上，MRT（HST）工艺是一个不断发展完善的过程，1995年在Darlington建设的第1家MRT工厂，开始时只有湿法工艺部分，后来为提高锌的回收率及回收铁，增加了火法部分；1996年在美国Ameri Steel公司的Jackson钢铁厂建设了第二家电弧炉烟尘MRT处理厂（3万t/a）。但MRT工艺是间歇性生产，操作成本高。HSB Engineering Finance Corporation等公司对该工艺进行了进一步的改进，从而实现了连续生产，并显著降低了成本，此即HST（Hartford Steel Technologies）工艺。采用该工艺在Mississippi建立了1家年处理1.8万t粗氧化锌物料的厂，年产1.49万t纯氧化锌、1000t铅，目前经济效益良好。另外，多家工厂正在设计建设之中。

1998～2002年，日本以《节能型金属粉尘回收技术开发》为题，研究并开发了从电炉排气中直接将Fe和Zn分离回收的技术。该技术的概念如图5-12所示，通过强化电炉的密封，将电炉的高温排气导入炭材过滤器，粉尘中的铁被炭材捕获，排气中的Zn，Pb等重金属蒸气通过过滤器进入重金属冷凝器以金属Zn，Pb的形式回收，排气则成为清洁的燃料气。炭材充填的过滤器工作温度范围在1000～1100℃，排气中CO/CO_2大于2，能起

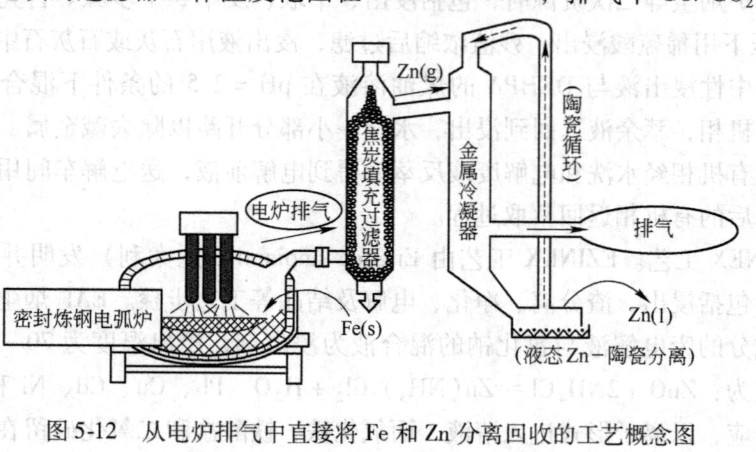

图5-12　从电炉排气中直接将Fe和Zn分离回收的工艺概念图

到还原 Zn、Fe 氧化物、集尘、吸附金属 Fe、分解二恶英的作用；陶瓷充填的重金属冷凝器在 1 ~ 2s 内将 1000℃ 的气体冷却到 450 ~ 500℃，可将 Zn 和 Pb 蒸气冷凝分离，并能防止二恶英的生成。该技术已经在小型实验装置（1：100）上得到验证。

F　电炉炉尘处理的问题

发达国家电炉炉尘处理的现状是建立在经济效益基础上的资源回收。但是严格的环境管理制度和处理费用的不断上涨对电炉厂家是很无奈的事情，电炉炉尘处理厂家也无法改变这种状况。技术上存在的问题可归纳如下：

（1）火法处理实质上是中间处理，产物是粗 ZnO，要得到 Zn 还需要进一步的处理。

（2）炉尘中含有的卤素（Cl，F）对设备有腐蚀，也使粗 ZnO 产品的价值降低。如果不除掉这些卤素，后续的火法提 Zn 工艺密闭式铅锌鼓风炉将无法正常运行。

（3）与卤素共存的还有少量 Pb，Cd 等重金属不纯物。这些不纯物对火法炼锌没有太大的负担，但是如果直接采用湿法处理，这些不纯物的分离就成了问题。

除上述技术问题外，电炉炉尘处理过程中产生的残渣还是个问题。残渣中主要成分是铁，如果能作为电弧炉铁源使用，就能实现真正的资源循环利用，但是由于残渣中还有残存的 Zn，大大降低了作为原料的价值，目前还只有填埋。所以钢铁厂粉尘尤其是电炉粉尘的处理无论在技术上还是在整个资源循环系统上都还有需要进一步研究解决的课题。为了构筑循环型社会，有必要将钢铁联合企业、电炉炼钢厂、炉尘处理厂、有色金属冶炼厂联合起来解决粗 ZnO 的处理问题，建立协作体制也很重要。图 5-13 所示为钢铁工业和有色金属工业在资源循环利用上的互补关系。

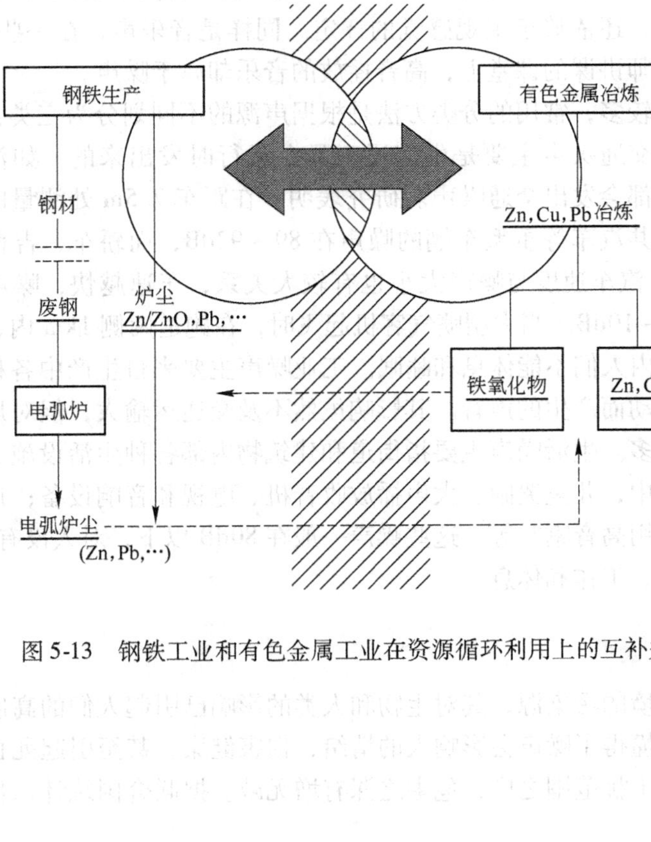

图 5-13　钢铁工业和有色金属工业在资源循环利用上的互补关系

6 噪声污染控制

6.1 概述

科技的发展导致环境问题成为21世纪可持续发展的关键性问题，而噪声作为环境污染源之一已引起人们的高度重视。自1947年美国的H. F. 奥尔森首次提出有源降噪技术以来，用于进行噪声控制的吸声、消声、隔声、隔振阻尼等技术在控制噪声源、切断噪声传播途径和加强受影响者个人防护等方面发挥了积极作用，噪声污染也得到了一定程度的控制。钢铁企业属于重工业，钢铁企业中的各类噪声是影响其生产环境的重要因素，必须加以控制。在具体介绍钢铁企业噪声控制之前，先对有关噪声的基本知识作一些概述。

6.1.1 噪声的定义、分类及特点

人类处在一个有声的环境中，噪声也是一种声音。从物理角度看，噪声是由声源做无规则和非周期性振动产生的声音。从环境保护角度看，环境噪声则是指在工业生产、建筑施工、交通运输和社会生活中产生的人们不需要的、令人厌恶的、对人类生活和工作有不良影响的声音，如工厂中各种鼓风机、发动机、球磨机、粉碎机发出的声音等。噪声不仅有其客观的物理特性，还依赖于主观感觉的评定。同样是音乐声，在一些场合不是噪声，而在另一些场合如老师讲课的课堂上，高音播放的音乐却属于噪声。

噪声的分类方法较多，常用的分类方法是根据声源的不同划分为三类：交通噪声、工业噪声及生活噪声。交通噪声主要是由交通工具在运行时发出来的。如汽车、飞机、火车、轮船等在运行中都会发出交通噪声。研究表明：在距车7.5m处测量的噪声中，机动车辆中载重汽车、公共汽车等重型车辆的噪声在89～92dB，而轿车、吉普车等轻型车辆噪声约有82～85dB。汽车速度与噪声大小也有较大关系，车速越快，噪声越大，车速提高1倍，噪声增加6～10dB。当大型喷气客机起飞时，在跑道两侧1km内，语言、通讯都受到干扰，4km范围内人们不能休息和睡眠。工业噪声主要来自生产中各种机械振动、摩擦、撞击以及气流扰动而产生的声音。其影响虽然不及交通运输大，但对局部地区的污染却比交通运输严重得多。生活噪声主要指街道和建筑物内部各种生活设施、人群活动等产生的声音。如在居室中，儿童哭闹、大声播放收音机、电视和音响设备；户外或街道人声喧哗，宣传或做广告用高音喇叭等。这些噪声一般在80dB以下，对人没有直接生理危害，但都能干扰人们交谈、工作和休息。

6.1.2 噪声的危害

噪声作为一种环境的污染源，其对生物和人类的影响已引起人们的高度重视。早在公元前七世纪，人们就懂得了噪声会影响人的情绪，损害健康，甚至引起死亡。随着生产技术的迅速发展，噪声干扰范围之广，危害之深有增无减。据联合国统计，目前城市的噪声

与1956年相比增加了4倍。在我国，约有2000万人在90dB以上的环境下工作，有约2亿人在超过环境噪声标准下生活。噪声已被认为仅次于大气污染和水污染的第三大公害。科学家的研究表明：若小白鼠处在160dB的环境中，几分钟就会死亡。若人处在离喷气发动机5m处，几分钟就变成聋子。一般认为40dB以上的声音就是有害噪声。噪声的危害主要表现在以下几个方面。

6.1.2.1 噪声对人类健康状况的影响

噪声损伤听觉。人短期处于噪声环境时，可能会产生短期的听力下降，这种暂时性听力偏移（或听觉疲劳）经过一段时间后听力可以恢复。如果长年无防护地在较强的噪声环境中工作，随着听觉疲劳的加重会造成听觉机能恢复不全甚至造成噪声性耳聋。一般情况下，85dB以下的噪声不至于危害听觉，而85dB以上则可能发生危险。统计表明：长期工作在90dB以上的噪声环境中，耳聋发病率急剧增加。噪声影响睡眠。睡眠是消除疲劳、恢复体力、维持健康的一个重要条件。环境噪声会造成不能入睡或从睡眠中被惊醒。当睡眠被干扰后，工作效率和健康都会受到影响。研究表明，40dB的连续噪声可使10%的人受到影响；70dB的连续噪声可影响到50%的人；而突发噪声在40dB时，可使10%的人惊醒，约至60dB时，可使70%的人惊醒。长期的噪声干扰会使人产生失眠、疲劳无力、记忆力衰退、神经衰弱症等疾病。噪声对人的中枢神经系统有损害，导致脑血管张力异常，从而使人产生头疼、脑涨、耳鸣及胎儿畸形甚至智力障碍。噪声对消化系统、心血管系统也会产生影响，常引起消化不良、食欲不振、恶心呕吐，从而使胃病、高血压、动脉硬化及冠心病的发病率提高。年老体弱者对噪声干扰更为敏感，因而受其影响更大。

6.1.2.2 噪声对人类日常生活和工作的影响

噪声对语言交流的影响轻则降低交流效率，重则损伤人们的语言听力。研究表明，30dB以下属于非常安静的环境，如播音室、医院等应该满足这个条件；40dB是正常的环境，如一般办公室应保持这种水平；50～60dB则属于较吵的环境，此时脑力劳动受到影响，谈话、听广播、打电话、开会等一切语言交流都会受到干扰；在噪声达80～90dB时，距离约0.15m也得提高嗓门才能进行交流。噪声对人类的影响会导致其心情烦躁、乏力、注意力不集中，从而影响工作质量，工作中的工伤事故也会增多。

6.1.2.3 噪声对建筑物及仪器设备的影响

高强噪声会使材料因声疲劳而产生裂纹甚至断裂，如大型喷气式飞机以超声速飞过天空时会导致地面建筑因强烈的空气冲击波引起的噪声出现墙壁开裂、窗玻璃损坏、烟囱倒塌等。如英法合作研制的协和式飞机在试航过程中航道下面的一些古老建筑物，如教堂等，因飞机轰鸣声的影响受到破坏，出现了裂缝。一些精密设备会由于高强噪声出现灵敏度降低甚至遥控失灵等故障。150dB(A)以上的强噪声还会导致金属结构件疲劳，由于声疲劳的缘故导致的飞机失事或导弹失灵的事件也有发生。

6.1.2.4 噪声对生物的影响

噪声对自然界的生物也是有影响的。如强噪声会使鸟羽毛脱落，不产卵，甚至会使其内出血和死亡。20世纪60年代，美国空军的F-104喷气飞机，在俄克拉河马城上空做超声速飞行试验，每天飞越8次，高度为10000m，整整飞了6个月。结果在飞机轰鸣声的作用下，一个农场的10000只鸡只剩下4000只。解剖鸡的尸体后发现，暴露于轰鸣声下的鸡脑神经细胞与未暴露的有本质区别。前者的脑细胞中的尼塞尔物质大大减少。高强声实验证明，170dB 的噪声 5min 就使豚鼠死亡。

6.2 噪声的评价

在我们生活的空间充满着各类声音，就人的感觉而言，有的声音悦耳动听，有的声音嘈杂烦闷，有的声音尖锐刺耳……在环保领域如何确定声音的性质是噪声还是乐声呢？噪声的大小如何来界定呢？“音频”决定声音的尖或沉；“音调”决定声音是悦耳还是嘈杂。噪声的评价一般采用客观度量与主观评价两种方法。下面介绍常用的噪声评价方法。

6.2.1 噪声的客观物理度量

噪声客观物理度量的物理量一般有声压、声强和声功率等，声压及声强用以反映声场中噪声的强度。声功率反映声源辐射噪声本领的大小。

6.2.1.1 *声压及声压级*

声音在空气中的传播是由于振动物体通过振动造成周围空气的局部压强的变化。该压强的变化使周围空气产生局部的密度变化，局部密度的变化又造成较远部分空气压强的变化，如此将压强变化向更远的地方传递出去，形成声音的传播。在声音传播过程中，空气压强相对于大气压强（无声波存在、空气静止时的压强）的变化称为声压，也就是说声压是声波通过媒质时产生的压强，单位为 Pa。物体的振动越大，声压越大，声波越强。“声压”决定声音的大或小。由于人耳能听到的最小声压 p_0（称听阈）是 2×10^{-5}Pa，导致人耳产生痛觉的声压（痛阈）是 20Pa，两者相差 100 万倍，另外，人耳对声音的感受不正比于声压的绝对值，用声压表示声音的强弱不方便，为此提出声压级的概念，声压级 L_p 定义为：

$$L_p = 20\lg\frac{p}{p_0} \tag{6-1}$$

式中 p_0——最小声压，2×10^{-5}Pa；

p——测量的声压，Pa；

L_p——声压级，dB。

声压级表示声音的大小，也可以用来表示声音的强度。声压级的单位为分贝，用 dB 表示。正常人的听觉所能感受到的最小声压级为 0dB，使人耳痛的声压级界限为 120dB。各种噪声的分贝值见表 6-1。

表 6-1 各种噪声分贝值 (dB)

声音	噪声级（A）	对人的影响	声音	噪声级（A）	对人的影响
火箭导弹发射	150~160	无法忍受	一般说话	60~70	较静
喷气飞机喷口	130~140	无法忍受	普通房间	50~60	较静
螺旋桨飞机、高射机枪	120~130	痛	静夜	30~40	安静
柴油机、球磨机	110~120	痛	轻声耳语	20~30	安静
织布机、电锯	100~110	很吵	消声（室内）	10~20	极静
载重汽车、喧嚣马路	90~100	很吵	听觉下限	0~10	听（0）
大声说话、较吵的附近	70~80	较吵			

现场测量声压级时，由于多种声源相互重叠，这时若计算总声压级 $p_{总}$，则需将多种

声源的声压平方相加，即能量叠加，再由定义求出，即：

$$L_p = 20\lg\frac{p_{总}}{p_0} = 20\lg\frac{\sqrt{\Sigma p_i^2}}{p_0} \qquad (6\text{-}2)$$

式中 p_i——各个声源的声压，Pa。

6.2.1.2 *声功率、声强及声强级*

振动的物体都具有能量,声波在传播的过程中同样存在能量。声功率即声源在单位时间内辐射出的总声能量,单位为 W。为了从能量的角度来度量声波的强弱,提出了声强的概念。声强是在声音传播方向上,单位时间内通过垂直声波传播方向单位面积内的平均声能量,定义为:

$$I = \frac{W}{A} = \frac{p^2}{\rho_0 c_0} \qquad (6\text{-}3)$$

式中 I——声强，W/m^2；

W——声功率，W；

A——面积，m^2；

p——有效声压，Pa；

ρ_0——空气密度，kg/m^3；

c_0——空气中声速，m/s。

声强越大，声音越强，正常人对纯音的可听声强为 $10^{-12}W/m^2$，称为基本声强。声强同样可以衡量声音的强弱。声强愈大，声音听起来愈响。声强不易直接测量，为此引入声强级的概念。声强级 L_I（单位为 dB）的定义为：

$$L_I = 10\lg\frac{I}{I_0} \qquad (6\text{-}4)$$

式中 I_0——基本声强，W/m^2；

I——所测声强，W/m^2。

6.2.1.3 *频谱分析*

每个噪声源所发出的噪声的频率成分不同。一般以横坐标为频率，以纵坐标为声压级（或声强级或声功率等）绘出噪声频谱图。根据该图分析与研究声音的变化规律称为频谱分析。因声音从 20～20000Hz 有 1000 倍变化，为了测量的方便将其分成若干段称为频带或频程。采用分析噪声的滤波器将不需要的频率部分的声波滤掉来获得该段的频带。每个频带的上限与下限频率之比为 2∶1 时称倍频程。将倍频程再分成 3 等份，即 1/3 频程。图 6-1 示出了不同噪声源的频谱分析。由图可知：空压机的噪声集中在低频段，电锯的噪声集中在

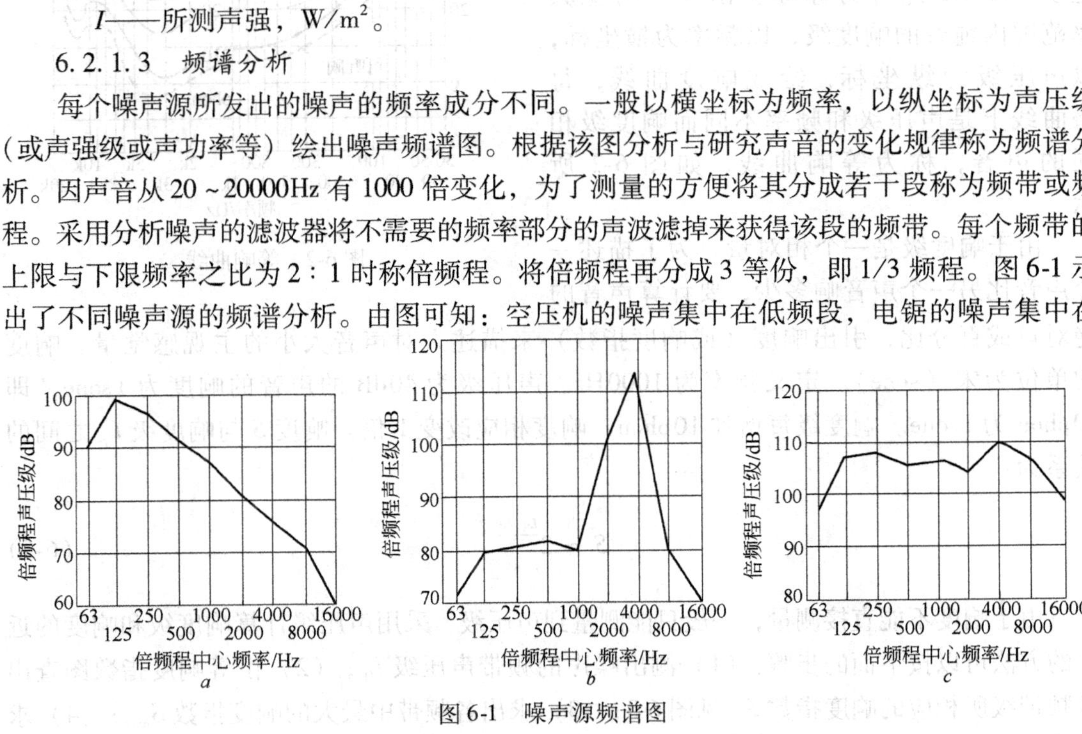

图 6-1 噪声源频谱图

a—空压机；*b*—木工厂电锯；*c*—柴油机进气口

高频段，柴油机进气口是宽带噪声。

6.2.2　噪声的主观评价

噪声的主观评价是根据人们对噪声的生理和心理感觉来评价噪声，较常用的有响度级和计权网络两种表示方法。

6.2.2.1　响度级、等响曲线与响度

由于人耳感受的声响不仅与声压级有关而且与频率有关，声压级相同而频率不同的声音听起来感觉不同。频率高的声音尖锐；频率低的声音低沉。如 90dB 的高频噪声（如空压机噪声）比 90dB 低频噪声（如小汽车噪声）听起来响得多。这是由于人耳对高频率噪声敏感，对低频噪声不敏感。声音的响度是声压与频率的函数。

响度级是以 1000Hz 的纯音作为基准，当某噪声与该纯音一样响时，称该纯音的声压级为该噪声的响度级，单位为方（phon）。例如某噪声听起来与声压级为 80dB 的 1000Hz 纯音一样响时，则该噪声的响度级为 80phon。响度级将声压级和频率用同一单位统一起来。

为了示出在整个听觉频率范围内的噪声的声压级与频率之间的关系，人们通过实验测定了等响度曲线，又称 ISO 曲线，是以 1000Hz 纯音为标准测出整个听觉频率范围内纯音的响度级，以频率为横坐标，以声压级为纵坐标，绘成响度曲线，每条曲线上是声压级和频率不同而响度级相同的声音，称为等响曲线，如图 6-2 所示。

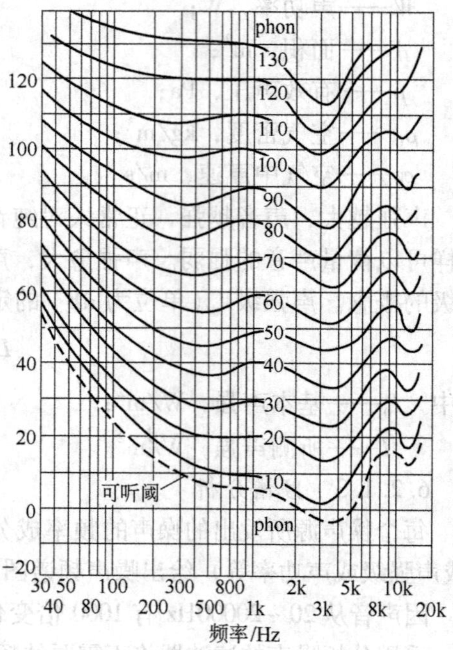

图 6-2　等响曲线

由于响度级是一个相对量，为了描述一个声音比另一个声音响多少，要计算声音的绝对量或百分比，引出响度（或响度指数）来描述人对声音大小的主观感觉量。响度的单位为宋（sone）。定义频率为 1000Hz、声压级为 40dB 的声音的响度为 1sone，即 40phon 为 1sone。响度级每增加 10phon，响度相应改变 1 倍。响度 S 与响度级 L_S 之间的关系为：

$$S = 2^{\frac{L_S - 40}{10}} \tag{6-5}$$

由于响度不能直接测量，一般只能测量到声压级，采用声压级计算响度级和响度的近似的方法可以按下面的步骤：（1）测出噪声的频带声压级 L_P；（2）由等响度指数图查出各频带级所相应的响度指数 S_i，见图 6-3；（3）求出各频带中最大的响度指数 S_{max}；（4）求出总响度。

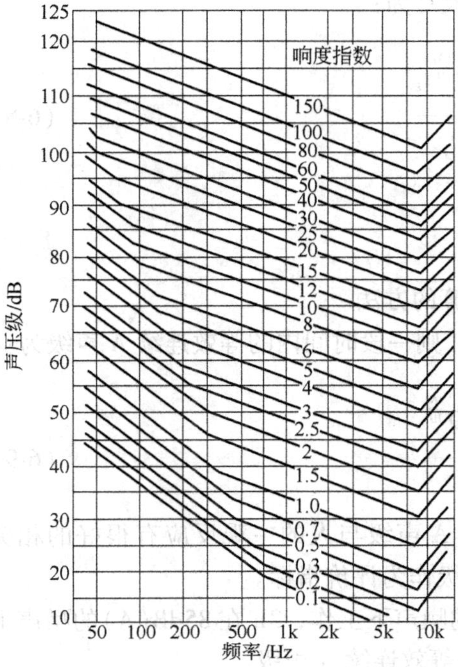

图 6-3 响度（sone）指数图

$$S = 2\sum_{i=1}^{n} S_i + (1-\alpha)S_{max} \tag{6-6}$$

系数 α 与所选频率带有关，对倍频程 $\alpha = 0.3$，对 1/2 倍频程 $\alpha = 0.2$，对 1/3 倍频程 $\alpha = 0.15$。

6.2.2.2 计权网络

人耳对声音强度的感觉主要与声强有关，但也与频率有关。人耳对声强相同的声音在 1000 ~ 4000Hz 之间听起来最响，随着频率的升高或降低响度越来越弱。人耳对不同频率的声音响应不同。为了反映人耳的听觉特性并直接测量出人对噪声的主观感觉量，在声级计上模拟不同声压下的人耳频率特性设置计权网络，即在声级计内设置一种能够模拟人耳特性，把电信号修正为与听感近似值的网络（即特殊滤波器）。通过计权网络读出的声级称为计权声级。有 A、B、C、D、E、S_I 等几种计权网络。

最常用的是 A 计权网络和 C 计权网络。A 计权网络按等响曲线中 40phon 设计，对 1000Hz 以下的声音有较大的衰减。经 A 计权网络计权的声压级称为 A 声压级，用 dB(A)表示。B 计权网络是模拟等响曲线中 70phon 曲线而设计，对 2500Hz 以下的声音有较大的衰减。C 计权网络模拟人耳对 100phon 纯音的等响曲线而设计。同理，B 声级、C 声级分别用 dB(B)、dB(C)表示。声级计的计权网络特性曲线如图 6-4 所示。

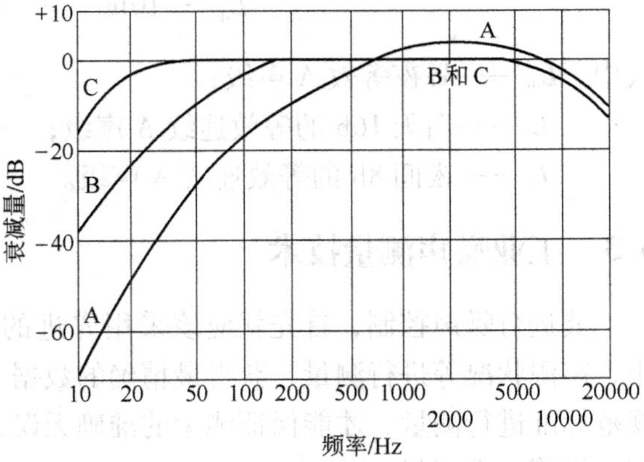

图 6-4 计权网络频率响应特性曲线

在实际情况下，噪声可能是稳定的（即噪声的强度和频率基本不随时间而变化），也可能是非稳定的。对非稳定的噪声评价需要将非稳定态噪声计算成等效连续 A 声级才能比较。等效连续 A 声级即某段时间内非稳定态噪声的 A 声级用能量平均的方法以一个连续不变的 A 声级来表示该段时间内噪声的声级。用公式表示为：

$$L_{eq} = 10\lg \frac{\int_0^T 10^{\frac{L_A}{10}} dt}{T} \tag{6-7}$$

式中 L_{eq}——等效连续 A 声级，dB(A)；

L_A——测得的 A 声级，dB(A)；

T——噪声暴露时间。

当测量值 L_A 是非连续离散值时，式（6-7）可改写为：

$$L_{eq} = 10\lg \frac{\sum_i 10^{\frac{L_{A_i}}{10}} t_i}{\sum_i t_i} \qquad (6\text{-}8)$$

式中　L_{A_i}——第 i 段时间内的 A 声级；

t_i——第 i 段时间。

当 t_i 很分散时，对于一段时间内可采用近似计算的方法。

对于等时间间隔取样，若时间划分的段数为 N，则一段时间内的等效连续 A 声级为：

$$L_{eq} = 10\lg \frac{\sum_{i=1}^{N} 10^{\frac{L_{A_i}}{10}}}{N} \qquad (6\text{-}9)$$

由于对非稳态噪声的大规模调查表明等效连续 A 声级与人的主观反应有很好的相关性，不少国家的噪声标准中都规定用等效连续 A 声级作为评价指标。

例 1　某人一天工作 8h，其中 4h 在 90dB(A)的噪声下工作，3h 在 85dB(A)的噪声下工作，1h 在 80dB(A)的噪声下工作，计算每小时的等效连续 A 声级。

解：

$$L_{eq} = 10\lg \frac{10^{\frac{90}{10}} \times 4 + 10^{\frac{85}{10}} \times 3 + 10^{\frac{80}{10}} \times 1}{4 + 3 + 1} = 82.4(\text{dB(A)})$$

考虑到人们在夜间对噪声比较敏感，近年来在等效连续 A 声级的基础上提出了昼夜等效 A 声级的概念来评价环境噪声。对夜间 22 时到次日晨 6 时之间的声压级作了附加 10dB(A)的处理。昼夜等效 A 声级可表示为：

$$L_{dn} = 10\lg \frac{16 \times 10^{\frac{L_d}{10}} + 8 \times 10^{\frac{L_n + 10}{10}}}{24} \qquad (6\text{-}10)$$

式中　L_{dn}——昼夜等效 A 声级；

L_d——白天 16h 的等效连续 A 声级；

L_n——夜间 8h 的等效连续 A 声级。

6.3　工业噪声测量技术

要进行噪声控制，首先就应该采用先进的测量仪器、可靠的测量方法对噪声级的大小、声源状况等进行测量，获得最精确的数据。应该按照不同的测量对象和与之相适应的规范标准进行测量，才能保证测量的准确无误，从而增强其可比性和可靠性，为噪声的控制提供第一手资料。

噪声测量仪器种类很多，噪声测量仪已由一般的声级计发展到噪声实时分析仪。目前最基本、最常用的噪声测量仪器是声级计和噪声频谱分析器。

6.3.1　工业噪声测量的基本仪器

6.3.1.1　声级计

声级计是一种能够把工业噪声、生活噪声和交通噪声等，按人耳听觉特性近似地测定其噪声级的仪器。噪声级是指用声级计测得的并经过听感修正的声压级（dB）或响度级（phon）。声级计按测量信号的性质可分为一般声级计、脉冲声级计和积分声级计（噪声暴露计或噪声计量计）。按准确度可分为四种类型，即0型、1型、2型和3型。0型声级计的准确度是±0.4dB，是实验室标准声级计；1型声级计的准确度是±0.7dB，一般在实验室或声学条件可以严格控制的现场使用；2型声级计的准确度是±1dB，适用于一般现场噪声测量；3型声级计的准确度是±1.5dB，一般用于现场噪声的普查。声级计一般都具有A、B、C的频率计权特性和“S”（慢）、“F”（快）的时间特性。有的声级计还有“I”（脉冲）的时间特性。为了测量飞机噪声，有的声级计还设置了D频率计权特性，测的声级称为D声级。

声级计一般由传声器、前置放大器、衰减器、放大器、计权网络、检波器、指示表头和电源等组成，其原理方框图如图6-5所示。其工作原理是：由传声器将声音转换成电信号，再由前置放大器变换阻抗，使传声器与衰减器匹配。放大器将输出信号加到计权网络，对信号进行频率计权（或外接滤波器），然后再经衰减器及放大器将信号放大到一定的幅值，送到有效值检波器（或外接电平记录仪），在指示表头上给出噪声声级的数值。

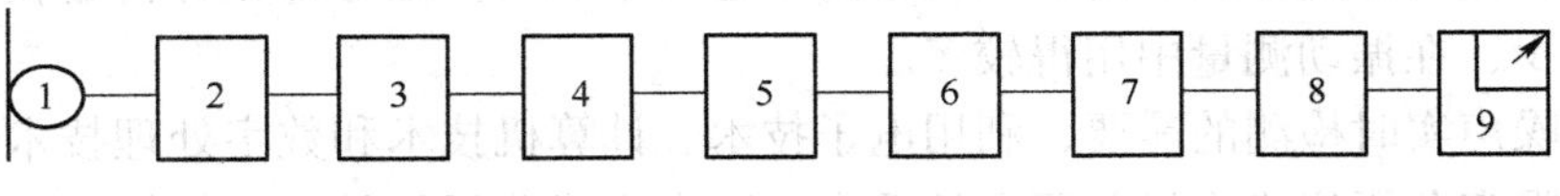

图6-5 声级计原理方框图

1—传声器；2—前置放大器；3—输入衰减器；4—输入放大器；5—计权网络；6—输出衰减器；7—输出放大器；8—检波器；9—表头

传声器是把声压信号转变为电压信号的装置，也称之为话筒，它是声级计的传感器。常见的传声器有晶体式、驻极体式、动圈式和电容式数种。

放大器是将微弱的电信号放大的装置。目前流行的国产与进口声级计，在放大线路中都采用两级放大器，即输入放大器和输出放大器。

输入衰减器和输出衰减器是用来改变输入信号的衰减量和输出信号衰减量的，以便使表头指针指在适当的位置，其每一挡的衰减量为10dB(A)。为防止输入给放大器的信号超过正常工作的动态范围，造成波形畸形太大，一般在放大器中安装过载指示灯。如果过载，要及时处理，以免测量误差太大。

为了模拟人耳听觉在不同频率有不同的灵敏性，在声级计内设有一种能够模拟人耳的听觉特性，把电信号修正为与听感近似值的网络即计权网络。计权网络是由电阻和电容组成、具有特定频响特性的滤波器。通过计权网络测得的声压级，已不再是客观物理量的声压级(叫线性声压级)，而是经过听感修正的声压级，即计权声级或噪声级。从声级计上得出的噪声级读数，必须注明测量条件，如单位为dB，且使用的是A计权网络，则应记为dB(A)。

为了使经过放大的信号通过表头显示出来，声级计还需要有检波器，以便把迅速变化的电压信号转变成变化较慢的直流电压信号。这个直流电压的大小要正比于输入信号的大小。

为适应测量现场的需要，声级计一般都备有三脚支架，以便视需要将声级计固定在三脚支架上。

声级计面板上一般还备有一些插孔。这些插孔如果与便携式倍频带滤波器相连，可组成小型现场使用的简易频谱分析系统。如果与录音机组合，则可把现场噪声录制在磁带上贮存下来，以便以后再进行更详细的研究。如果与示波器组合，则可观察到声压变化的波形，并可用照相机将波形摄制下来。还可以把分析仪、记录仪等仪器与声级计组合、配套使用，这要根据测试条件和测试要求而定。

声级计有特殊声级计、脉冲声级计、数字声级计、积分式声级计等多种形式。

6.3.1.2　*滤波器*

噪声是由许多频率成分组成的,为了了解噪声频率成分,需要进行噪声的频谱分析。滤波器是用来测量频带声压级的仪器,它和声级计组成噪声频谱分析器。常见的有倍频程滤波器和1/3 频程滤波器。为了储存或自动记录测量的信号,可采用磁带记录仪和纸带记录仪。

常用的频谱分析器有倍频带分析器、窄带分析器和恒定带宽分析器。倍频带分析器是工程上常用的一种分析器，一个倍频带的上限截止频率是其下限截止频率的两倍。如果对噪声进行更详细的频谱分析，就要用窄带分析器，如1/3 倍频带分析器是常用的分析器。恒定带宽分析器的带宽是固定的，与频带的中心频率无关。恒定带宽分析器在噪声测量分析中用得较少，在振动测量中用得较多。

考虑到噪声实时检测的需要，利用电子技术、计算机技术和数字处理技术开发出符合实时性能的噪声分析仪成为目前研究的重点。噪声实时分析仪是一种能把信号的各频带成分实时分析出来的仪器，处理速度快，可测定连续或瞬时信号的频谱变化，能及时观察到噪声变化的过程，获取分析结果。噪声实时分析仪是国内外噪声测量仪的发展趋势。

6.3.2　工业企业厂界环境噪声排放标准

国家环保部 2008 年颁布了工业企业厂界环境噪声排放标准（GB 12348—2008），该标准自 2008 年 10 月 1 日起实施。该标准将原来的《工业企业厂界噪声标准》（GB 12348—1990）和《工业企业厂界噪声测量方法》（GB 12349—1990）合并修订而成，规定了工业企业和固定设备厂界环境噪声排放限值及其测量方法。厂界是指由法律文书（如土地使用证、房产证、租赁合同等）中确定的业主所拥有使用权（或所有权）的场所或建筑物边界。各种产生噪声的固定设备的厂界为其实际占地的边界。该标准规定的厂界环境噪声排放限值见表 6-2。

表 6-2　厂界环境噪声排放限值　(dB（A）)

厂界外声环境功能区类别	时段	
	昼间(6：00 ~ 22：00)	夜间（22：00 ~ 6：00）
0	50	40
1	55	45
2	60	50
3	65	55
4	70	55

表 6-2 中声环境功能区分类是指按区域的使用功能特点和环境质量要求，把声环境功能区分为五种类型：

0 类声环境功能区：指康复疗养区等特别需要安静的区域。

1 类声环境功能区：指以居民住宅、医疗卫生、文化教育、科研设计、行政办公为主要功能，需要保持安静的区域。

2 类声环境功能区：指以商业金融、集市贸易为主要功能，或者居住、商业、工业混杂，需要维护住宅安静的区域。

3 类声环境功能区：指以工业生产、仓储物流为主要功能，需要防止工业噪声对周围环境产生严重影响的区域。

4 类声环境功能区：指交通干线两侧一定距离之内，需要防止交通噪声对周围环境产生严重影响的区域。

该标准还规定了固定设备产生的噪声通过建筑物结构传播至噪声敏感建筑物室内的等效声级限值。

6.3.3 噪声测量方法

6.3.3.1 测量前的准备

包括测量仪器的选择，如对仪器精度的选择，对仪器的校验；测量条件的确定，如气象条件、测量时间、测量方式、测试量、采集方式和测量位置选择等。具体操作时可以参照国家标准 GB 12348—2008。

常用的测量仪器为积分平均声级计或环境噪声自动监测仪，其性能应不低于 GB 3785 和 GB/T 17181 对 2 型仪器的要求。测量 35dB 以下的噪声应使用 1 型声级计，且测量范围应满足所测量噪声的需要。校准所用仪器应符合 GB/T 15173 对 1 级或 2 级声校准器的要求。当需要进行噪声的频谱分析时，仪器性能应符合 GB/T 3241 中对滤波器的要求。

测量仪器和校准仪器应定期检定合格，并在有效使用期限内使用；每次测量前、后必须在测量现场进行声学校准，其前、后校准示值偏差不得大于 0.5dB，否则测量结果无效。

测量时传声器加防风罩。测量仪器时间计权特性设为“F”挡，采样时间间隔不大于 1s。

测量应在无雨雪、无雷电天气，风速为 5m/s 以下时进行。不得不在特殊气象条件下测量时，应采取必要措施保证测量准确性，同时注明当时所采取的措施及气象情况。测量应在被测声源正常工作时间进行，同时注明当时的工况。

根据工业企业声源、周围噪声敏感建筑物的布局以及毗邻的区域类别，在工业企业厂界布设多个测点，其中包括距噪声敏感建筑物较近以及受被测声源影响大的位置。一般情况下，测点选在工业企业厂界外 1m、高度 1.2m 以上、距任一反射面距离不小于 1m 的位置。当厂界有围墙且周围有受影响的噪声敏感建筑物时，测点应选在厂界外 1m、高于围墙 0.5m 以上的位置。其他情况下参照国家标准 GB 12348—2008。

分别在昼间、夜间两个时段测量。夜间有频发、偶发噪声影响时同时测量最大声级。被测声源是稳态噪声，采用 1min 的等效声级。被测声源是非稳态噪声，测量被测声源有代表性时段的等效声级，必要时测量被测声源整个正常工作时段的等效声级。

6.3.3.2 测量记录

噪声测量时需做测量记录。记录内容应主要包括：被测量单位名称、地址、厂界所处声环境功能区类别、测量时气象条件、测量仪器、校准仪器、测点位置、测量时间、测量时段、仪器校准值（测前、测后）、主要声源、测量工况、示意图（厂界、声源、噪声敏感建筑物、测点等位置）、噪声测量值、背景值、测量人员、校对人、审核人等相关信息。

6.3.3.3　数据的处理

在测试过程中，经常存在背景噪声，背景噪声的声级值应比待测噪声的声级值低10dB(A)以上，若测量值与背景值差值小于10dB(A)，则应修正，修正方法参照国家标准GB 12348—2008。数据的处理最终大致可以分为图纸的整理如频谱特性图、多类机器设备的声级范围图等和噪声测试报告书的编制。

6.4　噪声控制基本原理及具体措施

噪声污染的危害很大，有必要对其加以控制。可以采取控制噪声源、切断噪声传播途径及加强个人防护的三个方面来控制噪声。现从切断噪声传播途径和加强个人防护两方面介绍噪声控制的原理及具体措施。

6.4.1　吸声降噪原理及措施

6.4.1.1　吸声降噪原理

由于车间或工厂的机器发出噪声时，除直达人耳的那部分外，还有经室内表面多次反射叠加起来的混响声，混响声的存在使原有噪声得以加强，吸声降噪是指在室内的天花板及墙面上布置吸声材料或吸声结构，使噪声碰到吸声材料或吸声结构后，其中一部分被吸收，使混响声减弱，从而降低室内总噪声。吸声只能使声场中的混响声降低，并不能使声源发出的噪声降低。这种声学处理一般可以降噪5～10dB。吸声材料或吸声结构的声学性能一般用吸声系数、吸声量、流阻等三个与频率有关的物理量来评价。

吸声系数是工程实际中通常用来描述吸声材料或吸声结构的吸声能力的物理量，定义为：

$$\alpha = \frac{E_a}{E_i} \tag{6-11}$$

式中　α——吸声系数；

E_a——被材料或结构吸收的声能，W；

E_i——入射到材料或结构表面的总能量，W。

$$E_a = E_i - E_r \tag{6-12}$$

式中　E_r——材料或结构反射的声能，W。

α一般在0～1之间，α越大吸收效果越好，其大小与材料的物理性质、结构及声波频率、入射角度有关。

吸声量是工程上评价一种吸声材料的实际吸声效果的物理量。定义为吸声系数与所用吸声材料的表面积之乘积，用A表示，单位为m^2。当评价某空间的吸声量时，应对空间内各吸声处表面积与吸声系数的乘积进行求和，得到该空间的总吸声量，即：

$$A = \sum_i A_i \alpha_i \tag{6-13}$$

式中 α_i——吸声系数；

A_i——吸声材料表面积，m^2。

可见，吸声量的大小取决于吸声材料的吸声系数和吸声面积，做吸声设计时要从选择合适的吸声材料和设计合理的吸声结构着手。吸声系数的影响因素主要有吸声材料的厚度和密度两个方面，厚度和密度对吸声系数的影响见图6-6、图6-7，可见增加厚度可明显增大对中、低频噪声的吸声系数，对高频噪声基本无影响；增大容重可明显改善对中、低频噪声的吸声系数，但对高频噪声吸声系数亦有明显的负面影响。

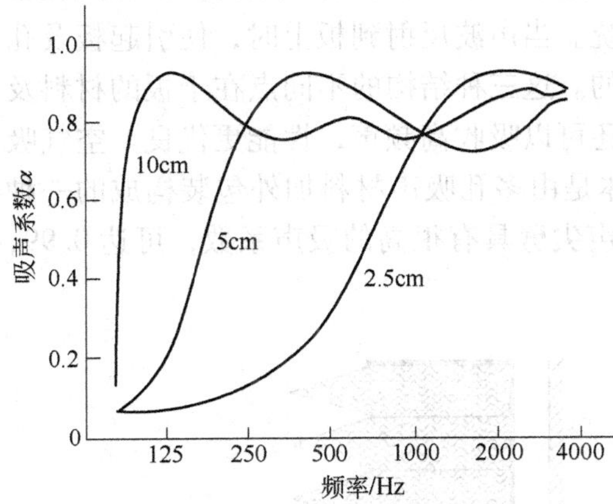

图6-6 不同厚度材料的吸声特性

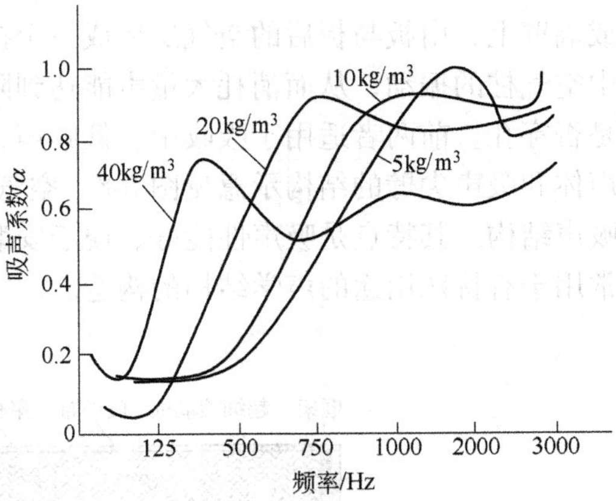

图6-7 吸声材料容重变化对吸声系数的影响

吸声设计要综合考虑：（1）根据噪声频谱特性选择合适吸声系数的吸声材料；（2）设计合适吸声结构形式，并使其厚度适当；（3）增设空腔结构，增大吸声面积。

6.4.1.2 吸声材料

采用吸声材料是进行吸声降噪最常用的措施。工程上应用最多应用效果最好的材料多为多孔性材料。多孔吸声材料主要有矿渣棉、玻璃棉、泡沫塑料、毛毡及木丝板、甘蔗板等。多孔性材料用于吸声降噪，一方面是由于声波透射入多孔材料后，进入多孔材料的部分引起多孔吸声材料内部的空气振动，使部分声能转化为热能，同时，声波在多孔性吸声材料内部经过进一步衰减，剩下的只是小部分能量，大部分能量则被多孔性材料损耗吸收掉。

吸声材料的吸声性能主要与多孔性材料的厚度、材料的密度或孔隙率、材料的流阻、温度、湿度相关。吸声材料的厚度决定了吸声系数的大小和频率范围。增大厚度，可以增大吸声系数，特别是增大中低频率吸声系数。材料的孔隙率对吸声材料的吸声系数和频率特性的影响为：密实、密度大的材料，其低频吸声性能好，高频吸声性能差；反之，松软密度小（空隙多）的材料，高频吸声性能好，低频吸声性能差。湿度大，空隙被堵塞吸声材料中的空气不再流通，孔隙率下降，吸声性能下降。吸声频率特性也将改变。温度下降时，低频吸声性能增加，高频吸声性能下降。为了改善吸声材料的低频吸声性能，常在吸声材料后预留空气层。空气层的存在相当于增加一层空气作为吸声材料。为了保护吸声材料而采用的各种饰面的存在，可以不同程度地影响材料的吸声性能。常用的一些材料的吸声特性数据可以查阅相关手册获得。

6.4.1.3　吸声结构

为了克服多孔性材料对高频吸声性能好，对低频吸声性能差的不足，通常使用吸声结构达到吸声降噪的目的。它利用的是赫姆霍兹共振吸声原理。常用的吸声结构有空气吸声结构、薄膜、薄板共振吸声结构、穿孔吸声结构、微穿孔吸声结构、吸声体和吸声尖劈。

空气层吸声结构是指在多孔吸声材料后面留有一定厚度的空气层，使多孔材料离其后面的刚性安装壁有一定的距离，形成空气层，从而使材料的吸声系数有所提高，特别是在不增加材料厚度的条件下，提高低频的吸声性能。薄板（膜）共振吸声结构、穿孔吸声结构和微穿孔吸声结构的共同点为将一块板的四周固定在框架上，再将该结构固定在天花板或墙壁上，由板与板后的空气层形成一个振动系统。当声波反射到板上时，便引起板及孔中空气柱的振动，从而消耗大量声能达到降噪目的。这三种结构的不同点在于板的材料及是否穿孔。前两者适用于吸收中、低频声，后者还可以吸收高频声，性能更优良。空气吸声体和吸声尖劈的结构示意见图 6-8。空气吸声体是由多孔吸声材料加外包装构成的一种吸声结构。其特点是吸声性能好、便于安装。吸声尖劈具有很高的吸声系数，可达 0.99，常用于有特殊用途的声学结构的构造。

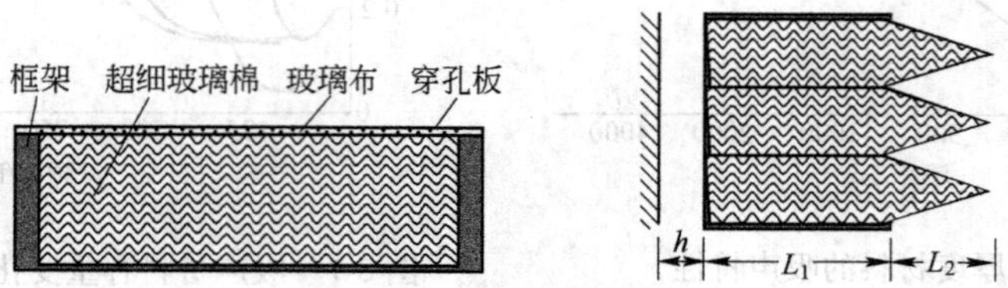

图 6-8　空气吸声体和吸声尖劈的结构示意图

6.4.2　隔声原理及措施

6.4.2.1　隔声原理

声波传播过程中遇到一定的屏障时，其中部分声能被屏障物反射回去，部分声能被屏障物吸收，只有部分声能可以透过屏障物辐射到另一空间去。由于反射和吸收的结果，导致透射声能只是入射声能一部分，从而降低了噪声的传播。隔声降噪即利用屏障物的存在引起声能降低达到降低噪声的目的。该屏障物称为隔声结构或隔声构件。隔声原理示意如图 6-9 所示。

隔声构件的隔声性能与隔声构件的材料、结构和声波的频率有关。常用透声系数 τ 与隔声量 TL 来衡量隔声构件的隔声性能。

透声系数表示隔声构件透声能力的大小，定义为透射声功率与入射声功率的比值，即：

$$\tau = \frac{W_t}{W} = \frac{I_t}{I} = \frac{P_t}{P} \qquad (6\text{-}14)$$

式中　W_t，I_t，P_t——分别为透射声功率，W；声强，W/m^2；声压，Pa；

W，I，P——分别为入射声功率、声强、声压。

图 6-9　隔声原理示意图

τ介于0~1之间。τ越小，隔声效果越好。为了方便地表示构件的隔声能力，引入隔声量（又称透射损失或传声损失）的概念，记作TL，单位为dB。

$$TL = 10\lg\frac{1}{\tau} \tag{6-15}$$

式中，τ越大，TL越小，隔声性能越差。工程上用10~4000Hz的16个1/3倍频程中心频率的隔声量的算术平均值来表示某一构件的隔声性能，称平均隔声量$\overline{TL}$。

$$\overline{TL} = 10\lg\frac{\sum S_i}{\sum S_i 10^{-0.1TL_i}} \tag{6-16}$$

式中　S_i——组成罩壁的第i个构件的面积，m^2；

TL_i——该构件的隔声量，dB。

6.4.2.2　隔声构件

隔声构件有单层均质墙、多层均质墙和轻质复合结构墙。单层均质墙板的隔声性能主要由墙板的面密度、劲度和内阻尼决定。在入射声波的不同频率范围，可能某一因素起主导作用。两层均质墙与中间所夹一定的空气层所组成的结构称为双层墙。“双层墙”结构的隔声量按式（6-17）或式（6-18）计算。双层墙的隔声效果优于单层实心结构。隔声量比单层墙大5~100dB。在相同的隔声量的情况下，双层墙的总重量比单层墙减少2/3~3/4。在双层墙间填充吸声材料，可使隔声量提高5~8dB在单层均质结构的基础上复合某种吸声材料和阻尼材料，利用它们引起的衰减以减轻均质结构的振动和辐射，进一步提高了隔声的性能，称这种结构为轻质复合结构。

当$m_1 + m_2 > 100kg/m^2$时

$$TL = 18\lg(m_1 + m_2) + \Delta TL \tag{6-17}$$

当$m_1 + m_2 < 100kg/m^2$时

$$TL = 13.5\lg(m_1 + m_2) + 13 + \Delta TL \tag{6-18}$$

式中　TL——隔声量；

ΔTL——附加隔声量；

m——隔声板单位面积质量，kg/m^2。

附加隔声量ΔTL与空气层厚度有关，如图6-10所示。

6.4.2.3　隔声结构

（1）隔声间：是由不同隔声构件组成的具有良好隔声性能的房间。隔声间的结构根据实际情况形状多异，有封闭和半封闭式两种。隔声间的四壁及房顶应用砖、混凝土、木板、塑料板或金属制成，并在内壁黏附吸声材料层。其门、窗应根据需要设计成层数不定的多层复合结构，其围墙还可以做成带有空气层的双层结构。隔声间一般设置在强噪声车间的控制室、观察室、声源集中的风机房、高压水泵房等，可以给工作人员提供一个比较安静的环境。封闭式隔声间的隔声量为20~50dB。局部敞开式隔声间的隔声量一般不超过10~15dB。

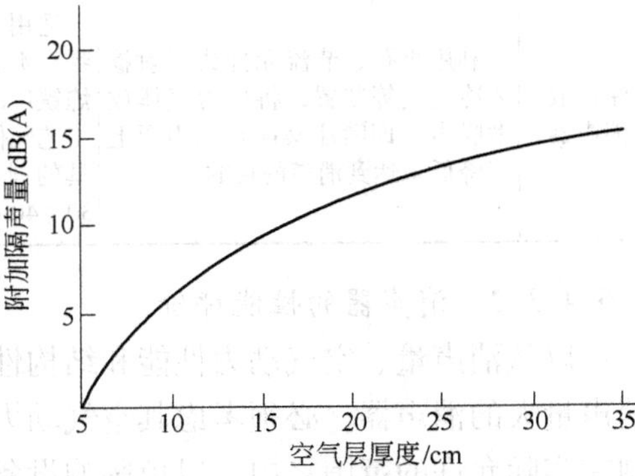

图6-10　附加隔声量与空气层厚度关系

（2）隔声罩：将噪声源封闭在一个相对小的空间内以减少向周围辐射的罩状壳体，一般采用钢板壳体，内涂沥青、橡胶等黏性阻尼材料并覆以吸声材料。隔声罩的隔声量一般可达20～40dB，其大小取决于罩壁材料本身的隔声量及内壁的吸声系数。隔声罩可以根据需要留有观察窗、活动门及散热消声通道等，可以做成固定型和活动型两种。

（3）隔声障：是设在声源与接收点之间的障板，一般用于车间或办公室内、道路两侧。隔声屏障的隔声原理是将高频率的声波反射回去，使屏障后形成“声影区”，在声影区内噪声明显降低；对低频率声，隔声效果较差。隔声屏障使用得当，可降低机器附近区域噪声10dB左右。

6.4.3　消声原理及措施

6.4.3.1　消声器的类型及消声原理

工业噪声是在工业生产如钢铁生产中产生的由于机械设备运转所发出的声音。按声源特性又可分为空气动力性噪声、机械噪声和电磁噪声。而消声器作为一种常用的噪声控制装置，一般用于控制空气动力性噪声。通过在空气动力性设备上安装消声器，能有效地阻止或减弱噪声向外传播。不同类型的消声器其消声的原理是不同的。表6-3介绍常用的消声器的消声原理及特点。

表6-3　常用消声器消声原理及应用特点表

消声器类型	消声原理	应用特点	结构形式
阻性消声器	在空气通过的途径上固定多孔性吸声材料，吸声材料相当于电学中的电阻。利用多孔性吸声材料对声波的摩擦和阻尼作用将声能转化成热能，达到消声的目的	适于消除中、高频率噪声；在高温、高速、含蒸汽、含尘、含油雾、有腐蚀性气体中使用寿命短；消声频带范围较宽，常用于控制风机内进排气噪声	将吸声材料固定在气流通过的管道内壁或按一定的方式在管道中排列起来便构成阻性消声器。其结构形式有单通道直管式、片式、折板式、声流式、蜂窝式、弯头式、迷宫式几种
抗性噪声器	通过改变声波在传播过程中的声阻抗特性，利用声波的反射和干涉效应等阻碍声波能量向外传播	适用于消除低、中频率窄带噪声，常用于内燃机排气噪声的消除	在管道上接截面突变的管段或旁接共振腔构件或抗性消声器。其结构形式有扩张室和共振腔两大类
阻抗复合消声器	兼利用阻性和抗性消声器的消声原理	适用于高、中、低频宽频带噪声消除，消声效果好，达20dB以上，常用于各种风机和空压机上	利用既有阻性又有抗性的吸声元件构成，如微穿孔板消声器
喷注耗散型消声器	利用小孔、节流元件或引射掺入冷空气等装置，将压力气体放散噪声（即喷注噪声）从声源上以降低来达到消声的目的	适用于各种排气、放气的高强噪声源，如火电厂的锅炉排气、炼铁厂的高炉放气、化工厂各种工艺气体的排放以及各种风动工具的排放等，消声量可以达到30～40dB	结构形式主要有小孔消声器、多孔消声器、节流降压消声器、引射掺冷消声器

6.4.3.2　消声器的性能评价

可以从消声量、空气动力性能和结构性能三方面来评价消声器的性能。对于一定频率内消声量大的消声器，必须考虑其空气动力性能，即安装消声器后对所增加的阻力损失要控制在实际允许的范围之内，以免影响设备的正常工作。在保证了消声量和空气动力性能好的前提下，还应使设计出来的消声器轻便耐用、便于安装。

6.4.4　隔振与阻尼减振

振动是噪声的主要来源，是声源激发固体构件振动并以弹性波的形式进行传播且在传播过程中向外辐射出噪声。这种由声源引起固体振动产生的、通过固体传播的噪声称固体声，其危害程度要远大于在空气中传播的噪声。控制固体声的方法有隔振与减振技术、吸振技术、消振和修改结构等。目前工程上常用的是隔振技术，它可以有效地控制振动并防止固体声的传播。

6.4.4.1　隔振原理及措施

隔振是将振动源与基础或其他物体的刚性连接改成弹性连接，以隔绝或减弱振动能量的传递，从而实现减振降噪。其具体操作是在设备与基础之间安置由弹簧或弹性衬垫组成的弹性支座，来减弱设备对基础冲击力，从而减弱设备传递给基础的振动，使噪声降低。常采用隔振材料进行隔振。凡能支承运转设备动力负载，又有良好弹性的材料或装置均可用于做隔振材料或隔振元件。常用的隔振材料或元件主要有钢弹簧、橡胶、软木、毡类等，此外还有空气弹簧、液体弹簧。其中金属弹簧和剪切橡皮应用最为广泛，而空气弹簧就隔振效率和原理而言效果最好。现就常用的隔振器及应用情况见表6-4。

表 6-4　隔振器类型及其应用情况

类　型	特　点	结构形式	应用场合
钢弹簧隔振器	有较低的固有频率（一般小于5Hz）；有较大的静态压缩量（可在2cm以上）；可承受较大负载；耐高温、不怕油污、经久耐用、性能稳定；由于自振动的存在以传递中频振动；阻尼小对共振频率附近的振动隔绝性能差	应用较广的有螺旋弹簧式和板条式钢板两种类型	螺旋弹簧式常用于各类风机、空压机、球磨机、破碎机、压力机、锻锤等大、中、小型的机械设备；板条式多用于汽车的车体减振和锻锤基础隔振
橡胶隔振器	形状可以自由选定；橡胶内有摩擦，阻尼较大；橡胶弹性系数可以在较大的范围内变动；不适于太低的固有频率；静态压缩量也不够大；受温度影响大、怕油污	压缩型，剪切型，剪切-压缩复合型	常用于机器隔振
空气弹簧	刚度可由压缩空气的内能确定；阻尼较大；固有频率低（一般小于1Hz）；结构复杂、造价昂贵、荷重只限于一个方向，在工程中的应用受到限制		常用于特殊要求的仪器和设备，也可用于一般的设备如车辆等

6.4.4.2　阻尼减振原理及措施

凡由金属薄板做成的设备构件如空气动力机的管道壁、机械的外罩、车体、船体、飞机的机壳等容易受激发生振动从而辐射噪声。若在薄的金属板壳表向涂覆或紧贴一层内摩擦力大的材料，可以有效地抑制振动，降低噪声的辐射，称这种降低噪声的措施为阻尼减振。内损耗、内摩擦力大的材料为阻尼材料。如橡胶、石棉漆、软木纸等均属于阻尼材料。

阻尼减震的原理在于当金属外壳涂上高阻尼材料后，当金属受激产生弯曲振动时，其振动能量迅速传给紧密涂在薄板上的阻尼材料，引起阻尼材料内部的摩擦增大和相互错动。由于阻尼材料的内损耗、内摩擦大，使相当部分的金属板振动能量被损耗而变成热能消耗掉，同时缩短薄板振动时间，从而降低噪声的辐射。阻尼减振在各个领域如交通、机械、建筑等得到了广泛的应用。

6.4.5　个人防护

噪声的危害很大，工业噪声一般会采取多种手段如隔声、消声、减振、隔振等加以防治，但多种防噪措施发挥的效果是有限的。在强噪声区域工作的人员还有必要采取佩戴个人防护用品，以降低对人体健康的危害。常用于个人的防护耳塞、耳罩、头盔的特性及应用的场合见表6-5。

表6-5　防护用品特点

类　型	材　质	特　点	应用场合
防声耳塞	软橡胶、软塑料、超细玻璃棉	对高、中频声隔声量可达25～40dB，对低频声隔声量约为13～15dB	用于铆接、金属冷加工、高速机组运行车间的操作人员
防声耳罩	由内衬吸声材料带柔软垫圈的硬质吸声材料构成	对高频隔声量达30dB，对低频隔声量达15dB	凿岩机、通风机、内燃机及多种风动工具、铆焊、冲压冷作钣金工等操作人员
防声头盔	软式由人造草帽和耳罩组成，硬式由玻璃钢和耳罩组成	隔声量大；能防冲击波、保护头部；不透热；不方便	适于变噪声场所和需要隔声、防振、防寒、防外伤的场合

6.5　钢铁企业噪声控制实例

6.5.1　钢铁企业噪声污染状况

我国钢铁企业建厂早期，工艺落后、设备陈旧、噪声污染严重。随着钢铁工业的发展，现已在原有规模进行了改造、设备得到更新。在新厂建立过程中，也特别注意环境问题。在噪声防治方面，多种防噪措施都被各个生产环节采用，使得噪声污染得到一定程度的控制。但是钢铁生产的特点决定了噪声是不可避免的。钢铁企业由于其生产机械和设备体积大、功率高、作业面大，导致其生产的噪声辐射面大、噪声大、噪声的频带宽、波动范围大、撞击噪声所占的比例大、声源处常伴有高温烟气。因此，钢铁企业噪声控制工程量大，难度也高。

6.5.2 钢铁企业噪声来源

钢铁企业按照生产工艺设置有矿山、烧结球团、炼铁、炼钢、轧钢、焦化、氧气站、耐火及铸造等部门。多部门生产采用不同的主要机械设备，噪声的治理方法也不同。

6.5.2.1 矿山噪声的来源

矿山主要负责矿石的开采工作和选矿工作。矿石开采分井下开采和露天开采，井下开采主要噪声源为凿岩机、局扇风机和主扇风机。露天开采的主要噪声源为自卸汽车、穿孔机及选矿用的球磨机、破碎机、筛分机等，这些设备的声功率级一般在100~120dB(A)之间，属强噪声源。

6.5.2.2 烧结生产的噪声来源

烧结生产的主要噪声来源有破碎机、筛分机、鼓风机或压缩机等强噪声源，其声功率级一般为105~115dB(A)。可以通过隔声室或控制室进行远距离操作以达到保护工人健康、免受噪声危害的目的。

6.5.2.3 炼铁、炼钢生产中的噪声来源

炼铁过程中噪声主要有高炉鼓风机站的鼓风机、蒸汽发电机、高炉放风阀等。炼钢生产主要噪声来源于炉头压缩空气喷头、空压机、鼓风机、燃料燃烧、天车、加料机、锻锤循环泵、气泵、电炉等。电炉噪声功率级一般都在110~126dB(A)；氧气转炉车间主要噪声源产生的噪声功率级在105~117dB(A)。

6.5.2.4 铸造工序的噪声来源

铸造工序的噪声来源有造型机、落砂机、球磨机、清砂滚筒、抛砂机、气锤、振动筛，其声功率级在105~117dB (A)。

6.5.2.5 轧制过程中噪声的来源

轧制过程的生产车间有初轧、开坯、大型轨梁、无缝钢管、多种板材、线材及其他型材车间，产生以机械噪声为主并伴随有空气动力性噪声。机械噪声主要是轧机运转、钢材轧制、钢材与辊道和冷床摩擦及碰撞、热锯切割钢材、人工精整钢板及翻板等形成的。轧制过程中还存在空压机、加热炉鼓风机、电动机、蒸汽排气等原因产生的空气动力噪声。噪声的功率级在105~120dB(A)。

6.5.2.6 耐火材料、金属制品、焦化工序的噪声来源

耐火材料、金属制品、焦化工序的主要噪声来源有球磨机、破碎机、电炉、振动筛、螺栓压力机、自动切边机、自动冷镦机、拔丝机、制钉压力机、包装机、水泵、鼓风机等，上述设备属强噪声源。其声功率级都在105~115dB(A)。

6.5.3 钢铁企业主要噪声控制措施及效果

在钢铁生产中，多生产工序产生的噪声不太一致，治理方法也不尽相同。表6-6从噪声源角度出发，对传统钢铁企业采取的噪声控制措施给予简单的介绍。

表 6-6　钢铁生产企业噪声的特点及其控制措施

噪声源	噪声特性	采取的措施及效果
凿岩机	其中排气噪声属中、低频率噪声，有部分高频噪声；钎杆振动噪声多属高频噪声	排气噪声控制采用衬有部分吸声材料的抗性消声器，可降低 13～30dB(A)；钎杆振动噪声控制采用延长撞击时间、增大钎杆直径及对钎杆减振处理等办法降低噪声
局风扇机和主风扇机	主要是来自电机的噪声，噪声声功率级因电机功率、转速不同而不同	采用消声器降噪，主风扇机的消声器可采用混凝土吸声砖砌成
球磨机	由钢球、衬板和矿石之间的相互撞击与研磨产生，主要是筒体向外辐射的撞击声，高、中、低频都有。一般球磨机噪声为 100～120dB(A)	采用橡胶衬板代替锰钢衬板可降低噪声 15～20dB(A)。在锰钢衬板与筒体外壳之间加橡胶衬板垫可明显降低噪声；采用隔振与阻尼可降低噪声 10～15dB(A)；采用装隔声罩，可使噪声降低 20dB(A)；采用皮带传动代替齿轮传动也可降低传动装置噪声 10dB (A)
破碎机	噪声由撞击、摩擦产生，属高频噪声，其声功率级为 105～115dB(A)	设置隔声室或控制室进行远距离操作；在进、出料口安装消声器，可降噪达 30dB(A)；在破碎机与机座之间安装弹性衬垫和机架外壳、基座及进料漏斗的振动表面涂敷阻尼材料可一定程度地降低噪声
筛分机	由箱体与流嘴侧壁振动产生的低中频、金属筛振动产生的高频噪声	减少振动器转速，减少机器振动，在振动器外壳与筛分机机架之间装减振器等可明显降低噪声；在筛箱壁上加筋、采用橡胶筛、在筛上和流嘴内表面衬耐磨橡胶层以降噪
鼓风机	包括进出气口噪声、机壳等机械部分的振动噪声、电机噪声等，噪声强度不一	进排气口按照噪声成分安装阻性或阻抗复合型消声器，可降噪 25dB(A)左右；给风机机组安装带进出口消声器的隔声罩和低噪声通风风扇，可降低噪声 30～40dB(A)；多风机情况可在进行机座减振、机壳敷贴阻尼材料的基础上将风机房改造成隔声间；对风机电机采用加装消声器或设立隔声罩的办法降噪
压缩机	与鼓风机噪声相似，但低频成分突出，以进气口噪声最强	采用文氏管消声器可在低频部分获得 30～40dB(A)的消声量；其他方法与鼓风机相同
冶炼炉	冶炼炉噪声最大，且温度高；电炉噪声声功率级在 110～126dB(A)之间；锻锤噪声属中、高频噪声；氧气转炉车间的循环泵、气泵和鼓风机，其声功率级在 105～120dB(A)之间	采取为工作人员建立隔声控制室以免受冶炼炉噪声危害；接近冶炼炉的工人应带耳塞或耳罩等个人防护用品
放风阀	由压缩空气经放风阀向大气高速排放时产生噪声高达120dB(A)	采用多级扩容减压消声器降低噪声，可达数十分贝的降噪量；采用管式消声器可降低噪声；对大送风管道采用阻尼、隔声包扎的办法降低噪声；对于高压放空排气噪声，国内多采用多孔扩散消声器或小孔消声器，两种消声器对降低高压放空排气噪声都很有效，但此类型消声器的设计工作进一步规范化
热风炉煤气燃烧器	有排气口产生的高中频噪声，风机传动装置的低频噪声及燃烧噪声	采用隔声罩、阻性消声器、减振器可以降低噪声

续表 6-6

噪声源	噪声特性	采取的措施及效果
造型机	主要包括其部件的撞击声和气动阀的排气噪声，是宽频带噪声	在振动机械与机架之间安装橡胶衬垫，延长其部件的撞击时间可有效降低撞击噪声；气动排气阀噪声采用多孔扩散消声器可降低 15～25dB(A)
惯性振动落砂机	属于机械噪声	使振动落砂机形成周期性的稳定运转可降低噪声；增强落砂机与机架之间的刚性、在承压的工作机构与被加工件之间安装弹性衬垫，可使噪声降低 10dB(A)左右；在其伸缩罩内表面加装吸声材料，可使中频噪声下降 20dB(A)左右
轧制机工作机座	主要由轧辊旋转过程中的梅花轴套与轴承部件的撞击产生噪声，属中、低频噪声	采用塑料部件代替梅花轴套中的金属部件；用滚动轴承代替滑动轴承或用带塑料的轴承；采用衬橡胶的磁性辊子等可降低噪声；安装与轧件同时移动的运输带也可降低噪声 10dB(A)以上
圆盘锯	主要是锯片的振动声，属高、中频噪声	采用锯片上敷贴阻尼材料、增大压垫直径、采用压紧夹板限制被切割金属的振动等办法降噪；在锯片上打孔填入韧性金属进行局部隔声；对锯片开适当的减振槽，对机组施用隔声罩等综合措施，可导致圆锯在工作时整机噪声的明显降低
接受料箱和垛板机	主要是撞击噪声，属高、中频噪声	在料箱导板上衬贴耐磨橡胶、在垛板机上采用减振钢板可降低噪声
剪断机和修整机	主要是撞击噪声，属高、中频噪声	采用活动或半敞开式隔声罩可有效降低噪声
自动墩头机和压力机	主要是撞击噪声，属高、中频噪声	实现生产自动化，让工人在隔声控制室中工作；在车间内进行吸声和设置隔声屏障进行降低噪声

从上面的分析可知，在钢铁企业，风机、空压机电机、冲床、圆锯机、球磨机、高压放空排气以及凿岩机等影响工人健康、严重污染环境的工业噪声源普遍存在，噪声污染涉及面极广。

表 6-7 列出了研究人员测定的某钢铁厂（1991 年建）的相关主体工序的噪声污染状况。由此可以看出：通过采取吸声、消声、减振和设置隔声室等降噪措施，噪声污染的程度低于原来冶金系统的水平，但由于目前设备本身制备技术难以克服的问题使得其产生的噪声污染依然不同程度的存在于各工序。

表 6-7 各厂噪声岗位 L_{eq} 超标情况

厂 名	岗位数	监测点数	接触时间 /h	声级范围 /dB(A)	L_{eq}/dB(A)	岗位超标数	岗位超标率 /%
港务原料厂	4	19	0.5～2	94～108	91～95	4	100
新烧结厂	17	77	0.5～3	81～104	76～94	5	29
新高炉车间	5	26	1.5～2	80～106	81～93	3	60
自备热电厂	4	19	1～2	81～106	79～91	1	25
合 计	30	141	0.5～3	80～108	76～95	13	43

6.5.4　钢铁企业噪声治理实例

前已述及，噪声治理技术一般包括吸声技术、隔声技术、消声技术、隔振与阻尼减振技术。图 6-11 给出了一般噪声治理工程的设计思路。

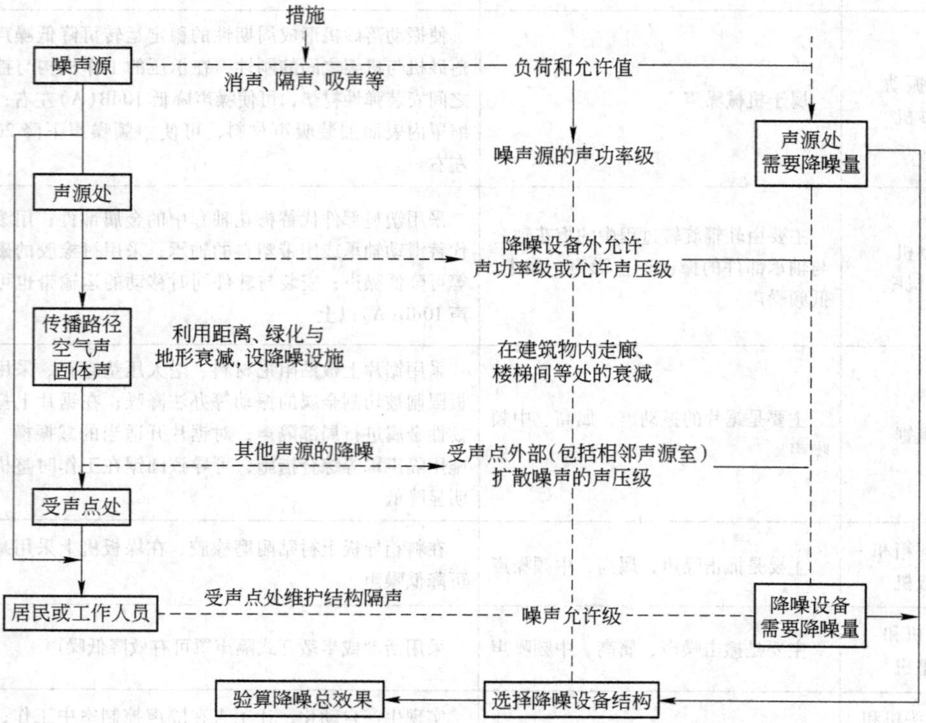

图 6-11　噪声治理工程技术路线

6.5.4.1　炼铁厂风机房噪声治理

某钢铁公司新建一座炼铁高炉，配套建有主抽风机房 1 间、助燃风机房 1 间、高炉鼓风机房 1 间（与原有鼓风机房连通），当其正常运行时，噪声值均达到 105dB(A)。该钢铁公司位于县城区，紧靠公司厂区不到 10m 处即为居民区，而 3 间风机房离居民区最近处不足 30m，噪声污染十分严重。为改善现场的工作环境，降低噪声，保护职工和附近居民切身利益，对风机房噪声进行了综合治理。采取加装隔声罩、隔声密封墙、安装隔声门、出风管道用矿渣棉做隔声包扎、加装进排风消声器等措施后，主抽风机房、助燃风机房及高炉鼓风机房外 1m 处噪声值不大于 75dB(A)，居民区噪声值：白天不大于 65dB(A)，晚上不大于 60dB(A)。

6.5.4.2　大型空气压缩机噪声治理

某钢铁集团制氧气厂在室外安装了 1 台 DH90-1 型离心式空气压缩机，主要设备布置如图 6-12 所示。其中，进气口装有空气滤清器并设在离机器较远处。该设备空气流量 73000m^3/h，进口压力 0.098MPa，出口压力 0.667MPa；压缩机转速：低速 7178r/min，高速 9136r/min；配套电机功率 7200kW。设备投产后，对周围环境造成严重噪声污染，离机器 2m 远处测点噪声高达 114.5dB(A)，厂界噪声较机器安装前增高 11.6dB(A)，居民反

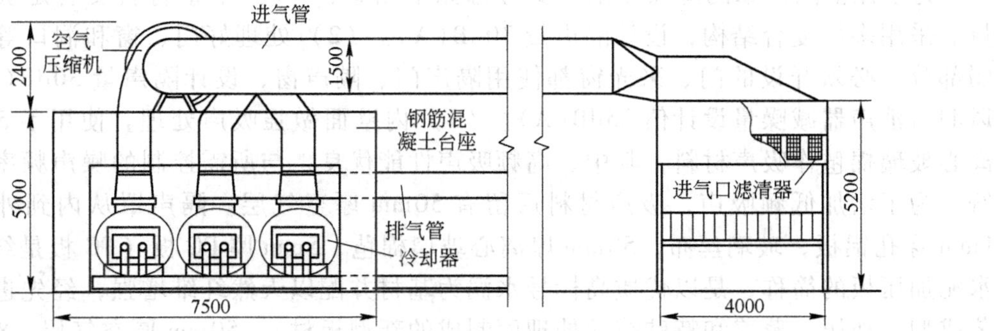

图 6-12 空气压缩机立面图

映极其强烈。

为降低噪声排放，对设备不同部位产生的噪声采取了不同控制措施：对机体部分采用隔声罩，为方便维修管理，将电动机亦置于同一隔声罩内；在进气口空气滤清器处加消声百页；对进气管道和排气管道进行隔声包扎；在放空口加排气放空消声器。噪声控制设备位置如图 6-13 所示。空气滤清器对进气口气流噪声有一定衰减，但不能满足降噪要求，故仍需要增加消声装置。利用滤清器钢架设置了消声百叶，消声百叶用铝合金板制作，主要为了防锈；百叶采用竖向，有利于防尘。消声百叶中吸声材料用离心玻璃棉，其吸声性能好且为憎水材料，适于在室外使用。进气管道、排气管道辐射的噪声包括两部分：一是由压缩机进气口、排气口传来的气流噪声；二是管道中产生的再生噪声。控制管道噪声本来有加消声器、调整管道不合理连接方式等多种措施，在施工设备不允许停机的情况下采用了隔声包扎方法。隔声包扎内层选用沥青油毡裹紧原管道，其阻尼作用可削弱管道振动从而降低管道再生噪声。外层选用 3mm 厚镀锌钢板，镀锌钢板有较好防腐性能。中间层选用 50mm 厚、密度为 $150kg/m^3$ 的岩棉毡。排空口安装了消声器。

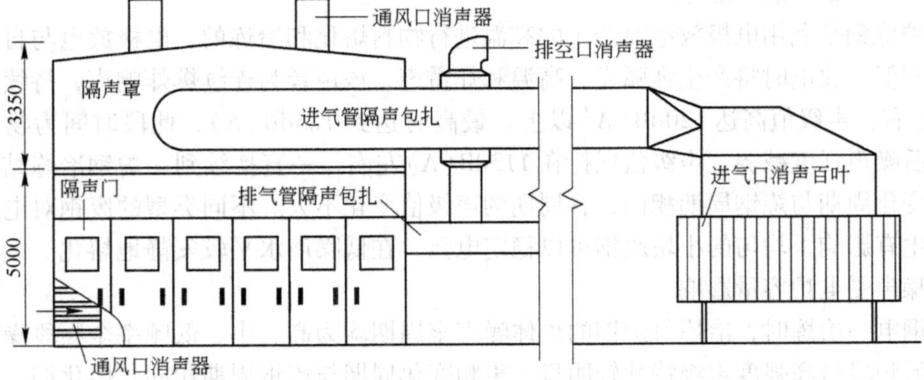

图 6-13 噪声控制设备位置

隔声罩降噪效果用插入损失 IL(dB)表示，通过式（6-19）计算：

$$IL = 10\lg(1 + \alpha 10^{0.1\overline{TL}}) \tag{6-19}$$

式中 α——内饰吸声材料的吸声系数；

$\overline{TL}$——隔声罩的平均隔声量，dB。

为了保证隔声罩的降噪效果，要考虑如下因素：（1）罩壁材料要有足够的隔声量。采用多层复合结构，设计隔声量 30dB(A)。（2）处理好门、窗和洞口等隔声薄弱部分。必须开设的门、采光窗都使用隔声门、隔声窗，设计隔声量 30dB(A)。通风洞口消声器减噪量设计值 25dB(A)。（3）内壁面做强吸声处理。使用了 50mm 厚离心玻璃棉毡作吸声材料，其中、高频吸声性能优良，与所需控制的噪声频率特性相符。为了增加低频吸声，吸声材料后留有 50mm 厚空气层。隔声罩从内到外依次是 1mm 穿孔铝板，玻璃丝布，50mm 厚离心玻璃棉毡，5mm 厚 FC 板（FC 板是纤维增强水泥加压板的简称，是以优质高标号水泥为基材并配以天然纤维增强，经先进生产工艺成型、加压、蒸养和特殊技术处理而制成的新型板材），50mm 厚空气层，80mm 厚金属夹芯板。

另外还应该考虑到隔声罩的通风散热性、耐候性和设备检修的方便。改空压机噪声治理前后的噪声频谱关系如图 6-14 所示。安装隔声罩后，离机器 2m 远处测点噪声已降至 88.7dB(A)，厂界噪声降至机器安装前背景值。

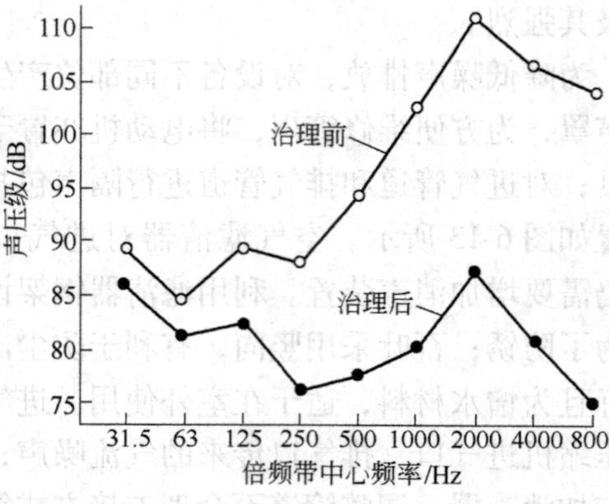

图 6-14　空气压缩机安装隔声罩前后噪声频谱

6.5.4.3　*电弧炉的噪声及其控制*

安阳钢铁集团公司一座 100t 级超高功率电弧炉，工艺设计在国际上同类炉型中比较先进，配套的污染控制设施起点高、要求严。电炉冶炼烟气控制采用国外先进技术，生产废水处理后循环利用，几乎做到无废水外排。但电炉冶炼噪声污染严重，对总体环保工作具有决定性的影响。在国内还没有成熟技术的情况下。安钢组织有关工程技术人员，进行了大型电炉炉体冶炼噪声控制技术的研究和实施。

A　*电炉噪声发声机理及声源强度*

电炉炼钢是利用电极放电时产生的高温进行物料熔化和冶炼的，电极放电与自然界雷电机理相似，放电时将产生强弧光、高温和炸雷声，该声音为连续爆炸响声，持续时间在 20min 左右，声级值高达 120dB(A)以上，最高时达到 125dB(A)，此段时间为物料熔化期，之后噪声强度减弱，声级值保持在 113dB(A)左右，一直持续到一炉钢冶炼结束，噪声声级变化周期与炼钢周期相同，各周期的声级值变化不大。不同类型的废钢对电弧炉噪声的产生有影响，均匀的小块废钢可以稳定电弧，在低噪声水平较安静地熔化。废气净化系统的噪声受电炉容量影响。

炼钢电炉冶炼时，冶炼每炉钢的炉体噪声全周期均为高、中、低频率全频段噪声，其中中、低频段呈高强度声级特性较明显，声频变化周期与炼钢周期相同。熔化期、冶炼期的高噪频段和多次测试频带计权修正后的声级值范围分别为：（1）熔化期的频率为 125 ~ 2000Hz，声级值为 115 ~ 125dB(A)。（2）冶炼期的频率为 125 ~ 4000Hz，声级值为 95 ~ 115dB(A)。高达 120dB(A)的中、低频噪声是冶金行业所少见的，对人体健康危害很大。中、低频噪声与人体器官的固有频率接近，可损伤神经系统、听力、心脏、大脑等。这样高的声级值是国家环保、卫生和劳动保护所不允许的。电炉的噪声控制，既要考虑保护厂内的工人，也要考虑周围的居民。

根据电炉生产工艺和电炉冶炼噪声的特性，从声源上控制难以实现，只有从控制噪声传播途径方面考虑，采用局部声学技术控制噪声外传。

B 电炉复合降噪及整体设计

针对电炉噪声的频率特性，采用弧形钻孔钢板、玻璃棉、矿物棉、橡胶板、空气腔等多种措施，设计为八个消声层作为电炉罩体降噪结构，该种结构综合了吸、隔、抗、阻尼四种消声性能。其结构如图 6-15 所示。

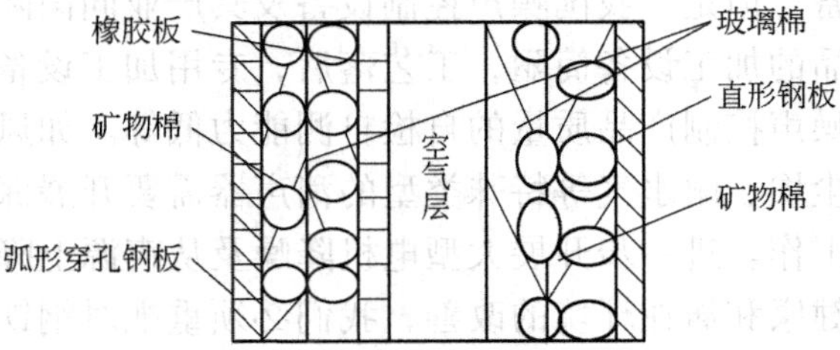

图 6-15 复合降噪体结构示意图

根据实验测试，该种复合结构吸隔声板对 125～4000Hz 频率段的噪声降噪量可达 45dB(A)以上，效果明显，可以确保达到该工程的降噪设计要求。

由于电炉位置距厂界距离较远，即使没有措施，电炉冶炼噪声经过炉罩、厂房的阻隔和距离衰减，理论计算厂界噪声已达到控制标准，操作室降噪在电炉工艺设计时也有完善措施，所以控制方案的重点区域是 7.5m 平台上电炉大罩以外岗位测控点。在电炉密闭排烟大罩上采取吸隔声和阻尼降噪措施，进行电炉炉体噪声的控制。

声源最高噪声级别为 125dB(A)，岗位噪声控制标准按 8h 工作制的 85dB(A)计算：$\Delta L = L_{p1} - L_{p2} = 125 - 85 = 40$dB(A)。最高降噪量要求达到 40dB(A)。

为了确保降噪效果，吸隔声板的设计采用多层复合结构，充分利用空气与阻尼层的隔声作用。整体工艺设计是在电炉大罩主体部分安装组合式多层复合结构的吸隔声板，特殊部位如门、窗和工艺及操作需要的缝、洞还需进行特殊处理，以使其消声效果与罩体主体等同或接近。门、窗处的隔声处理已有成熟技术，工艺与生产操作的缝、洞处理是设计中的一个难点。因为这些部位的消声效果难以做到与主体接近或等同。所以要特别注意这些泄声部位的面积与大罩主体的比例。比例过大，将使罩体部分失效，总体降噪效果降低；比例过小又会影响生产操作。设计中，对这些部位采用可移动或半固定结构，使其既不影响生产操作，又尽量减小泄声面积。

C 降噪效果

安钢 100t 电炉投产后，在电炉正常冶炼情况下，对电炉炉体降噪情况进行了监测，测试点选在电炉炉前 1m 和 7.5m 平台上电炉罩外 1m 处；厂界测点选择了距电炉较近的 4 个测点。控制点噪声实测结果见表 6-8。

表 6-8 控制点降噪实测结果 (dB (A))

厂 界	炉 前	罩 外	降噪量
45～55	110～128	73～80	37～48

可见，集吸、隔、抗、阻尼四种消声性能有机结合在一起的消声结构和总体综合治理方案，降噪量达40dB(A)以上，厂界噪声低于国家标准限制。在国内同级电炉噪声治理方面很有代表性。

6.5.5 对钢铁企业噪声污染控制的展望

我国噪声控制方面的研究工作大约从20世纪50年代后期开始。无论是传统的噪声控制工程方法还是特殊的噪声控制技术，我国都已达到相当高的水平，各类噪声问题的控制手段都已大体具备。但是，我国噪声控制设备及其产业同国际先进水平相比仍存在差距，主要表现在产品的加工设备简陋，工艺落后，专用加工设备缺乏，具有规模化生产能力的企业太少，噪声控制产品质量的自检自测能力低等。如风机、空压机的大型消声器以及耐腐蚀、防尘埃、耐水气等特殊类型的消声器需要开展深入研究。尽快继续开展低噪声风机的研发工作。进一步开展大型电机降噪及从声源上降低电机的噪声研究工作。为了工人的身体健康和居住环境的改善，我们必须重视对钢铁企业噪声污染的控制和治理。

首先，企业要采用技术手段，按照相关的国家标准来控制噪声污染。自20世纪70年代以来，有关噪声标准法规在工业比较发达的国家已趋于完善并得到严格执行。我国虽然也有相关的标准或规定，但执行细节上尚未严格到位，从而使我国噪声控制工作受到影响。近年来，国家在噪声污染控制方面制定了更多更细的相关政策和法规，就有关执行细节方面提出了明确的指南。2005年，国家在“十一五”全国环境保护法规建设规划中进一步指出要细化环境保护法中的相关法规，其中就提到了为了明确《环境噪声污染防治法》中“给予罚款”的具体数额和幅度，需要制定《环境噪声污染防治行政处罚办法》。同时要建立一系列细节性的单项法规如《社会生活噪声污染防治条例》、《建筑施工噪声污染防治条例》等等。随着这些相关政策和法规的出台和实施，在国家法律法规的监督和指导下，企业也必须考虑在建设和生产过程中，将生产噪声降低到最低程度。

其次，科技工作者应在优化原有传统噪声控制技术的基础上，开发噪声污染控制新技术，提高噪声污染控制水平。目前国内外噪声控制仍然以吸声、隔声、消声、隔振与阻尼等传统的噪声控制技术为主。自20世纪80年代以来，噪声控制产业在国内有很大的发展，制造厂家达数百家。各种品种和规格的消声器、吸声构件和材料、隔声机构、隔振器以及各种阻尼材料等被开发出来。进一步开发出用于消声、隔声、防噪用的“哑金属”及高阻尼复合钢板，超细玻璃棉、矿渣棉、微孔陶瓷等用于吸声的建筑材料，合成橡胶、高分子弹性材料、塑料等隔振阻尼器件或取代部分结构材料。从声源上考虑控制噪声问题的低噪声风机、低噪声冷却塔、低噪声电机等已相继研制出来。这些新产品的采用对噪声污染控制取得了良好的效果。同时应加强噪声控制产品的系列化、标准化工作，开发出自动化程度高，使用性能好的噪声控制设备。我国的科技工作者应进一步加强开发安全环保型的声学材料，开发出综合吸声、消声、隔声功能的复合型声学材料。进一步完善噪声控制技术的规范化工作。继续进行有源噪声控制技术的研究工作，使之在21世纪发挥重要作用。

第三，提高全民的环保意识，通过相关的技术手段和使暴露在噪声环境中的人员主动防治两者结合达到最低限度的降低噪声污染带来的危害。对于钢铁行业，噪声污染的主要人群是厂内工作人员和周边居民。钢铁企业本身除了要遵守国家行业标准，通过技术的手段来控制噪声污染外，还应对这些人群应定期对其进行噪声安全知识讲座，让其了解噪声污染的危害，掌握主观的防护方法。对他们进行定期的听力检查，对易受污染的岗位人员发放护耳器并建立轮岗制度等。

可喜的是：人们已越来越重视噪声带来的社会问题，政府在政策法规上已作出了重视，各大钢铁公司都在采取积极的工程措施减小噪声污染，此外，科技的发展为噪声控制技术的应用提供了保障。可以相信：噪声污染在政府和广大科技工作者的努力下会得到较好的控制。

7 能量利用过程的热力学分析

7.1 能源的一般常识

能量是物质做功的能力。资源是人类为获得维持人类社会生活向上的源泉而对其施加劳动的对象，也是伴随着人类利用这些对象的知识和技术的发展才具有了资源的意义。广义的资源指人类生存发展和享受所需要的一切物质的和非物质的要素。因此，资源既包括一切为人类所需要的自然物，如阳光、空气、水、矿产、土壤、植物及动物等等，也包括以人类劳动产品形式出现的一切有用物，如各种房屋、设备、其他消费性商品及生产资料性商品，还包括无形的资财，如信息、知识和技术，以及人类本身的体力和智力。正如恩格斯所指出的："劳动和自然界一起才是一切财富的源泉。自然界为劳动提供材料，劳动把材料变为财富。"由于人类社会财富的创造不仅来源于自然界，而且还来源于人类社会，因此资源不仅包括物质的要素，也包括非物质的要素。

狭义的资源仅指自然资源，联合国环境规划署（UNEP）对资源下过这样的定义："所谓自然资源，是指在一定时间、地点的条件下能够产生经济价值的、以提高人类当前和将来福利的自然环境因素和条件的总称。"《英国大百科全书》中把资源说成是人类可以利用的自然生成物以及生成这些成分的环境功能。前者包括土地、水、大气、岩石、矿物及其森林、草地、矿产和海洋等，后者则指太阳能、生态系统的环境机能、地球物理化学的循环机能等。

能源是具有做功的能力的物质中能使人类生活维持向上的人类对其存在开发能力的物质。能够提供某种形式能量的物质或物质的运动都可以称为能源。能源分为煤、石油、天然气这样的化石能源和太阳能、水力、地热、风能、生物能、原子能这样的非化石能源两大类。可是，当今余热回收利用技术可以将工厂排热、河流的热量、废弃物燃烧热等未被利用而舍弃的热能开发利用，因而这些未被利用的热源也应该一并作为能源来考虑。图7-1为能源的分类图。

大自然赋予我们多种多样的能源，一是来自太阳的能量，除辐射能外，还有经其转换的多种形式的能源；二是来自地球本身的能量，如热能和原子能；三是来自地球与其他天体相互作用所产生的能量，如潮汐能。能源有多种分类形式，一般可分为常规能源和新能源，常规能源指当前已被人类社会广泛利用的能源，如石油、煤炭等；新能源是指在当前技术和经济条件下，尚未被人类广泛大量利用，但已经或即将被利用的能源，如太阳能、地热、潮汐能等。各种能源中，石油等化石能源以及使用U元素的原子能其存量将随着使用而减少，总有一天会枯竭（以钚为原料的原子能则为非枯竭能源）。另一方面，非化石能源被称为可再生能源，这些能源是以太阳为源头或以地球内部发热为热源。另外，与人类的社会活动相伴产生的未利用的能源也列入可再生能源，希望得到积极的利用。

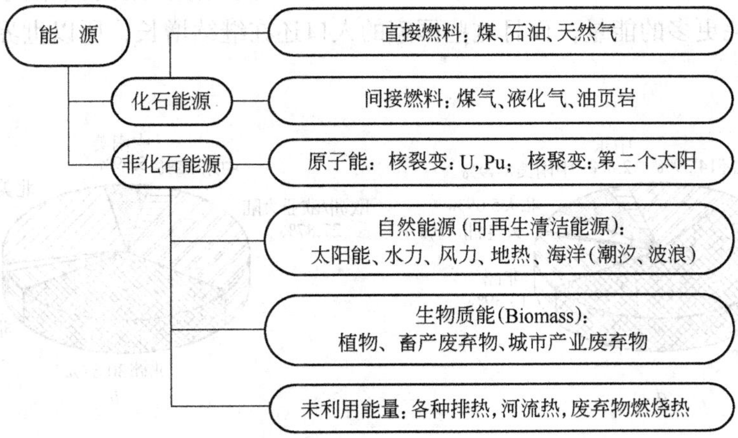

图 7-1　能源的种类

7.1.1　能源用量的激增

现代人类社会为了维持生存并不断提高生活水准消耗了大量的能量。从图 7-2 可以看出近 100 年来人均日消耗能量急剧增加，现代人人均日能源用量约是原始人的 58 倍，由此可知现在的舒适生活是需要大量能源支撑的，人均能量消耗在世界的不同地区和国家也

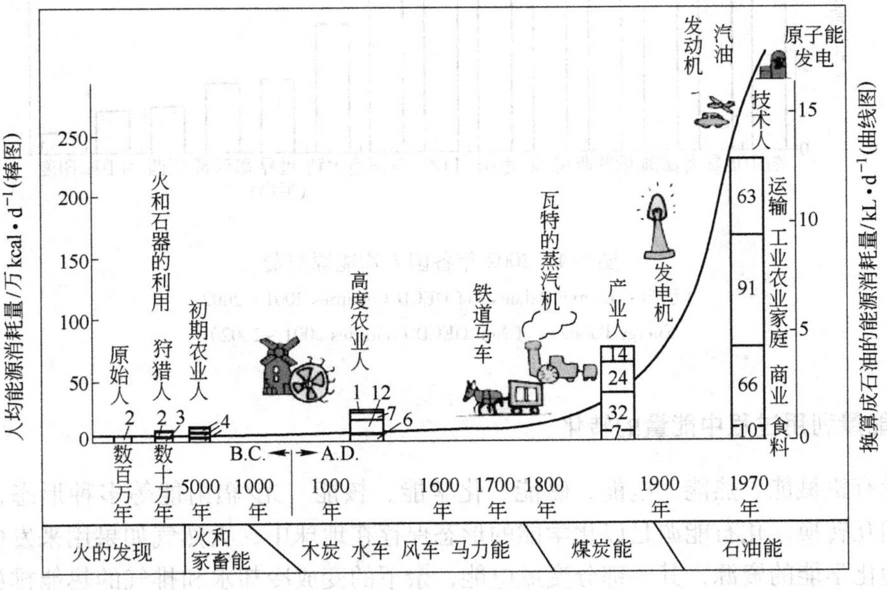

图 7-2　人类和能源的关系

（引自：日本综合研究开发机构《关于能量的思考》）

原始人—百万年前东非，只消耗食料；狩猎人—10 万年前的欧洲，为取暖和饮食烧薪材；初期农业人—公元前 5000 年的肥沃三角洲地带，栽培谷物，使用家畜；高度农业人—1400 年西北欧洲，用煤炭取暖，使用煤、水力和风力，利用家畜运输；产业人—1875 年的英国人，使用蒸汽机；技术人—1970 年的美国，使用电能，食料中包括家畜饲料

（注：1kcal = 4186.8J）

大不相同，这一点从图 7-3 和图 7-4 可以看出，人口基数很大的发展中国家为了提高生活水平必然要消耗更多的能量，而且这些国家的人口还在继续增长，所以世界能源总消费量还将持续增加。

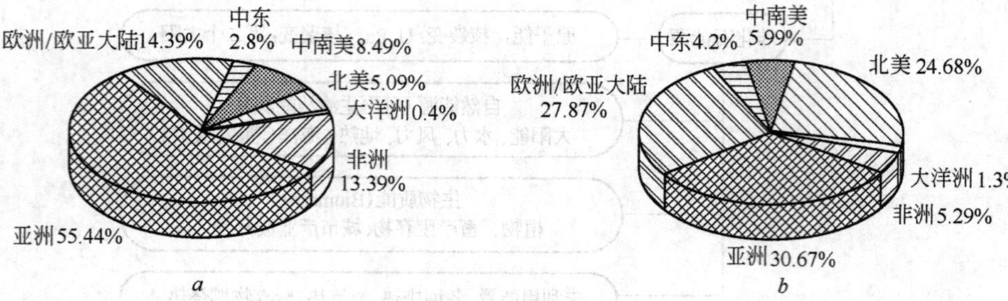

图 7-3　2002 年世界人口和人均能源消费

a—2002 年世界人口 62 亿；*b*—2002 年世界一次能源消耗（换算成石油）102. 3 亿 t

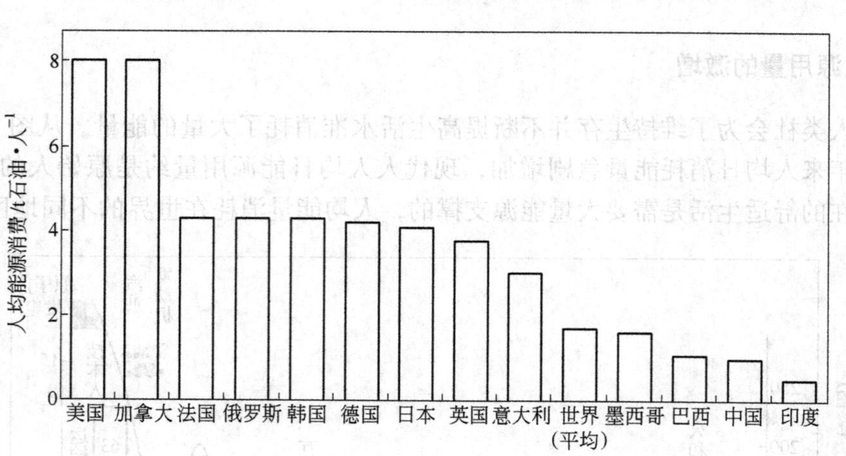

图 7-4　2002 年各国人均能源消费

（引自：Energy Balances of OECD Countries 2001 ~ 2002；

Energy Balances of Non-OECD Countries 2001 ~ 2002）

7. 1. 2　能量利用过程中能量的转化

能量有机械能、热能、电能、磁能、化学能、核能、光/辐射能等多种形态，这些形态可以相互转换。化石能源是以化学能的形态保存在地球中，天然气如果用来发电，就不再是作为化学能的资源，其一部分变成电能，余下的变成冷却水和排气的热能排放到环境中。这个变化遵守能量守恒定律，即变化前的化学能与变化后的电能和热能之和相等。能量守恒定律的重要性在于对变化前后的各种能量形式全面评价，尽可能地提高能量的利用率。例如，具有 1000kJ 能量的天然气燃烧后发电 400kJ，如果排气和冷却水中的 600kJ 的热能不利用的话，天然气的能量仅利用了 40%，其余的 60% 就损失了。实际上这 60% 的能量并没有丢失，利用热能做功的效率由卡诺循环决定，燃料的化学能不可能 100% 地转变为电能。没有利用的那部分热能排放到环境中去了。因此，在能量守恒的前提下，把未利用的那部分能量作为能源考虑并加以有效利用是很重要的。

7.2 能量的质量评价——㶲

能量的质量如何考核？例如，90℃的水30L和30℃的水90L含有同样的热量，作为能源，哪一个更有价值？

其实，能量E可分为“可用的能量”和“不可用的能量”两种，前者为“㶲—Exergy”，后者为“𬉼—Anergy”。㶲B的热力学的定义为：

$$B = (H - H_0) - T_0(S - S_0) \tag{7-1}$$

能量和㶲、𬉼的关系如图7-5所示。

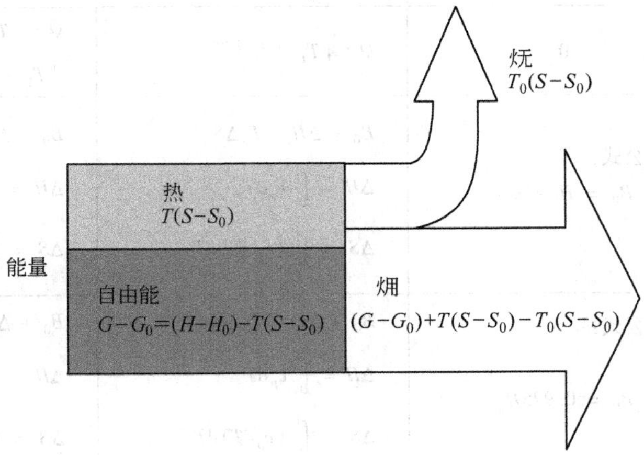

图7-5 能量和㶲、𬉼的关系

㶲的物理意义是理论上从某种能量可逆地能够获得的最大有用功。对某种物质而言，是该物质与环境达到平衡状态为止所放出的最大有用功，或者从与环境平衡的原料开始制造该物质所需的最小有用功。用土制成的陶器作为商品或艺术品可以具有很高的价值，但是作为能量则没有任何价值。可是，铝制容器则有较高的能量。25℃，压力100kPa的状态下铝氧化为氧化铝和环境达到平衡，铝的能量即意味着在此环境下铝可逆地转化为氧化铝所能得到的有用功（㶲）。这个标准化学㶲值为29.2kJ/g Al。

石油、煤炭、垃圾等组成不明确的物质的㶲可用Rant公式计算。把298.15K，101.3 kPa的标准态的物质的㶲作为标准化学㶲B_0，从标准状态（p_0，T_0）变化到状态1（p_1，T_1）的㶲变化ΔB作为物理㶲变化，可用下式计算：

$$B(p_1, T_1) = B_0(p_0, T_0) + \Delta B \tag{7-2}$$

$$\Delta B = \Delta H - T_0 \Delta S \tag{7-3}$$

热能的㶲可以用物质具有的物理㶲来计算。电能、位能、动能都可以百分之百地转变为有用功，其能量即为㶲。热能受卡诺循环限制。表7-1中概括了物质和能量再利用时㶲评价所需的基本公式。

表 7-1 㶲的计算方法

项　目	标准状态（p_0，T_0）的㶲	状态 1（p_0，T_1）的㶲①	状态 1 到状态 2（p_0，T_2）的温度变化①
1mol 纯物质	标准有效能（标准化学㶲）B_0	$B_0+\Delta H-T_0\Delta S$ $\Delta H=\int_0^1 c_p\mathrm{d}T$ $\Delta S=\int_0^1 (c_p/T)\mathrm{d}T$	$B_0+\Delta H-T_0\Delta S$ $\Delta H=\int_1^2 c_p\mathrm{d}T$ $\Delta S=\int_1^2 (c_p/T)\mathrm{d}T$
1mol 混合气体，摩尔分数 x_i，混合气体恒压摩尔热容 $c_{p,\mathrm{mix}}$	各成分 i 的标准有效能为 $B_{0,i}$： $B_{0,\mathrm{mix}}=\Sigma x_iB_{0,i}+RT_0\Sigma x_i\ln x_i$	$B_{0,\mathrm{mix}}+\Delta H-T_0\Delta S$ $\Delta H=\int_0^1 c_{p,\mathrm{mix}}\mathrm{d}T$ $\Delta S=\int_0^1 (c_{p,\mathrm{mix}}/T)\mathrm{d}T$	$B_0+\Delta H-T_0\Delta S$ $\Delta H=\int_1^2 c_{p,\mathrm{mix}}\mathrm{d}T$ $\Delta S=\int_1^2 (c_{p,\mathrm{mix}}/T)\mathrm{d}T$
温度一定的热量 Q	0	$Q\cdot\lvert T_1-T_0\rvert/T_1$	$Q\cdot\lvert T_2-T_1\rvert/T_2-Q\cdot\lvert T_1-T_0\rvert/T_1$
固体燃料 低发热量 H_l，全水分 w，水的蒸发热 r，恒压摩尔热容 c_p	Rant 公式： $B_0=H_l+w\,r$	$B_0+\Delta H-T_0\Delta S$ $\Delta H=\int_0^1 c_p\mathrm{d}T$ $\Delta S=\int_0^1 (c_p/T)\mathrm{d}T$	$B_0+\Delta H-T_0\Delta S$ $\Delta H=\int_1^2 c_p\mathrm{d}T$ $\Delta S=\int_1^2 (c_p/T)\mathrm{d}T$
液体燃料 高发热量 H_h	Rant 公式： $B_0=0.975H_h$	$B_0+\Delta H-T_0\Delta S$ $\Delta H=\int_0^1 c_p\mathrm{d}T$ $\Delta S=\int_0^1 (c_p/T)\mathrm{d}T$	$B_0+\Delta H-T_0\Delta S$ $\Delta H=\int_1^2 c_p\mathrm{d}T$ $\Delta S=\int_1^2 (c_p/T)\mathrm{d}T$
气体燃料 高发热量 H_h	Rant 公式： $B_0=0.950H_h$	$B_0+\Delta H-T_0\Delta S$ $\Delta H=\int_0^1 c_p\mathrm{d}T$ $\Delta S=\int_0^1 (c_p/T)\mathrm{d}T$	$B_0+\Delta H-T_0\Delta S$ $\Delta H=\int_1^2 c_p\mathrm{d}T$ $\Delta S=\int_1^2 (c_p/T)\mathrm{d}T$

① 若有相变，要加上相变的 $\Delta H_t-T_0\Delta S_t$；有压力变化的情况下，计算压力变化产生的焓变 ΔH_p 和熵变 ΔS_p，把 $\Delta H_p-T_0\Delta S_p$ 项加到㶲的变化之中。

以电加热水为例看看过程的㶲是如何变化的。298.15K 的水 100kg 放入绝热容器内，用 1kW 的电加热器放入水中加热 1h。水的比热容为 4.18kJ/(kg·K)，且不随温度变化。不计容器的热容量和热损失，该过程的㶲变化如下。

1kW·h 的电能 100% 转变为热：1kW·h = 1000×3600J

水的热容 = 4.18×1000×100J/K

水温上升 Δt = 1000×3600/(4.18×1000×100) = 8.6K

水的最终温度：298.15 + 8.6 = 306.75K

$$\begin{aligned}\Delta B &= \Delta H - T_0\Delta S\\ &= 100\times 4.18\times[8.6-298.15\times\ln(306.75/298.15)]\\ &\approx 51(\mathrm{kJ})\end{aligned}$$

被加热的水从电产生的热量中得到了 51kJ 的㶲，电加热的结果使水得到了热量，损失了 3600 - 51 = 3549kJ 的㶲，这一过程如图 7-6 所示。

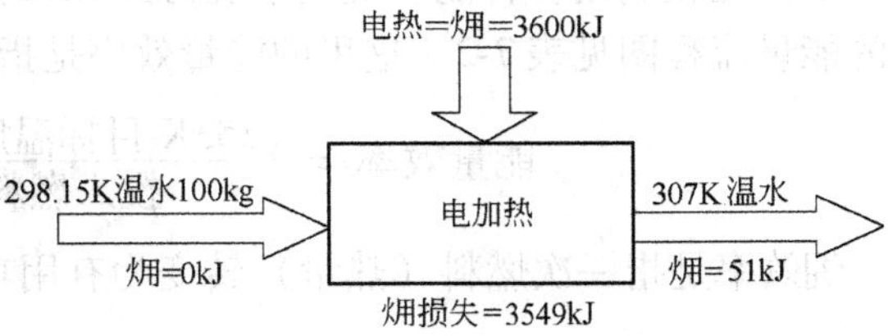

图 7-6 电加热水过程的㶲变化

如果用电加热水，这样的㶲的损失就无法避免。但是如果用以电驱动的热泵达到同样的效果，则可以减少㶲的损失。假如所用热泵的成绩系数（取热量/耗电量）为 4，那么只需要 1/4 的电能就可达到同样的加热效果，而且㶲的损失也降为直接用电加热的 1/4。其结果是节约了能量。所以，必须注意能量变换过程中㶲的变化。

例：求 10^5Pa，比热容为 c_p[J/(kg · K)]，质量 m(kg)，温度 T(K)的气体，温度降至 T_0所能做的最大功。

解：

$$dW_{max} = m \cdot dq\frac{T - T_0}{T} = -mc_p\frac{T - T_0}{T}dT \tag{7-4}$$

$$W_{max} = \int dW_{max} = -m\int c_p\frac{T - T_0}{T}dT$$

$$= -mc_p\int\frac{T - T_0}{T}dT = -mc_p\int\left(1 - \frac{T_0}{T}\right)dT$$

$$= mc_p\left[(T - T_0) - T_0\ln\frac{T}{T_0}\right] = \Delta H - T_0\Delta S \tag{7-5}$$

按式（7-5）计算，平均比热容 1.02kJ/(kg · K)的空气 10^5Pa 下从 200℃降温到 25℃时的㶲变化（所做最大功）为

$$\Delta E = 1 \times 1.02 \times \{(473 - 298) - 298\ln(473/298)\} = 38.1\text{kJ}$$

规定 10^5Pa，25℃，空气的标准㶲为 0，则 38.1kJ 即是 1kg，200℃，10^5Pa 空气的㶲。同样地，1kg，100℃，10^5Pa 空气的㶲是 8.3kJ。则 1kg，200℃，10^5Pa 空气变为 1kg，100℃，10^5Pa 空气时，㶲损失了 38.1 - 8.3 = 29.8kJ。

能量变换后量虽不变，但形态难以利用或无法利用，于是放弃，变成与环境同温度的热量。

当今的环境问题就是大量使用能源和资源并大量废弃造成的。减少消费和废弃当然对节约资源和保护环境非常重要，另一方面，不降低经济活动的水准，循环利用资源和能源，是创造循环型社会的更重要的课题。图 7-7 所示为利用余热从而减少能源消耗的路径。

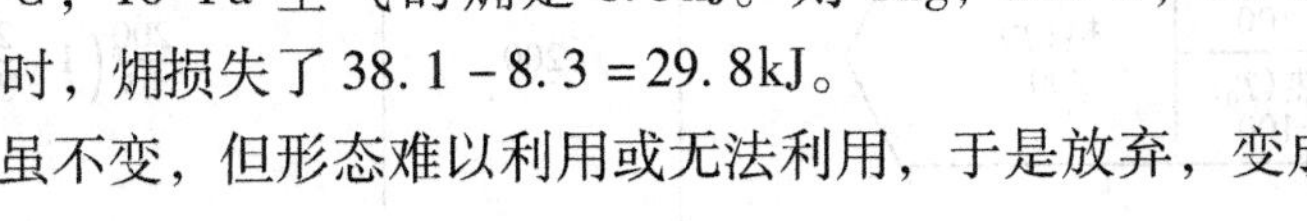

图 7-7 利用余热的技术路径

下面比较利用各种能量变换系统得到80℃热能的能量变换效率。各种能量变换系统理想的能量流程图见表7-2。这里的能量效率是指

$$能量效率 = \frac{(353\text{K}\ 目标温度热源的热量)\times 100\%}{投入燃料或未利用的能量} \tag{7-6}$$

㶲效率是指一次燃料（热量）转变为有用功的百分数。

表 7-2　几种理想的能量变换过程的能量效率和㶲效率

能量流程图	能量效率/%	㶲效率
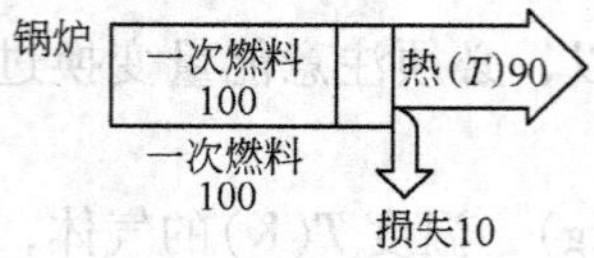	90	$\frac{90}{95}\left(1-\frac{293}{353}\right)=16.1\%$
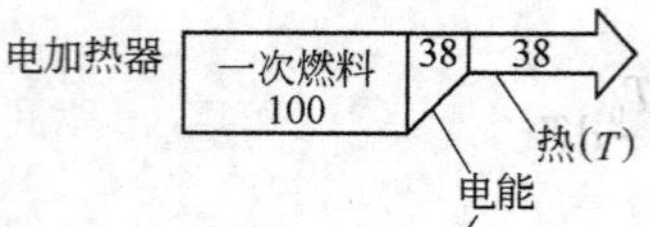	38	$\frac{38}{95}\left(1-\frac{293}{353}\right)=6.8\%$
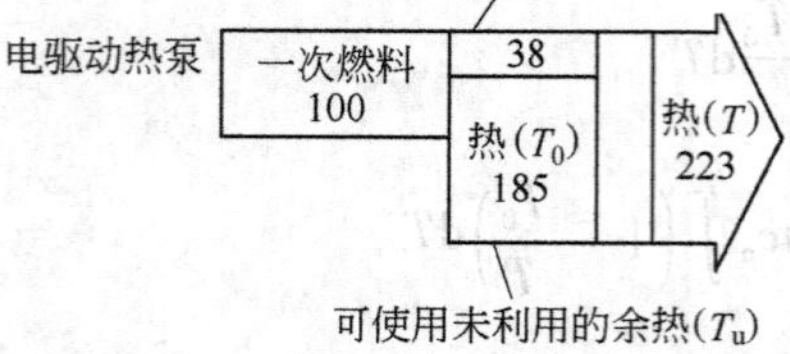	223	$\frac{223}{95}\left(1-\frac{293}{353}\right)=39.9\%$
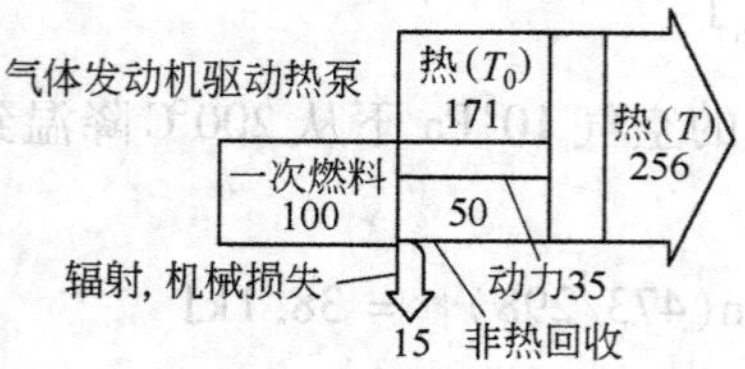	256	$\frac{256}{95}\left(1-\frac{293}{353}\right)=45.8\%$
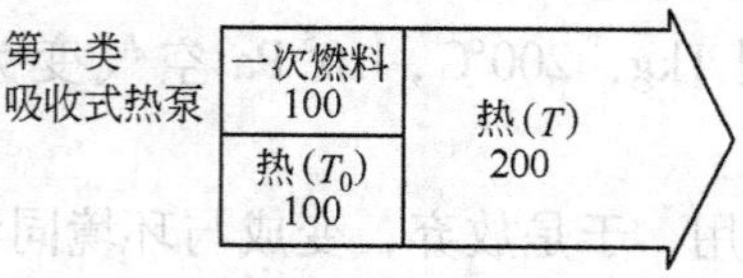	200	$\frac{200}{95}\left(1-\frac{293}{353}\right)=35.8\%$
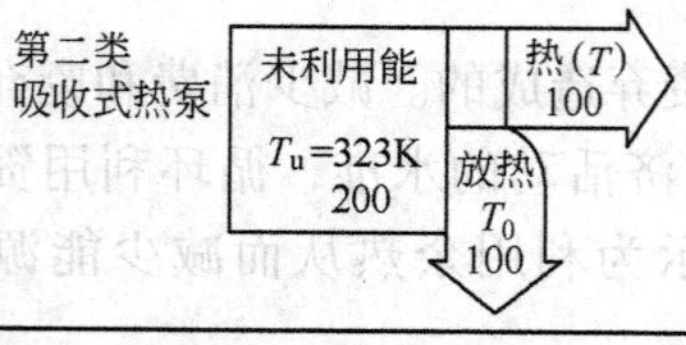	50	$\frac{100\left(1-\frac{293}{353}\right)}{200\left(1-\frac{323}{353}\right)}=91.4\%$

注：假定环境（基准）温度 $T_0=293\text{K}$（20℃），目标温度 $T=353\text{K}$（80℃），未利用热能温度 T_u。

假设环境温度为 $T_0=293\text{K}$，目标温度为 $T=353\text{K}$，未利用热源的温度 T_u，燃料的㶲 = 0.95×发热量，热量的㶲 = $(1-T_0/T)$×发热量或 $(1-T_0/T_u)$×发热量。从表7-2可以看出，锅炉把燃料的热能的90%用于加热，但是燃料做有用功的效率只有16%。但是，如果采用气体发动机驱动的热泵，则可以取出燃料所含热量的2.56倍的热能，燃料做有用功能力的46%转变为热能。如果用电驱动的热泵，可以取出更多的热，电能的㶲损失也

少。热驱动的吸收式热泵㶲效率最高。

7.2.1　能量转换过程的㶲分析

在热力学中我们知道一个孤立体系中的能量在任何变换中守恒，而且任何孤立体系中的状态变化只能向熵增加的方向自发进行。现在我们可以用㶲的变化来分析事物的成本/效益：从一个非平衡的孤立体系中可以提取多少有用功？或者需要消耗多少功来使一个“孤立”体系从一个平衡态强制地转化到一个非平衡态。“孤立”体系的引号是指如果不是与做功介质相互作用而得到或给出功（例如与供电插座连接，或者与机械能存储库相连），体系将是完全与外界隔绝的。

上述的最大有用功或所需的最小功的概念 W. Gibbs 在 1873 年曾分析过，称为有用能（Energy）。1956 年 Rant 将其命名为㶲（Exergy）。能量和㶲的比较见表 7-3。

表 7-3　能量和㶲的比较

能　量	㶲
产生运动的能力	做功的能力
按照热力学第一定律守恒	仅在可逆过程中守恒，在不可逆过程中不守恒
不等于零（$E = mc^2$）	与环境达到平衡时等于零
与环境参数无关	取决于环境参数
在所有的过程中都受限于热力学第二定律	在可逆过程中不受限于热力学第二定律
仅是一个量度	是量和利用效率的度量

7.2.2　㶲（Exergy）的数学表达

假想在体系和其所相对的环境之间存在一个卡诺热机，以用来表征在体系和环境之间相互作用的有用功。如果选择一个现实世界中一个像水库一样的能量库作为环境，那么体系和环境随时间趋向平衡的卡诺推论有两个等效的热力学表达式。其一是关于体系的㶲（Exergy，B），另一个是关于体系和环境的熵（Entropy，S）：

$$\frac{dB}{dt} \leqslant 0 \tag{7-7}$$

$$\frac{dS_{total}}{dt} \geqslant 0 \tag{7-8}$$

如果一个宏观体系用式（7-9）表达㶲（Exergy），那么上面两式都是热力学第二定律的表达式，二者是等效的。

$$B = U + P_0 V - T_0 S - \sum_i \mu_{i,0} x_i \tag{7-9}$$

式中　U，V，x_i——分别是体系的内能、体积、组元 i 的摩尔分数，它们是广延量；

P_0，μ_i——分别是体系的压力和组元 i 的化学位，是强度量。各项也有其自身的意义：P_0V 称作可获得的 PV 功，T_0S 称作熵损失或热损失，最后一项是“可获得的化学能”。

7.2.3　㶲的应用

$\frac{dB}{dt}\leqslant 0$ 意味着孤立体系㶲减少的过程是自发进行的。在不可逆过程中㶲因熵的增加而消失。基于热力学第二定律的类似的判据还有：电解（$G<0$），电池和燃料电池（$G>0$），爆炸（$A>0$），加热和制冷（H 交换），发动机（$U<0$）和发电机（$U>0$）。应用㶲这个概念时通常要严格地选择参考环境。如卡诺所述，现实世界中不存在无限制条件的能量库。例如在实验室或工厂一个体系可以维持温度不变以模拟一个没有限制条件的能量库，但是这样的体系就无法与其周围更大的环境隔绝开来。可是，如果恰当地选择体系的边界就可以想象一个合理的恒定的能量库。一个过程又是必须与“最现实的不可能性”相比较，这种比较总是包含某些假想的量。我们现在也知道在微观尺度上熵比温度本身更“现实”，而宏观性质却几乎都由微观性质决定。

7.2.3.1　㶲在工程上的应用

能量和㶲方法在工程上的目标是计算几个可能的设计方案中流入和流出的能量和㶲的平衡。如图 7-8 所示。B_{diss} 是未使用的，浪费的能量，称为第一种损失；B_{dest} 是装置内部不可逆过程产生的㶲损失。工艺过程由于发生化学反应、加热、冷却、压损、混合等产生㶲损失，㶲随能量的变换而减少，最终丧失——这就是㶲减少原理。在完成衡算后，工程师们希望选择效率最高的工艺。能量效率或者第一定律效率将基于尽可能减少输入的能量的损失来确定最有效的工艺。㶲效率或者第二定律效率是基于输入的有用功的损失尽可能地小来确定效率最高的工艺。工艺设计的重要原则是：一个工艺过程应该使㶲损失最小，㶲损失应该是使工艺过程得以进行的最小功值，是随工艺过程不同而变化的量。从同样的原料出发，制作相同的制品，如果有几种不同的工艺过程可以考虑，比较各工艺的㶲损失的合计值，看哪一个工艺体系综合的㶲损失最小，或者工艺过程的哪一个环节㶲损失大，从而确定采用能够有效利用能量的节能工艺。但是设计工程师们已经认识到要达到较高的㶲效率就得建造更复杂的工厂，资本投资和运行效率的平衡必须在经济效益的前提下来决定。

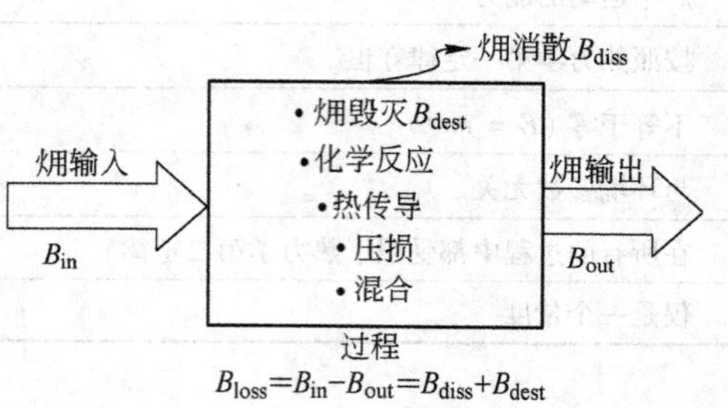

图 7-8　工艺过程的㶲衡算与㶲损失

7.2.3.2　㶲在自然资源利用方面的应用

近几十年，㶲的应用已经超越了物理学和工程的范围而扩展到生态经济学、系统生态学、力能学。㶲的应用可以严格地分类。在生态经济学和环境会计学中研究者为评估人类活动对当今自然环境的影响进行㶲-成本分析。对大气环境，经常需要用卡诺参考态环境来不现实地替代自然环境的性质。例如，生态学家和其他专家已经建立大洋和地壳的参考状态。采用这样的参考态计算各种人类活动的㶲值对于比较基于㶲效率的利用自然资源做功的利用率的政策是很有用的。这类研究可以回答的典型问题是：人类采用方法 A 和方法 B 生产单位经济产品时哪一种方法利用了资源的更多的㶲？人类采用方法 A 和方法 B 生产单位经济产品时哪一种方法利用资源的㶲的效率高？目前这些方法的标准化应用已经取得相当的进展。

7.2.3.3　㶲在可持续发展方面的应用

在系统生态学领域，研究者们有时考虑以少量的㶲输入（如太阳辐射、潮汐力、地热）形成的当前的自然资源的㶲。这一应用不仅要求假设一些参考态，还需要假设对参考态而言是封闭了的过去的真实环境。对如此长的时期当我们只能推测其现实性的情况下能确定什么是最现实的不可能性吗？例如，用一个普通的参考态来比较石油和煤的㶲，需要地热㶲输入来描述数百万年间地壳中生物材料向化石的转变。还需要引入太阳辐射能来描述这些材料在此之前存在于生物圈中的历史，这就需要在时间上对一个假定的石油和煤从太阳和地热吸收了同样㶲输入的过程进行数学处理。对过去环境的推测与设定一个相对于当今已知环境的参考态是不同的。可以对真正的古代环境进行合理的推测，但这都是不可检验的猜想，所以这种应用容易被看作是伪科学或伪工程。描述这种㶲在自然资源中随时间的积累的领域称为物化㶲，其单位是“物化的焦耳（emjoule）”。这种研究被应用于重要的“可持续性”问题上，通过可持续性度量加以量化：人类生产一种经济产品消耗的地球的自然资源的㶲的速度比这些自然资源所能接受这些㶲的速度更快吗？如果是这样，用不同的自然资源制造同样的产品又如何？

7.2.3.4　给经济产品赋予一个热力学值

系统生态学家提出了一项技术把前一节描述的三项㶲输入合并为一项太阳辐射输入并把一项经济产品的总的太阳㶲输入表达为太阳物化焦耳。来自太阳、地热和潮汐的㶲输入其起源在某一时刻都是太阳能，这一状态可视为初始参考态，其他特殊的参考态理论上都可以追溯到那个时刻，在此基础上可以回答：生产某一特殊的经济产品人类消耗了地球的㶲的分数是多少？生产某一特殊的经济产品人类消耗的和非人类消耗的地球的㶲的分数各是多少？对这种思考不需要附加的热力学定律。但此处只是㶲的概念的进一步应用。

7.2.3.5　复杂物理系统开发的蕴涵

系统生态学的一个普遍的假设是，创造一个具有较高㶲效率的工艺需要较多的资本投资。这一结论实际上是一个基本自然定律的经济结果。据此观点，㶲是经济货币在自然界的类比。与资本投资类似，㶲在很长时期内在一个体系内的积累产生物化㶲。在一个工厂的资本投资的积累使工厂具有高的㶲效率，在自然界中其结果是具有高㶲效率的自然的组织结构的增长。研究者们这样描述生物进化：生物进化是在有限的㶲资源竞争中为提高㶲效率而增加有机体复杂程度。有些生物学家也有类似的假说。一个有很多中间机能或中间反应步骤的生物系统（或者一个化工厂）有较高的效率，因为过程被分为很多小的亚步骤，而这些接近于无限多个无限小的亚步骤都趋向于理想的可逆状态。当然，过分多的中间机能将导致资本成本过高。由于大的时间尺度和小的㶲输入使得人们无法在任何生物体或生态系统中对这些思想进行实际的检验。可是，如果这些思想是正确的，这也不是自然界的一个新定律，只不过是生物体系或生态系统利用19世纪就发现的热力学定律使其㶲效率最大化而已。

7.2.3.6　哲学或宇宙论的意义

追踪㶲到久远的过去的最终结果是宇宙论的议题的重述：宇宙曾经是出于平衡的，由于某一原动力的㶲输入使宇宙充满可用功。目前的科学不能描述宇宙最初的10~43s，对这种事件无法定义一个外部的参考态，而且（不管其价值），可以用熵较好地表述这个论点。㶲是一个可测量的值，它在从有用的能量转化为无用的能量的过程中降低。因此，㶲是一个体系做功能力的量度。用于创造某些产品或服务而消耗的㶲大于产生这些㶲而做的功。㶲是一种由于制造了经济产品就再也不能在别处做功的功。㶲由于这些特点已被作为能量质量的量度。

㶲是高度学科交叉的概念。一个物品累积的㶲消耗是在制造它时产生的㶲损失之和。㶲分析在不同的层面上可包含下述各项㶲的来源：

(1) 进入个别反应器或其他单元的物质；

(2) 进入工厂并用于厂内各个单元的物质；

(3) 从其他工业购入的材料以及所有包含于运输、管理和处理过程中的间接㶲减少；

(4) 所有原始的自然资源，包括制造这个产品的直接的和间接使用的资源；

(5) 产生自然资源的所有的初始生态输入（太阳辐射、潮汐力、地热）；

(6) 和单一参考输入（如太阳能）相关的这些多项㶲输入；

(7) 与很久以前宇宙处于平衡态时来自外部源泉的单一的㶲输入相关的参考㶲输入。

问题（1）处理一个开放体系内发生的化学反应。

问题（2）是一个模拟物质平衡和能量平衡的㶲核算，如果单元操作的数量不太大，一个专业的化工工程师使用一个好的计算工厂内㶲流的专业软件在不太长的时间内即可完成。

问题（3）要求在（2）的基础上把日常的经济管理项目转换成㶲，这是一个需要很多思考的挑战性项目，需要做一些假设，还是可以完成的。

问题（4）则需要对多个工业、政府部门和所有其他的把原材料转变为产品的人类活动重复（3）的工作。看起来不可能所有的制造商都愿意花时间去计算他们产品的全部的㶲历史，但是如果我们生活在制造商们都要完成问题（3）的世界上，我们就可以对问题（4）给出个合理的估计。

问题（5）和（4）的组合是与环境可持续性的唯一选项，（5）需要系统生态学的㶲信息和许多附加的假设，可是，有了这个信息，我们就可以回答：是否人类生产所消耗的地球的自然资源比这些资源的再生还要快？如果是这样，用一种完全不同的资源生产一种完全不同的产品的资源消耗在数字比较上有何不同？（6）以“货币”的形式表达地球上所有的㶲变化，㶲实际上可以用来评估各种不同的自然资源的价值，但是这个评估与人类活动的时间轴无关。（7）实际上是宇宙论的一个思潮的再表述。

7.2.3.7　不同能量的质量

物质的㶲对能量的比可以认为是能量的质量的量度。各种能量例如动能、电能、吉布斯化学自由能都可以100%地转化为功，因而其㶲与能量相等。可是，辐射和热能则不能完全地转变为功，其㶲比所含能量少。㶲在物质中的精确比例取决于其相对于周围环境的熵的量，由热力学第二定律确定。当度量能量的转化效率时㶲是有用的。力能学的，或者第二定律的效率，是输出㶲与输入㶲的比值。这个公式考虑能量的质量，比仅用热力学第一定律进行的分析提供更精确和有用的结果。也可以从比环境冷的物体提取能量做功。当能量流入物体，这个来自周围环境的能量便做功。能量质量这一概念的定量化取决于能量的定义，能量是做功能力的量度。功可以是一种能量转变成的力使物质运动。如果存在一种能量转换，能量流转换的第二原理表明这个转换的过程一定包含某种能量例如热量的消散。测量释放的热是一种对能量定量的方法，或者在一段距离上施一个力也就是做功的能力。可是，做功的能力取决于施力的能量的变换机理，也就是说某些能量形式不能以特定的机理做功，但是可以其他的机理做功。例如，水在内燃机中没有燃烧的可能，但是汽油可以。对于内燃机，水没有做功产生力的能力。如果“能量”被定义为做功的能力，那么这个例子中水就没有能量。可是，如果把水升到高处，水就能推动透平机做功，也就具有了能量。这个例子是为了说明做功的能力可以被认为是与能量转变的机理相关的。通过这样的转变施加做功的力。从这个观察，我们引出“质量”一词和“能量质量”这个术语来表征不同的物质能量上的不同和以某种机理做功的倾向。也就是不同形式的能量之间相互流动并以某种形式相互转换的能力。在这样的前提下，可以说能量质量是机理相关的，而一种机理的能量效率是能量质量相关的。

7.3　钢铁工业中的㶲分析示例

根据能量守恒定律我们知道能量既不能创生也不能消灭，但是不同的能量其质量是不同的，而且在能量的转换过程中能量的质量会退化。任何人类活动中能量的退化都是不可避免的，这种能量质量的退化一般由能耗来表征，由于工业化的进展能耗也在加速。这使得合理地使用煤、天然气、石油这些不可再生能源成为工业化进程中最重要的任务之一。钢铁工业也是工业界能耗最大的行业之一。能耗占钢材成本的30%，钢铁生产中总㶲消耗的40%消耗在炼铁工序。降低能耗和㶲损失是提高炼铁效率的强有力的因素。

基于热力学第一定律的能量管理（能量守恒和热平衡）已经使废弃物减量并提高能量效率达15%。高水平的节能措施则需要依靠基于热力学第二定律的㶲分析才能达到。前面已经讲到㶲是1956年Rant提出的用来表征能量质量的概念。㶲分析可用于分析冶金过程中热、化学和冶金工艺的节能潜力。1961年Szargut首次利用㶲的概念分析冶金过程。1963年Brauer和Jeschar把㶲用到高炉工艺的热力学研究上。秋山和八木也把㶲分析用于传统的高炉炼铁、直接还原-电炉冶炼和熔融还原工艺。他们得出的结论是熔融还原的效率最高。秋山和八木认为铁矿石的熔融还原在竖炉和流化床分别把铁矿还原了60%～70%的程度。在他们的研究中，二次燃烧比、传热效率、排气温度和其他参数是固定的。

但是，熔融还原炉的能量利用率强烈地依存于二次燃烧比、传热效率、排气温度，考虑这些因素的变动，Ostrovski和Zhang对铁矿直接冶炼过程DIOS进行了㶲分析。

㶲效率最高的过程应该是一个没有㶲损失的过程或者是一个可逆过程。可逆过程只是一个参考态，参照它才能处理实际的过程。㶲损失只和实际过程的不可逆性有关。

$$B_{\text{lost}} = T_{\text{e}}\Delta S_{\text{ir}} \qquad (7\text{-}10)$$

式中，T_e是环境温度；ΔS_{ir}是过程的熵变。所有的工业过程都是非平衡的亦即实际上是不可逆的。可以预料作为㶲损失减少（与平衡态的距离降低）的结果反应速率减慢、能量效率提高。但是由于反应速率降低，反应器的体积则要增加。

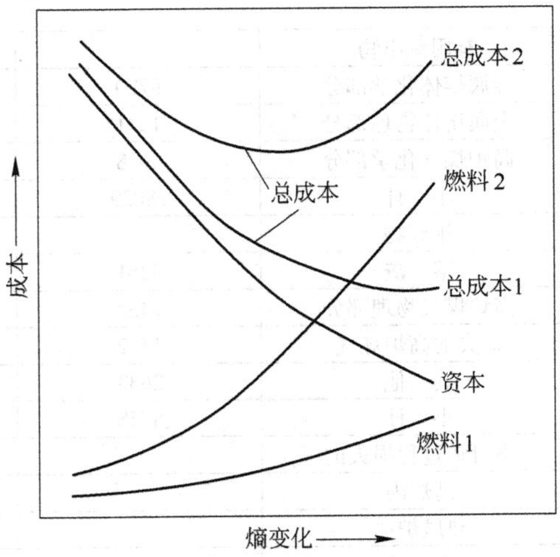

图7-9　生产成本与熵变化的关系

如图7-9所示，燃料效率随着过程不可逆性亦即熵的增加降低，燃料消耗增加，但是资本成本降低，如果燃料成本足够低，总生产促成本将随熵增加而降低。因为燃料成本预料将随时间而日益增加，所以对燃料效率应当更加注意。但这仅仅是个示例，因为工业过程往往包含影响成本的多种其他因素。炼铁过程中㶲损失主要和燃料的燃烧、热传导和还原反应有关。文献中有关于燃烧过程和传热的㶲分析方法的介绍。

对于一个焓变是ΔH，熵变是ΔS的化学反应，其㶲变化是

$$\Delta B = \Delta H - T_e \Delta S \tag{7-11}$$

也可以写成

$$\Delta B = \Delta H - T_e(\Delta H - \Delta G)/T \tag{7-12}$$

$$\Delta B = \Delta H(1 - T_e)/T + \Delta G(T_e/T) \tag{7-13}$$

式中　ΔG——反应的自有能变化；

T——反应温度。

在没有膨胀功的情况下，㶲损失来自于反应的不可逆性$\Delta G(T_e/T)$。

7.3.1　高炉炼铁

高炉炼铁主要的能量和㶲平衡见表7-4。部分高炉煤气（大约为高炉煤气总能量的1/4）用于热风炉加热但是没有包含在表7-4中，因为热风炉可视为高炉工艺内部的一部分能量回收过程。所有的能量和㶲输入主要来自冶金焦，能量的37.4%和㶲的32.4%随铁水输出。高炉煤气带出40%～50%的能量和㶲。这些能量和㶲部分地回收用于预热热风了。包括高炉煤气输出外用的化学能和㶲，高炉的能量和㶲效率分别达67.1%和61%，与一般的化工工艺相比可以说高炉的效率是相当高的。

表7-4　高炉炼铁过程的能量和㶲平衡占输入㶲的比

主要衡算项	能量/MJ · t铁水$^{-1}$	占输入能量的比/%	㶲/MJ · t铁水$^{-1}$	占输入㶲的比/%
输入				
焦炭	25205	94.1	26415	95.5
烧结矿，矿石，熔剂	1339	5	1086	3.9
钢渣（平炉）	243	0.9	163	0.6
合计	26787	100	27664	100
输出				
有用流出物				
金属熔体化学部分	8780	32.8	8206	29.7
金属熔体物理部分	1231	4.6	754	2.7
高炉煤气化学部分	8018	29.9	7913	28.6
小计	18029	67.3	16873	61
排弃物				
熔渣	3261	12.2	2543	9.2
高炉煤气物理部分	1432	5.3	515	1.9
损失的高炉煤气	1432	5.3	1080	3.9
其他	2633	9.8	1192	4.3
小计	8758	32.7	5330	19.3
不可逆过程损失的				
高炉内			3623	13.1
热风炉内			1838	6.6
小计			5461	19.7
合计	26787	100	27664	100

其他被丢弃的能量包括高炉渣和损失的高炉煤气带走的热，其中包含输出的高炉煤气的显热，这部分能量之和达到输入能量的32.7%，但是相应的㶲仅为19.3%。

相当高比例的㶲消耗在高炉中的不可逆过程，主要的不可逆过程包含：（1）焦炭燃烧；（2）从燃气（2270~2470K）到炉料（1770~1820K）的热传递；（3）金属和渣溶液的形成；（4）热风炉内热风的燃烧和传热。尽管富氧鼓风过程几乎没有热效应，但它也是个不可逆过程并产生㶲损失。在高炉炼铁过程中，高炉内的蓄热区、固态还原过程，特别是化学惰性区的传热过程可以视为接近可逆的过程。

7.3.2 直接炼铁工艺

传统的高炉炼铁使用焦炭、团矿、烧结矿和石灰，只有在大规模生产的情况下是经济的。高炉炼铁正被一些可选择的无焦炭工艺所挑战，这些新的炼铁工艺对环境更加友好，在操作上也更灵活。

图7-10为新日铁的直接铁矿石冶炼工艺（Direct Iron Ore Smelting，DIOS）的反应器示意图。铁矿石和熔剂从反应器上口装入，溶解到熔渣中，溶解的铁氧化物和部分硅锰氧化物被铁中溶解的碳和渣中的煤焦还原到铁水中。还原和熔炼反应所需热量来自煤（焦）的燃烧和气相中CO和H_2的二次燃烧，氮气从炉子底部吹入炉内进行搅拌以促进反应。

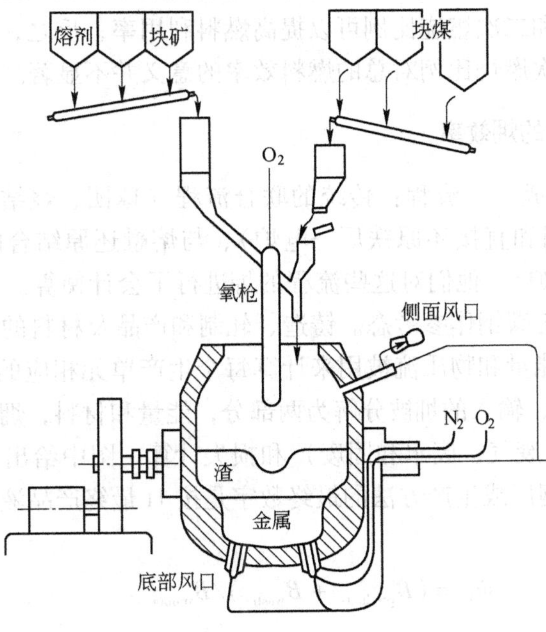

图7-10 新日铁铁矿石直接冶炼工艺的反应器示意图

铁矿石直接冶炼过程中的不可逆过程和高炉类似：（1）煤燃烧；（2）气体燃烧；（3）从气相（2070~2370K）到熔池（1720~1820K）的传热；（4）铁矿溶解入渣；（5）铁氧化物还原；（6）金属和渣溶液的形成。水蒸气的转移反应可以认为是接近平衡的，但是H_2和CO的燃烧反应是强不可逆过程，所以在铁矿石直接冶炼过程中没有可逆反应。

直接炼铁工艺产生的煤气的量和温度远比高炉炼铁的高，这些气体的能量和㶲效率强烈地依存于二次燃烧的比例和传热效率。二次燃烧比例 *PCR* 通常定义为：

$$PCR = [\varphi(CO_2) + \varphi(H_2O)]/[\varphi(CO_2) + \varphi(H_2O) + \varphi(CO) + \varphi(H_2)] \quad (7\text{-}14)$$

传热效率定义为：

$$THE = 1 - (H_{g,T_g} - H_{g,T_b})/(-\Delta H_{p\text{-}c}) \quad (7\text{-}15)$$

式中　H_{g,T_g}，H_{g,T_b}——排气在气体离开反应器时的温度和熔池温度下的焓，J；

$\Delta H_{p\text{-}c}$——二次燃烧反应的焓变，J。

根据 Ostrovski 和 Zhang 的计算，排气温度随二次燃烧比例的提高以及传热效率的降低而升高。在较低的传热效率（0.75～0.8），二次燃烧比为 0.7 时，排气温度可达 2300K。煤的消耗随传热效率的提高及二次燃烧比的增加而降低，在传热效率为 0.75，二次燃烧比为 0.8 时，每千克铁水耗煤不到 700kg。与高炉炼铁的㶲损失 5460MJ/t 铁水相比，直接炼铁的㶲损失在 5000～9200MJ/t 铁水的范围内，取决于二次燃烧比例和传热效率。在“理想的”的反应器条件下（二次燃烧比例和传热效率都等于 1），㶲损失为 4140MJ/t 铁水。直接炼铁工艺比高炉炼铁更远离平衡态。在理想反应器的条件下，排气所含㶲为 2320MJ/t 铁水，可是，在传热效率为 0.75，二次燃烧比例为 0.4 时，排气所含㶲达到 25040MJ/t 铁水。在传热效率为 0.75，二次燃烧比例为 0.4～0.5 的条件下，排气带出的㶲几乎是直接还原炼铁过程能量和㶲输入的一半，因此排气利用对燃料效率是很关键的。如果排气利用率低，通过提高传热效率和二次燃烧比例可以提高燃料利用率，反之，在排气利用率高的情况下，高传热效率和二次燃烧比例对总的燃料效率的意义并不显著。

7.3.3　各种钢铁生产流程的㶲效率

Costa 等把钢铁冶金分成三个流程：传统的联合流程（球团、烧结矿、焦化、高炉—转炉）、半联合流程（球团和直接还原铁厂—电炉）、与熔融还原结合的新联合流程（球团厂—COREX—转炉—电炉）。他们对这些流程的㶲进行了会计衡算。为各流程的可比性选择了转炉或电炉中的液态碳钢作参考态。铸造、轧制和产品及材料的包装运输的贡献不计在内。每个生产步骤的能量和物质流被用来计算每个生产单元相应的㶲。㶲的计算方法如前所述。如图 7-11 所示，输入的㶲被分解为两部分，能量和材料，㶲的输出按产品（主产品和副产品）、废弃物（废气、废水和固废）和损失计算。图中给出了各生产过程的三种㶲效率。个别体系——钢厂或生产方法的最终数字是按 1t 最终产品液态钢计算的。三种㶲效率定义如下：

$$\psi_1 = (B_{products} + B_{wastes})/B_{inputs} \quad (7\text{-}16)$$

$$\psi_2 = B_{products}/B_{inputs} \quad (7\text{-}17)$$

$$\psi_3 = B_{main\ product}/B_{inputs} \quad (7\text{-}18)$$

ψ_1的补（$1-\psi_1$）则意味着损失的㶲占输入㶲的分数。如果 ψ_1是 0.65，则有 35% 的㶲损失了。指数 ψ_2代表从能量中得到的物化于产品和副产品中的有用的㶲。而指数 ψ_3，仅和主产品相关。ψ_1总是大于 ψ_2，ψ_2则大于或等于 ψ_3。ψ_2与 ψ_3的比较可以表明某一特殊生产步骤对全部生产过程的贡献。

在钢铁生产中，有几种副产品如高炉煤气和焦炉煤气基本是作为钢铁厂的内部㶲效率

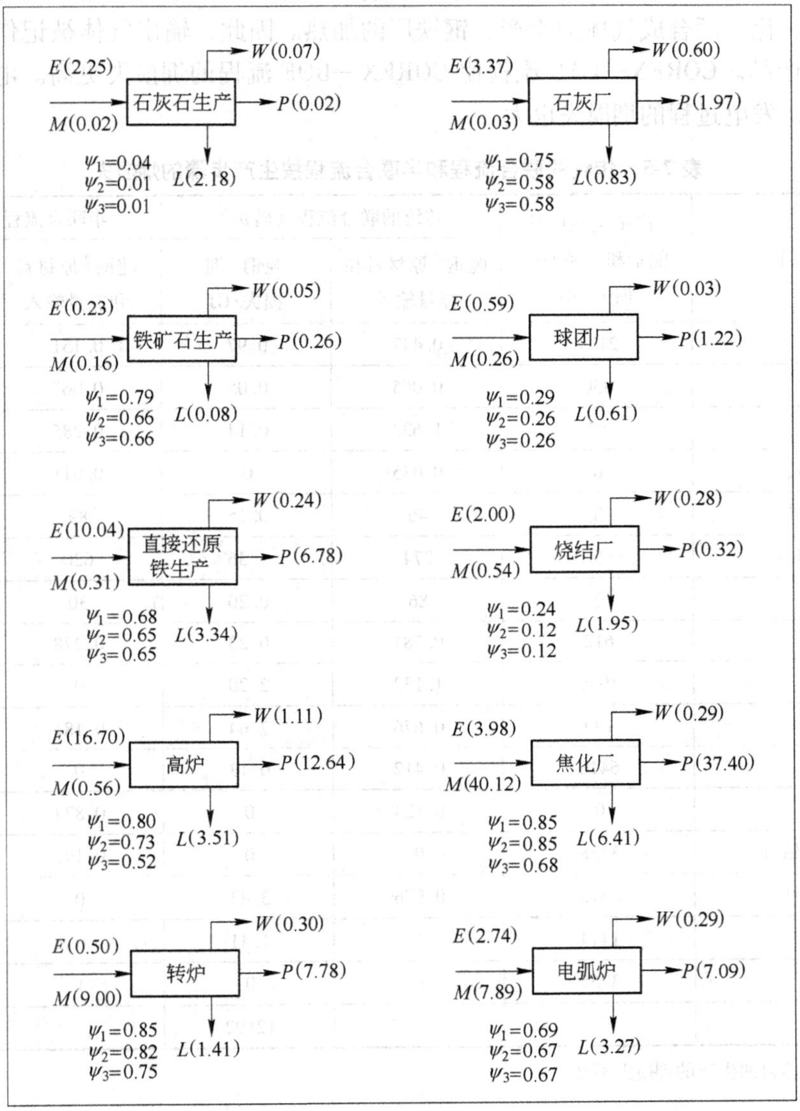

图 7-11 选择的生产步骤的㶲衡算（GJ/产品单位）

E—能量；*M*—材料；*W*—废弃物（废气、废水、固废）；*P*—产品和副产品；*L*—损失

来计算的，但是其他副产品，例如炉渣、焦油或氨水，可以用在其他经济活动中。按此观点，ψ_2是最合适的㶲效率指数，因为该指数把产品和副产品作为有用的输出而把废弃物中的物化㶲扣除。

表 7-5、表 7-6 给出了所分析的各种生产流程的㶲损失。观察由每一个生产流程的参数决定的总的㶲损失和㶲效率非常重要。与电炉结合的半联合流程的㶲损失最低，发电和电弧炉是㶲损失最大的过程。传统的联合流程和新的联合流程（COREX—转炉）的㶲损失主要取决于高炉、COREX 熔融还原厂、炼钢的炉料消耗的㶲效率，两个流程的㶲效率具有可比性。尽管基于熔融还原的新流程在主要成本和环境上有优点，但是 COREX 厂由于大量用煤，其㶲损失较大。输出的煤气在一个联合发电厂以 48% 的效率发电并产生蒸汽。所

发电力的一部分用在炼钢厂内其他生产单元。输出的煤气不仅用来发电，也可用于直接还原铁的生产、化工厂合成气体的生产、钢铁厂的加热。因此，输出气体被记作可作其他用途的热能副产品。COREX—EAF 流程比 COREX—BOF 流程的㶲损失更高。电弧炉的㶲损失比转炉大，发电过程的㶲损失也大。

表 7-5　传统的联合流程和半联合流程按生产步骤的㶲损失

项　目	生产单位原材料、能量和产品的㶲损失/MJ	传统的联合流程（转炉）		半联合流程（电弧炉）	
		吨钢②原材料和能量输入	吨钢②㶲损失/GJ	吨钢②原材料和能量输入	吨钢②㶲损失/GJ
石灰石/t	2179	0.447	0.97	0.151	0.33
石灰/t	830	0.065	0.05	0.067	0.06
铁矿石/t	83	1.633	0.14	0.285	0.02
燃料油①/t	0	0.035	0	0.011	0
天然气/m^3	3	46	0.15	89	0.28
电/kW · h	5	274	1.36	620	3.08
氧气/m^3	2	86	0.20	30	0.07
球团/t	612	0.381	0.23	0.278	0.17
烧结矿/t	1946	1.132	2.20	0	0
煤/t	199	0.676	2.64	0.181	0.04
焦炭/t	6410	0.412	0.13	0	0
废钢③/t	0	0.124	0	0.874	0
直接还原铁/t	3338	0	0	0.196	0.65
高炉铁水/t	3512	0.976	3.43	0	0
转炉钢/t	1414	1	1.41	0	0
电炉钢/t	3265	0	0	1	3.26
总㶲损失			12.92		7.97

①炼油厂内燃料油生产的㶲损失不计；

②液态钢；

③废钢运输的㶲损失未计。

表 7-6　新联合流程（COREX—转炉和 COREX—电炉）按生产步骤的㶲损失

项　目	生产单位原材料、能量和产品的㶲损失/MJ	COREX—转炉		COREX—电弧炉	
		吨钢②原材料和能量输入	吨钢②㶲损失/GJ	吨钢②原材料和能量输入	吨钢②㶲损失/GJ
石灰石/t	2179	0.375	0.82	0.374	0.82
石灰/t	830	0.062	0.05	0.073	0.06
铁矿石/t	83	1.028	0.09	1.327	0.11
燃料油①/t	0	0.032	0	0.033	0
天然气/m^3	3	19	0.06	137	0.44
电/kW · h	3.9	370	1.44	656	2.56

续表 7-6

项　目	生产单位原材料、能量和产品的㶲损失/MJ	COREX—转炉		COREX—电弧炉	
		吨钢②原材料和能量输入	吨钢②㶲损失/GJ	吨钢②原材料和能量输入	吨钢②㶲损失/GJ
氧气/m^3	2	453	1.03	366	0.84
球团/t	612	0.671	0.41	1.042	0.64
煤/t	199	0.820	0.16	0.758	0.15
废钢②/t	0	0.38	0	0.165	0
直接还原铁/t	3338	0	0	0.352	1.17
COREX 铁水/t	12273	0.720	8.84	0.583	7.16
转炉钢/t	1884	1	1.88	0	0
电炉钢/t	2645	0	0	1	2.64
总㶲损失			14.78		16.58

①炼油厂内燃料油生产的㶲损失不计；
②废钢运输的㶲损失未计。

表 7-7 是各种情况下的㶲效率。从此表可见半联合钢厂的㶲效率最高，$\psi_2=67\%$，COREX—转炉流程 $\psi_2=50\%$，传统的联合钢厂 $\psi_2=48\%$，新联合流程 COREX—电弧炉的㶲效率最低，$\psi_2=43\%$。ψ_2 和 ψ_3 的区别表明某炼钢厂副产品中㶲的相对重要性。如果只考虑主要产品，传统的和新的联合流程的㶲效率较低，这表明气体、固体和液态副产品是如何可以使工艺的总的㶲效率提高。各个工厂和全生产流程的㶲损失的不同表明了上游生产步骤对钢铁生产总的㶲损失的影响。

表 7-7　不同流程的㶲效率和㶲损失①

项　目		传统的联合流程②	半联合流程③	新联合流程 COREX—转炉④	新联合流程 COREX—电炉⑤
炼钢厂	㶲效率 ψ_1	0.56	0.69	0.55	0.49
	㶲效率 ψ_2	0.48	0.67	0.50	0.43
	㶲效率 ψ_3	0.30	0.67	0.25	0.28
	㶲损失/$GJ \cdot t^{-1}$液态钢	10.9	3.3	13.0	12.8
钢铁生产流程	㶲损失/$GJ \cdot t^{-1}$液态钢	12.9	8.0	14.8	16.6

①结果随每个工艺的能量和材料消耗变化；
②钢厂包括石灰厂、电厂、氧气厂、烧结厂、焦化厂、高炉、氧气转炉；
③钢厂包括电弧炉；
④钢厂包括石灰厂、电厂、氧气厂、COREX 厂、氧气转炉；
⑤钢厂包括石灰厂、电厂、氧气厂、COREX 厂、电弧炉。

半联合流程的㶲损失还是最少的，尽管电弧炉炼钢的效率低。取决于个别工厂的能量效率，传统的联合流程还是比 COREX 的新联合流程的㶲损失低。即使这样，COREX—氧气转炉厂的㶲效率 ψ_1 和 ψ_2 还是比烧结—焦化—高炉—转炉的高。有熔融还原的钢厂的总的㶲损失强烈地受炼钢时铁水装入量的影响。另一方面，由于铁水用量不同导致气体输出量的变化所引起的ψ_2变化的范围不大。在COREX—电弧炉厂，如果气体回收率提高则其ψ_2降低。对所有类型的钢厂，节能措施是降低㶲损失的最重要手段，即使如此，开发副产品在其他经济领域的用途，减少空气和水的排放，固体废弃物的循环利用，仍是提高总效率和降低环境影响的基础工作。

对于联合流程，上流生产步骤的吨钢㶲损失比炼钢厂的低，这些㶲损失是显著的但是可以减少：提高上流生产步骤的㶲效率；降低采矿或外部能量供应的需要，例如远途供电。对半联合流程，电能不是电弧炉钢厂发生的，总的㶲损失很大程度取决于发电效率。对熔融还原流程，较高的㶲损失与COREX单元用煤量相关，这些不利因素可以通过成本、环境负担、操作上的灵活性等优点得到补偿。对所有的钢铁生产流程，将㶲损失和效率与其他能量、经济和环境因素相权衡是重要的。

8 钢铁生产中的节能工艺

8.1 概论

8.1.1 我国钢铁企业的能耗指标

能源作为人类社会生存和社会经济发展的重要物质基础。随着全球经济一体化和世界经济的迅猛发展，资源和环境越来越成为全人类共同关心的重要问题和面临的严峻挑战。《国务院关于加强节能工作的决定》（国发［2006］28号）明确要求“加强能源统计和计量管理”。新修订的《中华人民共和国节约能源法》已于2008年4月1日开始全面实施，作为节能法配套的国家节能基础标准GB/T 2589—2008《综合能耗计算通则》、GB/T 12723—2008《单位产品能源消耗限额编制通则》两个标准已由国家标准化管理委员会发布（2008年第2号），于2008年6月1日起正式实施。这些标准的实施，将推动节能减排工作的进展，使得《节能法》能更好地实施。

按照国家标准《综合能耗计算通则》（GB/T 2589—2008），综合能耗是指用能单位的统计报告期内实际消耗的各种能源实物量，按规定的计算方法和单位分别折算后的总和。对企业来说，综合能耗是指统计报告期内，主要生产系统、辅助生产系统和附属生产系统的综合能耗总和。企业中主要生产系统的能耗量应以实测为准。

综合能耗计算的能源指用能单位实际消耗的各种能源，包括：一次能源，主要包括原煤、原油、天然气、水力、风力、太阳能、生物质能等；二次能源，主要包括洗精煤、其他洗煤、型煤、焦炭、焦炉煤气、其他煤气、汽油、煤油、柴油、燃料油、液化石油气、炼厂干气、其他石油制品、其他焦化制品、热力、电力等。

耗能工质消耗的能源也属于综合能耗计算种类。耗能工质主要包括新水、软化水、压缩空气、氧气、氮气、氦气、乙炔、电石等。综合能耗计算包括的能源种类，应满足填报国家能源统计报表的要求。各种能源不得重计、漏计。能源的计量应符合GB 17167的要求。

计算范围指用能单位生产活动过程中实际消耗的各种能源。对企业，包括主要生产系统、辅助生产系统和附属生产系统用能以及用作原料的能源。能源及耗能工质在用能单位内部储存、转换及分配供应（包括外销）中的损耗，也应计入综合能耗。

计算综合能耗时，各种能源折算为一次能源的单位为标准煤当量。用能单位实际消耗的燃料能源应以其低（位）发热量为计算基础折算为标准煤量。

低（位）发热量等于29307kJ的燃料，称为1kg标准煤。

用能单位外购的能源和耗能工质，其能源折算系数可参照国家统计局公布的数据；用能单位自产的能源和耗能工质所消耗的能源，其能源折算系数可根据实际投入产出自行计算。当无法获得各种燃料能源的低（位）发热量实测值和单位耗能工质的耗能量时，可参照表 8-1 和表 8-2。

表 8-1　各种能源折标准煤参考系数

能源名称		平均低位发热量	折标准煤系数
原　煤		20908kJ/kg(5000kcal/kg)	0.7143kg/kg
洗精煤		26344kJ/kg(6300kcal/kg)	0.9000kg/kg
其他洗煤	洗中煤	8363kJ/kg(2000kcal/kg)	0.2857kg/kg
	煤　泥	8363kJ/kg ~ 12545kJ/kg (2000kcal/kg ~ 3000kcal/kg)	0.2857 ~ 0.4286kg/kg
焦　炭		28435kJ/kg(6800kcal/kg)	0.9714kg/kg
原　油		41816kJ/kg(10000kcal/kg)	1.4286kg/kg
燃料油		41816kJ/kg(10000kcal/kg)	1.4286kg/kg
汽　油		43070kJ/kg(10300kcal/kg)	1.4714kg/kg
煤　油		43070kJ/kg(10300kcal/kg)	1.4714kg/kg
柴　油		42652kJ/kg(10200kcal/kg)	1.4571kg/kg
煤焦油		33453kJ/kg(8000kcal/kg)	1.1429kg/kg
渣　油		41816kJ/kg(10000kcal/kg)	1.4286kg/kg
液化石油气		50179kJ/kg(12000kcal/kg)	1.7143kg/kg
炼厂干气		46055kJ/kg(11000kcal/kg)	1.5714kg/kg
油田天然气		38931kJ/m^3(9310kcal/m^3)	1.3300kg/m^3
气田天然气		35544kJ/m^3(8500kcal/m^3)	1.2143kg/m^3
煤矿瓦斯气		14636 ~ 16726kJ/m^3(3500 ~ 4000kcal/m^3)	0.5000 ~ 0.5714kg/m^3
焦炉煤气		16726 ~ 17981kJ/m^3(4000 ~ 4300kcal/m^3)	0.5714 ~ 0.6143kg/m^3
高炉煤气		3763kJ/m^3	0.1286kg/m^3
其他煤气	1)发生炉煤气	5227kJ/kg(1250kcal/m^3)	0.1786kg/m^3
	2)重油催化裂解煤气	19235kJ/kg(4600kcal/m^3)	0.6571kg/m^3
	3)重油热裂解煤气	35544kJ/kg(8500kcal/m^3)	1.2143kg/m^3
	4)焦炭制气	16308kJ/kg(3900kcal/m^3)	0.5571kg/m^3
	5)压力气化煤气	15054kJ/kg(3600kcal/m^3)	0.5143kg/m^3
	6)水煤气	10454kJ/kg(2500kcal/m^3)	0.3571kg/m^3
粗　苯		41816kJ/kg(10000kcal/kg)	1.4286kg/kg
热力(当量值)		—	0.03412kg/MJ
电力(当量值)		3600kJ/(kW · h)[860kcal/(kW · h)]	0.1229kg/(kW · h)
电力(等价值)		按当年火电发电标准煤耗计算	
蒸汽(低压)		3763MJ/t(900Mcal/t)	0.1286kg/kg

引自：《综合能耗计算通则》(GB/T 2589—2008)。

表 8-2 耗能工质能源等价值

品 种	单位耗能工质耗能量	折标准煤系数
新 水	2.51MJ/t(600kcal/t)	0.0857kg/t
软 水	14.23MJ/t(3400kcal/t)	0.4857kg/t
除氧水	28.45MJ/t(6800kcal/t)	0.9714kg/t
压缩空气	1.17MJ/m^3(280kcal/m^3)	0.0400kg/m^3
鼓 风	0.88MJ/m^3(210kcal/m^3)	0.0300kg/m^3
氧 气	11.72MJ/m^3(2800kcal/m^3)	0.4000kg/m^3
氮气(做副产品时)	11.72MJ/m^3(2800kcal/m^3)	0.4000kg/m^3
氮气(做主产品时)	19.66MJ/m^3(4700kcal/m^3)	0.6714kg/m^3
二氧化碳气	6.28MJ/m^3(1500kcal/t)	0.2143kg/m^3
乙 炔	243.67MJ/m^3	8.3143kg/m^3
电 石	60.92MJ/kg	2.0786kg/kg

注：耗能工质：在生产过程中所消耗的不作为原料使用，也不进入产品，在生产或制取时需要直接消耗能源的工作物质。

引自：《综合能耗计算通则》（GB/T 2589—2008）。

8.1.1.1 吨钢综合能耗

吨钢综合能耗定义为在统计报告期内的每吨钢消耗的自耗能源量。统计范围包括：矿石采选、烧结、球团、炼铁、铁合金冶炼、炼钢、连铸、轧钢、钢丝及其制品、焦炭、耐火材料、炭素制品和为钢铁工业生产服务的运输、机修、动力（含自发电）等。企业能量的统计方法应符合 GB/T 2589、GB/T 3484、GB/T 2587、GB/T 8222 等的规定。用于统计的量、单位、符号应符合 GB 3101 的规定。用能单位能源计量器具配备和管理应符合 GB 17167 的规定。吨钢综合能耗按下式计算：

$$\text{吨钢综合能耗(标煤)(kg/t)} = \frac{\text{企业自耗能源量}}{\text{企业钢产量(t)}}$$

式中 企业自耗能源量 = 企业购入能源量 ± 库存能源减增量 − 外销能源量

= 企业各部位耗能量之和 + 企业能源亏损量

企业钢产量 = 合格钢锭产量 + 合格连铸坯产量

常用能源折标准煤系数和耗能工质能源等价值系数见表 8-1、表 8-2。

8.1.1.2 吨钢可比能耗

吨钢可比能耗定义为在统计报告期内，每生产 1t 合格钢，从炼铁、炼钢直到成材配套生产所必需的耗能量及企业燃料加工与输送，机车运输能耗与企业能源亏损所分摊在每吨钢上的耗能量之和。

（1）焦化工序能耗。在统计报告期内生产 1t 合格焦炭，炼焦工艺生产系统的备煤车间（不包括洗煤）、厂内部原料煤的损耗、炼焦车间、回收车间（冷凝鼓风、氨回收、粗苯、脱硫脱氰、黄血盐）辅助生产系统的机修、化验、计算、环保等，以及直接为生产服务的附属生产系统的食堂、浴池、保健站、休息室、生产管理和调度指挥系统等所消耗的各种能源的实物量，扣除回收利用并外供的余热、二次能源、余能量（干熄焦产出只计蒸汽，不含发电）。

（2）烧结工序能耗。在统计报告期内烧结工序生产 1t 合格烧结矿，扣除自身回收利用及外供的二次能源量后实际消耗的各种能源量。

（3）球团工序能耗。在统计报告期内球团工序生产 1t 合格球团矿，扣除自身回收利用及外供的二次能源量后实际消耗的各种能源总量。

（4）炼铁工序能耗。炼铁工序能耗是指在统计报告期内高炉炼铁工序生产 1t 合格铁水，扣除自身回收利用及外供的二次能源量后实际消耗的各种能源总量。

（5）转炉工序能耗。在统计报告期内转炉工序（含混铁炉、炉外精炼、精整）生产 1t 合格钢坯（锭），扣除自身回收利用及外供的二次能源量后实际消耗的各种能源总量。

（6）电炉工序能耗。在统计报告期内电炉工序（含混铁炉、炉外精炼、精整）生产 1t 合格钢坯（锭），扣除自身回收利用及外供的二次能源量后实际消耗的各种能源总量。

（7）连铸工序能耗。在统计报告期内连铸工序（含浇钢）生产 1t 合格钢坯（锭），扣除自身回收利用及外供的二次能源量后实际消耗的各种能源总量。

（8）开坯工序能耗。在统计报告期内开坯工序生产 1t 合格钢坯，扣除自身回收利用及外供的二次能源量后实际消耗的各种能源总量。

（9）轧材工序能耗。在统计报告期内轧材工序生产 1t 合格钢材，扣除自身回收利用及外供的二次能源量后实际消耗的各种能源总量。

（10）机车运输能耗。在统计报告期内机车工序为企业生产 1t 合格钢坯（锭），扣除自身回收利用及外供的二次能源量后实际消耗的各种能源总量。

（11）燃气加工与输送能耗。在统计报告期内燃气加工与输送工序为企业生产 1t 合格钢坯（锭），扣除自身回收利用及外供的二次能源量后实际消耗的各种能源总量。

（12）企业能源亏损。在统计报告期内企业为生产 1t 合格钢坯（锭），所实际消耗的各部分能源亏损总量。企业能源亏损量由以下三部分组成：

1）购入能源中，供方不承认的计量误差，途耗和企业级库耗及供应损失量（工序、车间等耗能部位负责的损失，则计入相应部位的能耗中。对于车间之间计量纠纷所造成的亏损，要落实到耗能部位进入能耗指标，不得另立专项）。

2）企业二次能源中，凡已回收而未利用造成的放散及分配输送中的损失部分（如焦炉煤气、高炉煤气、氧气放散等损失及电路在企业内的阻损等）。但高炉鼓风的放散损失应计入炼铁能耗。

3）在编制能源平衡表时，即使上述两类损失计入，但仍不能平衡，而又无账可查的部分，均一律计入企业能源亏损项内。

企业吨钢可比能耗计算方法见表 8-3。

表 8-3 企业吨钢可比能耗计算方法

工序部位	工序单位能耗（标煤）/t·t^{-1} (1)	钢比或铁比系数 /t·t^{-1} (2)	可比能耗（标煤）的组成 /t·t^{-1} (1)×(2)	备 注
焦 化	A	a=（烧结、球团、炼铁）耗焦量/全铁折合产量	$A \cdot a$	a，b，c 为折算铁比系数，只适用于能耗指标计算
烧 结	B	b=烧结矿消耗量/全铁折合产量	$B \cdot b$	
球 团	C	c=球团矿消耗量/全铁折合产量	$C \cdot c$	
炼 铁	D=炼铁工序能耗量/全铁折合产量； D'=炼铁工序能耗量/全铁产量； $E=A \cdot a+B \cdot b+C \cdot c+D$	e—1t 钢耗生铁量	$E \cdot e$	D—炼铁工序折合全铁单位能耗； D'—炼铁工序全铁单位能耗； E—企业吨铁单位能耗
转 炉 电 炉 连 铸	F_1 F_2 F_3	f_1—转炉钢率 f_2—电炉钢率 f_3—连铸比 $f_1+f_2=1$	$F=F_1 \cdot f_1+F_2 \cdot f_2+F_3 \cdot f_3$	连铸能耗属炼钢工序
开 坯	G—初轧单位能耗	$g \cdot$[1-（连铸坯量+直接成材耗锭量）/（初轧耗锭量+连铸坯量+直接成材耗锭量）]	M=初轧开坯累计能耗量/（初轧耗锭量+连铸坯量+直接成材耗锭量）	（1）式中连铸坯量系企业直接成材消耗的连铸坯量。 （2）在特钢企业用钢锭成材时，生产的锻钢件（材）可按直接成材处理，但锻坯则按初轧开坯处理。 （3）$M=G \cdot g \cdot$[1-（连铸坯量+直接成材耗锭量）/（初轧耗锭量+连铸坯量+直接成材耗锭量）]
轧 材	H=轧钢能耗量/（外供重复材+成品材）产量	$h \cdot$企业由钢到材的综合成材率	$H \cdot h$	
机 车			I=运输能耗量/企业钢产量	
燃气加工与输送			J=燃气加工与输送能耗量/企业钢产量	
企业能源亏损			K=企业能源亏损量/企业钢产量	
企业吨钢可比能耗			$L=E \cdot e+F+M+H \cdot h+I+J+K$	

引自：山东省地方标准 DB37/746—2007《吨钢综合能耗限额》。

8.1.1.3 影响吨钢能耗的因素

A 铁钢比

铁钢比是生产 1t 钢所耗铁水量与钢水量的比值。“铁钢比”是影响吨钢能耗的重要因素，因为高炉炼铁的能耗在钢铁生产过程中所占比例最大，铁钢比低就意味着炼钢使用铁水的量少而使用废钢的量多。2005 年，全世界（除中国以外）铁钢比是 0.567。日本的铁钢比是 0.738，美国是 0.392，德国是 0.649，欧盟 25 国是 0.574。铁钢比升高 0.1，会使吨钢综合能耗（标煤）上升 20kg/t 左右。目前，我国铁钢比同世界平均水平相比要高出 0.373，与日本相比要高出 0.112；因此，我国吨钢综合能耗因铁钢比一项要高出世界平均水平 74.6kg/t，比日本要高出 22.6kg/t。由于我国钢铁需求量大，社会积蓄的废钢量少，短期内降低铁钢比还不现实。大量使用废钢也会使钢材质量下降，在利用废钢生产高质量钢材方面还需要开发相应的技术。我国铸造生铁产量也大，而日本则大量进口生铁。

B　电炉钢比例

据统计，2003 年以来，我国电炉钢比例在逐年下降，而且全国重点钢铁企业电炉钢比例是低于全国的比例，详见表 8-4。2000 年国际电炉钢比例平均值是 33.7%。2007 年国际电炉钢比例为 30.9%，韩国为 46.5%，美国为 58.9%，德国为 30.9%，日本为 25.8%，巴西为 23.9%，独联体为 19.9%，而我国为 11.93%，与国外比差 20% 左右，致使我国能耗（标煤）高约 60kg/t。

表 8-4　近年来我国电炉钢比例

年　份		2003	2004	2005	2006	2007	2008
电炉钢产量 /万 t	全　国	3905.8	4167.15	4179.0	4420.2	5842.87	
	重点企业	2916.8	3333.41	3327.46	3384.24	3382.05	
全国钢产量 /万 t	全　国	22234	28291	35578.9	42102.36	48971.23	50048.8
	重点企业	18580.5	23717.87	28392.7	34947.58	40413.24	39209.38
电炉钢比例 /%	全　国	17.56	15.17	11.75	10.50	11.93	
	重点企业	15.69	14.27	11.72	9.68	9.61	

钢铁工业采用长流程生产钢，就应有烧结、球团、焦化、高炉炼铁工序。而采用短流程，就只有电炉工序。以 2007 年全国重点钢铁企业各工序能耗均处稳定状况条件下来进行计算，生产工艺是长流程时，从矿石到生产 1t 转炉钢的所需能耗（标煤）计算结果为 574.51kg/t。2007 年我国重点钢铁企业电炉工序能耗（标煤）为 80.74kg/t，而电炉使用铁水比例为 416kg/t。416kg/t 热铁水要消耗炼铁系统能耗（标煤）为 568.19kg/t × 0.416 = 236.36kg/t。所以，我国电炉工序的冶炼 1t 钢的实际能耗（标煤）为：236.36 + 80.74 = 317.10kg/t。因此我国电炉使用铁水的情况下，电炉冶炼工艺要比转炉工艺的能耗（包括炼铁系统）低 574.51 − 317.10 = 257.41kg/t。如果电炉完全使用废钢进行冶炼，就不存在炼铁系统的能源消耗。但相应的电能消耗要增加。

C　能源结构

世界主要产钢国家钢铁工业能源结构见表 8-5。

表 8-5　世界主要产钢国家钢铁工业能源结构　（%）

国　别	煤　炭	石　油	天然气	电　力
日　本	56.40	19.90	0	23.70
德　国	55.80	20.70	8.20	15.30
美　国	60.00	7.00	17.00	16.00
中　国	69.90	3.20	0.50	26.40

从表8-5中可看出，我国钢铁工业能源结构中煤炭和电力比例最高。煤炭在应用过程中的能源转化效率和能源使用效率比石油和天然气要低，仅此一项，中国钢铁工业的能耗要比工业发达国家的能耗（标煤）要高15～20kg/t。

我国钢铁工业所用煤炭的质量也要比工业发达国家差。2008年我国重点钢铁企业焦炭的灰分达13.03%，美国和西欧所用的焦炭灰分一般在10%左右。仅灰分一项，对高炉炼铁燃料比的影响要在24kg/t左右，约影响吨钢综合能耗（标煤）23.31kg/t。

日本和韩国钢铁工业购买煤炭，要求发热值在30961.6J以上。我国规定标准煤的发热值为29288.0J。因此，对煤炭质量要求不一样，就会使能耗高出5.7%。2005年，我国将电力折标煤系数从0.404kg/kW·h调整为0.1229kg/kW·h，电力的能耗下降69.57%，进而严重地影响了我国钢铁工业总用能水平的考核。以吨钢综合能耗来分析，按能源结构中用电比例为26.40%计算，就会使吨钢综合能耗值下降18.36%。因此造成2007年各工序能耗值与2005年相比全面下降。这种下降使历史数据不可比。日本钢铁工业电力折标煤系数在0.357kg/kW·h，西欧钢铁企业是在0.320kg/kW·h左右。我国调整电力折标煤系数之后，造成统计基准的变化，使我国钢铁工业能耗与国外失去可比性。

我国目前执行的电力折标煤系数0.1229kg/kW·h是1kg标准煤的发热值与1kW·h电能的理论比值。实际上煤的发热量在转换为电能的时候受到热力学第二定律的限制，其能源转换效率是有限的。我国火力发电的平均标准煤耗（标煤）量为0.4kg/kW·h，按我国当前电力行业供电煤耗的先进水平计算，供电标准煤耗（标煤）为0.2909kg/kW·h。理论的电力折算系数0.1229kg与目前最先进技术水平的供电标准煤0.2909kg相差很大。

D　技术装备水平

冶金技术装备是向大型化、高效化、自动化、连续化、紧凑化、长寿化和生产过程环境友好方向发展。目前，我国冶金技术装备总体水平偏低，达到国际水平的约占1/3左右，有20%左右应属淘汰之列；装备的平均容量偏小，而小容量装备的工序能耗是高于大容量装备的。

（1）小高炉的能耗要高于大高炉80～90kg/t。鼓风机每产生1m^{3}风，要消耗（标煤）0.085kg/t的能量。4000m^{3}级高炉的风耗在950m^3/t左右。小高炉吨铁风耗在1300m^{3}以上，中小高炉一般是采用大风机、大风量，进行高强度冶炼，来获得高利用系数，导致吨铁风量偏高。应采取降低燃料比的操作方针来实现高利用系数。太钢、宝钢、首钢、武钢等企业的高炉燃料比在500kg/t以下，而高炉利用系数可在2.5t/(m^3·d)左右，吨铁风量是在930～1100m^3/t，这是一种科学的高炉操作方针。

小高炉炉顶压力一般在100kPa以下，而大高炉顶压在235kPa左右，相差135kPa。炉顶压力提高10kPa可降燃料比0.3%～0.5%，相当于1.15kg/t左右能耗（标煤）。相差135kPa的小高炉炉顶压力，会使炼铁能耗（标煤）上升15.578kg/t。

小高炉的生铁含Si量一般在0.8%左右，而大高炉一般是在0.4%左右。生铁含Si下降0.1%，可使高炉焦比下降4kg/t，相当于4kg/t能耗（标煤）。

小高炉煤气中CO_2含量在18%左右，大高炉在22%～24.5%。CO_2含量升高0.5%，可降工序能耗（标煤）8.5kg/t。小高炉比大高炉CO_2含量约低4%，造成能耗（标煤）高24kg/t。

高炉冷却设备和炉体散热占高炉总支出热量的6.96%。小高炉单位容积的比表面积肯定要比大高炉要大。从节能减排和降低炼铁成本的角度出发，应当向高炉大型化努力。

（2）小转炉煤气和蒸汽回收装置配置不齐全，或回收量少，使二次能源丢失。大转炉可回收煤气 $100m^3/t$，蒸汽 50kg/t，可回收 28.5kg/t 左右的二次能源，实现转炉负能炼钢。我国小于 20t 以下的转炉，一般没有煤气和蒸汽回收装置。

（3）生产流程连续化、紧凑化可节能。炼钢厂不设混铁炉，铁水直接去炼钢，可使铁水物理热损失减少。钢坯进行热送热装，进行直接轧制，可实现轧钢节能 30% 以上。生产流程连续化、紧凑化可减少物流过程中的损失，有间接节能的效果。

E 钢材产品的技术含量

高技术含量产品比例较高的企业，钢材加工有热轧、冷轧、涂镀层等工艺。这些企业的吨钢综合能耗一般要高于只生产普通螺纹钢的企业。

8.1.2 我国钢铁工业能耗现状

“十五”期间，全国重点钢铁企业吨钢综合能耗（标煤）从 920kg/t，降到 2005 年的 747kg/t，下降了 20.3%。2008 年为 629.03kg/t，这里有电力折标煤系数从 0.404kg/kW · h调整为 0.1229kg/kW · h 的因素影响。但主要是我国钢铁界全体员工努力奋斗的结果。“十五”期间，我国钢铁工业万元增加值能耗（标煤）从 2000 年 13.91t 下降到 2005 年的 6.84t，下降了 51.04%。这里包含了我国钢铁工业节能的成就，也包括了我国钢铁工业生产结构，技术装备结构和产品结构等方面所取得的成就。宝钢、武钢、鞍钢、首钢，太钢等一批钢铁企业的单位能耗指标已达到或接近国际先进水平。如 2008 年太钢高炉燃料比为 469kg/t，工序能耗(标煤)为 363.85kg/t，转炉工序能耗（标煤）为 –12.95 kg/t；首钢转炉工序能耗为 –12.45kg/t，武钢转炉工序能耗（标煤）为 –10.67kg/t；鞍钢焦化工序能耗（标煤）为 92.15kg/t。中国钢铁工业生产技术进步取得了巨大进展。2000 年以来我国重点钢铁企业能耗情况见表 8-6。

表 8-6 重点钢铁企业能耗（标煤）情况 (kg/t)

年 份	吨钢综合能耗	吨钢可比能耗	烧 结	球 团	焦 化	炼 铁	转 炉	电 炉	轧 钢
2000	920	781	68.90		160.20	466.07	28.88	265.59	117.95
2005	876	714	64.83	39.96	142.21	456.29	36.34	201.02	88.52
2007	628.23	614.34	55.47	30.12	126.89	428.28	6.32	80.94	59.52
2008	629.93	609.61	55.49	30.29	119.97	427.72	5.74	81.52	59.22
2009 年前 2 个月	635.14	606.22	56.11	34.45	113.37	411.91	5.18	79.12	58.11
2005 年国际先进			51.89		128.1	437.93	–8.88	198.6	冷轧 47.82 热轧 80.28

但是我国钢铁产业集中度低，冶金设备平均容量偏小，钢铁企业之间技术经济指标差距较大。详见表 8-7。

表 8-7 2008 年重点钢铁企业能耗（标煤）对比 (kg/t)

项目	综合能耗	可比能耗	烧 结	球 团	焦 化	炼 铁	转 炉	电 炉	轧 钢
落后值	783.45	842.40	91.21	49.44	335.05	530.74	38.04	177.43	238.18
先进值	三明 556.64	太钢 504.00	新余 39.04	太钢 17.44	新冶钢 61.33	太钢 363.85	太钢 –12.95	韶钢 37.19	纵横 27.32
差值	226.81	338.40	52.17	32.00	273.72	167.29	50.99	140.24	210.86

据统计，2008 年我国有 10 个企业的烧结工序能耗（标煤）低于 50.00kg/t，有 9 个企业的球团利用工序能耗低于 25.00kg/t，有 9 个企业焦化工序能耗低于 100.00kg/t，有 16 个企业高炉炼铁工序能耗低于 410.00kg/t，有 9 个企业转炉工序能耗是低于 0.00kg/t，有 6 个企业电炉工序能耗低于 60.00kg/t，有 16 个企业轧钢工序能耗低于 50.00kg/t。上述数据表明，我国部分钢铁企业之中相关工序能耗水平已达到或接近国际先进水平。这是近年来我国钢铁企业深化节能工作所取得的成就，是我国钢铁工业技术发展的主流。这里有些是要将电力折标煤系数按等价值(即 0.404kg/kW · h)进行换算后进行与国外相关工序能耗进行对比，这样才有可比性。

8.1.3　钢铁厂的能量流与节能措施

王建军、蔡九菊等对钢铁企业的能量流进行了分析。钢铁企业的吨材（吨钢）综合能耗为：

$$E_{\mathrm{p}} = \sum_{j=1}^{n} e_i p_i \tag{8-1}$$

由式（8-1）可知，影响吨材能耗的直接因素有两类：（1）各生产工序的物质流比；（2）各生产工序的工序能耗。由此，可以得到各股能量流变化对能耗的影响。当各个钢铁生产工序的材比（或钢比）系数 p_i 保持不变，各能源转换工序的工艺条件确定时，各股能量流对吨材（吨钢）能耗的影响可用下式表示：

$$\Delta E_{p-e} = \sum_{i=1}^{n} [(-\Delta G'_{i-1} + \sum_{j=1}^{m_i} q_{j,i}\Delta b_j - \Delta g_{\zeta-i})p_i] \tag{8-2}$$

式中　$\Delta G'_{i-1}$——上道生产工序产品带入第 i 工序的能量的变化量，kg/t 工序产品；

m_i——工序 i 生产 1t 工序产品所需投入的能源种类数；

$q_{j,i}$——工序 i 生产 1t 工序产品第 j 种能源的投入量，t/t 工序产品，或 m^3/t 工序产品，或 kW · h/t 工序产品等；

b_j——第 j 种能源能值的变化量，kg/t，或 kg/m^3，或 kg/(kW · h)等；

p_i——第 i 生产工序的材比系数或钢比系数，t/t。

式（8-2）中，等号右边第一项为钢铁生产工序之间能量传递中能量流的变化对吨材（或吨钢）能耗的影响；第二项为能源转换过程中能量流的变化对吨材（或吨钢）能耗的影响；第三项为钢铁生产过程中回收能量流的变化对吨材（或吨钢）能耗的影响；可见，从能量流的角度考虑问题，降低吨材（或吨钢）能耗主要方法为：工序产品载有的能量应尽量及时带入下一工序利用；降低各类能源介质的能值；及时合理地回收利用生产中的余热余能。基于式（8-2），以某钢铁企业为对象，具体分析能量流对能耗的影响。根据某钢铁企业的实际生产数据，以 1t 钢为基准计算，生产 1t 钢，投入到钢铁企业的能源为 701.1kg/t，即企业的吨钢综合能耗（标煤）为 701.1kg/t，企业损失为 29.6kg/t，钢铁企业实际消耗为 671.5kg/t。基于能量流图计算了各种余热余能在当前技术条件下最大回收量对吨钢工序能耗及吨钢能耗的影响，列于表 8-8 中。表 8-8 中，各种余热余能的最大回收量对吨钢工序能耗及吨钢能耗的影响可见表中数据。从表中可以看出，对吨钢工序能耗影响较大的有“焦炉煤气回收”和“高炉煤气回收”这两项；表中 9 种能源（量）的最大回收量对吨钢能耗总的影响量为 -360.83kg/t。可见，加强钢铁生产流程中各种余热余能的回收利用是降低钢铁企业能耗非常有效的措施。

表 8-8 能源最大回收量对吨钢工序能耗的影响 (kg/t)

影响因素	焦化	烧结	炼铁	炼钢	轧钢	吨钢能耗
焦炉煤气回收 $450m^3/t$	-289.35					-86.66
CDQ 蒸汽回收 580kg/t	-68.96					-21.13
烧结蒸汽回收 80kg/t		-8.46				-10.13
高炉煤气回收 $1600m^3/t$			-182.40			-161.57
TRT 发电 40kW · h/t			-12.80			-11.34
转炉煤气回收 $100m^3/t$				-28.60		-28.60
转炉蒸汽回收 100kg/t				-10.57		-10.57
钢坯热装温度提高 800℃/t①					-18.50	-17.08
加热炉排烟温度降低 500℃/t②					-14.90	-13.75

①设钢坯热装温度由 25℃提高到 825℃；

②设加热炉排烟温度由 700℃降低到 200℃。

8.1.4 日本钢铁企业的能量流和节能举措

图 8-1 是日本钢铁企业节能前和现在的能量流模式，通过采取一系列节能措施，日本钢铁企业的能耗大大降低，从钢铁生产及大宗废物利用方面回收的能量的比例不断增加，取得了很好的节能效果。图 8-2 示出了新日铁的节能举措和能量用量随时代的变化。可见，通过工艺过程的省略、连续化，如薄板坯连铸连轧、再生式燃烧器等；副产品、排热的回收，如焦化煤气、化工产品的回收、干熄焦、高炉顶压发电、转炉煤气锅炉、废热锅炉等；废塑料、废轮胎、生物质能的利用以及通过产业间合作对未利用排热进行利用等措施，可以有效地提高能源利用率，减少一次能源的消耗。在能量的使用上，提倡多段使用，提高利用率，如图 8-3 所示。

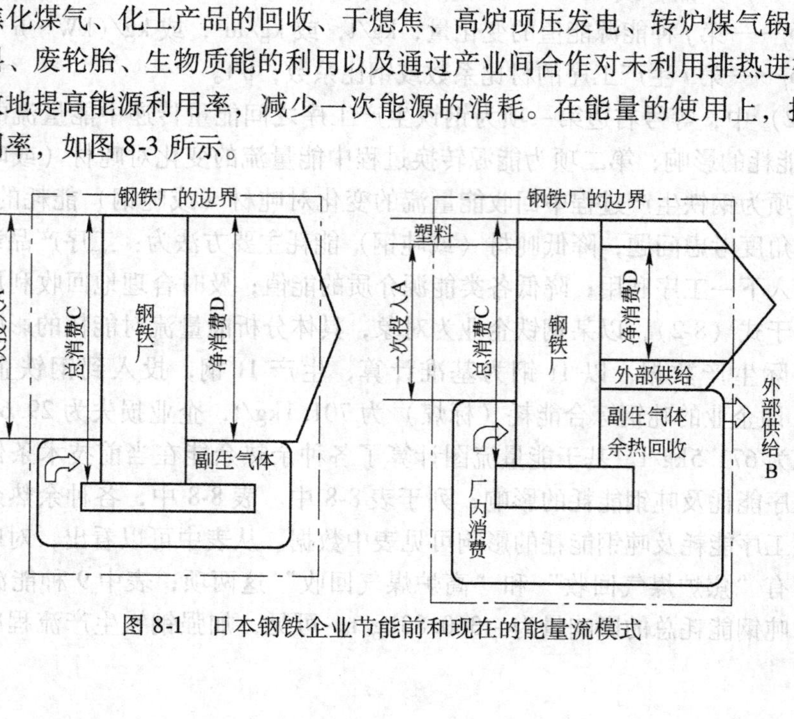

图 8-1 日本钢铁企业节能前和现在的能量流模式

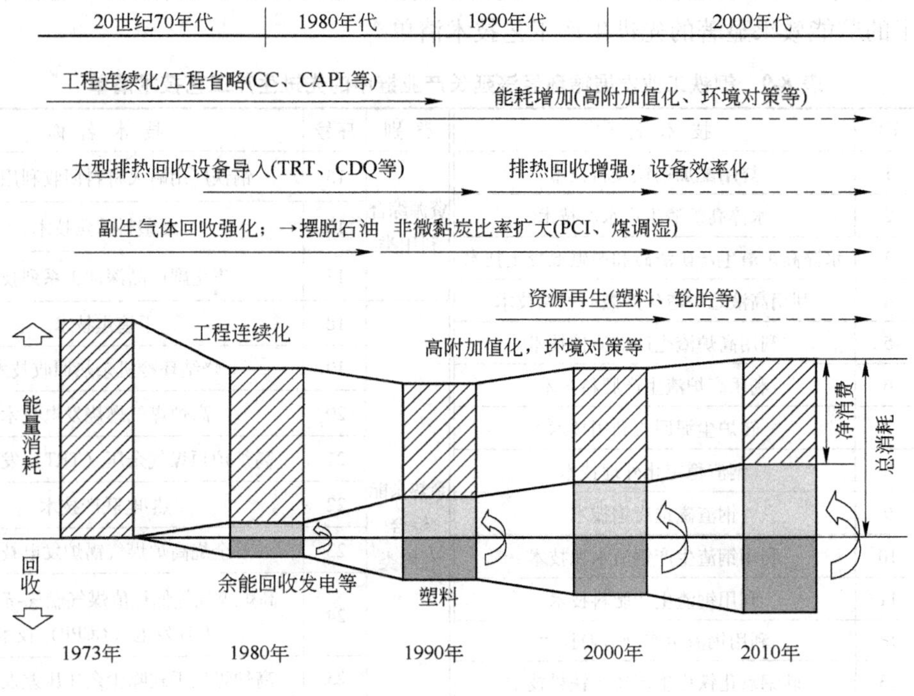

图 8-2 新日铁的节能举措和能量用量随时代的变化

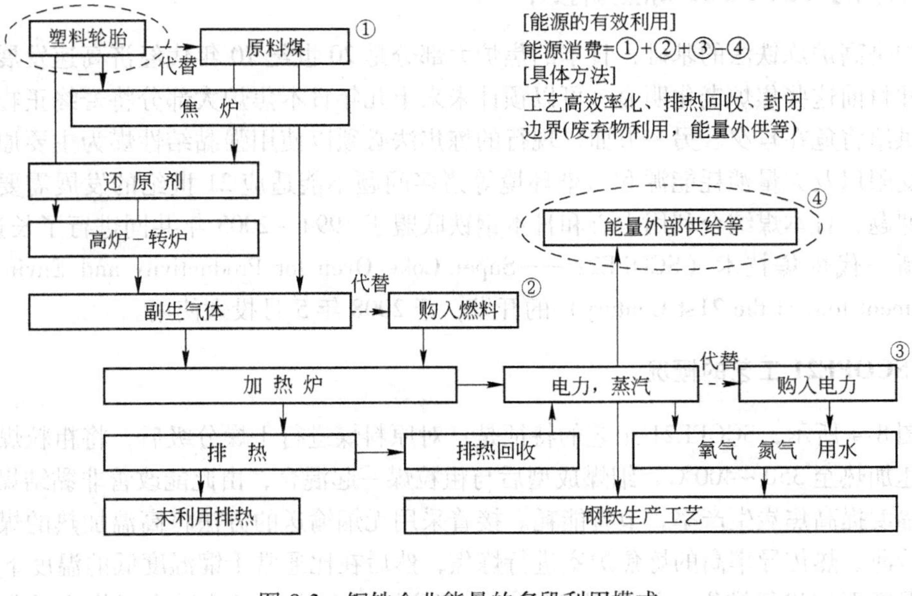

图 8-3 钢铁企业能量的多段利用模式

8.1.5 钢铁工业的主要节能工艺设备

环境保护部2009年3月14日发布了《实施钢铁工业发展循环经济环境保护导则》，

该导则 2009 年 7 月 1 日起执行。表 8-9 列出了钢铁工业发展循环经济延长产业链中经过实践证明了的节能效果显著的先进生产工艺技术清单。

表 8-9　钢铁工业发展循环经济延长产业链中的先进生产工艺技术清单

类 别	序号	技 术 名 称
资源综合利用类	1	烧结配加钢铁废料技术
	2	水淬高炉渣生产水泥技术
	3	水淬高炉渣生产矿渣砖和湿碾混凝土技术
	4	利用高液态炉渣生产微晶玻璃技术
	5	利用高炉渣生产矿渣棉技术
	6	利用高炉渣生产肥料技术
	7	转炉尘泥回收利用技术
	8	钢渣稳定化外理技术
	9	钢渣磁选废钢技术
	10	利用钢渣生产钢渣水泥技术
	11	利用钢渣生产肥料技术
	12	利用钢渣生产钢渣粉技术
	13	轧钢氧化铁皮生产还原铁粉技术
	14	石灰窑废气回收液态 CO_2 技术
资源综合利用类	15	钢铁厂用耐火材料回收利用技术
	16	废塑料炼焦技术
	17	焦化副产品深加工系列技术
余热余能综合利用类	18	干熄焦技术
	19	烧结环冷机余热回收技术
	20	高炉煤气燃烧发电技术
	21	高炉炉顶煤气余压（TRT）发电技术
	22	热-电联产技术
	23	全烧高炉煤气锅炉发电技术
	24	高炉煤气等低热值煤气燃气-蒸汽联合循环发电（CCPP）技术
	25	高炉煤气干式除尘余压压差发电技术
	26	高炉渣显热回收技术

8.2　日本的 SCOPE21 炼焦新技术

焦炉是高炉炼铁法的基础，日本的焦炉大部分是 20 世纪 70 年代经济高速发展时期建的，因此目前这些焦炉老化明显。可以预计未来十几年日本焦炉大部分将寿终正寝，焦炭的稳定供给将危在旦夕。另一方面，现行的炼焦法必须以使用强黏结性煤为主要原料，这种资源受限以及大量消耗能源和污染环境等诸多问题不能适应 21 世纪的发展需要。为解决上述课题，日本煤综合利用中心和日本钢铁联盟于 1994 ~ 2003 年共同进行了长达 10 年之久的新一代炼焦技术（SCOPE21——Super Coke Oven for Productivity and Environmental Enhancement toward the 21st Century）的开发，于 2008 年 5 月投入使用。

8.2.1　SCOPE21 工艺的概况

如图 8-4 所示，SCOPE21 工艺的特征是：对原料煤进行干燥分级后，将粗粒煤和细煤分别快速加热至 350 ~ 400℃，细煤成型后与粗粒煤一起混合，由此能改善非黏结煤的黏结性，大幅度提高焦炭生产率，节省能耗。接着采用无烟输送的方法将高温加热的煤装入炉壁耐火砖薄、热传导率高的炼焦炉室进行炼焦，然后在比通常干馏温度低的温度下（中低温干馏温度下）进行推焦，并采用 CDQ（干熄焦）的焦炭质量改进仓对推出的焦炭进行再加热，由此能确保焦炭质量与普通炼焦法的相同，大幅度提高了焦炭生产率和改善了环境。具体的开发目标及其实现的手段介绍如下。

（1）煤资源有效利用。现行炼焦法只能使用 20% 左右的非黏结煤，而采用 SCOPE21 工艺却能使用高达 50% 的非黏结煤，通过采用煤的快速加热技术，能提高煤的黏结性，同

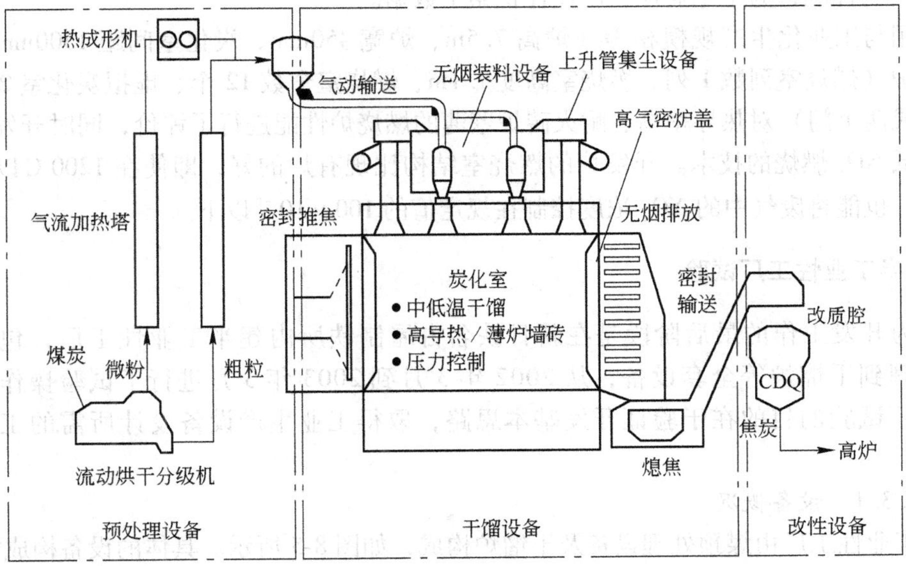

图 8-4　SCOPE21 炼焦工艺流程图

时采用细煤成型技术，可以提高装入煤的松装密度。

（2）提高生产率。为大幅度提高焦炭生产率，对装入煤进行了高温预热、减小炭化室炉壁厚度、提高炭化室炉壁的热传导率、对煤进行均匀加热，结果能在比通常干馏温度1000℃低的温度下进行推焦，从而大幅度缩短了干馏时间。在这里，干馏温度不足部分可以采用干熄焦设备（CDQ）进行再加热，以确保焦炭质量。

（3）改善环境。由于采用活塞输送方式对煤进行密闭输送和调整焦炉炉内压力及推焦时的密闭除尘等方法，可以防止煤气从焦炉泄漏，并彻底杜绝炼焦时产生的冒烟、粉尘飞扬和臭味散发的现象。另外，通过改善焦炉的燃烧结构，实现了低 NO_x 燃烧。

（4）节能。通过对装入煤进行高温预热，提高了干馏开始温度，通过中低温干馏，降低了推焦的温度，由此减小了间接加热干馏炉的热能耗。另外，对产生的煤气和燃烧废气的显热进行回收，节省了能源。

8.2.2　小规模试验

对 SCOPE21 工业化生产设备的设想是，由于一座 4000m³ 的大高炉的日出铁量为 1 万 t/d，因此 SCOPE21 的焦炭生产能力必须达到大约 4000t/d（换算成煤炭量的处理能力为 240t/h）。在此前提下，设定煤的预处理设备应比实验室设备大 10～20 倍，干馏炉尽可能与工业化生产规模相同。在新日铁名古屋制铁所内建了实验规模的工厂。该设备的煤预处理量为 0.6t/h，是半工业性工厂的 1/10 规模。从 1998 年 10 月到 2003 年 3 月进行了试验操作。它采用流化床干燥分级设备对细煤进行分级，通过控制气体流速，能将细煤的粒度控制在规定范围内。采用气流预热塔加热设备对粗粒煤进行加热，能将细煤加热到 300℃ 这一目标值。即使是难以均匀加热的粗粒煤（0.5～6mm），只要控制所要求的热风温度，粗粒煤的颗粒温度偏差就可以控制在 50℃ 以内，基本能加热到 380℃。由此确认了 SCOPE21 的重要工序——煤预处理工序（干燥分级→快速加热→热态成型→高温煤的输送）设备的性能，为半工业性工厂设计积累了数据。

采用与工业化生产规模相等（炉高 7.5m、炉宽 450mm、炭化室间距 1500mm）的燃烧试验炉（燃烧室列数 1 列、燃烧室高度 7.1m、燃烧室个数 12 个、虚拟炭化室 2 个、蓄热室分成两个门）对热导率高、耐火砖炉壁薄的燃烧炉性能进行了评价，同时开发了均匀加热、低 NO_x 燃烧的技术。开发炉的燃烧室结构比现有炉的好，即使在 1200℃ 以上高温加热下，也能将废气中的 NO_x 浓度控制在规定值的 100×10^{-6} 以下。

8.2.3 半工业性工厂试验

作为开发工作的最后阶段是在新日铁名古屋制铁所内建半工业性工厂，包括了从煤预处理到干馏炉等全套设备，从 2002 年 3 月到 2003 年 3 月进行了试验操作。半工业性工厂试验的目的在于验证开发基本思路，取得工业生产设备设计所需的工艺技术数据。

8.2.3.1 设备概况

半工业性工厂由煤预处理设备及干馏炉构成，如图 8-5 所示。具体的设备构成如下。

（1）煤预处理设备。煤的预处理能力是工业化生产设备的 1/20，根据实验装置的试验成果，确定了基本技术参数。

（2）干馏炉。干馏炉为一个炭化室。炉长是工业化生产设备的 1/2，炉高和炉宽的尺寸与工业化生产设备相同。该干馏炉可以反映出前述的燃烧结构最佳化试验的结果，并能获得环保措施的设计数据。

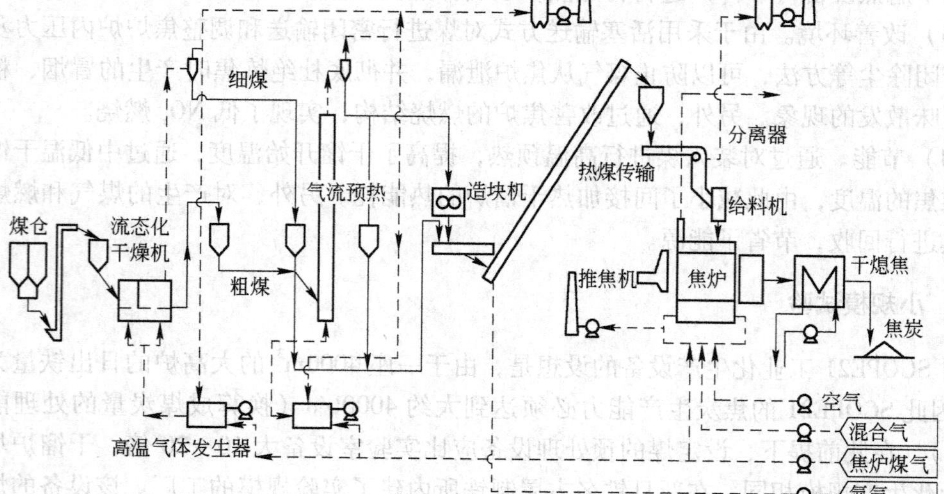

图 8-5　SCOPE21 炼焦工艺的半工业性工厂流程

8.2.3.2 半工业性工厂试验操作

半工业性工厂操作大致可分为低炉温的一次操作（炉温 1100～1150℃）和高炉温的二次操作（1200～1280℃）两个阶段。半工业试验大约进行了 1 年时间的操作。总的干馏试验次数为 440 次，基本达到了开发目标。

（1）焦炭质量。作为装入原料，黏结煤和非黏结煤的配比各 50%。另外，煤的预处理是先在流化床将煤加热到 300℃，然后在气流塔将粗粒煤和细煤都加热到 380℃。采用这种装入原料煤进行操作的 1 年中焦炭平均强度 $DI_{15}^{150}=84.8$，比现行炼焦工艺的焦炭平均强度 82.3 高 2.5。焦炭平均强度的提高不仅是由于提高煤松装密度的作用所致，也是煤快速加热的作用所致。

（2）生产率。在装入煤的温度 330℃、炉温 1250℃的条件下，采用普通的湿煤操作的干馏时间是 17.5h，而采用 SCOPE21 可将干馏时间缩短至 7.5h，提高焦炭生产率 2.4 倍。另外，虽然 SCOPE21 采用高温、快速干馏操作，但作为焦炉操作课题的石墨黏附量与普通操作法相同，且细煤部分的成型对抑制石墨的生成非常有利。

（3）改善环境。采用活塞输送方式输送高温煤的输送速度在 350t/h 以上，输送稳定，满足了工业化生产设备的要求。

干馏炉燃烧废气中的 NO_x 与试验结果完全一致，炉温在 1250℃时，NO_x 浓度在 100×10^{-6}以下。

作为防止干馏炉煤气泄漏的措施，已确认有效的办法是调整炉内压力，同时获得了工业化生产设备设计用的推焦时的局部除尘数据。

（4）节能效果。为评价节能效果，在下述前提下对现行工艺进行了比较。

比较工艺：20 世纪 90 年代时的现行工艺（湿煤操作 + CDQ 热回收）。

电力评价：发电效率 38.2（换算成能源 9418kJ/W · h）。

评价方法：综合能源（能耗 - CDQ 能源回收）。

SCOPE21 工艺（1321MJ/t）比现行工艺（1668MJ/t）节能 21%。这是因为 SCOPE21 工艺虽然煤预处理工序的电耗有所增加，但干馏炉的煤气燃烧能耗下降效果大所致。

8.2.4 工业化设备的设计概念和经济性

A 前提

（1）设置场所：新的场所。

（2）焦炭生产能力：焦炭产量为 4000t/d（1.5Mt/a），满足大型高炉（铁水产量 10000t/d）的需要。

（3）研究范围：包括了从煤粉碎到高温煤输送工序、干馏工序和 CDQ 干熄焦工序。

（4）其他：没有备用焦炉和应急时的对应设备。

B 设备概况

（1）主要设备概况。表 8-10 示出了主要设备概况，根据半工业性工厂的试验结果，确定了煤预处理设备、高温煤输送设备和干馏炉的操作条件。对于干馏炉炭化室的数量，根据半工业性工厂试验的结果，在确定工业化生产设备的生产率是现行工艺的 2.4 倍后进行计算。

（2）设备布置。与现行工艺相比，SCOPE21 工艺的干馏炉炭化室数量由 126 个减少到 53 个，即使增加了煤的预处理设备，设备的占地面积也减少了一半。

C 经济性

在前述表 8-10 的条件下，对设备费和焦炭的生产成本进行了评价。

表 8-10　日产 4000t 的 SCOPE21 炼焦工艺工业化生产设备的主要技术参数

项　目		普通焦炉	SCOPE21
装入煤	湿度/%	9.0	—
	温度/℃	25	330
	块煤比/%	—	30
煤预处理	流化床干燥炉	—	240t/h
	空气预热器	—	粗粒煤：160t/h；细煤：80t/h
	制块机	—	80t/h
高温煤的输送		—	活塞式输送机 400t/h×2 套
焦　化	燃料温度/℃	1250	1250
	结焦时间/h	17.5	7.4
焦炉特征	尺寸：高/m	7.50	7.50
	长/m	16.00	16.00
	宽/m	0.45	0.45
	炭化室容积/m^3	47.0	47.0
炭化室墙砖	厚度	100	70
	热导率/$W\cdot(m\cdot K)^{-1}$	致密砖 1.97	超级致密砖 2.67
	炭化室数量	126	53

(1) 设备费。与现行工艺相比，虽然 SCOPE21 工艺用于煤预处理设备费和环保设施等的费用增加了，但由于干馏炉设备的大幅度减少，因此设备费可减少 16%。

(2) 焦炭生产成本。SCOPE21 工艺虽然用于煤处理的电耗/燃料煤气等的费用增加了，但由于大量使用了非黏结煤，因此原料费用比现行工艺的减少，产生的副产物少。从总的焦炭生产成本（可变费用 + 固定费用）来看，可减少 18%。

日本炼焦工作者经过 10 多年努力研究的 SCOPE21 项目已完成了最终阶段的半工业性工厂试验，基本达到了当初设定的目标值，取得了巨大的成果。至今所取得的成果必将充分应用于即将到来的焦炉更新改造中，为世界的炼焦技术作出巨大的贡献，新日铁计划采用 SCOPE21 工艺在大分钢厂建设一个 100 万 t/a 的炼焦炉，JFE 钢铁同样也准备在福山的工厂建设一个焦炉组。这个焦炉组将会使公司增加 50 万 t 的产量，同时也是第一个采用 SCOPE21 技术燃烧排气氮氧化物低的焦炉组。这个项目已在 2006 年中投入生产。可以确信 SCOPE21 工艺将是满足 21 世纪发展需要的最佳炼焦工艺。

8.2.5　SCOPE21 工艺的工业化

2006 年 4 月，SCOPE21 工艺的工业化工程在新日铁大分钢铁厂开工。工程包括第 5 炼焦炉、煤的预处理设施、焦炭改质室（CDQ）的建设以及后续的 CDQ、焦炭输送设备、煤气精制装置等。主要设备参数见表 8-11。2008 年 5 月 30 日，世界上第一台采用 SCOPE21 工艺的炼焦炉投入工业生产。

表 8-11　新日铁大分第 5 炼焦炉主要设备参数

主要设备		设备参数
煤预处理设备	基本工艺	SCOPE21 工艺
	流化床干燥分级机	煤处理量（干煤）：155t/h
	气流塔加热机	煤处理量（干煤）：106t/h
	压块机	煤处理量（干煤）：34t/h×2
炼焦炉	炉　型	SCOPE21 低 NO_x 型
	炭化室	64 门炉高 6.7m×炉宽 0.45m×炉长 16.6m
CDQ（干法熄焦）	焦炭处理设备	120t/h

8.3　干熄焦工艺

传统的熄焦工艺采用湿法熄焦，炽热的焦炭出炉后由装焦车运至熄焦塔内，由上部的喷淋装置喷洒冷却水，冷至200℃左右运至凉焦台，经筛分处理后送至高炉冶炼铁水。这种方式由于投资小、上马快，在我国得到了普遍的采用。但是这种方式损耗了炽热焦炭的显热，而且由于急冷产生的热应力造成了焦炭破裂，机械强度下降，使高炉冶炼条件恶化；同时由于焦炭的水分增加，水分中含有硫化物易产生腐蚀等带来了一系列的不利影响。

干法熄焦是采用惰性循环气体熄灭焦炭，并将余热回收发电的一项重大节能技术。1917 年瑞士以节能为目的开发该技术，历经 4 年开发成功。1920 年欧美建设了 20 套干熄焦装置，最大 42t/h。1937 年苏联也设置了干熄焦装置，因冷却不均匀而中止。1960 年苏联为解决严寒中湿熄焦操作困难再次开发干熄焦工艺，1965 年开发成功。这次他们增设了均热部，确立的规模是 56t/h。1976 年日本从苏联引进该技术，新日铁设置一套，日本钢管设置了 5 套。1980 年配套了蒸汽发电，日本干熄焦装置普及率是 90%，大型装置的生产能力是 200t/h。干熄焦技术改变了传统的湿法熄焦技术中的余热资源浪费以及含有粉尘和有毒、有害物质的尾气对大气环境严重污染的现象，是焦化行业装备水平的重要标志。干法熄焦技术是早在 20 世纪 60 年代初期由苏联国立焦化设计院试验研究创立的。由于其巨大的经济效益和社会环境效益，很快在德国、日本等发达国家推广，1970 年代中期，印度、巴基斯坦等发展中国家也相继引进。我国在 1980 年代也先后在宝钢和浦东煤气厂引进两套完整的装置，宝钢从日本引进的两组干熄焦装置从 1985 年投产以来，运行稳定。济钢干熄焦工程利用现有老焦炉湿法熄焦改干法熄焦、余热回收利用的节能示范工程于 1998 年底整个工程和单机试车全部完成，1999 年 4 月试车一次成功并投入运行。

国内现有 120 余座年产百万吨焦炭的大中型焦炉，如全部使用干熄焦技术，不仅仅减少大量粉尘等污染物排放，而且可以每年回收余热蒸汽 2500 万 t，发电 65 亿 kW·h。

8.3.1　干熄焦的基本原理及工艺流程

8.3.1.1　基本原理

干法熄焦（Coke Dry Quenching）缩写为“CDQ”简称“干熄焦”，是相对于用水熄灭炽热焦炭的传统湿熄焦而言的，其基本原理是利用冷的惰性气体（燃烧后的废气或氮气），在干熄炉中与赤热红焦换热，从而冷却熄灭红焦。

8.3.1.2　工艺流程

图 8-6 是干熄焦工艺流程示意图。炭化室中推出的 950～1050℃ 红焦经导焦栅落入运载车上的焦罐内。运载车由电机车牵引至提升机井架底部，由提升机将焦罐提升至干熄炉炉顶，通过装入装置将焦炭装入干熄炉。炉中焦炭与惰性气体直接进行热交换，冷却至 250℃ 以下。冷却后的焦炭经排焦装置卸到皮带输送机上，再经炉前焦库送筛焦系统。

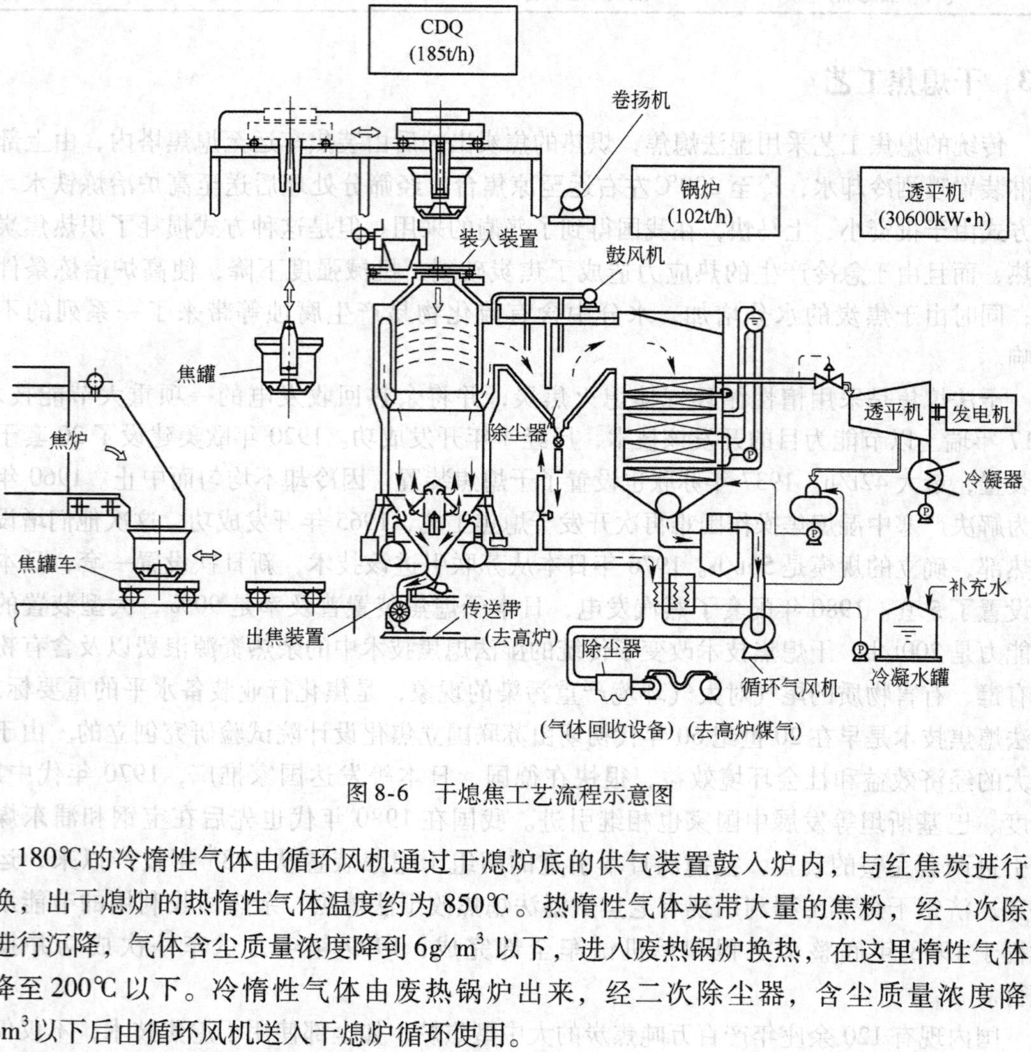

图 8-6　干熄焦工艺流程示意图

180℃ 的冷惰性气体由循环风机通过干熄炉底的供气装置鼓入炉内，与红焦炭进行热交换，出干熄炉的热惰性气体温度约为 850℃。热惰性气体夹带大量的焦粉，经一次除尘器进行沉降，气体含尘质量浓度降到 $6g/m^3$ 以下，进入废热锅炉换热，在这里惰性气体温度降至 200℃ 以下。冷惰性气体由废热锅炉出来，经二次除尘器，含尘质量浓度降到 $1g/m^3$ 以下后由循环风机送入干熄炉循环使用。

废热锅炉产生的蒸汽或并入厂内蒸汽管网或送去发电。

我国宝钢一期工程为了配合 4 座 50 孔、炭化室高 6m 的大容积焦炉生产，建设了 4 套单台处理能力为 75t/h 的干熄焦装置，配备了发电装置。其设计及实际操作参数见表 8-12。

图 8-7 给出了另一种干熄焦方式：回转炉箅式（Circular Grate）干熄焦装置。

表 8-12 宝钢干熄焦设备设计参数和操作实绩

项 目		设计参数	操作实绩
蒸汽回收量/kg · t^{-1}		420 ~ 450	526 ~ 626
耗电量/kW · h · t^{-1}		20	23 ~ 25.3
氮气耗量/m^3 · t^{-1}		4	平均 4.7
循环气体成分/%	CO_2	10 ~ 15	14.0 ~ 18.0
	CO	8 ~ 10	<4.0
	H_2	2 ~ 3	<1.0
	O_2	0 ~ 0.2	0
	N_2	70 ~ 75	70 ~ 74

项 目		设计参数	操作实绩
锅炉入口温度/℃		780 ~ 800	780 ~ 800
锅炉出口温度/℃		<200	<200
锅炉	蒸发量/t · h^{-1}	37.5	37.5
	压力/MPa	4.6	4.6
	温度/℃	450	450

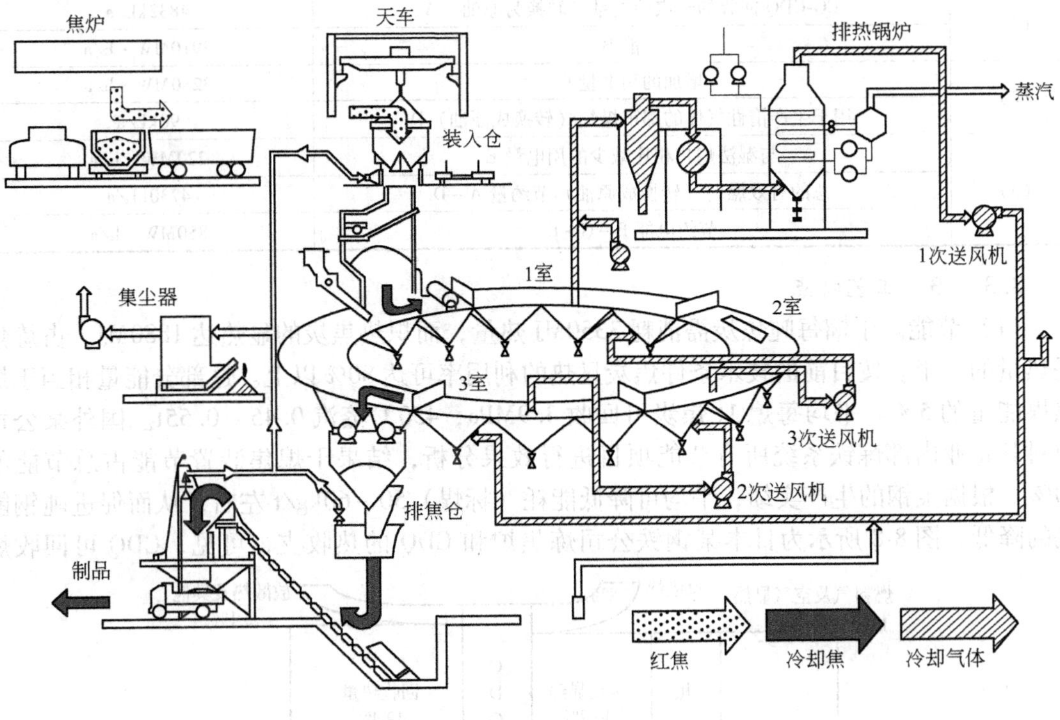

图 8-7 回转炉箅式（Circular Grate）干熄焦装置

该装置由日本三菱重工 1979 年开始开发，1986 年实用化。主要规格见表 8-13。这种 CDQ 是在移动的炉箅上使焦炭和气体进行热交换的固定床工艺。炉箅面积可以自由选取，焦炭层厚度可减薄，冷却更加均匀。固定床上焦炭自身不动，粉化少，成品率提高。处理多品种焦炭时可以防止相互混合。这种 CDG 装置不限于冷却焦炭，也可以作为一般的固体反应及热交换装置广泛活用。

该装置的节能效果见表 8-14。

表 8-13　回转炉算式（Circular Grate）干熄焦装置的主要技术参数

项　目	参　数	项　目	参　数
处理能力/t · d^{-1}	铸造用焦炭，平均 640，最少 490，最多 690	气体密封方式	水封
CDQ 主体尺寸/m	17.5 直径，2.0 宽	焦炭进/出温度/℃	830～860/200～250
焦层厚度/mm	1100，最厚 1200	冷却气体进/出口温度/℃	165/575～605
回转炉算总面积（有效面积）/m^2	110（90.9）	锅炉蒸发量（日均蒸发量）/kg · h^{-1}	9000（30Grate×400℃）
有效冷却室数目	3 个		
冷却气体循环速率/m^3 · min^{-1}	平均 650，（最大 800）	有用蒸汽量/kg · h^{-1}	7250（5.5Grate×250℃）
冷却时间/min	平均 123，最少 108，最大 176	发电量（日均）/kW	515（最大 565）

表 8-14　回转炉算式（Circular Grate）干熄焦装置的节能效果

序　号	项　目	数　量
（1）	CG-CDQ 回收的蒸汽的能量（转换为原油）A	4832kL/a
	电能 B	3910MW · h/a
（2）	增加的用电量 C	3280MW · h/a
	用于生产惰性气体的都市煤气（转换成原油）D	90kL/a
（3）	与湿法熄焦相比减少的用电量 E	220MW · h/a
	总的有效燃料（转换成原油）节约量 A－D	4730kL/a
	节约电能 B－C＋E	850MW · h/a

8.3.1.3　工艺特点

（1）节能。干馏每吨焦炭需消耗 3350MJ 热量，而炽热焦炭的显热达 1880MJ，占炼焦耗热量的一半。按目前的技术条件焦炭显热的利用率可达 80% 以上。这部分能量相当于炼焦煤能量的 5%。平均每熄 1t 焦炭可回收 3.9MPa，450℃蒸汽 0.45～0.55t。国外某公司曾对其企业内部炼铁系统所有节能项目进行效果分析，结果干熄焦装置节能占总节能的 50%。根据宝钢的生产实绩，平均可降低能耗（标煤）50～60kg/t 左右，从而促进吨钢能耗的降低。图 8-8 所示为日本某钢铁公司炼焦炉和 CDQ 的热收支，可见，CDQ 可回收炼

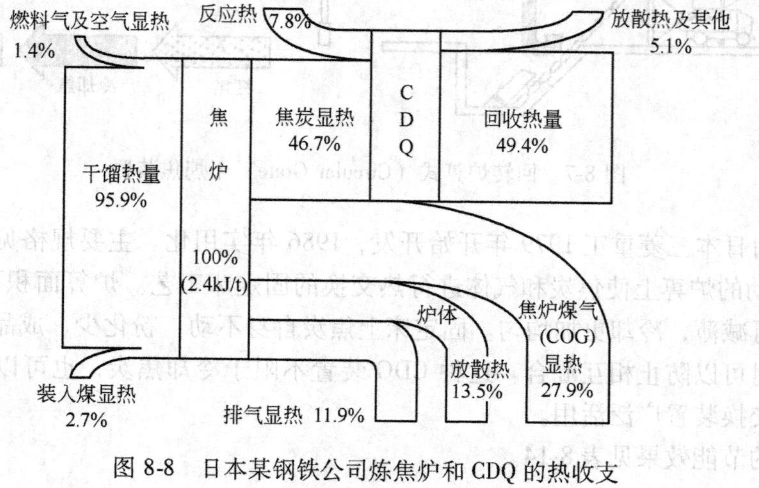

图 8-8　日本某钢铁公司炼焦炉和 CDQ 的热收支

焦炉 49.4% 的热量。

（2）减少环境污染。炼焦若采用湿熄焦，每熄 1t 红焦就要将 0.45t 含有大量酚、氰化物、硫化物及粉尘的蒸汽排向天空，严重地污染了大气及周围的环境。这部分污染占炼焦对环境污染的三分之一。干熄焦利用惰性气体，在密闭系统中将红焦熄灭，并配备良好的除尘设施，基本上不污染环境。此外，由于干熄焦能够产生蒸汽，并可用于发电，因此，避免了生产等量蒸汽而燃煤对大气的污染（5～6t 蒸汽需要 1t 动力煤），尤其减少了 CO_2、SO_2 向大气的排放。对规模为 100 万 t/a 的焦化厂而言，采用干熄焦技术，每年可以减少 8 万～10万 t 动力煤燃烧对大气的污染，即每年少向大气排放 144～180t 烟尘、1280～1600t SO_2，特别是少向大气排放 8 万～10 万 t CO_2，减少了温室效应。

（3）改善焦炭质量。干熄焦与湿熄焦相比，焦炭 M_{40} 提高 3%～8%，M_{10} 改善 0.3%～0.8%。这对降低炼铁成本，提高生铁产量极为有利，尤其对采用喷煤粉技术的大型高炉，效果更加明显。国际上公认：大型高炉采用干熄焦炭可使焦比降低 2%，高炉生产能力提高 1%。按当时的市场价格，每吨干熄焦炭对炼铁的延伸效益是 22 元。

在保持原焦炭质量不变的条件下，采用干熄焦可以降低强黏结性的焦、肥煤配入量 10%～20%，有利于保护资源，降低炼焦成本。

（4）节水。采用传统的湿熄焦，每熄灭 1t 红焦要消耗 0.45t 水。宝钢采用干熄焦工艺，在将环境粉尘控制在小于 $30mg/m^3$ 的同时，也节约了数量可观的熄焦用水。依据其 2003 年的实绩，平均节水 0.43t/t。

（5）投资和能耗较高。干熄焦与湿熄焦相比，确实存在投资高及本身能耗高的问题。例如，干熄焦装置工程费投资在 110～120 元/t，而传统湿熄焦装置工程费投资为 10～15 元/t。干熄焦本身能耗约为 29kW · h/t（同时，干熄焦可回收能源 168/kW · h/t），湿熄焦约为 2kW · h/t。但干熄焦带来的经济效益、环境效益、资源效益和节能效果完全可以抵消其投资高和本身能耗高带来的不足，特别是随着国家对环保要求越来越严格、能源价格越来越高、能源供应越来越紧张的情况下，干熄焦的优点就越发的显著。

8.3.2 干熄焦技术与设备的国产化开发

自 20 世纪 80 年代宝钢引进国外的干熄焦技术至 2000 年，我国的干熄焦技术未能大量推广的主要原因是：各企业自行引进，没有组织协调和整合，造成重复引进；没有组织设备制造厂介入国产化；当时我国能源价格低，使干熄焦节能效果不明显，投资回收期长；没有计算干熄焦对炼铁系统的延伸效益。

1999 年年底，在国家的支持下，国内唯一一家实施干熄焦技术与设备国产化和推广干熄焦的鞍山华泰干熄焦工程技术有限公司成立。在国家大力支持下经过近 5 年的辛勤劳动，国产的电机车、提升机、余热锅炉、旋转焦罐、运载车、热管给水预热器、旋转密封阀、电机式振动给料器以及干熄焦专用的耐火材料已经成功地用在干熄焦工程上。实践证明，国产化干熄焦装置的投资比引进降低 1/3，国产化的专有和非标设备以及耐火材料的价格比引进节约 55%。国产化干熄焦装置的主要技术经济指标已达到国际先进水平。国产化示范工程——马钢 125t/h 干熄焦装置 2004 年 3 月底投产，其国产化率为 90%。通钢 100t/h 干熄焦装置 2004 年 7 月投产，其国产化率达 97%。2008 年，我国投产的干熄焦装置达到 49 套，干熄焦的生产能力超过 4800 万 t。宝钢 CDQ 回收能量达 68kg/t。

8.3.3　煤调湿技术

8.3.3.1　基本原理

煤调湿（Coal Moisture Control 简称 CMC）是“装炉煤水分控制工艺”的简称，是将炼焦煤料在装炉前去除一部分水分，保持装炉煤水分稳定在6%左右，然后装炉炼焦。

煤调湿不同于煤预热和煤干燥：煤预热是将入炉煤在装炉前用气体热载体或固体热载体快速加热到热分解开始前温度（150~250℃），此时煤的水分为零，然后再装炉炼焦；而煤干燥没有严格的水分控制措施，干燥后的水分随来煤水分的变化而改变；煤调湿有严格的水分控制措施，能确保入炉煤水分恒定。

8.3.3.2　工艺流程

依据干燥设备的不同，目前世界上主要有两种煤调湿工艺流程。

(1) 回转式多管干燥机煤调湿。煤料经胶带运输机送入回转式多管干燥机中。利用干熄焦蒸汽发电后的背压汽或工厂内的其他低压蒸汽作热源。在回转式多管干燥机中，煤料在管内与管外的蒸汽（或煤料在管外与管内的蒸汽）逆流间接换热。煤料中的水分被加热蒸发，而被排出。

(2) 流化床干燥机煤调湿。水分为10%~11%的煤料由湿煤料仓送往流化床干燥机，煤料在气体分布板上与从分布板下进入的热风直接接触，煤料被加热干燥，使煤料水分降至6.6%。干燥后，煤料中70%~90%的粗粒煤（相对而言）从干燥机排入螺旋输送机，剩下的10%~30%粉煤随热风进入袋式除尘器，回收的粉煤排入螺旋输送机。粉煤和粗粒煤混合经管道式皮带机输送至焦炉煤塔。干燥用的热风，绝大部分是采用在加热炉内用焦炉煤气点火、高炉煤气燃烧产生的高温热废气。只有一个厂是采用温度为180~230℃的焦炉烟道废气。

采用流化床干燥机煤调湿工艺，其煤料与热废气直接换热效率高。尤其是以焦炉烟道气作热源时，充分利用了废热，既节能，又减少了燃烧高炉煤气放出的CO_2，减少温室效应。

8.3.3.3　实施效果

(1) 煤料含水量每降低1%，炼焦耗热量就降低62.0MJ/t（干煤）。当煤料水分从11%下降至6%时，炼焦耗热量相当于节省了310MJ/t（干煤）。

(2) 由于装炉煤水分的降低，使装炉煤松散密度提高，干馏时间缩短，因此，焦炉生产能力可以提高7%~11%。

(3) 改善焦炭质量，其DI_{15}^{150}可提高1%~1.5%，焦炭反应后强度CSR提高1%~3%；在保证焦炭质量不变的情况下，可多配弱黏结煤8%~10%。

(4) 煤料水分的降低可减少1/3的剩余氨水量，相应减少1/3剩余氨水蒸氨用蒸汽，同时也减轻了废水处理装置的生产负荷。

(5) 节能的社会效益是减少温室效应，当用焦炉烟道废气作为热源时，平均每吨入炉煤可减少约35.8kg的CO_2排放量。

(6) 煤料水分的稳定可保持焦炉操作的稳定，有利于延长焦炉寿命。

8.3.3.4　需注意的问题

(1) 煤料水分的降低，使炭化室荒煤气中的夹带物增加，造成粗焦油中的渣量增加2~3倍，为此，必须设置三相超级离心机，以保证焦油质量。

（2）炭化室炉墙和上升管结石墨有所增加，为此，必须设置除石墨设施，有效地清除石墨，以保证正常生产。

（3）调湿后煤料用皮带输送机送至煤塔过程中，散发的粉尘量较湿煤增加了1.5倍，为此应加强输煤系统的严密性和除尘设施。

（4）调湿后煤料在装炉时，因水分低很容易扬尘，必须设置装煤地面站除尘设施。因此，对已投产的焦炉，若因场地紧张或其他原因不能设置装煤地面站除尘设施时，则不易补建煤调湿装置。

8.4 烧结节能技术

8.4.1 日本的烧结节能技术

日本的烧结矿年产量近十余年来一直维持在1亿t，烧结矿占高炉用铁矿比例的75%左右。自1973年以来，日本烧结能耗降低了477.0MJ，取得了节能20%的成绩。其主要节能对策为均一烧成、烧结层加厚、点火炉节能、排热回收等。

图8-9所示为某厂烧结机的设备及工艺流程，图8-10，图8-11分别是该烧结厂的物料和热量收支图。

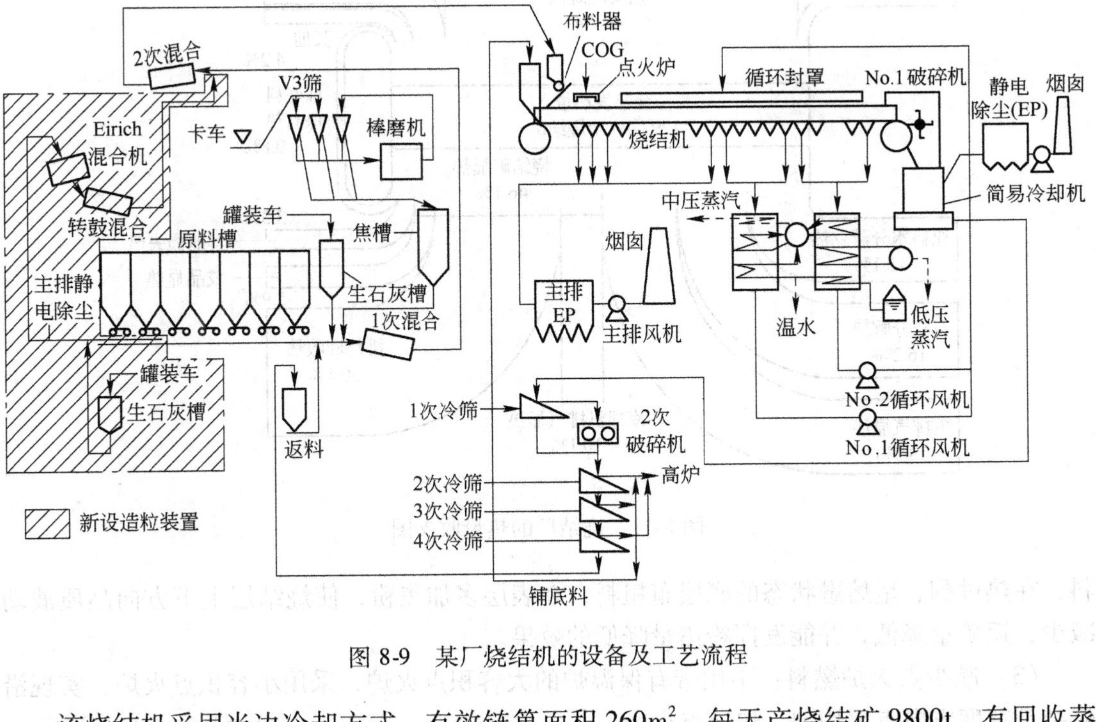

图8-9 某厂烧结机的设备及工艺流程

该烧结机采用半边冷却方式，有效链箅面积260m²，每天产烧结矿9800t，有回收蒸汽设备，每小时可回收2.6MPa的中压蒸汽约40t。从烧结机的热量收支图可以看出，烧结机全部的投入热量中46%作为烧结矿的显热随烧结矿排出，其中的30%可以通过蒸汽回收。烧结机的主要节能对策有：

（1）排热回收：采用半边冷却方式回收中压蒸汽可以发电。

（2）原料通气性改善：用偏析给料装置，在热量不足、强度差的原料表层部位布微粉

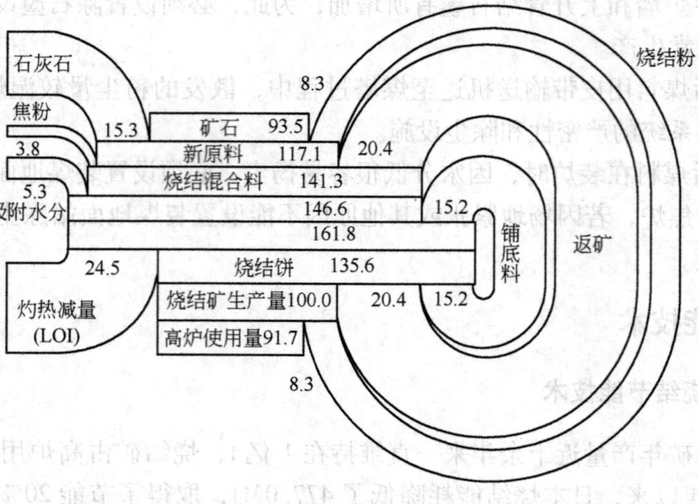

图 8-10　烧结厂的物料收支图

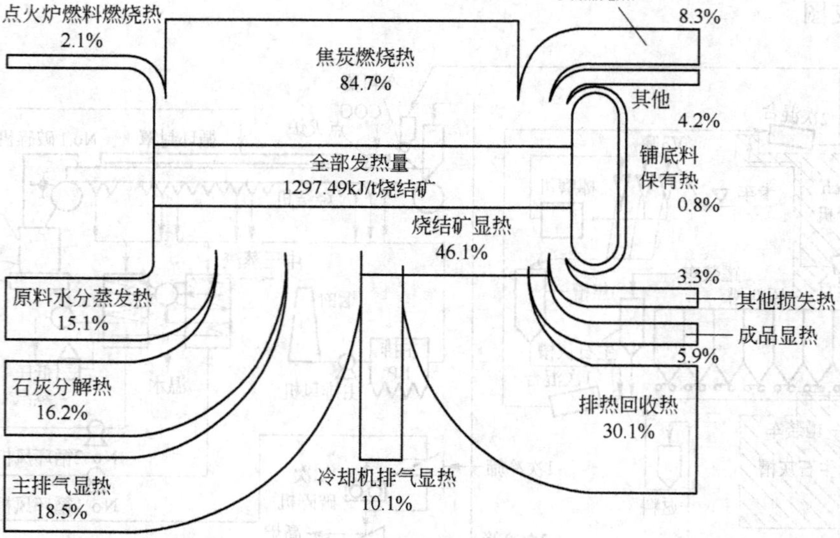

图 8-11　烧结厂的热量收支图

料，在热过剩、呈熔融状态的底层布粗料，在表层多加焦粉，使烧结层上下方向品质波动减少，返矿量降低，并能发挥粉焦量降低的效果。

（3）减少点火炉燃料：不用带有保温炉的大容积点火炉，采用小容积点火炉，实现沿烧结带宽度方向点火均匀、快速点火。

（4）强化造粒：将微粉原料用高速搅拌机加水造粒混合后，用转鼓造粒，再烧结，造粒强化可改善原料透气性、加快烧结速度，使生产率提高 8%～10%。

8.4.2　环冷机废气余热锅炉

高温废气从环冷机上部的两个排气筒抽出经重力除尘器进入余热锅炉进行热交换。锅炉排出的150～200℃的废气由循环风机送回环冷机风箱连通管循环使用。用远程手动操作调节废气量。系统中专设一台常温风机，其作用是当余热回收设备运行时补充系统漏风。余热回收设备不运行而烧结生产仍在进行时，可打开余热回收区的排气筒阀门，启用该风机以保证环冷机的正常运行并使它卸出冷烧结矿的温度低于150℃。环冷机废气余热锅炉的余热回收工艺适用于现有和新建烧结机，其工艺流程如图8-12所示。

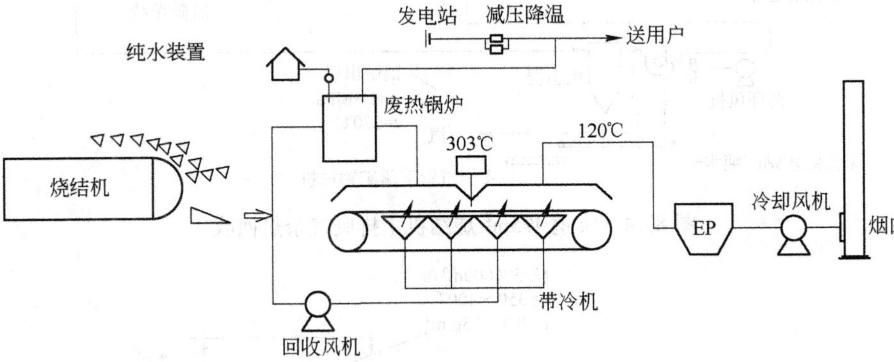

图8-12 环冷机废气余热锅炉余热回收工艺流程示意图

8.4.3 烧结主排废气余热锅炉

烧结主排烟气从热回收区抽出经重力除尘处理，进入余热锅炉进行热交换，锅炉排出150～200℃的低温烟气再经循环风机返回烧结机主排烟管。系统中设有旁通管，当最后一个风箱由于漏风而使温度下降时，可将此风箱的烟气送回至前面合适的主排烟管道，以保证抽出的烟气温度在一个较高的水平上。当最后一个风箱温度回升时，这部分烟气仅可继续回收利用。此外，在热回收区与非回收区之间不设隔板，用远程手动操作调节烟气量。从而保证稳定操作不影响烧结生产，同时确保主电除尘器入口烟气温度在露点以上。系统流程见图8-13。该工艺适用于现有和新建烧结机。工程实例：宝钢495m^{2}烧结机主排废气和环冷机废气余热回收利用见图8-14和图8-15。

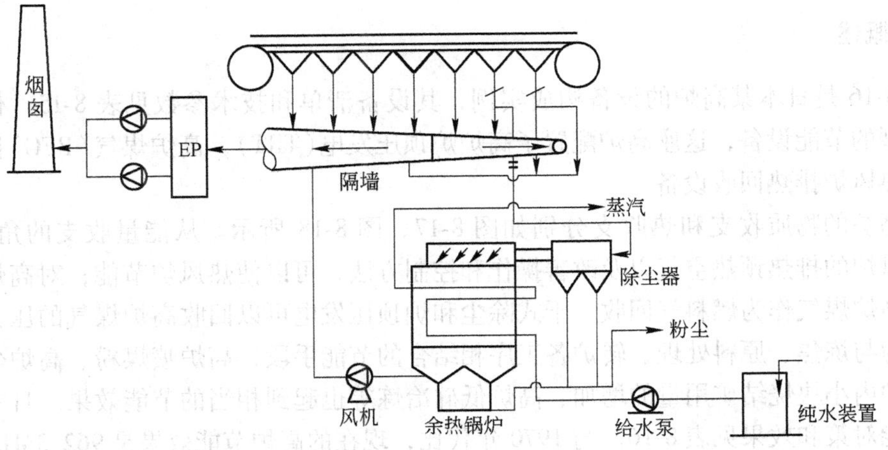

图8-13 烧结主排废气余热锅炉余热回收工艺流程图

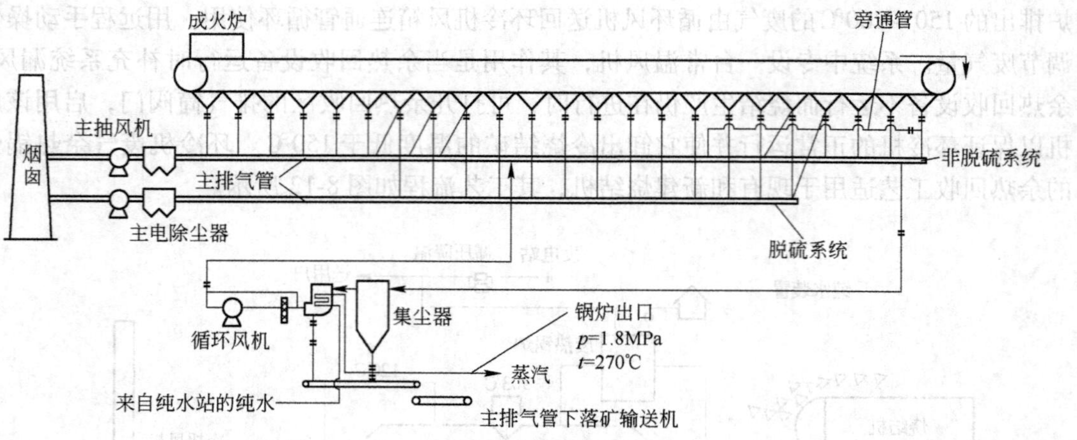

图 8-14　宝钢 495m² 烧结机主排废气余热回收

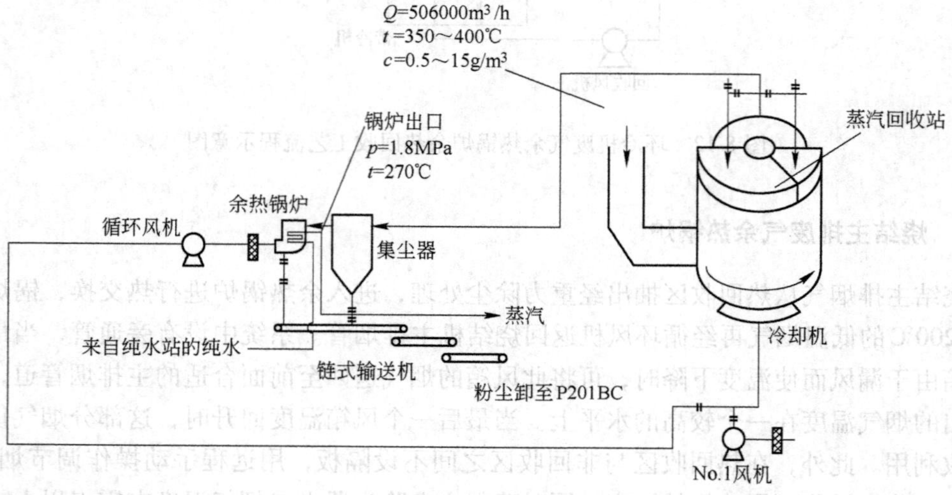

图 8-15　宝钢 495m² 烧结机环冷机废气余热回收

8.5　高炉节能技术

8.5.1　概述

图 8-16 是日本某高炉的设备构成实例，其设备清单和技术参数见表 8-15。作为现代高炉典型的节能设备，这座高炉配置了高炉炉顶压发电（TRT），高炉煤气（BFG）回收，喷煤，和热风炉排热回收设备。

该高炉的物质收支和热收支分别如图 8-17、图 8-18 所示。从能量收支的角度考虑，利用热风炉的排热预热空气以及改善操作和控制方法，可以使热风炉节能；对高炉本体而言，把高炉煤气作为燃料气回收、干式除尘和炉顶压发电可以回收高炉煤气的压力能和显热。作为与炼焦、原料处理、转炉各工序相结合的节能手段，高炉喷煤粉、高炉尘返回烧结、高炉内小块烧结矿用量的增加、高炉低硅冶炼等也起到相当的节能效果。日本高炉的主要节能对策和效果见表 8-16。与 1970 年代比，现在的高炉节能效果是 962. 3MJ/t。本节将概要介绍高炉的各种节能对策。

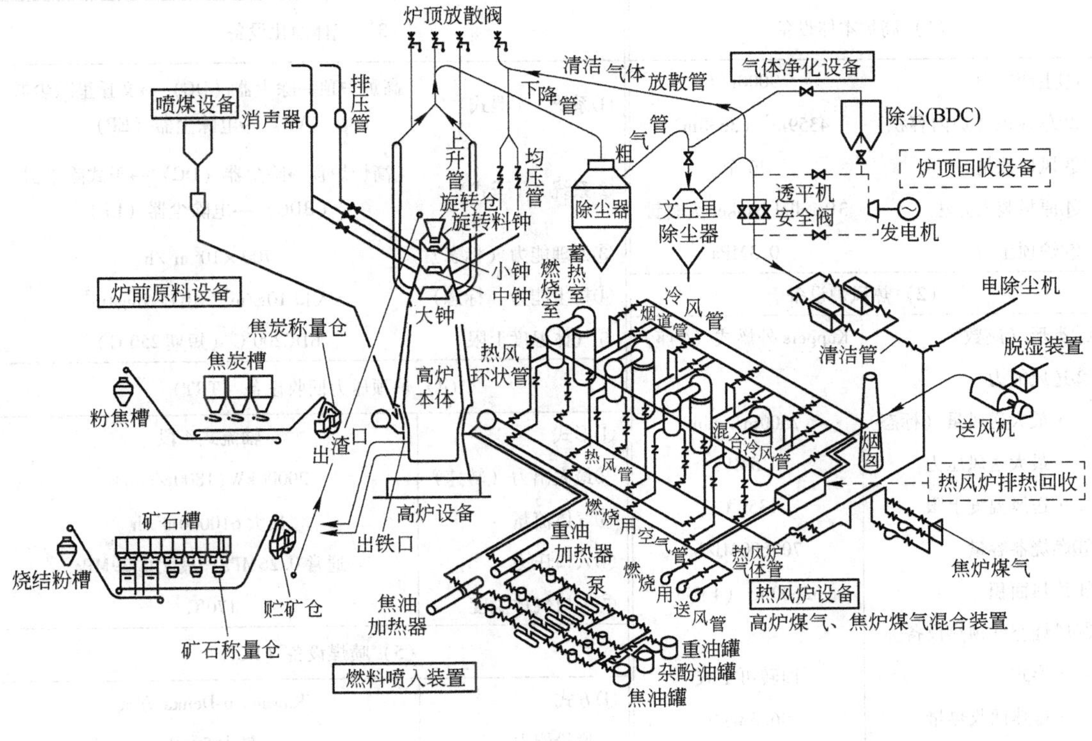

图 8-16 高炉设备构成实例

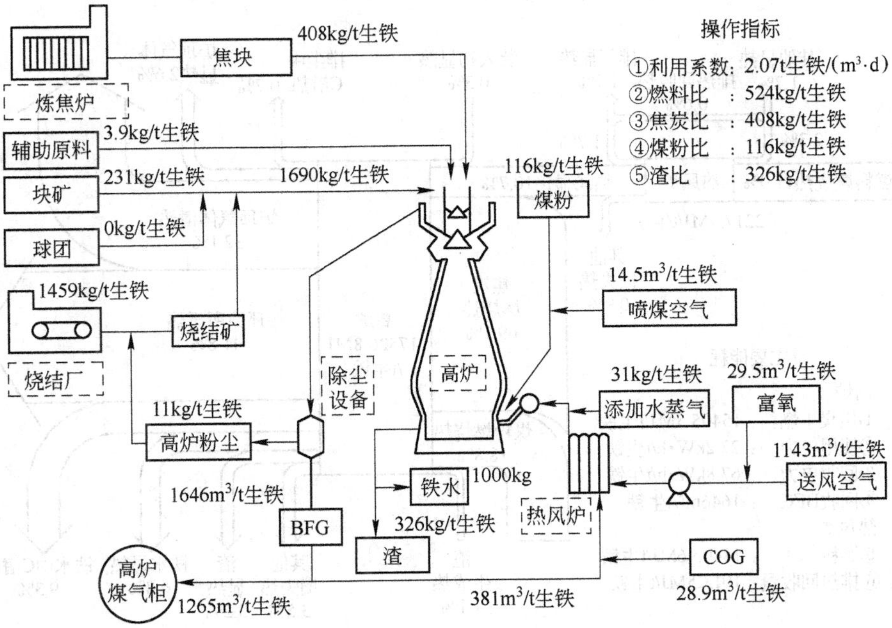

图 8-17 高炉的物质收支实例

表 8-15　日本某高炉的设备配置及技术参数

（1）高炉本体设备	
①生产能力	9000t/d
②总容积（炉内容积）	4359m³（3638m³）
③风口数量	36 个
④原料装入方法	3Parallel banker 无料钟
⑤炉顶压力	0.3MPa
（2）热风炉设备	
①类形（座数）	Koppers 外燃式（4 座）
②送风能力	
· 最大送风量（标态）	7500m³/min
· 最大送风压力	0.5MPa
· 送风温度上限	1350℃
③燃烧器容量	709600MJ/h
④传热面积	62600m²（4 座）
⑤燃烧空气预热设备	
· 形式	回转再生式
· 排热回收热量	96.3MJ/t
· 空气温度/℃	入口 25、出口 230
· 排气温度/℃	入口 281、出口 168

（3）气体净化设备	
①系统 1（湿式）	高炉炉顶→除尘器（DC）→文丘里除尘器（VS）→电除尘器（EP）
②系统 2（干式）	高炉炉顶→除尘器（DC）→干式除尘器（BDC）→电除尘器（EP）
③处理能力（标态）	$700\times10^3 m^3/h$
④粉尘能力（标态）	入口 10g/m³、出口 5mg/m³
⑤气体温度上限	BDC200℃（短期 250℃）
（4）炉顶压力回收设备（TRT）	
①形式	轴流式 4 段
②最大出力（转速）	20000kW(1800r/min)
③气体流量	最大 610000m³/h
④入口压力	通常 0.26MPa，最大 0.29MPa
⑤入口气体温度	170℃
（5）喷煤设备（PCI）	
①方式	Kawatetsu-Denka 方式
②喷粉能力	最大 50t/h
③煤粉容积	490m³

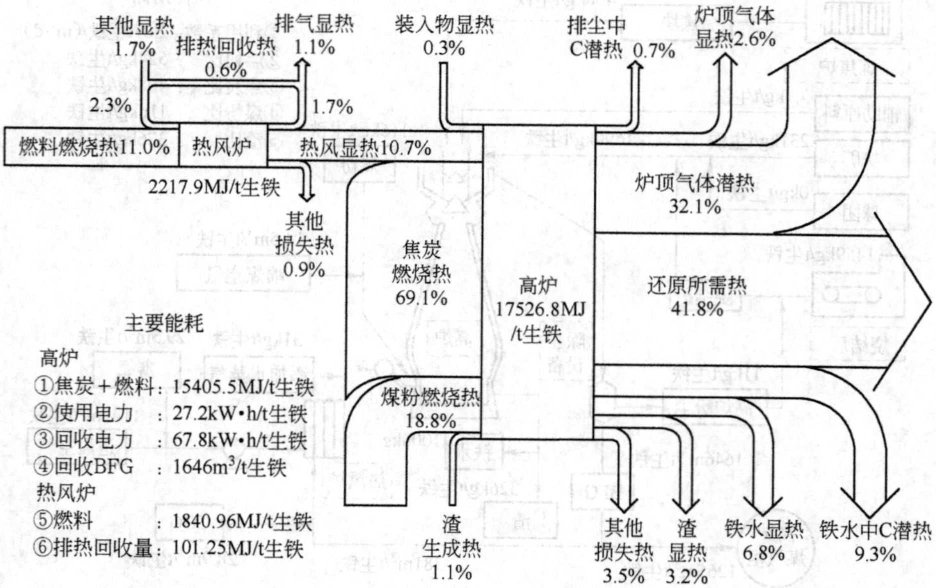

图 8-18　高炉的热收支实例

表 8-16 高炉的节能对策和效果

主要节能对策				节能量/MJ · t^{-1}	
				No. 3 高炉推定值①	日本高炉的实际值
高炉	(1) 燃料削减	①燃料转换（PCI 等）		Δ230.1（PCI：100kg/t 时的焦炭的效果）	
		②装入物分布控制		—	Δ138.1（含其他）
		③操作管理体系			
		④低 Si 操作（送风温度减低）		—	Δ79.5
	(2) 能量回收	①炉顶压力发电(TRT)	湿式	Δ376.6 ~ 502.1	Δ418.4
			干式	Δ543.9 ~ 690.1	
		②高炉煤气（BFC）的回收		钢铁厂总衡算的变化	
	(3) 其他	①炉顶高压化		Δ83.7 ~ 125.5（$+10^5$ Pa 时）	
		②富氧化		—	—
		③送风机效率改善、节电		Δ66.9	
热风炉	(1) 排热回收	①燃烧用空气、燃料气预热		Δ101.3	Δ330.5
	(2) 操作、控制方法的改善	①冷风混入操作		Δ41.8	
		②燃烧气发热量的控制		Δ14.6	
		③投入热量方式		Δ50.2	
		④计算机模型		Δ25.1	
		⑤排气中 O_2 浓度控制		Δ25.1	
	(3) 其他	①喷水调湿（标态）		Δ33.5（$+1g/m^3$ 时）	
		②风口绝热环		Δ32.2	
		③送风配管保温		Δ23.0	
		④其他		Δ10.5	
共 通		高炉、热风炉大型化		—	

① 根据过去实绩推定，前提不同则当别论。

8.5.2 高炉的节能工艺

8.5.2.1 高炉煤气回收与燃料消耗

高炉煤气的发热量（标态）在 2928.8 ~ 3347.2kJ/m^3，气体中的可燃成分以来自于燃料中碳氢化合物的分解、氧化、还原反应后的 H_2、CO 为主，可以看成是焦炭、煤粉等燃料转化成的气体燃料。焦炭和煤粉等燃料用量增加可以增加高炉煤气的产量，燃料的能量转换为高炉煤气的能量转化率为 68%。考虑到钢铁厂内总的能量平衡，通过调整高炉操作，可以由以增加燃料消耗使之转化为高炉煤气，增加高炉煤气回收量，这时高炉在某种程度上部分地承担了能量转化的任务。但是高炉操作的真正的炼铁能耗要扣除为多回收高炉煤气而增加的燃料消耗。

8.5.2.2 降低高炉的燃料比

根据日本的经验，通过采取喷煤（PCI）、低硅操作、炉料分布控制等措施，每吨生铁可节能 138.1MJ。

A　高炉喷煤

从高炉风口向炉内喷煤的作用在于喷入的煤粉替代焦炭作还原剂，使用廉价的非黏结炭可降低炼铁成本。高炉喷煤是炼铁节能降耗的主要技术之一，采用煤粉替代焦炭，显著降低焦比。高炉喷煤是实现炼铁系统工艺和技术结构优化的关键之一，具有十分显著的经济效益和社会效益。通过高炉富氧大喷煤，可以改善炼铁技术经济指标，降低产品成本，最终达到提高产品竞争力的目的。到 2005 年上半年，我国重点企业平均喷煤比 118kg/t，喷煤比率 86.4% 以上，但喷煤比有所下降。高炉喷煤的经济效益是：吨铁喷吹 100kg 煤粉，可降低 60 元成本。保持高炉高喷煤量，是一个系统的工作。要求好的原燃料（焦炭的高温强度、入炉矿品位高、渣量低、入炉粉末量低），高风温，富氧鼓风，高炉运行状态稳定等。大量喷煤时，高炉的炉顶温度上升，由于矿石/焦炭比例变大使高炉上部压损增加，软熔带气性恶化，加上未燃烧的煤粉、焦粉的积蓄等原因，使高炉整体透气性恶化。而且，由于气流的边缘化炉体散热增加，燃料比上升，出铁出渣不稳定，导致高炉操作不稳定。欲在高利用系数、低燃料比的情况下大喷煤操作，必须解决上述问题。日本的高炉全部喷煤，1990 年代，各高炉焦比降低到 350 ~400kg/t。加古川 1 号高炉 1994 年喷煤量达到 210kg/t，1998 年 3 月喷煤量达 254kg/t，通过增加富氧量，提高边缘的 O/C 比，解决了炉顶温度上升和炉体热负荷增大等问题。同期，福山 3 号高炉采用氧气-煤粉喷枪提高燃烧效率，喷煤量达 266kg/t。因此，1990 年代末期日本基本确立了大喷煤技术。但是，上述喷煤都是在高炉利用系数 2.0t/(m^3 · d) 以下、燃料比 500kg/t 以上的条件下达成的。

最近，因应钢铁需求的恢复所要求的高炉利用系数的提高，温室气体 CO_2 排放量的抑制等要求，喷煤技术向低燃料比方向变化。2005 年全日本 28 座高炉的平均喷煤量为 118.2kg/t，焦比为 378kg/t。

B　低硅操作

考虑炼铁-炼钢总的效益，降低作为转炉热源的铁水中硅的作用，可以起到显著的节能作用。为降低高炉铁水硅含量，需要降低高炉下部温度，通过降低风温使铁水温度和风口火焰温度降低可达到铁水低硅的目的。降低送风温度、削减还原硅所需能量的节能效果一般是 79.5MJ/t 生铁（风温降低 40℃）。

C　高炉炉顶煤气余压发电

现代高炉炉顶压力高达 0.15 ~0.25MPa，炉顶煤气存在大量势能。TRT 技术就是利用炉顶煤气剩余压力使气体在透平内膨胀做功，推动透平转动，带动发电机发电。根据炉顶压力不同，每吨铁约可发电 20 ~40kW · h。如果采用干法除尘，发电量可增加 30% 左右。采用 TRT 技术不改变高炉煤气品质，回收了由减压阀组白白泄放的能量，净化了煤气，又降低了噪声，并可有效控制炉顶压力的波动，改善了高炉操作条件，稳定了高炉生产。国内 1000m^3 以上高炉 TRT 已达 80 多台套。一座 2000m^3 高炉，TRT 系统的运行效率达 85%，年发电量可达 0.5 亿 kW · h，相当于节约原煤 3 万 t。

D　热风炉节能

热风炉采取烟热回收等措施可节能 330.5MJ/t。热风炉燃烧烟气用回转再生式热交换器回收，用来预热燃烧用的空气或燃料气。热风炉是通过高温燃烧排气加热蓄热体，再向被加热的高温蓄热体通以空气而使空气成为热风的3～4座周期交换的换热设备，所以烟气预热回收的热交换器设置在燃烧烟气的共用烟道上。图8-19是热风炉的设备构成，其烟热回收的设备流程图如图8-20。这种余热回收装置每吨生铁可节能100.5MJ。另外，通过热风炉操作和控制的改进和加强送风管路的气封性和绝热保温，每吨生铁还可以节省146.5MJ/t的热能。

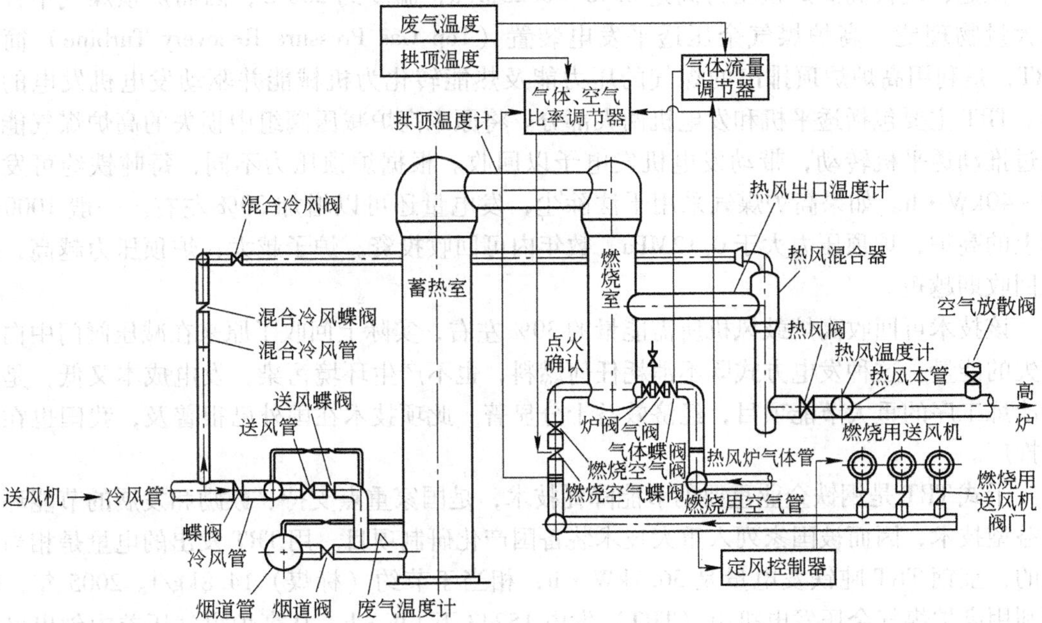

图8-19 外热式热风炉的设备构成

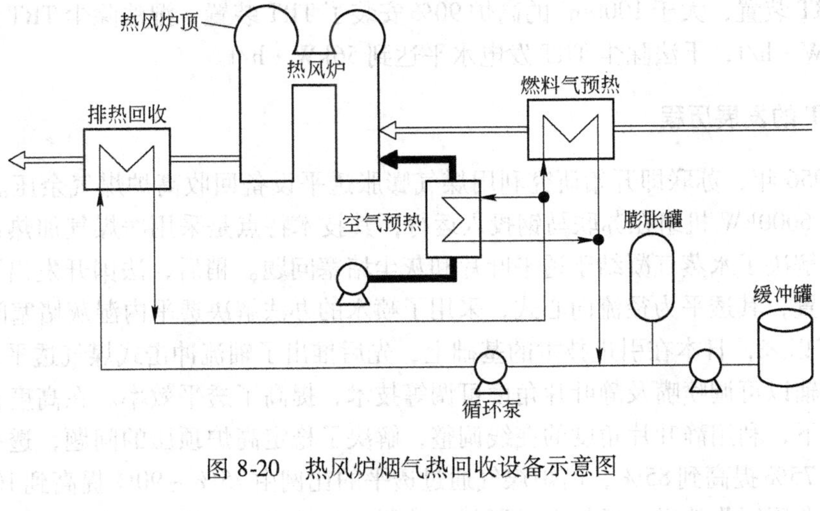

图8-20 热风炉烟气热回收设备示意图

8.6 高炉煤气余压发电（TRT）技术

高炉煤气中不可燃烧的惰性气体（N_2和CO_2等）约占75%，可燃成分（CO和H_2）仅为25%左右，低位发热值极低（3050～3470kJ/m^3），相当于一般发生炉煤气的60%、转炉煤气的44%、焦炉煤气的17%、天然气的9%、液化石油气的3%。由于热值低、可燃范围窄、燃烧温度低，且压力和燃烧不稳定，火焰易产生脉动和脱火，长期以来，对高炉煤气的利用处于“食则无味弃则可惜”的尴尬境地。新中国成立后的30多年，除了在高炉热风炉作燃料，绝大部分高炉煤气都以“点天灯”的形式白白地烧掉了，直到十多年前这种情景还颇为壮观，煤气放散率达40% ~60%。至新旧世纪之交，全国主要钢铁企业放散率仍在10%以上，每年的能耗损失达十数亿元。

但是，现代高炉炉顶压力高达0.15 ~0.25MPa，温度约200℃，因而炉顶煤气中存在有大量物理能。高炉煤气余压透平发电装置（Top Gas Pressure Recovery Turbine）简称TRT，是利用高炉炉顶排出的煤气的压力能及热能转化为机械能并驱动发电机发电的设备。TRT主要包括透平机和发电机两大部分。将原来高炉减压阀组中损失的高炉煤气能量通过推动透平机转动，带动发电机发电予以回收。根据炉顶压力不同，每吨铁约可发电20 ~40kW · h。如果高炉煤气采用干法除尘，发电量还可以增加30%左右。一般1000m^3以上的高炉，炉顶压力大于0.12MPa，数年内可回收投资。炉子越大，炉顶压力越高，投资回收期越短。

该技术可回收高炉鼓风机所需能量的30%左右，实际上回收了原来在减压阀门中白白丧失的能量。这种发电方式既不消耗任何燃料，也不产生环境污染，发电成本又低，是高炉冶炼工序的重大节能项目，经济效益十分显著。此项技术在国外已很普及，我国也在逐步推广。

干式TRT是钢铁企业重要的节能降耗技术，是国家重点支持、鼓励和发展的节能环保效益型技术，因而被国家列入重大技术装备国产化研制项目。用TRT发出的电量是相当可观的，宝钢TRT吨铁发电量是36.7kW · h，相当于节约（标煤）14.8kg/t。2005年，鞍钢利用高炉煤气余压发电机组（TRT）发电15243万kW · h，从高炉煤气压差中创出可观电能。如果按照市场价格计算，2005年TRT发电量价值8000多万元。2006年全国已有210多套TRT装置，大于1000m^3的高炉90%安装了TRT装置，湿法除尘TRT发电水平好的达到38kW · h/t，干法除尘TRT发电水平达到56kW · h/t。

8.6.1 TRT的发展历程

早在1956年，苏联即开始研究利用煤气膨胀透平设备回收高炉煤气余压。1962年第一台工业性6000kW机组在苏联马钢投入运行，其技术特点是采用净煤气加热系统及轴流透平机组，解决了水蒸气凝结于透平叶片和灰尘堵塞问题。稍后，法国开发出了半净煤气余压回收装置，其透平为径流向心式，采用了喷水的办法解决透平内湿灰堵塞问题。

1974年以来，日本在引进技术的基础上，先后推出了轴流冲击式煤气透平、轴流反动式透平，并辅以可调喷嘴及静叶片角度可调等技术，提高了透平效率。在高度自动化的控制系统配合下，利用静叶片角度的在线调整，解决了稳定高炉顶压的问题，透平自身的效率也逐步由75%提高到85%，高炉煤气通过透平的比例由75% ~90%提高到100%，改善了高炉煤气余压回收效果。近年来又研制成功干式高炉煤气余压发电系统，进一步提高了能量回收效率。世界上先进国家的大型高炉基本上都应用了TRT技术。日本的钢铁企业早在1996年就全部采用了TRT装置，并且利用副产煤气自发电或建立共同火力发电，基本上可以满足企业的用电需求。节约了资源，保护了环境，降低了成本。

20世纪90年代，国内开始自主开发并引进国外全烧高炉煤气发电技术，如首钢的全烧高炉煤气50MW发电机组于1993年建设、1996年年底建成投产；宝钢145MW全烧高炉煤气发电机组于1997年11月底建成投产（当时是世界上规模最大和最先进的高炉煤气发电技术），至此，高炉煤气的有效、高效利用取得了突破性的进展。

8.6.2 TRT设备及工艺流程

TRT主要是由透平膨胀机将高炉煤气余压的压力能及部分热能转换成电能的一种环保节能发电装置。

8.6.2.1 湿式TRT系统

马钢四铁厂与武汉钢铁设计院、陕西鼓风机（集团）有限公司合作，2000年9月建成装机容量为10MW的TRT装置一套。马钢TRT透平膨胀机选用陕西鼓风机集团引进日本川崎技术生产的系统所用的透平为TP3142/2.36-1.136湿式轴流二级静叶可调式透平，与上海电机厂生产的QV-10-2型容量为1万kW的发电机配套，采用瑞士苏尔寿刚性联轴器直联，配备东南大学容量为100kV·A的励磁机和2.7kV·A的永磁机。机组转速3000r/min。大型阀门根据工艺设置要求充分考虑与高炉减压阀组的关系后选配了石家庄阀门一厂为TRT配生产的系列阀门数台，控制系统采用ABB公司Flance 20cw，并配有本特利表作为通信检测和文丘里管检测煤气流量。该装置主要由透平膨胀机和发电机以及大型阀门组成，如图8-21所示。

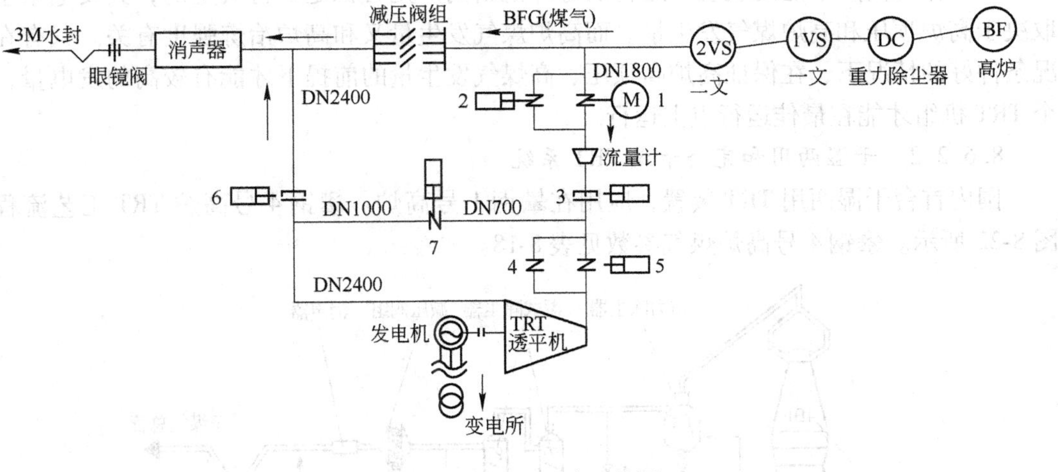

图8-21 马钢TRT流程简图

1—进口二次偏心电动蝶阀；2—启动调速阀；3—进口插板阀；4—快切阀旁通均压阀；5—紧急快切阀；6—出口插板阀；7—旁通快开阀

马钢1号高炉的TRT系统是湿式TRT，主要由透平主机液压控制、给排水、氮气密封、管道阀门等系统以及过程监控和发配电系统等组成。来自炉顶的高压高炉煤气经重力除尘器分两路，进入TRT透平的煤气管道，再经入口电动蝶阀和启动阀、内藏式文丘里管流量计、进口插板阀、紧急切断阀、可调静叶，进入透平膨胀做功并推动透平旋转带动同轴连接的电机转换为电能。膨胀做功后的煤气经出口插板阀、减压阀组、再回到原煤气系统，炉顶压力由透平静叶进行控制，在高炉低压运行或TRT故障时，可以安全方便地切换到减压阀组调压的运行方式。为适应处理TRT运行中紧急切断煤气与甩负荷时需要，在

TRT系统中还设有与减压阀组并联的旁通快开阀（液压伺服控制），从进口插板阀与紧急快切阀之间接出管道，连通到出口插板阀与透平出口管道之间。1号高炉TRT系统的设备配置和运行参数见表8-17。

表8-17　马钢1号高炉TRT系统一览表

项　目	参　数	项　目	参　数
高炉容积/m^3	2500	进口流量/$m^3 \cdot h^{-1}$	31.42
工作介质	高炉煤气	进口温度/℃	45
额定功率/kW	7410	出口压力/kPa	112.35
最大功率/kW	9100	转速/$r \cdot min^{-1}$	3000
发电机容量/kW	10000	发电效率/%	86
进口密度/$kg \cdot m^{-3}$	2.671	发电量①/万kW·h	2658.88
进口压力/kPa	231.35	吨铁发电量/$kW \cdot h \cdot t^{-1}$	22.81

① 2000年9月到次年4月累计的发热量。

从2000年9月到2001年4月仅8个月的时间累计发电量为2658.88万kW·h，以当时电价0.30元/kW·h计算，创造效益797.66万元，获得了显著的经济效益。

TRT作为高炉节能的装置，运行的好坏是由高炉是否稳定顺行决定的，其发电量主要取决于高炉顶压和高炉煤气发生量。而高炉煤气发生量又和高炉冶炼强度有关。只有在炉况条件好的情况下，在保证高炉高顶压、高煤气发生量的前提下才能有较高的发电量，整个TRT机组才能在最佳运行点上运行。

8.6.2.2　干湿两用和完全干式TRT系统

国内首台干湿两用TRT装置，应用在攀钢1号高炉。攀钢4号高炉TRT工艺流程如图8-22所示。攀钢4号高炉煤气参数见表8-18。

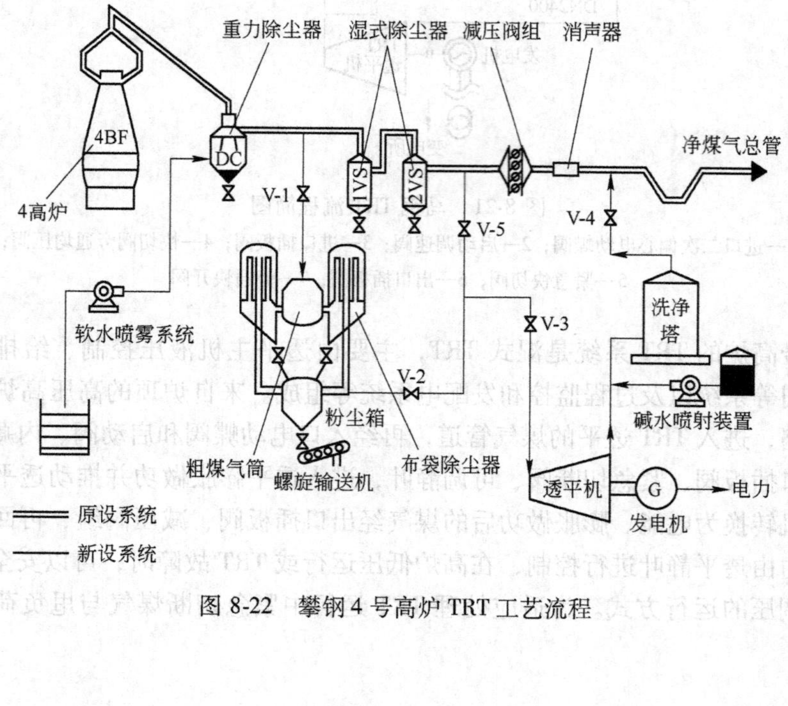

图8-22　攀钢4号高炉TRT工艺流程

表 8-18 攀钢 4 号高炉煤气参数

<table>
<tr><th>序 号</th><th>项 目</th><th>单 位</th><th colspan="2">干式运转（BDC 入口条件）</th><th colspan="2">湿式运转（二文出口条件）</th><th>备 注</th></tr>
<tr><td>1</td><td>煤气流量</td><td>万 m^3/h</td><td colspan="2">24</td><td colspan="2">24</td><td rowspan="5">高炉容积 $1350m^3$ 1 座，高炉出铁量 2550t/d（1997 年 94.2 万 t）</td></tr>
<tr><td>2</td><td>煤气压力</td><td>MPa</td><td colspan="2">0.15</td><td colspan="2">0.124</td></tr>
<tr><td>3</td><td>煤气温度</td><td>℃</td><td colspan="2"><200</td><td colspan="2">45</td></tr>
<tr><td>4</td><td>机械水含量</td><td>g/m^3</td><td colspan="2">20</td><td colspan="2">饱和</td></tr>
<tr><td>5</td><td>煤气含尘量</td><td>g/m^3</td><td colspan="2">5</td><td colspan="2">$3mg/m^3$</td></tr>
<tr><td rowspan="2">6</td><td rowspan="2">煤气组成</td><td rowspan="2">%</td><td>CO_2</td><td>O_2</td><td>CO</td><td>H_2</td><td>CH_4 N_2</td></tr>
<tr><td>15.8</td><td>0.3</td><td>25.3</td><td>1.1</td><td>0.3   57.2</td></tr>
</table>

攀钢 1 号高炉 TRT 装置改造后的流程如图 8-23 所示。

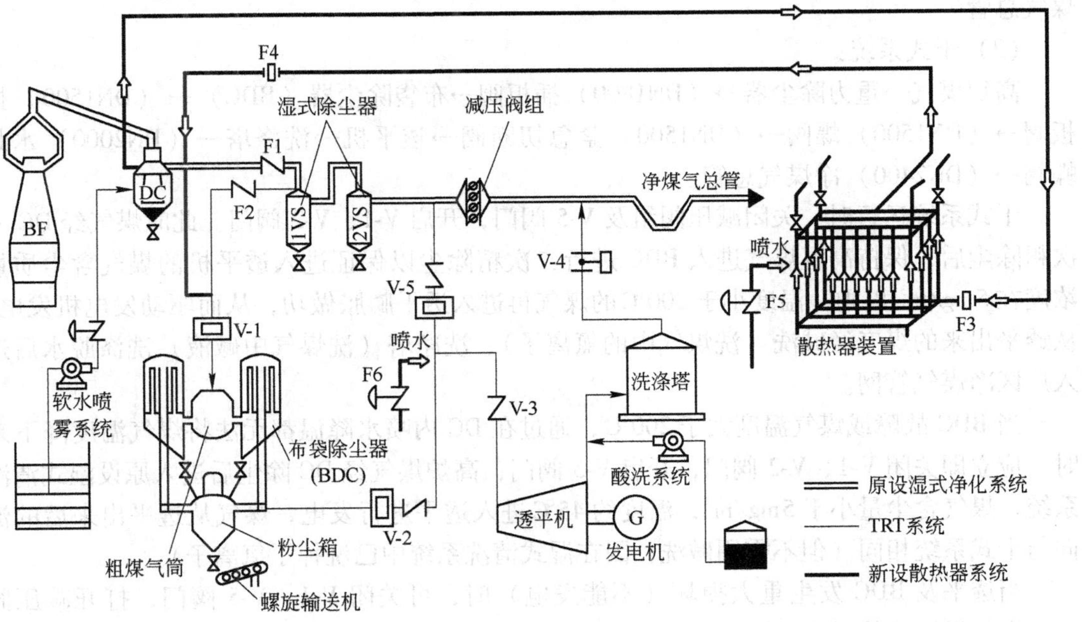

图 8-23 攀钢 1 号高炉 TRT 装置改造后的流程图

透平机形式为卧式单缸单流轴流式透平，由二级静叶组成，第一级静叶可调，透平的转速和高炉顶压力的控制均由可调静叶来完成。从启动到满负荷运转过程中均能对透平进行控制。静叶采用液压驱动，动作灵敏可靠。攀钢 4 号高炉 TRT 装置透平机参数见表 8-19。

表 8-19 攀钢 4 号高炉 TRT 装置透平机参数

序 号	项 目	单位	干式	湿式	序 号	项 目	单位	干式	湿式
1	透平功率	kW	6100	3100	6	透平入口煤气温度	℃	140	45
2	透平转速	r/min	3000	3000	7	切断阀前压力	MPa	0.14	0.12
3	允许进入透平压力	MPa	<0.2	<0.2	8	透平排气压力	MPa	0.01	0.01
4	允许进入透平温度	℃	<200		9	年发电量	kW · h	4684×10^4	2381×10^4
5	透平入口煤气压力	MPa	0.14	0.124	10	年工作时间（平均）	h	7680	7680

布袋除尘器（BDC）由6个直径为3.5m、高24.3m的钢制筒体（正六边形布置）组成。6个筒体中心布置粗煤气筒（上）和粉尘箱（下）。每个筒体内装直径306mm × 12000mm的耐热尼龙布袋46根。按使用五组计算，总过滤面积为2653m²。煤气由布袋的底部进入，上部排出。布袋捕集的粉尘通过反吹风方式除去。粉尘全部进入粉尘箱，经粉尘箱排至螺旋输送机、拌泥机到泥浆搅拌槽。然后用泥浆泵送至原系统进行处理。

本装置有两种系统运行方式，湿式系统利用原有系统中的双文湿式除尘系统，干式为新增布袋除尘系统，两种系统状态必要时可以自动切换运行（图8-23）。适应煤气温度变化性强，且可提高发电效率。

（1）湿式系统：

高炉煤气→重力除尘器→一文→二文→二文出口（DN1500）蝶阀→（DN1500）插板阀→（DN1500）紧急切断阀→透平机→洗涤塔→（DN2000）水封蝶阀→（DN2400）净煤气总管。

（2）干式系统：

高炉煤气→重力除尘器→（DN1800）插板阀→布袋除尘器（BDC）→（DN1500）插板阀→（DN1500）蝶阀→（DN1500）紧急切断阀→透平机→洗涤塔→（DN2000）水封蝶阀→（DN2400）净煤气总管。

干式系统运行时，关闭减压阀组及V-5阀门，开启V-1、V-2阀门。此时煤气经DC一次粗除尘后，保持高温煤气进入BDC进行二次精除尘以保证进入透平机的煤气含尘质量浓度在5mg/m³以内，温度小于200℃的煤气再进入透平膨胀做功，从而驱动发电机发电。从透平出来的煤气经碱洗（洗煤气中的氯离子）、洗净塔（洗煤气中碱液）洗涤脱水后进入厂区净煤气管网。

当BDC故障或煤气温度大于200℃，通过在DC内喷水降温都无法将煤气温度降下来时，应立即关闭V-1、V-2阀门，开启V-5阀门；高炉煤气经DC除尘后进入原设湿式清洗系统，煤气含尘量小于5mg/m³，温度约45℃进入透平进行发电，煤气从透平出来后的流向与干式系统相同（但不需用碱洗，因在湿式清洗系统中已洗掉了氯离子）。

当透平及BDC发生重大损坏（不能发电）时，可关闭V-1、V-5阀门，打开减压阀组，煤气经原设的湿式系统、减压阀组进入厂区净煤气管网，不影响高炉的正常生产。

经过两年多的试运行，虽然干式运转率仅为10%，但也造成过多次DC内瓦斯灰严重板结的情况，也给后部除尘工序增大了运行负荷。污环水系统水温高、管道结垢快、一文喉口积灰严重，磨损穿孔现象时常发生、污泥处理困难等问题也无法得到有效的解决。致使TRT系统无法进行正常的干式运行，被迫改为湿式系统运行。结合干式TRT运行中存在的实际问题，为达到全干式TRT运行的目标，提高发电功率，采用了以下解决措施。

（1）在DC与一文、一文与BDC之间增设了电动蝶阀，确保在建成散热器后，荒煤气不进入湿式系统，并在一、二文排污管上设置了4台手动蝶阀，保证洗涤水及煤气不泄漏，真正做到“双文”供水全停，以达到节约二次动力消耗的目的。

（2）在DC与BDC之间并联设置一套列管式散热器，在散热器进出口管道上分别设置一台DN2000、DN1800的全封闭液压眼镜阀，可以安全可靠地切断煤气，以便单独检修散热器。

（3）根据目前4号高炉炉顶煤气温度波动在230～330℃区间相对集中的实际情况，

要求散热器自然冷却温度在40℃以上，加之沿途管道温降，到BDC的入口温度在140～190℃之间，以适应BDC滤料对温度的特殊要求。因此，散热器设计散热面积为2700m^2，并且呈矩形分组布置，以利于空气对流自然冷却，减少喷水量。

（4）当高炉操作异常时，炉顶温度持续偏高，自然冷却达不到要求时（不能满足BDC的工况），在散热器中、上部设置两层喷水装置（可以分层喷水，调节水量），选用消防喷嘴，喷角≥120°。对散热器进行喷水强制冷却，以保证散热器入口温度达400℃时，出口温度仍低于200℃；当炉顶温度高于400℃时，启动DC喷雾装置系统，将散热器入口温度控制在400℃以内，以确保散热器的散热效果。

（5）在BDC出口阀门后，设置一套管内喷水装置，当高炉回风或透平跳闸时，对BDC出口高温煤气进行适当喷水冷却，使透平在煤气温度较高时再启动，逐渐减少喷雾量，提高透平入口温度，实现全干式运行。另外，可以防止透平跳闸时高温煤气进入减压阀组、厂区净煤气管网，避免造成煤气管网附属设备的损坏（改造后工艺流程见图8-23）。

（6）改造后的工艺流程简介：

1）当煤气温度波动在200～270℃之间时，关闭F1、F2阀门，煤气经DC粗除尘后的高温煤气进入新增列管式散热器利用空气对流自然冷却。将煤气温度控制在200℃以内进入BDC进行二次精除尘，保持高温（约180℃）、高压（130kPa）的净煤气进入透平膨胀做功驱动发电机发电。

2）当煤气温度波动在270～400℃之间时，煤气流经路线与前面相同，只是需将新增散热器上设置的上、下两排喷嘴打开，进行强制性喷水间接冷却，将煤气温度严格控制在200℃以内，以满足BDC滤料的耐热要求。

3）当煤气温度小于200℃时，为充分利用煤气中热能，以提高发电量。此时关闭散热器中设置的分段阀（减少散热面积约1/3），打开旁通阀（让大部分煤气不经散热器，直接进入BDC）。分段阀及旁通阀是根据煤气温度波动值来进行调节的，以最大限度提高煤气温度，确保TRT高效率运行。

全干式改造工程于2000年4月30日正式投入运行，截至2001年4月2日已累计发电4437.87万kW·h，连续运行11个月，平均月发电量403万kW·h。除去休风及散热器检修外，干式运转率高达98.5%，超过了原设计干式TRT运转率（90%）的设计水平。同时，对DC内未造成任何板结，DC喷雾系统检修量降低了99%以上。全干式改造达到了以下目的。

增设散热器后，有效地解决了4号高炉炉顶煤气温度波动大、DC打水控制难度大及原设计喷嘴不合理等带来的一系列问题。使干式运转率不足10%提高到98%以上，从而提高了发电量，进一步创造了经济效益。

通过提高干式运转率，可基本上解决了污环水系统存在的水温高、管道结垢快、一文喉口积灰严重、二脱差压高、污环水净化处理难度大、环保压力大等问题；也解决了制约生产的难点问题，有利于环保指标的控制。

由于干式运转率提高后，净煤气中饱和水含量大大降低，使煤气用户的热效益有较大程度的提高，起到了节能降耗的作用。同时，通过干热煤气直送试验，热风炉及锅炉用煤气温度提高约50℃，可有效利用煤气显热，从而降低了焦比及节约锅炉燃料，并于2000年5月投入运行。经过改造，年发电量提高到4836万kW·h，原湿式系统基本停运，煤气显热得到提高，经济效益明显，经核算年创效益 2355 万元。

（7）社会效益。在国内首次实现了现代化大型高炉煤气全干式净化工艺改造，并获得成功。也有力地促进、带动了我国全干式净化工艺改造中有关机械制造、设备选型、自控系统、材料等行业的发展和技术的提高。锻炼培养了国内高炉煤气净化工艺设计制造、机电安装等方面的技术力量，特别是推动了我国高炉煤气全干式净化工艺改造设计发展的进程，也对我国全干式 TRT 事业的发展奠定了基础。这说明该工程的改造是成功的，除具有显著的经济效益和环保效益外，还有着广泛的社会效益。

应用干式 TRT 的意义：（1）干式 TRT 不用水洗涤和冷却煤气，生产每吨铁节省水约 9t，其中节约新水 2t；（2）干式电除尘吨铁耗电 0.25～0.45kW · h，比湿式节电 60%～70%；（3）干式除尘器出口煤气温度为 150～250℃（湿式为 40～50℃），其压力损失只有 0.3～0.6kPa（湿式为 20～30kPa），因此干式 TRT 系统比湿式的发电处理高 30%～50%。（4）干式 TRT 系统排出的煤气温度高，所含热量多、水分低，煤气的理论燃烧温度高，用于烧热风炉，可提高风温 40～90℃，相应的降低焦比 8～16kg/t。

8.7 高炉煤气燃气轮机、蒸汽联合循环发电（CCPP）

我国大、中型钢铁厂一般都建有自备发电厂，负责工厂供热与提供部分电力。自备发电厂利用本厂富余煤气，提高供电的可靠性，降低用电成本，在节能、环保、提高经济效益上都起到了良好的作用，所以自备电厂往往是钢铁厂的重要组成部分，也是钢铁厂重要利润增长点。20 世纪 90 年代以前自备电厂一般采用朗肯循环，热电转换效率为 28%～35%，只有高蒸汽参数的大机组才有 38% 的转换效率。

低热值煤气燃气轮机联合循环发电技术燃气轮机联合循环发电是将煤气与空气压缩到 1.5～2.2MPa，在压力燃烧室内燃烧，高温高压烟气直接在燃气透平（GT）内膨胀做功并带动空气压缩机（AC）与发电机（GE）完成燃机的单循环发电。燃气透平排出烟气温度一般可在 500℃以上，余热利用可提高系统效率，再用余热锅炉（HRSG）生产中压蒸汽，并用蒸汽轮机（ST）发电。蒸汽轮机发电是燃机发电的补充，并完成联合循环。CCPP 的锅炉和汽机都可以外供蒸汽，联合循环可以灵活组成热电联产的工厂。在 CCPP 系统中还有一个煤气压缩机（GC）单元，特别在低热值煤气发电中，煤气压缩机比较大。众所周知，余热锅炉加蒸汽轮机发电是常规技术，所以 CCPP 技术核心是燃气轮机，燃气轮机一般是透平空压机、燃烧器与燃气透平机组合的总称（Combined Cycle Power Plant），总的热效率能提高到 43%～46%。CCPP 装置由于具有效率高、造价低、省水、建设周期短、启动快等一系列优点，在世界各国电力行业应用已相当广泛。

8.7.1 宝钢的 CCPP 系统简介

我国钢铁行业第一套为宝钢 1995 年引进的 CCPP，由日本川崎重工和瑞士 ABB 提供。它也是世界上第一台 100% 燃烧低热值高炉煤气的最大装置。1997 年 7 月 5 日首次并网发电，7 月 22 日单烧高炉煤气成功，11 月 28 日进入商业运行。经性能测试表明：该机组热效率接近 46%；NO 排放量低于 10×10^{-6} 以下，环境污染小；最大输出功率 150MW；最大抽汽量 180t/h 时，输出功率 10718MW，可实现热电联供；装置操作全部计算机化。

宝钢 CCPP 系统流程如图 8-24 所示，从总管来的高炉煤气含尘质量浓度 10mg/m³，经

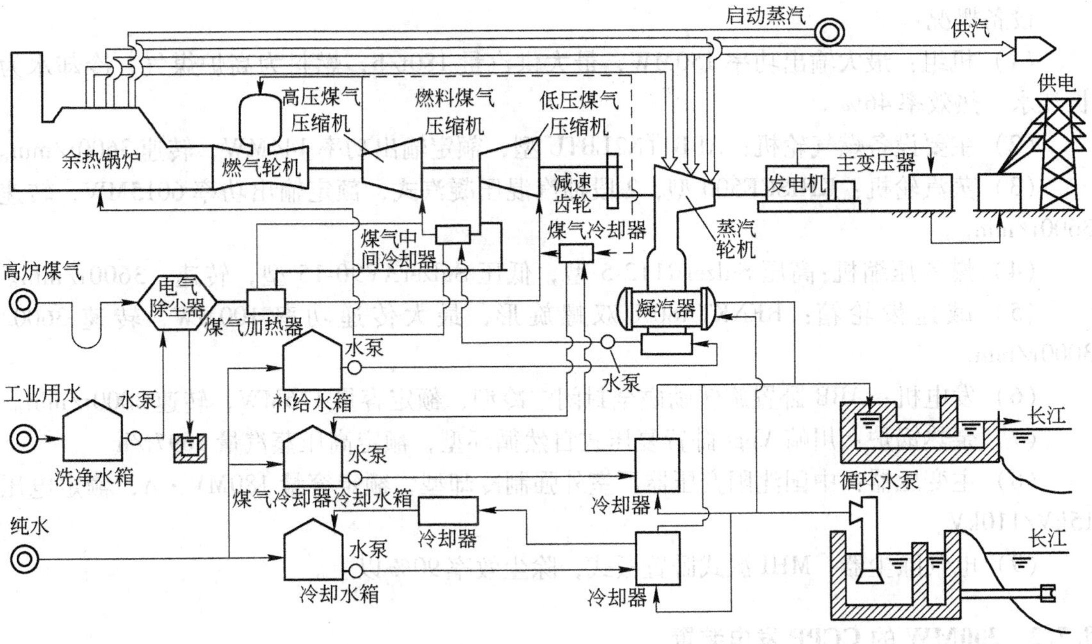

图 8-24 CCPP 流程图

湿式电除尘器除尘后含尘（标态）1mg/m³，相对湿度 100%，温度约 40℃，再经煤气加热器加热至约 50℃，使煤气中的水蒸气处于过热状态，使在随后压缩过程中不产生凝结水。煤气经低压压缩机（轴流式）和高压压缩机（离心式）两机连续压缩，两机中间进行一次冷却，使压力达到 1144MPa(G)，温度达到 300℃，然后进入燃气轮机的燃烧室和燃机自产的压缩空气掺混并燃烧，产生的烟气经燃机做功，排出的废气通过余热锅炉产生水蒸气并经蒸汽轮机做功。最终由燃气轮机和蒸汽轮机同时驱动压缩机，并将多余功带动发电机发电，从而实现燃气蒸汽联合循环发电的目的。该装置为几大机组共一轴系的同轴方案，也有采用将压缩机由 1 台原动机来驱动，而其他机组维持原位的分轴方案。

宝钢 CCPP 煤气压缩机由 1 台 AV90-15 轴流压缩机与 1 台 R112-5 离心压缩机串联而成，煤气从轴流机出口进入中冷却，当从 235℃冷却到 150℃左右后进入离心机进一步压缩，从而达到工艺要求的性能参数。相关参数见表 8-20。该轴流压缩机和离心压缩机在轴端均设置充氮式迷宫式密封，机壳中分面开槽充氮进行密封，机内装有喷水除尘装置。两机用刚性联轴器连接，仅在低压缸设推力轴承。机组刚性好，运转平稳，噪声低。

表 8-20 宝钢 CCPP 煤气压缩机主要参数

压缩机	低压煤气压缩机	高压煤气压缩机
型　号	AV90-15（15 级全静叶可调轴流式）	R112-5（5 级离心式）
额定转速/$r \cdot min^{-1}$	3600	3600
额定煤气流量（标态）/$m^3 \cdot h^{-1}$	36.22×10^4	36.22×10^4
煤气入口条件	0.0397MPa(G)，35℃	4.64MPa(G)，150℃
煤气出口条件	0.487MPa(G)，235℃	1.44MPa(G)，300℃
压　比	5.646	2.73
额定功率/kW	33500	24110

设备概况：

（1）机组：最大输出功率 150MW，最大供汽量 180t/h，燃料为高炉煤气，冷却水为长江水，热效率 46%。

（2）主要设备燃气轮机：ABB11N2LBTU 型，额定输出功率 144MW，转速 3600r/min。

（3）蒸汽轮机：KHISCE500 型，2 段抽汽混压凝汽式，额定输出功率 6015MW，转速 3600r/min。

（4）燃料压缩机：高压 SulzerR112-5 型，低压 SulzerAV90-15 型，转速：3600r/min。

（5）减速齿轮箱：RENKTA80X 双螺旋形，最大传递功率 100MW，转速 3600/3000r/min。

（6）发电机：ABB 卧置旋转励磁全封闭空冷型，额定容量 176MW，转速 3000r/min。

（7）余热锅炉：川崎 Vogt 卧置复压式自然循环型，额定高压蒸汽量 1697t/h

（8）主变压器：中国沈阳变压器厂室外强制冷却型，额定容量 180MV · A，额定电压 15kV/110kV。

（9）电气除尘器：MHI 湿式卧置板式，除尘效率 90% 以上。

8.7.2　300MW 的 CCPP 发电装置

三菱重工近年来开发了专烧高炉煤气的 F 型大容量燃气轮机，其断面如图 8-25 所示。

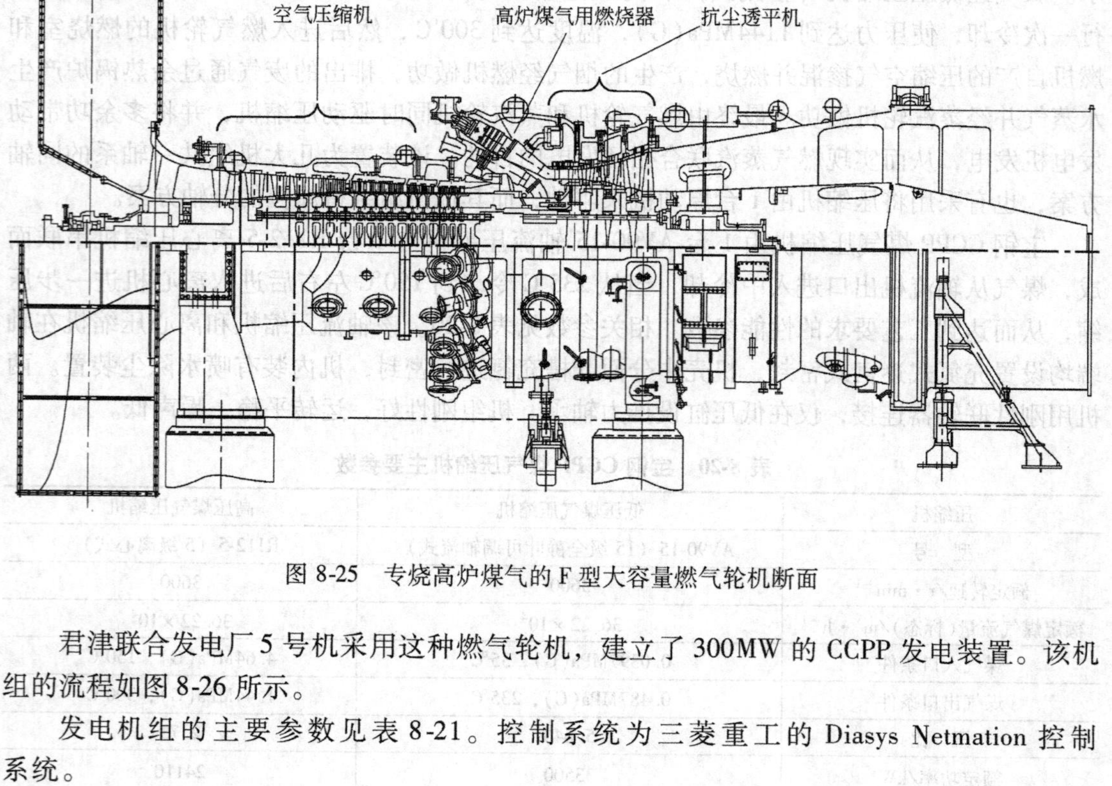

图 8-25　专烧高炉煤气的 F 型大容量燃气轮机断面

君津联合发电厂 5 号机采用这种燃气轮机，建立了 300MW 的 CCPP 发电装置。该机组的流程如图 8-26 所示。

发电机组的主要参数见表 8-21。控制系统为三菱重工的 Diasys Netmation 控制系统。

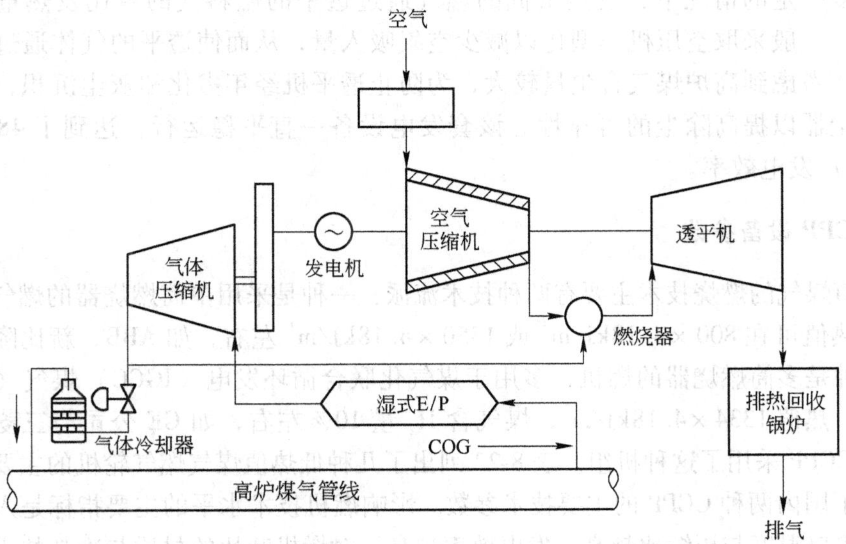

图 8-26 日本君津联合发电厂 5 号机流程图

表 8-21 发电机组的主要参数

发电机组形式	一轴式	燃气轮机	M701F
燃 料	增热高炉煤气	蒸汽轮机	SRT40.5
发电功率/MW	300	气体冷却器	直接水冷
发电效率/%	47.5（HHV）	冷凝器冷却	海水冷却

高炉煤气和焦炉煤气混合后，低位发热值达到 4400kJ/m³，燃烧后透平入口温度达到了世界最高纪录 1300℃。针对高炉煤气发热量低、N_2、CO_2 等气体含量高、燃烧速度慢、可燃范围窄等特点，为调整最适当的空燃比，达到全部运行范围的高燃烧率，采用了和干式低 NO_x 燃烧器同样的带有空气旁路阀的多分管燃烧室，如图 8-27 所示。在透

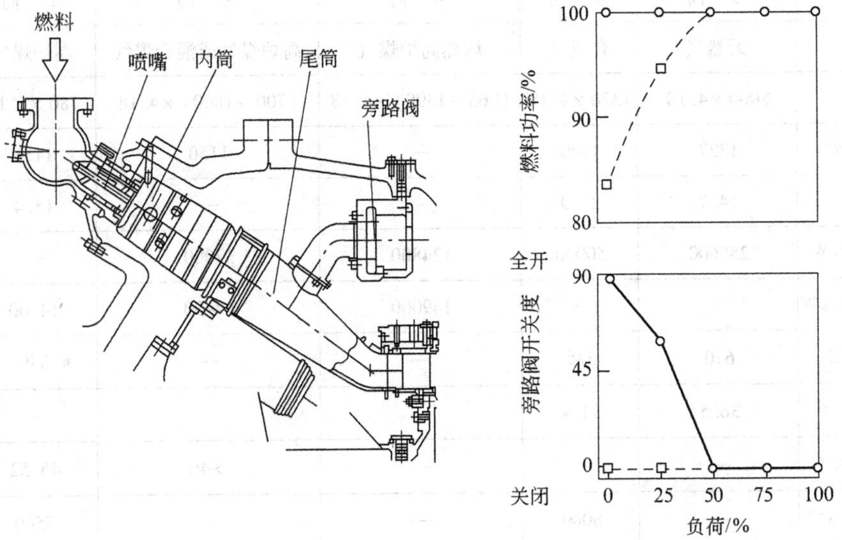

图 8-27 带有空气旁路阀的多分管燃烧室示意图

平入口温度一定的情况下，发热量低的燃气通过透平的燃料气的量比发热量高的燃气多，因此，一般采取空压机小型化以减少空气吸入量，从而使透平的气体通过量和标准机型一致。考虑到高炉煤气含尘量较大，为防止透平机经年劣化和灰尘沉积，采用了湿式静电除尘器以提高除尘的可靠性。该套发电设备一直平稳运行，达到了48%的（高热值 HHV）发电效率。

8.7.3 CCPP 设备参数

低热值煤气的燃烧技术主要有两种技术流派：一种是采用单筒燃烧器的燃气轮机，使用的煤气热值可在 800×4.18kJ/m^3 或 1350×4.18kJ/m^3 左右，如 ABB、新比隆公司的产品；另一种是多筒燃烧器的燃机，多用于煤气化联合循环发电（IGCC）煤气（常称合成气 Syngas）热值 1334×4.18kJ/m^3，煤气含 H_2 量 10%左右，如 GE 公司与三菱公司的产品，通钢 CCPP 采用了这种机组。表 8-22 列出了几种低热值煤气燃气轮机的主要机型，表 8-23 列出了国内两种 CCPP 的主要技术参数。影响燃机技术水平的主要指标是入口温度与压缩比，入口温度与压缩比越高，发电效率越高，对燃机叶片的材质与冷却技术要求也越高。三菱公司的 M701 机组从 D 型系列入口温度 1150℃发展到 G 型系列入口温度 1500℃，联合循环效率可从 45%提高到 57%左右。与常规电厂相比，CCPP 热电转换效率提高近 10 个百分点。年运行时间从汽机的 6500h 提高到燃机的 7500～8000h。单循环燃机的启动时间只需 20min 左右，可作调峰电厂使用。并有占地少、用水少、定员少、建设周期短等优点。CCPP 使用清洁燃料，基本上无烟尘污染，NO_x 的产生水平也大大低于烧锅炉的常规电厂，一般达到 0.004%以下的水平，所以 CCPP 也是对环保很有益的技术。

表 8-22 主要的低热值煤气燃气轮机机型

项 目	GE		三 菱		川崎 ABB	新比隆
	MS9001FA，9FA	6B	MW-701D	MW-251	GT11N2	PGT10B
燃烧器	多 筒	多 筒	多 筒	多 筒	单 筒	单 筒
煤 气	天然气	合成气	增热高炉煤气	高炉煤气或混合煤气	高炉煤气	合成气
热值/kJ·m^{-3}	8000×4.18	1320×4.18	(965～1390)×4.18	(700～1800)×4.18	780×4.18	7350
入口温度/℃	1327	1140	—	1150	1158	—
压 比	14.7	21.9	—	—	15.4	14
单循环出力/kW	255600	50000	124800	32000	—	13000
联合循环出力/kW	—	—	149000	67400	14500	—
排气温度/℃	610	525	—	—	540	488
单循环效率/%	36.5	34.4	—	—	—	34.2
联合循环效率/%	—	—	—	>46	45.52	—
运转时间/h·a^{-1}	—	8000	—	—	7500	8000
NO_x/%	—	0.0042	—	0.002	0.003	0.006

表 8-23　国内低热值煤气 CCPP 主要设计参数

项　目	145MW CCPP	50MW CCPP	项　目	145MW CCPP	50MW CCPP
机　型	ABB 11N21LBTU	6B	供热标煤耗/kg · G^{-1}	38.69	39.22
机组组成	1G + 1G + 1HRSG	1G + 2S + 1HRSD	年用煤气量/亿 $m^3 \cdot a^{-1}$	27.1	6.939
公称能力/MW	145	50	发电加供热年均设计热效率/%	60.6	84.7
燃　料	高炉煤气	混合煤气			
煤气热值/kJ · m^{-3}	3098 ~ 3516	1334 × 4.18	厂区占地面积/m^2	21580	16000
年发电量/亿 kW · h	9.405	4.34	总建筑面积/m^2	4810	7362
厂用电率/%	3.0	2.2	设备总质量/t	4910	—
年送电量/亿 kW · h	9.123	4.25	电厂定员/人	18	32
年供热量/万 t(蒸汽)	66.6（最大 180t/h）	—	NO_x/%	0.003	0.0042
发电标煤耗/kg · kW · h^{-1}	0.278(0.235 供热时)	0.292	设备利用时间/h	7500	7927

8.8　用高炉和焦炉回收废塑料的技术

1996 年开始，作为炼铁功能扩大化的一个新的尝试，日本将废塑料喷入高炉进行回收。其后利用高炉和焦炉回收废塑料的事业快速进展，作为一项全新的事业已经被社会接受。其背景是各种废弃物的投弃引起的环境问题，社会全体建立循环型社会的决心以及与社会需求相对应的钢铁业技术开发的积极姿态。另外，高炉喷煤、焦炉高度干馏等丰富的技术积累对这项事业的开展也作出了很大贡献。

8.8.1　高炉回收废塑料

废塑料回收还有油化、气化等多种方式，可是，工艺可行性上存在经济条件的制约，没有形成大规模的生产。活用高炉、焦炉等现存的工艺，在高温炼铁工艺不变的情况下回收塑料，把炼铁功能适当扩大，具有竞争力，也富有灵活性，因而获得了社会的高度评价。这种再生技术把过去单纯焚烧处理的废弃物在炼铁工艺中当作还原剂进行有效利用，也是防止地球温暖化的重要措施。

1997 年，全日本来自工业和市政的废塑料，接近 950 万 t。其中的 34% 填埋处理；其余的 600 万 t 被焚烧掉；大约 280 万 t 被用于发电或回收热能。即使包含再生的部分，也仅有 40%（400 万 t）被有效利用。2000 年 4 月，日本开始执行包装废弃物，该法赞同把 PET 瓶以外的塑料包装材料用作高炉还原剂。

原 NKK（现 JFE Steel）京浜厂 1 号高炉每天消耗 4000t 焦炭，1000t 煤粉，还原 16000t 铁矿石，生产 10000t 铁水。通过破碎和造粒，用专用喷粉设备从高炉风口喷进高炉，废塑料可以替代部分焦炭和煤粉。喷进高炉的塑料被分解产生还原气体（$CO + H_2$），这些气体在高炉内上升并与铁矿石反应。反应剩余的气体（发热值接近 3347.2kJ/m^3）在高炉炉顶作为高炉煤气被回收发电。

废塑料在风口回旋区将完全气化，生成 CO 和 H_2，高炉利用废塑料产生的 H_2 参与高炉内的还原过程，可以减排 30% 的 CO_2 排放量。还原气作为还原剂的利用率基本固定在 60%，其后高炉煤气除尘后作为燃料气在钢厂内使用，又可利用总量的 20%，因此有废塑料产生的还原气体总的利用率为80%。

焦炭在高炉中还起到骨架作用以维持高炉内气体、液体和固体的相对运动，塑料颗粒和煤粉无法替代焦炭的这种功能，所以塑料只能替代40%的焦炭。一座年产300万t的高炉一年可回收60万t废塑料。

8.8.1.1　不适于高炉原料的废塑料

小高炉内喷吹含氯的塑料例如PVC会产生HCl，高炉渣中的石灰会中和HCl而降低其浓度。由于高炉风口附近的温度接近2400℃，HCl的存在不会导致二恶英的生成，因为高炉顶部的还原气体中没有氧，所以既不能产生二恶英，也不会发生二恶英的再合成反应。因为高炉煤气的后续利用过程中没有针对HCl腐蚀的防护措施，所以要极力避免含氯的废塑料进入高炉。夹杂在废塑料中的少量的砂石、废纸不会影响废塑料的回收，它们最后都进入炉渣。

8.8.1.2　工业废塑料的处理

NKK 1号高炉自1996年10月起把不含PVC的工业废塑料喷入高炉作还原剂。所用的装置和流程如图8-28所示。

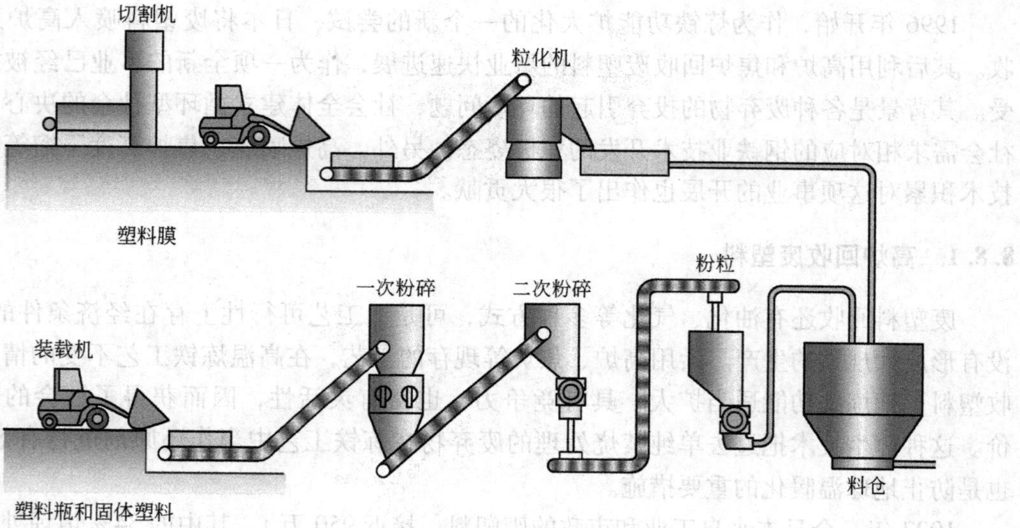

图8-28　工业废塑料转换为高炉原料的设备和流程

如图8-28所示，固体废塑料经破碎机破碎成所需的粒度，直接喷入高炉。为防止管路堵塞，塑料膜需要先熔化，然后造粒，才能喷入高炉。工业废塑料的成分一般总是很清楚的，可以避免PVC的混入。根据日本的法律规定，高炉可回收的PET瓶以外的废塑料有塑料瓶、容器、杯子、管、袋等。不包含PET瓶。二类PET瓶用于软饮料、酒、酱油等的容器，被单独收集，回收用作PET树脂产品。洗手盆、其他塑料制品也不在高炉原料之列。与炼铁厂签约进行非塑料处理的厂家包括电器、通讯、电机、机械、化工、印刷、塑料产品制造商、超市等行业的公司。在处理之前废塑料必须经过严格的分类和预处理。收集来的废塑料先要清除不可燃物，如金属，在利用密度差用离心装置分选出PVC塑料，PVC需要在无氧条件下350℃干馏除去HCl，以防止HCl腐蚀高炉设备。这样提取的HCl

以盐酸的形式回收，供酸洗或热轧厂使用。高炉回收废塑料的全部流程如图 8-29 所示。目前用上述工艺将废塑料粉碎或造粒成数毫米的颗粒喷入高炉，JFE 全公司每年可处理 15 万 t 废塑料。神户制钢的加古川厂也实施了同样的工艺。德国的 E. S. C. H. 公司开发的废塑料喷射塔每年可利用废塑料 22 万 t，相当于 70kg/t 铁水。

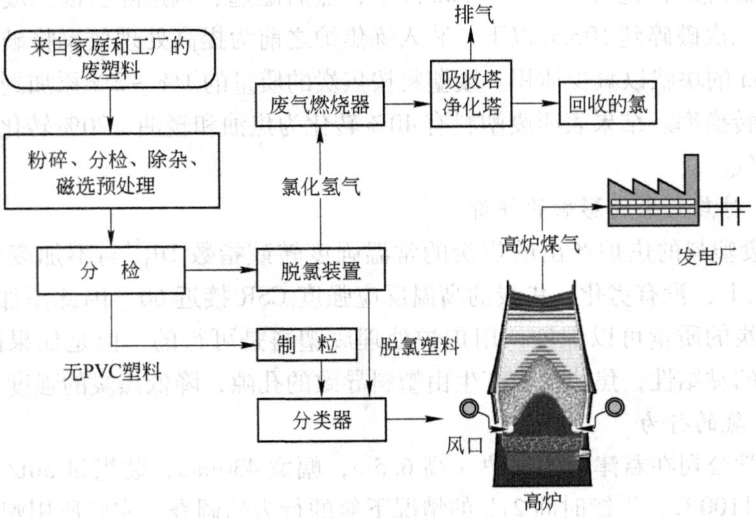

图 8-29　高炉处理废塑料的流程

8.8.2　废塑料焦炉化学原料化技术

新日铁为了构筑循环型社会，降低钢铁厂的能耗，开发了焦炉回收废塑料使之成为化工原料的技术，2000 年实现了工业化生产。

炼焦的过程就是把固态的煤在高温还原气氛中干馏，得到焦炭，同时得到焦油、轻油和焦炉煤气等副产品。炼焦炉工艺非常适合废塑料的热分解处理。

8.8.2.1　焦炉内废塑料的热分解行为和干馏生成物收率

各种塑料和 Goonyella 煤在氮气氛中以每分钟 10℃ 的速率升温的热重分析结果如图 8-30所示，从图可知，PE、PS、PET、PP 300℃前后开始热分解，420～470℃热分解基本

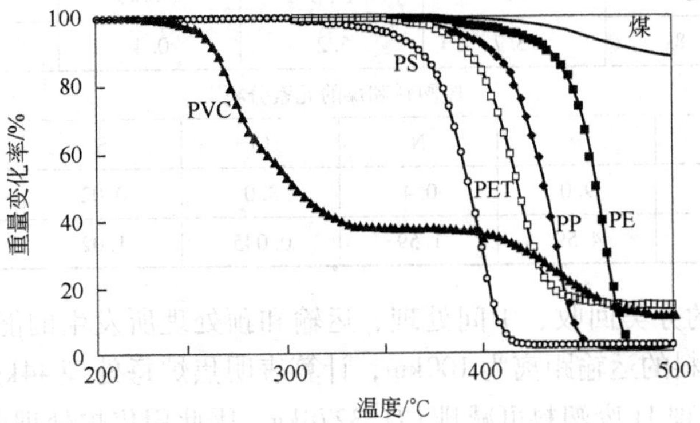

图 8-30　几种塑料和煤的热重曲线

结束。PVC 在 250℃以上开始第一次分解反应，约 400℃时开始第二次分解反应，即主链的热分解。从这些结果看出，一般的塑料比煤在较低的温度开始热分解，约在 200～450℃间气化，500℃以上作为残渣的碳化物生成。焦炉的干馏条件是还原气氛，温度高达 1100～1200℃，废塑料在焦炉内很容易热分解。

废塑料预处理时，先粗破碎到 20mm 以下，然后磁选、风选除去混到废塑料中的金属等重物，然后二次破碎到 10mm 以下，装入炼焦炉之前为提高处理效率将破碎后的废塑料制成直径 25mm 的块状以减少体积。废塑料按焦炭的质量的 1%～2% 添加到炼焦炉，考察了干馏制品的转换率。结果表明废塑料有 40% 转化为焦油和轻油，20% 转化为焦炭，40% 转化为焦炉煤气。

8.8.2.2　对焦炭强度影响的评价

添加 1% 废塑料的焦炉产出的焦炭的常温强度转鼓指数 DI_{15}^{150} 与不加废塑料的焦炭相比，都在 85 以上，没有劣化。焦炭的高温反应强度 CSR 接近 60。因此添加 1% 废塑料的焦炉产出的焦炭的质量可以保证，用焦炉处理废塑料是可行的。但是如果配入更多的塑料，将降低煤的黏结性，焦块内会产生由塑料导致的孔隙，降低焦炭的强度。

8.8.2.3　氯的行为

新日铁化学公司在君津厂的焦炉（高 6.5m，幅宽 430mm，装煤量 30t/窑）作了添加废塑料的炉温 1100℃、干馏时间 21h 的情况下氯的行为的调查。实验所用塑料的组成和化学成分以及煤的化学成分见表 8-24。实验所用的塑料、煤以及各种干馏产品中氯元素的浓度用燃烧管燃烧氧气处理-离子色谱法进行分析。将各种待分析试料每种 0.2g 在 1300℃的燃烧管内燃烧，燃烧生产的气体用规定的 1/500 的氢氧化钠溶液系 80mL 吸收，装入容量瓶稀释到刻度后进行离子色谱测定。测定结果表明，添加 1% 和 2% 的塑料的焦炉原料中氯的浓度从不添加塑料的 450×10^{-6} 分别升高为 750×10^{-6} 和 1050×10^{-6}。结果显示添加 2% 的塑料的焦炉原料中来自废塑料中的氯有 92% 进入氨水，7% 进入焦炭，1% 进入焦炉煤气。所以添加 1%～2% 的废塑料在焦炉中热分解生成的氯大部分进入氨水形成氯化铵，干馏产品和焦炭中的氯上升很少。

表 8-24　塑料和煤的组成和化学成分　（%）

废塑料品种构成

PE	PS	PP	PVC	PVDC	PET	其　余
21.4	24.8	13.7	5.2	0.4	15.5	19.0

废塑料和煤的元素分析

成　分	C	H	N	Cl	S	O	灰　分
废塑料	71.1	9.0	0.4	3.0	0.02	10.8	5.7
煤	87.36	4.59	1.59	0.045	1.02	5.40	8.9

考虑到废塑料的分类回收、中间处理、运输和预处理所发生的能耗，假定 1t 垃圾中含 44kg 塑料，废塑料的运输距离为 100km，计算表明焦炉每处理 44kg 废塑料可回收能量 920.5MJ。焦炉煤处理 1t 废塑料可减排 CO_2 3278kg。因此用焦炉处理废塑料对减轻钢铁企业的环境负荷有较大贡献。新日铁全公司每年用焦炉处理废塑料的能力为 22.5 万 t。

8.9 转炉煤气回收技术

转炉煤气是钢铁企业重要的二次能源，也是我国二次能源回收利用的薄弱环节之一，提高转炉煤气回收量，不仅能有效降低炼钢工序生产成本，为实现“负能”炼钢打下基础，而且能极大降低钢厂污染物排放总量，实现清洁生产。因此，“转炉煤气回收”成为现代转炉炼钢中的重要技术，被国家列为“十五”期间重点推广的技术之一。

转炉吹炼过程中产生大量高温烟气，由于转炉生产的不连续性，使得冶炼过程中元素反应也是不均匀进行的，即在一炉钢冶炼的不同时期，烟气的成分、温度和烟气量是不断变化的，特别是在碳氧反应期会产生大量一氧化碳浓度较高的转炉煤气，温度高达1450℃。其主要成分为：CO_2 15% ~20%，O_2 ≤2.0%，CO 60% ~70%，N_2 10% ~20%，H_2 ≤1.5%。转炉煤气含有较高浓度的一氧化碳，且载能值也较高，平均达 8000kJ/m^3，其回收利用将有利于降低能源消耗。转炉煤气回收系统管线长，设备复杂，影响转炉煤气回收的因素较多。资料表明，国内绝大部分钢厂的转炉煤气回收利用效果均不理想，2003年，吨钢煤气回收量多数停留在 40 ~60m^3/t 的水平上，与国外先进水平相差甚远，既浪费了大量能源，又严重污染了环境。2006 年我国重点大中型钢铁企业转炉煤气回收量平均为 56m^3/t，仍远低于国际先进水平（日本平均为 110m^3/t）。我国各企业煤气回收水平参差不齐，大部分波动在 18 ~100m^3/t 钢，只有个别企业达到国际先进水平，如武钢三炼钢250t 转炉最好曾回收煤气到 112.33m^3/t。因此，尽快消化掌握转炉煤气回收技术、充分挖掘设备潜能、安全高效的提高转炉煤气回收水平，已成为国内绝大部分钢厂面临的共同课题。

烟气经过活动烟罩收集和汽化冷却烟道（即余热锅炉）初步冷却后，进入烟气净化系统，烟气在这里进一步降温和除尘。目前，转炉煤气回收技术主要是以“LT”法干法处理和“OG”法湿法处理两种方法最为先进而被普遍采用。

8.9.1 “LT”法干式处理技术

“LT”法干法处理技术源于德国（即 Lurgi—Thyssen 法简称“LT”法）。1960 年代末开发成功。目前世界上已建成十几套 LT 系统，大部分在德国、奥地利、乌克兰等欧洲国家，韩国有 3 套。1994 年，在宝钢三期工程 250t 转炉项目中，我国首次引进奥钢联 LT 转炉煤气净化回收技术，这也是国内目前唯一在转炉炼钢中采用干法电除尘技术回收转炉煤气的厂家。该装置自投产以来，一直运行稳定。相比较而言，LT 法具有以下显著优点：（1）利用电场除尘，除尘效率高达 99%，可直接将烟气中的含尘量净化至 10mg/m^3 以下，供用户使用；（2）可以省去庞大的循环水系统；（3）回收的粉尘压块可返回转炉代替铁矿石利用；（4）系统阻损小，节省能耗。就环保和节能而言，LT 法代表着转炉煤气回收技术发展方向。“LT”法转炉煤气回收流程详见图 8-31。然而由于国内尚不掌握此项技术，需引进国外技术和设备，而使投资大幅度增加，使其发展受到抑制。

8.9.1.1 LT 系统参数

A 转炉

炉数：2 座（2 吹 1）；平均出钢量：275t；工艺：LD2KGC；铁水比：90%；冶炼周期：36min；最大供氧量：712 ×$10^4$$m^3$/h；矿石供氧量：8 ×$10^3$$m^3$/h。

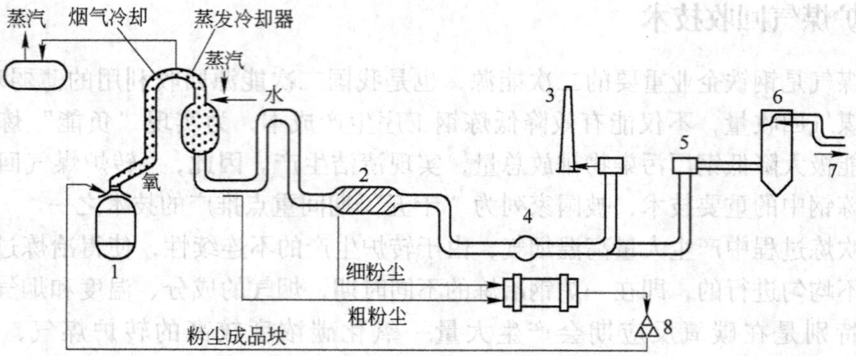

图 8-31　LT 法转炉煤气回收流程

1—转炉；2—电除尘器；3—放散烟囱；4—引风机；5—切换站；6—煤气冷却器；7—煤气管；8—热压块

B　LT 系统

燃烧空气率：10%；烟气流量：最大为 $1175\times10^5 m^3/h$；冷却烟道出口温度：最高 1000℃；锅炉系统的工作压力：2～4MPa；回收煤气中含尘量：$<10mg/m^3$。

C　烟气冷却及热量回收

转炉烟气冷却系统如图 8-32 所示。转炉吹氧过程中，碳与氧反应产生的气体中约有 90%为 CO，其他为废气。废气逸出炉口进入裙罩中大约有 10%燃烧掉，其余的经过冷却烟道进入蒸发冷却器，冷却烟道中产生的蒸汽被送入管网中回收。

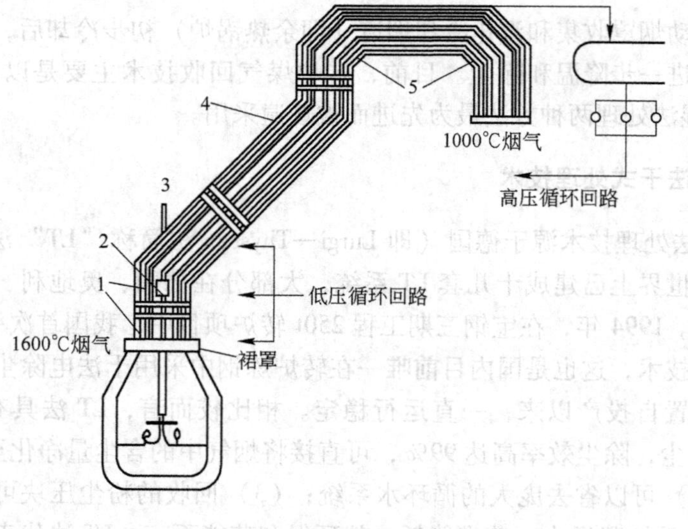

图 8-32　转炉烟气冷却系统

1—烟罩；2—副材孔；3—氧枪孔；4—冷却烟道；5—转向弯头

烟气冷却系统由低压和高压冷却水回路组成。高压冷却水回路由移动烟罩、固定烟罩、冷却烟道、转向弯头以及检查盖组成；低压冷却水回路由裙罩、氧枪孔、两个副原料投入孔组成。低压回路中的水由低压循环泵送入除氧水箱，然后通过给水泵供给汽包使用；高压回路中设有一条自然循环系统，冷却烟道中的水在非吹炼期切换到强制循环，吹炼期则转换成自然循环以节约能源。高压回路中的水在吹炼期部分汽化，水汽混合进入汽包，在汽包中汽、水分离，蒸汽被送到蓄热器中储存起来，多余蒸汽则送到能源部的管网中。

从冷却烟道出来的烟气，首先在蒸发冷却器中进行冷却并调节到静电除尘器要求的温度。为此，需要通过双相喷嘴向蒸发冷却器中喷水，利用水的相变需要吸收大量热的原理，使烟气温度从1000℃降到210℃左右。为使喷入的水形成雾状，需同时喷入蒸汽，喷入量由烟气热含量决定。由于烟气在蒸发冷却器中减速，粗颗粒的粉尘沉降下来，通过链式输送机和闸板阀排出，烟气通过粗管道导入到静电除尘器。

静电除尘器采用圆筒形设计，烟气轴向进入，并通过气流分布板均匀分布在横截面上，由于电场的作用，烟气中尘粒被集尘电极捕集于电除尘器的下部，用刮灰器将其刮到链式输送机中送往中间料仓，通过气力输送系统将此干灰送往压块系统。

除尘后的烟气经 IDF 风机进入切换站，根据其 CO 浓度决定是回收还是放散。由于 LT 系统的压力损失较小，因而采用功率较小且变频调速的轴流风机，以实现精确控制。需要回收的煤气，在进入煤气柜前必须进行冷却，以保证煤气柜容纳更多的煤气；需要放散的含 CO 的烟气，通过位于放散烟囱顶部的点火装置点火燃烧后放散到大气中。

为了便于维修，在煤气回收系统中布置有气密的可开关的切断阀。此外，每一段管道都配有人孔和 N_2 冲洗用孔。

D　压块系统

形式：热压块；压块机能力：12t/h；混合比：60% 细灰、40% 粗灰；回转窑出口温度：大约 500℃。

压块系统工艺流程图如图 8-33 所示。

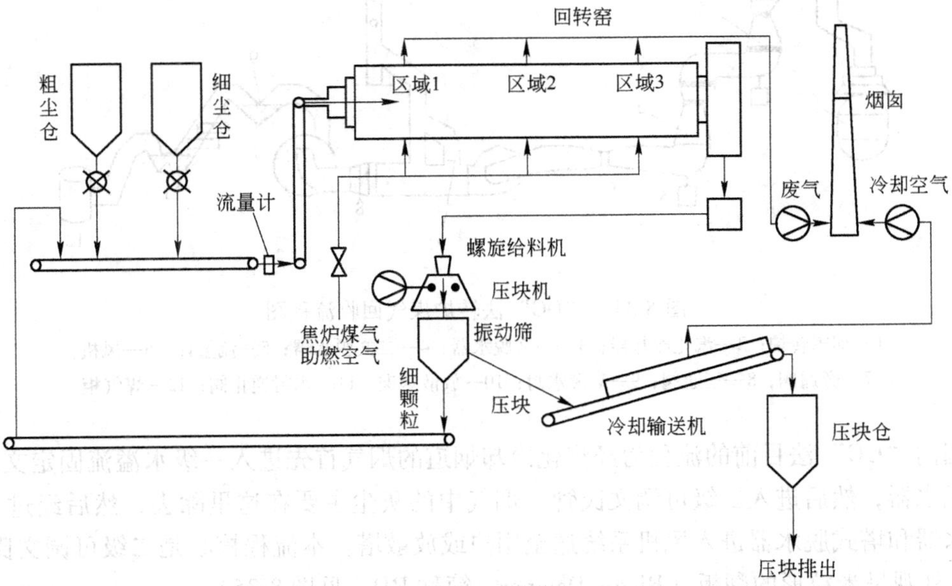

图 8-33　转炉炉尘压块系统工艺流程图

蒸发冷却器中沉集的粗灰以及静电除尘器中捕集的细灰分别送到压块间的料仓中，由设在料仓下的速度可调的回转阀将其按一定的比例排出，然后同筛下的颗粒一起通过流量计称量，由链式输送机和斗式提升机送到回转窑中加热到大约500℃，经螺旋给料机以一定速度送入压块机中，在两个压辊的作用下挤压成形，并进行筛选。筛选后粒度小于12mm的颗粒返回和粗灰、细灰混合再利用；温度低于500℃的压块，在冷却输送机上冷却到80℃后送往成品仓，再用卡车运到副原料地下料仓或废钢间加以利用。

8.9.1.2　系统特点

(1) 回收的煤气含尘量极低，小于10mg/m³。

(2) 产生蒸汽量多，大于60kg/t，可进一步利用。

(3) 每年回收近5万t压块，可直接用于转炉作冷却材料使用，节约了矿石。

(4) 煤气回收量大，最多可达到110m³/t以上。

(5) 开炉准备较之OG系统更为便捷。

(6) 没有污水处理和二次污染问题。

8.9.2　"OG"法湿法除尘煤气回收流程

湿法除尘是以双级文氏管为主的煤气回收流程（Oxygen Converter Gas Recovery System，简称"OG"法），"OG"法在日本最先得到发展，1985年，宝钢一期300t转炉成功引进了日本"OG"技术和设备，即所谓的第三代"OG"技术，工艺流程见图8-34。国内在立足自主开发的基础上对这项技术进行了消化吸收，使"OG"法技术在国内得到了较快的发展而占据主要地位，并取得了成熟的经验。

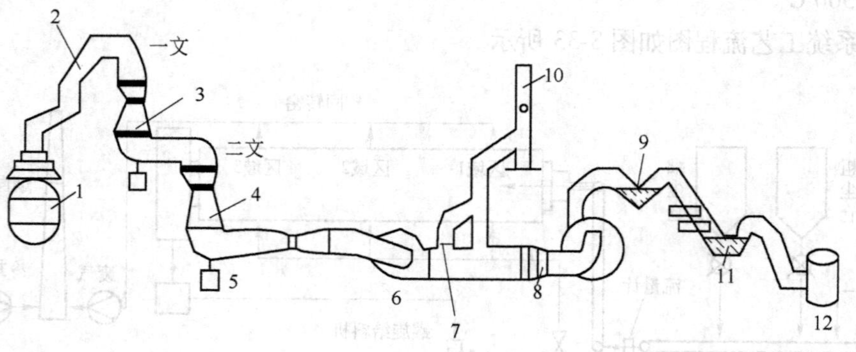

图8-34　"OG"法转炉煤气回收流程图

1—烟罩转炉；2—汽化冷却器；3—一文脱水器；4—二文脱水器；5—流量计；6—风机；7—旁通阀；8—三通阀；9—V形水封；10—放散烟囱；11—水封逆止阀；12—煤气柜

国内"OG"法目前的流程为经汽化冷却烟道的烟气首先进入一级水溢流固定文氏管，下设脱水器，然后进入二级可调文氏管，烟气中的灰尘主要在这里除去，然后经过90°弯头脱水器和塔式脱水器进入风机系统送至用户或放散塔。本流程核心是二级可调文氏管喉$I=1$，外观呈米粒形的翻板（Rice—Damper，简称RD，见图8-35）。

其作用主要是控制转炉炉口的微差压和二文的喉口阻损，进而在烟气量不断变化的情况下，不断调整系统的阻力分配，从而达到最佳的净化回收效果，这种流程和设备配置在国内比较普遍，技术上也相对成熟。但这种流程也有其缺点，如设备单元多、系统阻力损失大、RD 喉口易堵塞等。因此，国内外也不断出现其他形式的“OG”法流程。武钢三炼钢 250t 转炉 OG 系统，引进了西班牙 TR 公司技术，见图 8-36。

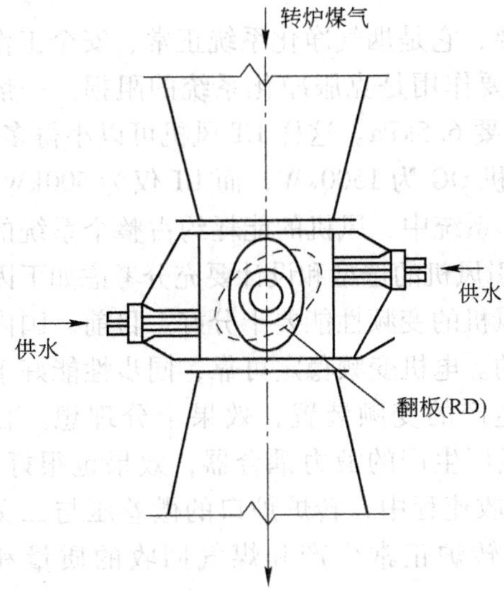

图 8-35　RD 翻板二文喉口示意图

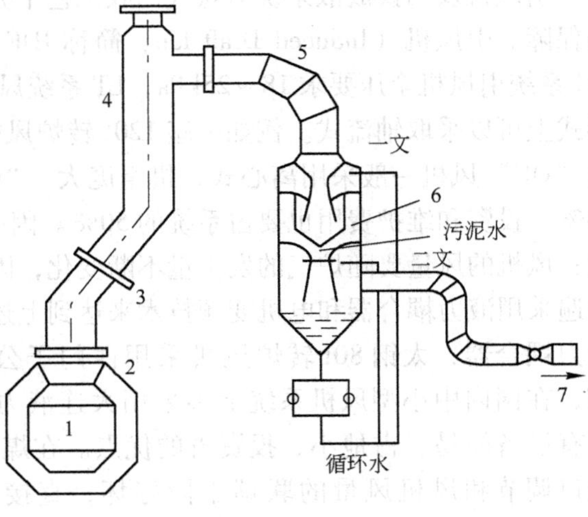

图 8-36　250t 转炉塔式双文“OG”法流程图
1—转炉；2—裙罩；3—移动烟道；4—主烟道；
5—尾部烟道；6—洗涤塔；7—去风机

该系统是将两级文氏管及脱水器串联重组安装在一个塔体内，烟气自上而下，该系统总阻损仅为 18kPa，而一般“OG”需 25kPa，且流程系统紧凑、简洁、易于维护管理。1998 年，作为环保示范项目，日本政府在马钢三炼钢厂 70t 转炉扩容改造项目中向马钢无偿提供了一套新型“OG”法除尘技术和设备。这项技术对传统的“OG”进行了技术改进，这种改进主要体现在二文喉口，即将二文 RD 可调喉口改为重砣式，即环缝洗涤器(Ring Slit Washer，简称 RSW)，还取消了一文喉口，代之以饱和器。烟气首先进入饱和器，然后经过二文 RSW 和下部 90°弯头脱水器去风机系统，即所谓第四代“OG”法，或称新型“OG”法，见图 8-37。该技术流程简洁、单元设备少、阻损小。二文采用 RSW 技术，除尘效率高，易于控制，且不易堵塞。除尘效果保证值不大于 50mg/m³。

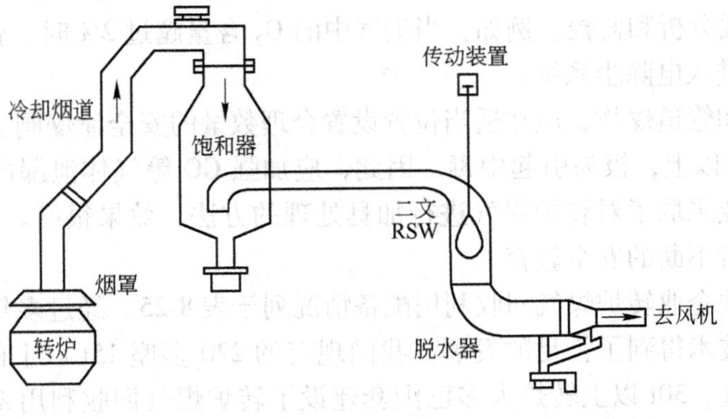

图 8-37　马钢 70t 转炉“OG”法烟气净化系统流程图

8.9.3　主要设备的选配

8.9.3.1　引风机

引风机及切换放散系统对煤气回收工艺十分重要，它是烟气净化系统正常、安全工作的保障。引风机（Indueed Draft fan，简称 IDF）主要作用是克服净化系统的阻损。一般 OG 系统引风机全压要求 18 ~ 25kPa，LT 系统风机仅要 6.5kPa。这样 LT 风机可以小得多，形式上可以采取轴流式。例如一座 120t 转炉风机电机 OG 为 1500kW，而 LT 仅为 500kW。而"OG"风机一般采用离心式，机组庞大。"OG"系统中，风机的能耗约占整个系统的 80%，投资和维护费用也要占系统的 50%。因此对引风机的选型和设计要充分考虑如下因素：风机的风量要随炉气的发生量不断变化，因此风机的变频性能要十分好。目前，国内普遍采用液力耦合器和电机变频技术来达到上述目的。电机变频稳定可靠，同步性能好于液力耦合器，太钢 80t 转炉风机采用西门子公司生产的变频装置，效果十分理想。目前，在国内中小型风机系统上多采用大连液力机械厂生产的液力耦合器，效果也很好，具有设备简易、占地小、投资省的优点。在煤气回收流程中，转炉炉口的微差压与二文喉口调节和风机风量的联锁手段好坏，直接影响转炉正常生产和煤气回收的质量和数量。

8.9.3.2　转炉煤气的储存和输配

正常情况下合格的转炉煤气通过三通阀直接进入转炉煤气柜（LDG Holder 简称 LDG/H）。转炉煤气柜设置的主要作用是用来适应转炉煤气产生的波动量和用户使用量的不均衡性，以便安全有效地利用。橡胶密封膜干式转炉煤气柜已在国内推广。现在，这种气柜的关键材料橡胶密封膜也完全国产化，完全能够达到生产和安全的需要。这种气柜的国产化极大地促进了我国转炉煤气回收利用水平的提高，这种气柜的优点是完全能够适应转炉产生煤气的波动，安全可靠，易于操作维护。

转炉煤气柜储存的转炉煤气一般压力为 2.5 ~ 3.0kPa，煤气中含尘量一般为 50 ~ 150mg/m^3，甚至更高。要供用户使用，还需进一步除尘加压，目前，国内普遍采用的电除尘器，是湿法板式电除尘器。另外，管式电除尘和蜂窝式电除尘器也都有使用的例子。转炉煤气中含有 O_2、CO 和 CO_2 等气体，极易爆炸和使人中毒，给安全生产带来严重的威胁，采取必要的安全措施是十分重要的。

在转炉煤气回收的系统中，应配套周密先进控制和检测系统，对转炉煤气中 O_2、CO、CO_2 含量进行在线分析和监控。例如，当烟气中的 O_2 含量超过 2% 时，就应该放散，而不能回收，更不能进入电除尘系统。

为防止设备和管道爆炸，应在适当位置设置合理数量的安全泄爆阀。转炉煤气中一般 CO 含量高达 45% 以上，极易引起中毒，因此，应加强 CO 等气体泄漏的监控，采取必要的措施。部分企业采取了对转炉煤气进行加臭处理的方法，效果很好。应严格操作规程，并对操作工人进行不断的安全教育。

国内部分钢铁企业转炉煤气回收利用配备情况列于表 8-25。经过多年的努力，我国转炉煤气回收利用技术得到了长足的发展。我国现有的 220 多座 15t 以上的转炉中，有 150 多座回收转炉煤气，30t 以上转炉大多已配套建设了转炉煤气回收利用系统。在设计、制造、生产、管理等方面都取得了宝贵的经验。莱钢也于 2004 ~ 2005 年建成投产了 3 套我国自行设计的干法转炉煤气净化回收装置，目前吨钢可回收发热值为8360kJ/m^{3}的煤气91.4m^3。

表8-25 国内部分钢铁企业转炉煤气回收利用配备情况

序号	厂名	转炉容量 /t×座数	年钢产量 /万t	净化系统组成	气柜容积 /m^3×座数	精除尘系统形式	回收指标 /m^3·t^{-1}
1	宝钢总厂第一炼钢厂	300×3	700	双文OG，二文RD	80000(W)×2	湿法板式电除尘 SDB55	≥100
2	宝钢总厂第二炼钢厂	250×2	400	LT	80000(W)×1	不需要	≥100
3	鞍钢一、二炼钢厂	100×6	450	双文一塔OG，二文RD	80000(W)×1	湿法板式电除尘 SDB2428	
4	鞍钢三炼钢厂	180×2	200	双文一塔OG，二文RD	80000(W)×1	湿法板式电除尘 SDB	
5	首钢第二炼钢厂	210×2	300	双文OG，二文RD	80000(W)×1（建设中）	湿法管式电除尘 D120	
6	太钢第二炼钢厂	80×3	150	双文一塔OG，二文RSW	80000(W)×1	湿法管式电除尘 D120	
7	本钢第二炼钢厂	120×3	400	双文一塔OG，二文RD	80000(W)×1	湿法蜂窝式电除尘器	
8	武钢第一炼钢厂	100×2	150	双文一塔OG，二文RD	50000(W)×1	湿法板式电除尘 SDB22-1	
9	武钢第二炼钢厂	90×3	150	双文一塔OG，二文RD	50000(W)×1		≥70
10	北台钢铁总厂炼钢厂	30×3	100	双文OG，二文RD	50000(W)×1 20000(湿式)×1	湿法管式电除尘 D76×2	≥50
11	柳钢公司炼钢厂	30×3	100	双文一塔OG，二文RSW	50000(W)×1	湿法管式电除尘 D76×2	
12	武钢公司第三炼钢厂	250×1	200	双文塔OG，二文RD			107
13	马钢三钢厂50t扩容改造	70×3	200	塔文OG，RSW	50000(W)×1	蜂窝式电除尘器 D72×2	
14	通化钢铁公司炼钢厂	20×3	80	双文OG，二文RD	30000(W)×1	湿法板式电除尘 SDB18	
15	天铁集团炼钢厂	30×3	100	双文一塔OG，二文RD	30000(W)×1	湿法管式电除尘 D76×2	

9 生命周期评价与钢铁冶金的环保与节能

9.1 国际上 LCA 的产生和发展

生命周期评价（Life Cycle Assessment，缩写为 LCA），有时也称为“生命周期分析”、“生命周期方法”、“摇篮到坟墓”、“生态衡算”等。其最初应用可追溯到 1969 年美国可口可乐公司对不同饮料容器的资源消耗和环境释放所作的特征分析。该公司在考虑是否以一次性塑料瓶替代可回收玻璃瓶时，比较了两种方案的环境友好情况，肯定了前者的优越性。自此以后，LCA 方法学不断发展，现已成为一种具有广泛应用的产品环境特征分析和决策支持工具。

最初 LCA 主要集中在对能源和资源消耗的关注，这是由于 20 世纪 60 年代末和 70 年代初爆发的全球石油危机引起人们对能源和资源短缺的恐慌。后来，随着这一问题不再像以前那样突出，其他环境问题逐渐进入人们的视野，LCA 方法因而被进一步扩展到研究废物的产生情况，由此为企业选择产品提供判断依据。在这方面，最早的事例之一是 70 年代初美国国家科学基金的国家需求研究计划（RANN），在该项目中，采用类似于清单分析的“物料—过程—产品”模型，对玻璃、聚乙烯和聚氯乙烯瓶产生的废物进行分析比较。另一个早期事例是美国国家环保局利用 LCA 方法对不同包装方案中所涉及的资源与环境影响所作的研究。

20 世纪 80 年代中期和 90 年代初，是 LCA 研究的快速增长时期。这一时期，发达国家推行环境报告制度，要求对产品形成统一的环境影响评价方法和数据；一些环境影响评价技术，例如对温室效应和资源消耗等的环境影响定量评价方法，也不断发展。这些为 LCA 方法学的发展和应用领域的拓展奠定了基础。虽然当时对 LCA 的研究仍局限于少数科学家当中，并主要分布在欧洲和北美地区，但是那时对 LCA 的研究已开始从实验室阶段转变到实际中来了。

20 世纪 90 年代初期以后，由于欧洲和北美环境毒理学和化学学会（SETAC）以及欧洲生命周期评价开发促进会（SPOLD）的大力推动，LCA 方法在全球范围内得到较大规模的应用。国际标准化组织制定和发布了关于 LCA 的 ISO14040 系列标准。其他一些国家（美国、荷兰、丹麦、法国等）的政府和有关国际机构，如联合国环境规划署（UNEP），也通过实施研究计划和举办培训班，研究和推广 LCA 的方法学。在亚洲，日本、韩国和印度均建立了本国的 LCA 学会。此阶段，各种具有用户友好界面的 LCA 软件和数据库纷纷推出，促进了 LCA 的全面应用。

从 20 世纪 90 年代中期以来，LCA 在许多工业行业中取得了很大成果，许多公司已经对他们的供应商的相关环境表现进行评价。同时，LCA 结果已在一些决策制定过程中发挥很大的作用。

9.2 LCA 的技术框架和类型

9.2.1 LCA 的定义

关于 LCA 的定义，尽管存在不同的表述，但各国际机构目前已经趋向于采用比较一致的框架和内容，其总体核心是：LCA 是对贯穿产品生命全过程（从获取原材料、生产、使用直至最终处置）的环境因素及其潜在影响的研究。这里给出 UNEP 的定义：

“LCA 是评价一个产品系统生命周期整个阶段的环境影响的工具——整个阶段指从原材料的提取和加工，到产品生产、包装、市场营销、使用、再使用和产品维护，直至再循环和最终废物处置。”

9.2.2 LCA 的技术框架

根据 SETAC 和 ISO 14000 标准，LCA 技术框架包含：（1）目标和范围定义（goal and scope definition）；（2）清单分析（inventory analysis）；（3）环境影响评价（impact assessment）；（4）结果解释（interpretation）4 个组成部分，如图 9-1 所示。

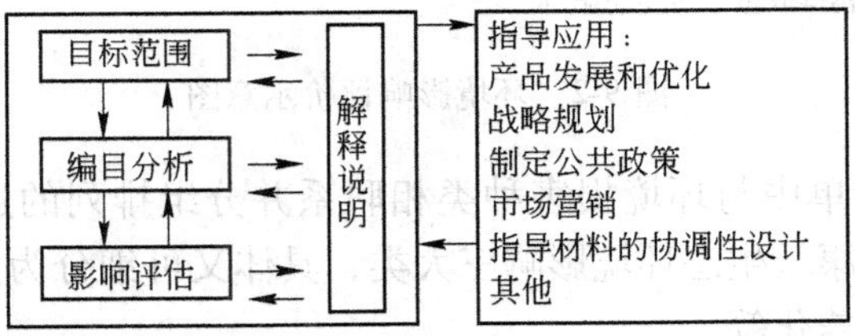

图 9-1 LCA 技术框架（ISO 14040，1997）

A 目的和范围的确定

为开展 LCA 研究提供了一个初步计划。它说明开展 LCA 的目的和意图、研究结果的可能应用领域，确定 LCA 的研究范围，保证研究的广度、深度与要求的目标一致。LCA 目标包括实施 LCA 的目的和原因，评价结果的针对目标群和预期应用的领域。例如产品之间的比较评价；产品和工艺改进效果评价；产品信息、政府部门管理等。这是 LCA 的基础和关键，根据评价目标的不同 LCA 方法也不同。LCA 的评价范围一般包括评价功能单元定义、评价边界定义、系统输入输出分配方法、影响评价的数学物理模型、数据要求、评价中使用的假设和结果的类型和格式等。

B 清单分析

清单分析也称作编目分析，是量化和评价所研究的产品、工艺或活动整个生命周期阶段资源和能量使用以及环境释放的过程。编目分析是根据评价的目标和范围，针对评价的对象收集产品整个生命周期中消耗的原材料、能源以及固体废弃物、大气污染物、水体污染物等输入输出数据，并对数据进行分类整理和计算的过程。在清单分析中通常包括以下三个过程：

（1）系统和系统边界的定义；

（2）系统内部流程分析确定（包括确定产品系统与环境系统之间的边界、确定相关与不相关工艺之间的边界、确定产品系统和其他产品系统的边界）；

（3）清单数据收集和处理。

C　生命周期影响评价

生命周期影响评价或者称为环境影响评价，为可选阶段。将清单数据进一步与环境影响联系起来，让非专业的环境管理决策者更容易理解。一般将影响评价定为一个“三步走”的模型，即分类、特征化和加权。在清单分析基础之上，为了更好地理解清单分析数据与环境的相关性，采用调查所得的环境负荷数据定量分析对人体健康、生态环境、自然环境的影响及其相互关系，其中包含分类（classification）、表征（characterization）、评价（valuation）3 个步骤，如图 9-2 所示。

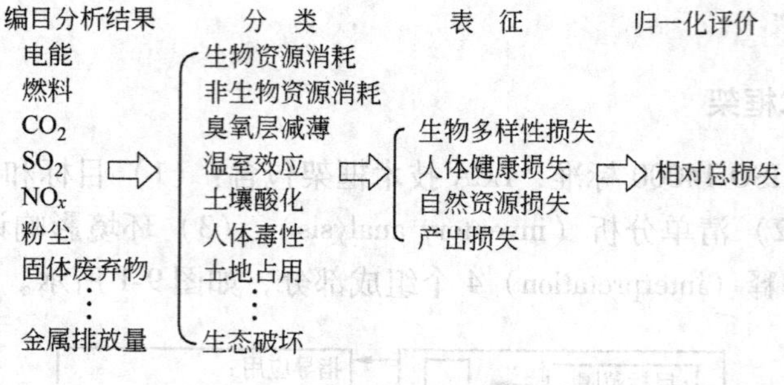

图 9-2　环境影响评价示意图

（1）分类：是将清单中与环境损害种类相联系并分组排列的过程。LCA 将环境损害分为资源消耗、人体健康、生态环境影响三大类，具体又可细分为全球变暖、酸雨、臭氧层减薄、沙漠化、富营养化等。

（2）表征：是建立模型对环境损害的程度进行比较分析和量化的过程。其主要内容是用相关的物理、化学、生物和毒性数据来描述与清单参数相关的潜在影响，然后将这种信息与分类的清单数据联系起来定量计算各种环境损害的大小。例如二氧化硫和氧化氮都可能引起酸雨，但同样数量的排放引起的酸雨浓度并不相同。目前国际上使用的主要模型包括负荷模型、当量模型、固有化学特性模型、总体暴露-效应模型、点源暴露-效应模型等，其中世界环境毒理学与化学学会（SETAC）的当量模型最具影响，简单介绍如下：

1）资源的消耗（abiotic depletion）。用第 i 种资源净消耗量与资源储备量的比值来表示：

$$\text{资源的消耗} = \sum_i \frac{\text{资源 } i \text{ 的使用量 } M(\text{kg})}{\text{资源 } i \text{ 的储备量 } M(\text{kg})} \tag{9-1}$$

2）温室效应（greenhouse effect）计算。对导致温室效应的物质，用对全球变暖的潜在影响 GWP（global warming potential）来表示。GWP 以 CO_2 为参考标准，通过单位质量的物质与 CO_2 吸收红外辐射比较，把其他气体的排放转化为具有相同效果 CO_2 的排放。

$$\text{温室效应} = \sum_i \text{GWP}'_i M_i(\text{kg}) \tag{9-2}$$

$$\text{GWP}_i = \frac{\int_0^T a_i c_i(t)\,\mathrm{d}t}{\int_0^T a_{CO_2} c_{CO_2}(t)\,\mathrm{d}t}$$

式中 a_i——第 i 种温室气体单位浓度热吸收；

$c_i(t)$——单位浓度的第 i 种温室气体 t 时间之后的热辐射；

T——第 i 种气体温室效应影响的时间，研究中通常取 50 年或 100 年。

3）臭氧层破坏（depletion of the ozone layer）计算。对臭氧层有破坏作用的物质其作用大小由臭氧层破坏潜势 ODP（ozone depletion potential）来表示。ODP 是以 CFC-11 为参考的一个相对值，破坏臭氧层物质的排放量（M_i）可转换为对臭氧层破坏有相同效果的 CFC-11 的排放：

$$\text{臭氧层破坏} = \sum_i \mathrm{ODP}_i \cdot M_i(\mathrm{kg}) \tag{9-3}$$

$$\mathrm{ODP}_i = \frac{\delta[\mathrm{O_3}]_i}{\delta[\mathrm{O_3}]_{\mathrm{CFC\text{-}11}}}$$

4）酸化效应（acidification）计算。导致酸化的各种物质对环境的危害可以通过用酸化潜势 AP（Acidification potential）来表示。AP 是测定单位质量的某一物质结合 H^+ 的能力与 SO_2 结合 H^+ 的能力相比较的结果。

$$\text{酸化效应} = \Sigma AP_i \cdot M_i(\mathrm{kg}) \tag{9-4}$$

$$AP_i = \frac{v_i/M_i}{v_{\mathrm{SO_2}}/M_{\mathrm{SO_2}}}$$

式中 v_i——组元 i 的酸化潜势；

M_i——组元 i 的摩尔质量。

5）对人体毒害（human toxicity）作用的计算。对人体毒性数据由关于人体最大日摄入量或最小可接受浓度的毒理学实验来确定，即每千克体重所能承受的最大毒害限度。

$$\text{对人体毒害} = \Sigma \mathrm{HCA}_i \cdot M_{i1} + \Sigma \mathrm{HCW}_i \cdot M_{i2} + \Sigma \mathrm{HCS}_i \cdot M_{i3} \tag{9-5}$$

式中 HCA_i，HCW_i，HCS_i——第 i 种物质在空气、水质和土壤中的毒害度系数，是影响系数和暴露系数的综合结果；

M_{i1}，M_{i2}，M_{i3}——第 i 种物质对空气、水域和土壤排放的质量。

6）光化学氧化物形成（photochemical oxidant formation）计算。光化学氧化物是可挥发的有机物（VOC）在紫外光（UV）的作用下与 NO_x 反应形成的化学烟雾。某种排放物（M_i）形成光化学氧化物的作用以光化学臭氧形成势 POCP（photochemical ozone creation potential）来表示。POCP 是使用乙烯（C_2H_4）作为参照的相对值，以单位质量的物质形成的氧化剂与单位质量的乙烯形成的氧化剂相比较得到。

$$\text{光化学氧化物形成} = \Sigma \mathrm{POCP}_i \cdot M_i(\mathrm{kg}) \tag{9-6}$$

$$\mathrm{POCP}_i = \frac{\dfrac{a_i}{b_i(t)}}{\dfrac{a_{\mathrm{C_2H_4}}}{b_{\mathrm{C_2H_4}}(t)}}$$

式中 a_i——由于 VOC_i 排放变化而导致的臭氧浓度的变化；

$b_i(t)$——t 时间 VOC_i 总的排放量。

另外，SETAC 还对富营养化、废热、臭味、噪声、对生态系统的破坏、对自然景观的破坏等方面做了表述或量化，为评价提供了基本的依据。

D　解释

根据规定的目的和范围，综合考虑清单分析和影响评价的发现，从而形成结论并提出建议。如果仅仅是生命周期清单研究，则只考虑清单分析的结果。

9.2.3　LCA 的类型

LCA 按照其技术复杂程度可分为三类：

（1）概念型 LCA（或称“生命周期思想”）。根据有限的，通常是定性的清单分析评估环境影响。因此，它不宜作为市场促销或公众传播的依据，但可帮助决策人员识别哪些产品在环境影响方面具有竞争优势。

（2）简化型或速成型 LCA。它涉及全部生命周期，但仅限于进行简化的评价，例如使用通用数据（定性或定量）、使用标准的运输或能源生产模式、着重最主要的环境因素、潜在环境影响、生命周期阶段或 LCA 步骤，同时给出评价结果的可靠性分析。其研究结果多数用于内部评估和不要求提供正式报告场合。

（3）详细型 LCA。包括 ISO14040 所要求的目的和范围确定、清单分析、影响评价和结果解释全部 4 个阶段。常用于产品开发、环境声明（环境标志）、组织的营销和包装系统的选择等。

9.3　国外 LCA 的应用情况

在国外，LCA 已经得到广泛应用。其中在清洁生产方面，主要有两个层次：

A　企业

在企业层次，LCA 主要用于产品的比较和改进以及产品的生态设计。其中，生态设计要求在产品开发的所有阶段均考虑环境因素，以便从产品的整个生命周期减少对环境的影响，最终引导产生一个更具有可持续性的生产和消费系统。

一些国家发起和实施了 LCA 研究计划和项目，以在产品开发阶段纳入环境因素，例如：瑞典的“产品生态项目”、北欧国家的“环境友好产品开发计划”、荷兰的“生态设计计划”和“生态指数计划”、美国的“生命周期设计项目”、德国的“21 世纪工业生产策略”等。

B　政府

在政府方面，LCA 主要用于帮助制定和实施以下几方面的政策和计划：

（1）面向产品的政策：例如，利用 LCA 方法，制定环境友好的产品和服务的购买政策，即绿色采购政策。

（2）废物管理政策：废物处置可视为一种特殊的生产过程，其中，原材料就是废物本身。因此，LCA 可用于优化废物处置过程，选择最佳废物处置方案，制定押金--偿还计划。在包装政策制定方面，许多国家采用 LCA，研究牛奶包装、啤酒瓶和啤酒罐、PVC 包装等包装材料的环境影响，帮助制定相关政策。

（3）一般性的面向工艺和过程的政策：在欧洲，欧盟在制定“包装和包装法”时明确将关于 LCA 的条款纳入了法令的内容；比利时政府 1993 年做出决定，根据环境负荷的大小对包装和产品征税，其中环境负荷大小就是用LCA方法确定的。丹麦政府和企业间的一个约定中，向企业提出了对LCA的要求，据此，他们用了3年时间，对10种产品类型进行了生命周期评价。

9.4 LCA对钢铁冶金的环保与节能的研究

作为ISO 14000系列标准工作的一部分，1998年，国家技术监督局开始全面引进ISO 14040系列标准，将其等同转化为国家标准，相应国家标准代号为GB/T 24040系列。目前，已经完成了前两个标准（ISO 14040和ISO 14041）的等同转化工作。

LCA对钢铁冶金的研究方面，我国已开展了一些有意义的研究探索活动。陆钟武等分析了钢铁生产过程的物流对能耗的影响。刘江龙等提出了金属的环境影响因子的概念，用加权平均值综合考虑了金属资源的丰度、能耗、污染物排放量和对生物体危害作用等因素。

9.4.1 我国钢铁产品的生命周期清单

杨建新等以《中国钢铁年鉴》（1998）为主要数据参考源，对一些非统计性工艺数据参阅我国主要钢铁企业内部报告，分析了我国钢铁产品的生命周期清单。

他们的分析结果表明，当时中国生产1kg普通钢材需要消耗能源56165MJ，而英国仅需22157MJ（依据Boustead模型），前者是后者的2倍多。能源主要消耗于运输过程（包括燃料运输和原料及产品运输）。相应的主要废气排放为CO_2以及SO_x，其主要来源于煤的燃烧过程以及工艺过程。现有工艺水循环利用率低造成大量淡水资源浪费。工业固体废弃物（包括采矿废物）的排放量十分巨大。

9.4.2 不锈钢产品的生命周期清单分析

国际不锈钢论坛（ISSF）对欧洲、日本、韩国和美国的8种不锈钢产品进行了生命周期清单分析（LCI）。图9-3所示为电炉生产不锈钢的LCI模型，这个模型用于不锈钢生产所需的所有的工艺阶段，包括原料提取到钢铁厂的处理。

Fujii等人的论文描述了不锈钢的环境影响的定量方法。几种简化的条件下对不锈钢的环境影响作了量化，不锈钢产品的高水平循环利用比不循环利用要降低能耗和减少CO_2排放30%，对不锈钢这样的金属材料在其生命周期结束时循环利用的比例对其环境影响而言是一个很显著的因素，不锈钢是一种高度可持续的金属材料。清单分析的结果表明目前不锈钢循环利用的程度对可持续发展是不充分的。

9.4.3 钢铁厂构成的优化

9.4.3.1 优化钢铁厂构成的数学模型

宾夕法尼亚州立大学环境与经济风险评估中心的Considine教授等分析了美国钢铁工业的能量流和物流，提出了一个优化钢铁联合公司构成的数学模型。该模型评估原料准备、炼焦、炼铁、炼钢、轧钢和最后加工等工艺环节的能源、物料、劳动力和其他成本；还评估生产过程每一步的空气、水和固体废物的排放；除此之外，该模型框架还包括了新的炼焦、炼铁和炼钢技术的经济和环境属性，该模型因在完全的LCA基础之上包含了一

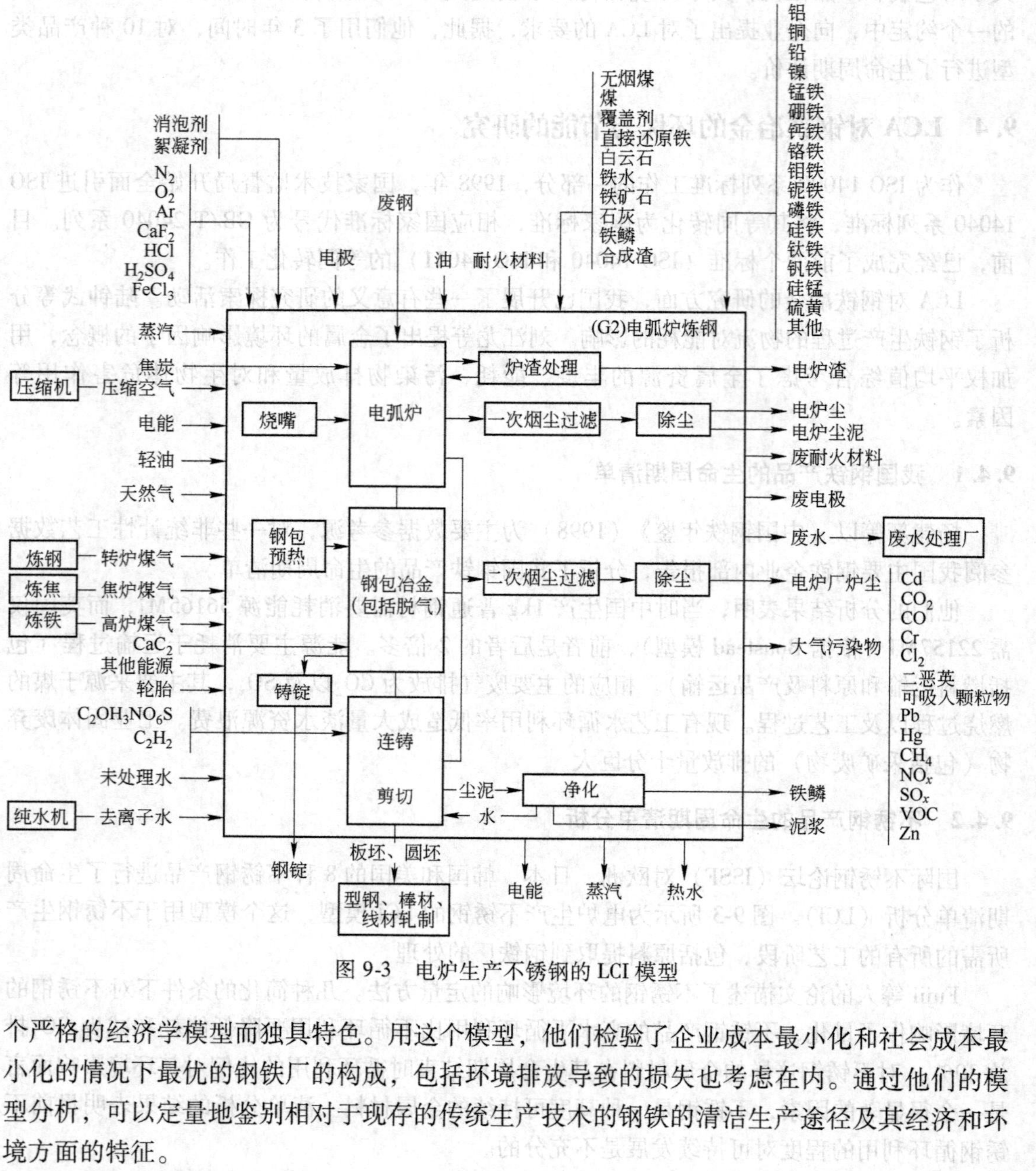

图 9-3　电炉生产不锈钢的 LCI 模型

个严格的经济学模型而独具特色。用这个模型，他们检验了企业成本最小化和社会成本最小化的情况下最优的钢铁厂的构成，包括环境排放导致的损失也考虑在内。通过他们的模型分析，可以定量地鉴别相对于现存的传统生产技术的钢铁的清洁生产途径及其经济和环境方面的特征。

他们提出的模型实际上是一个成本最小化问题。下面的分析考虑两个不同成本的度量。总的企业成本包括各种输入成本和投资变动的和减去副产品销售的收入。第二项成本的定义包含总的企业成本和由于污染排放产生的环境损失，后者定义为总的社会成本。每单位污染物排放所致的环境损失来自于环境经济学文献。目标函数定义如下：

$$C = \sum_{r=1}^{33} p_r u_r + \sum_{p=1}^{44} c_p z_p + \delta \sum_{e=1}^{37} p_e \sum_{p=1}^{44} A_{ep} z_p - \sum_{b=1}^{3} p_b \sum_{p=1}^{44} A_{bp} z_p \tag{9-7}$$

式中　C——成本；

p_r，u_r——价格和买入 r 的量，包括劳动、能源和物料；

c_p，z_p——买入新设备的单价和数量；

A_{ep}，z_p——单位排放系数和工艺过程的排放量；

A_{bp}，z_p——副产品系数和产量。

式中最后一项是3 种炉渣副产品对成本的抵扣。$\delta=0$ 时，式（9-7）表示企业成本，$\delta=1$时，式（9-7）表示社会成本。

第一项约束条件是要求6 种产品的生产必须至少满足市场需求（此处6 种产品和其他各式中的求和项数与钢铁厂相关）：

$$\sum_{p=1}^{44} A_{fp} z_p \geqslant x_f, \quad f = 1,\cdots,6 \tag{9-8}$$

A_{fp}是技术系数，产品包括焦炭、冷轧带、热浸镀锌材和3 种热轧带。下一项约束是保证上游工厂的中间产品至少要保证下游工厂的需求：

$$\sum_{p=1}^{44} A_{ip} z_p \geqslant 0, \quad i = 1,\cdots,27 \tag{9-9}$$

注意 A_{ip}，中间产品的技术系数对输入产品取负值，对输出产品取正值。焦炉煤气和高炉煤气要保持严格的恒量，因为环境法规不允许向大气中排放这些气体。原料平衡要求工厂采购量与需求的原料相等：

$$\sum_{p=1}^{44} A_{rp} z_p + u_r = 0, \quad r = 1,\cdots,33 \tag{9-10}$$

A_{rp}是单位资源需求。设备能力也制约工厂的生产活动：

$$\sum_{p=1}^{44} B_{mp} z_p \leqslant k_m, \quad m = 1,\cdots,44 \tag{9-11}$$

B_{mp}是一个0～1 的系数，与设备和工厂的生产活动相关联，例如高炉的生产能力与高炉的容量相关。最后，还有针对集成工厂的资本和设备的20 年期500 万美元9 折利息的分期偿还的贷款（美国地方政策）。

9.4.3.2 几种不同的钢铁生产工艺的经济和环境指标

除了对政策分析和计划制定提供指导以外，上述模型还为比较不同的钢铁生产工艺的经济和环境指标提供了方便。他们计算了5 种钢铁生产工艺的成本和污染排放指标：

（1）长流程钢铁联合企业；

（2）不回收副产品的焦炉炼焦的长流程钢铁联合企业（Jewell 工艺）；

（3）COREX 炼铁；

（4）100% 基于废钢的电弧炉炼钢；

（5）基于废钢和直接还原铁的电弧炉炼钢。

不回收副产品的焦炉称为Jewell-Thompson 焦炉，像蜂房式炼焦炉，最初Jewell 煤焦公司用于弗吉尼亚的Vansant，这种焦炉是负压操作，因此减少了污染物的排放，焦油和气体在炉内燃烧放热，回收的热用来发电而不回收焦油和焦炉煤气等副产品。

计算的前提是长流程钢铁联合企业不生产多余的焦炭，这种流程作为比较的基准。联合生产5 种产品，相当于年产254.6 万t 电镀钢板。这些模拟还假定生产过程中不买入焦炭、热轧带、钢坯和直接还原铁。尽管许多工厂都这样做，但是允许这些变动就扰乱了可比性。此处的目标函数是企业成本的最小化。

A　能量和物料消耗的比较

这5种工艺流程所耗费的能量和物料见表9-1。第一个引人注目的不同是电弧炉炼钢的耗电量几乎是长流程钢铁厂的5倍。Jewell和COREX工艺比长流程消耗较少的外购电力，因为这两种工艺比长流程发电量大得多。实际上，COREX比长流程的用电量少25%，另一方面，COREX消耗的氧气是长流程的6倍，但是消耗的废钢比长流程少。基于废钢的电弧炉炼钢不需要铁矿石和冶金用煤。基于废钢和直接还原铁的电弧炉炼钢使用的废钢大约是长流程的54%，但所用的天然气较多。

表9-1　5种工艺流程所耗费的能量和物料的比较

项　目		长流程（基准）	Jewell长流程	COREX流程	用废钢的电弧炉流程	用废钢和直接还原铁的电弧炉流程
能量	煤/Mt	1.6	1.6	2.4		
	电/亿W·h	3915	3208	2194	19793	18851
	其他能量/MJ	1266	1266	1266	1688	1688
	天然气/m^3	541267	527098	291888	283386	563938
物料/t	熔　剂	157000	157000	75000		
	铁矿石/球团	3291000	3291000	3498000		1578000
	氧　气	348000	348000	1988000	121000	121000
	废铁/废钢	756000	756000	576000	2886000	1897000

B　污染物排放的比较

这5种流程的污染物排放见表9-2。长流程产生1040万t废弃物，相当于每吨钢材排放4.1t废弃物，其中65%以上是来自燃料燃烧产生的CO_2。其次是固体废弃物，占23%，其中包括露天铁矿开采的表土，还有占废弃物总量9.5%的渣，炉渣是可以销售的副产品，另外按重量计2.5%的排放物包括甲烷、氮和硫的化合物。

表9-2　5种流程的污染物排放的比较　　(t)

项　目		长流程（基准）	Jewell长流程	COREX流程	用废钢的电弧炉流程	用废钢和直接还原铁的电弧炉流程
大气污染物	CH_4	70742	69994	126845	46186	45143
	CO	4143	3890	4493	1306	1809
	CO_2	6786136	6595641	10176629	3921018	5328065
	粉　尘	7470	9184	6717	10704	12194
	碳氢化合物	766	634	653	634	663
	HCl	190	180	178	310	345
	HF	7.0	6.5	6.5	10.0	12.0
	NO_x	16865	15008	13799	29598	31197
	有机物	141	127	125	0	56
	PM_{10}	1309	1305	810	110	173
	SO_x	15968	15416	13133	21146	22774

续表 9-2

项　目		长流程（基准）	Jewell 长流程	COREX 流程	用废钢的电弧炉流程	用废钢和直接还原铁的电弧炉流程
固体废物	采矿固废	2390100	2393560	2749758	174751	1013413
	混合固废	9973	9981	10539	8956	8975
	可售炼铁渣	628251	628251	966539	0	130187
	可售炼钢渣	361932	361932	361932	399633	399633
	不可售灰、渣	26391	25287	21884	32298	36133
	尘　泥	63286	63286	126571	99532	128626
	硫　黄	0	5380	0	0	0
总排放		10383666	10199060	14580608	4746189	7159376

Jewell 工艺比长流程产生的污染物总量稍微少些是因为不回收副产品的焦炉产生相对多的废气用于联合发电。尽管 COREX 产生更多的电能，其铁矿石和煤的消耗还是较高，因而产生较多的固体废弃物和大量的 CO_2。COREX 工艺污染物的单位排放量比长流程高 14%。两种基于废钢的电弧炉炼钢工艺的污染物排放较少，分别是 1.9t/t 钢材、2.8t/t 钢材，与长流程相比分别降低 34% 和 16%。除了因为不用铁矿石而减少了固体废弃物的排放还大大减少了 CO_2的排放量。粉尘、硫氧化物、氮氧化物比长流程的高。按质量计，用废钢炼钢比从铁矿石炼钢的污染排放少。

C　成本的比较

与长流程相比，其余 4 种工艺增加的成本列于表 9-3。用废钢炼钢的工艺比长流程的操作成本稍低些，基于 Jewell 焦炉的长流程比通常的长流程工艺高 1%，而 COREX 工艺则高 5%。表 9-3 列出的环境损失成本是根据表 9-2 给出的排污水平，按照 Newell 1998 年收集的单位污染排放量的收费标准计算的。令人吃惊的是用废钢炼钢的总的环境成本竟比长流程的还高，CO_2排放量低的效益与 SO_x、NO_x、粉尘排放相关的较高的社会成本抵消了。

表 9-3　炼钢新工艺与长流程相比的成本变化　（百万美元）

项　目			Jewell 长流程	COREX 流程	用废钢的电弧炉流程	用废钢和直接还原铁的电弧炉流程
企业成本	劳动和其他	劳动和维护	5.8	24.0	-124.7	-100.6
		分期偿还的新资本	25.5	67.6	51.4	74.6
		其　他	-9.7	-16.6	-26.4	-22.8
	能　源	煤-焦	1.0	37.4	-68.9	-68.9
		外购电能	-3.5	-8.6	79.4	74.7
		其他能源	-1.0	-1.0	2.1	2.1
		天然气	-1.1	-17.7	-18.3	1.5
	原　料	电　极	0.0	0.0	17.7	17.7
		熔剂和金属	0.0	-7.9	-53.3	-53.3
		铁矿石和球团	0.0	9.7	-126.7	-65.2
		氧　气	0.0	35.9	-5.0	-5.0
		耐火材料	0.0	0.0	-14.9	-14.9
		废铁和废钢	0.0	-21.4	297.5	160.9
		其　他	0.0	-17.8	-17.8	-17.8

续表 9-3

项　目			Jewell 长流程	COREX 流程	用废钢的电弧炉流程	用废钢和直接还原铁的电弧炉流程
企业总成本			16.9	83.6	−7.7	−16.8
相对基准流程的变化/%			16.9	83.6	−7.7	−16.8
环境损失	大气污染物排放	CH_4、CO	−0.2	14.5	−6.4	−6.6
		CO_2	−2.4	42.0	−35.5	18.1
		粉　尘	19.6	−8.6	37.0	54.0
		碳氢化合物、HCl、HF	−1.5	−1.3	−1.4	−1.1
		空气传播的铅、氨、挥发性有机物	0.0	0.0	0.0	0.0
		有机物	0.0	0.0	−0.2	−0.1
		PM_{10}	0.0	−5.7	−13.7	−13.0
		SO_x	−6.6	−34.2	62.4	82.0
	固体废物	混合固废	0.0	0.0	−0.1	−0.1
		可售炼铁渣	0.0	−3.1	5.7	4.5
		可售炼钢渣	0.0	0.0	−0.1	−0.1
		不可售灰、渣	−0.1	−0.2	0.3	0.5
		尘　泥	0.0	3.2	1.8	3.3
		硫　黄	−0.2	0.0	0.0	0.0
	总环境成本		3.6	−1.7	84.8	144.6
总社会成本			20.4	81.8	77.1	127.8
相对基准流程的变化/%			5.0	1.264	4.75	7.87

D　碳税政策

将来的碳税是众多钢铁厂和政府决策者分配研发资源时所共同关心的事情。在各种碳税的情况下炼钢工艺的选择列于表 9-4。不同的碳税是根据所购买原料的碳含量而定的，在碳税为零的情况下作为基准的最优化的工厂构成应当是用废钢和直接还原铁通过电弧炉炼钢，随着碳税增加在企业成本最小的情况下尽可能多地用废钢作原料。

表 9-4　各种碳税的情况下炼钢工艺的选择

碳税/美元	运行成本	环境损失	总成本	工　厂　构　成
企业成本最小化				
0	1.00	1.00	1.00	电弧炉和 MIDRIX
15	1.01	0.94	0.98	电弧炉，较少的 MIDRIX 和较多的废钢
35	1.01	0.94	0.99	电弧炉，较少的 MIDRIX 和较多的废钢
100	1.04	0.91	1.00	电弧炉，较少的 MIDRIX 和较多的废钢
社会成本最小化				
0	1.02	0.68	0.91	长流程
15	1.04	0.69	0.92	混合的短流程
35	1.05	0.69	0.93	电弧炉，全废钢
100	1.09	0.69	0.95	电弧炉，全废钢

社会成本最小化的解也列于表 9-4，注意长流程在社会成本最小化的解当中是最优化的，企业成本高但是环境损失成本相当的低，降低了总的社会成本。当碳税上升时，废钢消耗也上升，但仅限于高碳税率的情况。

从上述分析，他们得到的结论是：从大量排放的角度看，定量的分析结果与目前社会上公认的用废钢炼钢在环境保护方面比长流程优越这一观念一致，但是从经济的观点看，常规的损失成本评估不支持这样的认知。对钢铁生产工艺的评价，关键的问题是社会如何看待长流程产生的固体废弃物和 CO_2 排放以及短流程所用电力在发电厂产生的 SO_x、NO_x 和粉尘。

9.5 LCA 的一些结论

LCA 的结论如下：

（1）汽车工业。用钢做汽车部件比用铝耗能少，而且产生大气污染物较少，循环使用时还节能，轮胎的原材料生产过程中耗能最大。

（2）城市废弃物资源化。城市固体废弃物在循环系统无论是经济成本还是环境成本都超出了再循环本身所能节省的成本。建筑物在使用阶段排放的 CO_2 量最大。

（3）材料综合利用领域。Pet 瓶、铝罐、废铁、洗衣机废塑料如果再循环，可以减少对环境的影响。

如果分别从经济、能耗和 LCA 的角度研究材料再循环利用的合理性，发现再循环并不一定总是有利的。

（4）材料开发领域。日本通过 LCA 研究，开发了 Fe-Mn-Si-C 碳素钢系列，CO_2 排放比其他钢种少得多；低合金元素在钢中占有的环境负荷比例较小；合金钢并不总是比碳钢的环境负荷大。

（5）环境标志产品。价格高 20%～30%，销路极佳。LCA 用来评价是否授予环境标志。

另外，在清洁生产审计、环境标志、绿色包装、绿色制造、城市交通方式的选择、绿色建筑等方面，也有应用生命周期评价思想或方法的初步尝试。

9.6 LCA 的局限

一般只进行清单分析，影响评价和改善评价较少或简化处理。边界划分难以考虑真正意义上的生命周期过程，其边界不完整、不统一。评价的指标不完整或不统一。

评价某一产品或系统时，其环境负荷与性能、工艺、成分等的关系尚未建立直接联系，缺乏相关研究。数据质量、时效性和地域性，评价的成本高、耗时多。LCA 的积极作用是肯定的。LCA 方法已经成为一种环境管理国际标准，并将在全球贸易与环境领域发挥越来越大的作用。比较而言，我国在 LCA 领域的研究和应用比较缺乏。虽然一些研究和咨询机构已开始把这种新方法引入我国，但由于缺乏必要的基础研究、基础数据和经费支持，目前进展缓慢。随着我国大力发展清洁生产、生态工业和循环经济，促进可持续发展的呼声越来越高，企业界和政府部门迫切需要一些切实可行的决策支持技术，LCA 就是其中重要的工具之一。

参考文献

[1] 杨永杰．环境保护与清洁生产[M]．北京：化学工业出版社，2002. 4.

[2] 殷瑞钰．钢厂模式与工业生态链——钢铁工业的未来发展模式[J]．钢铁，2003，38（增刊）：1 ~9.

[3] 翁宇庆．我国钢铁工业节能环保工作的现状和展望[C]. 2003 年冶金能源环保生产技术会议论文集. 北京：中国金属学会，2003. 10：1 ~7.

[4] 李育杰．中国钢铁工业环境保护现状与发展[C]. 2003 年冶金能源环保生产技术会议论文集．北京：中国金属学会，2003. 10：8 ~11.

[5] 罗冰生．对我国钢铁工业发展循环经济的思考[OL]．中国钢铁工业协会网 [2006-4]．http：//www. chinaisa. org. cn.

[6] 王维兴．系统节能，客观评价——对我国钢铁工业能耗现状的分析建议[OL]．中国金属学会 [2005]．http：//csm. org. cn/index.

[7] World Steel in Futures. World Steel Association，2008.

[8] Steel Statistical 2008. International Iron and Steel Institute，2009.

[9] Department of the Interior，U. S. Geological Survey. Mineral Commodity Summaries 2008. Washington：U. S. United States Government Printing Office，2008.

[10] Energy Information Administration. World Estimated Recoverable Coal[OL]. International Energy Annual 2003 [2005-5]．http：//www. eia. doe. gov.

[11] Energy Information Administration. World Crude Oil Production[OL]. March 2006 International Petroleum Monthly [2006-3]．http：//www. eia. doe. gov.

[12] Energy Information Administration. World Carbon Dioxide Emissions from the Consumption and Flaring of Fossil Fuels，1980 ~2003[OL]. International Energy Annual 2003 [2005-7]．http：//www. eia. doe. gov.

[13] Gunnar Still. 德国钢铁工业空气质量控制[J]．钢铁，2003，38（增刊）：56 ~63.

[14] David R Anderson，et al. 英国钢铁工业铁矿石烧结过程中的二恶英的形成及抑制．钢铁，2003，38（增刊）：94 ~96.

[15] Hideto Yoshida，Kazuaki Takahashi，Nobuo Takeda，et al. Japan's waste management policies for dioxins and polychlorinated biphenyls，J. Mater. Cycles. Waste Manag，2009，11：229 ~243.

[16] 叶文虎．循环型经济论纲[J]．中国发展，2002，(2)：4 ~7.

[17] 王维兴．科学评价中国钢铁工业能耗与国际先进水平的差距[OL]．中国钢铁企业网[2009-5-12]．http：//www. chinasie. org. cn/newmore_ hy. asp? id =16209.

[18] 中华人民共和国国家环境保护标准 HJ 465—2009 钢铁工业发展循环经济环境保护导则 [S]，2009.

[19] 中国科学技术协会主编中国金属学会编著编写．2008 ~2009 冶金工程技术学科发展报告 [R]．北京：中国科学技术出版社，2009.

[20] 国家环境保护总局．工业污染治理技术丛书：钢铁工业废水治理[M]．第 1 版．北京：中国环境科学出版社．1992.

[21] 李培红，等．工业废水处理与回收利用[M]．北京：化学工业出版社，2001.

[22] 日本钢铁协会．铁钢便览（第四版）[CD]．东京，2002.

[23] 张胜，毛永灏，陈漫漫，范国华．反渗透技术在钢铁工业废水处理和回用中的应用[J]．水处理技术，2007，33(5)：55 ~57.

[24] 国家环保总局，国家质量监督检验检疫总局．钢铁工业水污染物排放标准征求意见稿．2007.

[25] 中钢集团武汉安全环保研究院，国家环境保护总局环境标准研究所．钢铁工业水污染物排放标准

编制说明，2007.
[26] 姚仁仕，等．宝钢法脱硫脱氰的生产[J]．宝钢技术，2001，(1)：10～13.
[27] 马俊等．焦炉煤气单乙醇胺法脱硫脱氰的生产及改进[J]．宝钢技术，2000，(3)：10～13.
[28] Hartig W, Stedem K H, Lin R. Sinter plant waste gas cleaning-State of the art[J]. Rev. Met. Paris, 2006, (6): 257～265.
[29] 汪波，叶勇．氨法在烧结烟气脱硫中的应用[J]．中国环保产业，2009，(2)：26～30.
[30] 丁雄，刘艳．美格爱科环保科技有限公司 LEC（Limestone Emission Control）专利脱硫新技术[C] //中国环境科学学会．第十届全国燃煤二氧化硫、氮氧化物污染治理技术暨烟气脱硫脱氮工程建设和运行管理交流会论文集，2007.
[31] Fleischanderl Alexander, Neuhold Robert, Plattner Tobias. MEROS® Sinter Off-gas Cleaning-Meeting Future Environmental Demands Now [CD]. 2007 AISTech Conference Proceedings.
[32] 黎柳升，陈有升，陈阳，杨美玲．烧结烟气氨法脱硫技术在柳钢的应用[J]．烧结球团，2008，33(6)：30～35.
[33] 余志杰，李奇勇，徐海军，林春源．三钢2号烧结机烟气干法选择性脱硫装置的设计与应用[J]．烧结球团，2007，32 (6)：15～18.
[34] Tasuhito Takahashi, et al. New applications for iron and steelmaking slag[J]. NKK Technical Review, 2002, 87: 38～44.
[35] 李家瑞，等．钢铁工业环境保护[M]．北京：科学出版社，1990.
[36] 张秦岭，等．冶金环保基本知识[M]．北京：冶金工业出版社，1988.
[37] 赵沛，等．钢铁节能技术分析[M]．北京：冶金工业出版社，1999.
[38] Patrick Leyser, et al. INBA Slag Granulation System-Environmental Process Control, AISTech 2004 Proceedings-September 15～17, 2004, Nashville, Tennessee, Vol. II: 401～411.
[39] 尚秋丽，等．炉渣轮法粒化装置——一种新型的炉渣处理装置[J]．山西机械 2001，(增刊)：34～36.
[40] 张灵．武钢1号高炉环保型 INB 渣处理系统设计[J]．炼铁，2001，20(5)：6～9.
[41] 张六零等．钢渣水淬30年．冶金渣处理与利用国际研讨会论文集 [C] //中国金属学会，北京，1999：383～386.
[42] 小出浩ら．転炉スラグの加圧蒸気エージング，製鋼スラグの発生量低減と資源化，鉄鋼スラグの基礎と応用研究会最終報告書，1997.5，日本鋼鉄協会鉄鋼スラグの基礎と応用研究会：241～250.
[43] 叶光扩，等．重钢七厂转炉渣风淬技术 [C] //冶金渣处理与利用国际研讨会论文集，中国金属学会，北京，1999：380～382.
[44] 韩庆，李宁．高炉水渣处理新技术 SG-MTC 法在首钢3号高炉的开发应用[J]．新技术应用，2004，(3)：51～54.
[45] 中国金属学会，冶金工业经济发展研究中心．2006年度冶金科技进步发展报告之一[J]．中国冶金，2008，18，(1)：1～2.
[46] 中国金属学会，冶金工业经济发展研究中心．2006年度冶金科技进步发展报告之二[J]．中国冶金，2008，18，(2)：1～7.
[47] 中国金属学会，冶金工业经济发展研究中心．2006年度冶金科技进步发展报告之三[J]．中国冶金，2008，18，(3)：1～4，10.
[48] 沈成孝．滚筒法渣处理技术的现状及发展[J]．冶金设备，2003，(3)：1～4.
[49] 曹志栋，谢良德．宝钢滚筒法液态钢渣处理装置及生产实绩[J]．宝钢技术，2001，(3)：1～3.
[50] 肖永力．双腔式滚筒钢渣处理装置．中国，99127012.6 [P]．1999-12-29.

[51] 肖永力，陈华，刘茵，等．采用粒化辊进料的滚筒法冶金熔渣处理装置．中国，200520041318.0 [P]．2005-4-30.

[52] 张志伟，黄元民，杜久文，等．柳钢 HK 法转炉钢渣粒化系统设计及应用[J]．钢铁技术，2006，(12)：32 ~ 34.

[53] 汪澜．论中国水泥工业 CO_2 的减排[J]．中国水泥，2006，(4)：34 ~ 36.

[54] Li H J，et al. Thermodynamic Analysis of Slag Recycling Using a Slag Regenerator[J]. ISIJ Int.，1995，35 (9)：1079 ~ 1088.

[55] 尾野ら. $2CaO \cdot SiO_2$ 粒子の浮上分現象を利用した転炉スラグの脱燐法[J]．鉄と鋼，1980，66：1317 ~ 1326.

[56] Fujita T，et al. Phosphorus removal from steelmaking slags slow-cooled in a non-oxidizing atmosphere by magnetic separation/flotation[J]. Transactions of the ISS，1989，(1)：47 ~ 48.

[57] Morita K，et al. Resurrection of Iron and Phosphorus Resource in Steelmaking Slags[J]. Journal of Material Cycles and Waste Management，2002，(4)：93 ~ 101.

[58] 李光强，等．高温碳热还原进行转炉渣资源化的研究[J]．材料与冶金学报，2003，2(3)：167 ~ 172.

[59] 李光强，等．日本钢铁厂的少渣冶炼工艺和钢渣再利用 [C] //2003 年冶金能源环保生产技术会议论文集．北京：中国金属学会，2003：252 ~ 257.

[60] 隋智通，等．2003 年全国矿产资源高效开发和固体废弃物处理处置技术交流会论文集，金属矿山，2003 年 8 月，(增刊)：356 ~ 358.

[61] 林高平，等．高炉瓦斯泥回收利用新技术[J]．矿产综合利用，2002，(3)：42 ~ 45.

[62] 陆凤英，等．从低品位含锌瓦斯泥制备活性氧化锌的研究[J]．浙江化工，1999，30(2)：47 ~ 48.

[63] 水藤政人ら．先進ダスト製錬炉（Z-STAR 炉）の建設と操業[J]．川崎製鉄技報，2000，32(4)：312 ~ 317.

[64] 古川武ら．電気炉高温排ガスから鉄、亜鉛直接分離回収技術の開発 – 1 [J]．材料とプロセス，2003，16(4)：1076.

[65] 佐野浩行ら．高温炭材充填層フイルター部における電気炉排ガス成分の挙動（電気炉高温排ガスから鉄、亜鉛直接分離回収技術の開発 – 3）[J]．材料とプロセス，2003，16(4)：1078.

[66] K. Mager，et al. Minimizing Dioxin and Furan Emissions during Zinc Dust Recycle by the Waelz Process. JOM，2003：20 ~ 25.

[67] 庞文杰，等．国外电弧炉烟尘处理技术现状及发展．矿冶工程，2004，24(4)：41 ~ 43.

[68] Valdis R，et al. Steel mill waste processing on a rotary hearth furnace to recover valuable iron units [M]. Ironmaking Conference Proceedings，Warrendale，PA (United States)，Published by Iron and Steel Society，2002：655 ~ 665.

[69] Diaz G.，et al. Emerging Applications of ZINCEX and PLACID Technologies[J]. JOM，2001，53(12)：30 ~ 31.

[70] Olper M，et al. Electrolytic Zinc Production from Crude Zinc Oxides with the EzinexB Procress，Edited by Donald L. Stewart et al.，the Fourth International Proceedings of Symposium on Recycling of Metals and Engineered Materials，Recycling Committee of the Extraction & Processing Division and the Light Metals Division of TMS. Pittsburgh，PA，TMS，2000：379 ~ 396.

[71] Cernak E C，et al. Reclamation of Valuable Metals from Hazardous Waste，Recycling of Metals and Engineered Materials IV，the 2000 TMS Fall Extraction & Processing Meeting，held in Pittsburgh，Pennsylvania，USA，October 22 ~ 25，TMS，2000：251 ~ 259.

[72] 盛美萍，等．噪声与振动控制技术基础[M]．北京：科学出版社，2001.

[73] 李耀中．噪声控制技术[M]．北京：化学工业出版社，2001.
[74] 马大猷．噪声控制学[M]．北京：科学出版社，1987.
[75] 王文奇，等．噪声控制技术[M]．北京：化学工业出版社，1987.
[76] 李稼，许勤，丁毓凤．某钢铁厂高炉系统工程噪声强度测定分析[J]．中国职业医学，2000，27(4)：49～51.
[77] 李宝娟，王玉红，滕建．2002年中国环境产业发展概况[J]．环境保护，2003，(12)：38～41.
[78] 国家环境保护总局．"十一五"全国环境保护法规建设规划[J]．环境法电子期刊，2005，(1).
[79] 吴卫彬，刘耀儒，吴宏伟，等．十大工业噪声源控制技术评述[OL]．中华环保互联网（噪声治理）[2006].
[80] 吴卫彬．职业噪声危害与控制[OL]．中华环保互联网（噪声治理）[2006]. www. chinaep. net/zaosheng/zaosheng-01. htm.
[81] 郭杰，方航羚，王闻伟．钢铁厂风机房噪声治理[J]．能源与环境，2008，(6)：72～74.
[82] 周兆驹，郑耀斌，王建新，王亚平．室外大型空气压缩机的噪声治理技术[J]．环境污染治理技术与设备，2005，6(5)：74～77.
[83] 常志军，李志然．100t级电炉炉体冶炼噪声控制研究[J]．冶金丛刊，2004，15(3)：5～7，32.
[84] 沈秋霞，姚青，赖凤香，等．噪声测量仪器的发展[J]．电声技术，2008，32(3)：80～82.
[85] Harris C M. Handbook of Noise Control[M]. New York：McGraw-HillInc.，1979.
[86] J. D. Irwin & E. R. Graf. Industrial Noise and Vibration Control[M]. New Jersey：Prentice-Hall Inc.，1979.
[87] Göran Wall. Exergy-A Useful Concept [M]. 3rd Edition. Chalmers，Biblioteks Tryckeri Göteborg，Sweden，1986.
[88] Ma'rcio Macedo Costa，et al. Exergy accounting of energy and materials flows in steel，production systems[J]. Energy，2001，26：363～384.
[89] Zhang Guangqing. Energy and energy analyses of direct iron smelting processes[J]. Energy，2005，30：2772～2783.
[90] 亀山秀雄ら．エネルギー・資源リサイクル[M]．東京：培風館，1997.
[91] 王建军等．钢铁企业能量流分析[C]//2005中国钢铁年会论文集．北京：冶金工业出版社，Vol. 2：540～544.
[92] 杨若仪，等．低热值煤气燃气轮机联合循环发电技术在钢铁厂的应用[J]．大型铸锻件，2004，(3)：53～48.
[93] 王仪田．钢铁行业CCPP装置中的高炉煤气压缩机的选型和应用[J]．流体机械，2000，28(1)：31～34.
[94] 陶飞．TRT技术在马钢的应用[J]．能源技术，2001，22(6)：264～265.
[95] 李明．国产TRT发电机组在马钢高炉上的应用[J]．冶金动力，2002，(2)：32～34，42.
[96] 何平等．干湿两用TRT装置在攀钢的应用[J]．冶金能源，1999，18(1)：42～46.
[97] 攀枝花钢铁有限责任公司动力厂．干式TRT在攀钢的应用及推广[J]．中国冶金，2001，(6)：26～29，25.
[98] 曹德鞍．LT法在宝钢250t转炉上的应用[J]．宝钢技术，1999，(3)：19～21.
[99] 陈志斌．国内转炉煤气回收利用技术的现状及发展[J]．冶金动力2003，(1)：9～12.
[100] Hideo Matsuda，et al. Large Capacity and High Efficiency Combined Cycle Plant by F Type Gas Turbine with BFG Firing[J]. Mitsubishi Heavy Industries，Ltd. Technical Review 2004，41(5)：1～3.
[101] 日本鉄鋼連盟．鉄鋼業の地球温暖化対策への取り組み，自主行動計画進歩状況報告，2005. 11.
[102] Yoji Ogaki，et al. Recycling of Waste Plastic Packing in a Blast Furnace System[J]. NKK Technical Review，2001，(84)：1～7.

[103] 加藤健次．廃プラスチックのコークス炉化学原料化技術の開発[J]. ふぇらむ，2005，10(1)：33～39.

[104] 新たな挑戦に向けて——最近十年の鉄鋼技術の進展[J]. 日本鉄鋼協会創立90周年記念特集号，ふぇらむ，2005，10(4)：234～353.

[105] 西冈邦彦ら. SCOPE21プロセスの開発．[J] 材料とプロセス，2003，16(4)：740～743.

[106] 柳谦一．環境・エネルギー[J]. ふぇらむ1996，1(7)：25～33.

[107] 武洪明．水泥单位产品能耗电力折算标准煤取值探讨[J]. 中国水泥，2008，(4)：71～73.

[108] 次世代コークス製造技術．Nippon Steel Monthly，2008，(10)(特集)：1～8.

[109] 姜金龙，等．生命周期评价的技术框架及研究进展．兰州理工大学学报，2005，31(4)：23～26.

[110] 杨建新，等．中国钢材生命周期清单分析．环境科学学报，2002，22(4)：1519～1522.

[111] Timothy J，Considine. The Industrial Ecology of Steel，invited presentation，Helsinki Symposium on Material Flows and Industrial Ecology，Helsinki，Finland，August 2000.

[112] Hiroyuki Fuji，et al. How to Quantify the environmental Profile of Stainless Steel，Paper presented at the SETAC North America 26th Annual Meeting，15～17 November 2005.

[113] International Stainless Steel Forum. www. worldstainless. org.